# Vorwort.

Im Jahre 1887 veröffentlichte Ernst Hartert in den „Mitteilungen des Ornithologischen Vereins zu Wien" seinen „Vorläufigen Versuch einer Ornis Preußens", dem er 1892 den nur wenig veränderten und ergänzten Aufsatz „On the Birds of East-Prussia" in der englischen Zeitschrift „The Ibis" folgen ließ. Damit war seit langer Zeit zum ersten Male wieder die Aufmerksamkeit der Ornithologen auf die Vogelwelt Ostpreußens gelenkt, die in so vielfacher Beziehung von der des übrigen Deutschland abweicht. Abgesehen von dem längst überholten, im Jahre 1823 erschienenen „Ornithologischen Taschenbuch" des Konservators Ebel, der 1837 herausgegebenen „Naturgeschichte der höheren Tiere" von Bujack und dem 1846 veröffentlichten „Verzeichnis der in Ost- und Westpreußen vorkommenden Wirbeltiere" von H. Rathke existierte eine systematische Zusammenstellung aller in Ostpreußen beobachteten Vogelarten bisher überhaupt noch nicht. Hartert selbst sah seine Aufsätze nur als eine erste Grundlage für eine planmäßige Durchforschung Preußens und ein umfassende Darstellung der ostpreußischen Avifauna an; doch gab er die weitere Verfolgung dieses Plans infolge ausgedehnter Reisen und seiner im Jahre 1892 erfolgten Anstellung als Direktor des Rothschildschen Museums in Tring später auf.

Seit Harterts Veröffentlichungen, die heute nur noch schwer erhältlich sind, ist nun die ornithologische Forschung außerordentlich rege gewesen; namentlich die Unterscheidung der verschiedenen geographischen Formen hat ungeahnte Fortschritte gemacht. Dabei hat es sich herausgestellt, daß die ostpreußischen Vertreter vieler Vogelarten von mitteldeutschen Stücken abweichen und weit mehr mit baltischen und skandinavischen Exemplaren übereinstimmen. Durch die Gründung der Vogelwarte Rossitten und die Tätigkeit der Faunistischen Sektion der Physikalisch-Ökonomischen Gesellschaft ist ferner die bisher in unserer Provinz ganz vernachlässigte Frage des Vogelzuges in den Vordergrund des Interesses gestellt. Eine ganze Reihe von Arten ist auch in den letzten Jahren neu für Ostpreußen nachgewiesen worden. Es erschien daher ein dringendes Erfordernis, alle diese neuen Tatsachen in einer modernen Anforderungen entsprechenden „Avifauna von Ostpreußen" zusammenzustellen. Vorbildlich waren dabei die schönen Arbeiten von Kollibay „Die Vögel der Preußischen Provinz Schlesien" und le Roi „Die Vogelfauna der Rheinprovinz".

Daß unsere Kenntnis von der ostpreußischen Vogelwelt, namentlich auch von der Verbreitung der einzelnen Arten innerhalb der Provinz, noch sehr viele Lücken aufweist, ergab sich bei der Sammlung und Bearbeitung des Materials auf Schritt und Tritt. Immerhin bildet die vorliegende Arbeit vielleicht doch eine geeignete Grundlage für weitere Forschungen auf dem Gebiet unserer Vogelwelt. In der Hauptsache kam es mir darauf an, alles Bekannte unter Berücksichtigung der gesamten Literatur übersichtlich zusammenzustellen. Daß dabei so kritisch wie möglich vorgegangen und so manche neu „entdeckte" Art wieder gestrichen werden mußte, erschien mir um so wichtiger, als viele später als unrichtig oder mindestens unbewiesen erkannte „Bereicherungen" der ostpreußischen Ornis in weit verbreitete Werke, wie die Neuausgabe des Naumann, oft sogar ohne Angabe des Autors, übergegangen sind.

Für die Mitteilung weiterer Beobachtungen und jede Berichtigung, sei es in bezug auf übersehene Literaturstellen oder sonstige wissenschaftliche Fragen, wäre ich äußerst dankbar. Ich beabsichtige, alles später in regelmäßigen Nachträgen zu veröffentlichen.

Heilsberg, 1. Februar 1914. Der Verfasser.

Dr Karl Ernst v. Baer — Ernst Hartert.

Dr. Fr. Lindner — J. Thienemann

# Die
# Vögel der Provinz Ostpreussen

Von

**F. Tischler**

Gedruckt mit Unterstützung durch die Provinz Ostpreußen und die Physikalisch-Ökonomische Gesellschaft zu Königsberg i. Pr.

Springer-Science+Business Media, B.V.
1914

ISBN 978-94-017-6503-9 ISBN 978-94-017-6670-8 (eBook)
DOI 10.1007/978-94-017-6670-8

Meinem lieben Freunde

Herrn Professor Dr. Thienemann

Rossitten

# Einleitung.

## I.

Die ältesten wissenschaftlich zu verwertenden Nachrichten über preußische Vögel verdanken wir J. Th. Klein. Von seinen Werken ist hier namentlich der 1750 erschienene „*Historiae avium Prodromus*" zu nennen, dem 1760 eine von Reyger herausgegebene deutsche Ausgabe folgte. Kleins Verdienst ist auch die Sammlung und Ergänzung der von Samuel Niedenthal gefertigten Vogelbilder, des sogenannten „*Aviarium prussicum*" oder „*Bareithanum*", das neuerdings von M. Braun (Zoolog. Annalen Bd. II, p. 77—134) und Gengler (J. f. O. 1912, p. 570—591; 1913, p. 205—228) eingehend bearbeitet ist. Zwar fehlen bei Klein speziell ostpreußische Fundortsangaben; wir erhalten aber doch durch ihn manche wertvollen Aufschlüsse, z. B. über die Erlegung einer brütenden Zwergtrappe, über das häufige Brüten der Wacholderdrossel und das Vorkommen der Alpenlerche.

Jacob Theodor Klein wurde am 15. August 1685 in Königsberg geboren, wo er auch studierte. Er bereiste dann Deutschland, England, Holland und Tirol und wurde 1713 als Stadtsekretär in Danzig angestellt. Er starb daselbst am 27. Februar 1759.

Im Jahre 1784 veröffentlichte dann F. S. Bock den „Versuch einer wirtschaftlichen Naturgeschichte von dem Königreich Ost- und Westpreußen". Bd. IV umfaßt die Wirbeltiere; er stimmt hinsichtlich der Vögel im wesentlichen mit den Aufsätzen überein, die Bock in den Jahren 1776—82 unter dem Titel „Preußische Ornithologie" in der Zeitschrift „Der Naturforscher" hatte erscheinen lassen.

Friedrich Samuel Bock, geb. am 20. Mai 1716 zu Königsberg, wurde 1743 daselbst Privatdozent der Philosophie. Von 1748—53 versah er die Stelle eines Feldpredigers, worauf er zum Konsistorialrat, ordentlichen Professor der griechischen Sprache und Aufseher der Schloßbibliothek ernannt wurde. Später trat er in die theologische Fakultät über, legte aber 1778 alle Ämter nieder. Er starb im September 1786.

Finden sich auch bei Bock schon vielfach genauere Fundortsangaben, so beginnt die eigentliche Erforschung der ostpreußischen Vogelwelt doch erst im Jahre 1820 mit der Begründung des Zoologischen Museums in Königsberg. Sein erster Direktor war K. E. v. Baer, dessen regem Eifer das rasche Anwachsen, namentlich auch der Sammlung ostpreußischer Vögel, zu danken ist. Bereits 1822 ließ er den „Begleiter durch das Zoologische Museum in Königsberg" erscheinen, und er war auch die Veranlassung, daß 1823 der Konservator Ebel das „Ornithologische Taschenbuch für Preußen" veröffentlichte.

Karl Ernst v. Baer, geb. am 28. Februar 1792 auf dem Landgut Piep in Estland, war von 1817—19 Privatdozent in Königsberg, 1819 wurde er daselbst zum außerordentlichen, 1822 zum ordentlichen Professor für Anatomie und Zoologie ernannt. 1834 ging er nach Petersburg. Er starb am 28. November 1876 in Dorpat.

Im ganzen beschäftigte sich v. Baer mit der Ornithologie doch nur vorübergehend, indem er mehr andere zum Sammeln anregte, als selbst beobachtete. Der erste „Feldornithologe" war Friedrich Löffler, dessen Verdienst um die Kenntnis von unserer Vogelwelt bisher viel zu wenig gewürdigt ist. In einer großen Reihe von Aufsätzen hat er in den „Preußischen Provinzial-Blättern" wertvolle Beobachtungen über den Vogelzug sowie über viele bemerkenswerte Vorkommnisse veröffentlicht. Sein Hauptinteresse galt den Eulen; wir verdanken ihm die ersten Nachrichten über das Brüten von Uraleule, Rauhfuß- und Sperlingskauz in Ostpreußen. Eine sehr erwünschte Ergänzung zu seinen Aufsätzen bieten die zahlreichen Briefe, meist ornithologischen Inhalts, die Löffler an v. Baer und Rathke schrieb. Sie befinden sich in den Akten des Königsberger Museums, wo ich sie eingehend benutzen konnte.

Friedrich Löffler, geb. am 17. April 1795 in Untermaßfeld in Sachsen-Meiningen, verließ im Herbst 1818 die Universität Halle, wo er drei Jahre Theologie studiert hatte, und kam als Predigtamtskandidat nach Preußen. Zunächst war er zwei Jahre lang Hauslehrer, u. a. auch im Samlande bei dem Oberamtmann Niederstätter auf Kirschnehnen. 1824 erhielt er die Rektorstelle in Gerdauen, wurde 1831 zweiter Prediger daselbst und starb am 21. Dezember 1855.

Hinter Löffler treten alle ostpreußischen Ornithologen in der ersten Hälfte des 19. Jahrhunderts zurück. 1837 erschien die „Naturgeschichte der höheren Tiere“ von Bujack, die vielfach Angaben über Vorkommen und Verbreitung ostpreußischer Arten enthält. Sie bildet den Text zu dem 1834 von Lorek herausgegebenen Bilderwerke, der „*Fauna Prussica*“. Rezensionen und Ergänzungen zu beiden Arbeiten lieferte v. Siebold. Unter dem Nachfolger v. Baers in der Leitung des Zoologischen Museums, Heinrich Rathke, werde ferner 1844 der in den 60er Jahren wieder eingegangene „Verein für die Fauna Preußens“ gegründet, dessen in den „Preußischen Provinzial-Blättern“ veröffentlichte Berichte auch mancherlei ornithologisches Material enthalten. 1846 schrieb Rathke selbst sein „Verzeichnis der in Ost- und Westpreußen vorkommenden Wirbeltiere“, das im wesentlichen auf Angaben Löfflers beruht. Das von ihm revidierte Manuskript befindet sich in den Museumsakten. Als Rathke 1860 starb, ging die Leitung des Zoologischen Museums auf Zaddach über, der über die Einlieferung neuer Arten in den Schriften der Physikalisch-Ökonomischen Gesellschaft Bericht erstattete.

Johann Gottlieb Bujack, geb. am 17. Januar 1787 in Wehlau, wurde 1810 Hilfslehrer und 1811 ordentlicher Lehrer am Kgl. Friedrichskolleg in Königsberg. 1838 wurde er zum Professor ernannt. Er starb am 10. Juni 1840.

Christian Gottlieb Lorek, geb. am 27. Juli 1788 in Konitz, war 1811—18 ordentlicher Lehrer an der städtischen höheren Töchterschule in Königsberg und unterrichtete zugleich in Mathematik und Naturwissenschaften an der Burgschule. An dieser wurde er 1813 Konrektor, 1835 Prorektor. 1838 erhielt er den Titel Professor. 1850 legte er infolge eines Augenleidens sein Amt nieder. Er starb am 29. Juni 1871.

Heinrich Rathke, geb. am 25. August 1793 in Danzig, studierte in Göttingen und Berlin Medizin und Zoologie, wurde 1828 als Professor der Physiologie nach Dorpat berufen. 1835 wurde er Professor der Anatomie und Zoologie in Königsberg, wo er am 15. September 1860 starb.

Karl Theodor Ernst v. Siebold, geb. am 16. Februar 1804 in Würzburg, war 1831—34 Stadtphysikus in Königsberg, 1834 Kreisphysikus in Heilsberg. Als Professor der Physiologie und Zoologie lebte er in Erlangen, Freiburg, Breslau und München. Er starb am 7. April 1885 in München.

Ernst Gustav Zaddach, geb. am 7. Juni 1817 in Danzig, wurde 1841 Lehrer der Naturgeschichte am Friedrichskolleg in Königsberg. 1844 habilitierte er sich an der Albertina für Zoologie. 1862 wurde er zum Direktor des Zoologischen Museums ernannt. Er starb am 5. Juni 1881.

Im allgemeinen ließ die Beschäftigung mit der Ornithologie in Ostpreußen nach Löfflers Tode immer mehr nach, da es an Beobachtern fehlte. Auch Böck, der als Prediger in Danzig lebte und in den Berichten über seine Privatschule — der 14. erschien Ostern 1852 — sehr viele interessante Vorkommnisse und zahlreiche neue Arten erwähnt, war nicht selbst Beobachter. Das meiste Material erhielt er vom Danziger Vogelmarkt. Angaben aus Ostpreußen finden sich bei ihm nur in sehr geringer Anzahl. Der einzige, der in dieser Zeit Teile unserer Provinz ornithologisch durchforschte, war Friedrich Freiherr v. Droste-Hülshoff, der von 1871—77 mancherlei wertvolle Aufsätze und Notizen veröffentlichte.

Freiherr Friedrich Julius Droste zu Hülshoff wurde am 23. Dezember 1833 zu Schloß Hülshoff bei Münster geboren. Von Geburt an schwächlich, studierte er Jura und Cameralia und trat dann bei der Regierung in Münster ein. Später ging er nach Königsberg und Potsdam. Eine Zeitlang war er noch in Münster tätig, wo er als Regierungsrat den Abschied nahm. Er erwarb einen kleinen Landsitz: Haus Brink bei Roxel, Landkreis Münster, und starb daselbst am 18. Januar 1905. Sein jüngerer Bruder war der bekannte Ornithologe Ferdinand v. Droste-Hülshoff.

In weiteren Ornithologen-Kreisen waren Löfflers Arbeiten kaum bekannt geworden, da die Preuß. Provinzial-Blätter außerhalb der Provinz wohl nur wenig gelesen wurden. So gerieten seine zahlreichen Entdeckungen bald völlig in Vergessenheit, und nur gerüchtweise verlautete noch gelegentlich, daß so seltene Arten wie Uraleule und Karmingimpel in Ostpreußen brüten sollten. Erst Hartert war es vergönnt, durch seine Publikationen das Interesse für die Vogelwelt Ostpreußens wachzurufen und damit eine neue Ära der planmäßigen Durchforschung unserer Provinz einzuleiten.

Ernst Hartert wurde zu Hamburg am 29. Oktober 1859 geboren. Die Versetzung seines Vaters als Kommandant von Pillau brachte ihn nach Ostpreußen. Zunächst bemühte er sich, die schon in Schlesien begonnene Eiersammlung zu vermehren, wozu die Umgegend von Königsberg und Pillau reichliche Gelegenheit bot. Nach Verlassen des Gymnasiums begann er sich auf Reisen vorzubereiten, erlernte die Präparation großer und kleiner Tiere von Künow, besuchte die Vorlesungen von Zaddach, verwandte aber jede freie Stunde auf Beobachten und Sammeln in freier Natur. Außer den Exkursionen in der Umgegend von Pillau und Königsberg durchwanderte er die Frische Nehrung, das Samland und machte Ausflüge an das Kurische Haff und nach Danzig sowie einmal nach Memel. 1882 und 1884 bereiste er je 3—4 Monate Litauen und Masuren und hielt sich besonders lange in der Rominter und Johannisburger Heide sowie am Mauer- und Spirdingsee auf.

Durch eine Reise in den westlichen Sudan in andere Bahnen gebracht, entschloß er sich 1887, den „Vorläufigen Versuch einer Ornis Preussens" zu veröffentlichen. 1892 folgte dann die Arbeit „On the Birds of East-Prussia", in der Hauptsache nur eine Übersetzung des „Versuchs" mit einigen Ergänzungen. Der Reise nach Westafrika folgte eine längere Reise 1887—89 nach Indien, Malacca und Sumatra. Ende 1889 wurde er nach Frankfurt berufen, um den Katalog der Vogelsammlung im Senckenbergischen Museum zu schreiben, 1891 nach London, um die Cypseliden usw. für den Catalogue of the Birds in the British Museum zu bearbeiten, 1892 reiste er nach Venezuela und wurde in demselben Jahre Direktor des Rothschildschen Museums in Tring. In der Folgezeit machte er dann noch verschiedene Reisen, so 1901 nach Marokko und Teneriffa, 1908, 1909, 1911 und 1913 nach Algerien, 1912 ins Herz der Sahara.

Nachdem Hartert Ostpreußen verlassen hatte, galt es vor allem, auf der von ihm geschaffenen Grundlage weiter zu bauen und auch Gebiete, die er nicht oder nur flüchtig besucht hatte, eingehender zu untersuchen. Aus den 90er Jahren sind neben einer Reihe bemerkenswerter Aufsätze und Notizen von Ehmcke, v. Hippel, Robitzsch und Techler namentlich die Arbeiten von Szielasko und Fr. Lindner zu nennen.

Alfred Szielasko, geb. am 28. November 1864 in Emmashof bei Duneyken, Kreis Oletzko, besuchte das Gymnasium in Lyck bis Prima und wurde 1885 technischer Gehilfe am Zoologischen Museum in Königsberg. In den Jahren 1886—87 hörte er zoologische und geographische Vorlesungen. 1887 siedelte er nach Berlin über, wurde dann Postbeamter und brachte es bis zum Postassistenten. Im April 1899 besuchte er wieder das Gymnasium in Wehlau, wo er Michaelis 1899 die Reifeprüfung bestand. Er studierte dann in Königsberg Medizin, machte 1904 sein Staatsexamen und promovierte mit der Arbeit „Untersuchungen über die Gestalt und Bildung der Vogeleier" zum Dr. med. 1905 ließ er sich in Nordenburg als Arzt nieder, machte 1906 eine Reise als Schiffsarzt nach Brasilien und im September 1906 nach dem südlichen Eismeer bis Südgeorgien. Im Herbst 1912 siedelte er nach Lyck und später nach Klaussen bei Lyck über.

Besonders wichtig für die Erforschung der ostpreußischen Vogelwelt sind seine Aufsätze über das Brutgeschäft von *Aquila pomarina, Syrnium uralense* und *Mergus serrator*.

Friedrich Lindner, geb. am 13. April 1864 in Crössuln, Kreis Weißenfels, besuchte bis 1883 das Stiftsgymnasium in Zeitz. Von Ostern 1883 studierte er in Leipzig und Halle Theologie, bestand 1888 sein erstes theologisches Examen und ging dann nach Königsberg. Hier studierte er drei Semester Naturwissenschaften und besuchte schon im April 1888 die Kurische Nehrung. Im August desselben Jahres kam er zum ersten Male nach Rossitten, wo er bis 1892 alljährlich einige Zeit weilte. 1889 ging er nach Zeitz zurück, wurde 1892 Diakonus in Osterwieck, 1907 Pfarrer in Quedlinburg und 1912 Oberpfarrer daselbst. 1900 promovierte er in Leipzig zum Dr. phil. mit der Arbeit „Grundstein zur Ornis des Fallsteingebietes".

Durch Lindners begeisterte Schilderungen war die Kurische Nehrung als Vogelzugstraße ersten Ranges entdeckt worden. In einer Reihe von Aufsätzen lenkte er die Aufmerksamkeit weitester Kreise auf die bisher nur wenig gekannte „Preußische Wüste". Auf seine Anregung hin besuchten andere Ornithologen die Nehrung, wie Th. Zimmermann, William Baer, der von hier aus 1896 einen erfolgreichen Ausflug in das damals noch fast ganz unbekannte Memeldelta unternahm, und Thienemann. Leider verloren Lindners wissenschaftliche Publikationen über die Nehrungsornis an Wert, da sie teilweise auf Mitteilungen und „Entdeckungen" eines ornithologischen Schriftstellers beruhten, deren Unzuverlässigkeit erst später festgestellt wurde.

Was Lindner bereits als wünschenswert vorgeschwebt hatte, gelang der Tatkraft Thienemanns. Im Jahre 1901 wurde die Vogelwarte Rossitten begründet, deren Tätigkeit, namentlich auf dem Gebiet des Vogelzuges, die Anerkennung aller kompetenten Ornithologen gefunden hat. Die Ringversuche, mit denen Thienemann schon in kurzer Zeit glänzende Erfolge erzielte, sind geradezu vorbildlich geworden und haben zu einer regen Tätigkeit auf diesem Gebiete angespornt.

Johannes Thienemann, geb. am 12. November 1863 in Gangloffsömmern in Thüringen als Sohn des bekannten Ornithologen Pfarrers W. Thienemann, besuchte das Gymnasium in Sondershausen und das Stiftsgymnasium in Zeitz. 1885 bestand er die Reifeprüfung, studierte in Leipzig und Halle Theologie, bestand beide theologische Examina in Halle und Magdeburg und war dann in Leipzig, Osterwieck und Badersleben als Lehrer tätig. Einer alten Familientradition folgend, beschäftigte er sich schon von frühester Jugend an mit Ornithologie. 1901 wurde er zum Leiter der Vogelwarte Rossitten ernannt, studierte dann noch Zoologie in Königsberg und promovierte 1906 zum Dr. phil. mit der Arbeit „Untersuchungen über *Taenia tenuicollis* Rud. mit Berücksichtigung der übrigen Musteliden-Taenien". 1908 wurde er zum Kustos am Zoologischen Museum in Königsberg ernannt, mit dem Auftrage, die Vogelwarte Rossitten zu verwalten. 1910 erhielt er den Titel Professor.

Eine Zentralstelle für die ornithologische Durchforschung unserer Provinz bildet die im Jahre 1905 gegründete Faunistische Sektion der Physikalisch-Ökonomischen Gesellschaft. Unter der Leitung der Herren Geheimer Regierungsrat Professor Dr. Braun und Professor Dr. Lühe sind wichtige Arbeiten auf dem Gebiete der Vogelkunde geleistet. Als besonders bemerkenswert seien hier erwähnt die Beobachtungen über den Frühlingszug, die 1905 und 1908 veranstalteten Rundfragen über die Verbreitung verschiedener Vogelarten und die Zählung der Storchnester, die in den Jahren 1905 und 1912 erfolgte.

## II.

Die Lage Ostpreußens im äußersten Nordosten von Deutschland bringt es mit sich, daß Vogelarten, deren Brutgebiet im nördlichen Rußland liegt, bei uns weit häufiger als Wintergäste oder Durchzügler erscheinen als sonst in Deutschland. Andererseits ist auch das Gebiet selbst so abwechslungsreich, daß die Zahl der bei uns brütenden Arten verhältnismäßig hoch ist. Eigentliche Seevögel fehlen allerdings als Brutvögel in Ostpreußen ganz, da die Küste meist zu steil, der eigentliche Strand zu schmal ist, und da vor allem nirgends flache Inseln vorgelagert sind. Dafür findet aber an der Seeküste ein außerordentlich starker Vogelzug statt, der besonders auf den Nehrungen sehr ins Auge fällt.

Die beiden Haffe beherbergen an ihren Festlandsufern ein recht reges Vogelleben, namentlich das Kurische Haff in dem von W. Baer und später von den Brüdern E. und W. Christoleit und Hildebrandt eingehender erforschten Memeldelta mit seinen riesigen Erlenwäldern, seinen ausgedehnten Wiesenflächen und Mooren. Zwergmöwe, schwarzschwänzige Uferschnepfe, Kampfläufer, Doppelschnepfe, Kranich, Uhu, Karmingimpel, Flußrohrsänger und Blaukehlchen sind besonders charakteristische Vertreter der Ornis dieses Gebiets.

In den großen litauischen Fichtenwäldern, in der Rominter und Borker Heide treten wiederum manche Raubvögel, wie der Schreiadler, ausgesprochene Waldbewohner, wie Haselhuhn, Zwergfliegenfänger u. a. in bemerkenswerter Zahl auf. Manche dieser Reviere beherbergen ferner gar nicht selten die Uraleule und andere den Tannenhäher. Auch der schwarze Storch horstet hier noch verhältnismäßig am zahlreichsten in der Provinz.

Wesentlich verschieden ist wiederum die Vogelwelt in Masuren, dem südlichen und südöstlichen Teile von Ostpreußen. Die dort so zahlreichen Landseen bieten einer Masse von Schwimmvögeln, von denen Höckerschwan, Schell- und Reiherente, Gänsesäger und mittlerer Säger die bemerkenswertesten sind, geeignete Brutplätze. Die sandigen masurischen Kiefernwälder beherbergen noch so manchen Raubvogel, wie See-, Fisch-, Schrei- und Schlangenadler, schwarzen Milan und Wanderfalken sowie die gewöhnlichen Bewohner der Kiefernheiden: Misteldrossel, Heidelerche, Brachpieper und Nachtschwalbe, während natürlich viele Arten, die den Laubwald oder fruchtbaren, wohlangebauten Boden lieben, hier fehlen oder seltener sind.

Gewisse durch ihre Vogelwelt bemerkenswerte Gebiete lassen sich also sicherlich unterscheiden; doch sind die Grenzen natürlich nirgends scharf. Szielasko teilt in seinem „Versuch einer Avifauna des Regierungsbezirks Gumbinnen" (Ornith. Jahrb. 1893, p. 45—61) den früheren Regierungsbezirk Gumbinnen in 4 Gebiete ein:

1. Masuren, nach Norden begrenzt durch die Linie Goldap—Angerburg,
2. die obere litauische Ebene, nördlich begrenzt von der Linie Eydtkuhnen—Insterburg,
3. die untere litauische Ebene, begrenzt von der Linie Gilge—Ragnit—Laugszargen,
4. die Niederung.

Seine Angaben über die Verbreitung der einzelnen Arten in diesen Gebieten treffen aber heutzutage in vielen Fällen nicht mehr zu. Sie beruhen wohl auch vielfach allzusehr auf nicht immer zuverlässigen Mitteilungen ungeschulter Beobachter.

Verhältnismäßig wenige Teile von Ostpreußen sind bisher ornithologisch genau durchforscht. Gut bekannt ist uns eigentlich nur die Kurische Nehrung durch die Tätigkeit von Lindner, le Roi und Thienemann und der südliche Teil des Kreises Friedland, wo ich in der Umgebung von Bartenstein, speziell auf dem Rittergute Losgehnen, seit fast 20 Jahren eingehend beobachtet und gesammelt habe. Vielfach erwähnt ist im speziellen Teil der bei Bartenstein gelegene, 152 ha große Kinkeimer See, dessen Lage, Vegetation und Vogelwelt ich bereits früher wiederholt geschildert habe (Ornith. Monatsschrift 1906, p. 260—277, 1909, p. 239—241; Schriften der P. Ö. Ges. 1907, p. 101—104).

Um einen Vergleich zwischen dem Vogelleben an der Küste und im Binnenlande, namentlich auch, was den vielfach voneinander abweichenden Zug angeht, zu ermöglichen, habe ich bei den meisten Arten die Beobachtungen von der Kurischen Nehrung und aus der Bartensteiner Gegend besonders ausführlich wiedergegeben.

Nachgewiesen sind bisher im ganzen für Ostpreußen 305 Arten und Unterarten mit 193 (187 jetzigen und 6 früheren) Brutvögeln, davon für die Kurische Nehrung 248 Arten mit 114 (darunter 6 früheren) und für den Kreis Friedland 216 Arten mit 129 (darunter 8 früheren) Brutvögeln.

Verzeichnisse der sämtlichen bisher für Ostpreußen festgestellten sowie der für die Kurische Nehrung und den Kreis Friedland nachgewiesenen Arten finden sich am Anfange des speziellen Teils. Mit Rücksicht auf das sehr verbreitete Lindnersche Verzeichnis der Nehrungsornis erschien es mir besonders wichtig, aus den oben angegebenen Gründen ein neues, mit Unterstützung Thienemanns gründlich revidiertes Verzeichnis aufzustellen.

## III.

Von Sammlungen ostpreußischer Vögel ist in erster Reihe die des Zoologischen Museums in Königsberg zu nennen, die viele interessante Belegstücke enthält. Leider tragen nur wenige der in älterer Zeit aufgestellten

Vögel eine Zeit- und Ortsangabe, gewöhnlich nur die nichtssagende Bezeichnung „Preußen". Dank der Liebenswürdigkeit der Herren Geheimrat Braun, Professor Dr. Lühe und Dr. Dampf war es mir jedoch möglich, die gesamten Museumsakten von 1820, also der Zeit der Gründung, an genau durchzusehen. Aus dem Briefverkehr mit Hilfe der Akzessionskataloge und des Hauptkatalogs sowie der auf den Etiketten befindlichen Notizen gelang es mir denn auch, für die meisten der im Museum befindlichen Vögel den genauen Fundort und die Erlegungszeit festzustellen. Ich bin dabei vielfach zu Ergebnissen gelangt, die von denen anderer Autoren abweichen.

Die auf der Kurischen Nehrung vorgekommenen Arten sind in der schönen Sammlung der Vogelwarte Rossitten enthalten. Es finden sich dort viele ausgezeichnet präparierte aufgestellte Stücke sowie eine Anzahl Bälge, von manchen Arten auch interessante Balgserien.

Wertvolle Mitteilungen über die im Museum A. Koenig in Bonn befindlichen ostpreußischen Vögel gab mir Herr Dr. le Roi. Über die Sammlung der Forstakademie Eberswalde erhielt ich Aufschluß durch den von Altum 1887 herausgegebenen „Führer durch die Zoologischen Sammlungen der Kgl. Forstakademie Eberswalde" und Mitteilungen von Herrn Professor Dr. Eckstein, über die Sammlung C. v. Erlangers in Nieder-Ingelheim durch den von Hilgert 1908 veröffentlichten „Katalog der Kollektion v. Erlanger". Die von Hartert in Ostpreußen gesammelten Vögel gelangten zum großen Teile (die von 1882 sämtlich) mit der Sammlung E. v. Homeyers in das Braunschweiger Museum. Durch vielfache Hinweise von R. Blasius in der Neuausgabe des Naumann und eingehende Mitteilungen des verstorbenen Herrn Geheimrat W. Blasius war es mir möglich, auch diese wertvolle Sammlung für meine Arbeit zu benutzen.

Von privaten Vogelsammlungen erwähnt Hartert öfters die des Herrn Talke in Gr. Blandau. Sie befindet sich jetzt im Leipziger Museum, wo Herr Professor Dr. A. Voigt sie liebenswürdigerweise für mich durchmusterte. Dem verstorbenen Konservator Künow in Königsberg und Herrn Apotheker Zimmermann in Danzig, die die Talkeschen Vögel größtenteils präpariert haben, verdanke ich vielfache Angaben über die Herkunft bemerkenswerter Stücke.

Von sonstigen Privatsammlungen, die ich eingehend untersucht habe, nenne ich die wertvolle Eiersammlung des Herrn Dr. Szielasko in Klaußen bei Lyck, die schönen Balgsammlungen der Herren Rittergutsbesitzer Ulmer in Quanditten und Apotheker Zimmermann in Danzig, sowie die Sammlungen von aufgestellten Vögeln der Herren Polizeitierarzt Gude in Ragnit, Landmesser Schlonski in Johannisburg und Professor Selzer in Tilsit. Ich selbst besitze eine Sammlung von etwa 1300 ostpreußischen Vögeln in aufgestellten Stücken und Bälgen in 224 Arten; es befinden sich in ihr die Belege für fast alle meine Bartensteiner Beobachtungen.

Schließlich habe ich auch noch einige Schulsammlungen besichtigt und in ihnen manchen schönen Fund gemacht, so die Sammlungen der Gymnasien in Tilsit und Osterode, des Realgymnasiums in Tilsit, des Reformgymnasiums in Goldap und der Landwirtschaftsschule in Heiligenbeil.

Bei der oft sehr schwierigen Beschaffung der Literatur sowie auch sonst in wissenschaftlichen Fragen haben mich in liebenswürdigster Weise die Herren Geh. Regierungsrat Professor Dr. Reichenow in Berlin, Professor Schalow in Berlin-Grunewald und Dr. O. le Roi in Bonn unterstützt. Die Herren Pfarrer Kleinschmidt in Dederstedt und Oberstabsarzt Dr. Gengler in Erlangen haben bereitwilligst eine Reihe von Vögeln meiner Sammlung untersucht und mit ihrem großen Material aus andern Gegenden verglichen. Außer ihnen bin ich für zahlreiche Mitteilungen auf wissenschaftlichem und literarischem Gebiet den Herren W. Baer, Assistent am zoologischen Institut der Forstakademie in Tharandt, † Geheimrat W. Blasius in Braunschweig, † Dr. E. Detmers in Frankfurt a. M., Professor Dr. Eckstein in Eberswalde, Dr. E. Hartert in Tring, † Amtsrichter Dr. Henrici in Dt. Eylau, Oberpfarrer Dr. Lindner in Quedlinburg

Dr. A. **Szielasko** in Klaußen bei Lyck, Professor Dr. **Thienemann** in Rossitten, V. **Ritter v. Tschusi zu Schmidhoffen** in Hallein, Professor Dr. A. **Voigt** in Leipzig, Apotheker Th. **Zimmermann** in Danzig zu Dank verpflichtet.

Vor allem möchte ich auch an dieser Stelle den Herren Geheimrat Professor Dr. **Braun** und Professor Dr. **Lühe** meinen verbindlichsten Dank aussprechen für die tatkräftige Unterstützung, die sie mir in weitgehendstem Maße jederzeit haben zuteil werden lassen.

Allen denjenigen Herren, die mir in entgegenkommendster Weise ihre Beobachtungen zur Verfügung gestellt und bereitwillig auf meine Anfragen Auskunft erteilt haben, danke ich gleichfalls für ihre freundliche Mitarbeit, die mir größtenteils erst das Zustandekommen dieses Werks ermöglichte. Es sind dies die im Text vielfach namentlich erwähnten Herren

**Balzer**, Präparator in Königsberg.
**Borowski**, Privatschuldirektor in Schlochau.
Dr. L. v. **Boxberger**, Amtsrichter in Barten.
**Brettmann**, Forstmeister in Rothebude.
**Büchler**, Kaufmann und Präparator in Goldap.
**Ernst Christoleit**, Prediger in Rogahlen bei Benkheim.
**Walter Christoleit**, Forstaufseher in Kl. Ottenhagen bei Gr. Lindenau.
**Correns**, Oberförster in Jura.
**Dobbrick**, Lehrer in Treul bei Neuenburg.
**Ehmcke**, Landgerichtsrat a. D. in Wiesbaden.
**Fibelkorn**, Rektor und Hilfsprediger in Mohrungen.
**Goldbeck**, Pfarrer in Weinsdorf.
**Gude**, Polizeitierarzt in Berlin.
**Heck**, Lutz, stud. rer. nat. in Freiburg.
**Hildebrandt**, Katasterzeichner in Celle.
† **Höpfner**, Rittergutsbesitzer in Böhmenhöfen.
**Krause**, Oberförster in Sadlowo.
† **Künow**, Konservator in Königsberg.
Dr. **Lech**, Gymnasialprofessor in Osterode.
**Liebeneiner**, Forstmeister in Dingken.
**Liedtke**, Gutsbesitzer in Jagotschen.
**Möschler**, Präparator in Rossitten.
**Nagel**, Förster in Pfeilings.
**Otto**, Administrator in Losgehnen.
**Pannke**, Oberförster in Drygallen.
**Picht**, Forstmeister in Schwalgendorf.
**Picht**, Forstverwalter in Dönhofstädt.
**Pflanz**, Oberförster in Wichertshof.
**Reger**, Büchsenmacher in Königsberg.
**Reinberger**, Landgerichtsdirektor in Lyck.
**Schlonski**, Landmesser in Johannisburg.
**Schuchmann**, Präparator in Königsberg.
**Schütze**, Regierungsassessor in Berlin.
**Selzer**, Professor in Tilsit.
**Settegast**, Amtsvorsteher in Werden bei Heydekrug.
**Sondermann**, Förster und Präparator in Paossen bei Skaisgirren.
**Techler**, Lehrer in Szameitschen bei Gumbinnen.
**Ulmer**, Rittergutsbesitzer in Quanditten.
**Vogel**, Gymnasialprofessor in Königsberg.
**Wels**, Hegemeister in Burgdorfshöhe bei Norkitten.
**Wendlandt**, Forstmeister in Alt-Lüdersdorf.

Soweit im Text bei einem Autor ein Hinweis auf den Ort der Veröffentlichung, der meist durch Beifügung der Nummer des Literaturverzeichnisses gegeben ist, fehlt, beruhen die Angaben auf mündlichen oder schriftlichen Mitteilungen der betreffenden Mitarbeiter. Wo kein Gewährsmann angegeben ist, handelt es sich stets um eigne Beobachtungen, und zwar, sofern nichts anderes gesagt ist, um die Umgegend von Bartenstein und speziell das Rittergut Losgehnen. Die bei den Präparatoren eingelieferten bemerkenswerten Vögel habe ich mit Ausnahme der Sondermannschen, über die ich mich durch die sorgfältig geführten Eingangsbücher informierte, meist selbst untersucht.

Zum Schlusse sei noch eine kurze Bemerkung über das Schmerzenskind der Ornithologie, die Nomenklatur, gestattet. Ich habe mich im wesentlichen den von Hartert befolgten Grundsätzen, wie er sie in seinen „Vögeln der paläarktischen Fauna" und in der „Hand-List of British Birds" zum Ausdruck bringt, angeschlossen; dabei aber auch die Beschlüsse des Internationalen Zoologenkongresses in Monako vom Jahre 1913 berücksichtigt. Ich gebe jedoch stets die gebräuchlichsten Synonyme an, so daß auch derjenige, der mit den neueren Arbeiten auf diesem Gebiet nicht vertraut ist, sich leicht zurechtfinden wird. In systematischer Beziehung bin ich fast ganz dem von Reichenow in seinen „Kennzeichen der Vögel Deutschlands" angewandten System gefolgt.

---

## IV.

# Literaturverzeichnis.

Das nachstehende Verzeichnis umfaßt die ornithologische Literatur, soweit sie sich auf Ostpreußen bezieht, bis zum 1. Februar 1914. Die darin gebrauchten Abkürzungen sind folgende:

D. J. Z. = Deutsche Jägerzeitung.
Gef. Welt = Gefiederte Welt.
J. f. O. = Journal für Ornithologie.
M. V. = Mitteilungen über die Vogelwelt.
O. C. = Ornithologisches Centralblatt.
O. J. = Ornithologisches Jahrbuch.
O. M. B. = Ornithologische Monatsberichte.
O. M. S. = Ornithologische Monatsschrift.
P. Ö. G. = Schriften der Physikalisch-Ökonomischen Gesellschaft.
Pr. Prov.-Bl. = Preußische Provinzialblätter.
Schwalbe = Mitteilungen des Ornithologischen Vereins Wien.
W. H. = Wild und Hund.
Weidw. = Weidwerk in Wort und Bild (Beiblatt zur Deutschen Jägerzeitung).
Zool. Beob. = Zoologischer Beobachter.
Zool. Gart. = = Zoologischer Garten.
Zeitschr. für Ool. = Zeitschrift für Oologie, herausgegeben von Krause.
Z. O. O. = Zeitschrift für Oologie und Ornithologie.

---

1. Altum, Bernard, Forstzoologie. Bd. II. Vögel. 2. Aufl. Berlin 1880.
2. — [Notiz über *Colymbus nigricollis* und *Strix dasypus.*] (O. C. 6. Jahrg., 1881, p. 20.)
3. — Zur genauen Kenntnis des Uralkauzes aus Ostpreußen. (J. f. O. 32. Jahrg., 1884, p. 267—271).
4. — Führer durch die Zoologischen Sammlungen der Königlichen Forstakademie Eberswalde. Eberswalde 1887.

5. **Altum, Bernard,** [Hakengimpel, Schelladler und Rotfußfalken in Ostpreußen.] (J. f. O. 36. Jahrg., 1888, p. 109.)
6. — und v. Varendorf, [Schelladler in Ostpreußen]. (J. f. O. 39. Jahrg., 1891, p. 36.)
7. — [Hakengimpel in Ostpreußen]. (O. M. S. 17. Jahrg., 1892, p. 477.)
8. — Auftreten hochnordischer Landvögel in unsern Gegenden im Spätherbst und Vorwinter 1892. (Nitzsches Illustr. Jagdzeit. XX. Jahrg., 1892/93, p. 216.)
9. — [Notiz über *Aquila clanga* und *Carpodacus erythrinus*]. (O. M. B. 1. Jahrg., 1893, p. 120.)
10. — Über Formen des Rebhuhns, *Starna cinerea* L. (J. f. O. 42. Jahrg., 1894, p. 254—269.)
11. — Bemerkungen über den Steppenbussard. (O. M. B. 4. Jahrg., 1896, p. 49—51.)
12. Ausschuß für Beobachtungsstationen der Vögel Deutschlands. II. Jahresbericht (1877). (Ostpreußischer Mitarbeiter: Spalding.) (J. f. O. 26. Jahrg., 1878, p. 370—436.)
13. — III. Jahresbericht (1878). (Ostpreußischer Mitarbeiter: Spalding.) (J. f. O. 28. Jahrg., 1880, p. 12—96.)
14. — IV. Jahresbericht (1879). (Ostpreußischer Mitarbeiter: Spalding.) (J. f. O. 28. Jahrg., 1880, p. 358—407.)
15. — VI. Jahresbericht (1881). (Ostpreußischer Mitarbeiter: Spalding.) (J. f. O. 31. Jahrg., 1883, p. 13—76.)
16. — VII. Jahresbericht (1882). (Ostpreußische Mitarbeiter: Robitzsch, Schmidt, Spalding.) (J. f. O. 32. Jahrg., 1884, p. 1—52.)
17. — VIII. Jahresbericht (1883). (Ostpreußische Mitarbeiter: Robitzsch, Spalding, Volkmann.) (J. f. O. 33. Jahrg., 1885, p. 225—337.)
18. — IX. Jahresbericht (1884). (Ostpreußische Mitarbeiter: Euen, Hartert, Kampmann, Robitzsch.) (J. f. O. 34. Jahrg., 1886, p. 129—387.)
19. — X. Jahresbericht (1885). (Ostpreußische Mitarbeiter: Baecker, Eckert, Euen, Kuhn, Langer, Lemke, Meier, Robitzsch.) (J. f. O. 35. Jahrg., 1887, p. 337—615.)
20. — XI. Jahresbericht (1886). (Ostpreußische Mitarbeiter: Eckert, Kuhn, Langer, Robitzsch.) (J. f. O. 36. Jahrg., 1888, p. 313—571.)
21. — XII. Jahresbericht (1887). (Ostpreußischer Mitarbeiter: Robitzsch.) (J. f. O. 40. Jahrg., 1892, p. 237—253.)
22. Baenitz, Reiherhorste in Ostpreußen. (Naturwissenschaftl. Wochenschr. 1889, p. 254.)
23. v. Baer, Karl Ernst, Begleiter durch das Zoologische Museum in Königsberg. 1822.
24. — Ornithologische Fragmente. (Froriep, Notizen aus dem Gebiete der Natur- und Heilkunde Bd. 10, 1825, p. 259—266; 278—280.)
25. — Anfrage wegen der wilden Schwäne. (Pr. Prov. Bl. 10, 1833, p. 770.)
26. — Über die in Preußen vorkommenden Gänse und Enten. (Pr. Prov. Bl. Bd. 11, 1834, p. 24—27.)
27. Baer, William, Das Brüten von *Larus minutus* in Deutschland. (O. M. B. 4. Jahrg., 1896, p. 128—129.)
28. — Zur Ernährung einheimischer Vogelarten. (O. M. B. 5. Jahrg., 1897, p. 125—127.)
29. — Über braune und rote Färbungen der Unterseite von Enten. (O. M. B. 5. Jahrg., 1897, p. 144—145.)
30. — Neue Brutplätze von *Locustella fluviatilis* in Deutschland. (O. M. S. 26. Jahrg., 1901, p. 149.)
31. — Aus der Vogelwelt des Memeldeltas. (O. M. S. 28. Jahrg., 1903, p. 359—370.)
32. — Die Brutplätze des Kranichs in Deutschland. (O. M. S. 32. Jahrg., 1907, p. 7, 97, 131, 164, 196, 227, 271, 300, 410, 432; Ostpreußen: p. 98—104.)

33. v. Bassewitz, [Schneeeule erlegt]. (D. J. Z. Bd. 26, 1895/96, p. 673.)
34. T. v. B. (=Tortilowicz v. Batocki), [Zwergtrappe in Ostpreußen]. (W. H. XIII. Jahrg., 1907, p. 882.)
35. Blasius, Rudolf, Naturhistorische Studien und Reiseskizzen aus der Mark und Pommern. (O. M. S. 9. Jahrg., 1884, p. 146—166.)
36. — Der Wanderzug der Tannenhäher durch Europa im Herbst 1885 und im Winter 1885/86. (Ornis II, 1886, p. 437—550).
37. — Der Tannenhäher in Deutschland. (Ornis 1882, p. 239ff.)
38. — Vogelleben an den deutschen Leuchttürmen. (Ornis VI, 1890, p. 547—590; VII, 1891, p. 1—280; VIII, 1895, p. 33—138, 577—592; X, 1900, p. 293—476.)
39. — Der Tannenhäher in Deutschland im Herbst und Winter 1893/94. (Ornis VIII, 1896, p. 223—252.)
40. — Schlußfolgerungen aus den ornithologischen Beobachtungen an deutschen Leuchttürmen in dem zehnjährigen Zeitraum von 1885 bis 1894. (Ornis VIII, 1896, p. 593—620.)
41. Bock, Friedrich Samuel, Preußische Ornithologie. (Der Naturforscher VIII. Stück, 1776, p. 39—61; IX. Stück, 1776, p. 39—60; XII. Stück, 1778, p. 131—144; XIII. Stück, 1779, p. 201—223; XVII. Stück, 1782, p. 66—116.)
42. — Versuch einer wirtschaftlichen Naturgeschichte von dem Königreich Ost- und Westpreußen. Bd. IV. Dessau 1784.
43. Böck, Beiträge zur Ornithologie. (IV. Bericht über meine Privatschule, Ostern 1842.)
44. — Beiträge zur Ornithologie. (VI. Bericht über meine Privatschule, Ostern 1844, p. 3—17.)
45. — Beiträge zur Ornithologie. (VII. Bericht über meine Privatschule, Ostern 1845, p. 3—18.)
46. — Beiträge zur Ornithologie. (IX. Bericht über meine Privatschule, Ostern 1849, p. 3—33.)
47. — Beiträge zur Ornithologie. (XII. Bericht über meine Privatschule, Ostern 1850, p. 3—22.)
48. — Beiträge zur Ornithologie. (XIII. Bericht über meine Privatschule, Ostern 1851, p. 3—21.)
49. — Beiträge zur Ornithologie. (XIV. Bericht über meine Privatschule, Ostern 1852, p. 3—14.)
50. Bolle, Carl, Das kirgisische Steppenhuhn *(Syrrhaptes paradoxus)* in Deutschland während des Frühlings 1863, ein Beitrag zur ornithologischen Tageschronik. (J. f. O. 11. Jahrg., 1863, p. 241—248.)
51. Borggreve, Bernard, Die Vögel Norddeutschlands. Berlin 1869.
52. — Erster Nachtrag zur Vogelfauna von Norddeutschland. (J. f. O. 19. Jahrg., 1871, p. 210—224.)
53. Brandstätter, Fritz, Auf der Kurischen Nehrung. (Weidmann Bd. 18, 1887, p. 433—434, 444—445.)
54. Braun, Maximilian, [Über die Ankunftszeit der Störche und anderer Zugvögel in Ostpreußen]. (P. Ö. G. 46. Jahrg., 1905, p. 164—169.)
55. — [Pelikane in Altpreußen]. (P. Ö. G. 46. Jahrg., 1905, p. 180—181.)
56. — [Sammlung von Originalabbildungen preußischer Vögel aus den Jahren 1655—1737]. (P. Ö. G. 46. Jahrg., 1905, p. 188—192.)
57. — [Vorkommen von Trappen in Preußen]. (P. Ö. G. 46. Jahrg. 1905, p. 192—193.)
58. — Jac. Th. Kleins *Aviarium prussicum.* (Zool. Annalen Bd. II, 1906, p. 77—134.)
59. — [Über ein Storchnest auf ebener Erde]. (P. Ö. G. 47. Jahrg., 1906, p. 80—83.)
60. — [Zahl und Verbreitung des Hausstorchs in Ostpreußen]. (P. Ö. G. 47. Jahrg., 1906, p. 141—148.)
61. — [Die Häufigkeit einiger Vogelarten in Ostpreußen]. (P. Ö. G. 47. Jahrg., 1906, p. 277—280.)

62. **Braun, Maximilian**, [Ornithologische Mitteilungen; I. Storchnest auf ebener Erde, II. Schopfreiher bei Goldap erlegt sowie über das Vorkommen von Reihern in Preußen]. (P. Ö. G. 47. Jahrg., 1906, p. 285—290.)
63. — Ältere Markierungsversuche an Vögeln. (O. M. B. 15. Jahrg., 1907, p. 59—60.)
64. — Die Besiedelung Ostpreußens mit Störchen. (29. Ber. des Westpr. Botan.-Zool. Vereins. Danzig 1907, p. 1—4.)
65. — [Die Nistweise des Storches]. (P. Ö. G. 48. Jahrg., 1908, p. 280—290.)
66. **Brehm, Alfred Edmund**, Tierleben Bd. 4—6: Vögel. 2. Auflage. Leipzig 1878/79.
67. — Tierleben. 4. Aufl., herausgegeben von **Otto zur Straßen**. Vögel Bd. I—IV. Leipzig und Wien. 1911—1913.
68. **Bujack, Johann Gottlieb**, Naturgeschichte der höheren Tiere mit besonderer Berücksichtigung der Fauna Prussica. Königsberg 1837.
69. — Über preußische Naturforscher des 16., 17. und 18. Jahrhunderts. (Pr. Prov. Bl. Bd. 23, 1840, p. 344—359.)
70. **Bünger, H.**, [Zahlreiche *Buteo lagopus* bei Rossitten]. (J. f. O. 45. Jahrg., 1897, p. 193.)
71. **Christoleit, Ernst**, Zum Gesang des Zwergfliegenfängers. (O. J. 10. Jahrg., 1899, p. 217—224.)
72. — Der Gesang des Pirols. (O. M. S. 24. Jahrg., 1899, p. 114—116.)
73. — [Tannenmeise, Wacholder-Gallmückenlarven vertilgend]. (O. M. S. 24. Jahrg., 1899, p. 154.)
74. — [Der Pirol als Vertilger von Raupen des Kiefernspinners]. (O. M. S. 24. Jahrg., 1899, p. 246—247.)
75. — [Abnorme Färbung bei Turmfalkenweibchen]. (O. M. S. 24. Jahrg., 1899, p. 374—375.)
76. — [Abweichende Nistweise des kleinen Fliegenfängers (*Muscicapa parva*)]. (O. M. S. 24. Jahrg., 1899, p. 377—379.)
77. — Über die Stimme des Karmingimpels. (O. J. 11. Jahrg., 1900, p. 153 bis 160.)
78. — [Notiz über rotrückigen Würger]. (O. M. S. 25. Jahrg., 1900, p. 135.)
79. — [Ueber ein Buchfinkenpaar]. (O. M. S. 25. Jahrg., 1900, p. 135.)
80. — Zur Stimme des Waldwasserläufers. (O. M. S. 25. Jahrg., 1900, p. 485—487.)
81. — [Schnurrender Grünspecht]. (O. M. S. 25. Jahrg., 1900, p. 493—494.)
82. — Ein Schwarzspechtpaar und seine Mieter im Laufe von 4 Jahren. (O. M. S. 26. Jahrg., 1901, p. 21—30, 97—107.)
83. — Zum Gesange des Schlagschwirls. (O. M. S. 26. Jahrg., 1901, p. 107 bis 109.)
84. — [Meisen und Laubvögel auf gemeinsamen Herbststreifzügen]. (O. M. S. 26. Jahrg., 1901, p. 145—146.)
85. — Gefiederte Wintergäste im Hafen von Memel im Winter 1900/01. (J. f. O. 50. Jahrg., 1902, p. 290—331.)
86. — Zum Ankunfts- und Abzugstermin des Mauerseglers in Ostpreußen. (O. M. S. 27. Jahrg., 1902, p. 68—72.)
87. — [Eigentümliches Verhalten zweier Wanderfalken]. (O. M. S. 27. Jahrg., 1902, p. 74.)
88. — [Knäkente sich an Hausenten anschließend]. (O. M. S. 27. Jahrg., 1902, p. 80.)
89. — [Rotkehlchen am Seestrande Nahrung suchend]. (O. M. S. 27. Jahrg., 1902, p. 81.)
90. — Über ein Vorkommen des Schelladlers (*Aquila maculata*) in Ostpreußen. (O. M. S. 29. Jahrg., 1904, p. 309—311.)
91. — [Eine zutrauliche Löffelente]. (O. M. S. 29. Jahrg., 1904, p. 345.)
92. — Zur Frage des sogenannten Baumlaubvogels. (O. M. S. 32. Jahrg., 1907, p. 147—149.)
93. — [Angespülte tote Eismöwe]. (O. M. S. 32. Jahrg., 1907, p. 160.)

94. **Christoleit, Ernst**, Eine neue Futtervorrichtung. (M. V. 10. Jahrg., 1910, p. 1—3.)
95. — Notizen über den Schreiadler (*Aquila naevia*) und Verwandte. (M. V. 10. Jahrg., 1910, p. 161—162, 169—170.)
96. — [Zur Naturgeschichte des Steinwälzers]. (M. V. 11. Jahrg., 1911, p. 40—41.)
97. — Mittlere Raubmöwen in Ostpreußen. (O. M. B. 20. Jahrg., 1912, p. 69—74.)
98. **Christoleit, Walter**, [Über das Vorkommen der Habichtseule]. (D. J. Z. Bd. 37, 1901, p. 612—613.)
98a. — Der Schreiadler (*Aquila naevia*). (Ebenda Bd. 41, 1903, p. 144.)
99. — [Vogelzugnotizen aus Ostpreußen]. (D. J. Z. Bd. 41, 1903, p. 807.)
100. — Von unsern Schwänen (*Cygnus olor* et *musicus*). (Weidw., Bd. 17, 1907/08, p. 49—56.)
101. — [Zum Vorkommen seltener Brutvögel in Deutschland und Österreich-Ungarn]. (D. J. Z. Bd. 57, 1911, p. 571—572.)
102. **Czeczatka**, [Tannenhäher beobachtet]. (D. J. Z. Bd. 57, 1911, p. 809.)
103. **Dach, Ludwig** (v. **Hatten**), Seltene Eulen. (W. H. Bd. VII, 1901, p. 278—280, 728.)
104. — [*Ad vocem* Habichtseule]. [D. J. Z. Bd. 37, 1901, p. 241—242.)
105. — Moorhühner in Ostpreußen. (Weidw. Bd. 11, 1901, p. 300—302.)
106. — Fremde Gäste, Skizzen aus dem ostpreußischen Winterwald. (D. J. Z. Bd. 38, 1901/02, p. 149 ff.)
107. — Ein seltener Fund. (Weidw. Bd. 12, 1902, p. 23—26.)
108. — Eine bunte Gesellschaft in der Zugzeit. (Weidw. Bd. 12, 1902, p. 261—264.)
109. **Detmers, Erwin**, Ein Beitrag zur Kenntnis der Verbreitung einiger jagdlich wichtiger Brutvögel in Deutschland. (Veröffentl. des Instituts für Jagdkunde Neudamm. Bd. I. Heft No. 5, p. 65—164. Neudamm 1912.)
110. **Doberleit, F.**, [Steppenhühner]. (Weidmann Bd. 20, 1889, p. 73.)
111. — [Zum Tannenhäherzug]. (Weidmann Bd. 20, 1889, p. 73.)
112. — [Krähenjagd auf der Kurischen Nehrung]. (Weidmann Bd. 21, 1890, p. 223, 225.)
112 a. **Döring, H.**, Einiges über den Drausensee, seine Bewohner und Pflanzen. (Pr. Prov. Bl. neue Folge Bd. 1, 1844, p. 325—345.)
112. b. — Über die Vögel und Fische des Drausensees. (Ebenda, Bd. 3, 1847, p. 125—131.)
113. v. **Dombrowski, E.**, Über die neue Einwanderung von Steppenhühnern. (Weidmann Bd. 19, 1888, p. 295.)
114. — Zur Einwanderung des Steppenhuhns. (Weidmann Bd. 19, 1888, p. 311—313, 321, 327—328, 343—344, 366.)
115. **Frhr. v. Droste-Hülshoff, Ferdinand**, Eine kritische Musterung der periodischen Wintergäste und der Irrgäste Deutschlands. (Bericht über die XVIII. Versamml. der Deutsch. Ornith. Gesellschaft. Münster 1871, p. 62—96.)
116. **Frhr. v. Droste-Hülshoff, Friedrich**, Ornithologische Notizen aus Ostpreußen. (Bericht über die XVIII. Versammlung der Deutsch. Ornith. Gesellsch. Münster 1871, p. 52—54.)
117. — Der wilde Schwan in Pommern und Preußen. (Bericht über die XIX. Versammlung der Deutsch. Ornith. Gesellsch. 1872, p. 57—62.)
118. — Der Singschwan auf dem Benseesee. (Bericht über die XIX. Versamml. der Deutsch. Ornith. Gesellsch. 1872, p. 62—64.)
119. — *Surnia nisoria* bei Königsberg. (Ebenda p. 64—65.)
120. — Die Resultate, welche die Anbringung von Nistkästen für Höhlenbrüter in den Staatsforstrevieren des Regierungsbezirks Königsberg ergeben hat. 1867—1871. (Ebenda p. 75—84.)

121. Frhr. v. Droste-Hülshoff, Friedrich, [Brief vom 6. Oktober 1872 bezügl. *Pastor roseus, Tichodroma* etc.]. (Bericht über die XX. Versamml. der Deutsch. Ornith. Gesellsch. 1873, p. 28—29.)
122. — [Störche als Vertilger von Feldmäusen]. (Zool. Garten XIV, 1873, p. 153—154.)
123. — Der Krähenfang am Kurischen Haff (mit Berichten von E. v. Olfers und Rumler). (Zool. Gart. XIV, 1873, p. 335—343.)
124. — Der Entenstrich bei Pillau. (Zool. Gart. XV, 1874, p. 12—19.)
125. — [Über Zugvögel]. (Zool. Gart. XV, 1874, p. 32—33.)
126. — [Kampfplatz der Pfuhlschnepfe]. (Ebenda p. 115—116.)
127. — Aphorismen über das frühere und jetzige Vorkommen einiger Wildarten in Deutschland. (Nitzsches Illustr. Jagdztg. IV. Jahrg., 1876/77, p. 80—82, 197—200, 207—209.)
128. v. Duisburg, Hieronymus, Ein seltener Vogel. (Pr. Prov.-Bl. 3. Folge 1859 Bd. 2, p. 313—316.)
129. Ebel, Carl Ludwig, Ornithologisches Taschenbuch für Preußen oder Beschreibung der in Preußen und den umliegenden Gegenden vorkommenden Vögel für Jäger, Jagdliebhaber und Naturforscher. Königsberg 1823.
130. Eckstein, K., Das Vorkommen des schwarzen Storchs in Preußen. (Verh. des V. Intern. Ornithol. Kongr., Berlin 1911, p. 271—272.)
131. — Die Erhebungen der staatlichen Stelle für Naturdenkmalpflege über das Vorkommen des schwarzen Storchs und des Fischreihers in Preußen, nach Ziel, Methode und Ergebnis. (Beiträge zur Naturdenkmalpflege Bd. II, 1912, p. 223—233.)
132. Ehmcke, H., Vogelwelt von Danzig und Umgebung. (in: „Danzig in naturwissenschaftlicher und medizinischer Beziehung. Gewidmet den Mitgliedern und Teilnehmern der 53. Versamml. deutscher Naturforscher und Aerzte“. Danzig 1880, p. 63—77.)
133. — [*Syrrhaptes paradoxus* in Ostpreußen]. (J. f. O. 37. Jahrg., 1889, p. 83—84.)
134. — [Mitteilung von Techler über Vorkommen von *Buteo desertorum*]. (J. f. O. 38. Jahrg., 1890, p. 130); dazu Berichtigung von Matschie, (Ebenda 39. Jahrg., 1891, p. 21—22.)
135. — [2 *Otis tarda* im Kreise Darkehmen erlegt]. (J. f. O. 39. Jahrg. 1891, p. 19.)
136. — [Vorkommen von *Loxia pityopsittacus*]. (Ebenda p. 22.)
137. — [3 *Circus macrurus* und 1 *Nyctea ulula* bei Goldap erlegt]. (Ebenda p. 40.)
138. — [Auftreten von Steppenweihe und Sperbereule]. (O. J. 2. Jahrg. 1891, p. 43.)
139. — [Notizen Techlers über seltene Vögel]. (J. f. O. 40. Jahrg., 1892, p. 134); dazu Berichtigung von Hartert bezüglich *Locustella luscinioides*. (Ebenda.)
140. — [Notizen Techlers über ostpreußische Zugvögel]. (J. f. O. 41. Jahrg. 1893, p. 114.)
141. — [Beschreibung von *Buteo Zimmermannae* Ehmcke]. (Ebenda p. 117 bis 118); dazu Bemerkungen von Matschie und Reichenow (Ebenda.)
142. — [Mitteilungen über *Buteo Zimmermannae*]. (J. f. O. 42. Jahrg., 1894, p. 104.)
143. — [Früheres Brüten der Schneeeule bei Pillkallen]. (J. f. O. 45. Jahrg., p. 193.)
144. — [Bemerkungen über *Buteo Zimmermannae*]. (J. f. O. 46. Jahrg., 1898, p. 140—146.)
145. — Die ausgestorbenen und aussterbenden Tiere Ostpreußens. Vortrag, gehalten in der Altertumsgesellschaft zu Insterburg am 24. April 1885. Brandenburg a. H. 1900.

146. Ehmcke, H., Über das Vorkommen des Steinadlers in Ostpreußen. (O. M. S. 25. Jahrg., 1900, p. 136—138.)
147. — [Notiz über Steppenhuhn]. (O. M. B. 16. Jahrg., 1908, p. 132.)
148. Frhr. v. Erlanger, Carlo, Kurze Betrachtungen über die Gruppe der Edelfalken. (J. f. O. 51. Jahrg., 1903, p. 289—301.)
149. Erner, Hans Georg, [Schneeeule im März im Samlande gefangen]. (Weidw. Bd. 19, 1910, p. 354—355.)
150. Floericke, Curt, Winterbeobachtungen 1891/92. (O. J. 3. Jahrg., 1892, p. 182—183.)
151. — Über den Gesang des Karmingimpels. (O. M. S. 17. Jahrg. 1892, p. 117—119.)
152. — [Notiz über *Limicola pygmaea*]. (O. M. B. 1. Jahrg., 1893, p. 159.)
153. — [Über den Herbstzug 1893]. (O. M. B. 1. Jahrg., 1893, p. 192.)
154. — Vogelleben auf der Kurischen Nehrung. (O. J. 4. Jahrg., 1893, p. 1—11.)
155. — [Ornithologische Exkursion auf der Kurischen Nehrung]. (J. f. O. 42. Jahrg., 1894, p. 109.)
156. — Ornithologischer Bericht von der Kurischen Nehrung. I. (Ebenda, p. 136—155.)
157. — Neue Bereicherungen der Ornis Ostpreußens. (O. M. S. 19. Jahrg., 1894, p. 10—12.)
158. — Ein Beitrag zur Kreuzschnabelfrage. (O. M. B. 3. Jahrg., 1895, p. 58—60.)
159. — Neues von der Kurischen Nehrung. (O. M. B. 3. Jahrg., 1895, p. 124—126.)
160. — [Über den Vogelzug im Herbst 1895]. [Ebenda, p. 160—161.)
161. — Erster Nachtrag zur Ornis der Kurischen Nehrung. (Schwalbe 19. Jahrg., 1895, p. 3 ff.)
162. — Ornithologische Mitteilungen von der Kurischen Nehrung. (Gef. Welt, XXIV, 1895, p. 109—110, 113—114, 121—122, 129—130, 137—138, 145—146, 251—252, 257—258, 265—266, 274—276, 283—284; XXV, 1896, p. 4—6, 11—12, 17—18.)
163. — Ornithologischer Bericht von der Kurischen Nehrung. II. (J. f. O. 44. Jahrg., 1896, p. 67—81.)
164. — Ornithologischer Bericht von der Kurischen Nehrung. III. (Ebenda p. 399—415.)
165. — [Über den Herbstzug 1895). (O. M. B. 4. Jahrg., 1896, p. 25.)
166. — [Über *Turdus Naumanni* und *Larus leucopterus*]. (Ebenda p. 55.)
167. — Zwei neue Brutvögel Ostpreußens. (Ebenda p. 156—157.)
168. — [Notiz über *Branta ruficollis*]. (Ebenda, p. 177.)
169. — Neue Bereicherungen der Ornis Ostpreußens. (O. M. S. 21. Jahrg., 1896, p. 245—249.)
170. — Zweiter Nachtrag zur Ornis der Kurischen Nehrung. (Schwalbe 20. Jahrg., 1896, p. 10—15.)
171. — Ornithologischer Bericht von der Kurischen Nehrung. IV. (J. f. O. 45. Jahrg., 1897, p. 480—498.)
172. — Zur Baumläufer- und Sumpfmeisenfrage. (O. M. B. 5. Jahrg., 1897, p. 23—24.)
173. — [Notiz über *Nyctala Tengmalmi*]. (O. M. B. 5. Jahrg., 1897, p. 47.)
174. — Naturgeschichte der Deutschen Sumpf- und Strandvögel. Magdeburg 1897.
175. — Naturgeschichte der Deutschen Schwimm- und Wasservögel. Magdeburg 1898.
176. — [Invasion von Hakengimpeln]. (M. V. 8. Jahrg., 1908, p. 186.)
177. — [Seeadler]. (M. V. 9. Jahrg., 1909, p. 181—182.)
178. — [Von der Kurischen Nehrung]. (Ebenda p. 183—184.)
179. — (Konrad Ribbeck) [Aus Ostpreußen]. (M. V. 10. Jahrg., 1910, p. 8.)

180. Frentzel-Beyme, [Zwergtrappe bei Memel erlegt]. (D. J. Z. Bd. 44, 1904/05, p. 249.)
181. Friderich, C. G., Naturgeschichte der Deutschen Vögel. 4. Aufl. Stuttgart 1891.
182. Friedrich, [Steinadler im Fuchseisen gefangen]. (D. J. Z. Bd. 54, 1909/10, p. 572.)
183. Gebauer, Wahrnehmung des Wiederzugs der Vögel am Ostseestrande bei Warnicken im Frühjahr 1834 nach einem außerordentlich gelinden Winter im Januar und Februar, aber bei rauher, kalter Witterung im März und April. (Pr. Prov. Bl. Bd. 12, 1834, p. 278—279.)
184. Gengler, J., *Emberiza citrinella* ♂ ad. Ein Versuch, den Goldammer nach der Färbung gewisser Gefiederpartien in geographische Gruppen einzuteilen. (J. f. O. 55. Jahrg., 1907, p. 249—282.)
185. — Der Formenkreis *Emberiza citrinella* L. 1758. (O. J. 23. Jahrg., 1912, p. 88—92.)
186. — Die Kleinschen Vogelbilder. (J. f. O. 60. Jahrg., 1912, p. 570—591; 61. Jahrg., 1913, p. 205—228).
187. Frhr. Geyr v. Schweppenburg, Hans, *Muscicapa parva* (Bechst.) auf Rügen und in Ostpreußen. (Zeitschr. für Ool. 1. Jahrg., 1911, p. 81—83.)
188. — [Abzug des Mauerseglers; Nistweise des Zwergfliegenfängers]. (J. f. O. 60. Jahrg., 1912, p. 119.)
189. — Zur Ornis von Ost- und Westpreußen. (J. f. O. 61. Jahrg., 1913, p. 143—161.)
190. Gigalski, [Unsere Vogelwelt im Winter]. (P. Ö. G. 46. Jahrg., 1905, p. 181—187.)
191. Gloger, Constantin Lambert, Vollständiges Handbuch der Naturgeschichte der Vögel Europas, mit besonderer Berücksichtigung auf Deutschland. Erster Teil die deutschen Landvögel enthaltend. Breslau 1834.
192. Grote, H., Beiträge zur heimischen Avifauna. (O. M. B. 13. Jahrg., 1905, p. 1—7.)
193. Haase, O., Ornithologische Notizen aus St. Hubertus. (O. M. B. 3. Jahrg., 1895, p. 172—179; 4. Jahrg., 1896, p. 169—173; 6. Jahrg., 1898, p. 37—47; 8. Jahrg., 1900, p. 161; 10. Jahrg., 1902, p. 85—91, 104—109.)
194. v. Hagen, Otto, Die forstlichen Verhältnisse Preußens. Berlin 1867.
195. — Die forstlichen Verhältnisse Preußens. 2. Aufl. v. K. Donner. Bd. II, p. 137—142. Berlin 1883.
196. Hartert, Ernst, [Geyer in Ostpreußen.] (Nitzsches Illustr. Jagdzeit. VIII. Jahrg., 1880/81, p. 218.)
197. — [Noch mehr Geyer in Ostpreußen]. (Ebenda IX. Jahrg., 1881/82, p. 19.)
198. — Zur Kenntnis der Uraleule. (Schwalbe 9. Jahrg., 1885, p. 7—9, 19—20; dazu Nachschrift von E. v. Homeyer. Ebenda p. 20.)
199. — Die Feinde der Jagd. Berlin 1885.
200. — Vorläufiger Versuch einer Ornis Preußens. (Schwalbe 11. Jahrg., 1887, p. 111—115, 130—131, 145—146, 161—164, 173—181.)
201. — [Ungeflecktes, sehr großes Schreiadlerei aus Ostpreußen. (J. f. O. 37. Jahrg., 1889, p. 197.)
202. — Ornithologische Notizen. (Ebenda 38. Jahrg., 1890, p. 100—103.)
203. — [Zum Benehmen der Sperbereule]. (Ebenda 39. Jahrg., 1891, p. 394—396.)
204. — Allerlei vom Wanderfalken. (O. M. S. 16. Jahrg., 1891, p. 203—205.)
205. — On the Birds of East-Prussia. (Ibis 1892, p. 353—372, 504—522.)
206. — *Carpodacus erythrinus* (Pall.), der Karmingimpel. (O. M. S. 17. Jahrg., 1892, p. 11—16.)

207. Hartert, Ernst, Zum Vorkommen der Zwergmöwe in Deutschland. (O. M. B. 1. Jahrg., 1893, p. 64—65.)
208. — Systematische, nomenklatorische und andere Bemerkungen über deutsche Vögel. (O. M. B. 1. Jahrg., 1893, p. 165—171, 185—190.)
209. — Ueber die Häufigkeit des Ortolans in Ostpreußen. (Ebenda 2. Jahrg., 1894, p. 39—40.)
210. — Zum Brüten von *Eudytes arcticus* in Norddeutschland. (Ebenda p. 94.)
211. — Die Vögel der paläarktischen Fauna. Systematische Übersicht der in Europa, Nordasien und der Mittelmeerregion vorkommenden Vögel. Heft I—VIII. Berlin 1903—13.
212. — Jourdain, F. C. R.; Ticehurst, N. F. and Witherby, H. F. A Hand-List of British Birds. London 1912.
213. Hartwig, W., Zwei seltene Brutvögel Deutschlands (*Muscicapa parva* Bechst. und *Muscicapa collaris* Bechst.). (J. f. O. 41. Jahrg., 1893, p. 121—132.)
214. Hellmayr, C. E., Einige Bemerkungen über die Graumeisen. (O. J. 11. Jahrg., 1900, p. 201—217).
215. Helm, F., Betrachtungen über die Beweise Gaetkes für die Höhe des Wanderfluges der Vögel. (J. f. O. 48. Jahrg., 1900, p. 435—452.)
216. — Ornithologische Beobachtungen. (Ebenda 53. Jahrg., 1905, p. 563—600, insbes. p. 577.)
217. Helm, Johannes (v. Hatten), [Vom Vogelzuge aus Ostpreußen]. (D. J. Z. Bd. 41, 1903, p. 868—869.)
218. — [Kormorane aus Ostpreußen verschwunden]. (Ebenda Bd. 42, 1903/04, p. 522.)
219. — [Aus Ostpreußen]. (Ebenda Bd. 49, 1907, p. 781—784.)
220. Hennicke, Carl R., [Eine neue Vogelfreistätte im Binnenlande]. (O. M. S. 38. Jahrg., 1913, p. 119.)
221. Henrici, F., Über die Bedeutung der Vogelwelt Westpreußens. (Schriften der Naturf. Gesellsch. zu Danzig. Neue Folge X. Bd., 4. Heft, p. 28—40, 1902.)
222. Hensche, W., [*Sylvia locustella* am Kurischen Haff]. (P. Ö. G. 4. Jahrg., 1863, Sitzungsber. p. 12.)
223. Hesse, Erich, Kritische Untersuchungen über *Piciden* auf Grund einer Revision des im Kgl. Zoologischen Museum zu Berlin befindlichen Spechtmaterials. (Mitteil. aus dem Zoolog. Museum in Berlin 6. Bd., 1912, p. 133—261.)
224. Hildebrandt, Georg, Die Vogelwelt in Heydekrug. (M. V. 10. Jahrg., 1910, p. 12.)
225. Hilgert, Carl, Katalog der Kollektion v. Erlanger in Nieder-Ingelheim a. Rh. Berlin 1908.
226. v. Hippel, Carl, [Einiges über das Vorkommen des Uralkauzes (*Syrnium uralense*) in Ostpreußen]. (D. J. Z. Bd. 19, 1892, p. 348.)
227. — Über Vorkommen einiger, zum Teil seltener Vögel der Provinz Ostpreußen. (O. J. 4. Jahrg., 1893, p. 32—35.)
228. — Aufzeichnungen über seltenere Vögel der Provinz Ostpreußen. (O. J. 4. Jahrg., 1893, p. 152—157.)
229. — [Haselwild in Ostpreußen]. (D. J. Z. Bd. 22, 1893/94, p. 517.)
230. — [Eulen aus Ostpreußen]. (D. J. Z. Bd. 24, 1894/95, p. 258.)
231. — [Notiz über Schneehühner etc.]. (Ebenda p. 356—357.)
232. — [Schneeammern]. (Ebenda p. 392.)
233. — [Ein seltener Raubvogel]. [D. J. Z. Bd. 25, 1895, p. 160.) Dazu Kleinschmidt (ebenda p. 249).
234. — [*Cinclus melanogaster* bei Lyck erlegt]. (Ebenda Bd. 26, 1895/96, p. 438.)
235. — [Steinadler horstend in Ostpreußen?]. (Ebenda p. 673.)
236. — [Frühlingsboten in Ostpreußen]. (D. J. Z. Bd. 32, 1898/99, p. 825.)

237. Holtz, Ludwig, Über das Steppenhuhn — *Tetrao paradoxus* Pall. = *Syrrhaptes Pallasii* Temm. = *Syrrhaptes paradoxus* Illig. und dessen Einwanderung in Europa nebst Beobachtungen über dasselbe im Freileben und in der Gefangenschaft. Greifswald 1888.

238. — Über das Steppenhuhn, *Syrrhaptes paradoxus* Illig. und dessen zweite Masseneinwanderung in Europa im Jahre 1888. Berlin 1890.

239. Holz, [Zum Vorkommen seltener Brutvögel in Deutschland und Österreich-Ungarn]. (D. J. Z. Bd. 57, 1911, p. 125—126.)

240. v. Homeyer, Eugen Ferdinand, [Ferd. Baron Droste, Bericht über die XVIII. Versammlung der Deutschen Ornithologen-Gesellschaft 1870]. (J. f. O. 20. Jahrg., 1872, p. 305—309).

241. — Bemerkungen über einige Vögel Norddeutschlands. (Ebenda p. 332—340.)

242. — [Vorkommen von *Calamoherpe fluviatilis* bei Ibenhorst]. (J. f. O. 23. Jahrg., 1875, p. 123.)

243. — Reise nach Helgoland, den Nordseeinseln Sylt, Lyst etc. Frankfurt a. M. 1880.

244. — [*Acrocephalus horticola* bei Königsberg erlegt]. (In: Müller, Adolf und Karl, Tiere der Heimat, Buch II. Kassel 1883.)

245. Höpfner, P., [Brief vom 27. März 1873 bezügl. *Surnia nisoria*]. (Bericht über die XX. Versammlung der deutschen Ornith. Gesellsch. 1873, p. 29.)

246. — [Brief vom 3. Oktober 1873 bezügl. *Corythus enucleator* L. etc.]. (Bericht über die XXI. Versamml. der deutschen Ornith. Gesellsch. 1875, p. 101—103.)

247. — [Steppenhühner im August 1889 bei Böhmenhöfen]. (Gef. Welt 1889, No. 36.)

248. — [Seidenschwänze im April in Ostpreußen]. (D. J. Z. Bd. 19, 1892, p. 93.)

249. Jägerskiöld, L. A., Über die im Sommer 1911 in Schwedisch-Lappland vorgenommene Markierung von Rauhfußbussarden (*Archibuteo lagopus* L.). (J. f. O. 61. Jahrg., 1913, p. 380—381.)

250. Jahresberichte der forstlich-phänologischen Stationen Deutschlands. Herausgegeben im Auftrage des Vereins deutscher forstlicher Versuchsanstalten an der Großherz. Hessischen Versuchsanstalt zu Gießen. I.—X. Jahrg. (1885—94). Berlin, Verlag von Julius Springer. 1886—96.

251. Jussat, G., [Winterliche Beobachtungen der Amsel in Litauen]. (P. Ö. G. 52. Jahrg., 1911, p. 90.)

252. Just, [Kuttengeier in Ostpreußen erlegt]. (D. J. Z. Bd. 23, 1894, p. 506.)

253. Kaeber, [Städtische Maßnahmen zum Vogelschutze]. (P. Ö. G. 53. Jahrg., 1912, p. 89—90.

254. Graf v. Kalnein, Eckart, [Partieller Albinismus bei Fasanen]. (St. Hubertus 30. Jahrg., 1912, p. 122—123.)

255. Klein, Jacob Theodor, *Historiae avium Prodromus.* Lübeck 1750.

256. — Verbesserte und vollständigere Historie der Vögel. Herausgegeben von Gottfried Reyger. Danzig 1760.

257. Klein, J. Fr. (v. Hatten), [Zwerggänse in Ostpreußen erlegt]. (D. J. Z. Bd. 46, 1905/06, p. 200.)

258. Kleinschmidt, Otto, Über das Variieren des *Garrulus glandarius* und der ihm nahestehenden Arten. (O. J. 4. Jahrg., 1893, p. 167—219.)

259. — *Acanthis linaria exilipes* (Dresser) in Deutschland. (O. M. B. 2. Jahrg., 1894, p. 189.)

260. — *Parus borealis* Liljeb. sicher für Deutschland, Ostpreußen, nachgewiesen. (O. M. B. 4. Jahrg., 1896, p. 191—192.)

261. — Beiträge zur Ornis des Großherzogtums Hessen-Nassau. IV. *Parus salicarius* C. L. Brehm und die ähnlichen Sumpfmeisenarten. (J. f. O. 45. Jahrg., 1897, p. 112—137.)

262. Kleinschmidt, Otto, [*Dendrocopus minor pipra* in Ostpreußen erlegt]. (Ebenda p. 509—510, 517); dazu Bemerkung von Hartert (ebenda).
263. — *Certhia brachydactyla* und *Parus borealis* in Deutschland. (O. M. B. 5. Jahrg., 1897, p. 61—62.)
264. — Die paläarktischen Sumpfmeisen. (O. J. 8. Jahrg., 1897, p. 45—103.)
265. — *Parus borealis* brütet in Ostpreußen. (O. M. S. 23. Jahrg., 1898, p. 29—31.)
266. — Der Falkenbussard, *Buteo Zimmermannae* Ehmcke. (O. M. S. 23. Jahrg., 1898, p. 214—217.)
267. — *Aquila fulvescens* Gray in Europa? (O. M. B. 8. Jahrg., 1900, p. 65—66.)
268. — Der Formenkreis *Falco Hierofalco* und die Stellung des ungarischen Würgfalken in demselben. (Aquila VIII, Jahrg., 1901, p. 1—49.)
269. — Ornis von Marburg a. d. Lahn. (J. f. O. 51. Jahrg., 1903, p. 313—393, 440—507.)
270. — *Saxicola borealis*. (Berajah 1905, Leipzig.)
271. — Beobachtungen über Sperber. (Falco 3. Jahrg., 1907, p. 42—45.)
272. — *Corvus Nucifraga*. Eine Monographie des Tannenhehers. (Berajah 1909/10, Halle a. S.)
273. — Neues über *Parus Salicarius*. I. Nicht *Parus borealis*, sondern *Parus bianchii* in Ostpreußen? (Falco 6. Jahrg., 1910, p. 17—18.)
274. — Realgattung *Falco Peregrinus*. Eine Monographie des Wanderfalken und zugleich eine Studie über das Wesen des Rasse in freier Natur. (Berajah 1912— , Halle a. S.)
275. — Realgattung *Parus Salicarius*. Eine Monographie der Erlkönigmeise und zugleich eine kritische Studie über Entwicklungslehre und Artbegriff. (Berajah 1912— , Halle a. S.)
275a. — Die Singvögel der Heimat. Leipzig 1913.
275b. — Tannenheherzug in Sicht. (Falco 9. Jahrg., 1913, p. 41—42.)
275c. — Ueber den Eichelheher Sardiniens. (O. M. B. 21. Jahrg., 1913, p. 181—182.)

276. Klemens, [Zum Vorkommen seltener Brutvögel in Deutschland und Österreich-Ungarn. 17]. (D. J. Z. Bd. 56, 1910/11, p. 372.)

277. Klemusch, A., [Zum Vorkommen seltener Brutvögel in Deutschland und Österreich-Ungarn]. (D. J. Z. Bd. 56, 1910/11, p. 483—484); dazu nachträgliche Bemerkungen von Ulmer und Klemusch (ebenda p. 820—821).

278. — [Zwei Uhus gefangen]. (D. J. Z. Bd. 56, 1910/11, p. 495.)

279. Graf v. Klinkowström, [Ein Weidenschneehuhn (*Lagopus saliceti*) in Ostpreußen]. (Weidmann Bd. 21, 1890, p. 275.)

280. „Klosterjäger", [Rauhfußbussard noch im Mai in Ostpreußen]. (D. J. Z. Bd. 55, 1910, p. 313—314); dazu Bemerkung von E. Schäff (ebenda p. 314).

281. Koch, A., Die Wiederkehr der Störche. (Pr. Prov. Bl. Bd. 14, 1835, p. 307—309.)

282. Kollibay, Paul, [Notiz über Steppenweihen]. (O. M. B. 5. Jahrg., 1897, p. 180—181.)

283. Koske, F., Statistische Übersicht der in den preußischen Staatsforsten noch vorhandenen Wildhühner. (Zeitschr. für Ornith. und prakt. Geflügelzucht, Stettin 1885, p. 161—163.)

284. Krohn, H., Der Fischreiher und seine Verbreitung in Deutschland. Leipzig 1903.

285. — Die Brutverbreitung der Möwen und Seeschwalben in Deutschland. (O. M. S. 30. Jahrg., 1905, p. 206—217, 259—270, 302—314.)

286. Krüger, Heinrich, [Turmfalken als Fischer]. (O. M. S. 15. Jahrg., 1890, p. 347.)

287. Kurella, H. und v. Jordans, A., Zum Tannenhäherzug im Jahre 1911. (Veröffentl. des Instituts für Jagdkunde Neudamm Bd. I, 1912, Heft 4, p. 53—64.)

288. Kuwert, [Über das Vorkommen von *Nucifraga caryocatactes* in Ostpreußen]. (J. f. O. 16. Jahrg., 1868, p. 405.)

289. — Ornithologische Notizen. (Ebenda 18. Jahrg., 1870, p. 203—206.)

290. Leverkühn, Paul, Literarisches über das Steppenhuhn. II. Revue nebst Originalmitteilungen über die 1888er Invasion. (O. M. S. 14. Jahrg., 1889, p. 343—351, 371—376, 398—406.)

291. — Literarisches über das Steppenhuhn. III. (Schluß-) Revue nebst Originalmitteilungen über die 1888er Invasion. (O. M. S. 16. Jahrg., 1891 p. 101—118, 143—148.)

292. — Literarisches über das Steppenhuhn nebst Originalmitteilungen über die 1888er Invasion. Nachtrag. (O. M. S. 17. Jahrg., 1892, p. 30—37.)

293. Lichtenstein, H., Beitrag zur ornithologischen Fauna von Kalifornien nebst Bemerkungen über die Artkennzeichen der Pelikane und über einige Vögel von den Sandwichinseln. (Abhandl. der Kgl. Akad. der Wissenschaften zu Berlin aus dem Jahre 1838; 1839, p. 417—451, besonders p. 438.)

294. — Eine seltene Varietät des Schreiadlers, *Falco naevius*. (J. f. O. 1. Jahrg. 1853, Extraheft p. 69—72 mit Tafel.)

295. Linck, W., Die Ural- oder Habichtseule (*Syrnium uralense*) in Ostpreußen. (D. J. Z. Bd. 40, 1902/03, p. 487—488, 503—505, 520—522.)

296. Lindner, Carl, *Muscicapa parva*. II. Zur Literatur über den Zwergfliegenfänger. (Schwalbe 20. Jahrg., 1896, p. 42—57.)

297. Lindner, Friedrich, [Seidenschwänze]. (O. M. S. 13. Jahrg., 1888, p. 133.)

298. — Die zweite Einwanderung des Faust- oder Steppenhuhns (*Syrrhaptes paradoxus*). (Ebenda p. 172—178.)

299. — [Steppenhühner auf der Kurischen Nehrung]. (Ebenda p. 369.)

300. — [Tannenheher]. (Ebenda p. 393.)

301. — [Steppenhühner]. (Ebenda p. 454.)

302. — [Die letzten Schwalben]. (Ebenda p. 469.)

303. — [Raubwürger]. (Ebenda p. 469.)

304. — Unsere Strandläufer. I. Das Freileben. (O. M. S. 13. Jahrg., 1888, p. 461—466; 14. Jahrg., 1889, p. 59—62.)

305. — [Wieder Steppenhühner!?]. (O. M. S. 14. Jahrg., 1889, p. 236.)

306. — Ornithologischer Monatsbericht für die Umgebung von Königsberg i. Pr. (Ebenda p. 253—256.)

307. — [Notiz über *Gallinula pusilla*]. (Ebenda p. 463.)

308. — [Turmfalke, Fische fangend]. (Ebenda p. 466.)

309. — [Albino von Feldlerche]. (Ebenda p. 497.)

310. — [Steppenweihen]. (O. M. S. 15. Jahrg., 1890, p. 458—459.)

311. — [Lachmöwe mit Balggeschwulst]. (Ebenda p. 483.)

312. — [Selten schöner Melanismus beim Haussperling]. (O. M. S. 16. Jahrg. 1891, p. 23.)

313. — [*Botaurus stellaris* im Winter]. (Ebenda p. 119.)

314. — Ornithologisches und Anderes von der Preußischen Wüste. (O. M. S. 16. Jahrg., 1891, p. 255—259; 17. Jahrg., 1892, p. 40—42, 382—388; 18. Jahrg., 1893, p. 105—110, 319—325; 19. Jahrg., 1894, p. 53—60, 316—321; 20. Jahrg., 1895, p. 100—107, 330—343.)

315. — Der Schlagschwirl. (O. M. S. 21. Jahrg., 1896, p. 206—212; 22. Jahrg., 1897, p. 214—226.)

316. — Die Preußische Wüste einst und jetzt. Osterwieck 1898.

317. — Die Bergente (*Fuligula marila* (Steph.)). (O. M. S. 24. Jahrg., 1899, p. 270—282.)

318. **Lindner, Friedrich**, Zum Vorkommen der Steppenweihe (*Circus macrurus* (Gm.)) in Mitteleuropa während der letzten 12 Jahre, mit besonderer Berücksichtigung der diesjährigen Invasion. (O. M. S. 27. Jahrg., 1902, p. 51—59.)
319. — Ornithologisches Vademekum. Taschenkalender und Notizbuch für ornithologische Exkursionen. 2. Aufl. Neudamm 1906.
320. **Lindner, Friedrich und Floericke, Curt**, Neue Beiträge zur Ornis von Ostpreußen. (O. M. B. 1. Jahrg., 1893, p. 44—45.)
321. — — Ornis der Kurischen Nehrung. (Schwalbe 17. Jahrg., 1893, p. 103—107, 117—118, 134—136, 148—150, 163—164, 181—185.)
322. **Löffler, Friedrich**, Noch ein Wort über den Winterschlaf der Schwalben. (Pr. Prov. Bl. Bd. 5, 1831, p. 63—77.)
323. — Beantwortung der im Dezemberhefte a. pr. der Preuß. Provinzialblätter befindlichen Frage des Herrn Professor v. Baer in Königsberg wegen der wilden Schwäne. (Pr. Prov. Bl. Bd. 11, 1834, p. 131—139); dazu Bemerkung von K. E. v. Baer (ebenda p. 139—142).
324. — Bemerkungen zu der Anmerkung des Herrn Professor v. Baer in dem Aufsatze über die Schwäne, im Februarheft der Preuß. Provinzial-Blätter Seite 134 unten. (Pr. Prov. Bl. Bd. 11, 1834, p. 422—424); dazu „Erwiderung“ von K. E. v. Baer (ebenda p. 425—429).
325. — Beantwortung der „Erwiderung“ des Herrn Professor v. Baer auf meinen Aufsatz im Aprilhefte der Preuß. Provinzial-Blätter in betreff des Kuckucks und Pirols. (Pr. Prov. Bl. Bd. 12, 1834, p. 475—485, 598—610.)
326. — Über die wilden Tauben. (Ebenda Bd. 15, 1836, p. 617—622.)
327. — Der Schaden und Nutzen der Raubvögel. (Ebenda Bd. 16, 1836, p. 66—79, 171—182, 290—304, 381—394.)
328. — Bemerkungen über einige einheimische Vögel. (Ebenda Bd. 18, 1837, p. 65—72.)
329. — Beiträge zu des Herrn Professor Bujack Naturgeschichte der höheren Tiere mit besonderer Berücksichtigung der Fauna Prusica. (Pr. Prov. Bl. Bd. 19, 1838, p. 534—540; Bd. 20, 1838, p. 373—384, 528—536; Bd. 21, 1839, p. 344—353.)
330. — Bemerkung über *Lestris parasitica* und *Colymbus arcticus*. (Ebenda neue Folge Bd. 8, 1855, p. 325—327.)
331. — Bemerkungen über die Tageulen. (Ebenda p. 329—336.)
332. **Löns, Hermann**, [Der Triel in Nordwestdeutschland]. (D. J. Z. Bd. 56, 1910/11, p. 435.)
333. **Loreck, C. G.**, *Fauna Prussica.* Abbildungen der Säugetiere, Vögel, Amphibien und Fische Preußens. Königsberg 1834.
334. **v. Lucanus, Friedrich**, [Zugbeobachtungen auf der Kurischen Nehrung im Oktober 1910]. (J. f. O. 59. Jahrg., 1911, p 351.)
335. — [Über den Vogelzug in Rossitten im Oktober 1912]. (Ebenda 61. Jahrg., 1913, p. 190—193.)
336. **Lühe, Max**, [Über den Einzug der Störche in Ostpreußen]. (P. Ö. G. 47. Jahrg., 1906, p. 148—157.)
337. — [Über den Frühjahrsvogelzug des Jahres 1906 in Ostpreußen]. (Ebenda p. 157—169.)
338. — [Beobachtungen über den Vogelzug dieses Jahres]. (P. Ö. G. 48. Jahrg., 1907, p. 105—108.)
339. — [Ausflug nach Sarkau]. (Ebenda p. 232—233.)
340. — [Über ostpreußische und russische Rebhuhnformen]. (P. Ö. G. 48. Jahrg., 1907, p. 234—236.)
341. — [Ausflug nach Rossitten]. (Ebenda p. 245.)
342. — [Eine weibliche Zwergtrappe bei Tharau erlegt]. (Ebenda p. 365—366.)
343. — [Ornithologische Mitteilungen]. (P. Ö. G. 49. Jahrg., 1908, p. 83—88.)
344. — [Über die diesjährigen Vogelzugsbeobachtungen]. (Ebenda p. 90—92.)

345. Lühe, Max, [Verbreitung einiger Vogelarten in Ostpreußen]. (Ebenda p. 274—276.)
346. — [Mumifizierte Vögel]. (Ebenda p. 276.)
347. — [Spaziergang durch den Allensteiner Stadtwald]. (P. Ö. G. 49. Jahrg., 1908, p. 313—314.)
348. — [Ausflug nach Buchwalde]. (Ebenda p. 314—316.)
349. — [Erbeutung eines dritten markierten Storchs in Afrika]. (Ebenda p. 408—409.)
350. — [Markierter ostpreußischer Storch in Südafrika erbeutet]. (P. Ö. G. 50. Jahrg., 1909, p. 48.)
351. — [Albinismus bei Säugetieren und Vögeln Ostpreußens]. (Ebenda p. 48—54.)
352. — [Eintreffen von Zugvögeln]. (Ebenda p. 61.)
353. — [Erlegung zweier markierter Störche]. (Ebenda p. 174.)
354. — [Eine Saatkrähenkolonie im Weichbilde der Stadt Königsberg]. (P. Ö. G. 50. Jahrg., 1909, p. 174—177.)
355. — [Über albinotische Tiere]. (Ebenda p. 303.)
356. — [Erlegung zweier ost- bezw. westpreußischer Störche in Afrika]. (P. Ö. G. 51. Jahrg., 1910, p. 39.)
357. — [Weitere Mitteilungen über Erlegung norddeutscher Störche in Afrika]. (Ebenda p. 46—47.)
358. — [Über den diesjährigen Vogelzug]. (Ebenda p. 66—67.)
359. — [Die Hauptzugzeit der Störche im Frühjahr 1910]. (Ebenda p. 206—207.]
360. — [Tierphänologische Angaben.] (P. Ö. G. 52. Jahrg., 1911, p. 63.)
361. — [Ueber Vogelzugbeobachtungen]. (Ebenda p. 89—90.)
362. — [Frühjahrsvogelzug 1911 in Ostpreußen]. (Ebenda p. 228—229.)
363. — [Eintreffen von Zugvögeln]. (P. Ö. G. 53. Jahrg., 1912, p. 90, 96.)
364. — [Bisheriger Verlauf des diesjährigen Vogelzuges]. (P. Ö. G. 53. Jahrg., 1912, p. 333—334.)
365. — [Zählung der Storchnester]. (Ebenda p. 355—356.)
366. — [Storchnest auf einem Telegraphenpfahl]. (Ebenda p. 363.)
367. — [Beobachtung einer Sturmschwalbe, *Thalassidroma leucorrhoa* (Vieill.) bei Cranz]. (Ebenda p. 367—368.)
367a. — [Über den bisherigen Verlauf des Vogelzuges]. [Ebenda, 54. Jahrg., 1913, p. 109—110.)
368. Matschie, Paul, Versuch einer Darstellung der Verbreitung von *Corvus corone* L., *Corvus cornix* L. und *Corvus frugilegus* L. (J. f. O. 35. Jahrg., 1887, p. 617—648, mit 1 Karte.)
369. Meier, Hermann, Brutvögel und Gäste Louisenbergs in Ostpreußen. (J. f. O. 33. Jahrg., 1885, p. 90—96.)
370. Meier, Leo, Etwas über den Storch. (Pr. Prov. Bl. Bd. 26, 1841, p. 560—565.)
371. — Ueber den Storch. (Ebenda, neue Folge, Bd. 1, 1843, p. 442—458.)
372. Meissner, [Schopfreiher in Ostpreußen erlegt]. (D. J. Z. Bd. 46, 1905/06, p. 299.)
373. Meyer, A. B. und Helm, F., Über das Vorkommen des Steppenhuhns, *Syrrhaptes paradoxus* (Pall.) in Europa im Jahre 1888. (Anhang zum III. Jahresbericht (1887) der Ornith. Beobachtungsstationen im Königreich Sachsen, p. 117—124. Dresden 1888/89.)
374. — Die Wanderungen des Rosenstars (*Pastor roseus* L.) nach Europa, speziell die Wanderung im Jahre 1889. (Anhang I zum IV. Jahresbericht (1888) der Ornith. Beobachtungsstationen im Königreich Sachsen p. 136—147. Dresden 1888.)
375. Minden, [Auftreten des Steppenhuhns in Ostpreußen]. (P. Ö. G. 4. Jahrg., 1863, Sitzungsber. p. 10—11.)
376. Graf v. Mirbach, [Das Vorkommen des Haselhuhns in Ostpreußen]. (W. H. Bd. I, 1895, p. 734—735.)

377. Möschler, A. B., [Lehmgelb gefärbte Nebelkrähe]. (O. M. S. 24. Jahrg. 1899, p. 37.)
378. Mühling, Das Ordensschloß Rössel. (Pr. Prov. Bl. neue Folge, Bd. 1, 1847, p. 403—411, 447—453.)
379. Müller, [Aus Ostpreußen]. (D. J. Z. Bd. 44, 1904/05, p. 201.)
380. — [Zwergtrappe bei Neukuhren erlegt], (Ebenda Bd. 46, 1905/06, p. 268.)
381. — [Aus Ostpreußen]. (Ebenda Bd. 50, 1907/08, p. 268.)
382. — [Schneeeule am 17. April in Ostpreußen erlegt]. — (Ebenda Bd. 55, 1910, p. 178.)
383. — [Sperbereule bei Tapiau erlegt]. (Ebenda Bd. 58, 1911/12, p. 556; Bd. 59, 1912, p. 91.)
384. Nagel, [Vogelzug im Frühjahr 1909.] (D. J. Z. Bd. 53, 1909, p. 120.)
385. Naumann, J. A. und J. F., Naturgeschichte der Vögel Deutschlands. 2. Aufl. Leipzig 1822—1844.
386. Naumann, Johann Friedrich, Die Vögel Mitteleuropas. Herausgegeben von Dr. C. R. Hennicke. Gera 1896—1905.
387. Nehring, Alfred, Ein neuer Wanderzug des Tannenhehers. (Naturw. Wochenschr. Bd. 8, 1893, p. 500—501.)
388. — [*Falco sacer* bei Auer in Ostpreußen erlegt.] (O. M. B. 7. Jahrg., 1899, p. 111.)
389. — [*Falco sacer* bei Auer in Ostpreußen erlegt]. (J. f. O. 48. Jahrg., 1900, p. 125.)
390. — [Habichtseulen bei Wehlau in Ostpreußen]. [O. M. B. 9. Jahrg., 1901, p. 101.)
391. — [Zahlreiche Habichtseulen bei Wehlau in Ostpreußen]. (D. J. Z. Bd. 37, 1901, p. 143.)
392. — [*Falco sacer* bei Auer in Ostpreußen erlegt]. (Ebenda Bd. 41, 1903, p. 130.)
393. Neubauer, [Uralkauz in Quittainen erlegt]. (D. J. Z. Bd. 34, 1899/1900, p. 317.)
394. Neubauer, Eduard, Eine Saatkrähenkolonie. (O. M. B. 10. Jahrg., 1902, p. 93—95.)
395. Nilsson, R., Über skandinavische Euleneier. (Z. O. O. 20. Jahrg., 1910/11, p. 3—6, 20.)
396. Nitsche, [Rackelhahn in Ostpreußen erlegt]. [D. J. Z. Bd. 13, 1889, p. 172.)
397. Pannke, H., [Uhu bei Kosseln, Oberförsterei Grondowken, gefangen]. (D. J. Z. Bd. 56, 1910/11, p. 189.)
398. Pauly, [Steppenweihen in Prassen erlegt]. (D. J. Z. Bd. 38, 1901/02, p. 11.)
399. — [Sperbereule in Prantlack erlegt]. (Weidw. Bd. 14, 1904, p. 64.)
400. — [Schneeblindheit bei Fasanenhennen ?]. (D. J. Z. Bd. 58, 1911/12, p. 765.)
401. v. Pfannenberg, Fritz (=Hüttenvogel), Die Hüttenjagd mit dem Uhu. 3. Aufl. Neudamm 1910.
402. Picht, [Zwei Steinadler binnen 6 Wochen]. (Weidmann Bd. 19, 1888, p. 159.)
403. — [Adler in Dönhofstädt]. (D. J. Z. Bd. 50, 1907/08, p. 154.)
404. Rathke, Heinrich, [Rezension von Bujack, Naturgeschichte der höheren Tiere]. (Pr. Prov. Bl. Bd. 18, 1837, p. 497—502.)
405. — Bemerkungen über die Sammlungen des Königlichen Zoologischen Museums in Königsberg. (Ebenda Bd. 19, 1838, p. 541—547.)
406. — Verzeichnis der in Ost- und Westpreußen vorkommenden Wirbeltiere. (Pr. Prov. Bl. neue Folge, Bd. 2, 1846, p. 1—24.)
407. Ratzeburg, [Briefliche Mitteilung an E. v. Homeyer]. (In: E. v. Homeyer, Ornithologische Briefe. Berlin 1881, p. 258.)
408. „Rauhfuß“, [Zum Vorkommen seltener Brutvögel in Deutschland und Österreich-Ungarn]. (D. J. Z. Bd. 56, 1910/11, p. 275—277.)

409. v. Rautter, [Schlangenadler in Ostpreußen erlegt]. (D. J. Z. Bd. 26, 1895/96, p. 277.)
410. Reger, [Vorkommen von Sperbereulen]. (D. J. Z. Bd. 58, 1911/12, p. 627.)
411. Reichenow, Anton, [Rackelhahn in Ostpreußen erlegt]. (J. f. O. 36. Jahrg. 1888, p. 307.)
412. — *Syrrhaptes paradoxus* in Deutschland. (Ebenda 37. Jahrg., 1889, p. 1—33.)
413. — [Mitteilung Techlers über *Pastor roseus*]. (Ebenda p. 341.)
414. — Häufiges Auftreten der Steppenweihe in Deutschland. (O. J. 1. Jahrg., 1890, p. 224.)
415. — [Steppenweihen in Ost- und Westpreußen]. (J. f. O. 39. Jahrg., 1891, p. 35.)
416. Anon. = Reichenow, Anton, [Hakengimpel in Ostpreußen]. (O. M. B. 1. Jahrg., 1893, p. 14.)
417. — [*Numenius tenuirostris* auf der Kurischen Nehrung erlegt]. (Ebenda p. 14.)
418. — [Zwerggans in Ostpreußen erlegt.] (Ebenda p. 14.)
419. Reichenow, Anton, Über den ostpreußischen Kleiber. (O. M. B. 3. Jahrg., 1895, p. 141.)
420. — Die Kennzeichen der Vögel Deutschlands. Neudamm 1902.
421. — [Beschreibung von *Sitta caesia sordida* Rchw.]. (J. f. O. 55. Jahrg., 1907, p. 312.)
421a. — *Archibuteo lagopus* Brutvogel in Ostpreußen? (O. M. B. 21. Jahrg., 1913, p. 182.)
421b. — Die Vögel. Handbuch der systematischen Ornithologie. Bd. I. Stuttgart 1913.
422. Reinberger, [Über die Tafelente]. (D. J. Z. Bd. 28, 1896/97, p. 9.)
423. — [Zum Vorkommen des Auerwildes und anderer Vögel in Ostpreußen]. (Ebenda Bd. 49, 1907, p. 395—396.)
424. — [Zum Vorkommen der Löffelente]. (Ebenda Bd. 53, 1909, p. 780.)
424a. — [Zum Vorkommen der Tafelente]. (Ebenda Bd. 61, 1913, p. 638.)
425. Rey, Eugène, Die Eier der Vögel Mitteleuropas. Gera 1905.
426. Robitzsch, F., Ornithologisches aus Ostpreußen. (O. J. 1. Jahrg., 1890, p. 17.)
427. — Ornithologisches aus Ostpreußen. (O. J. 1. Jahrg., 1890, p. 61—63.)
428. — Etwas über die Wachholderdrossel (*Turdus pilaris*). (O. J. 1. Jahrg., 1890, p. 177—179.)
429. le Roi, Otto, Beobachtungen aus Ostpreußen. (O. M. B. 10. Jahrg., 1902, p. 127—128.)
430. — Ornithologischer Bericht über die Monate März bis Oktober 1902 vom südlichen Teile der Kurischen Nehrung. (J. f. O. 51. Jahrg., 1903, p. 231—429.)
431. — Zur Kenntnis der Eier von *Milvus aegyptius* (Gm.). (Z. O. O. 18. Jahrg., 1908/09, p. 1—13.)
432. — Ornithologische Miszellen. (O. M. B. 20. Jahrg., 1912, p. 7—8.)
433. Rörig, G., [Einige Notizen über Raubvögel]. (J. f. O. 43. Jahrg., 1895, p. 109—110).
434. — Die Zwergtrappe und ihre Verbreitung in Deutschland. (D. J. Z. Bd. 26, 1895/96, p. 753—757.)
435. — [Isabellfarbiger *Buteo vulgaris* aus Ostpreußen]. (J. f. O. 44. Jahrg., 1896, p. 97.)
436. — Ansammlung von Vögeln in Nonnenrevieren. (O. M. S. 24. Jahrg., 1899, p. 42—52.)
437. — Die Verbreitung der Saatkrähe in Deutschland. (Arbeiten aus der biol. Abt. für Land- und Forstwirtschaft am Kaiserl. Gesundheitsamt, 1900, p. 271—284, mit 2 Karten.)
438. — [Der Rauhfußbussard (*Archibuteo lagopus*) als Brutvogel in Deutschland]. (D. J. Z. Bd. 46, 1905/06, p. 474—475.)

439. **Rosenheyn, Max**, Die große Ohreule und der gehäubte Steißfuß in Masuren und ein paar Worte über das nächtliche Jagen des wilden Heeres. (Pr. Prov. Bl. Bd. 22, 1839, p. 274—278.)
439a. — Weiße Krähen in Masuren. (Ebenda Bd. 21, 1839, p. 269—272.)
440. **Rudolf, Kronprinz von Österreich**, Jagden und (ornithologische) Beobachtungen. Wien 1887.
441. **Schäff, Ernst**, Über den diesjährigen Wanderzug der Steppenhühner. (Zool. Gart. 29. Jahrg., 1888, p. 168—177.)
442. — Ornithologisches Taschenbuch für Jäger und Jagdfreunde. 2. Aufl. Neudamm 1905.
442a. — Unsere Singvögel. Stuttgart 1913.
443. **Schalow, Herman**, [Über die Artberechtigung von *Buteo Zimmermannae*]. (J. f. O. 41. Jahrg., 1893, p. 173.)
443a. — Über das Brutvorkommen von *Nucifraga caryocatactes* L. in Thüringen. (J. f. O. 62. Jahrg., 1914, p. 148—156.)
444. **Schlüter, Wilhelm**, Notiz über Schneeeulen. (O. M. B. 4. Jahrg., 1896, p. 79.)
445. **Schmidt, Alexander**, Beobachtungen in Ostpreußen über *Syrnium uralense*. (J. f. O. 33. Jahrg., 1885, p. 82—89.)
446. **Schuchmann, Max**, [*Rissa tridactyla* bei Cosse erlegt; heller Bussard]. (P. Ö. G. 49. Jahrg., 1908, p. 408.)
447. **Schulze, Julius**, [Nordische Vögel; Wassertreter bei Rossitten]. (Gef. Welt 23. Jahrg., 1894, p. 46—47.)
448. — Schneeeulen in der Gefangenschaft. (Ebenda 24. Jahrg., 1895, p. 188.)
449. — [2 Zwergtrappen bei Pillau erlegt]. (P. Ö. G. 46. Jahrg., 1905, p. 192—193.)
450. — [Aus Ostpreußen]. (M. V. 8. Jahrg., 1908, p. 105.)
451. — [Aus Ostpreußen]. (M. V. 10. Jahrg., 1910, p. 64.)
452. **Schumann, J.**, Winter-Tour über den Zehlau-Bruch. (Pr. Prov. Bl. 3. Folge, Bd. 5, 1860, p. 25—32.)
453. **Schuster, Wilhelm**, Die Verbreitung des Girlitzes in Deutschland mit besonderer Berücksichtigung des im Laufe des 19. Jahrhunderts okkupierten Gebiets. (O. J. 15. Jahrg., 1904, p. 36—43.)
454. — Genaue Zahlenangaben für das Vordringen des Girlitzes in Deutschland. (Zool. Gart. 45. Jahrg., 1904, p. 63—65.)
455. — Ab- und Zunahme, periodisch stärkeres bezw. schwächeres Auftreten, gänzliches Verschwinden und Neuauftreten der einheimischen Vögel, für verschiedene Landesteile Deutschlands, Österreichs und der Schweiz statistisch festgestellt. (IV.) (Zool. Gart. 48. Jahrg., 1907, p. 17—23, 33—46.)
456. **Seehusen**, Notiz über das Vorkommen von *Surnia nisoria* in Ostpreußen. (Bericht über die XVIII. Versamml. der deutschen Ornith. Gesellsch. zu Hannover und Hildesheim. Münster 1871, p. 54—55.)
457. v. **Siebold, Karl Theodor**, Einige Bemerkungen zu **Lorecks** *Fauna Prussica*. (Pr. Prov. Bl. Bd. 17, 1837, p. 433—444; Bd. 23, 1840, p. 81—83.)
458. — Ueber **Bujacks** Naturgeschichte der höheren Tiere mit besonderer Berücksichtigung der Fauna Prussica. (Pr. Prov. Bl. Bd. 18, 1837, p. 596—598.)
459. — Neue Beiträge zur Wirbeltierfauna Preußens. (Pr. Prov. Bl. Bd. 27, 1842, p. 420—437.)
460. **Sondermann, A.**, [Uraleule ♀ in Ostpreußen erlegt]. (D. J. Z. Bd. 19, 1892, p. 93.)
461. — [Unbeweibte weiße Störche.] (O. J. 4. Jahrg., 1893, p. 38.)
462. — [*Pinicola enucleator* in Ostpreußen]. (Ebenda p. 38.)
463. — Ornithologisches aus Ostpreußen. (Ebenda p. 242.)

464. **Sondermann, A.**, [Vorkommen von Adlern in der Provinz Ostpreußen]. (D. J. Z. Bd. 24, 1894/95, p. 258.)
465. — [Vorkommen von Schneeeulen im Regierungsbezirk Gumbinnen]. (Ebenda p. 308.)
466. — [Erlegung einer Spatelente bei Nemonien]. (Ebenda Bd. 39, 1902, Nr. 2.)
467. — [*Circus cyaneus* im Winter erlegt; 5 Steinadler in Ostpreußen geschossen]. (D. J. Z. Bd. 52, 1908/09, p. 504.)
468. **Spalding**, Tagebuchnotizen aus dem Jahre 1879. (O. C. 5. Jahrg., 1880, p. 93—94.)
468a. **Speiser, P.**, Über eine Sammelreise im Kreise Oletzko. (P. Ö. G. 47. Jahrg., 1906, p. 71—78.)
469. — [Nordische Elemente in der preußischen Tierwelt.] (P. Ö. G. 50. Jahrg., 1909, p. 61—73.)
470. **Szielasko, Alfred**, Zur Ornis Ostpreußens. (O. J. 1. Jahrg., 1890, p. 139—141.)
471. — Versuch einer Avifauna des Regierungsbezirks Gumbinnen. (O. J. 4. Jahrg., 1893, p. 45—61.)
472. — Über den Durchzug von *Pinicola enucleator* durch Ostpreußen im Herbst des Jahres 1892. (Ebenda p. 148—152.)
473. — *Mergus serrator*, regelmäßiger Brutvogel im Binnenlande von Ostpreußen. (O. M. B. 3. Jahrg. 1895, p. 53—58.)
474. — Einiges über *Aquila pomarina* Br. während des Brutgeschäfts. (Ebenda p. 94—95.)
475. — Interessante Erscheinungen der ostpreußischen Ornis während des Herbstes und Winters 1894/95. (Ebenda p. 139—140.)
476. — Einiges über *Aquila pomarina* Br. während des Brutgeschäfts. (O. J. 6. Jahrg., 1895, p. 163—164.)
477. — Interessante Erscheinungen der ostpreußischen Ornis während des Herbstes und Winters 1894/95. (Ebenda p. 243—245.)
478. — *Mergus serrator*, regelmäßiger Brutvogel im Binnenlande von Ostpreußen. (Z. O. O. Bd. 4, 1895, p. 41.)
479. — *Muscicapa parva* in Ostpreußen. (O. M. B. 4. Jahrg., 1896, p. 23—25.)
480. — *Aquila pomarina* Br. am Brutplatze. (O. J. 7. Jahrg., 1896, p. 75—77.)
481. — Über Eier von *Aquila pomarina*. (Z. O. O. Bd. 5, 1896, p. 41.)
482. — Der Herbstzug 1899 bei Pillau in Ostpreußen. (O. J. 11. Jahrg., 1900, p. 233—235.)
483. — Am Horst der Uraleule (*Syrnium uralense* Pall.). (Z. O. O. Bd. 14, 1904/05, p. 17—20); dazu Anmerk. von **H. Hocke** (ebenda).
484. — [Schutz seltener Tierformen]. (P. Ö. G. 51. Jahrg., 1910, p. 196—206); dazu Bemerkungen von **Tischler, Vogel, Fritsch, Lühe** (ebenda).
485. **Techler, Wilhelm**, Der Ortolan in Ostpreußen. (O. M. B. 1. Jahrg., 1893, p. 138—139.)
486. — [Wintergäste in Ostpreußen]. (O. M. B. 3. Jahrg., 1895, p. 77—78.)
487. — [Notiz über *Cinclus aquaticus*]. (Ebenda, 4. Jahrg., 1896, p. 55.)
488. — [Wintervögel in Ostpreußen]. (Ebenda p. 56.)
489. **Thielemann, R.**, Vom Wanderfalken in der Großstadt. (Falco 3. Jahrg., 1907, p. 4—6.)
490. **Thienemann, Johannes**, [Steppenweihenzug]. (O. M. S. 23. Jahrg., 1898, p. 138—139.)
491. — *Hirundo rustica pagorum* Chr. L. Br. (O. J. 10. Jahrg., 1899, p. 227—230.)
492. — [Tannenheherzug.] (O. M. S. 24. Jahrg., 1899, p. 376.)
493. — [Tannenheherzüge]. (O. M. B. 8. Jahrg., 1900, p. 156—157.)
494. — Über Zwecke und Ziele einer ornithologischen Beobachtungsstation in Rossitten auf der Kurischen Nehrung. (J. f. O. 49. Jahrg., 1901, p. 73—80.)

495. Thienemann, Johannes, [Über Eintreffen von Wintervögeln bei Rossitten]. (O. M. B. 9. Jahrg., 1901, p. 7.)
496. — Vogelwarte Rossitten (Feldlerchenfärbungen). (Ebenda p. 72—73.)
497. — Vogelwarte Rossitten (*Serinus hortulanus, Somateria mollissima, Oedemia fusca*). (Ebenda p. 82—84.)
498. — Vogelwarte Rossitten (Vorkommen von *Budytes flavus borealis, Stercorarius pomatorhinus*; Zug von *Nucifraga caryocatactes, Circus macrurus*). (O. M. B. 9. Jahrg., 1901, p. 151—154.)
499. — Vogelwarte Rossitten (*Circus macrurus* ♀ ad. erlegt). (Ebenda p. 165—166.)
500. — Vogelwarte Rossitten (Eintreffen von *Otocorys alpestris* und *Bombycilla garrula*; Vorkommen von *Nyctala Tengmalmi* und *Corvus cornis* × *corone*). (Ebenda p. 186—188.)
501. — [Über das Vorkommen von *Falco vespertinus*]. (D. J. Z. Bd. 37, 1901, No. 37.)
502. — Über das Aufwachsen und den Federwechsel der Märzente. (D. J. Z. Bd. 38, 1901/02, No. 16 und 17.)
503. — Einiges über die Steppenweihe. (Ebenda No. 20 und 21.)
504. — I. Jahresbericht der Vogelwarte Rossitten. (J. f. O. 50. Jahrg., 1902, p. 137—209.)
505. — Vogelwarte Rossitten (Zug von *Scolopax rusticula*). (O. M. B. 10. Jahrg., 1902, p. 65—66.)
506. — [Erlegung von *Fuligula islandica*]. (Ebenda p. 80); dazu Berichtigung. (Ebenda p. 156—157.)
507. — Das häufige Vorkommen von *Filarien* in *Lanius collurio*. (O. M. B. 10. Jahrg., 1902, p. 91—93.)
508. — Vogelwarte Rossitten (Vorkommen von *Corvus cornix* L. × *corone* L.). (Ebenda p. 152—156.)
509. — Vogelwarte Rossitten (Vorkommen von *Surnia ulula* (L.)). (Ebenda p. 182—183.)
510. — II. Jahresbericht (1902) der Vogelwarte Rossitten. (J. f. O. 51. Jahrg., 1903, p. 161—231.)
511. — Vogelwarte Rossitten (Abnormer *Turdus musicus*). (O. M. B. 11. Jahrg., 1903, p. 4—5.)
512. — Vorkommen eines Krähenbastards (*Corvus cornix* × *corone*) auf der Kurischen Nehrung. (Ebenda p. 71.)
513. — Vogelwarte Rossitten (Ei von *Cuculus canorus* im Nest von *Carpodacus erythrinus*). (Ebenda p. 140—141.)
514. — Vogelwarte Rossitten (Zug von *Picus maior*). (Ebenda p. 169.)
515. — Vogelwarte Rossitten (Krähenversuch betreffend). (Ebenda p. 188—189.)
516. — [Der Zug des großen Buntspechts]. (D. J. Z. Bd. 42, 1903/04, p. 180.)
517. — [Ringkrähe erbeutet]. (Ebenda p. 276.)
518. — [Der Herbstschnepfenzug 1903]. (Ebenda p. 729—730.)
519. — III. Jahresbericht (1903) der Vogelwarte Rossitten. (J. f. O. 52. Jahrg., 1904, p. 245—295.)
520. — Vogelwarte Rossitten (Krähenversuch betreffend). (O. M. B. 12. Jahrg., 1904, p. 31—32.)
521. — Vogelwarte Rossitten (Krähenversuch. Starker Vogelzug). (Ebenda p. 127—132.)
522. — Vogelwarte Rossitten (Vorkommen von *Buteo Zimmermannae*; Krähenversuch). (O. M. B. 12. Jahrg., 1904, p. 165—168.)
523. — [Bericht der Vogelwarte Rossitten über starke Raubvogelzüge]. (D. J. Z. Bd. 43, 1904, No. 40.)
524. — [Seeadlerzüge]. (D. J. Z. Bd. 44, 1904/05, p. 235.)
525. — IV. Jahresbericht (1904) der Vogelwarte Rossitten. (J. f. O. 53. Jahrg., 1905, p. 360—418.)

526. **Thienemann, Johannes,** Vogelwarte Rossitten (Seeadlerzüge, Vogelzugversuch, Vorkommen des Hakengimmpels (*Pinicola enucleator*)). (O. M. B. 13. Jahrg., 1905, p. 7—11.)
527. — Vogelwarte Rossitten (Vorkommen von *Turdus atrigularis*. Vogelzugversuch). (Ebenda p. 48—49.)
528. — Vogelwarte Rossitten (Vogelzugversuch). (Ebenda p. 182—188.)
529. — [Der Vogelzug auf der Kurischen Nehrung]. (P. Ö. G. 46. Jahrg., 1905, p. 104—112.)
530. — [Charakterformen der preußischen Ornis]. (Ebenda p. 157—161.)
531. — [Farben- und Formvarietäten der Eier der Lachmöwe]. (Ebenda p. 173—174.)
532. — [Zwergtrappe auf der Kurischen Nehrung erlegt]. (Ebenda p. 193.)
533. — [Vogelwarte Rossitten, Seeadlerzüge; Vogelzugsversuch]. (Zeitschr. für Ornith. und prakt. Geflügelzucht 29. Jahrg., 1905, p. 12—14.)
534. — Krähenzug und -fang auf der Kurischen Nehrung. (Der Wanderer durch Ost- und Westpreußen. 2. Jahrg., 1905, No. 3.)
535. — [Vogelzugsversuch]. (D. J. Z. Bd. 46, 1905/06, No. 49.)
536. — V. Jahresbericht (1905) der Vogelwarte Rossitten. (J. f. O. 54. Jahrg., 1906, p. 429—476.)
537. — Vogelwarte Rossitten (Vorkommen von *Anser erythropus* und *Surnia ulula*). (O. M. B. 14. Jahrg., 1906, p. 5—6.)
538. — Vogelwarte Rossitten. (Vogelzugsversuch.) (Ebenda p. 46.)
539. — Vogelwarte Rossitten (Vogelzugsversuch). (Ebenda p. 64.)
540. — Vogelwarte Rossitten (Vogelzugsversuch, Vorkommen von *Phylloscopus viridanus* Blyth). (Ebenda p. 89—90.)
541. — Vogelwarte Rossitten (Vogelzugsversuch; Vorkommen von *Anser erythropus*.) (O. M. B. 14. Jahrg., 1906, p. 157—159.)
542. — Vogelwarte Rossitten. (Vorkommen von *Surnia ulula*.) (Ebenda p. 190.)
543. — [Saatkrähenkolonien in Ostpreußen]. (P. Ö. G. 47. Jahrg., 1906, p. 64—69.)
544. — Vogelzug auf der Kurischen Nehrung. (28. Bericht Westpr. Botan.-Zool. Ver. Danzig 1906, p. 111—115.)
545 — [Bericht über den von der Vogelwarte Rossitten unternommenen Vogelzugsversuch]. (D. J. Z. Bd. 48, 1906/07, No. 22 und 23.)
546. — VI. Jahresbericht (1906) der Vogelwarte Rossitten. (J. f. O. 55. Jahrg., 1907, p. 481—548.)
547. — Vogelwarte Rossitten (Bericht über den Vogelzugsversuch; Vorkommen von *Branta bernicla*). (O. M. B. 15. Jahrg., 1907, p. 24—29.)
548. — Vogelwarte Rossitten. (Einige Bemerkungen zu dem Artikel „Ungewöhnlich starker Herbstzug auf Helgoland" in No. 3 1907 dieser Monatsberichte). (Ebenda p. 77—78.)
549. — Über die neuesten Ergebnisse des von der Vogelwarte Rossitten unternommenen Vogelzugsversuches. (29. Bericht Westpr. Botan.-Zool. Ver. Danzig 1907, p. 66—68.)
550. — VII. Jahresbericht (1907) der Vogelwarte Rossitten. (J. f. O. 56. Jahrg., 1908, p. 393—470.)
551. — Vogelwarte Rossitten (Markierten Storch erbeutet. Tannenheherzug; starke Raubvögelzüge; Vorkommen der Zwerggans). (O. M. B. 16. Jahrg., 1908, p. 6—9.)
552. — Vogelwarte Rossitten (Vogelzugsversuch). (Ebenda p. 60—62.)
553. — Vogelwarte Rossitten (Markierte Vögel in Afrika erbeutet). (Ebenda p. 63.)
554. — Vogelwarte Rossitten (Zweiter markierter Storch in Afrika erbeutet; Steppenhühner in Deutschland). (Ebenda p. 120—121.)

555. **Thienemann, Johannes,** Vogelwarte Rossitten (Mit markierten Störchen und Schwalben erzielte Resultate). (Ebenda p. 153 bis 156.)
556. — [Der Herbstvogelzug 1907 auf der Kurischen Nehrung unter Berücksichtigung der von der Vogelwarte Rossitten angestellten Versuche zur Erforschung der Schnelligkeit des Vogelfluges]. (P. Ö. G. 49. Jahrg. 1908, p. 79—82).
557. — [Erbeutung eines zweiten von der Vogelwarte Rossitten markierten Storches in Afrika]. (Ebenda p. 279—280.)
558. — [Vorkommen von *Branta leucopsis*]. (Ebenda p. 280.)
559. — [Invasion des Steppenhuhns]. (Ebenda p. 280.)
560. — [Die Einwanderungen des Steppenhuhns (*Syrrhaptes paradoxus*) in Deutschland]. (P. Ö. G. 49. Jahrg., 1908, p. 306—308.)
561. — [Über die Resultate, welche von der Vogelwarte Rossitten mit markierten Nebelkrähen und Lachmöwen bisher erzielt wurden]. (Ebenda p. 402—408.)
562. — [Steppenhühner in Ostpreußen]. (D. J. Z. Bd. 51, 1908, p. 381.)
563. — [Eine Bitte an alle Schnepfenjäger]. [Ebenda Bd. 52, 1908/09, p. 209.)
564. — VIII. Jahresbericht (1908) der Vogelwarte Rossitten. (J. f. O. 57. Jahrg., 1909, p. 384—502.)
565. — Vogelwarte Rossitten (Gezeichneter Storch in der Kalahariwüste in Südafrika erbeutet). (O. M. B. 17. Jahrg., 1909, p. 24—25.)
566. — Vogelwarte Rossitten (Ringstorch in Afrika erbeutet). (Ebenda p. 70—71.)
567. — Vogelwarte Rossitten (Ringstorch in Syrien erbeutet). (Ebenda p. 117—118.)
568. — Vogelwarte Rossitten (Markierte Mehlschwalbe (*Delichon urbica*) erbeutet). (Ebenda p. 150—152.)
569. — Vogelwarte Rossitten (Ringstorch in Palästina erbeutet). (Ebenda p. 181—182.)
570. — [*Uria troile* bei Cranz erbeutet]. (P. Ö. G. 50. Jahrg., 1909, p. 56.)
571. — [Vom Krähenzug]. (D. J. Z. Bd. 53, 1909, p. 107, 170.)
572. — [Spechtzüge]. (D. J. Z. Bd. 53, 1909, p. 747.)
573. — [Von der Vogelwarte Rossitten]. (W. H. XV, 1909, p. 188.)
574. — [Von der Vogelwarte Rossitten (Ringversuch)]. (D. J. Z. Bd. 54, 1909/10, p. 10—11.)
575. — [Bericht über eine in der Nacht vom 16. zum 17. Oktober 1908 über Ostpreußen hinweggegangene außergewöhnlich starke Zugwelle von Waldschnepfen (*Scolopax rusticola*)]. (D. J. Z. Bd. 54, 1909/10, p. 73—74, 92—94, 107—108, 124—125, 140—142, 156—157.)
576. — IX. Jahresbericht (1909) der Vogelwarte Rossitten der Deutschen Ornithologischen Gesellschaft. (J. f. O. 58. Jahrg., 1910, p. 531—676.)
577. — Vogelwarte Rossitten (Markierter Storch erbeutet). (O. M. B. 18. Jahrg., 1910, p. 19—20.)
578. — Vogelwarte Rossitten (Der Verlauf des Kreuzschnabelzuges 1909 auf der Kurischen Nehrung). (Ebenda p. 20—22.)
579. — Vogelwarte Rossitten (Hänflingszüge). (Ebenda p. 66.)
580. — Vogelwarte Rossitten (Kreuzschnabelzüge). (Ebenda p. 162—164.)
581. — Die Vogelwarte Rossitten der deutschen ornithologischen Gesellschaft und das Kennzeichnen der Vögel. Berlin 1910.
582. — Das Tierleben auf den Dünen. (In: Dünenbuch. Werden und Wandern der Dünen. Pflanzen- und Tierleben auf den Dünen. Dünenbau. Stuttgart 1910, p. 299—352.)

583. Thienemann, Johannes, Der Zug des weißen Storches *(Ciconia ciconia)* auf Grund der Resultate, die von der Vogelwarte Rossitten mit den Markierungsversuchen bisher erzielt sind. (Zool. Jahrb., Suppl. XII, 1910, p. 665—686.)

584. — Vogelwarte Rossitten (I. Markierter Storch *(Ciconia ciconia)* in Südfrankreich erbeutet. II. Zur Todesursache der in Afrika aufgefundenen Ringstörche). (O. M. B. 19. Jahrg., 1911, p. 159—161).

585. — [Neue Ergebnisse des Ringversuchs]. (P. Ö. G. 52. Jahrg., 1911, p. 228.)

586. — Die Ringversuche der Vogelwarte Rossitten. (Verh. V. Intern. Ornith. Kongr. Berlin 1911, p. 205—209.)

587. — Die Spareier von *Larus ridibundus* L. der Vogelwarte Rossitten. (Zeitschr. für Ool. 1. Jahrg., 1911, p. 39.)

588. — X. Jahresbericht (1910) der Vogelwarte Rossitten der deutschen ornithologischen Gesellschaft. (J. f. O. 59. Jahrg., 1911, p. 620—707; 60. Jahrg. 1912, p. 133—243.)

589. — [Von der Vogelwarte Rossitten (Eingehen von Schleiereulen, *Strix flammea*)]. (D. J. Z. Bd. 58, 1911/12, p. 797.)

590. — Vogelwarte Rossitten (Rossittener Lachmöwe *(Larus ridibundus)* in Westindien erbeutet). (O. M. B. 20. Jahrg., 1912, p. 130—131.)

591. — Vogelwarte Rossitten (Zug und Dauerehe von *Apus apus*, Mauersegler. Zug von *Delichon urbica*, Mehlschwalbe). (O. M. B. 20. Jahrg., 1912, p. 156).

592. — [Über den Zug des Rotfußfalken *(Cerchnëis vespertinus)*]. P. Ö. G. 53. Jahrg., 1912, p. 344—345.)

593. — XI. Jahresbericht (1911) der Vogelwarte Rossitten der deutschen ornithologischen Gesellschaft. (J. f. O. 60. Jahrg., 1912, p. 429—470; 61. Jahrg., 1913, Sonderheft II, erste Hälfte, p. 1—75.)

594. — Vogelwarte Rossitten. 1. Zug der Waldschnepfe *(Scolopax rusticula)*. 2. Vorkommen der gabelschwänzigen Sturmschwalbe *(Hydrobates leucorrhous)*. 3. Ankunft der Feldlerchen *(Alauda arvensis)*. (O. M. B. 21. Jahrg., 1913, p. 43—45.)

594a. — Vogelwarte Rossitten. (Brutgewohnheiten der Flußseeschwalbe *(Sterna hirundo)*.) (Ebenda p. 138—139.)

594b. — Vogelwarte Rossitten. (Beringter Storch *(Ciconia ciconia)* am Neste). (Ebenda p. 150.)

594 c. — XII. Jahresbericht (1912) der Vogelwarte Rossitten der deutschen ornithologischen Gesellschaft. I. (J. f. O. 61. Jahrg., 1913, Sonderheft II, zweite Hälfte, p. 1—72.)

594 d. — Vogelwarte Rossitten. (1. Der Rauhfußbussard *(Archibuteo lagopus)* als Brutvogel Ostpreußens. 2. Tannenheherzüge.) (O. M. B. 21. Jahrg., 1913, p. 159—160.)

594 e. — Vogelwarte Rossitten. (Zug des Hakengimpels *(Pinicola enucleator)*). (Ebenda p. 194—195.)

594 f. — Vogelwarte Rossitten. *(Phylloscopus superciliosus* (Gm.) in Ostpreußen). (Ebenda 22. Jahrg., 1914, p. 31.)

595. Tischler, Friedrich, Große Ansammlungen von Staren *(Sturnus vulgaris* L.) zur Brutzeit. (O. M. 13. Jahrg., 1905, p.147—149.)

596. — *Parus salicarius* Br. in Schlesien und Ostpreußen. (Ebenda 14. Jahrg., 1906, p. 61.)

597. — Die Vogelwelt des Kinkeimer Sees. Ein Beitrag zur Ornis des mittleren Ostpreußen. (O. M. S. 31. Jahrg., 1906, p. 260—277.)

598. — Zum Zuge der Sperbereule *(Surnia ulula* (L.)). (O. M. B. 15. Jahrg., 1907, p. 59—60.)

599. Tischler, Friedrich, Zur Verbreitung von *Locustella fluviatilis* (Wolf) und *Muscicapa parva* Bechst. in Ostpreußen. (Ebenda p. 123—126.)

600. — *Nucifraga caryocatactes macrorhynchus* C. L. Brehm auf dem Zuge. (Ebenda p. 200.)

601. — *Parus Salicarius borealis* (Selys) als ostpreußischer Brutvogel. (Falco 3. Jahrg., 1907, p. 72—79.)

602. — [Die Vögel des Kinkeimer Sees]. (P. Ö. G. 48. Jahrg , 1907, p. 101—104).

603. — Staransammlungen zur Brutzeit. (O. M. B. 16. Jahrg., 1908, p. 21—26.)

604. — [Ankunftsdaten von *Erithacus phoenicurus*, Bemerkungen über Hausrotschwanz, gelbe Bachstelze und Wiesenpieper]. (Falco 4. Jahrg., 1908, p. 18—19.)

605. — [Über die Verbreitung von *Locustella fluviatilis* in Ostpreußen]. (Z. O. O. Bd. 18, 1908/09, p. 35—36.)

606. — Der Girlitz in Ostpreußen. (O. M. B. 17. Jahrg., 1909, p. 82—83.)

607. — *Branta ruficollis* (Pall.) in Ostpreußen erlegt. (Ebenda p. 113.)

608. — Zur Vogelwelt des Kinkeimer Sees. I. Nachtrag. (O. M. S. 34. Jahrg., 1909, p. 239—241.)

609. — [Der Würgfalke (*Falco sacer* Gm.) in Ostpreußen]. (Ebenda p. 279—280.)

610. — Neue Brutplätze von *Parus borealis* in Ostpreußen. (Falco 5. Jahrg., 1909, p. 22—23.)

611. — [Die Verbreitung einiger Vogelarten in Ostpreußen]. (P. Ö. G. 50. Jahrg., 1909, p. 313—320).

612. — Zum Vorkommen der Steppenweihe, Sperbereule und Zwergtrappe in Ostpreußen. (O. M. B. 18. Jahrg., 1910, p. 6—7.)

613. — Zwei in Ostpreußen seltene Vogelarten. (Ebenda p. 97.)

614. — [Starker Leinfinkenzug]. (O. M. B. 18. Jahrg., 1910, p. 194.)

615. — [Vorkommen von *Aquila melanaëtus* und *Sterna tschegrava*]. [Ebenda p. 194.)

616. — [Das Vorkommen von Trappen-, Reiher- und Gänsearten in Ostpreußen]. (P. Ö. G. 51. Jahrg., 1910, p. 36—38.)

617. — [Die Vogelwelt des Königsberger Oberteichs]. (Ebenda p. 316—318.)

618. — [Einige neuerdings in der Provinz erlegte seltene Vogelarten]. (Ebenda p. 318.)

619. — *Acanthis hornemannii exilipes* (Coues) in Ostpreußen. (O. M. B. 19. Jahrg., 1911, p. 101.)

620. — [Notiz über dünnschnäbligen Tannenheher und Bergfinken]. (O. M. B. 19. Jahrg., 1911, p. 169.)

621. — [Ostpreußische Charaktervögel]. (Verh. d. Gesellsch. deutsch. Naturf. u. Aerzte. 82. Vers., Teil II. 1. Hälfte p. 154—158.)

622. — [Spaziergang durch die Stadt Heilsberg und das Simsertal sowie Ausflug in das Forstrevier Wichertshof]. (P. Ö. G. 52. Jahrg., 1911, p. 231.)

623. — *Loxia leucoptera bifasciata* (Brehm) in Ostpreußen erlegt. (O. M. B. 20. Jahrg., 1912, p. 27.)

624. — Zum Tannenheherzug. [Ebenda p. 28.)

625. — [Zwergtrappe in Ostpreußen erlegt]. (Ebenda p. 30.)

626. — [Vorkommen von *Totanus stagnatilis*; Zug von *Acanthis linaria*, *Surnia ulula* und *Circus macrurus*]. (O. M. B. 20. Jahrg., 1912, p. 30.)

627. **Tischler, Friedrich,** *Acanthis linaria holboelli* (Brehm) in Ostpreußen. (Ebenda p. 79).
628. — *Aquila maculata* (Gm.) in Ostpreußen erlegt. (Ebenda p. 187—188.)
629. — [Frühe Brut einer Ringeltaube]. (O. M. S. 37 Jahrg., 1912, p. 349.)
630. — Bericht aus Ostpreußen (Bartenstein und Heilsberg). (Falco 8, Jahrg. 1912, p. 1—2, 23—24, 58—59.)
631. — Der Tannenheherzug in Ostpreußen. (Ebenda p. 41—43.)
632. — [Ornithologische Mitteilungen]. (P. Ö. G. 53. Jahrg., 1912, p. 334—336.)
633. [Ornithologische Erforschung Ostpreußens]. (Ebenda p. 367.)
634. — [Vorkommen von *Totanus fuscus*]. (O. M. B. 21. Jahrg., 1913, p. 49.)
634 a. — Nordische Wintergäste in Ostpreußen. (Ebenda 22. Jahrg., 1914, p. 6—7.)
635. **Ritter v. Tschusi zu Schmidhoffen, Victor,** Ornithologische Kollectaneen. (O. M. B. 2. Jahrg., 1894, p. 137—143; 3. Jahrg., 1895, p. 1—7.)
636. — Über den Zug des Seidenschwanzes *(Ampelis garrula)* im Winter 1903/04. (Ornis 1905, p. 1—58.)
637. — Der Zug des Steppenhuhns, *Syrrhaptes paradoxus* (Pall.) nach dem Westen 1908 mit Berücksichtigung der früheren Züge. (Verh. und Mitt. des Siebenbürg. Ver. für Naturw. 58. Jahrg., 1908, p. 1—41.)
638. — Über den heurigen Massenzug des Kreuzschnabels. (O. M. B. 17. Jahrg., 1909, p. 169—171.)
639. — Vorläufiges über den heurigen Steppenhühnerzug. I. Nachtrag. (O. M. S. 34. Jahrg., 1909, p. 53—59.)
640. — Vorläufiges über den letzten Steppenhühnerzug. III. Nachtrag. (Ebenda p. 434—440.)
641. — Der Zug des Seidenschwanzes *(Bombycilla garrula* L.) im Winter 1910/11. (Zool. Beob. 52. Jahrg., 1911, p. 321—329.)
642. **Ulmer, Ernst,** [Zum Vorkommen der Löffelente]. (D. J. Z. Bd. 53, 1909, p. 780.)
643. — [Zum Vorkommen des Uhus und der Habichtseule in Ostpreußen; Zwergadler in Ostpreußen erlegt.] (D. J. Z. Bd. 54, 1909/10, p. 644.)
644 — [Vorkommen von Sperbereulen]. (Ebenda Bd. 59, p. 186.)
645. **Ulrich,** [*Phalaropus cinereus* bei Ibenhorst erlegt]. (P. Ö. G. 6. Jahrg. 1865, Sitzungsber. p. 5.)
646. **Vageler,** [Von der Kurischen Nehrung]. (M. V. 7. Jahrg., 1907, p. 15.)
647. **Verein für die Fauna der Provinz Preußen.** 4. Bericht im März 1849. (Pr. Prov. Bl. neue Folge, Bd. 7, 1849, p. 417—428.)
648. — 5. Bericht im Oktober 1850. (Ebenda Bd. 10, 1850, p. 451—470.)
649. v. **Viebahn, Georg,** Statistik des zollvereinten und nördlichen Deutschlands. II. Buch. VI. Abschnitt: Die Tierwelt. Bd. I. Berlin 1858 (Vögel: bearbeitet von **Ratzeburg** und **Böck**).
650. **Voigt, Alwin,** Deutsches Vogelleben. Leipzig 1908.
651. — Exkursionsbuch zum Studium der Vogelstimmen. 6. Auflage. Leipzig 1913.
652. **Wels, H.,** Die Uraleule *(Syrnium uralense* Pall.). (Z. O. O. 22. Jahrg., 1912, p. 77—84.)
653. — [Ankunft der Zugvögel im Frühjahr 1912 in der Oberförsterei Astrawischken und einige andere Beobachtungen]. (Ebenda p. 89—90.)
653 a. — [Ankunft der Zugvögel im Frühjahr 1913 in der Oberförsterei Astrawiscken]. [Ebenda 23. Jahrg., 1913, p. 55.)
653 b. **Wendlandt,** Über die Brutverhältnisse und Eiermaße der in der westlich paläarktischen Region lebenden Eulenarten. (J. f. O. 61. Jahrg., 1913, p. 409—443.)

654. Wiese, Beobachtungen und Mitteilungen über das Vorkommen einiger Vögel, gesammelt auf einer Reise von Neu-Vorpommern nach und durch Ostpreußen. (J. f. O. 8. Jahrg., 1860, p. 211—222.)
655. Wüstnei, C., Beobachtungen aus der Ornis Mecklenburgs im Jahre 1899. (J. f. O. 48. Jahrg., 1900, p. 314—349.)
656. — Die Adler Mecklenburgs. (Arch. des Ver. der Fr. der Naturgesch. in Mecklenb., 1903, p. 45—104.)
657. Zaddach, Gustav, Beiträge zur preußischen Ornithologie. (P. Ö. G. 7. Jahrg., 1866, p. 81—84.)
658. Zigann, Die Wirbeltierfauna des Wehlauer Kreises. (Beilage zum Gymnasialprogramm.) I. Wehlau 1894, II, 1895. (Unvollendet.)
659. Zimmermann, Theodor, [*Numenius tenuirostris* bei Rossitten erlegt]. (J. f. O. 40. Jahrg., 1892, p. 456.)
660. — Nestjunge von *Nucifraga caryocatactes* aus der Nähe von Goldap. (Ebenda 42. Jahrg., 1894, p. 234.)
661. — [Schneeeulen in Ostpreußen]. (O. M. B. 3. Jahrg., 1895, p. 43.)
662. — Über die Vogelwelt der Halbinsel Hela. (J. f. O. 57. Jahrg., 1909, p. 98—100.)

Dazu kommen noch die nachträglich eingeschobenen Nummern 98a, 112a—b, 275a—c, 367a, 421a—b, 424a, 439a, 442a, 443a, 468a, 594a—f, 634a, 653a—b, so daß sich die Gesamtzahl auf 685 beläuft.

# Besonderer Teil.

I.

## Verzeichnis der in Ostpreußen bisher beobachteten Vogelarten.

* = jetziger Brutvogel.
† = früherer Brutvogel.

1. *Alca torda* L.
2. *Uria troille troille* (L.).
3. *U. grylle grylle* (L.).
4. *Gavia immer* (Brünn.).
*5. *G. arctica* (L.).
6. *G. stellata* (Pontopp.).
*7. *Colymbus cristatus cristatus* L.
*8. *C. griseigena griseigena* Bodd.
9. *C. auritus* L.
*10. *C. nigricollis nigricollis* (Brehm).
*11. *C. ruficollis ruficollis* Pall.
12. *Oceanodroma leucorrhoa* (Vieill.).
13. *Stercorarius pomarinus* (Temm.).
14. *St. parasiticus* (L.).
15. *Larus glaucus* Brünn.
16. *L. leucopterus* Faber.
17. *L. argentatus argentatus* Pontopp.
18. *L. marinus* L.
19. *L. fuscus fuscus* L.
20. *L. canus canus* L.
*21. *L. ridibundus* L.
*22. *L. minutus* Pall.
23. *Rissa tridactyla tridactyla* (L.).
24. *Sterna tschegrava* Lepech.
*25. *St. hirundo* L.
26. *St. paradisaea* Brünn.
*27. *St. minuta minuta* L.
28. *Hydrochelidon leucoptera* (Temm.).
*29. *H. nigra nigra* (L.).
†30. *Phalacrocorax carbo carbo* (L.).
31. *Pelecanus onocrotalus* L.
32. *P. crispus* Bruch.
33. *Mergus albellus* L.
*34. *M. serrator* L.
*35. *M. merganser merganser* L.
36. *Somateria mollissima mollissima* (L.).
37. *Oidemia nigra nigra* (L.).
38. *O. fusca fusca* (L.).
39. *Polysticta stelleri* (Pall.).
40. *Clangula hiemalis* (L.).
41. *Nyroca marila marila* (L.).
*42. *N. fuligula* (L.).
*43. *N. ferina ferina* (L.).
44. *N. rufina* (Pall.).
*45. *N. nyroca* (Güld.).
*46. *N. clangula clangula* (L.).
*47. *Spatula clypeata* (L.).
*48. *Dafila acuta* (L.).
*49. *Anas platyrhyncha platyrhyncha* L.
*50. *A. strepera* L.
*51. *A. penelope* L.
*52. *A. querquedula* L.
*53. *A. crecca crecca* L.
54. *Tadorna tadorna* (L.).
†55. *Anser anser* (L.).
56. *A. fabalis fabalis* (Lath.).
57. *A. arvensis arvensis* Brehm.
58. *A. albifrons* (Scop.).
59. *A. finmarchicus* Gunn.
60. *Branta bernicla bernicla* (L.).
61. *B. leucopsis* (Bechst.).
62. *B. ruficollis* (Pall.).
*63. *Cygnus olor* (Gm.).
64. *C. cygnus* (L.).
65. *C. bewickii bewickii* Yarr.

66. *Arenaria interpres interpres* (L.).
67. *Haematopus ostralegus ostralegus* L.
68. *Squatarola squatarola* (L.).
* 69. *Charadrius apricarius* L.
70. *Ch. morinellus* L.
*71. *Ch. hiaticula hiaticula* L.
*72. *Ch. dubius* Scop.
73. *Ch. alexandrinus* L.
*74. *Vanellus vanellus* (L.).
*75. *Burhinus oedicnemus oedicnemus* (L.).
76. *Recurvirostra avosetta* L.
77. *Phalaropus lobatus* (L.).
78. *Calidris leucophaea* (Pall.).
79. *Limicola platyrhyncha platyrhyncha* (Temm.).
80. *Canutus canutus* (L.).
81. *Erolia alpina alpina* (L.).
*82. *E. a. schinzi* (Brehm).
83. *E. ferruginea* (Brünn.).
84. *E. minuta minuta* (Leisl.).
85. *E. temminckii* (Leisl.).
*86. *Machetes pugnax* (L.).
*87. *Totanus hypoleucus* (L.).
*88. *T. totanus* (L.).
89. *T. erythropus* (Pall.).
90. *T. nebularius* (Gunn.).
91. *T. stagnatilis* Bechst.
*92. *T. ocrophus* (L.).
*93. *T. glareola* (L.).
*94. *Limosa limosa* (L.).
95. *L. lapponica tapponica* (L.).
*96. *Numenius arquatus arquatus* (L.).
97. *N. tenuirostris* Vieill.
98. *N. phaeopus phaeopus* (L.).
*99. *Gallinago media* (Lath.).
*100. *G. gallinago gallinago* (L.).
*101. *Limnocryptes gallinula* (L.).
*102. *Scolopax rusticola* L.
†103. *Otis tarda tarda* L.
104. *O. tetrax* L.
*105. *Megalornis grus grus* (L.).
*106. *Rallus aquaticus aquaticus* L.
*107. *Crex crex* (L.).
*108. *Porzana porzana* (L.).
*109. *P. parva* (Scop.).
*110. *Gallinula chloropus chloropus* (L.).
*111. *Fulica atra atra* L.
112. *Syrrhaptes paradoxus* (Pall.).
113. *Egatheus falcinellus falcinellus* (L.).
114. *Platalea leucorodia leucorodia* L.
*115. *Ciconia ciconia ciconia* (L.).
*116. *C. nigra* (L.).
†117. *Nycticorax nycticorax nycticorax* (L.).
*118. *Botaurus stellaris stellaris* (L.).
*119. *Ixobrychus minutus minutus* (L.).
120. *Ardeola ralloides ralloides* (Scop.).
*121. *Ardea cinerea* L.
122. *Egretta garzetta garzetta* (L.).
*123. *Columba palumbus palumbus* L.
*124. *C. oenas* L.
*125. *Streptopelia turtur turtur* (L.).
*126. *Phasianus colchicus colchicus* L.
*127. *Perdix perdix perdix* (L.).
*128. *Coturnix coturnix coturnix* (L.).
†129. *Lagopus lagopus lagopus* (L.).
*130. *Tetrastes bonasia bonasia* (L.).
*131. *Tetrao urogallus urogallus* L.
*132. *Lyrurus tetrix tetrix* (L.).
133. *Gyps fulvus fulvus* (Hablizl).
134. *Vultur monachus* L.
*135. *Circus aeruginosus aeruginosus* (L.).
*136. *C. cyaneus* (L.).
137. *C. macrourus* (Gm.).
*138. *C. pygargus* (L.).
*139. *Accipiter gentilis gentilis* (L.).
*140. *A. nisus nisus* (L.).
*141. *Circaëtus gallicus gallicus* (Gm.).
142. *Nisaëtus pennatus pennatus* (Gm.).
*143. *Buteo buteo buteo* (L.).
144. *B. b. zimmermannae* Ehmcke.
145. *B. ferox ferox* (Gm.).
*146. *Buteo lagopus lagopus* (Brünn.).
†147. *Aquila chrysaëtus chrysaëtus* (L.).
148. *A. melanaëtus melanaëtus* (L.).
149. *A. maculata* (Gm.).
*150. *A. pomarina* Brehm.
*151. *Pernis apivorus apivorus* (L.).
*152. *Milvus milvus* (L.).
*153. *M. korschun korschun* (Gm.).
*154. *Haliaëtus albicilla* (L.).
*155. *Pandion haliaëtus haliaëtus* (L.).
156. *Falco rusticolus rusticolus* L.
157. *F. cherrug cherrug* Gray.
*158. *F. peregrinus peregrinus* Tunst.
159. *F. peregrinus calidus* Lath.
*160. *F. subbuteo subbuteo* L.
161. *F. columbarius regulus* Pall.
162. *F. vespertinus vespertinus* L.
*163. *F. tinnunculus tinnunculus* L.
*164. *Bubo bubo bubo* (L.).
*165. *Asio otus otus* (L.).

*166. *A. accipitrinus accipitrinus* (Pall.).
167. *Otus scops scops* (L.).
168. *Syrnium nebulosum lapponicum* (Thunb.).
*169. *S. uralense uralense* (Pall.).
*170. *S. aluco aluco* (L.).
171. *Surnia ulula ulula* (L.).
172. *Nyctea nyctea* (L.).
*173. *Aegolius tengmalmi tengmalmi* (Gm.).
*174. *Glaucidium passerinum passerinum* (L.).
*175. *Athene noctua noctua* (Scop.).
*176. *Strix alba guttata* Brehm.
*177. *Cuculus canorus canorus* L.
*178. *Jynx torquilla torquilla* L.
*179. *Dryocopus martius martius* (L.).
*180. *Dryobates maior maior* (L.).
*181. *D. leucotos leucotos* (Bechst.).
*182. *D. medius medius* (L.).
*183. *D. minor minor* (L.).
184. *D.* m. *kamtschatkensis* (Malh.)
*185. *Picus viridis viridis* L.
*186. *P. canus canus* Gm.
*187. *Alcedo ispida ispida* L.
188. *Merops apiaster* L.
*189. *Coracias garrulus garrulus* L.
*190. *Upupa epops epops* L.
*191. *Caprimulgus europaeus europaeus* L.
*192. *Apus apus apus* (L.).
*193. *Chelidon rustica rustica* (L.).
*194. *Riparia riparia riparia* (L.).
*195. *Hirundo urbica urbica* L.
196. *Ampelis garrulus garrulus* (L.).
*197. *Muscicapa striata striata*(Pall.).
*198. *M. hypoleuca hypoleuca* (Pall.).
199. *M. collaris* Bechst.
*200. *M. parva parva* Bechst.
*201. *Lanius excubitor excubitor* L.
*202. *L. minor* Gm.
*203. *L. collurio collurio* L.
204. *L. senator senator* L.
*205. *Corvus corax corax* L.
*206. *Corvus cornix cornix* L.
*207. *C. frugilegus frugilegus* L.
*208. *Coloeus monedula spermologus* (Vieill.).
209. *C. m. collaris* (Drumm.).
*210. *Pica pica pica* (L.).
*211. *Garrulus glandarius glandarius* (L.).
*212. *Nucifraga caryocatactes caryocatactes* (L.).
213. *N. c. macrorhynchus* Brehm.
*214. *Oriolus oriolus oriolus* (L.).
*215. *Sturnus vulgaris vulgaris* L.
216. *Pastor roseus* (L.).
*217. *Passer domesticus domesticus* (L.).
*218. *P. montanus montanus* (L.).
*219. *Coccothraustes coccothraustes coccothraustes* (L.).
*220. *Fringilla coelebs coelebs* L.
221. *F. montifringilla* L.
*222. *Chloris chloris chloris* (L.).
*223. *Carduelis cannabina cannabina* (L.).
*224. *C. linaria linaria* (L.).
225. *C. l. holboellii* (Brehm).
226. *C. hornemannii exilipes* (Coues).
*227. *C. spinus* (L.).
*228. *C. carduelis carduelis* (L.).
229. *Serinus canarius serinus* (L.).
230. *Pinicola enucleator enucleator* (L.).
*231. *Carpodacus erythrinus erythrinus* (Pall.).
*232. *Pyrrhula pyrrhula pyrrhula* (L.).
*233. *Loxia curvirostra curvirostra* L.
234. *L. pytyopsittacus* Borkh.
235. *L. leucoptera bifasciata* (Brehm).
236. *Calcarius lapponicus lapponicus* (L.).
237. *Plectrophenax nivalis* (L.).
*238. *Emberiza calandra calandra* L.
*239. *E. citrinella sylvestris* Brehm.
240. *E. c. citrinella* L.
*241. *E. hortulana* L.
*242. *E. schoeniclus schoeniclus* (L.).
243. *E. pusilla* Pall.
*244. *Anthus pratensis* (L.).
245. *A. cervinus* (Pall.).
*246. *A. trivialis trivialis* (L.).
*247. *A. campestris* (L.).
248 *A. spinoletta littoralis* Brehm.
*249 *Motacilla alba alba* L.
250. *M. boarula boarula* L.
*251. *M. flava flava* L.
252. *M. f. thunbergi* Billb.
*253. *Alauda arvensis arvensis* L.
*254. *Lullula arborea arborea* (L.).
*255. *Galerida cristata cristata* (L.).
256. *Eremophila alpestris flava* (Gm.).
*257. *Certhia familiaris familiaris* L.
*258. *C. brachydactyla brachydactyla* Brehm.
*259. *Sitta europaea homeyeri* Hart.
*260. *S. e. caesia* Wolf.
*261. *Parus maior maior* L.
*262. *P. coeruleus coeruleus* L.
263. *P. cyanus cyanus* Pall.

*264. *P. ater ater* L.
*265. *P. palustris palustris* L.
*266. *P. atricapillus borealis* Selys.
*267. *P. cristatus cristatus* L.
*268. *Aegithalos caudatus caudatus* (L.).
*269. *Regulus regulus regulus* (L.).
*270. *Troglodytes troglodytes troglodytes* (L.).
*271. *Cinclus cinclus cinclus* (L.).
*272. *Prunella modularis modularis* (L.).
*273. *Sylvia nisoria nisoria* (Bechst.).
*274. *S. borin* (Bodd.).
*275. *S. communis communis* Lath.
*276. *S. curruca curruca* (L.).
*277. *S. atricapilla atricapilla* (L.).
*278. *Acrocephalus arundinaceus arundinaceus* (L.).
*279. *A. streperus streperus* (Vieill.).
*280. *A. palustris* (Bechst.).
*281. *A. schoenobaenus* (L.).
*282. *A. aquaticus* (Gm.).
*283. *Locustella naevia naevia* (Bodd.).
*284. *L. fluviatilis* (Wolf).
*285. *Hypolais icterina* (Vieill.).
*286. *Phylloscopus sibilator sibilator* (Bechst.).
*287. *Ph. trochilus trochilus* (L.).
*288. *Ph. collybita abietinus* (Nilss.).
289. *Ph. nitidus viridanus* Blyth.
290. *Ph. superciliosus superciliosus* (Gm.).
*291. *Turdus philomelus philomelus* Brehm.
*292. *T. iliacus* L.
*293. *T. viscivorus viscivorus* L.
*294. *T. pilaris* L.
295. *T. ruficollis atrogularis* Temm.
*296. *T. merula merula* L.
297. *T. torquatus torquatus* L.
*298. *Oenanthe oenanthe oenanthe* (L.).
*299. *Pratincola rubetra rubetra* (L.).
*300. *Phoenicurus ochrurus gibraltariensis* (Gm.).
*301. *Ph. phoenicurus phoenicurus* (L.).
*302. *Dandalus rubecula rubecula* (L.).
*303. *Luscinia svecica cyanecula* (Wolf).
304. *L. s. svecica* (L.).
*305. *L. philomela* (Bechst.).

II.

# Verzeichnis der für die **Kurische Nehrung** bisher nachgewiesenen Vogelarten.

* = jetziger Brutvogel.
† = früherer Brutvogel.

1. *Alca torda* L.
2. *Uria troille troille* (L.).
3. *U. grylle grylle* (L.).
4. *Gavia arctica* (L.).
5. *G. stellata* (Pontopp.).
*6. *Colymbus cristatus cristatus* L.
7. *C. griseigena griseigena* Bodd.
*8. *C. nigricollis nigricollis* (Brehm).
9. *C. ruficollis ruficollis* Pall.
10. *Oceanodroma leucorrhoa* (Vieill.).
11. *Stercorarius pomarinus* (Temm.).
12. *St. parasiticus* (L.).
13. *Larus glaucus* Brünn.
14. *L. argentatus argentatus* Pontopp.
15. *L. marinus* L.
16. *L. fuscus fuscus* L.
17. *L. canus canus* L.
*18. *L. ridibundus* L.
*19. *L. minutus* Pall.
20. *Rissa tridactyla tridactyla* (L.).
*21. *Sterna hirundo* L.
22. *St. minuta minuta* L.
23. *Hydrochelidon leucoptera* (Temm.).
24. *H. nigra nigra* (L.).
†25. *Phalacrocorax carbo carbo* (L.).
26. *Mergus albellus* L.
27. *M. serrator* L.
28. *M. merganser merganser* L.
29. *Somateria mollissima mollissima* (L.).
30. *Oidemia nigra nigra* (L.).
31. *O. fusca fusca* (L.).
32. *Clangula hiemalis* (L.).
33. *Nyroca marila marila* (L.).
*34. *N. fuligula* (L.).
*35. *N. ferina ferina* (L.).
36. *N. clangula clangula* (L.).
*37. *Spatula clypeata* (L.).
38. *Dafila acuta* (L.).
*39. *Anas platyrhyncha platyrhyncha* L.
40. *A. strepera* L.
41. *A. penelope* L.
*42. *A. querquedula* L.
*43. *A. crecca crecca* L.
44. *Tadorna tadorna* (L.).
45. *Anser fabalis fabalis* (Lath.).
45 a. *A. arvensis arvensis* Brehm.
46. *A. albifrons* (Scop.)
47. *A. finmarchicus* Gunn.
48. *Branta bernicla bernicla* (L.).
49. *B. leucopsis* (Bechst.).
50. *Cygnus olor* (Gm.).
51. *C. cygnus* (L.).
52. *C. bewickii bewickii* Yarr.
53. *Arenaria interpres interpres* (L.).
54. *Haematopus ostralegus ostralegus* L.
55. *Squatarola squatarola* (L.).
56. *Charadrius apricarius* L.
57. *Ch. morinellus* L.
*58. *Ch. hiaticula hiaticula* L.
*59. *Ch. dubius* Scop.
60. *Ch. alexandrinus* L.
*61. *Vanellus vanellus* (L.).
62. *Phalaropus lobatus* (L.).
63. *Calidris leucophaea* (Pall.).
64. *Limicola platyrhyncha platyrhncha* (Temm.).
65. *Canutus canutus* (L.).
66. *Erolia alpina alpina* (L.).
*67. *E. a. schinzi* (Brehm).

68. *E. ferruginea* (Brünn.).
69. *E. minuta minuta* (Leisl.).
70. *E. temminckii* (Leisl.).
*71. *Machetes pugnax* (L.).
72. *Totanus hypoleucus* (L.).
73. *T. totanus* (L.).
74. *T. erythropus* (Pall.).
75. *T. nebularius* (Gunn.).
76. *T. ocrophus* (L.).
77. *T. glareola* (L.).
78. *Limosa limosa* (L.).
79. *L. lapponica lapponica* (L.).
80. *Numenius arquatus arquatus* (L.).
81. *N. tenuirostris* Vieill.
82. *N. phaeopus phaeopus* (L.).
83. *Gallinago media* (Lath.).
84. *G. gallinago gallinago* (L.).
85. *Limnocryptes gallinula* (L.).
*86. *Scolopax rusticola* L.
87. *Otis tetrax* L.
†88. *Megalornis grus grus* (L.).
89. *Rallus aquaticus aquaticus* L.
*90. *Crex crex* (L.).
*91. *Porzana porzana* (L.).
*92. *Gallinula chloropus chloropus* (L.).
*93. *Fulica atra atra* L.
94. *Syrrhaptes paradoxus* (Pall.).
†95. *Ciconia ciconia ciconia* (L.).
96. *C. nigra* (L.).
97. *Botaurus stellaris stellaris* (L.).
*98. *Ixobrychus minutus minutus* (L.).
*99. *Ardea cinerea* L.
*100. *Columba palumbus palumbus* L.
101. *C. oenas* L.
102. *Streptopelia turtur turtur* (L.).
*103. *Phasianus colchicus colchicus* L.
*104. *Perdix perdix perdix* (L.).
*105. *Coturnix coturnix coturnix* (L.).
106. *Lyrurus tetrix tetrix* (L.).
107. *Circus aeruginosus aeruginosus* (L.).
108. *C. cyaneus* (L.).
109. *C. macrourus* (Gm.).
110. *Accipiter gentilis gentilis* (L.).
*111. *A. nisus nisus* (L.).
*112. *Buteo buteo buteo* (L.).
113. *B. b. zimmermannae* Ehmcke.
114. *B. lagopus lagopus* (Brünn.).
115. *Aquila chrysaëtus chrysaëtus* (L.).
116. *Aquila pomarina* Brehm.
117. *Pernis apivorus apivorus* (L.).
118. *Milvus milvus* (L.).
*119. *M. korschun korschun* (Gm.).
†120. *Haliaëtus albicilla* (L.).
†121. *Pandion haliaëtus haliaëtus* (L.).
*122. *Falco peregrinus peregrinus* Tunst.
123. *F. p. calidus* Lath.
*124. *F. subbuteo subbuteo* L.
125. *F. columbarius regulus* Pall.
126. *F. vespertinus vespertinus* L.
*127. *F. tinnunculus tinnunculus* L.
128. *Bubo bubo bubo* (L.).
*129. *Asio otus otus* (L.).
130. *A. accipitrinus accipitrinus* (Pall.).
*131. *Syrnium aluco aluco* (L.).
132. *Surnia ulula ulula* (L.).
133. *Nyctea nyctea* (L.).
134. *Aegolius tengmalmi tengmalmi* (Gm.).
135. *Athene noctua noctua* (Scop.).
136. *Strix alba guttata* Brehm.
*137. *Cuculus canorus canorus* L.
*138. *Iynx torquilla torquilla* L.
*139. *Dryocopus martius martius* (L.).
*140. *Dryobates maior maior* (L.).
141. *D. medius medius* (L.).
142. *D. minor minor* (L.).
143. *Picus viridis viridis* L.
144. *Alcedo ispida ispida* L.
*145 *Coracias garrulus garrulus* L.
*146. *Upupa epops epops* L.
*147. *Caprimulgus europaeus europaeus* L.
*148. *Apus apus apus* (L.).
*149. *Chelidon rustica rustica* (L.).
*150. *Riparia riparia riparia* (L.).
*151. *Hirundo urbica urbica* L.
152. *Ampelis garrulus garrulus* (L.).
*153. *Muscicapa striata striata* (Pall.).
*154. *M. hypoleuca hypoleuca* (Pall.).
155. *M. collaris* Bechst.
*156. *M. parva parva* Bechst.
157. *Lanius excubitor excubitor* L.
†158. *L. minor* Gm.
*159. *L. collurio collurio* L.
160. *Corvus corax corax* L.
*161. *C. cornix cornix* L.
162. *C. frugilegus frugilegus* L.
163. *Coloeus monedula spermologus* (Vieill.).
164. *C. m. collaris* (Drumm.).
165. *Pica pica pica* (L.).
*166. *Garrulus glandarius glandarius* (L.).
167. *Nucifraga caryocatactes macrorhynchus* Brehm.
*168. *Oriolus oriolus oriolus* (L.).

*169. *Sturnus vulgaris vulgaris* L.
170. *Pastor roseus* (L.).
*171. *Passer domesticus domesticus* (L.).
*172. *P. montanus montanus* (L.).
*173. *Coccothraustes coccothraustes coccothraustes* (L.).
*174. *Fringilla coelebs coelebs* L.
175. *F. montifringilla* L.
*176. *Chloris chloris chloris* (L.).
*177. *Carduelis cannabina cannabina* (L.).
*178. *C. linaria linaria* (L.).
179. *C. hornemannii exilipes* (Coues).
*180. *C. spinus* (L.).
*181. *C. carduelis carduelis* (L.).
182. *Serinus canarius serinus* (L.).
183. *Pinicola enucleator enucleator* (L.).
*184. *Carpodacus erythrinus erythrinus* (Pall.).
185. *Pyrrhula pyrrhula pyrrhula* (L.).
*186. *Loxia curvirostra curvirostra* L.
187. *L. pytyopsittacus* Borkh.
188. *Plectrophenax nivalis* (L.).
*189. *Emberiza calandra calandra* L.
*190. *E. citrinella sylvestris* Brehm
191 *E. c. citrinella* L.
192. *E. hortulana* L.
*193. *E. schoeniclus schoeniclus* (L.).
*194. *Anthus pratensis* (L.).
*195. *A. trivialis trivialis* (L.).
*196. *A. campestris* (L.).
197. *A. spinoletta littoralis* Brehm.
*198. *Motacilla alba alba* L.
199. *M. boarula boarula* L.
*200. *M. flava flava* L.
201. *M. f. thunbergi* Billb.
*202. *Alauda arvensis arvensis* L.
*203. *Lullula arborea arborea* (L.).
*204. *Galerida cristata cristata* (L.).
205. *Eremophila alpestris flava* (Gm.).
*206. *Certhia familiaris familiaris* L.
*207. *Sitta europaea homeyeri* Hart.
*208. *Parus maior maior* L.
*209. *P. coeruleus coeruleus* L.
*210. *P. ater ater* L.
*211. *P. palustris palustris* L.
*212. *P. cristatus cristatus* L.
*213. *Aegithalos caudatus caudatus* (L.).
*214. *Regulus regulus regulus* (L.).
*215. *Troglodytes troglodytes troglodytes* (L.).
216. *Cinclus cinclus cinclus* (L.).
217. *Prunella modularis modularis* (L.).
*218. *Sylvia nisoria nisoria*(Bechst.).
*219. *S. borin* (Bodd.).
*220. *S. communis communis* Lath.
*221. *S. curruca curruca* (L.).
*222. *S. atricapilla atricapilla* (L.).
*223. *Acrocephalus arundinaceus arundinaceus* (L.).
*224. *A. streperus streperus* (Vieill.).
*225. *A. palustris* (Bechst.).
*226. *A. schoenobaenus* (L.).
227. *Locustella naevia naevia* (Bodd.).
*228. *L. fluviatilis* (Wolf).
*229. *Hypolais icterina* (Vieill.).
*230. *Phylloscopus sibilator sibilator* (Bechst.).
*231. *Ph. trochilus trochilus* (L.).
*232. *Ph. collybita abietinus* (Nilss.).
233. *Ph. nitidus viridanus* Blyth.
*234. *Turdus philomelus philomelus* Brehm.
235. *T. iliacus* L.
*236. *T. viscivorus viscivorus* L.
237. *T. pilaris* L.
238. *T. ruficollis atrogularis* Temm.
*239. *T. merula merula* L.
240. *T. torquatus torquatus* L.
*241. *Oenanthe oenanthe oenanthe* (L.).
*242. *Pratincola rubetra rubetra* (L.).
243. *Phoenicurus ochrurus gibraltariensis* (Gm.).
*244. *Ph. phoenicurus phoenicurus* (L.).
*245. *Dandalus rubecula rubecula* (L.).
246. *Luscinia svecica cyanecula* (Wolf).
*247. *L. philomela* (Bechst.).

Dazu kommt noch 45a, zusammen also 248 Arten.

III.

# Verzeichnis der für den Kreis Friedland bisher nachgewiesenen Vogelarten.

* = jetziger Brutvogel.
† = früherer Brutvogel.

1. *Gavia arctica* (L.).
2. *G. stellata* (Pontopp.).
*3. *Colymbus cristatus cristatus* L.
4. *C. griseigena griseigena* Bodd.
5. *C. ruficollis ruficollis* Pall.
6. *Larus fuscus fuscus* L.
7. *L. canus canus* L.
8. *L. ridibundus* L.
9. *L. minutus* Pall.
10. *Sterna hirundo* L.
10a. *St. minuta minuta* L.
11. *Hydrochelidon nigra nigra* (L.).
12. *Phalacrocorax carbo carbo* (L.).
13. *Mergus albellus* L.
14. *M. serrator* L.
15. *M. merganser merganser* L.
16. *Clangula hiemalis* (L.).
17. *Nyroca marila marila* (L.).
*18. *N. fuligula* (L.).
*19. *N. ferina ferina* (L.).
†20. *N. nyroca* (Güld.).
21. *N. clangula clangula* (L.).
*22. *Spatula clypeata* (L.).
*23. *Dafila acuta* (L.).
*24. *Anas platyrhyncha platyrhyncha* L.
25. *A. strepera* L.
26. *A. penelope* L.
*27. *A. querquedula* L.
*28. *A. crecca crecca* L.
29. *Tadorna tadorna* (L.).
30. *Anser anser* (L.).
31. *A. fabalis fabalis* (Lath.).
32. *A. albifrons* (Scop.).
33. *Cygnus olor* (Gm.).
34. *C. cygnus* (L.).
35. *Squatarola squatarola* (L.).
36. *Charadrius apricarius* L.
37. *Ch. morinellus* L.
38. *Ch. hiaticula hiaticula* L.
*39. *Ch. dubius* Scop.
*40. *Vanellus vanellus* (L.).
41. *Erolia alpina alpina* (L.).
42. *E. ferruginea* (Brünn.).
43. *E. minuta minuta* (Leisl.).
44. *E. temminckii* (Leisl.).
45. *Machetes pugnax* (L.).
*46. *Totanus hypoleucus* (L.).
*47. *T. totanus* (L.).
48. *T. erythropus* (Pall.).
49. *T. nebularius* (Gunn.).
50. *T. stagnatilis* Bechst.
51. *T. ocrophus* (L.).
52. *T. glareola* (L.).
53. *Limosa limosa* (L.).
54. *Numenius arquatus arquatus* (L.).
55. *N. phaeopus phaeopus* (L.).
56. *Gallinago media* (Lath.).
57. *G. gallinago gallinago* (L.).
58. *Limnocryptes gallinula* (L.).
59. *Scolopax rusticola* L.
*60. *Megalornis grus grus* (L.).
*61. *Rallus aquaticus aquaticus* L.
*62. *Crex crex* (L.).
*63. *Porzana porzana* (L.).
64. *P. parva* (Scop.).
*65. *Gallinula chloropus chloropus* (L.).
*66. *Fulica atra atra* L.
67. *Syrrhaptes paradoxus* (Pall.).
*68. *Ciconia ciconia ciconia* (L.).
†69. *C. nigra* (L.).
70. *Nycticorax nycticorax nycticorax* (L.).
*71. *Botaurus stellaris stellaris* (L.).
*72. *Ixobrychus minutus minutus* (L.).

*73. *Ardea cinerea* L.
*74. *Columba palumbus palumbus* L.
*75. *C. oenas* L.
*76. *Streptopelia turtur turtur* (L.).
*77. *Phasianus colchicus colchicus* L.
*78. *Perdix perdix perdix* (L.).
*79. *Coturnix coturnix coturnix*(L.).
*80. *Tetrastes bonasia bonasia* (L.).
*81. *Lyrurus tetrix tetrix* (L.).
82. *Gyps fulvus fulvus* (Hablizl.).
*83. *Circus aeruginosus aeruginosus* (L.).
84. *C. cyaneus* (L.).
85. *C. macrourus* (Gm.).
86. *C. pygargus* (L.).
*87. *Accipiter gentilis gentilis* (L.).
*88. *A. nisus nisus* (L.).
*89. *Buteo buteo buteo* (L.).
90. *B. lagopus lagopus* (Brünn.).
91. *Aquila chrysaëtus chrysaëtus* (L.).
92. *A. maculata* (Gm.).
†93. *A. pomarina* Brehm.
94. *Pernis apivorus apivorus* (L.).
95. *Milvus milvus* (L.).
*96. *M. korschun korschun* (Gm.).
97. *Haliaëtus albicilla* (L.).
98. *Pandion haliaëtus haliaëtus*(L.).
99. *Falco peregrinus peregrinus* Tunst.
*100. *F. subbuteo subbuteo* L.
101. *F. columbarius regulus* Pall.
*102. *F. tinnunculus tinnunculus* L.
†103. *Bubo bubo bubo* (L.).
*104. *Asio otus otus* (L.).
105. *A. accipitrinus accipitrinus* (Pall.).
*106. *Syrnium uralense uralense* (Pall.).
*107. *S. aluco aluco* (L.).
108. *Surnia ulula ulula* (L.).
109. *Nyctea nyctea* (L.).
*110. *Athene noctua noctua* (Scop.).
*111. *Strix alba guttata* Brehm.
*112. *Cuculus canorus canorus* L.
*113. *Jynx torquilla torquilla* L.
*114. *Dryocopus martius martius* (L.).
*115. *Dryobates maior maior* (L.).
116. *D. medius medius* (L.).
117. *D. minor minor* (L.).
*118. *Picus viridis viridis* L.
*119. *Alcedo ispida ispida* L.
*120. *Coracias garrulus garrulus* L.
†121. *Upupa epops epops* L.
*122. *Caprimulgus europaeus europaeus* L.
*123. *Apus apus apus* (L.).
*124. *Chelidon rustica rustica* (L.).
*125. *Riparia riparia riparia* (L.).
*126. *Hirundo urbica urbica* L.
127. *Ampelis garrulus garrulus* (L.).
*128. *Muscicapa striata striata* (Pall.).
*129. *M. hypoleuca hypoleuca* (Pall.).
*130. *M. parva parva* Bechst.
131. *Lanius excubitor excubitor* L.
†132. *L. minor* Gm.
*133. *L. collurio collurio* L.
†134. *Corvus corax corax* L.
*135. *C. cornix cornix* L.
*136. *C. frugilegus frugilegus* L.
*137. *Coloeus monedula spermologus* (Vieill.).
138. *C. m. collaris* (Drumm.).
*139. *Pica pica pica* (L.).
*140. *Garrulus glandarius glandarius* (L.).
141. *Nucifraga caryocatactes caryocatactes* (L.).
142. *N. c. macrorhynchus* Brehm.
*143. *Oriolus oriolus oriolus* (L.).
*144. *Sturnus vulgaris vulgaris* L.
*145. *Passer domesticus domesticus* (L.).
*146. *Passer montanus montanus* (L.).
*147. *Coccothraustes coccothraustes coccothraustes* (L.).
*148. *Fringilla coelebs coelebs* L.
149. *F. montifringilla* L.
*150. *Chloris chloris chloris* (L.).
*151. *Carduelis cannabina cannabina* (L.).
152. *C. linaria linaria* (L.).
153. *C. l. holboellii* (Brehm).
154. *C. hornemannii exilipes* (Coues).
*155. *C. spinus* (L.).
*156. *C. carduelis carduelis* (L.).
*157. *Carpodacus erythrinus erythrinus* (Pall.).
*158. *Pyrrhula pyrrhula pyrrhula* (L.).
159. *Loxia curvirostra curvirostra* L.
160. *Plectrophenax nivalis* (L.).
*161. *Emberiza calandra calandra* L.
*162. *E. citrinella sylvestris* Brehm.
163. *E. c. citrinella* L.
*164. *E. hortulana* L.
*165. *E. schoeniclus schoeniclus* (L.).
*166. *Anthus pratensis* (L.).
*167. *A. trivialis trivialis* (L.).
*168. *A. campestris* (L.).
*169. *Motacilla alba alba* L.
*170. *M. flava flava* L.
*171. *Alauda arvensis arvensis* L.

*172. *Lullula arborea arborea* (L.).
*173. *Galerida cristata cristata* (L.).
174. *Eremophila alpestris flava* (Gm.).
*175. *Certhia familiaris familiaris* L.
*176. *Sitta europaea homeyeri* Hart.
*177. *Parus maior maior* L.
*178. *P. coeruleus coeruleus* L.
*179. *P. ater ater* L.
*180. *P. palustris palustris* L.
*181. *P. atricapillus borealis* Selys.
*182. *P. cristatus cristatus* L.
*183. *Aegithalos caudatus caudatus* (L.).
*184. *Regulus regulus regulus* (L.).
*185. *Troglodytes troglodytes troglodytes* (L.).
186. *Cinclus cinclus cinclus* (L.).
187. *Prunella modularis modularis* (L.).
*188. *Sylvia nisoria nisoria* (Bechst.)
*189. *S. borin* (Bodd.).
*190. *S. communis communis* Lath.
*191. *S. curruca curruca* (L.).
*192. *S. atricapilla atricapilla* (L.).
*193. *Acrocephalus arundinaceus arundinaceus* (L.).
*194. *A. streperus streperus* (Vieill.).
*195. *A. palustris* (Bechst.).
*196. *A. schoenobaenus* (L.).
197. A. *aquaticus* (Gm.).
*198. *Locustella naevia naevia* (Bodd.).
*199. *L. fluviatilis* (Wolf).
*200. *Hypolais icterina* (Vieill.).
*201. *Phylloscopus sibilator sibilator* (Bechst.).
*202. *Ph. trochilus trochilus* (L.).
*203. *Ph. collybita abietinus* (Nilss.).
*204. *Turdus philomelus philomelus* Brehm.
205. *T. iliacus* L.
*206. *Turdus viscivorus viscivorus* L.
*207. *T. pilaris* L.
*208. *T. merula merula* L.
209. *Oenanthe oenanthe oenanthe* (L.).
*210. *Pratincola rubetra rubetra* (L.).
211. *Phoenicurus ochrurus gibraltariensis* (Gm.).
*212. *Ph. phoenicurus phoenicurus* (L.).
*213. *Dandalus rubecula rubecula* (L.).
†214. *Luscinia svecica cyanecula* (Wolf).
*215. *L. philomela* (Bechst.).

**Dazu kommt noch 10 a, zusammen also 216 Arten.**

# Die ostpreußischen Vögel.

## I. Ordnung: **Urinatores** — Taucher.

### 1. Familie: **Alcidae** — Alken.

#### 1. **Alca torda** L. — Tordalk, Eisalk.

Auf der Ostsee ist der Tordalk regelmäßiger, jedoch im allgemeinen nicht sehr zahlreicher Wintergast, der nach Hartert (200) auch die Haffe besucht. Am häufigsten zeigt er sich nach diesem Gewährsmann im März. Einzelne Stücke verweilen aber gelegentlich auch noch spät im Frühjahr an unserer Küste; le Roi (430) erhielt ein altes ♂ von Cranz am 26. Mai 1902.

Ich besitze aus Rossitten ein ♂ ad. vom 3. Februar 1908 und ein ♀ juv. vom 3. Januar 1912.

#### 2. **Uria troille troille** (L.). — Trottellumme.

*Uria lomvia* auct.

Am 14. Januar 1909 erhielt Thienemann (570, 576) ein bei Cranz gefangenes Exemplar dieser Lummenart, ein ♂ im Winterkleide. Ferner wurde ihm am 7. November 1912 ein noch ganz frisches Stück eingeliefert, das am Strande zwischen Rossitten und Sarkau gelegen hatte (594 c). Weitere Fälle des Vorkommens sind für Ostpreußen mit Sicherheit nicht erwiesen.

Böck (48, 132) gingen aus der Gegend von Danzig mehrfach Exemplare zu, so daß die Art also auch an unserer Küste vielleicht nicht so ganz selten ist, als es bisher den Anschein hat.

#### 3. **Uria grylle grylle** (L.) — Gryllumme, Gryllteiste.

*Cepphus grylle* (L.).

An der Ostseeküste zeigt sich die Gryllumme regelmäßig während der Wintermonate, doch meist nicht gerade in großer Anzahl. Thienemann (504) erhielt von Rossitten ein ♂ im Übergangskleide 1901 schon am 20. September. Die meisten sieht man nach Hartert (200) auf der Rückwanderung im März; doch werden einzelne bisweilen auch noch weit später bei uns beobachtet. Nach Thienemann (536, 564) wurde bei Rossitten ein fast ausgefärbtes ♂ am 6. Mai 1905, ein Stück ferner am 9. Juni 1904 erbeutet. Bei Cranz wurden nach le Roi (429, 430) Ende Mai 1902 sogar noch 5 Exemplare gefangen, darunter ♂ und ♀, die in seinen Besitz gelangten, am 23. Mai.

In der Sammlung der Vogelwarte Rossitten befinden sich außer den erwähnten Stücken vom 20. September 1901 und 6. Mai 1905 2 ♂♂ in Übergangskleidern vom 29. März und 27. April 1904 sowie ein völlig ausgefärbtes ♂ im Prachtkleide vom 7. Mai 1908. Sondermann erhielt ein ♂ im Übergangskleide am 30. März 1909 von Nodems (Kreis Fischhausen), Balzer ein ähnliches Stück am 20. März 1912 von Pillau; das letztgenannte Exemplar befindet sich jetzt in meinem Besitz. Vom Frischen Haff bei Brandenburg ging Balzer schließlich ein ausgefärbtes Stück am 29. Juni 1913 zu.

**Alle alle (L.) — Krabbentaucher.**

*Mergulus alle* (L.).

Hartert (200) führt 1887 den Krabbentaucher noch nicht unter den preußischen Vögeln auf; doch gibt er 1892 (205) an, daß er „wenige Male auf der See erbeutet, in Ostpreußen aber eine große Seltenheit sei". Leider entsinnt sich Hartert nicht mehr, worauf die letztgenannte Angabe sich gründet, vermutlich aber nicht auf eigene Beobachtung. Belegexemplare scheinen nicht vorhanden zu sein. Ich trage hiernach doch Bedenken, die Art für Ostpreußen aufzuführen. Böck besaß sie jedenfalls aus Preußen nicht.

## 2. Familie: **Urinatoridae** — Seetaucher.

### 4. **Gavia immer** (Brünn.) — Eisseetaucher.

*Urinator imber* (Gunn.); *Colymbus torquatus, Eudytes glacialis* auct.

Im Königsberger Museum, und zwar in der Sammlung arktischer Vögel, steht ein junges ♂ mit der Bezeichnung „Preußen", das nach Rathke (406) in Ostpreußen erlegt ist. Es ist, wie aus dem Akzessionskatalog hervorgeht, 1836 in Königsberg im Fleisch, also wohl auf dem Markt, gekauft. Wie ein Brief Ratzeburgs an E. v. Homeyer (407) ergibt, befindet sich auch in der Sammlung der Forstakademie Eberswalde ein ostpreußisches Exemplar dieses großen Seetauchers. Nach Auskunft von Herrn Professor Dr. Eckstein ist dort in der Tat ein von Ratzeburg signiertes junges Stück von *Gavia immer* vorhanden, leider ohne Fundortsangabe.

### 5. **Gavia arctica** (L.). — Polarseetaucher.

*Colymbus arcticus* L., *Eudytes arcticus* (L.).; *Urinator arcticus* (L.).

Am 29. Juli 1882 erlegte Hartert (200, 205) ein ausgefärbtes altes ♀ des Polarseetauchers auf dem Frischen Haff; die Sektion ergab, daß es in demselben Jahre gebrütet hatte. Dieses Stück befindet sich jetzt nach Hartert (210) und le Roi im Museum A. Koenig in Bonn, und nicht, wie Hennicke (386) angibt, in der Sammlung E. v. Homeyers. Schon Anfang Juli 1882 war nach Hartert (200) ein alter Vogel gefangen worden. Ratzeburg (649) teilt ferner folgende Brutbeobachtung mit: „1847 übersandte Oberförster Ulrich (damals in Rothebude) ein schönes ♂ von *Eudytes arcticus*, welches um Pfingsten auf einem benachbarten See geschossen war. Später zeigte sich auch das ♀ mit 9 (sic) Jungen auf dem See, man konnte es aber nicht bekommen." Sicherlich ist die Zahl der Jungen verdruckt; wahrscheinlich sollte es statt „9" „2" heißen. Löffler (330) schließlich beobachtete ein altes ♂ Anfang Juni auf dem Mühlenteich bei Gerdauen und erhielt später ein altes ♀ lebend, das um Johanni auf einem Wiesenteiche gefangen war.

Zu diesen wichtigen Angaben kommt noch hinzu, daß Polartaucher auch in neuerer Zeit in beträchtlicher Anzahl während der Brutzeit bei uns erlegt werden. Nach le Roi (430) wurden mehrere Stücke Ende Mai 1902 und eins sogar noch am 27. Juni bei Cranz gefangen. Die Vogelwarte besitzt ein altes ♀ vom 26. Juli 1905 aus Perwelk. Ulmer (550) erhielt am 12. Mai 1907 3 Stücke von Neukuhren. In der Sammlung des Goldaper Gymnasiums steht ein alter Vogel vom 24. Juni 1894, der nach Büchler vom Kiauter See stammt, und Büchler erhielt ein ausgefärbtes Stück am 12. Juli 1910 aus der Nähe von Goldap. Nach Szielasko wurde einmal ein Stück im Sommer auf dem Nordenburger See erlegt. Techler ging ein Exemplar aus Pruschitten (Kreis Gumbinnen) am 26. Mai 1909 zu, und in Wosseden (Kreis Heilsberg) wurde ein Stück Ende Mai 1913 erlegt. Sondermann schließlich erhielt während der Brutzeit aus folgenden Kreisen Polartaucher: Memel (28. Mai 1902 von Memel; 16. Mai 1903 von Försterei; 10. Mai 1904 von Nidden); Ragnit (28. Mai 1890 von Ragnit; 19. Mai 1892 von Kraupischken; 25. Mai 1894 von Sokaiten); Tilsit (4. Juni 1892, 27. Mai, 30. Mai und 1. Juni 1908 von Tilsit); Niederung (14. Mai 1897 von Kl. Skaisgirren; 15. Mai 1911 2 Stücke von Loye); Labiau (24. Juni 1891 von Nemonien; 4. Juni 1892 von Alt-Sternberg); Insterburg (26. Mai 1893 von Insterburg; 24. Mai 1907 von Neu-Lappöhnen); Pillkallen (4. Juli 1909 von Pillkallen); Fischhausen (10., 14. und 17. Mai 1897 von Alt-Pillau); Lötzen (9. Juni 1909 von Lötzen) und Johannisburg (20. Juni 1905 von Glodowen. )

Läßt man auch sämtliche Maidaten fort, da diese vielleicht noch großenteils auf den Frühjahrszug zu rechnen sind, und berücksichtigt man ferner, daß es sich vielfach wohl um ungepaarte Vögel handelt, so bleiben doch immerhin so viele Fälle des Vorkommens noch spät im Frühjahr übrig, daß wir, in Verbindung mit den Angaben von Hartert und Ratzeburg, an einem gelegentlichen Brüten von *G. arctica* in Ostpreußen nicht zweifeln können, zumal auch für Westpreußen dies nach Nehring (O. M. B. 1894 p. 17—22, 1895 p. 185—187; D. J. Z. 1893, p. 158—160) schon mit Bestimmtheit festgestellt ist.

In den Küstengegenden ist der Polartaucher im Winter sowohl auf der Ostsee wie auf den Haffen ziemlich häufig, wenn auch weniger zahlreich wie der Nordseetaucher. Im Jahre 1910 wurden nach Möschler (588) schon am 8. September 4 Stücke bei Preil, am 17. September 18 alte und junge Exemplare auf der Ostsee 7 km südlich von Rossitten beobachtet. 1912 wurde am 11. August ein alter Vogel im Prachtkleide eingeliefert, der sich jetzt in meiner Sammlung befindet. Auch auf den samländischen Teichen ist er nach Ulmer, besonders im Frühjahr, durchaus nicht selten.

Im Binnenlande zeigt er sich, wie schon aus den Aufzeichnungen Sondermanns hervorgeht, verhältnismäßig oft. Das Königsberger Museum hat nach den Akten Polartaucher aus allen Teilen der Provinz in beträchtlicher Anzahl erhalten. Nach Goldbeck werden diese Taucher fast alljährlich auf dem Geserichsee noch spät im Frühjahr beobachtet; 2 junge Exemplare befinden sich im Besitze des Fischmeisters Tetzlaff in Schwalgendorf. Auch auf dem Kinkeimer See bei Bartenstein wurde ein Vogel im Jugendkleide am 14. März 1906 erlegt; er war auffallend klein und mager und wimmelte von Mallophagen. Das Museum erhielt aus dem Kreise Friedland einen Polartaucher 1875 von Boegen, der Königsberger Tiergarten einen solchen im Winter 1907/08 von Stolzenfeld.

Zuweilen scheinen geradezu Massenzüge dieser Taucher stattzufinden, so wurden im Spätherbst 1900 ganz auffallend viele in Masuren, namentlich bei Lyck und Arys, beobachtet und erlegt. Ein Belegexemplar für diese Invasion besitzt Schlonski vom Aryssee. Ferner bemerkte Wels (653a) am 11. Mai 1913 bei Astrawischken (Kreis Insterburg) große Züge von Seetauchern, die anscheinend zu *G. arctica* gehörten.

### 6. **Gavia stellata** (Pontopp.) — Nordseetaucher.

*Urinator lumme* (Gunn.); *Eudytes septentrionalis* auct.

Im Binnenlande ist der Nordseetaucher sehr viel seltener als *G. arctica*, an der Küste aber im Winter bei weitem die häufigste Art. Hartert (200) bezeichnet ihn für die Ostsee als „sehr häufigen Wintervogel"; doch besucht er auch die Haffe in großer Anzahl. In der Regel trifft er Ende Oktober oder im November bei uns ein. Weitaus die meisten Stücke, die bei uns erbeutet werden, tragen das Jugendkleid. Ein altes ♀ mit roter Kehle vom 6. November 1899 aus Rossitten befindet sich als Balg im Königsberger Museum. Im Frühjahr werden die letzten bisweilen noch im Mai beobachtet; Thienemann (510, 536) erhielt von Rossitten Exemplare noch am 16. Mai 1902 und ein altes ♂ am 16. Mai 1905. Nach le Roi (430) wurde ein junger Vogel bei Cranz am 5. Mai 1902 erbeutet.

Aus dem Innern der Provinz ging dem Königsberger Museum ein Nordseetaucher 1845 von Allenstein zu. Präparator Schuchmann erhielt im Oktober 1910 ein Stück mit teilweise rotbrauner Kehle von Heinrichshöfen (Kreis Pr. Eylau). Auch für den Kinkeimer See bei Bartenstein habe ich ihn bereits nachweisen können. Am 8. November 1908 wurde ein junges ♂ auf dem schon fast ganz zugefrorenen See erlegt, und am 6. November 1910 beobachtete ich daselbst 2 Seetaucher, die ihrer Stimme und Größe nach wohl auch dieser Art angehörten.

## 3. Familie: **Colymbidae** — Lappentaucher.

### 7. Colymbus cristatus cristatus L. — Haubentaucher, Haubensteißfuß.

*Podiceps cristatus* (L.); *Lophaethyia cristata* (L.).

Auf beiden Haffen und wohl allen ostpreußischen Landseen nistet der Haubentaucher in meist recht beträchtlicher Anzahl; stellenweise ist er außerordentlich häufig. Hartert (386) fand ihn auf dem Frischen Haff sowie auf dem Mauer-, Spirding- und Wysztyter See in der Regel kolonienweise brütend, bald mehr, bald minder deutlich. Auch Thienemann (546) zählte auf dem Kurischen Haff bei Rossitten am 25. Juni 1906 im Rohr 15—20 Nester mit 2—5 Eiern, die teils ganz frisch, teils stark bebrütet waren.

Auf dem Kinkeimer See bei Bartenstein, wo dieser Taucher gleichfalls meist häufig vorkommt, — in den letzten Jahren ist er allerdings seltener geworden, doch war er 1913 wieder sehr zahlreich —, nistet er je nach dem Wasserstande bald einzeln, bald wieder zu vielen Paaren nahe beieinander. Ist das Wasser niedrig, das Weidengebüsch infolgedessen trocken und Rohr und Schilf vom Winter her in größeren Partien stehengeblieben, so findet man die Nester gewöhnlich einzeln im Rohr; ist der Wasserstand dagegen hoch und daher nur wenig vorjähriges Rohr und Schilf vorhanden, so nistet er im Weidengebüsch und dann in der Regel kolonienweise. Am 28. Mai 1903 besuchte ich eine Kolonie von etwa 20 Nestern, die sämtlich im Weidengebüsch standen. Sie enthielten 1—5 Eier, meistens 3, nur einmal 5. Nester von *Fulica atra* standen unter den Tauchernestern, oft nur wenige Meter von ihnen entfernt. Brutzeit und Gelegezahl sind hiernach, wie auch Thienemanns Beobachtungen ergeben, sehr verschieden. Am 16. Mai 1909 fand ich ein Nest mit 4, am 30. Mai 1904 ein solches mit 5 Eiern. Die ersten Dunenjungen beobachtete ich 1906 am 8. Juni.

Ende März oder Anfang April stellt sich der Haubentaucher im Frühjahr bei uns ein. Als frühesten Ankunftstermin notierte ich bei Bartenstein den 22. März, als spätesten den 11. April; als Mittel von 17 Jahren ergibt sich der 1. April. Im Laufe des Oktober ziehen diese Taucher allmählich wieder von uns fort; doch bleiben viele noch im Lande, bis sich im November die Gewässer mit Eis bedecken. Die letzten beobachtete ich auf dem Kinkeimer See 1904 am 11., 1905 am 18., 1906 am 28., 1907 am 17., 1909 am 14., 1910 am 6., 1912 am 3., 1913 am 16. November. Im Oktober treiben sie sich häufig in Gesellschaften von 20—30 Stück auf dem See umher. Während der kalten Jahreszeit habe ich bei Bartenstein Haubentaucher noch nie bemerkt; doch hält sich auf der Ostsee winterüber gewöhnlich eine ganze Anzahl auf. Am 6. Februar 1906 sah ich bei Pillau in der Nähe des Tiefs einige auf dem Wasser und auch mehrere erlegte. Es wurde mir glaubwürdig versichert, daß sie dort im Winter gar nicht selten seien. Sondermann erhielt je ein Stück von Kackschen (Kreis Ragnit) am 6. Dezember 1904 und von Memel am 15. Februar 1910, Thienemann (519, 588) von Rossitten mehrere Exemplare in der zweiten Hälfte des Dezember 1903 und ein Stück am 14. Dezember 1910.

Im Frühjahr 1909 hielt sich während der ganzen Brutperiode ein Haubentaucher auf dem Kinkeimer See auf, der bis auf den dunkeln Kragen weißlich gefärbt war. Er war mit einem normalen Exemplar gepaart, konnte aber nicht erlegt werden.

### 8. Colymbus griseigena griseigena Bodd. — Rothalstaucher, Rothalssteißfuß.

*Colymbus subcristatus* Gm.; *Podiceps rubricollis* auct.; *Lophaethyia griseigena* (Bodd.).

Bereits Rathke (406) führt 1846 den Rothalstaucher als ostpreußischen Brutvogel auf; doch hat Hartert (200) ihn auffallenderweise als solchen nicht auffinden können. Er sagt von ihm aus eigener Erfahrung lediglich, er komme nur zur Zugzeit und auch dann nicht einmal häufig vor. Auch Szielasko (471) kennt ihn nur in der unteren litauischen Ebene als seltenen unregelmäßigen Durchzügler. Und doch ist *C. griseigena* als Brutvogel in der Provinz recht verbreitet; nur im Memelgebiet scheint er als solcher zu fehlen.

Nach Ulmer nistet er auf den großen samländischen Teichen ziemlich häufig. In der Sammlung Zimmermanns befindet sich denn auch ein Stück vom 8. Juli 1906 aus Pojerstieten (Kreis Fischhausen). Techler fand ihn im Kreise Gumbinnen auf dem Wilpischer See und früher auch auf dem Marientaler Teiche. Nagel, der mir eine zutreffende Beschreibung der Art sandte, stellte ihn als Brutvogel bei Pfeilings (Kreis Mohrungen), W. Christoleit in einigen Paaren auf dem Großen Haussee bei Ortelsburg fest. Auf dem Drausensee (Kreis Pr. Holland) hörte ich ihn am 20. Juli 1913 mehrfach; er nistet dort nach Dobbrick nicht selten. Schlonski bezeichnet ihn als vereinzelten Brutvogel für Johannisburg und Büchler für Goldap. In der Sammlung des Goldaper Gymnasiums steht ein alter Vogel vom 15. Juli 1895 aus der Nähe der Stadt.

Auf dem Nordenburger See (Kreis Gerdauen) beobachtete ich ihn am 17. Mai 1908 wiederholt; er ist dort sicherlich Brutvogel. Ebenso traf ich eine ganze Anzahl von Paaren am 31. Mai 1908 auf dem großen und kleinen Kruglinner See im Kreise Angerburg-Lötzen an. Auch auf dem Kinkeimer See bei Bartenstein hat der Rothalstaucher gelegentlich, z. B. 1904, in einzelnen Paaren wohl schon gebrütet; regelmäßig kommt er dort aber zur Brutzeit nicht vor. Sondermann erhielt je ein Stück am 6. Mai 1909 von Heinrichswalde, am 24. Mai 1902 von Insterburg und am 12. August 1907 von Sensburg.

Im Bereich des Kurischen Haffs scheint dieser Taucher, entgegen der Vermutung Harterts (200), nach E. Christoleit zur Brutzeit ganz zu fehlen. Auch bei Rossitten ist er nach Thienemann (564) selten und nicht Brutvogel. Gelegentlich wird er dort auf dem Haff und der Ostsee während des Zuges erbeutet. In der Sammlung der Vogelwarte befinden sich außer einem von le Roi gesammelten ♀ vom 11. September 1902 ein ♂ juv. vom 22. August und ein ♀ vom 6. Oktober 1908 vom Haff bei Rossitten. 1911 beobachtete Möschler (594 c) am 15. Oktober daselbst 3 Stücke, und Ende August 1913 wurde ein junger Vogel mitten im Dorfe Rossitten lebend gefangen. le Roi (430) erhielt ein ♀ am 15. Mai 1902 von der Ostsee bei Cranz und ein zweites ♀ am 12. September 1902 von der Ostsee bei Sarkau; letzteres befindet sich jetzt in der Sammlung der Vogelwarte. Vom Frischen Haff ging mir ein ♂ iuv. zu, das im September 1911 bei Fischhausen erlegt war.

Auf dem Kinkeimer See zeigt sich *C. griseigena* im April alljährlich einzeln oder in wenigen Paaren, um Anfang Mai gewöhnlich wieder zu verschwinden. Die ersten beobachtete ich 1904 am 10., 1905 am 9., 1909 am 10., 1910 am 3. und 1913 am 19. April. Im Herbst habe ich die Art auf dem See bisher noch nicht angetroffen. Sondermann erhielt ein Exemplar von Tilsit noch am 1. Dezember 1900.

### 9. Colymbus auritus L. — Ohrentaucher, Ohrensteißfuß.

*Colymbus cornutus, arcticus* auct.; *Podiceps cornutus* auct.; *Dytes auritus* (L.).

Im Winter wird der Ohrentaucher nach Hartert (200, 205) gelegentlich, doch nicht gerade häufig in Ostpreußen erlegt. Als Brutvogel ist er für die Provinz noch nicht nachgewiesen. Im Königsberger Museum stehen 2 Exemplare im Frühlingskleide mit der Fundortsangabe „Preußen"; sie sind nach Bujack (68) und v. Siebold (457) 1834 in Ostpreußen erlegt. Nach dem Akzessionskatalog ist das eine, ursprünglich als ♀, später als ♂ bezeichnete Stück im April 1834 durch Jachmann von Trutenau (Kreis Königsberg), das andere als ♂ bezeichnete im Juli 1834 durch Salix von Tapiau eingeliefert worden. Letzteres Stück ist in der Tat von Gr. Scharlack (Kreis Labiau) mit Begleitbrief vom 1. Juli 1834 durch Salix übersandt. Ein im Museum vorhandenes Exemplar im Jugendkleide stammt nach einer Notiz auf dem Aufstellbrett aus dem Jahre 1862.

### 10. Colymbus nigricollis nigricollis (Brehm) — Schwarzhalstaucher, Schwarzhalssteißfuß.

*Podiceps nigricollis* Brehm; *Podiceps auritus* auct.; *Proctopus nigricollis* (Brehm).

Dieser schöne kleine Taucher brütet an verschiedenen Stellen in der Provinz, vielleicht im ganzen häufiger als bisher bekannt geworden ist. Altum (2) erhielt im Juli 1880 einen jungen Vogel von Hartigswalde (Kreis Neidenburg), und in der Sammlung der Forstakademie Eberswalde befindet sich ein junges Exemplar aus Pfeil (Kreis Labiau) vom 7. Juli 1878 (4). Hartert (200) fand ihn auf dem Wysztyter See nahe der russischen Grenze kolonienweise brütend, und Techler gibt ihn als Brutvogel für den Wilpischer See (Kreis Gumbinnen), den Nordenburger See (Kreis Gerdauen) und den Mauersee an. Auch Geyr von Schweppenburg (189) beobachtete ihn auf den masurischen Seen verhältnismäßig oft, namentlich im Juli auf dem Mauersee.

Auf dem Möwenbruch bei Rossitten befindet sich nach Lindner (316) und Thienemann (386, 510) eine Kolonie von 30—40 Paaren. Ulmer kennt ihn auch für das Frische Haff sowie in früherer Zeit für einzelne der größeren samländischen Teiche als Brutvogel. Balzer erhielt von Brandenburg am Frischen Haff 2 Stücke im Mai 1911 sowie mehrere im Juni 1913.

In der Sammlung des Osteroder Gymnasiums steht ein junger Vogel vom Juli 1907 vom Pausensee bei Osterode und in der Sammlung der Stadtschule zu Mohrungen nach Fibelkorn ein alter Vogel aus der Nähe von Mohrungen. Auf dem ganzen Drausensee, also auch im Kreise Pr.-Holland, nistet er nach Dobbrick ziemlich häufig. Sondermann schließlich gingen Exemplare aus den Kreisen Heydekrug (19. Juli 1898 2 Stücke von Heydekrug), Ragnit (15. Juni 1891 von Schmalleningken), Niederung (26. April 1897 von Kastaunen), Labiau (10. Mai 1897 von Petricken), Stallupönen (23. Mai 1892 von Disselwethen), Angerburg (20. April 1910 von Pillwe) und Lyck (28. August 1910 von Lyck) zu. Bei Bartenstein habe ich diesen Taucher mit Bestimmtheit noch nicht nachweisen können.

Bei Rossitten kommen die Schwarzhalstaucher in der zweiten Hälfte des April an; ihren Brutplatz auf dem Bruch verlassen sie aber bereits wieder im August. Die ersten Eier fand Thienemann am 27. April 1904 und 6. Mai 1905, Nachgelege aber auch noch am 26. Juni 1902. Ende Juni haben die meisten bereits Dunenjunge.

### 11. Colymbus ruficollis ruficollis Pall. — Zwergtaucher, Zwergsteißfuß.

*Colymbus fluviatilis* Tunst; *Podiceps minor, nigricans* auct.

Im ganzen scheint der Zwergtaucher in unserer Provinz nur spärlich zu brüten und viele Gegenden ganz zu meiden. Er wird aber wohl auch leicht übersehen. Hartert (200, 205) sagt von ihm, er sei „auf kleinen Gewässern Brutvogel, doch nicht gerade häufig“, und auch Rathke (406) bezeichnet ihn als „nicht häufig“.

Im Memelgebiet fehlt er nach E. Christoleit und Gude ganz oder ist doch wenigstens als Brutvogel recht selten. Auch auf der Kurischen Nehrung kommt er, außer gelegentlich zur Zugzeit, nach Lindner (316) und Thienemann (536) nicht vor. In den letzten Jahren gelangte er nur einmal zur Beobachtung, nämlich ein Paar am 29. April 1905 auf dem Möwenbruch bei Rossitten. Etwas häufiger scheint er den Osten der Provinz zu bewohnen. Szielasko (470) fand Gelege bei Goldap, und im Königsberger Museum befinden sich aus demselben Kreise ein junges ♂ vom 6. Oktober 1910 aus Szittkehmen sowie ein Stück von Gr.-Blandau, wo die Art nach Zimmermann früher regelmäßig nistete. Am Gr. Schwalgsee (Kreis Goldap-Oletzko) hörte ich den Paarungsruf am 1. Juli 1911, und im Gasthaus zu Rothebude steht ein dort erbeuteter alter Vogel. Auf dem Statzer Bruch im Forstrevier Rothebude beobachtete ich ein Brutpaar am 30. Mai 1913. Für Gumbinnen bezeichnet ihn Techler als „selten“. Büchler besitzt einen alten Vogel vom Wysztyter See, und Geyr von Schweppenburg (189) beobachtete ihn als Brutvogel in der Rominter und Johannisburger Heide.

In Masuren ist der Zwergtaucher nach Szielasko (471) regelmäßiger, aber vereinzelter Brutvogel, z. B. nach Schlonski bei Johannisburg. In der Sammlung des Osteroder Gymnasiums steht ein alter Vogel aus dem Juli 1905 vom Gehlsee bei Liebemühl sowie 2 junge Stücke von der Drewenz und dem Pausensee. Auf dem Geserich- und Ewingsee nistet er nach Goldbeck regelmäßig. E. Christoleit fand ihn auch im Kreise Braunsberg brütend, und auf dem Drausensee (Kreis Pr.-Holland) hörte ich ihn am 20. Juli 1913 mehrfach; er nistet dort nach Dobbrick nicht selten.

Nach Ulmer kam dieser Taucher früher auf einzelnen samländischen Teichen vor; jetzt scheint er nur noch am Frischen Haff zu brüten. W. Christoleit bezeichnet ihn als „regelmäßigen, nicht seltenen Brutvogel im nördlichen Teile des Haffs“. Ich selbst erhielt aus der Gegend von Fischhausen einen jungen Vogel im Juli 1910, von Metgethen einen alten Ende April 1911, und den Präparatoren Balzer und Schuchmann gehen im Sommer öfters Stücke aus der Gegend von Margen und Metgethen zu. Die Landwirtschaftsschule in Heiligenbeil besitzt ein in der Nähe der Stadt am Haff erlegtes Stück. Sondermann erhielt Zwergtaucher aus den Kreisen Angerburg und Rössel.

Bei Bartenstein habe ich diesen kleinen Taucher noch nie zur Brutzeit beobachtet. Als Durchzügler zeigt er sich auf dem Kinkeimer See einzeln oder paarweise in jedem Jahre; er ist jedoch keine häufige Erscheinung. Von Beobachtungsdaten nenne ich: 25. April und Mitte September 1904; 19. Oktober 1905; 10. Mai und 8. November 1908; 25. September und 28. Oktober 1909; 26. August, 1. Oktober und 6. November 1910; 17. September 1911; 15. September 1912. Verhältnismäßig oft gelangten Zwergtaucher im Jahre 1913 zur Beobachtung. Am 20. und 21. April bemerkte ich 3—4 Paare und am 27. und 28. April noch 2 Stücke, die häufig den Balztriller hören ließen, und im Herbst hielt sich eine kleine Gesellschaft längere Zeit am See auf; ich hörte die Vögel am 11., 12. und 28. September sowie am 5., 19. und 20. Oktober und 23. November und schoß am 19. Oktober auch einen jungen Vogel. Ein Exemplar im Jugendkleide wurde ferner am 8. November 1908, als der See bereits fast völlig mit Eis bedeckt war, auf einer Blänke daselbst erlegt. Ein weiteres Stück, gleichfalls einen jungen Vogel, aus dem Kreise Friedland erhielt ich durch Liedtke am 29. August 1907 von Domnauswalde; der Taucher war nach einem Regengusse in einer Wasserfurche auf dem Felde lebend gefangen worden. Präparator Schuchmann ging aus demselben Kreise ein altes ♂ von Korwlack am 25. August 1909, ein junger Vogel von Eichenbruch im September 1910 zu. Im Kreise Heilsberg zeigte sich ein Stück im Herbst 1911 mehrere Tage auf einem kleinen Teiche in Bundien.

## II. Ordnung: **Longipennes** — Seeflieger.

### 1. Familie: **Procellariidae** — Sturmvögel.

#### 12. **Oceanodroma leucorrhoa** (Vieill.) — Gabelschwänzige Sturmschwalbe.

*Procellaria, Thalassidroma leucorrhoa* Vieill., *Thalassidroma leachii* (Temm.); *Hydrobates leucorrhous* (Vieill.).

Nach v. Duisburg (128) wurde ein Exemplar dieser Sturmschwalbe am 30. März 1859 bei Neuendorf in Ostpreußen gefangen. Es steht mit der Fundortsangabe „Steinbeck. v. Duisburg" im Königsberger Museum. Hiernach handelt es sich offenbar um Neuendorf im Landkreise Königsberg, da dieser Ort unweit von Steinbeck liegt. Ein weiteres Stück fand Fischmeister Tetzlaff in Schwalgendorf am 28. Dezember 1908 tot auf dem ostpreußischen Teil des Geserichsees; es befindet sich jetzt in meinem Besitz. Thienemann (367, 594, 594 c) schließlich erhielt am 11. Dezember 1912 ein lebendes Stück, das in Cranz auf einer Veranda gefangen war.

### 2. Familie: **Laridae** — Möwen.

#### 13. **Stercorarius pomarinus** (Temm.) — Mittlere Raubmöwe.

*Lestris pomarina* (Temm.); *Stercorarius pomatorhinus* auct.

Nur in ziemlich geringer Anzahl erscheint die mittlere Raubmöwe im Herbst an unserer Küste. Hartert (200, 205) führt sie nur für Pillau auf; doch steht im Königsberger Museum auch ein Stück von Russ (Kreis Heydekrug). Auf der Kurischen Nehrung konnte Thienemann (504, 510, 519) diese Art öfters feststellen. Ein altes ♂ erhielt er von Rossitten am 5. August 1901, mehrere junge Stücke am 25. Oktober 1902, 4. und 6. Oktober 1903 sowie Anfang Oktober 1912. Ich selbst besitze aus Rossitten ein ♂ iuv. vom 10. Oktober 1912. E. Christoleit (97) beobachtete am 21. September 1907 am Seestrande zwischen Nidden und Preil etwa 6 jüngere Stücke; ein weiteres Exemplar wurde nach diesem Gewährsmann am 15. Oktober 1906 bei Peyse am Nordufer des Frischen Haffs lebend gefangen. Mayhoff beobachtete nach Thienemann ein braunes Exemplar am 10. September 1911 bei Pillau.

#### 14. **Stercorarius parasiticus** (L.) — Schmarotzerraubmöwe.

*Lestris parasitica* (L.); *Lestris crepidata, richardsoni* auct.

Wesentlich häufiger als die mittlere ist die Schmarotzerraubmöwe bei uns. Einzeln zeigt sie sich am Strande wohl in jedem Herbst, in manchen

Jahren sogar in größerer Anzahl. Meist werden aber nur junge Vögel bei uns beobachtet.

Hartert (200) sagt von ihr, sie sei ein „ziemlich seltener Vogel". Auffallend zahlreich traf er sie am 14. Oktober 1879 bei Pillau an, wo man sie nach seiner Angabe im Oktober überhaupt öfters sieht. Als weiteren Erlegungsort nennt er noch Memel. Im Königsberger Museum steht ein Stück von Pillau, das auf der Etikette als Geber den Regierungsrat Petersen bezeichnet, also wohl im Anfange der 20er Jahre eingeliefert wurde. Löffler (330) beobachtete auf der Ostsee bei Kirschnehnen einmal nacheinander 25—30 Stück, von denen eins gleichfalls an das Museum gesandt wurde, später aber, wie so viele Objekte aus älterer Zeit, wohl infolge schlechter Präparation zugrunde ging, was Löffler ausdrücklich erwähnt.

Auf der Kurischen Nehrung kommen diese Raubmöwen, in der Regel Vögel im Jugendkleide, nach Thienemann (504, 519, 564) in den Monaten August bis Oktober gar nicht selten vor; besonders zahlreich waren sie in den Jahren 1903 und 1908. Die Hauptzugzeit ist der September und Oktober; 1909 wurden 2 junge Stücke aber schon am 15. August bei Rossitten gefangen. Ein altes ♂ mit heller Unterseite erhielt die Vogelwarte am 27. September 1908, ein gleichfalls helles altes ♀ am 19. September 1912.

Auch im Innern der Provinz sind Schmarotzerraubmöwen schon wiederholt vorgekommen. Im Königsberger Museum befindet sich ein Exemplar von Rössel, das mit Begleitbrief vom 25. Oktober 1833 von Rektor Mühling übersandt wurde (vgl. auch Bujack (68)). Weitere Stücke erhielt das Museum mit Begleitbrief vom 17. September 1822 durch Oberförster v. Stein von Schetricken bei Nemonien (Kreis Labiau), im Herbst 1828 von Gerdauen (Brief Löfflers vom 28. April 1829) und im September 1900 von Loszainen (Kreis Rössel); das letztgenannte Stück ist auch jetzt noch vorhanden. Ich selbst sah ein bei Nemonien erlegtes Stück daselbst ausgestopft. Sondermann erhielt ein Stück am 29. Juli 1909 von Gilge (Kreis Labiau). Ein Exemplar vom Frischen Haff bei Heiligenbeil befindet sich in der Sammlung der dortigen Landwirtschaftsschule. Balzer schließlich ging am 14. Oktober 1912 von Balga ein hellbäuchiges Exemplar im Alterskleide zu, das in meine Sammlung gelangte.

**Stercorarius longicaudus** Vieill. — Langschwänzige Raubmöwe.

*Lestris crepidata, buffoni* auct.; *Stercorarius cepphus, parasiticus* auct.

Rathke (406) führt zwar diese Raubmöwe als „sehr selten in Ostpreußen" auf. Da aber Relegexemplare nicht vorhanden sind, erscheint die Angabe bei der Schwierigkeit, junge *St. parasiticus* und *longicaudus* voneinander zu unterscheiden, höchst unsicher. Unzweifelhaft nachgewiesen ist die langschwänzige Raubmöwe für Ostpreußen noch nicht. Aus der Gegend von Danzig erhielt aber Böck nach Ehmcke (132) 2 Exemplare.

### 15. **Larus glaucus** Brünn. — Eismöwe.

Nicht allzu selten zeigt sich im Winter die stattliche Eismöwe am Ostseestrande. Im Königsberger Museum befindet sich ein ausgefärbtes Exemplar von Pillau, das von Regierungsrat Petersen mit Begleitbrief vom 20. Januar 1820 eingeliefert wurde (vgl. auch Bujack (68)). Hartert (200, 205) berichtet von einem Ende Februar 1882 bei Neukuhren erlegten Stück. Von der Ostsee bei Rossitten erhielt Thienemann (536, 588) Eismöwen verhältnismäßig oft, besonders viele im Dezember 1905 sowie im Januar und Februar 1910. Am 20. und 21. Januar sowie am 9. Februar 1910 gingen ihm je 2, im ganzen also 6 Vögel im Jugendkleide zu; ein weiteres Stück erhielt er am 29. Dezember 1910. In der Sammlung der Vogelwarte befinden sich 2 alte ausgefärbte Stücke, eins ohne Datum, das zweite vom März 1911, ferner ♂ und ♀ iuv. vom 13. und 14. Dezember 1905, ein junger Vogel vom 19. März 1907, ein ♀ iuv. vom 3. Januar 1911 und ein fast weißes, nur ganz schwach geflecktes ♀ vom 20. Januar 1910. Letzteres, das Thienemann (588) eingehend beschrieben hat, ist wohl kein albinotisches Exemplar, sondern gehört der im hohen Norden wiederholt beobachteten weißen Varietät der Eismöwe an, die früher als eigene Art (*L. glacialis* Benicken) beschrieben wurde (le Roi, *Avifauna Spitzbergensis*, Bonn 1911, p. 191). Ein ganz ähnliches, aber etwas brauneres Stück erhielt Möschler im Februar 1911 von Preil. Hantzsch (J. f. O. 1908, p. 343) sieht diese ganz hellen, mitunter fast weißlichen Vögel für solche an, die vor der ersten Altersmauser stehen und vielleicht durch das intensive Schneelicht noch ausgebleicht sind. Ein altes ♂ aus Rossitten vom 30. November 1913 befindet sich in meinem Besitz. E. Christoleit (93) fand ein angespültes Exemplar der Eismöwe bei Nidden noch am 6. Mai 1906.

Ein am 10. Februar 1910 bei Rositten gezeichnetes junges Stück wurde nach Thienemann (588) am 27. März 1911 bei Libau in Kurland geschossen.

### 16. **Larus leucopterus** Faber — Polarmöwe.

Im Königsberger Museum steht eine Polarmöwe im Alterskleide von Pillau; sie ist nach Bujack (68) durch Regierungsrat Petersen bei Pillau gesammelt und stammt wohl aus dem Jahre 1821, in dem Petersen nach den Akten sehr viele Möwen an das Museum sandte. Hartert (200, 205) erwähnt ferner ein bei Pillau erlegtes junges Exemplar.

Angeblich (166) sollen auch im Februar 1896 bei Rossitten und Pillau diese Möwen mehrfach erbeutet sein. In Ermangelung von unzweifelhaften Belegexemplaren und anderweiter Bestätigung bleibt diese Nachricht aber höchst unsicher. Ob ein junger Vogel, den Wendlandt als Balg erhielt und den ich jetzt besitze, wirklich am 18. Februar 1896 bei Rossitten erlegt ist, ließ sich nicht feststellen.

### 17. **Larus argentatus argentatus** Pontopp. — Silbermöwe.

Die Jungen der Silbermöwe sind von jungen Mantel- und Heringsmöwen, abgesehen von der verschiedenen, aber sehr schwankenden Größe, kaum zu unterscheiden. Es läßt sich daher schwer sagen, ob unter den im Herbst am Ostseestrande so zahlreichen jungen Möwen *L. argentatus* öfters vorkommt. Hartert (200) bezeichnet sie zwar als „nicht selten"; doch zeigen sich alte ausgefärbte Silbermöwen sicherlich nur sehr spärlich bei uns. Thienemann (504) erwähnt die Art für die Kurische Nehrung nur ganz ausnahmsweise; ausgefärbte Stücke erhielt er nur zweimal, zuletzt ein ♂ im April 1911. le Roi (430) beobachtete *L. argentatus* bei Cranz lediglich am 29. August 1902, und auch Lindner (316) sagt, sie komme auf der Nehrung selten und fast nur im Jugendkleide vor. Daß aber junge Silbermöwen vielleicht doch nicht ganz so selten sind, als es den Anschein hat, beweist der von Thienemann (564) mitgeteilte Fall, wonach er im September 1905 eine als Heringsmöwe angesprochene junge Möwe zeichnete, während der Ring im August 1908 einer bei Helgoland erlegten Silbermöwe abgenommen wurde.

Brutvogel ist die Silbermöwe, die an der Nordsee doch so häufig nistet, bei uns nicht.

### 18. **Larus marinus** L. — Mantelmöwe.

Am Ostseestrande ist die Mantelmöwe im Herbst und Winter durchaus nicht selten; sie kommt aber in der Regel mehr einzeln und weit weniger häufig als *L. fuscus* und *canus* vor. Der Herbstzug beginnt schon im August. Ein altes ausgefärbtes Exemplar wurde nach Thienemann (504) bei Rossitten am 6. August 1898 erlegt, und ein einjähriges Stück erhielt ich von Cranz am 31. August 1904. Im Jahre 1911 wurde ein junger Vogel bereits am 18. August eingeliefert (593).

Im Königsberger Museum steht ein Exemplar aus dem Binnenlande von Gumbinnen. Es ist mit Begleitbrief vom 13. Mai 1825 durch Medizinalrat Albers eingeliefert (vergl. Bujack (68)). Ein anderes Stück erhielt das Museum von Pr. Eylau mit Begleitbrief vom 7. Oktober 1822. Sondermann ging eine alte Mantelmöwe am 21. September 1905 von Inse (Kreis Niederung) zu.

### 19. Larus fuscus fuscus L. — Heringsmöwe.

Außerhalb der Brutzeit ist die Heringsmöwe am Ostseestrande die häufigste Möwenart. Der Herbstzug, bei dem die jungen Vögel sehr überwiegen, beginnt gewöhnlich schon Ende Juli; am lebhaftesten ist er von August bis November. Alte Vögel, die vielleicht im Brutgeschäft gestört wurden, sieht man oft schon in der ersten Hälfte des Juli ziemlich zahlreich. Im allgemeinen scheinen diese Möwen sich auf ihren Zügen streng an die Küste zu halten, ohne aber dauernd eine bestimmte Richtung einzuschlagen. Je nach dem Winde, dem sie in der Regel entgegenziehen, wandern sie bald nach Süden, bald nach Norden (Thienemann (546)). Eine am 28. September 1906 bei Rossitten mit Ring versehene Heringsmöwe wurde jedoch am 9. Dezember 1906 in Calabrien erbeutet, während 2 im Spätherbst 1911 gezeichnete Stücke im Vogtlande bzw. in Serbien erlegt wurden (593). Ein Exemplar vom Herbst 1912 wurde sogar im Mai 1913 bei Damiette in Ägypten geschossen. Ein Teil zieht also offenbar auch quer durchs Binnenland nach dem Mittelmeer.

Ins Innere der Provinz gelangen diese Möwen verhältnismäßig oft, wenn auch durchaus nicht regelmäßig. Sondermann erhält sie nächst Lach- und Sturmmöwe weitaus am häufigsten aus dem Binnenlande. Aus folgenden Kreisen gingen ihm Exemplare zu: Niederung (18. Mai 1909 von Budwethen), Ragnit (13. Oktober 1905 von Lenken; 20. Oktober 1905 von Budwallen; 28. Mai 1907 von Szillen), Pillkallen (21. Januar 1892 von Lasdehnen; 5. Juni 1904 von Bogdahnen), Gumbinnen (15. Mai 1903 von Gumbinnen), Angerburg (10. Juni 1904 von Rehsau), Rastenburg (12. Juni 1894 von Junkerken) und Heilsberg (19. Mai 1903 von Launau). Verhältnismäßig viele gelangen hiernach zur Brutzeit bei uns zur Beobachtung; jedenfalls sind dieses meist noch nicht fortpflanzungsfähige Stücke. Mehrere ausgefärbte Heringsmöwen sah ich aber auf dem Frischen Haff in der Nähe des Seekanals am 19. Juni 1909 und aus Rossitten besitze ich ein altes ♂ vom 21. Mai 1912.

Auch bei Bartenstein habe ich *L. fuscus* schon wiederholt beobachtet. Je ein ausgefärbtes Exemplar traf ich auf dem Kinkeimer See am 15. September 1904, 17. April 1910 sowie am 6. und 19. Mai 1912, 4 Stücke am 21. Mai 1911 an. Durchziehende, häufig laut rufende Flüge, aus 10—30, meist wohl jüngeren, Exemplaren bestehend, beobachtete ich ferner am 13. und 30. Mai sowie am 12. Juli 1904 und am 16. Mai 1910, einen Flug von 4 Stück am 29. April 1912. Einen jungen Vogel sah ich über dem See am 26. Oktober 1913. Das Königsberger Museum erhielt aus dem Kreise Friedland ein Stück im Mai 1834 von Bothkeim durch Herrn v. Alt-Stutterheim mit Begleitbrief vom 17. Mai. Schlonski besitzt ein Stück vom Spirdingsee.

### 20. Larus canus canus L. — Sturmmöwe.

Als Brutvogel ist die Sturmmöwe an unserer Küste noch nicht nachgewiesen. Thienemann (550, 576) beobachtete sie zwar Ende Juli 1907 zahlreich, am 18. Juli 1909 vereinzelt auf dem Frischen Haff und W. Baer (31) am 31. Mai 1896 vielfach zusammen mit Zwergmöwen und Flußseeschwalben auf einem Steinwall im Atmathstrom bei Minge; doch konnte ein Nistplatz bisher nicht aufgefunden werden. Auf dem Landstreifen am Seekanal, wo ein solcher vermutet wurde, nisten sie jedenfalls im Frischen Haff nicht. Von Pillkoppen erhielt Thienemann (588) 1910 schon am 15. Juli eine junge Sturmmöwe, die vielleicht doch irgendwo am Kurischen Haff erbrütet wurde. v. Ehrenstein (52) glaubte, daß die Art vielleicht am Spirdingsee brüte, da sie sich dort im Sommer in Scharen von 50—100 Stück gezeigt habe. Auch diese Annahme hat jedoch keine Bestätigung erfahren.

Außerhalb der Brutzeit ist die Sturmmöwe in den Küstengegenden, sowohl auf der Ostsee wie auf beiden Haffen, häufig; sie wird jedoch gewöhnlich an der See von der Herings-, auf den Haffen von der Lachmöwe an Zahl übertroffen. In der Stadt Königsberg zeigt sie sich auf dem Pregel verhältnismäßig oft.

Der Herbstzug beginnt bei Rossitten Anfang August und dauert bis zum November; aber auch winterüber sind diese Möwen an der Küste nicht selten. Im Januar 1911 bemerkte Thienemann (588) auf dem Haff bei Rossitten sogar große Flüge in allen Alterskleidern. Von Thienemann (536) gezeichnete Exemplare wurden auf den Faröern, auf Fünen und in Nordfrankreich erbeutet.

Im Innern der Provinz ist *L. canus* nächst *L. ridibundus* die häufigste Möwenart. Sie kommt wohl an allen größeren Gewässern zeitweise außerhalb der Brutzeit vor. Im Frühjahr zeigt sie sich nach E. Christoleit (386) von Ende März bis April auf den überschwemmten Pregelwiesen bis Insterburg öfters zu Tausenden, und auch bei Tilsit beobachtete ich im April 1908 auf den Memelwiesen größere Flüge. Bei Bartenstein ist die Sturmmöwe nicht gerade häufig; doch werden in den Monaten März-April und September bis November öfters einzelne Exemplare am Kinkeimer See beobachtet. Mir sind 3 dort erlegte Stücke, 2 alte ausgefärbte und ein junges, bekannt. Verhältnismäßig viele zeigten sich am See im Frühjahr 1909 bis etwa zum 25. April. 1910 bemerkte ich ein Stück noch am 8. Mai, 1911 Flüge von 7—8 Stück am 15. und 17. April. Im Jahre 1911 zeigte sich ferner eine Gesellschaft von 15 Stück am 26. August.

### 21. Larus ridibundus L. — Lachmöwe.

*Xema ridibundum* (L.); *Chroicocephalus ridibundus* (L.).

Zwar nistet die Lachmöwe nicht so häufig wie Trauer- und Flußseeschwalbe in Ostpreußen; doch besitzt sie immerhin eine ganze Reihe von großen Brutkolonien bei uns, namentlich in Masuren.

Hartert (18) sagt von ihr, er kenne eine ganze Menge Brutplätze in Ostpreußen, an denen sie oft in ungeheurer Anzahl brüte. Szielasko (471) bezeichnet sie sogar als „in Masuren und der Niederung gemein". Größere Ansiedelungen befinden sich nach Szielasko in Jucha und Sentken bei Lyck sowie auf dem Nordenburger See (Kreis Gerdauen), nach Professor Dr. Lech auf dem Pausensee bei Osterode. Bei Angerburg fand ich eine Siedelung von etwa 150 Paaren auf dem Mosdzehner See, im Kreise Rössel eine Kolonie von etwa 300—350 Paaren auf dem Gr. Lauternsee. Bei Heilsberg nisten einige Paare auf einer Insel im Blankensee. Auf dem ganzen Drausensee, also auch im Kreise Pr. Holland, nistet die Lachmöwe nach Dobbrick ziemlich häufig; am 20. Juli 1913 beobachtete ich noch nicht flugfähige Junge, z. B. in der Nähe von Rohrkrug.

Im nördlichen Ostpreußen scheint nur **eine** große Brutkolonie zu existieren, nämlich die bekannte, nach Thienemann (504, 510) etwa 2000 Paare umfassende auf dem Möwenbruch bei Rossitten, die Krohn (285) auffälligerweise nicht erwähnt. Im Memeldelta fehlt die Lachmöwe als Brutvogel anscheinend ganz. Szielaskos Angabe, daß sie in der Niederung gemein sei, ist offenbar unrichtig. Weder Baer (31) noch die Brüder Christoleit und Hildebrandt haben am Ostufer des Kurischen

Haffs einen Nistplatz auffinden können. Auch ich bin der Art weder bei Ruß noch bei Nemonien und Gilge zur Brutzeit begegnet. Am Geserichsee (Kreis Mohrungen) nistet die Lachmöwe nach Goldbeck gleichfalls nicht, und auch bei Bartenstein ist mir kein Brutplatz bekannt.

Ende März treffen die Lachmöwen aus ihren Winterquartieren bei uns ein. Diese selbst liegen nach den Ringversuchen Thienemanns hauptsächlich im westlichen Mittelmeer an der Po- und Rhonemündung, ferner auf den Balearen und in Tunis, teilweise auch an den französischen und englischen Küsten des Atlantischen Ozeans. In milden Wintern ziehen viele wohl auch nur bis Süddeutschland und Österreich. Einzelne überwintern sogar an den deutschen, dänischen und schwedischen Ostseeküsten. Die Zugstraßen, die sie auf ihren Wanderungen einschlagen, sind durch den Ringversuch gleichfalls in überraschend kurzer Zeit festgelegt. Die eine geht von der Kurischen Nehrung nach Süden zur Donau und von da bis Oberitalien; sie setzt sich bis Dalmatien, Süditalien und Tunis fort. Die zweite führt von Rossitten an der Küste entlang nach Westen und findet ihre Fortsetzung den Rhein aufwärts und die Rhone abwärts bis nach den Balearen. Die dritte schließlich verläuft über die Rheinmündung an der Küste weiter nach England und der Westküste Frankreichs. Von mir am Lauternsee (Kreis Rössel) beringte Exemplare wurden im August am Frischen Haff, im Oktober an der Odermündung und im Dezember in Sizilien erlegt. Bezüglich weiterer Einzelheiten sei auf die interessanten Arbeiten Thienemanns (564, 576, 581, 586, 588, 593) verwiesen. Besonders wichtig ist die neuerdings festgestellte Tatsache, daß 3 in Rossitten erbrütete Lachmöwen viel weiter nördlich in Kurland bei Libau und in Livland bei Riga am Brutplatz erbeutet wurden. Sehr bemerkenswert ist auch, daß ein am 18. Juli 1911 in Rossitten gezeichnetes Exemplar nach Thienemann (590, 593) auf Barbados in Britisch-Westindien im November 1911 erlegt wurde.

Bei Rossitten erfolgt die Ankunft am Brutplatz regelmäßig in der Zeit um den 1. April. Thienemann nennt in den Jahresberichten folgende Ankunftsdaten: 3. April 1901, 22. März 1902, 22. März 1903, 3. April 1904, 28. März 1905, 28. März 1906, 1. April 1907, 31. März 1908, 30. März 1909, 23. März 1910, 28. März 1911, 21. März 1912. Die ersten Eier werden bei Rossitten gewöhnlich Anfang Mai gefunden, nämlich 1901 am 5., 1902 am 3., 1903 am 2. Mai, 1904 am 30. April, 1905 am 4. Mai, 1906 am 30. April, 1907 am 4., 1908 am 5., 1909 am 7. Mai, 1910 am 30., 1911 am 28. April, 1912 am 1. Mai, 1913 am 30. April. Nach beendetem Brutgeschäft treibt sich ein Teil der jungen Vögel zunächst noch regellos im Lande umher; sie beleben dann in großer Anzahl die Haffe und wohl alle größeren Landseen. Viele begeben sich aber auch schon sehr früh auf die Wanderschaft. Der allgemeine Abzug geht spätestens im Laufe des September und Oktober vor sich. Im Winter bleiben verhältnismäßig wenige bei uns; doch habe ich sowohl auf dem Pregel bei Königsberg wie auf dem Haff bei Pillau während der kalten Jahreszeit öfters Lachmöwen bemerkt. E. Christoleit (85) beobachtete im Winter 1900/01 bei Memel eine Anzahl von etwa einem halben Dutzend von Anfang November bis Ende Februar.

Bei Bartenstein ist *L. ridibundus* entschieden bei weitem die häufigste Möwenart. Von Ende März bis Oktober trifft man fast stets einzelne Exemplare am Kinkeimer See an. Als frühestes Ankunftsdatum notierte ich den 9. März, als spätestes den 3. April; das Mittel von 10 Jahren fällt auf den 22. März. Während der Brutzeit im Mai und Juni ist ihre Zahl am See gewöhnlich recht klein; die meisten, die man dann sieht, sind wohl zweijährige, noch nicht fortpflanzungsfähige Stücke. Ein solches mit noch fast weißem Kopf erhielt ich am 10. Mai 1906, ein anderes, bei dem der Kopf schon bis auf das Kinn braun war, Ende Mai 1893. Im Mai 1910 sowie im Juni 1911 und 1912 bemerkte ich aber auch ausgefärbte Alte am See; überhaupt waren in diesen Jahren verhältnismäßig viele Lachmöwen während der Brutzeit dort zu sehen. Ein am 3. Juni 1911 am See erlegtes ♂ trug das völlige Alterskleid und besaß auch angeschwollene Hoden. Anfang Juli erscheinen alte ausgefärbte sowie junge Lachmöwen wieder in größerer Zahl auf dem Kinkeimer See. Allmählich an Zahl abnehmend, zeitweise auch ganz verschwindend, verweilen junge Vögel dann noch bis in den Oktober hinein in der Gegend.

Die Mauser verläuft bei dieser wie bei anderen Möwen zuweilen sehr unregelmäßig. Am 26. Juli 1906 sah ich bei Präparator Schuchmann ein bei Rauschen erlegtes Stück im Fleisch, das das reine Winterkleid trug. E. Christoleit (386) berichtet ähnliches von der Zwergmöwe.

### 22. Larus minutus Pall. — Zwergmöwe.

*Xema minutum* (Pall.); *Chroicocephalus minutus* (Pall.).

Zu den interessantesten Brutvögeln unserer Provinz gehört neben Karmingimpel und Uraleule die Zwergmöwe, die im Gebiet des Kurischen Haffs vielfach Brutkolonien besitzt.

Hartert (200) war 1887 über ihr Brüten in Ostpreußen noch nichts bekannt; da er aber im August Stücke in sehr jugendlichem Gefieder schoß, vermutete er bereits, daß diese unweit des Haffs ausgebrütet seien. Fr. Lindner (314) fand sie sodann zur Brutzeit bei Rossitten auf; doch erst W. Baer (27, 31) verdanken wir genauere Nachrichten. Über seine Beobachtungen bei Minge schreibt er: „Die Zwergmöwe war während meines Aufenthalts in Minge überall an der Atmath, dem Rußstrom, der Minge und den Zu- und Abflüssen der Krakerother Lank und Knaup nicht nur eine häufige, sondern bei der Seltenheit der Lachmöwe sogar die auffallendste Vogelerscheinung und bildete durch ihre Anmut zugleich eine Zierde der Flüsse... Nach ihrem Nest habe ich freilich vergeblich gesucht, doch habe ich wenigstens ein Pärchen bei der Begattung beobachtet, und durch die Erlegung eines weiteren Pärchens sowie noch eines einzelnen Männchens festgestellt, daß sich die Vögel bei der Fortpflanzung befanden. Die ♂♂ zeigten nämlich stark entwickelte Testikel, das ♀ ein vollwüchsiges, wenn auch schalenloses Ei". Was Baer 1896 noch nicht gelungen war, den Brutplatz selbst zu entdecken, glückte in der Folgezeit E. Christoleit (386), der mehrere Ansiedelungen am Ostufer des Kurischen Haffs feststellen konnte. Leider sind die Nistplätze nach seiner Angabe stellenweise durch Meliorationen bedroht. Auch W. Christoleit kennt am Festlandsufer des Haffs 2 Brutkolonien, und Hildebrandt besitzt zwei Eier der Art, deren Bestimmung Georg Krause nachgeprüft hat, aus der Gegend von Heydekrug. In der Sammlung von Erlangers befinden sich nach Hilgert (225) 6 Zwergmöwen vom 15. und 16. Mai 1904 von Skirwieth. Am 12. Juli 1908 besuchte ich eine im Memeldelta gelegene große Ansiedelung, wahrscheinlich eine von denen, die E. Christoleit (l. c.) beschreibt. Es nisteten dort zahlreiche Zwergmöwen mit Flußseeschwalben zusammen auf verhältnismäßig trockenem Wiesenboden; letzteres war vielleicht nur eine Folge der umfangreichen dort hergestellten Entwässerungsanlagen und der im Jahre 1908 herrschenden Trockenheit. E. Christoleit berichtet aber, daß die Art auch sonst teils mit Fluß- und Trauerseeschwalben zusammen niste und dann schwimmende Nester baue, teils auf Wiesenboden ihre Nester anlege und dann nur mit Flußseeschwalben zusammentreffe. Jedenfalls ist die Kolonie entschieden gefährdet, und es wäre daher dringend zu wünschen, daß zum Schutze dieses eigenartigen Naturdenkmals Schritte getan würden.

Auf dem Möwenbruch bei Rossitten nisten einzelne Paare nach Thienemann (504, 510, 546, 550, 564) fast in jedem Jahre unter Lachmöwen. Erst nach beendeter Brutzeit, im Juli und August, zeigen sich auf der Nehrung und auf dem ganzen Kurischen Haff Zwergmöwen in großen Scharen, in denen alle Alterskleider vertreten sind. Reinberger und Gude stellten die Art zur Brutzeit am See von Linkuhnen (Kreis Niederung) fest; sie hat aber daselbst wohl nicht gebrütet.

Im Innern der Provinz scheint die Zwergmöwe nur sehr spärlich aufzutreten. Hartert (200) hat sie an den masurischen Seen nie beobachtet, und auch Sondermann hat sie aus dem Binnenlande nie erhalten. Bei Bartenstein habe sich sie erst einmal festgestellt; im August 1901 erhielt ich ein zweijähriges Stück, das in Sandlack unweit des Kinkeimer Sees mitten aus einem Taubenschwarm herausgeschossen war. Auf dem ostpreußischen Teile des Drausensees zeigen sich Zwergmöwen außerhalb der Brutzeit öfters; sie brüteten aber um die Jahrhundertwende nach F. Henrici (221) nur auf der westpreußischen Seite. 1846 fand jedoch Döring (112b) die einzige Ansiedlung zwischen der Mündung der Weeske und Kleppe, also in Ostpreußen, und auch 1912 bestand nach Dobbrick eine kleine Kolonie bei Rohrkrug im Kreise Pr. Holland. Am 20. Juli 1913 war dort allerdings von brütenden Zwergmöwen nichts zu bemerken; sie hatten aber vielleicht den Brutplatz schon verlassen.

Im Winter halten sich diese Möwen nur ausnahmsweise an unserer Küste auf. Ihr Aufenthalt bei uns währt gewöhnlich nur von Mitte April bis Ende September. Künow erhielt jedoch 4 Stücke am 4. November 1880 von Pillau, und auch Hartert (200) berichtet von einigen dort noch Ende November erlegten Exemplaren. E. Christoleit (85) beobachtete einzelne Zwergmöwen vom 19. Januar bis 9. Februar 1901 bei Memel, und zwar in einer Anzahl von höchstens 7 Stück. Nach Thienemann (536) wurde am 7. Februar 1905 ein Flug von 5 dieser Möwen, aus dem ein Exemplar geschossen wurde, auf der Ostsee bei Rossitten gesehen, und Ulmer (550) erlegte 2 Exemplare am 22. März 1907 bei Neukuhren. Möschler erhielt von Rossitten je ein junges ♀ am 24. November 1911 und 20. Oktober 1913; sie befinden sich jetzt in meinem Besitz.

Die Ankunft auf den Brutplätzen erfolgt nach E. Christoleit Anfang Mai. Volle Gelege findet man Anfang Juni; die Jungen fliegen im Juli aus.

## 23. **Rissa tridactyla tridactyla** (L.). — Dreizehenmöwe.

*Larus tridactylus* L.

Die hochnordische Dreizehenmöwe ist ein seltener Wintergast an unseren Küsten; doch kommt sie vielleicht öfters vor, als es nach den wenigen bisher bei uns erlegten Exemplaren den Anschein hat. Zuerst nachgewiesen wurde sie für Ostpreußen durch 2 im Herbst 1848 bei Pillau erlegte und nach dem Akzessionskatalog durch Hafenbauinspector Henning dem Königsberger Museum übersandte Exemplare (647). Hartert (200, 205) berichtet, daß in der Folgezeit noch mehrfach diese Möwen bei Pillau im Winter erlegt worden seien. Schuchmann (446) ging im November 1908 ein junges Stück zu, das am Pregel bei Cosse unweit Königsberg erbeutet war. Thienemann (588) erhielt am 7. Mai 1910 ein ausgefärbtes ♀ vom Möwenbruch bei Rossitten, sodaß die Art damit auch für die Kurische Nehrung festgestellt war, und Möschler ging von Rossitten am 30. November 1913 ein junges ♀ zu, das sich jetzt in meinem Besitz befindet.

## 24. **Sterna tschegrava** Lepech. — Raubseeschwalbe.

*Sterna caspia* Pall.; *Hydroprogne caspia* (Pall.); *Thalasseus caspius* (Pall.).

Nach Rathke (404) wurde 1837 eine Raubseeschwalbe in Ostpreußen erbeutet; er gibt an, das betreffende Exemplar selbst gesehen zu haben. Hartert (200, 205) beobachtete ferner am 17. September 1882 ein Stück am Frischen Haff unter Flußseeschwalben, konnte es aber nicht erlegen, Präparator Balzer schließlich erhielt am 8. August 1910 einen jungen Vogel von Hubnicken (Kreis Fischhausen); derselbe befindet sich jetzt in meinem Besitz.

**Sterna sandvicensis sandvicensis Lath. — Brandseeschwalbe.**

*Sterna cantiaca* auct.

Fr. Lindner (321) glaubte, diese Art bei Rossitten beobachtet zu haben. Das beruht aber wohl auf einem Irrtum. Nachgewiesen ist die Brandseeschwalbe für Ostpreußen noch nicht.

### 25. Sterna hirundo L. — Flußseeschwalbe.

*Sterna fluviatilis* auct.

In wasserreichen Gegenden Ostpreußens brütet die Flußseeschwalbe stellenweise recht häufig. Hartert (200, 205) und Szielasko (471) bezeichnen sie geradezu als „gemeinen" Brutvogel. Das gilt aber wohl nur für Masuren und das Memeldelta.

Bei Heydekrug nistet sie nach Hildebrandt in großer Anzahl an allen Flußläufen. Dasselbe geben Baer (31) für Minge, E. und W. Christoleit für das Rußdelta und Gude für die Niederung überhaupt an. Auch ich habe diese Art im Memeldelta zahlreich zur Brutzeit beobachtet und einen Nistplatz besucht, den sie zusammen mit *Larus minutus* bewohnt. Bei Rossitten befindet sich auf dem Bruch eine sehr große Kolonie zusammen mit einer solchen von Lachmöwen und einzelnen Zwergmöwen. Krohn (285) erwähnt diese sehr bekannte Ansiedelung nicht.

Am Frischen Haff stellte W. Christoleit eine kleine Brutkolonie bei Marschehnen fest. Auch auf der Anlandung am Seekanal nisten diese Seeschwalben nach Thienemanns und meinen Beobachtungen mehrfach in kleinen Gesellschaften; leider werden die meisten Gelege von den Fischern zerstört. Die Eier liegen hier in kleinen Vertiefungen im Sande, während sonst in Ostpreußen gewöhnlich schwimmende Nester nach Art der Lachmöwen im tiefen Sumpf gebaut werden. Dies ist z. B. auf dem Möwenbruch bei Rossitten der Fall, und Hartert (200) berichtet dasselbe von Wonzsee bei Czierspienten (Kreis Sensburg).

Brutkolonien der Flußseeschwalbe befinden sich ferner nach Szielasko auf dem Nordenburger See (Kreis Gerdauen), nach Professor Dr. Lech auf dem Pausensee bei Osterode, nach meinen Beobachtungen auf dem Mosdhehner See bei Angerburg und auf dem Gr. Lauternsee (Kreis Rössel). An allen diesen Stellen nisten die Seeschwalben mit Lachmöwen zusammen. In Masuren scheint die Art, wie bereits erwähnt, allgemein recht zahlreich zu brüten. Techler bezeichnet sie als „häufig auf allen Seen Masurens", und Geyr v. Schweppenburg (189) sah sie Anfang Juli 1911 massenhaft während der Dampferfahrt von Angerburg nach Rudczanny. Auf dem Drausensee nistet *St. hirundo* nach Dobbrick verhältnismäßig sparsam, jedenfalls erheblich seltener wie Trauerseeschwalbe und Lachmöwe.

Bei Bartenstein habe ich die Flußseeschwalbe als Brutvogel bisher noch nicht nachweisen können; doch ist sie am Kinkeimer See eine ganz bekannte und regelmäßige Erscheinung. Ende April oder Anfang Mai stellen sich alljährlich einzelne Exemplare am See ein. Die ersten beobachtete ich 1906 am 30. April, 1907 am 7., 1909 am 9., 1910 und 1911 am 8., 1912 am 4. Mai; als Mittel von 6 Jahren ergibt sich also der 6. Mai. Es handelt sich hierbei stets um einzelne ungepaarte Stücke, die während der ganzen Brutzeit bis in den August hinein am See verweilen; mehr als 2—4 sind selten dort zu sehen. Bei Rossitten dauert der Aufenthalt dieser Seeschwalben auch nur von Mai bis Ende August; im September werden nur noch ganz vereinzelte Stücke dort beobachtet. 2 im Jahre 1909 auf dem Möwenbruch bei Rossitten beringte Stücke wurden nach Thienemann (594a) im Mai 1913 wieder als Brutvögel in der Kolonie angetroffen.

### 26. Sterna paradisaea Brünn. — Küstenseeschwalbe.

*Sterna macrura* Naum.; *Sterna arctica, hirundo* auct.

Mit Sicherheit ist die Küstenseeschwalbe erst einmal für Ostpreußen nachgewiesen. Im Königsberger Museum steht ein Stück mit der Bezeichnung „Preußen“, das nach dem Akzessionskatalog im Jahre 1838 in Königsberg im Fleisch, also wohl auf dem Markt, gekauft ist. Wohl auf Grund dieses Vorkommens hat sie Rathke (406) 1846 in sein Verzeichnis mit dem Zusatze „sehr selten in Ostpreußen“ aufgenommen.

Angeblich soll im Sommer 1896 ein weiteres Exemplar auf dem Kurischen Haff erlegt sein (169, 171). Wenn auch W. Baer mir mitteilte, daß es damit „wahrscheinlich seine Richtigkeit“ habe, so bleibt dieser Fall in Ermangelung eines Belegexemplares doch immerhin recht unsicher. Ebensowenig sicher ist die Mitteilung Thienemanns (510), daß „*St. macrura*“ möglicherweise bei Rossitten auf der Vogelwiese 1902 genistet habe. Es handelt sich wohl doch nur um verlegte Nester und Gelege von *St. hirundo*.

## 27. Sterna minuta minuta L. — Zwergseeschwalbe.

Hartert (200, 205) zweifelte an dem Vorkommen der Zwergseeschwalbe in Ostpreußen; sie brütet jedoch, wenn auch in geringer Anzahl, an verschiedenen Stellen im Norden der Provinz.

Als erster beobachtete sie bei uns Löffler am Brutplatze; er fand, wie aus einem Briefe vom 4. Juni 1843 hervorgeht, eine kleine Ansiedelung an der samländischen Ostseeküste. Im Königsberger Museum steht ein Stück mit der Bezeichnung „Samland“; es ist wahrscheinlich von Löffler gesammelt und stammt nach den Akten wohl aus dem Jahre 1823. Rathke (406) führt die Art in seinem Verzeichnis 1846 denn auch für Ostpreußen als Brutvogel auf. Am Frischen Haff beobachtete W. Christoleit (386) 1903 2—3 Brutpaare zusammen mit *Charadrius hiaticula* bei Peyse in der Nähe des Seekanals; am 4. Juni fand er 2 Gelege von je 3 Eiern, die aber von Krähen geraubt wurden. Am 18. Juni 1909 entdeckte Thienemann (576) eine kleine, leider ausgebeutete Kolonie von etwa 10 Paaren auf der Anlandung am Seekanal zwischen Pillau und Camstigall.

Auch im Memelgebiet nistet die Zwergseeschwalbe stellenweise. Nach Gude bestand früher eine Ansiedlung auf einer Kiesinsel in der Memel bei Schmalleningken (Kreis Ragnit), und Hildebrandt erhielt 2 Einzeleier und ein Gelege von 3 Eiern aus der Nähe von Heydekrug. Die Art nistet dort auf Sandboden am Skirwiethstrom. Auch E. und W. Christoleit beobachteten sie zur Brutzeit im Rußdelta. Sondermann erhielt am 5. Juli 1901 5 Exemplare von Försterei bei Memel und am 21. Juni 1904 ein Stück von Schillehnen (Kreis Ragnit).

Auf der Kurischen Nehrung zeigen sich diese kleinen Seeschwalben gelegentlich, aber nicht häufig, im Juli und August am Haffstrande. Als Beobachtungsdaten seien nach Thienemann (504, 510, 546) und den Belegexemplaren der Vogelwarte folgende genannt: 11. August 1898 (6 Stück), 11. August 1902 (2 Stück), 21. Juli 1906 (3 Stück, davon 1 ad. erlegt), 13. und 23. August 1906 (3—4 bzw. 1 Stück), 14. August 1909 (♂ ad. und juv. bei Pillkoppen gefangen), 12. August 1913 (4 Exemplare an der See bei Ulmenhorst). Möschler (594c) beobachtete am 2. September 1911 3 Exemplare an der Beek bei Cranz. Neuerdings konnte ich die Art auch für die Bartensteiner Gegend nachweisen. Am 13. Juli 1913 beobachtete ich mit Sicherheit 3 Stücke auf dem Kinkeimer See, wo ich schon am 22. und 23. Juli 1911 einige mit Wahrscheinlichkeit bemerkt hatte.

## 28. Hydrochelidon leucoptera (Temm.) — Weißflüglige Seeschwalbe.

*Hydrochelidon fissipes, nigra* auct.

Mitte Mai 1882 — nicht 1872, wie es infolge eines Druckfehlers heißt, — erlegte Schlonski nach Hartert (200, 205) ein Exemplar dieser Seeschwalbe aus einem Schwarm von Trauerseeschwalben auf dem Roschsee bei Johannisburg. Das seltene Stück befindet sich noch im Besitze des Erlegers. Die Sammlung von Erlangers enthält ferner nach Hilgert (225) ein altes ♂ vom 1. Juli 1898 aus Oszywilken (Kreis Johannisburg). Hilgert bezeichnet dies Stück als *H. fissipes* (Pall.), während er versehentlich *H. leucoptera* (Schinz) noch besonders aufführt. Das Johannisburger Exemplar gehört aber, wie er mir mitteilte, auch zu *H. leucoptera*. Da die Erlegungsdaten beider Stücke in die Brutzeit fallen, ist es möglich, daß diese Seeschwalbe vielleicht bei uns ausnahmsweise auch einmal nistet.

Thienemann (519) beobachtete am 17. Juni 1903 bei Rossitten 4 schwarze Seeschwalben mit weißem Schwanz und weißen Flügeln, die offenbar dieser Art angehörten, aber leider nicht erlegt werden konnten.

### 29. **Hydrochelidon nigra nigra** (L.) — Trauerseeschwalbe.

*Sterna nigra* L.; *Hydrochelidon fissipes* auct.

Die zierliche Trauerseeschwalbe ist in Ostpreußen als Brutvogel außerordentlich weit verbreitet; namentlich in Masuren, Litauen und im Memeldelta scheint sie vielfach sehr häufig vorzukommen. Hartert (200, 205) bezeichnet sie ganz allgemein als „zahlreichen“, Szielasko (471) sogar als „überall gemeinen“ Brutvogel. In besonders großer Zahl nistet sie am Ostufer des Kurischen Haffs z. B. nach Hildebrandt bei Heydekrug, nach Baer (31) bei Minge, nach E. und W. Christoleit im Rußdelta und nach meinen Beobachtungen bei Ruß und Gilge. Szielasko fand sie bei Tilsit brütend, und nach Reinberger und Gude ist sie in der ganzen Niederung außerordentlich verbreitet. Auch am Frischen Haff befinden sich mehrere Brutkolonien, so nach Ulmer bei Heide-Waldburg, nach W. Christoleits und meinen Beobachtungen an der Pregelmündung. Eine zahlreiche Ansiedelung fand ich mit Szielasko am 18. Mai 1908 auf dem Nordenburger See (Kreis Gerdauen), und bei Johannisburg nistet sie nach Schlonski ebenfalls häufig. Als recht gemeinen Brutvogel fand ich sie am 20. Juli 1913 auf dem ganzen Drausensee im Westen der Provinz.

Auf der Kurischen Nehrung stellen sich diese Seeschwalben gewöhnlich erst nach beendeter Brutzeit im Juli ein. Es hielten sich jedoch in der ersten Hälfte des Mai 1908 nach Thienemann (564) auffallend viele auf dem Möwenbruch bei Rossitten auf, so daß es fast den Anschein hatte, als ob sie dort zur Brut schreiten würden; sie verschwanden aber allmählich wieder, ohne daß es zur Anlegung von Nestern kam.

Für die Bartensteiner Gegend habe ich ihr Brüten gleichfalls noch nicht feststellen können; doch kann man sie sommerüber regelmäßig am Kinkeimer See beobachten. Einzeln oder in kleinen Flügen von 20—30 Stück trifft sie Anfang Mai bei uns ein. Die ersten beobachtete ich 1904 am 8., 1905 am 2., 1909 am 16., 1910 am 14. Mai, 1911 am 30. April, 1912 am 6., 1913 am 4. Mai; als Mittel von 7 Jahren ergibt sich der 7. Mai. Ungepaarte Exemplare halten sich in jedem Jahre auch während der Brutzeit am See auf; am 18. Juni 1905 und 14. Juni 1908 sah ich sogar je 7 Stück. Ende Juli oder Anfang August lassen sich die ersten jungen Vögel am See sehen; ich erhielt einen solchen am 1. August 1906. Der endgültige Abzug erfolgt wohl im Laufe des August.

# III. Ordnung: **Steganopodes** — Ruderfüßler.

## 1. Familie: **Phalacrocoracidae** — Flußscharben.

### 30. **Phalacrocorax carbo carbo** (L.). — Kormoran.

*Pelecanus carbo* L.; *Halieus carbo* (L.); *Carbo cormoranus* auct.

Daß im seenreichen Ostpreußen Kormorane früher vielfach gebrütet haben, ist erklärlich. Infolge der unaufhörlichen Nachstellungen, denen die Vögel jedoch ausgesetzt waren, verschwand eine Brutkolonie nach der anderen. Jeder neue Ansiedelungsversuch wurde im Keime erstickt, und so kam es denn, daß jahrelang die Art ganz aus der Provinz verschwunden zu sein schien (vgl. J. Helm (218)). Erst durch die im Jahre 1908 veranstaltete Rundfrage der Physikalisch-Ökonomischen Gesellschaft wurden wieder einmal wenige Kormoranhorste für den Westen der Provinz bekannt. An 2 Stellen wurden 1 bzw. 2—3 Horste aufgefunden. Leider teilten auch diese Horste das Schicksal aller früheren Ansiedelungen. Nach meinen Ermittelungen sind die Vögel durch übermäßigen Abschuß seitens der Fischereipächter in den Jahren 1908 und 1909 bereits wieder von ihren Brutplätzen vertrieben worden. Sollten noch einmal in Zukunft Kormorane sich bei uns ansiedeln, so müßten sofort umfassende Maßregeln zu ihrem Schutze getroffen werden. Der geringe Schaden, den sie verursachen, kann hierbei nicht ins Gewicht fallen. Nach einer Angabe bei der Rundfrage sollten auch auf dem großen Moosbruch bei Mehlauken noch Kormorane horsten; das trifft aber nach Mitteilung des Herrn Forstmeister Zacher-Mehlauken nicht zu.

Von Interesse dürfte es sein, an dieser Stelle eine Zusammenstellung aller bisher für Ostpreußen bekannten Kormorankolonien zu geben. Der Übersichtlichkeit wegen folge ich dabei der Anordnung nach Kreisen.

### Kreis Memel.

Schon im Anfange des 19. Jahrhunderts bestand in Schwarzort auf der Kurischen Nehrung eine bedeutende Kolonie. In einem Briefe vom 1. Juni 1823 an das Königsberger Museum wird gesagt, daß Kormorane vor 20 Jahren im Schwarzorter Revier häufig gewesen, dann von dort verschwunden und erst vor vier Jahren wieder eingewandert seien. Lange Zeit waren die Vögel dann abermals von dort vertrieben, bis etwa im Jahre 1857 nach Fr. Lindner (321) eine neue Einwanderung stattfand. Diese Kolonie hat dann noch bis Ende der 80er Jahre bestanden; Lindner sagt wenigstens 1893, daß sie sich bis vor wenigen Jahren behauptet habe, und Brandstätter (53) erwähnt sie noch 1887 als bestehend. Woher die unzutreffende Angabe von R. Blasius (386) stammt, daß die Kormorane erst 1900 vertrieben seien, habe ich nicht ermitteln können. Blasius widerspricht sich außerdem selbst, indem er einmal sagt, die Kormorane seien seit 1900 auf der Kurischen Nehrung ausgerottet, und dann fortfährt: „die früher bei Schwarzort bestehende Kolonie ist seit Jahrzehnten verschwunden.“ Es handelt sich nämlich in beiden Fällen um ein und dieselbe Ansiedlung. Meier (19) berichtet von größeren Ansiedlungen, die 1885 am Kurischen Haff bestanden hätten. Ob er damit die Schwarzorter Kolonie oder solche auf dem Festlande meint, ist mir zweifelhaft.

### Kreis Tilsit.

Nach Szielasko bestand in den 70er Jahren eine Ansiedlung bei Pogegen nördlich von Tilsit.

### Kreis Ragnit.

Nach einer Mitteilung bei der Rundfrage haben Kormorane im Forstrevier Jura vor Jahren gehorstet.

### Kreis Gerdauen.

In einem Briefe vom 4. Juni 1843 bot Löffler dem Königsberger Museum Kormoraneier aus der Gegend von Gerdauen zum Kaufe an.

### Kreis Angerburg.

Hartert (19) berichtet von einer Kormorankolonie, die er im Jahre 1884 bei Steinort auf dem Mauersee besucht habe. Bereits 1821 nisteten die Vögel auf einigen Inseln dieses Sees, wie aus einem Brief vom 21. September 1821 und einem Schreiben Löfflers vom 10. Mai 1827 hervorgeht.

### Kreis Lötzen.

Auf einer Insel im Kissainsee fand Hartert (200) 1884 ein einzelnes Nest in einer Reiherkolonie.

### Kreis Johannisburg.

Nach einem Brief des Gutsbesitzers Mittwoch vom 18. April 1823 bestand 1823 eine Ansiedlung in Vorder-Pogobien; die Vögel waren daselbst vor etwa 15 Jahren eingewandert.

### Kreis Neidenburg.

Oberförster Fuchs in Napiwoda berichtete am 19. Mai 1835 an das Museum, daß auf dem Omulefsee etwa 30 Kormorane unter Fischreihern nisteten.

### Kreis Osterode.

In einem Brief vom 15. April 1823 an das Museum wird erwähnt, daß ein „Volk" von 20—30 Kormoranen auf dem Marungsee bei Ramten sich aufhalte. Diese Kolonie existierte nach Mitteilung der Herren Professor Vogel und Rektor Fibelkorn noch oder wieder im Jahre 1885. Sehr zahlreiche Kormorane nisteten zusammen mit Fischreihern und Saatkrähen auf einer mit hohen Bäumen bewachsenen Insel im Marungsee, dem Lindenwerder. Die Vögel wurden damals aber massenhaft auf Veranlassung des Fischereipächters Schidlowski in Güldenboden abgeschossen, so daß 1886 nur noch wenige Paare sich einstellten, die aber auch bald verschwanden.

Nach der Rundfrage befanden sich ferner früher Brutplätze auch auf dem Gehlsee in der Oberförsterei Liebemühl und im Forstrevier Taberbrück.

### Kreis Allenstein.

Nach Mitteilung von Seminarlehrer Sallet in Osterode befand sich vor Jahren eine Ansiedlung auf dem Okullsee.

### Kreis Mohrungen.

Im X. Jahresbericht des Ausschusses für Beobachtungsstationen für 1885 (19) heißt es, daß seit kurzem eine Ansiedlung in einem Gehölz auf dem Mohrunger See bestehe. Diese Angabe ist irrtümlich. Gemeint ist nach Fibelkorn die schon erwähnte Kolonie auf dem Marungsee, der in den Kreisen Osterode und Mohrungen liegt. Nach der Rundfrage existierten ferner früher Kolonien auf dem Nariensee und im Forstrevier Schwalgendorf. Die letztgenannte Ansiedlung bestand am Flachsee bei Gerswalde; sie ist nach Mitteilung des Herrn Forstmeisters Picht vor etwa 15 Jahren, also in der ersten Hälfte der 90er Jahre, vernichtet.

### Kreis Pr. Holland.

Nach der Rundfrage haben Kormorane vor Jahren in Schlodien genistet.

Zu den regelmäßigen Brutvögeln in unserer Provinz kann hiernach der Kormoran nicht mehr gezählt werden. Auch auf dem Zuge kommt er nur noch sehr spärlich bei uns vor. Wie selten er in Masuren sein muß, geht daraus hervor, daß Forstmeister Schwarz in Nikolaiken berichtet, er habe in 15 Jahren nur **einen** Kormoran mit Bewußtsein gesehen, während Schlonski sogar angibt, er habe die Art bei Johannisburg in 30 Jahren nie beobachtet. Als gelegentlich vorkommend nennen ihn überhaupt nur noch die Reviere Johannisburg und Corpellen (Kreis Ortelsburg). In Kl. Naujok (Kreis Labiau) wurde vor 9 Jahren der letzte beobachtet. Am häufigsten scheint er noch gelegentlich an der Küste aufzutreten.

Im Forstrevier Warnicken wird er in manchen Jahren vereinzelt am Strande gesehen. Bei Pillau wurde im Januar 1907 ein Kormoran geschossen, und die Sammlung der Landwirtschaftsschule Heiligenbeil besitzt einen jungen Vogel, der schon vor Jahren bei Pillau erlegt wurde. In der Sammlung der Vogelwarte befindet sich ein ♀ vom 8. September 1898 aus Rossitten. Am Kinkeimer See bei Bartenstein habe ich nur einmal vor vielen Jahren mit Sicherheit 2 Kormorane beobachtet. Auf den Seen bei Mohrungen werden aber nach Fibelkorn noch alljährlich einzelne umherstreifende Stücke bemerkt.

## 2. Familie: **Sulidae** — Seescharben.

*Sula bassana* (L.) — Tölpel.

In Westpreußen ist der Tölpel bereits einmal, am 18. Januar 1904, auf Hela erbeutet; für Ostpreußen fehlt jedoch noch immer der Nachweis des Vorkommens.

## 3. Familie **Pelecanidae** — Pelikane.

### 31. **Pelecanus onocrotalus** L. — Gemeiner Pelikan.

Im Jahre 1608 wurde ein altes ♂ des gemeinen Pelikans bei Johannisburg erlegt; ein Ölgemälde dieses Stückes befindet sich nach M. Braun (55) und Hartert (200, 205) im Königsberger Museum. Im Mai 1841 wurde sodann abermals ein ♂ in Ostpreußen erbeutet, das in gutem Zustande noch jetzt im Museum steht. Als Erlegungsort nennt Rathke (406) das Frische Haff. Nach dem Hauptkatalog stammt das Stück aus der Nähe von Königsberg, also zweifellos doch vom ostpreußischen Teile des Haffs (vgl. auch v. Siebold (459)).

J. Fr. Naumann (385) erwähnt schließlich bei *P. onocrotalus* noch folgenden Fall des Vorkommens: „Als eine unerhört seltene Erscheinung darf wohl gelten, daß vor vielen Jahren ein solcher Vogel bei Königsberg i. Pr. erlegt worden ist, dessen Abbildung in Öl gemalt noch jetzt vorgezeigt wird. Wenn ich nicht irre, stellt dies unsern Pelikan in jugendlichem Gewande vor und wird noch im Berliner Museum aufbewahrt.“ R. Blasius (386) fügt hinzu: „Dies Bild ist, wenn auch etwas defekt, in voller Lebensgröße noch vorhanden mit der Bezeichnung: „Diese Kropfgans ist geschossen worden in Oberpreußen anno 1708.“ Obwohl also auch Blasius das Bild zu *P. onocrotalus* zieht, handelt es sich in der Tat hierbei um einen jungen *Pelecanus crispus*, wie bei der folgenden Art auseinandergesetzt wird. Blasius wirft außerdem den 1608 bei Johannisburg erlegten alten Pelikan mit dem 1708 in Oberpreußen erlegten jungen zusammen.

### 32. **Pelecanus crispus** Bruch — Krauskopfpelikan.

Bereits bei der vorigen Art ist erwähnt, daß im Jahre 1708 in „Oberpreußen“ ein Pelikan erlegt wurde, dessen von F. W. van Roye gemaltes Ölbild lange im Berliner Museum aufbewahrt wurde. Nach den eingehenden Untersuchungen Lichtensteins (293) stellte das Bild einen jungen Krauskopfpelikan dar (vgl. auch v. Siebold (459), M. Braun (55)). Auch Reichenow und Schalow, die das Bild oft gesehen haben, teilen diese Ansicht durchaus. Leider existiert das Gemälde nicht mehr, da es nach Schalows Mitteilung bei einer Umrahmung in kleine Stücke zerfiel.

v. Siebold (l. c.) meint, daß „Oberpreußen“ mit dem jetzigen Ostpreußen identisch sei, und da auch Naumann dieses Stück als „bei Königsberg“ erlegt aufführt, trage ich nicht Bedenken, *P. crispus* unter die Zahl der in Ostpreußen vorgekommenen Arten aufzunehmen.

# IV. Ordnung: **Lamellirostres** — Zahnschnäbler.

## 1. Familie: **Anatidae** — Entenvögel.

### 33. **Mergus albellus** L. — Zwergsäger.

Im Herbst und Frühjahr zeigt sich der Zwergsäger auf allen größeren Landseen, namentlich auf beiden Haffen, ziemlich häufig. Auf der Ostsee scheint er weniger zahlreich aufzutreten; doch hält er sich in der Nähe der Hafenstädte auch winterüber nicht selten auf, wie dies z. B. E. Christoleit (85) für Memel feststellen konnte. Ulmer beobachtete ihn als häufigen Durchzügler auf den großen samländischen Teichen. Hartert (200) und Schlonski fanden ihn zahlreich im März und Anfang April, letzterer auch im Herbst, auf den masurischen Seen.

Auch auf dem Kinkeimer See bei Bartenstein ist dieser Säger im Spätherbst wie im Frühjahr eine ganz gewöhnliche Erscheinung. Unmittelbar nach dem Auftauen des Eises, oft schon dann, wenn der See erst am Rande eisfrei ist, stellt er sich auf ihm ein. Paarweise oder in kleinen Flügen bis 20 Stück, bisweilen in Gesellschaft von Schellenten, verweilt er auf dem See bis tief in den April hinein, gelegentlich sogar noch bis Anfang Mai, am zahlreichsten gewöhnlich in der Zeit um den 1. April. Die ersten beobachtete ich bei Bartenstein 1903 am 22., 1905 am 19., 1906 am 14. März, 1910 am 23. Februar, 1911 am 16., 1913 am 13. März, die letzten 1905 am 23., 1907 am 22., 1909 am 25., 1910 am 10., 1911 am 15. April. Bei Steinort (Kreis Angerburg) bemerkte ich einen kleinen Flug auf dem Mauersee noch am 3. Mai 1908, und auf dem Kinkeimer See hielten sich 1912 am 6. Mai noch 3 Paare, am 12. und 19. Mai noch je ein Paar auf.

Der Herbstzug beginnt gewöhnlich Mitte oder Ende Oktober. Als früheste Beobachtungsdaten notierte ich für Bartenstein 1905 den 15., 1907 den 24., 1908 den 29., 1909 den 24., 1910 den 23., 1912 den 27., 1913 den 26. Oktober. Erst wenn der See sich völlig mit Eis bedeckt, verschwinden diese Säger von ihm; die letzten sah ich 1906 am 8. Dezember, 1907 am 17. November und 1913 am 25. Dezember. Die Flüge, die man im Oktober und November auf dem Kinkeimer See antrifft, bestehen gewöhnlich ausschließlich noch aus grauen Exemplaren. Ein junges ♂ im Beginne der Mauser erlegte ich am 5. November 1905; 4 ♀♀ erhielt ich vom See am 8. November 1905, 29. Oktober 1908 und 8. November 1908 (2 Stück). In den Flügen, die ich am 7. und 8. Dezember 1906 auf dem See beobachtete, befanden sich aber schon viele anscheinend ausgefärbte ♂♂. Auch am 14. Dezember 1913 sah ich 2 ♂♂, die schon das Prachtkleid trugen. Je ein schönes altes ♂ schoß ich am 2. April 1905 und 31. März 1912, ein ♀ am 31. März 1912.

Die Zwergsäger sind nach meinen Beobachtungen nicht sehr schwer zu erlegen, da sie gern nahe dem Ufer fischen und ihre bestimmten Lieblingsplätze haben, auch wenn sie an diesen ungesehen hinterschlichen werden können. Frei angehen oder anfahren lassen sie sich allerdings nicht; hierin stimme ich Harterts Angaben (386), die sich auf die ostpreußischen Landseen beziehen, durchaus bei. Von Stimmlauten vernahm ich bisher nur ein leises „kok kok kok“ und ein schwaches „körr körr“. Im Frühjahr lassen die ♂♂ aber auch einen eigenartigen, halb knurrenden, halb brummenden Laut hören.

### 34. **Mergus serrator** L. — Mittlerer Säger.

*Merganser serrator* (L.).

Auf einigen der masurischen Seen ist der mittlere Säger als Brutvogel durchaus nicht selten. Hartert (200, 386) und Szielasko (473, 478) verdanken wir eingehende Schilderungen seiner Aufenthaltsorte und seines Brutgeschäfts.

Die Nester, die bei uns bisher nur auf der Erde und noch nie in Baumhöhlen gefunden sind, werden gern auf kleinen Inseln angelegt; sie enthalten die vollen Gelege erst spät im Jahre, im Juni oder Juli. Zweifellos unrichtig ist eine Angabe (175), wonach *M. serrator* auf dem Mauersee so häufig sein soll, daß seine Eier zu Hunderten gesammelt würden, und wonach er dort ausschließlich Höhlenbrüter sei. Sowohl Hartert wie Szielasko stimmen darin überein, daß er zwar in Masuren recht verbreitet, aber nirgends häufig ist. In jedem kleinen Bezirk befinden sich höchstens etwa 6—10 Paare. Als Brutplätze erwähnt Szielasko speziell den Gehlandsee bei Sorquitten, die Seen bei Sensburg, den Mucker- und Niedersee, Schlonski den Spirding- und Roschsee. Ich selbst beobachtete ein Paar am 28. Mai 1908 auf dem Mauersee bei Steinort, am 31. Mai ein anderes, das, recht vertraut, anfangs nur 15 Schritte von mir entfernt war und schwimmend und tauchend langsam entwich, auf dem Goldapgarsee nahe dem Jakunowker Hegewald und am 1. Juli 1911 ein ♀ auf dem Haasznersee (Kreis Oletzko). Geyr v. Schweppenburg (189) sah ihn im Juli 1911 oft auf den masurischen Seen, namentlich dem Mauersee.

An den Haffen ist *M. serrator* bisher noch nicht brütend aufgefunden worden. Er zeigt sich dort aber regelmäßig, wenn auch nicht sonderlich häufig, auf dem Durchzuge oder als Wintergast. Ulmer beobachtete ihn im Winter auch auf der Ostsee nicht selten, öfters in Gesellschaft von *M. merganser*. W. Christoleit bezeichnet ihn für Fischhausen als „spärlichen Zugvogel”.. Bei Pillau wird er jedoch öfters erlegt; ein dort geschossenes ♂ vom 3. Februar 1907 befindet sich als Balg im Königsberger Museum, ein anderes ♂ vom Februar 1897 aus der Sammlung Wendlandt in meinem Besitz. Von der Ostsee bei Neukuhren erhielt ich ein ♀ am 22. Februar 1911.

Auf dem Kinkeimer See bei Bartenstein habe ich ihn mit völliger Bestimmtheit noch nicht festgestellt; ich beobachtete jedoch am 7. November 1909 einen einzelnen Vogel und am 3. April 1910 einen kleinen Flug, die höchstwahrscheinlich dieser Art angehörten. Künow erhielt aus dem Kreise Friedland einen mittleren Säger am 16. Januar 1875 aus Massaunen bei Schippenbeil, wo der Vogel jedenfalls auf der Alle erlegt war.

### 35. Mergus merganser merganser L. — Gänsesäger.

*Mergus castor* auct.; *Merganser merganser* (L.).

Weit häufiger als *M. serrator* brütet der Gänsesäger in Masuren; auch den oberländischen Seen fehlt er nicht. Voraussetzung für sein Nisten ist nur, daß sich an den Seeufern alte Bäume mit Höhlungen vorfinden, denn nur als Höhlenbrüter ist er bei uns nach Hartert (200, 205, 386) bisher beobachtet worden. Die Gelege, meist von 10—13 Eiern, fand Hartert Ende April und im Mai gewöhnlich in alten Eichen; er bezeichnet *M. merganser* als „in Masuren häufig“.

Szielasko stellte ihn als Brutvogel auf dem Wysztyter See, v. Hippel (227) in einigen Paaren auf dem Aryssee (Kreis Johannisburg), Otto am Gr. Schwalgsee sowie am Haasznersee bei Rothebude (Kreis Goldap-Oletzko) fest. Auch ich beobachtete Ende Mai 1913 auf Karpfenteichen im Forstrevier Rothebude vielfach Gänsesäger. Techler erhielt Exemplare zur Brutzeit vom Mauer-, Spirding- und Wysztyter See. Ziemlich viele Paare bewohnen die alten Eichen von Steinort (Kreis Angerburg), wie ich im Mai 1908 feststellte. Keineswegs treten Gänsesäger dort aber so massenhaft auf, wie von anderer Seite behauptet worden ist (175); auch kann von einem kolonienweisen Brüten kaum gesprochen werden. „Rauhfuss“ (408) bezeichnet ihn denn auch für Steinort nur als „nicht selten“. Nach Goldbeck ist *M. merganser* am Geserichsee (Kreis Mohrungen) in Kiefernbeständen häufiger Brutvogel.

Im nördlichen Ostpreußen fehlt der Gänsesäger zur Brutzeit. Dafür tritt er aber als Durchzügler und Wintergast auf der Ostsee, den beiden Haffen sowie wohl allen Landseen und größeren Flüssen recht zahlreich auf. W. Christoleit beobachtete ihn im Frühjahr in größerer Menge auf dem Frischen Haff. Bei Rossitten bemerkte Thienemann (510) auffallenderweise noch am 19. und 22. Mai 1902 je einen Flug von etwa 20 Stück. Schütze sah auf der Ostsee bei Warnicken ein altes ♂ am 29. Mai 1912.

Auch bei Bartenstein kommt der Gänsesäger auf dem Zuge ziemlich häufig vor. Solange der Kinkeimer See zugefroren ist, hält er sich verhältnismäßig zahlreich auf offenen Stellen der Alle auf. Sobald jener aber im Februar oder März auch nur am Rande eisfrei wird, stellen sich diese Säger einzeln oder in kleinen Gesellschaften auf ihm ein, um im Laufe des April allmählich wieder abzuziehen. Die ersten sah ich 1910 am 27. Februar, 1912 am 4., 1913 am 13. März, die letzten 1909 am 25., 1911 am 30. April. Ein schönes ♂ wurde am 11. April 1910 auf dem See geschossen. Während der Brutzeit bemerkte ich nur am 24. Juni 1911 einmal einen Flug von 5 Stück; sonst fehlen diese Vögel in den Sommermonaten bei Bartenstein ganz. Ein am 2. Juni 1912 auf dem See erlegtes altes ♂ war nur infolge einer Schußverletzung zurückgeblieben.

Im Herbst zeigen sich einzelne Gänsesäger gelegentlich bereits Anfang oder Mitte September wieder auf dem See, so 1904 und 1911 am 17., 1912 am 1. September. Im Oktober nimmt ihre Zahl langsam zu; im November sind sie meist sehr häufig und erst, wenn der See endgültig zugefroren ist, verlassen ihn die letzten. Dabei scheinen, was auch Hartert (200) beobachtet hat, die alten ♂♂ sich im Herbst teilweise von den grauen ♀♀ und Jungen getrennt zu halten. Ich habe wiederholt im Herbst Flüge, die nur aus alten ausgefärbten ♂♂, und solche, die nur aus grauen Exemplaren bestanden, angetroffen. Zwei Stücke, die ich von letzteren am 16. Oktober 1905 und 27. Oktober 1912 schoß, waren alte ♀♀. Am 13. und 14. November 1910 beobachtete ich aber auch einen großen Flug von 30—40 Stück, der neben vielen grauen Exemplaren einige ausgefärbte ♂♂ enthielt; ich erlegte aus ihm am 14. ein altes ♀. Auch 1911 sah ich einen solchen Flug am 6. November. Am 11. November 1910 wurde in Losgehnen auf einem Wiesengraben ein jüngeres ♀ lebend gefangen; es wies eine alte Schußverletzung auf.

### 36. **Somateria mollissima mollissima** (L.) — Eiderente.

*Anas mollissima* L.

Wohl in jedem Winter stellt sich die Eiderente einzeln an unserer Küste ein; sie scheint aber nur spärlich vorzukommen. Nach Hartert (200, 205), der sie als „selten" bezeichnet, werden meist Vögel im Jugendkleide erlegt; doch erwähnt er auch 2 bei Pillau im Winter geschossene alte ♂♂ und ein auffallenderweise Anfang August 1881 — nicht 1887, wie es an einer Stelle (205) infolge eines Druckfehlers heißt, — daselbst erlegtes altes ♀. Im Königsberger Museum steht ein altes ♂ vom September 1885 und ein ♀ vom 5. November 1880, beide von Pillau. Thienemann (504, 564) erhielt von der Ostsee bei Sarkau ein altes ♂ am 17. April 1901 und von Rossitten ein ♀ am 4. Dezember 1908. Ulmer (550) schoß bei Neukuhren ein altes ♂ am 22. März 1907, ein ♀ im November 1906.

### 37. **Oidemia nigra nigra** (L.) — Trauerente.

*Anas nigra* L.

Während der Wintermonate ist die Trauerente auf der Ostsee nicht selten, am häufigsten nach Hartert (200) im März und November.

Jüngere, noch nicht fortpflanzungsfähige Exemplare werden öfters auch noch spät im Frühjahr bei uns erbeutet. Hartert erwähnt ein am 30. April 1886 bei Pillau geschossenes Stück. Thienemann (510) erhielt 2 jüngere Exemplare (♂ und ♀) am 22. und 23. Mai 1902 und ein Stück am 29. Mai 1911 von Rossitten und le Roi (430) ein junges ♂ am 6. Mai 1902 von Cranz. Ein altes ♂ wurde nach le Roi auf dem Haff bei Sarkau am 30. April 1902 gefangen. Möschler erhielt 1913 von Rossitten ein altes ♂ im Prachtkleide mit verletztem Flügel am 24. Juli und ein fast ausgefärbtes ♂ am 16. Juni; beide befinden sich jetzt in meinem Besitz.

### 38. **Oidemia fusca fusca** (L.) — Sammetente.

*Anas fusca* L.

Entschieden häufiger als die Trauerente ist die Sammetente im Winter an unseren Küsten. Auch sie verweilt regelmäßig nur von November bis März bei uns. Ein zurückgebliebenes Exemplar, ein ♀ mit verlängertem Oberschnabel, erlegte Thienemann (576) am 6. August 1909 auf dem Möwenbruch bei Rossitten. Möschler erhielt von Rossitten am 5. September 1911 ein altes ♂, das sich jetzt in meinem Besitz befindet.

Auch im Binnenlande ist diese Art schon vorgekommen. Sondermann ging ein Stück am 6. November 1907 von Stallupönen zu.

### 39. **Polysticta stelleri** (Pall.) — Scheckente.

*Anas stelleri* Pall.; *Anas dispar* auct.; *Eniconetta, Heniconetta stelleri* (Pall.).

Hartert (200, 205) sagt von der Scheckente, sie sei einige Male bei Pillau erbeutet, in neuerer Zeit aber nicht mehr. Durch Belegexemplare sichergestellt ist nur **ein** Vorkommen im Winter 1843/44. Es wurden nämlich nach dem Akzessionskatalog im März 1844 durch Hafenbauinspektor Henning 2 Exemplare von Pillau dem Königsberger Museum übersandt, wo sie noch jetzt stehen; es sind dieses ein altes ♂ und ein ♀ (vergl. auch Rathke (406)). Ein drittes, zu derselben Zeit erlegtes Stück, gleichfalls ein altes ♂, erhielt E. v. Homeyer von Pillau; es befindet sich nach R. Blasius (386) jetzt im Braunschweiger Museum.

Aus der Danziger Bucht gingen Böck (45, 46) in den 40er Jahren wiederholt diese Enten zu, in der Mehrzahl Vögel im Jugendkleide, sodaß er zu der Annahme gelangte, sie zeigten sich einzeln dort in jedem Winter. Vielleicht kommt die Art also auch an unserer ostpreußischen Küste öfters vor, als es nach den bisherigen Beobachtungen den Anschein hat.

**Histrionicus histrionicus** (L.) — Kragenente.

*Anas histrionica* L.; *Cosmonetta histrionica* (L.).

Nach einer leider auch im neuen Naumann (386) enthaltenen Angabe (156, 157, 170) soll die auffallende Kragenente bei Rossitten wiederholt erlegt worden sein, ja dort sogar im November regelmäßig durchziehen. Da ein Belegexemplar nicht vorliegt, ist eine Nachprüfung nicht möglich. Thienemann hat die Art für die Nehrung bisher nicht nachweisen können. Bis auf weiteres kann sie daher unter die Zahl der ostpreußischen Vögel nicht aufgenommen werden.

### 40. **Clangula hiemalis** (L.) — Eisente.

*Anas hiemalis* L.; *Harelda hiemalis* (L.); *Anas, Harelda glacialis* auct.

Von Ende Oktober bis April belebt die Eisente die Ostsee in riesigen Scharen; sie ist dann an der ganzen Küste außerordentlich häufig. Besonders viele werden bei Pillau geschossen, wo diese Enten nach Friedrich v. Droste (124) und Hartert (200) an jedem Morgen sehr zahlreich durch das Tief nach dem Haff und an jedem Abend wieder nach der Ostsee streichen. Eine eingehende Schilderung ihres Winterlebens bei Memel gibt E. Christoleit (85). Im Frühjahr verweilen Eisenten in größerer Zahl noch bis Anfang April an unserer Küste; weithin tönt dann die Wasserfläche wieder von ihren klangvollen Rufen „a a aulík a a aulík". Mitte April sind die meisten schon abgezogen. Einzelne, jedenfalls ungepaarte Exemplare werden aber gar nicht selten noch im Mai in Ostpreußen erbeutet. Thienemann (510, 536, 564) erhielt solche von Rossitten am 21. Mai 1902 (3 junge ♂♂), 15. Mai 1905, 15. Mai 1908 sowie vielfach Ende Mai 1911, le Roi (430) ein altes ♂ von Cranz am 17. Mai 1902. Ich selbst besitze 2 bei Rossitten am 16. Mai 1911 erbeutete ♂♂ im Sommerkleide, nämlich ein altes und ein junges ♂.

Im Binnenlande ist diese ausgesprochene „Seeente" überall selten. v. Hippel (228) erwähnt ein auf einem Wiesenfließ an der Fritzenschen Forst im Samlande am 23. März 1893 erlegtes ♂. Schlonski besitzt ein altes ♂ vom Spirdingsee, und ich selbst beobachtete auf dem Kinkeimer See bei Bartenstein am 17. November 1907 einen kleinen Flug junger Exemplare.

### 41 **Nyroca marila marila** (L.) — Bergente.

*Anas marila* L.; *Aithya, Fuligula marila* (L.).

Als Brutvogel ist die Bergente bisher für Ostpreußen noch nicht nachgewiesen; auf dem Zuge zeigt sie sich aber an der Küste meist in beträchtlicher Anzahl. Hartert (200, 205) bezeichnet sie zwar als „nicht sehr häufig von Oktober bis April auf der Ostsee und offenen Binnengewässern"; doch ist sie am Seestrande und auf dem Frischen Haff, zeitweise wenigstens, recht zahlreich vertreten. Fr. Lindner (317) beobachtete sie bei Pillau in großen Scharen, die abends von der See nach dem Haff und morgens in umgekehrter Richtung zogen. Ich selbst traf Bergenten auf dem Frischen Haff, namentlich auf der Fischhauser Wiek, am 22. und 28. April 1906 in Flügen von vielen Hunderten an, in denen sich die einzelnen Paare meist schon zusammenhielten. Die Fischer fangen sie denn auch auf dem Haff bei Pillau im Herbst und Frühjahr in sehr großer Zahl. Ulmer (564) erlegte ♂ und ♀ bei Heide-Waldburg am 13. Mai 1908; auffallenderweise nennt er aber die Art für diesen Teil des Haffs „selten" (642). Auf dem Kurischen Haff zeigen sich Bergenten im April nach Thienemann (536, 546) bei Rossitten öfters, meistens auch paarweise; im Spätherbst und Winter werden sie dort auf der Ostsee ziemlich häufig beobachtet. 1913 erhielt die Vogelwarte ein altes ♂ Anfang Juli von Rossitten. Etwa gleichzeitig, am 14. Juli 1913, gingen Balzer 2 alte ♂♂ mit schwach entwickelten Testikeln vom Frischen Haff bei Metgethen zu. Eins von ihnen befindet sich jetzt in meinem Besitz.

Im Innern der Provinz ist die Bergente auf großen Gewässern im Herbst durchaus nicht selten; im Frühjahr scheint sie spärlicher vorzukommen. Sondermann erhielt 2 Stücke am 26. September 1903 von Kaukern (Kreis Insterburg) und am 18. September 1908 von Breitenstein (Kreis Ragnit). Bei Bartenstein erscheint diese Art regelmäßig erst in der zweiten Hälfte des Oktober — 1907 sah ich die ersten am 25., 1910 am 23., 1912 am 20. Oktober — in Flügen bis zu 20 Stück auf dem Kinkeimer See. Ein einzelnes Paar, bestehend aus altem ♂ und ♀, bemerkte ich 1904 aber schon am 20. September. Die Flüge, die man im Herbst, am zahlreichsten im November, sieht, bestehen durchweg aus braunen Exemplaren. Am 9. November 1905 schoß ich ein junges ♂ im Beginne der Schönheitsmauser, am 20. Oktober 1912 ein junges ♀. Auf dem Kinkeimer See verweilen sie, bis dieser sich größtenteils mit Eis bedeckt; auf der Ostsee halten sie auch winterüber aus.

Im Frühjahr habe ich erst einmal Bergenten in der Bartensteiner Gegend beobachtet; am 2. April 1905 sah ich eine größere Schar zusammen mit Reiherenten auf dem Kinkeimer See.

### 42. **Nyroca fuligula** (L.) — Reiherente.

*Anas fuligula* L.; *Fuligula fuligula* (L.); *Fuligula cristata* auct.

Abgesehen von einer Bemerkung Reys (425), daß zum Brutgebiet der Reiherente auch Ostpreußen gehöre, und der wohl auf Döring (112a) oder E. v. Homeyer zurückgehenden Bemerkung von R. Blasius (386), daß sie auf dem Drausensee niste, habe ich in der älteren Literatur über das Brüten dieser Art in unserer Provinz nichts erwähnt gefunden. Hartert (200, 205) insbesondere kennt sie nur als nicht gerade seltenen Wintervogel an der Küste und auf offenen Binnengewässern. Und doch gehört die Reiherente zu unsern regelmäßigen Brutvögeln; sie nistet sowohl an vielen größeren Landseen wie an beiden Haffen, und zwar stellenweise auffallend häufig.

Den sicheren Nachweis des Brütens erbrachte als erster Goldbeck. Dieser erhielt im Juli 1906 4 auf dem Dorfteich in Weinsdorf bei Saalfeld zwischen dem Geserich- und Ewingsee gefangene Dunenjunge, von denen er 3 aufzog und bis zum Sommer 1907 auf einem kleinen Teiche hielt; es waren 2 ♂♂ und ein ♀ der Reiherente. Nach seiner Ansicht nistet diese Art auf den Seen bei Saalfeld regelmäßig, und zwar neuerdings gar nicht so sehr selten. 1910 beobachtete er sie dort in Paaren noch bis Ende Mai und 1912 fand er im Juni auf dem Ewingsee ein Gelege von 9 Eiern, die er sämtlich ausbrüten ließ. Für den Kreis Mohrungen nennt auch Nagel (384) die Reiherente als Brutvogel, nämlich für Pfeilings, wo nach seiner Angabe seit einigen Jahren mehrere Paare ständig brüten. Nach der zutreffenden Beschreibung des Männchens, die ich auf eine Anfrage erhielt, zweifle ich an der Richtigkeit der Bestimmung nicht. 1909 bemerkte dieser Beobachter 2 ♀♀ mit 5 bzw. 1 Dunenjungen, die am 13. Juli so groß wie die Mäuse waren. Auf dem Drausensee, der zum Teil zum Kreise Pr. Holland gehört, nistete sie, wie erwähnt, nach Döring (112a) im Jahre 1844, und auch heutzutage ist dies nach Dobbrick anscheinend noch der Fall. Im Osten der Provinz traf Geyr v. Schweppenburg (189) Ende Juni 1911 auf dem Marinowosee in der Rominter Heide eine Ente mit 7 Dunenjungen an, die er als Reiherente ansprach, zumal in der Nähe 2 ♂♂ dieser Art zu sehen waren. Einen selten schönen Brutplatz entdeckte ich am 24. Juli 1912 auf dem Gr. Lauternsee im Kreise Rössel. Auf einer kleinen unbewaldeten Insel fanden sich in hohem Grase etwa 15 Nester der Reiherente mit Eiern. 10 Gelege mit 15, 13, 9, 9, 9, 8, 7, 7, 5, 4 Eiern waren aus unaufgeklärten Gründen verlassen. Von 5 Nestern mit 9, 9, 9, 8, 5 Eiern standen die brütenden ♀♀ auf. Ein altes ♀ sowie einige Eier wurden als Belege gesammelt. Bei einem zweiten Besuch am 18. Juni 1913 fand ich 19 besetzte Nester mit meist noch wenig (ca. 8 Tage) bebrüteten Eiern; die Gelegezahl betrug 18, 18, 18, 18, 16, 14, 13, 13, 11, 10, 9, 9, 8, 8, 8, 8, 6, 5, 5. Außerdem bemerkte ich noch 18 verlassene Gelege mit 29 (!), 16, 16, 14, 13, 12, 11, 11, 11, 10, 10, 9, 9, 9, 7, 6, 5, 3 Eiern. Dankenswerterweise ist die Insel jetzt unter staatlichen Schutz gestellt (vgl. Hennicke (220) sowie meinen in den „Beiträgen zur Naturdenkmalpflege" erscheinenden Aufsatz).

Dafür, daß diese Enten auch in Masuren regelmäßig nisten, sprechen meine Beobachtungen bei Angerburg. Am 3. Mai 1908 traf ich auf dem Mauersee von Steinort bis Pristanien fortwährend Flüge von 30—40 Reiherenten an, in denen die einzelnen Paare sich meist schon zusammenhielten; sie übertrafen damals dort an Zahl alle andern Entenarten. Noch am 14. Mai beobachtete ich auf dem Schwenzaitsee bei Angerburg etwa 20—30 Stück, die ganz gegen ihre Gewohnheit sehr aufgeregt waren und viel umherstrichen. Einzelnen Paaren begegnete ich dann in der Folgezeit mehrfach am

17. Mai auf dem Nordenburger See, am 26. Mai und 2. Juni auf dem Mosdzehner See, am 28. Mai bei Steinort, am 31. Mai auf einem Wiesenteiche nahe dem Kruglinner See unweit von Siewken und am 3. Juni auf dem Mauersee nahe dem Ausfluß der Angerapp. Auch Geyr v. Schweppenburg (l. c.) beobachtete sie im Juli 1911 auf den masurischen Seen gar nicht selten; ein Paar sah er z. B. gleichfalls in der Nähe von Angerburg; desgleichen traf er auf dem Wysztyter See einige ♂♂ an. Sondermann erhielt von Kruglanken (Kreis Angerburg) ein Exemplar am 12. Juli 1904, und Borowski schoß ein ♂ Anfang Juli 1912 bei Pfaffendorf (Kreis Sensburg).

Auch auf dem Kinkeimer See bei Bartenstein haben Reiherenten möglicherweise schon gebrütet. Während der Brutzeit werden sie zwar nicht regelmäßig, aber doch öfters dort beobachtet, meist allerdings nur ♂♂. Verhältnismäßig viele waren im Jahre 1904 von Ende April bis Anfang Juli auf dem See zu sehen, und zwar außer mehreren ♂♂ auch einzelne ♀♀. Als weitere Beobachtungsdaten aus der Brutzeit nenne ich: 23. Juni 1905 (2♂♂), 31. Juli 1906 (1 ♂), 4. Juli 1907 (1 ♂), 13. Juni 1909 (1 ♂), 7. und 17. Juli 1910 (4 bzw. 2 Stücke), 5. Juni 1911 (1 ♂ geschossen, Hoden angeschwollen), 31. Juli 1911 (1 ♂ad.); ferner mehrfach im August 1911, nämlich am 5. August 3 Stücke, darunter ein altes ♂, am 6. August 5, am 20. und 26. je 4. Am 24. September 1911 schoß ich aus einer Gesellschaft von 4 Stücken 2 alte ♂♂ im Prachtkleide. 1912 bemerkte ich am 28. Juli 5, am 9. September 7 alte ♂♂. 1913 sah ich ein altes ♂ am 25. Mai, einen ganzen Flug am 15. Juni, ca. 10 Stück, meist ♂♂, am 13. Juli, 3 Stücke, darunter 1 ♂ ad., am 1. September. Vielleicht stammen alle diese zur Brutzeit auf dem Kinkeimer See beobachteten Stücke von der Brutkolonie auf dem Gr. Lauternsee. Ein altes ♂ im Sommerkleide, daß ich am 6. September 1909 vom See erhielt, hatte eine alte Schußverletzung an einem Flügel, war also wohl nur aus diesem Grunde sommerüber dort geblieben.

Für die beiden Haffe ist das Brüten der Reiherente nach E. Christoleit gleichfalls zu vermuten. Dies wird auch durch anderweite Beobachtungen bestätigt. Vom Südufer des Kurischen Haffs erhielt ich ein altes ♂ am 25. Juli 1908, und bei Rossitten wurde nach Thienemann (504, 510) ein altes ♂ am 30. Juli 1898, ein altes ♀ am 7. September 1902, ein junger Vogel am 8. September 1911 erlegt; 2 weitere Stücke wurden dort am 5. Juli 1902 beobachtet. Sondermann erhielt ein ♂ am 15. Juli 1910 von Norkaiten (Kreis Heydekrug), und Heck bemerkte auf dem Kurischen Haff Flüge von ♂♂ Mitte Juli 1913 . In demselben Jahre gelang es auch, den sicheren Nachweis des Brütens der Reiherente bei Rossitten zu erbringen. Am 27. Juli 1913 traf ich auf dem sogenannten Rübenbruch eine Familie von etwa 8 Stück an, aus der Thienemann am 28. ein junges, noch nicht flugfähiges Stück erlegte. Auf dem Frischen Haff schoß Ulmer (564) ein altes ♂ am 1. Juli 1908 bei Heide-Waldburg, und ich selbst sah am 19. Juni 1909 mehrere Stücke am Nordufer nahe dem Seekanal. Ein von Hartert am 20. August 1882 bei Camstigall geschossenes altes ♂ befindet sich nach R. Blasius (386) im Braunschweiger Museum.

Als Zugvogel ist die Reiherente wohl überall auf etwas größeren Gewässern ziemlich häufig. Ganz besonders groß sind die Scharen auf dem Frischen Haff. W. Christoleit bezeichnet sie für Fischhausen als „häufigen“ Zugvogel, und Ulmer (564, 642) sagt, sie sei auf dem Haff von Mitte April bis Juni sehr häufig, im Frühjahr oft zu Tausenden, vertreten. Die Fischer nennen die Reiherenten dort „Winkenten“, weil es nicht schwer sein soll, die auf der freien Wasserfläche schwimmenden Enten mit einem roten Tuch bis nahe an das Boot heranzuwinken. Auf dem Mauersee traf ich sie, wie schon erwähnt, noch Anfang Mai in großen Flügen an, und auch bei Bartenstein ist sie auf dem Zuge eine regelmäßige und ziemlich häufige Erscheinung. Ende März — 1912 z. B. am 24. — oder oft erst Anfang April stellt sie sich auf dem Kinkeimer See in kleinen Flügen ein. Gelegentlich habe ich sie auch in etwas größeren Scharen angetroffen, so am 2. April 1905 in Gesellschaft von *N. marila*. Im April sieht man sie häufig schon in Paaren auf dem See, auf dem sie bis Ende des Monats verweilen. Nur selten bin ich ihr auf etwas größeren Teichen in der Nähe des Sees begegnet. Anfang Mai hat ihre Zahl schon sehr abgenommen; ♂ und ♀ schoß ich aus einem kleinen Fluge am 2. Mai 1909. Einzelne werden, wie bereits berichtet, auch während des Sommers öfters auf dem See beobachtet. Der Herbstzug beginnt gewöhnlich Ende September oder im Oktober. In kleinen Flügen treffen die Reiherenten dann bei uns ein und halten sich auf dem See auf, solange er noch eisfrei ist. Auf der Ostsee verweilen sie auch winterüber in nicht unbeträchtlicher Anzahl.

### 43. **Nyroca ferina ferina** (L.) — Tafelente.

*Anas ferina* L.; *Fuligula, Aithya ferina* (L.).

Unter den Tauchenten brütet die Tafelente bei uns am häufigsten. Vor allem in Masuren kommt sie recht zahlreich vor; sie fehlt aber auch den beiden Haffen nicht und nistet an fast jedem Landsee mit schilfreichen Ufern und nicht zu kleiner Wasserfläche in größerer oder geringerer Anzahl.

Nach Hartert (200, 205) ist die Tafelente an einigen masurischen Seen nicht seltener Brutvogel. Auch Geyr v. Schweppenburg (189) bezeichnet sie für die masurischen Seen, z. B. die Gegend von Rudczanny, als nicht selten, und Schlonski führt sie für Johannisburg sogar als „häufig" an. Reinberger (422) fand sie bei Pillkallen, Szielasko auf dem Wysztyter See brütend. Auf den Seen bei Angerburg begegnete ich ihr im Mai 1908 verhältnismäßig oft z. B. auf dem Mauersee in allen seinen Teilen, dem Mosdzehner See, dem Goldapgarsee und anderen. Sehr zahlreich waren diese Enten am 17. Mai 1908 auch auf dem Nordenburger See zu sehen; Szielasko und ich fanden dort vielfach am Ufer die von Krähen verschleppten Eierschalen dieser Art. Für Angerburg gibt sie auch Reinberger (l. c.) als Brutvogel an; zahlreich fand er sie auch auf dem Gollubier See (Kreis Lyck) (424a). Von Pfaffendorf (Kreis Sensburg) erhielt ich durch Borowski ein altes ♀ am 4. Juli 1913.

Im Gebiet des Kurischen Haffs nistet die Tafelente nach Lindner (316) und Thienemann (504) häufig auf dem Möwenbruch bei Rossitten, ferner nach Baer (31) öfters bei Minge, nach W. Christoleit im Rußdelta und nach Reinberger (l. c.) bei Adl. Linkuhnen (Kreis Niederung). Auf dem Frischen Haff kommt sie nach Ulmer (564, 642) zahlreich zur Brutzeit vor. Am 19. Juni 1909 beobachtete ich diese Enten vielfach am Nordufer des Haffs nahe dem Seekanal.

Goldbeck bezeichnet die Tafelente als häufigen Brutvogel auf dem Geserich- und Ewingsee, und in der Sammlung des Osteroder Gymnasiums befindet sich ein altes ♀ aus dem Juli 1907 vom Pausensee. In erheblicher Anzahl bewohnt sie nach Dobbrick den ganzen Drausensee, wo ich am 20. Juli 1913 denn auch vielfach alte ♀♀ mit Jungen antraf; sie wird dort von den Jägern als „Kobilke" bezeichnet. Selbst auf dem Kinkeimer See bei Bartenstein haben diese Enten schon wiederholt, doch nicht regelmäßig, in geringer Anzahl gebrütet. Am 1. Juli 1910 und 8. Juli 1912 wurde ferner je ein altes ♀ auf dem Simsersee bei Makohlen (Kreis Heilsberg) erlegt, desgleichen am 3. Juli 1911 ein altes ♀ und 2 Dunenjunge und am 7. Juli 1913 2 alte ♂♂ und ein altes ♀; die Art scheint dort nicht selten zu sein. Nach Krause brütet sie öfters auch an den großen Seen im Kreise Rössel; am 24. Juli 1912 bemerkte ich mehrfach alte ♀♀ auf dem Gr. Lauternsee.

Als Durchzügler tritt die Tafelente wohl überall recht zahlreich auf; besonders auf beiden Haffen zeigt sie sich oft in großen Scharen. W. Christoleit beobachtete sie als häufigen Zugvogel auf dem Frischen, ich selbst im August in großer Anzahl auf dem Kurischen Haff. Bei Bartenstein zieht diese Art ebenfalls häufig durch. Ende März — 1910 sah ich die ersten sogar schon am 10. dieses Monats — stellt sie sich gewöhnlich auf dem Kinkeimer See ein. Sie hält sich hier anfangs noch in — bisweilen recht großen — Flügen, von Ende April an nur noch in einzelnen Paaren meist sommerüber auf; in manchen Jahren fehlt sie aber zur Brutzeit z. B. 1911, 1912 und 1913. Wenn die Jungen ausgekommen sind, schlagen die ♂♂ sich wie bei anderen Arten in Flüge zusammen. Im Herbst nimmt die Zahl der Tafelenten während der Monate August und September gewöhnlich nicht unbedeutend zu. Im Laufe des Oktober ziehen sie in der Regel endgültig von uns fort. Häufig sieht man sie im Herbst in Gesellschaft des schwarzen Wasserhuhns. Fälle von Überwinterung scheinen in Ostpreußen nicht eben häufig zu sein. In der Sammlung der Vogelwarte befindet sich ein ♂ aus Rossitten vom 20. Januar 1911.

Das Brutgeschäft fällt in die zweite Hälfte des April und den Mai. Szielasko besitzt 5 Eier vom 28. April 1903. Thienemann (510, 576) beobachtete bei Rossitten aber auch noch am 10. Juni 1909 ein ♀ auf 13 Eiern brütend; ferner fand er Eier noch am 21. Juni und 4. Juli 1902. Daß diese Art bereits im zweiten Lebensjahre fortpflanzungsfähig ist, ergibt eine Beobachtung von Goldbeck. Dieser erhielt im Sommer 1910 einige junge Tafelenten, die bereits 1911 auf seinem Teiche brüteten; von 6 Eiern kamen 2 Junge aus.

### 44. **Nyroca rufina** (Pall.) — Kolbenente.

*Anas rufina* Pall.; *Netta, Callichen rufina* (Pall.).

Das Brutgebiet der stattlichen Kolbenente liegt südöstlich von uns; doch ist sie auch in Deutschland schon mehrfach brütend aufgefunden worden. Nur ausnahmsweise einmal verfliegt sie sich nach Ostpreußen. Ein Paar befindet sich im Königsberger Museum; das ♂ trägt die Bezeichnung „Preußen", das ♀ die Angabe „Königsberg". Das eine Stück, wahrscheinlich das ♀, ist nach dem Akzessionskatalog im Frühjahr 1836 in Königsberg im Fleisch, also jedenfalls auf dem Markt, gekauft. Auf der Unterseite der Aufstellbretter tragen aber beide Stücke die Notiz „Mai 1836". Bujack (68) führt 1837 die beiden Exemplare als „bei Königsberg" erlegt auf. Daran, daß sie beide aus der Provinz stammen, kann hiernach wohl kein Zweifel sein.

Sondermann erhielt ferner am 19. Dezember 1903 ein junges ♂ aus Adl. Dwarischken bei Karalene (Kreis Insterburg). Das innerhalb der Dwarischker Gutsgrenze auf der Pissa geschossene Stück befindet sich durch Zuwendung der Frau Dr. Dolle jetzt in meiner Sammlung.

### 45. **Nyroca nyroca** (Güld.) — Moorente.

*Anas nyroca* Güld.; *Fuligula, Aithya nyroca* (Güld.); *Anas leucophthalmos* auct.

Nicht so häufig wie die Tafelente, aber doch stellenweise in recht beträchtlicher Anzahl nistet die Moorente in Masuren. Sie ist aber im ganzen mehr lokal verbreitet und fehlt manchen Gegenden als Brutvogel ganz.

Nach Hartert (200, 205, 386) brütet sie nicht selten am Mauer- und Spirdingsee, nach Eckert (19) bei Czerwonken (Kreis Lyck), nach v. Hippel (227) auf dem Aryssee (Kreis Johannisburg) und nach Kampmann (18) bei Hartigswalde (Kreis Neidenburg). Techler, Reinberger und Geyr v. Schweppenburg (189) wissen, ebenso wie Hartert, von ihrem Vorkommen am Mauersee, Schlonski im Kreise Johannisburg zu berichten. Auf dem Nordenburger See fand ich sie am 17. Mai 1908 vielfach, und ich erhielt ferner ein im Juli 1908 bei Bosemb (Kreis Sensburg) erlegtes altes ♀.

Ebenso wie in Masuren scheint die Moorente auch im Oberlande ziemlich verbreitet zu sein. Nach Goldbeck ist sie häufiger Brutvogel auf dem Geserich- und Ewingsee, und in der Osteroder Gymnasialsammlung befindet sich ein junger Vogel vom Juli 1907 mit der Fundortsangabe „Pausensee".

Recht zahlreich nistet sie nach Dobbrick und Voigt (651) auf dem Drausensee, wo ich am 20. Juli 1913 denn auch gerade auf dem südlichen Teile vielfach Familien oder einzelne alte ♀♀ antraf.

Bei Bartenstein fehlt diese Art jetzt als Brutvogel ganz; es ist jedoch nicht ausgeschlossen, daß sie früher in der Gegend gelegentlich genistet hat, wenigstens habe ich sie vor Jahren bei den sommerlichen Entenjagden wiederholt erhalten.

Im Norden der Provinz scheint sie nur spärlich aufzutreten. Hildebrandt besitzt ein Gelege von Heydekrug; er ist der Ansicht, daß sie dort nicht selten brüte. Sie fehlt aber ganz der Kurischen Nehrung, wo sie auch auf dem Zuge selten ist. Nach Ulmer (642) kommt die Moorente auf dem Frischen Haff zahlreich vor; das gilt aber wohl nur für den Zug. Hartert (18) und W. Christoleit wenigstens haben sie dort nur als Zugvogel, aber nicht brütend, beobachtet.

Über die Zugverhältnisse dieser Art sind wir nicht genau unterrichtet. Bei Fischhausen kommt sie nach W. Christoleit in manchen Jahren selten, in anderen sehr häufig vor. In der Bartensteiner Gegend ist sie auch als Durchzügler selten. Sie zeigt sich dort nur unregelmäßig und in geringer Anzahl von August bis Oktober; dagegen habe ich sie im Frühjahr bisher noch nicht angetroffen.

### 46. **Nyroca clangula clangula** (L.) — Schellente.

*Anas clangula* L.; *Anas glaucion* L.; *Fuligula, Clangula clangula* (L.); *Clangula glaucion* (L.).

In Masuren nistet die Schellente nach Hartert (200, 205) in den Höhlungen alter Bäume, in Kiefern und Eichen, ziemlich häufig, oft sehr hoch über dem Erdboden. In der Sammlung E. v. Homeyers in Braunschweig befinden sich nach R. Blasius (386) folgende von Hartert gesammelte Stücke: 2 ♀♀ ad. vom Muckersee (4. Juni 1882) und Beldahnsee (16. Mai 1884) sowie Dunenjunge von Prossolasseksee (17. Juni 1882), Guszinsee (10. Juni 1882), Muckersee (8. Juni 1882) und Niedersee (2. Juni 1882). Schlonski stellte mehrfach das Brüten für die Seen bei Johannisburg fest, und Geyr v. Schweppenburg (189) begegnete ihr Anfang Juli 1911 vielfach auf den masurischen Seen während der Dampferfahrt von Angerburg nach Rudczanny. Bei Steinort (Kreis Angerburg) traf ich am 28. Mai 1908 wiederholt einzelne ♂♂ bzw. Paare an; jedenfalls nisten sie dort in den alten Eichen. Ferner beobachtete ich am 31. Mai 1908 ein Paar auf dem Goldapgarsee nahe dem Jakunowker Hegewald.

Auch im oberländischen Seengebiet scheint die Schellente zu nisten. Nach Goldbeck brütet sie laut glaubwürdiger Mitteilung von Forstbeamten am Widlungsee, einem Teile des Geserichsees, und in der Sammlung des Osteroder Gymnasiums steht ein junger Vogel von August 1902 aus der Nähe der Stadt.

Im nördlichen Ostpreußen kommt die Schellente nur als Zugvogel vor, als solcher aber meist recht zahlreich, namentlich an der Küste. Auf der Ostsee ist sie nach Hartert (l. c.) im Winter nächst der Eisente die häufigste Entenart. Ulmer (642) und W. Christoleit bezeichnen sie als auf dem Frischen Haff sehr häufigen Zugvogel. Auch bei Bartenstein zieht diese Art ziemlich häufig durch. Paarweise oder in kleinen Flügen von 10—12 Stück sind Schellenten regelmäßig auf dem Kinkeimer See zu beobachten, sobald er im März auch nur am Rande eisfrei wird. 1910 beobachtete ich die ersten am 27. Februar, 1912 und 1913 am 17. März. Am zahlreichsten sieht man sie Ende März und Anfang April; Ende dieses Monats verschwinden sie völlig aus der Gegend. Die letzten sah ich 1905 am 20., 1907 am 21., 1908 am 19., 1909 und 1910 am 25. April. Während der Brutzeit habe ich diese Enten bei Bartenstein bisher erst zweimal beobachtet: am 3. Juli 1912 hielt sich auf dem Kinkeimer See ein Flug von 6 Stück (3 ♂♂, 3 ♀♀) auf, und am 8. Juni 1913 bemerkte ich dort 2 Stücke, die ich auf einen Schuß erlegte; es waren ein altes ausgefärbtes ♂ sowie ein einjähriges ♂ mit braunem Kopf. Die Testikel waren bei beiden schwach entwickelt. Im Herbst erscheinen sie einzeln oder in kleinen Flügen Ende September oder meist erst Mitte Oktober wieder; die ersten sah ich 1907 am 13., 1911 am 8. Oktober, 1912 am 30. September. Sie verweilen auf dem See bis zum Zufrieren; auf der Ostsee halten sie, wie bereits erwähnt, auch winterüber in großer Anzahl aus.

**Nyroca islandica** (Gm.) — **Spatelente.**

*Fuligula, Clangula islandica* (Gm.).

Sondermann (466) glaubte, diese Art im Frühjahr 1902 von Nemonien (Kreis Labiau) erhalten zu haben. Nach Thienemann (506) stellte sich das betreffende Exemplar aber als ♀ von *N. clangula* heraus.

## 47. Spatula clypeata (L.) — Löffelente.

*Anas clypeata* L.

Die auffallende Löffelente brütet in Ostpreußen noch an vielen Stellen verhältnismäßig zahlreich. Sowohl an beiden Haffen wie an den meisten Landseen ist sie regelmäßiger Brutvogel. Für das Kurische Haff wird sie von Hartert (200), Ehmcke (19) und Reinberger (424) erwähnt. Baer (31) beobachtete sie bei Minge Ende Mai 1896 vielfach, und Hildebrandt besitzt mehrere Eier, deren Bestimmung Georg Krause nachgeprüft hat, von Heydekrug. Für die Niederung bezeichnen sie Szielasko (471) und Gude als häufig, und auch bei Rossitten haben Löffelenten nach Lindner (316) und Thienemann (504) wiederholt, zuletzt noch im Jahre 1912, genistet. Ein Nest mit 9 Eiern fand Thienemann am 3. Juli 1901.

Am Frischen Haff ist die Art nach Ehmcke (l. c.) und W. Christoleit gleichfalls regelmäßiger Brutvogel; ja stellenweise kommt sie sogar auffallend häufig vor. Unter 67 am 7. Juli 1908 bei Heide-Waldburg am Haff erlegten Enten hatte Ulmer (642) 43 Löffelenten.

Vielfach begegnete ich diesen Enten am 17. Mai 1908 auf dem Nordenburger See, und auch am Mauersee bei Angerburg habe ich sie im Mai und Anfang Juni 1908 öfters beobachtet. Auch Hartert (l. c.) bezeichnet die Art für Masuren, Schlonski speziell für die Seen bei Johannisburg, und Goldbeck für den Geserichsee als regelmäßigen Brutvogel. Bei Bartenstein nistet die Löffelente ebenfalls durchaus nicht selten, im Jahre 1910 in der Nähe des Kinkeimer Sees in etwa 10 Paaren, in anderen Jahren allerdings auch nur in geringerer Anzahl. Am Drausensee im Kreise Pr. Holland fand Döring (112a) sie nicht allzu selten nistend; sie wird dort „Löffler“ genannt.

Unter allen Entenarten stellt sich die Löffelente paarweise oder in kleinen Flügen zuletzt bei uns ein, gewöhnlich erst Mitte April. Die ersten sah ich bei Bartenstein 1905 am 21., 1906 am 15., 1908 und 1909 am 19., 1910 am 10., 1911 am 23., 1913 am 21. April, 1914 am 30. März; als Mittel von 8 Jahren ergibt sich der 16. April. Während der Brutzeit im Mai und Juni treiben sich einzelne nichtbrütende Paare, sowie kleine Flüge von ♂♂ stets auf dem Kinkeimer See umher. Zur Brut schreiten sie an ihm unmittelbar nur in Jahren mit niedrigem Frühjahrswasserstande; sonst suchen sie dazu die größeren Wiesenflächen in der näheren und weiteren Umgebung auf. Am 7. Juli 1910 wurde in Losgehnen ein altes ♀ mit 5 schon flugfähigen Jungen erlegt. Ein altes ♂ schoß ich am 21. Mai 1911; ein anderes erhielt ich vom See in demselben Jahre am 28. Mai. Ein am 25. Juni 1911 daselbst geschossenes altes ♂ trug bereits das fast fertig vermauserte Sommerkleid.

Der Fortzug fällt in den September. In dieser Zeit sowie schon im August sieht man sie in kleinen Flügen mit anderen Arten zusammen; doch treten sie bei Bartenstein auf dem Zuge niemals sehr zahlreich auf. Im Spätherbst und Winter habe ich diese Art nie mehr beobachtet. Balzer erhielt Mitte Oktober 1912 ein altes ♂ aus der Nähe von Königsberg, das bereits stark in der Mauser zum Prachtkleide stand.

### 48. **Dafila acuta** (L.). — Spießente.

*Anas acuta* L.

Hartert (200, 205) bezeichnet die Spießente als nicht häufig in Ostpreußen; brütend fand er sie am Pogobiersee (Kreis Johannisburg) und an einigen anderen Landseen, mutmaßlich auch am Frischen Haff. Schlonski bestätigte mir dieses für den Kreis Johannisburg, namentlich den Roschsee. Nach Szielasko (471) ist *acuta* im ganzen Gebiet seltener unregelmäßiger Brutvogel. Ulmer (564), der ein altes ♂ am 14. August 1908 auf dem Frischen Haff erlegte, nimmt ebenso wie Hartert an, daß die Art dort vereinzelt brüte; er nennt sie aber ausdrücklich „selten" (642). W. Christoleit kennt sie für Fischhausen nur als regelmäßigen Zugvogel. Am Kurischen Haff wurde bei Minge am 12. Juli 1908 ein altes ♀ erlegt, das ich noch im Fleische sah, und auch Hildebrandt sagt, sie brüte bei Heydekrug nicht zu selten; er besitzt ein volles Gelege von dort. Techler erhielt die Art im Mai vom Mauersee, und nach Goldbeck ist sie am Geserichsee Brutvogel. Dies gilt nach Döring (112a) auch für den Drausensee, wo die Jäger sie „Langhals" nennen.

Bei Bartenstein nistet die Spießente gleichfalls vereinzelt, aber anscheinend nicht alljährlich. Nach einer glaubwürdigen Mitteilung hat ein Paar in Borken (Kreis Pr. Eylau) unweit von Bartenstein einmal genistet, und auch auf dem Kinkeimer See habe ich neuerdings Spießenten wiederholt zur Brutzeit festgestellt. Ein Paar beobachtete ich dort am 24. Mai 1908 und am 13. Juni 1909 traf ich ein ♀ mit Dunenjungen an. Im Jahre 1910 verweilten mehrere Paare den ganzen April über auf dem See; einzelne ♂♂ sah ich dann noch regelmäßig bis Anfang Juni, so daß ich annehmen möchte, die Art habe auch in diesem Jahre in der Nähe des Sees gebrütet. 1911 und 1912 fehlte sie zur Brutzeit aber wieder ganz, doch sah ich 1913 im Mai und Juni öfters einzelne Stücke.

Im ganzen ist die Spießente nach dem vorstehend Mitgeteilten also nur als spärlicher Brutvogel für Ostpreußen zu bezeichnen, der vielfach anscheinend auch nicht ganz regelmäßig vorkommt. Auch auf dem Zuge ist sie keine besonders häufige Erscheinung. Nach W. Christoleit (100) zeigt sie sich bei Fischhausen im Frühjahr nur in geringen Flügen. Ein altes ♂ erhielt ich von dort im März 1910. Im Herbst hat sie Ulmer (576) auf dem Frischen Haff aber öfters bemerkt. Die ersten beobachtete er 1909 am 30. September; Ende Oktober bis in den November hinein sah er ziemlich viele. Bei Rossitten zieht die Spießente nach Thienemann zwar regelmäßig, aber nicht sehr zahlreich durch. Auch bei Bartenstein kommt sie wohl in jeder Zugperiode vor, aber nur in unbedeutender Anzahl. Im Frühjahr beobachtete ich sie öfters schon bald nach dem Auftauen des Eises, so ein ♂ am 10. März 1912, mehrere am 18. März 1905, ferner 3 ♂♂, 2 ♀♀ am 28. März 1904, 7 ♂♂, 7 ♀♀ am 2. April 1911. Im Herbst habe ich sie weniger bemerkt; das liegt aber wohl daran, daß sie im Sommerkleide in den großen Entenscharen leichter übersehen werden kann.

### 49. **Anas platyrhyncha platyrhyncha** L. — Stockente, Märzente.

*Anas boschas* L.; *Anas boscas* auct.

Unter allen Entenarten ist die Stockente wohl überall bei uns weitaus am häufigsten. Sie fehlt nirgends ganz und kommt in allen wasserreichen Gegenden recht zahlreich vor. Selbst auf dem Oberteich bei Königsberg brüteten noch 1907 einzelne Paare. Wie groß der Entenreichtum in Masuren ist, geht daraus hervor, daß im Juli 1908 bei einer Jagd in Steinort am Mauersee 485 Enten und 111 Stück anderes Wassergeflügel erlegt wurden. Es wäre sehr wünschenswert, wenn eine derartige Strecke einmal von einem Ornithologen untersucht werden könnte. 49 am 1. Juli 1911 bei Rothebude (Kreis Goldap-Oletzko) erlegte Enten gehörten sämtlich zu *A. platyrhyncha*, und unter 96 im Juli 1912 am Gr. Lauternsee (Kreis Rössel) erlegten Enten befanden sich nach Krause 77 Stockenten, darunter etwa $^3/_4$ Mausererpel.

Bei Bartenstein ist die Stockente gleichfalls recht häufiger Brutvogel. Am Kinkeimer See nisten nur in trockenen Jahren einzelne Paare; die meisten sammeln sich an ihm erst, wenn die Jungen heranwachsen. Die ersten Dunenjungen sah ich 1904 und 1910 am 14. Mai; 1912 wurden die ersten am 11., 1913 am 16. Mai beobachtet. Während der Monate Mai und Juni trifft man außer einigen ♀♀ mit Jungen stets größere Flüge von 50 und mehr ♂♂ auf dem See an, die hier Ende Juni und Anfang Juli die Mauser durchmachen. Nach der Brutzeit ziehen sich alle in der Gegend brütenden Stockenten am See in allmählich anwachsenden Scharen zusammen. Je mehr der Herbst vorrückt, desto größer wird ihre Zahl, zumal sie dann auch durch Zuzug von Norden her beträchtlich verstärkt werden. Im September, Oktober und Anfang November sind gewöhnlich gewaltige Scharen von vielen Hunderten auf dem See versammelt. Erst wenn dieser endgültig zufriert und keine Blänken mehr zeigt, entschließt sich die große Mehrzahl zögernd zum Abzuge*). Viele überwintern aber auch auf der Alle, die stets offene Stellen zeigt, nur vereinzelte auf dem Dostfluß und anderen kleinen Flüßchen. Sobald im Winter Tauwetter eintritt und sich auf dem Eise Stauwasser zeigt oder der See im Frühjahr am Rande eisfrei wird, stellen sich sofort größere Flüge auf ihm ein. Mit dem endgültigen Verschwinden des Eises nimmt die Zahl der Stockenten erheblich zu; doch lösen sich die Scharen schon gegen Ende des März in Paare auf, die alsbald an das Brutgeschäft gehen. Paarweise halten sie sich übrigens auch schon im Spätherbst und Winter gewöhnlich zusammen. Die Entenscharen, die im Winter bei Tauwetter bei Bartenstein zu beobachten sind, bestehen fast ausschließlich aus dieser Art; im Herbst und Frühjahr gesellen sich häufig auch andere Arten zu ihnen, doch bilden die Stockenten stets die Hauptmasse.

Schlonski besitzt ein größtenteils weiß und hellbräunlich gefärbtes Stück, das er auf dem Abendanstande im Fluge am Roschsee bei Johannisburg erlegte; vielleicht ist es ein Bastard mit der Hausente. Auch Thienemann (588) erhielt von Pait (Kreis Niederung) am 29. August 1910 ein Stück, das wohl als Bastard mit *A. pl. domestica* anzusprechen ist; er gibt eine eingehende Beschreibung des Vogels. Auf dem Kinkeimer See bei Bartenstein sah ich 1913 ein gelblichweißes Stück am 15. Juni und beobachtete auch am 23. Juli ein größtenteils weißes Stück.

### 50. **Anas strepera** L. — Schnatterente, Mittelente.

*Chaulelasmus streperus* (L.).

Während die Schnatterente in Masuren stellenweise durchaus nicht selten nistet, fehlt sie anderen Gegenden, namentlich dem Norden der Provinz wieder ganz; ihre Verbreitung ist anscheinend eine recht lokale.

Hartert (200, 205) bezeichnet sie als „in Masuren stellenweise nicht ganz seltenen Brutvogel z. B. am Kissainsee“. Ein volles Gelege fand er am 18. Mai 1882 und dem Auskriechen nahe Eier Ende Mai 1884. Nach Reinberger ist die Art Brutvogel am Mauersee. Auch ich traf

---

*) Ein von mir am 3. August 1913 in Losgehnen als junger Vogel gezeichnetes ♂ wurde am 15. März 1914 bei Olmütz in Mähren geschossen.

an diesem See bei Steinort im Mai 1908 einzelne Paare dieser Enten an, die mich quakend lange umflogen, also wohl in der Nähe des Brutplatzes waren. Bei Angerburg habe ich *A. strepera* sowohl am Mauersee wie am Mosdzehner See im Mai 1908 gleichfalls wiederholt bemerkt. Verhältnismäßig häufig beobachtete ich sie ferner am 17. Mai 1908 auf dem sehr sumpfigen und verwachsenen Nordenburger See. Szielasko besitzt auch 2 Gelege, die dort am 21. Mai 1909 und 25. Mai 1910 gefunden wurden.

Für die Bartensteiner Gegend habe ich die Art noch nie zur Brutzeit oder auch nur überhaupt im Frühjahr nachweisen können. Sie ist dort entschieden die seltenste unter den Schwimmenten. Je ein junges ♂ erhielt ich vom Kinkeimer See am 13. September 1903 und 11. September 1910, und auch sonst glaube ich, sie noch einige Male im Herbst mit Bestimmtheit erkannt zu haben.

Auf beiden Haffen scheint sie gleichfalls nur sehr spärlich aufzutreten. Ulmer (642) bezeichnet sie als auf dem Frischen Haff sehr selten, und W. Christoleit hat sie bei Fischhausen überhaupt nie festgestellt. Bei Vierbrüderkrug schoß er aber auf dem Haff ein ♂ im fast fertigen Prachtkleide am 9. November 1910; es befindet sich jetzt in der Sammlung der Vogelwarte. Thienemann (510) erlegte als einziges Belegexemplar für die Kurische Nehrung am 6. September 1902 ein ♀ bei Rossitten.

## 51. Anas penelope L. — Pfeifente.

*Mareca penelope* (L.).

Nur stellenweise scheint die Pfeifente in Ostpreußen regelmäßig und etwas zahlreicher zu nisten; in den meisten Gegenden kommt sie als Brutvogel nur sehr spärlich vor oder fehlt wohl auch ganz. Nach Hartert (200, 205) brütet sie „am Kurischen Haff und einigen masurischen Seen regelmäßig, aber nur in geringer Anzahl, am Frischen Haff selten". Auch E. Christoleit fand sie am Ostufer des Kurischen Haffs, im Rußdelta, als nicht seltenen Brutvogel, und Gude teilte mir mit, daß sie in der Niederung öfters vorkomme. Nach v. Hippel (227) nistet sie alljährlich in mehreren Paaren auf dem Dammteiche im Kreise Fischhausen, was mir auch Ulmer für das Samland überhaupt bestätigte. Techler erhielt *A. penelope* im Mai vom Mauersee. An den Seen bei Johannisburg konnte sie jedoch Schlonski als Brutvogel nicht auffinden. Vom südlichen Teile des Drausensees, also aus dem Kreise Pr. Holland, erhielt ich ein einjähriges ♂ im Sommerkleide am 20. Juli 1913. Die Art wird dort als „Weißbauch" bezeichnet.

Nicht ausgeschlossen ist es, daß auch in der Bartensteiner Gegend gelegentlich einzelne Pfeifenten brüten, wenn es mir auch bisher noch nicht gelungen ist, dies nachzuweisen. Fast alljährlich werden wenigstens auch während der Brutzeit kleine Flüge auf dem Kinkeimer See beobachtet, die aber größtenteils aus ♂♂ bestehen. 1895 erhielt ich Ende Juni ein altes ♂ im Sommerkleide. In den Jahren 1904, 1905 und 1913 waren während des ganzen Mai und Juni Flüge bis zu 30 Stück auf dem See zu sehen, und 1906 bemerkte ich einige Pfeifenten am 19. Mai. 1907 sah ich am 7. Mai einen Flug von etwa 30 und am 9. Juli einen solchen von 8 Stück, 1911 ein Paar am 5. Juni, 1912 einen Flug von 7 Stück am 19. Mai, 1 ♂, 2 ♀♀ am 2. Juni, 3 ♂♂, 1 ♀ am 7. Juli.

Als Zugvogel zeigt sich die Pfeifente in den Küstengegenden, namentlich auf beiden Haffen, in sehr großen Mengen. W. Christoleit (100) beobachtete sie am Nordufer des Frischen Haffs im Frühjahr zu Tausenden. Auch bei Bartenstein gehört sie auf dem Durchzuge zu den regelmäßigen und ziemlich häufigen Erscheinungen; doch bildet sie dort bei weitem nicht so große Flüge wie auf den Haffen. Gewöhnlich sieht man auf dem Kinkeimer See nur Flüge von 20—30 Stück, die sich häufig den großen gemischten Entenscharen lose anschließen. Sobald der See eisfrei wird, stellen sie sich auf ihm ein — 1903 bemerkte ich Flüge schon am 5. Februar, 1910 die ersten am 12., 1912 am 8., 1913 am 14. März —, um im Laufe des April bis Anfang Mai größtenteils wieder abzuziehen. Daß kleine Flüge auch während der Brutzeit auf dem See verweilen, wurde schon erwähnt. Der Herbstzug setzt gewöhnlich im September ein; er ist im Oktober am lebhaftesten und erreicht erst sein Ende, wenn der See sich mit Eis bedeckt. Ich besitze von dort ein junges ♂ (24. Oktober 1904) und 3 ♀♀ (28. Oktober 1909 und 8. Oktober 1911 (2 Stück)). Während des Winters bleiben nur ganz ausnahmsweise einige bei uns; ein ♀ erlegte ich am Dostfluß am 30. Dezember 1898.

### 52. **Anas querquedula** L. — Knäkente.

*Anas circia* Gm.; *Querquedula circia* (Gm.); *Querquedula querquedula* (L.).

Die Jäger unterscheiden Knäk- und Krickente meist nicht, so daß wir über die Verbreitung dieser beiden Arten in unserer Provinz nicht ganz genau unterrichtet sind. Soviel steht aber jedenfalls fest, daß die Knäkente überall außerordentlich häufig brütet, während die Krickente mehr lokal verbreitet ist und im allgemeinen zur Brutzeit nur recht vereinzelt vorkommt.

Hartert (200) nennt die Knäkente „die häufigste Brutente auf den Haffs und größeren Gewässern". Nach Hildebrandt ist sie bei Heydekrug sehr verbreitet, nach Baer (31) bei Minge die häufigste Entenart. Dasselbe gilt nach meinen Beobachtungen für Nemonien und Gilge (Kreis Labiau), und auch Szielasko bezeichnet sie als „in der Niederung häufig". Auf der Kurischen Nehrung nistet sie zahlreich bei Rossitten; sie ist dort zur Brutzeit sehr viel häufiger wie *A. crecca*.

Am Frischen Haff ist sie nach W. Christoleit bei Fischhausen „gemeiner Brutvogel". Dasselbe gibt Ulmer (642) für den nördlichen Teil des Haffs überhaupt an. Reinberger beobachtete sie als häufigen Brutvogel bei Tilsit, Pillkallen sowie am Mauersee und Schlonski bei Johannisburg. Nach Szielasko (471) kommt sie in Masuren und Litauen nur vereinzelt vor, während die Krickente dort häufig sein soll. Das trifft aber sicherlich nicht zu. Bei Angerburg wenigstens ist erstere recht häufig, und dies scheint, wie aus den Angaben Schlonskis hervorgeht, auch sonst in Masuren der Fall zu sein. Sehr häufig nistet sie auch am Drausensee, wo die Krickente nach Dobbrick zur Brutzeit fast ganz fehlt. Nach Döring (112a) galt dieses schon für das Jahr 1844; er nennt *A. querquedula* als häufigste Brutente für den Drausensee, während *A. crecca* sich dort nur massenhaft auf dem Zuge zeige. Mir ist kaum eine Gegend bekannt, wo *A. querquedula* seltener vorkäme. Nur auf den Seen bei Rothebude (Kreis Goldap-Oletzko) ist sie nach Brettmann sehr spärlich vertreten. Als Brutvogel steht sie sonst meist der Stockente an Zahl kaum nach, auf dem Zuge ist sie allerdings bei weitem nicht so häufig wie diese. Auch bei Bartenstein ist die Knäkente ein sehr häufiger Sommervogel, nächst *A. platyrhyncha* weitaus die häufigste Brutente.

Ende März oder Anfang April, etwas später als die Krickente, stellt sie sich bei uns ein, nach meinen Beobachtungen bei Bartenstein zwischen dem 23. März und 5. April, wobei sich als Mittel von 12 Jahren der 31. März ergibt. Anfangs halten sie sich noch in kleinen Flügen zusammen, oft in Gesellschaft von *A. crecca*. Während der Brutzeit verteilen sich die Paare auf Torfbrüche, sumpfige Wiesenflächen oder Getreidefelder; am Kinkeimer See nisten sie nur ausnahmsweise bei niedrigem Wasserstande. Ein Nest mit 4 Eiern fand ich dort am 9. Mai 1909. Ein Gelege von 8 mäßig bebrüteten Eiern wurde in Losgehnen auf einer Wiese am 12. Juni 1903 gefunden. Die ersten Dunenjungen sah ich 1904 am 30. Mai, 1910 am 5. Juni. Häufig hat diese Art aber auch noch Anfang Juli ganz kleine

Junge. Nach beendetem Brutgeschäft — während desselben halten sich nur die ♂♂ zahlreicher auf dem See auf — sammeln sie sich auf ihm in etwas größeren Flügen, doch niemals so massenhaft wie die Krickenten oft im Herbst. Im Laufe des September ziehen sie allmählich von uns fort; Ende des Monats sind gewöhnlich die letzten vom See verschwunden. Im Winter verweilen Knäkenten wohl nie in Ostpreußen; auch Hartert (200) hat sie in dieser Jahreszeit niemals angetroffen. 2 einzelne ♂♂, die am 3. Dezember 1905 und 21. November 1909 bei Losgehnen erlegt wurden, waren infolge alter Schußverletzungen zurückgeblieben.

### 53. Anas crecca crecca L. — Krickente.

*Querquedula, Nettion crecca* (L.).

Auf dem Zuge gehört die Krickente zu den häufigsten Entenarten in unserer Provinz; sie zeigt sich dann in viel größeren Mengen als die Knäkente. Als Brutvogel kommt sie nur verhältnismäßig sparsam und anscheinend nicht überall vor.

Hartert (200) sagt von ihr: „Am Frischen Haff fand ich sie nicht brütend, aber in Menge zur Zugzeit. Brütet nicht selten im Innern des Landes, und zwar oft an recht kleinen Gewässern." Szielaskos Angabe (471), daß sie in Masuren, der unteren litauischen Ebene und der Niederung „häufig" brüte, ist sicher nicht richtig; es liegt wohl eine Verwechslung mit *A. querquedula* vor. Im Kreise Angerburg habe ich die Krickente im Mai 1908 nur einige Male angetroffen, dagegen die Knäkente sehr häufig. Auch Schlonski teilte mir mit, daß sie bei Johannisburg weit seltener brüte als *A. querquedula*. Reinberger hat *A. crecca* in Ostpreußen überhaupt noch nicht brütend gefunden, und auch Baer (31) suchte sie zur Brutzeit bei Minge vergeblich. Unter der Ausbeute einer am 12. Juli 1908 bei Minge veranstalteten Entenjagd fand ich außer Stockenten und einer weiblichen Spießente nur einige *A. querquedula*, dagegen keine *A. crecca*. Nach Hildebrandt brütet letztere aber bei Heydekrug doch nicht allzu selten; er besitzt von dort ein volles Gelege und 2 Einzeleier vom Mai 1909, deren Bestimmung Georg Krause nachgeprüft hat. Als vereinzelten Brutvogel stellte sie auch Thienemann (510) bei Rossitten fest.

Am Frischen Haff scheint *A. crecca*, wenn überhaupt, nur sehr spärlich zu nisten. Ebensowenig wie Hartert gelang es Ulmer (642) und W. Christoleit dies nachzuweisen. Letzterer sagt von ihr, sie sei häufiger Zugvogel bei Fischhausen; als Brutvogel habe er sie jedoch nicht feststellen können, obwohl er sie gelegentlich auch während der Brutzeit angetroffen habe.

Bei Bartenstein nistet die Krickente regelmäßig, aber gleichfalls nur recht vereinzelt. Man sieht zur Brutzeit verhältnismäßig wenige in der Gegend; doch halten sich im Mai und Juni kleinere Flüge, in der Regel aus ♂♂ bestehend, stets auf dem Kinkeimer See auf. Am 12. Juni 1911 sah ich sogar einen Flug von etwa 30 Stück. Bei den Entenjagden im Juli werden Krickenten nur selten, dagegen Knäkenten sehr häufig erbeutet; ich habe aber von ersteren auch schon einige Male noch flugunfähige Junge erhalten. Auf dem Simsersee (Kreis Heilsberg) wurde ein altes ♀ von *A. crecca* am 18. Juli 1911 geschossen. Am Drausensee, wo die Knäkente sehr häufig ist, nistet sie, wie bei der vorigen Art erwähnt ist, nicht oder nur in verschwindend geringer Anzahl.

Unmittelbar nach dem endgültigen Verschwinden des Eises stellen sich im März diese Enten bei uns ein, nach meinen Beobachtungen bei Bartenstein zwischen dem 27. Februar und 30. März, wobei sich als Mittel von 12 Jahren der 19. März ergibt. Anfang April sind sie meist recht zahlreich vertreten; gegen Ende des Monats sind die meisten schon wieder abgezogen. Im Laufe des August beginnt bereits wieder der Herbstzug.

Durch Zuzug von Norden her verstärkt, wird ihre Zahl gegen den Oktober hin immer größer. Am häufigsten sieht man sie bei Bartenstein Ende September und im Oktober, in manchen Jahren, z. B. 1907, geradezu massenhaft. Ende Oktober ziehen viele schon wieder von uns fort; doch bleibt ein großer Teil noch da, bis Frost und Schnee sie im November vollends verscheucht. Die letzten verschwinden gewöhnlich, sobald der Kinkeimer See sich mit Eis bedeckt, mögen auch noch offene Stellen vorhanden sein, auf denen die Stockenten sich noch zu Hunderten tummeln. Am 17. November 1907 sah ich auf dem See noch große Scharen, am 19., nachdem stärkerer Frost eingetreten war, nur noch einige unter sehr vielen Stockenten; am 20. traf ich nur noch 3 Exemplare mit alten Schußverletzungen auf dem Dostfluß an. 1909 wurde ein einzelnes gesundes ♀ am 21. November erlegt, während 1913 am 24. November noch ziemlich viele zu sehen waren. Überwinternde Krickenten habe ich bisher noch nie angetroffen.

Anfang September, gelegentlich sogar im August, hört man schon bisweilen ihren Paarungsruf „krück krück", im Oktober und November schon sehr viel häufiger. Bei manchen ♂♂ klingt er in dieser Zeit noch wie ein heiseres, zischendes Pfeifen. Ein ♂, das solche Töne ausstieß, erlegte ich am 5. November 1907 und auch sonst habe ich im Herbst öfters diese Stimme von einzelnen Stücken gehört. Nicht allzu selten befinden sich Krick- und Knäkenten in demselben Fluge vereint. Wiederholt schon sind auf dem Kinkeimer See beide Arten auf einen Schuß erlegt worden.

Ein bräunlichweißes Stück erhielt Reger im September 1912 aus der Gegend von Creuzburg.

**Lampronessa sponsa** (L.) — Brautente.

*Aix sponsa* (L.)

Diese amerikanische Ente, die vielfach bei uns gefangen gehalten wird, wurde nach Friedrich v. Droste (121) im Frühjahr 1872 bei Bludau (Kreis Fischhausen) geschossen. Natürlich handelt es sich nur um ein der Gefangenschaft entflohenes Exemplar.

## 2. Familie: **Anseridae** — Gänse.

### 54. **Tadorna tadorna** (L.) — Brandgans, Brandente.

*Anas tadorna* L.; *Tadorna cornuta, damiatica* auct.; *Vulpanser tadorna* (L.).

Die Brandgans ist an der Nordsee regelmäßiger und meist zahlreicher Brutvogel. Auch an der Ostsee nistet sie vielfach; ja sogar für die Halbinsel Hela gelang es F. Henrici (O. M. B. 1902 p. 101—104) dies festzustellen. Für Ostpreußen ist der Nachweis des Brütens noch nicht geführt; erst wenige Male ist diese schöne Gans im Frühjahr bei uns überhaupt nur beobachtet worden.

Im Königsberger Museum steht ein ausgefärbtes Paar mit der Angabe „Preußen, April". Die beiden Stücke sind nach dem Akzessionskatalog 1838 in Königsberg im Fleisch, also wohl auf dem Markt, gekauft. Künow erhielt eine Brandgans am 12. Mai 1885 von Pillau. Ulmer (564) beobachtete einen kleinen Flug am 13. Mai 1908 bei Heide-Waldburg am Frischen Haff, und ich selbst sah am 8. Mai 1910 2 schön ausgefärbte Stücke auf dem Kinkeimer See bei Bartenstein.

Etwas häufiger als im Frühjahr zeigen sich Brandgänse im Herbst bei uns, aber keineswegs zahlreich und meist nur während der Monate August und September in den Küstengegenden, namentlich auf beiden Haffen. Es sind in der Regel junge Vögel. Hartert (200) erwähnt „einige wenige bei Pillau und anderwärts erlegte Exemplare". Szielasko (471) bezeichnet sie als in der Niederung, also am Kurischen Haff, selten und unregelmäßig durchziehend. Künow erhielt im August 1875 2 junge Brandgänse durch Kaufmann Thiel. Eine davon schenkte er dem Museum; es ist dies wahrscheinlich das einzige noch jetzt vorhandene junge Exemplar, das nach dem Hauptkatalog bei Margen am Frischen Haff im August „1879“ erlegt ist. Sondermann gingen ein altes ♂ von Kl. Guja (Kreis Angerburg) (26. Oktober 1910) sowie junge Stücke von Dittballen (Kreis Niederung) (15. September 1902), Adl. Heydekrug (9. September 1906) und Tawellningken (Kreis Niederung) (15. September 1906) zu. Das letztgenannte Exemplar, ein junges ♂, wurde von Oberförster Meyer-Tawellningken bei Inse am Kurischen Haff aus einem Fluge von 4 Stück erlegt; es befindet sich jetzt in meinem Besitz. In Nemonien (Kreis Labiau) sah ich ein dort erlegtes junges Exemplar ausgestopft. W. Christoleit (99) beobachtete eine kleine Schar im August 1903 bei Fischhausen und erlegte ein junges ♂. Einen weiteren jungen Vogel schoß er im Oktober 1909 in der Nähe von Grenzhaus bei Neukrug auf der Frischen Nehrung nahe der westpreußischen Grenze.

Auf der Kurischen Nehrung sind junge Brandgänse einige Male im August und September, aber im ganzen spärlich, erlegt bzw. beobachtet worden. Thienemann (504, 519, 550, 564, 588) nennt folgende Beobachtungsdaten: 3. August 1897 (3 Stück), 12.—21. September 1903 (6—8 junge Stücke, von denen am 19. und 21. je eins erlegt wurde), 12. und 25. September 1907 (8 bzw. 4 Stück), 7. und 9. September 1908 (1 bzw. 6 Stück), 4. August 1910 (1 Stück bei Ulmenhorst).

Auf dem Kinkeimer See bei Bartenstein fand ich ferner am 16. August 1908 eine junge Brandgans tot auf dem Wasser treibend. Wahrscheinlich war sie infolge einer Schußverletzung eingegangen; doch war sie noch ganz frisch, so daß sie präpariert werden konnte. Am 1. Oktober 1911 traf ich schließlich am See 3 junge Brandgänse an, von denen ich 2, ♂ und ♀, erlegte. Beide waren schon stark in der Mauser zum Prachtkleide begriffen; namentlich das ♀ hatte fast ganz schwarzen Kopf und an den Brustseiten viele rotbraune Federn.

Abgesehen von dem an Sondermann aus dem Kreise Angerburg gelieferten Stück vom 26. Oktober 1910 und von den 3 Fällen des Vorkommens auf dem Kinkeimer See am 8. Mai 1910, 16. August 1908 und 1. Oktober 1911 habe ich weitere glaubwürdige Nachrichten über das Auftreten der Brandgans im Innern der Provinz nicht erhalten können. Mitteilungen von Laien über Erlegung von „Brandenten“ sind im allgemeinen sehr mit Vorsicht aufzufassen, da in Jägerkreisen vielfach andere Entenarten wie Tafel- und Moorente als „Brandenten“ bezeichnet und bisweilen auch die Löffelerpel im Prachtkleide mit der Brandgans verwechselt werden.

**Casarca ferruginea** (Pall.) — Rostgans.

*Tadorna casarca* auct.; *Casarca casarca* auct.; *Vulpanser rutila* auct.

Die in den südrussischen Steppen heimische auffallende Rostgans wurde, wie mir Möschler bestätigte, im Juli 1895 bei Rossitten in 4 Stücken beobachtet (vgl. 160, 164, 169, 170). Diese Angabe genügt jedoch zum Nachweis des Vorkommens nicht, da ein Belegexemplar nicht erlegt werden konnte.

## 55. **Anser anser** (L.) — Graugans.

*Anser ferus, cinereus* auct.

Während die Graugans in Mecklenburg, Brandenburg, Schlesien und sogar in Westpreußen unmittelbar an der ostpreußischen Grenze auf dem Karraschsee bei Dt. Eylau vielfach in großer Zahl nistet, ist für Ostpreußen nur **ein** Brutplatz bisher bekannt geworden, der jetzt aber auch verlassen zu sein scheint. In der Literatur ist über das Brüten der Graugans in unserer Provinz nirgends etwas Bestimmtes erwähnt, und auch die letzte

Rundfrage der Physikalisch-Ökonomischen Gesellschaft ist in dieser Beziehung völlig ergebnislos verlaufen. Die Angabe in der vierten Auflage von Brehms Tierleben (67), daß die Graugans in Ostpreußen häufig brüte, ist zweifellos unrichtig. Erst die von dem Institut für Jagdkunde in Neudamm im Jahre 1911 ausgesandten Fragekarten brachten einige positive Nachrichten. Wie mir Detmers mitteilte, sind bei Dönhofstädt (Kreis Rastenburg) und Nemonien (Kreis Labiau) Graugänse auch im Sommer beobachtet, Nester jedoch nicht gefunden worden. Selbst wenn es sich hierbei wirklich um Graugänse — und nicht etwa um infolge von Verletzungen zurückgebliebene Saatgänse — gehandelt haben sollte, scheinen es ungepaarte Stücke gewesen zu sein. Bei Dönhofstädt ist jedenfalls nach den Erkundigungen v. Boxbergers und Szielaskos das Brüten sehr unwahrscheinlich. Ja Forstverwalter Picht-Dönhofstädt berichtete mir sogar, die Angabe sei wohl nur darauf zurückzuführen, daß noch Ende Mai in der Nähe einmal Gänse gesehen worden seien. Die einzige sichere Brutbeobachtung betrifft die Grafschaft Reichertswalde (Kreis Mohrungen). Dort hat Herr v. Kobylinski-Korbsdorf bis etwa zum Jahre 1906 regelmäßig mehrere Paare im Sommer an den Seen beobachtet und auch Nester gefunden. Nach Detmers (109) hat dieser Berichterstatter noch am 23. Mai 1906 dort 2 Gänse hochgemacht, die anscheinend brüteten. Wie ihm der jetzt verstorbene Jagdherr erzählte, haben früher viele Gänse genistet, aber von Jahr zu Jahr an Zahl abgenommen. Die Zahl der Gelege betrug 1900/01 schätzungsweise 10—20. Die Gänse fanden sich stets in den Schilfgürteln der Seen; auch wurden später Junge bemerkt. Jetzt scheint nach einer Mitteilung der Gutsverwaltung Reichertswalde die Graugans als Brutvogel dort völlig verschwunden zu sein.

Über die Zugverhältnisse sind wir nur sehr ungenau unterrichtet, da die Literaturangaben sich wohl meist auf die Saatgans beziehen, oder wenigstens die beiden Arten in der Regel nicht sicher unterschieden werden. Im allgemeinen scheint die Graugans nur in geringer Zahl bei uns durchzuziehen. Bei Bartenstein gehört sie zu den seltenen und unregelmäßigen Erscheinungen. Kleine Flüge dieser Gänse, deren Stimme ja von der der Saatgans deutlich verschieden ist, habe ich zwar gelegentlich Ende August oder Anfang September beobachtet; doch sind meines Wissens erst einmal, im August 1894 oder 1895, einige Stücke am Kinkeimer See erlegt worden. Im Frühjahr habe ich die Art für die Bartensteiner Gegend noch nicht sicher festgestellt. Für die Kurische Nehrung liegt ein Belegexemplar noch nicht vor; doch ist an ihrem gelegentlichen Erscheinen daselbst nicht zu zweifeln, zumal le Roi (430) am 18. August 1902 7 ziehende Wildgänse bei Cranz beobachtete, die nach dem frühen Beobachtungsdatum wohl nur Graugänse gewesen sein können. W. Christoleit bezeichnet sie als „seltenen Durchzugvogel" bei Fischhausen, während die Saatgans dort in gewaltigen Mengen auftritt.

Die Angaben bei der Rundfrage über den Durchzug von Graugänsen beziehen sich wohl durchweg auf die Saatgans, so daß sie hier nicht verwertet werden können.

### 56. **Anser fabalis fabalis** (Lath.) — Saatgans.

*Anser segetum* auct.; *Melanonyx fabalis* (Lath.).

Die Gänseart, die in oft außerordentlich großen Scharen Ostpreußen alljährlich im Herbst und Frühjahr durchwandert, ist die Saatgans. Sie besucht aber wohl nicht alle Teile der Provinz gleich zahlreich, sondern bevorzugt entschieden die fruchtbaren Getreidegegenden, die als Sammelplätze größerer Wasserflächen nicht entbehren dürfen. Besonders reich an durchziehenden Gänsen sind das Samland, wo namentlich bei Baerwalde und Neplecken unweit von Fischhausen nach Ulmer alljährlich große Flüge sich oft wochenlang aufhalten, ferner nach Gude das Instertal bei Kraupischken, nach der letzten Rundfrage der Physikalisch-Ökonomischen Gesellschaft das Gubertal bei Rastenburg und das Ostufer des Kurischen Haffs. Auch die Kurische Nehrung wandern Saatgänse recht zahlreich entlang und bei Bartenstein zeigen sie sich in den meisten Jahren in großen Mengen. Seltener scheinen diese Gänse nur im waldreichen Osten und Süden von Ostpreußen aufzutreten.

Sobald im Frühjahr der Schnee von den Feldern verschwindet, stellen sich die Saatgänse bei uns in kleineren oder größeren Scharen ein. Als frühestes Ankunftsdatum notierte ich für Bartenstein den 20. Februar, als spätestes den 27. März; als Mittel von 19 Jahren ergibt sich der 10. März. Ende März und Anfang April nimmt ihre Zahl gewöhnlich sehr zu; es halten sich dann häufig Scharen von vielen Hunderten in der Gegend auf, die gegen Ende des Monats allmählich verschwinden. Anfang Mai sind in der Regel nur noch kleine Flüge zu beobachten; doch wurden 1908 noch am 3. Mai Flüge von Hunderten auf gesätem Hafer beobachtet, und 1909 waren beträchtliche Scharen noch am 9. Mai zu sehen. Die letzten bemerkte ich bei Bartenstein 1903 am 3. Mai, 1905 am 30. April, 1907 am 7., 1908 am 4., 1909 am 10., 1910 am 2., 1911 am 9., 1912 am 7. Mai und 1913 am 28. April. Während des Sommers bleiben gesunde Saatgänse nicht bei uns. Einzelne, die ich noch am 23. Mai 1904, 25. Mai und 18. Juni 1906 auf dem Kinkeimer See antraf, waren augenscheinlich infolge alter Schußverletzungen zurückgeblieben.

Mitte September beginnt mit großer Regelmäßigkeit der Herbstzug. Als erste Beobachtungsdaten im Herbst notierte ich für Bartenstein in den Jahren 1902 den 20., 1903 den 17., 1904 den 16., 1905 den 18., 1907 den 16., 1908 den 16., 1909 den 18., 1910 den 21., 1911 den 16., 1912 den 20. und 1913 den 23. September. Auffallenderweise gibt Naumann (385) für Anhalt gleichfalls den 17.—20. September als Ankunftszeit im Herbst an. Ende September und Anfang Oktober sieht man sie bei uns am zahlreichsten; Mitte Oktober ist der größte Teil schon wieder abgezogen. Kleinere Flüge halten aber häufig noch aus, bis der Winter mit Schnee und Eis einsetzt, also etwa bis Mitte November. 1907 z. B. verweilte eine Schar von 20—30 Stück noch bis zum 17., 1910 eine solche von etwa 30 Stück bis zum 11. November in der Bartensteiner Gegend. 1908 waren Saatgänse am 18. Oktober noch in Massen da. Bei dem am 19. mit Frost und Schnee einsetzenden Winterwetter verschwanden dann alle, so daß in der Folgezeit nur noch vereinzelte durchziehende Scharen beobachtet wurden, nämlich am 1. November ein Flug von 30 und am 2. ein solcher von 19 Stück. 1913 sah ich am 16. November noch eine Schar von 13 und am 23. eine solche von etwa 30 Saatgänsen. In manchen Jahren ist der Herbstzug dieser Gänse bei Bartenstein außerordentlich stark, in anderen wieder sehr schwach. Letzteres war z. B. 1912 und 1913 der Fall; das ist umso auffälliger, als auf der Kurischen Nehrung nach v. Lucanus (335) Gänse im Oktober 1912 massenhaft durchzogen. Während des Winters halten sich Saatgänse in Ostpreußen nicht auf. Einzelne, die ich am 7. Dezember 1906 sowie am 3. und 4. Dezember 1911 auf dem Kinkeimer See beobachtete, waren vielleicht durch eine Schußverletzung am Wegzuge gehindert.

Der Tageslauf dieser Gänse ist ein sehr geregelter. Während ganz bestimmter Zeiten wechseln sie zwischen der als Sammelplatz gewählten Wasserfläche und den umliegenden Feldern regelmäßig ab. Anfang Oktober z. B. ist der Tag bei Bartenstein folgendermaßen eingeteilt: Nachtüber verweilen die Gänse in oft gewaltigen Scharen auf dem Kinkeimer See; sie fallen abends nach Eintritt der Dunkelheit gewöhnlich mitten auf der Wasserfläche ein und schwimmen dann an ruhige, flache Ufer heran. Morgens, etwa um 6 Uhr, suchen sie die Saat- und Stoppelfelder in der Umgegend, oft weit vom See entfernt, auf. Zwischen 9 und 10 Uhr vormittags kehren sie wieder auf das Wasser zurück, bleiben hier bis nachmittags zwischen

3 und 4 Uhr, fliegen dann abermals auf die Felder und suchen schließlich nach Sonnenuntergang, etwa um 6 Uhr, den See als Schlafplatz auf.

### 57. **Anser arvensis arvensis** Brehm — Ackergans.

*Melanonyx arvensis* (Brehm).

Über die Bedeutung der von Brehm 1831 aufgestellten Ackergans (*Anser arvensis*) waren die Ansichten lange geteilt. Herrschend ist jetzt die schon von Naumann eingehend vertretene und neuerdings von Alphéraki wieder aufgenommene Auffassung, daß eine artliche Verschiedenheit zwischen *A. arvensis* und *A. fabalis* besteht. Namentlich die gründlichen Untersuchungen Alphérakis (Geese of Europe and Asia, London 1905) lassen wohl kaum mehr einen Zweifel in dieser Hinsicht zu, obwohl Hartert (212) auch neuerdings noch *A. arvensis* nicht anerkennt. In Übereinstimmung mit le Roi (Beiträge zur Ornis der Rheinprovinz, 1912) und Schalow, die mir liebenswürdigerweise ausführlich ihre Ansicht über diese Frage mitteilten, führe ich daher *A. arvensis* als besondere Art auf.

Bisher liegen allerdings fast gar keine Mitteilungen über das Vorkommen der Ackergans in Ostpreußen vor. Hartert (200, 205) sah 2 Stücke, die 1881 bei Königsberg geschossen waren. Gude sandte mir die genaue Schnabelskizze einer in seiner Sammlung befindlichen Ackergans, die ihm Ende April oder Anfang Mai 1909 durch Gutsbesitzer Hofer aus Breitenstein bei Kraupischken zuging. In der Sammlung der Vogelwarte Rossitten befindet sich ein Stück, das ich als *A. arvensis* ansprechen möchte; es ist dies eine Gans, die am 31. August 1913 mit einer alten Flügelverletzung lebend aus Pillkoppen eingeliefert wurde. Aus der Bartensteiner Gegend habe ich bisher nur *A. fabalis* erhalten, von der ich im ganzen etwa 20—25 Stück im Fleisch untersuchen konnte.

### 58. **Anser albifrons** (Scop.) — Bläßgans.

Wahrscheinlich zieht die Bläßgans in jedem Herbst durch unsere Provinz; doch ist bisher noch wenig auf sie geachtet worden. Für einen Laien ist die Unterscheidung der verschiedenen Gänsearten in der Natur durchaus nicht leicht, und der Erlegung dieser scheuen Vögel setzen sich so viele Schwierigkeiten entgegen, daß nur verhältnismäßig wenige Gänse bei uns zur wissenschaftlichen Untersuchung gelangen.

Hartert (200, 205) bezeichnet die Bläßgans als „sehr selten an Haff und Ostsee", Szielasko (471) als seltenen, unregelmäßigen Durchzügler in der oberen litauischen Ebene. Im Königsberger Museum befinden sich 2 Exemplare mit der Bezeichnung „Preußen". Nach dem Akzessionskatalog wurde ein Stück im April 1826 durch Ebel auf dem Kurischen Haff erlegt; 2 weitere wurden 1832 und im April 1833 im Fleisch auf dem Königsberger Markt gekauft. Wahrscheinlich sind dies die beiden jetzt vorhandenen *A. albifrons* und das Exemplar von *A. finmarchicus* mit der Angabe „Preußen". Künow erhielt im Oktober 1877 ein Stück durch den Kaufmann Thiel in Königsberg, und Balzer ging eine schöne, alte Bläßgans am 10. Oktober 1913 von Georgenswalde (Kreis Fischhausen) zu. Auf der Kurischen Nehrung wurde eine Bläßgans nach Fr. Lindner (314, 316) am 12. September 1890 bei Rossitten erbeutet. Es ist dieses das jetzt in der Sammlung der Vogelwarte befindliche Exemplar, das als Erlegungsdatum auf der Etikette den 2. September 1890 angibt. Ein junges ♀ wurde ferner am 6. Oktober 1906 bei Rossitten erlegt; es steht gleichfalls in der Sammlung der Vogelwarte. Schließlich wurden nach Thienemann (550) am 25. und 30. September 1907 ziehende Bläßgänse auf der Nehrung beobachtet.

Bei Bartenstein habe ich im Herbst wiederholt in großer Höhe durchziehende Flüge von Gänsen bemerkt, die nur Bläßgänse gewesen sein können.

Sie besaßen eine sehr auffallende, lachende, hohe Stimme, die mit der von mir im Berliner Zoologischen Garten von *A. albifrons* gehörten völlig übereinstimmte. Diese Stimmlaute sind nach Heinroth (386) für die Art charakteristisch und haben ihr den Namen „Lachgans" eingetragen. Als Beobachtungsdaten nenne ich den 14. September 1902, 1. November 1903, 14. September 1904 und 16. September 1907. An dem letztgenannten Tage sah ich eine Schar von über 100 Stück in sehr bedeutender Höhe; der Zug verlief, wie gewöhnlich, in der Richtung von Norden nach Süden. Im Herbst 1911 hielt sich eine Schar von etwa 30—40 Stück etwas längere Zeit in der Bartensteiner Gegend auf. Am 14. und 15. Oktober hörte ich abends Bläßgänse am Kinkeimer See und am 22. Oktober beobachtete ich dort vormittags eine Schar von über 30 Stück auf dem Wasser; die weiße Stirnblässe mehrerer alter Vögel, die geringe Körpergröße gegenüber einigen Saatgänsen, die gerade vorüberflogen, und die hohe Stimme ermöglichten ein völlig sicheres Ansprechen. Am. 29. Oktober fiel ein Flug — wohl immer derselbe — abends auf dem See etwa 200 Schritte von mir ein; ich hatte so Gelegenheit, längere Zeit die sehr charakteristischen Stimmlaute auf verhältnismäßig nahe Entfernung zu hören.

### 59. **Anser finmarchicus** Gunn. — Zwerggans.

*Anser erythropus, minutus, temminckii* auct.

Diese kleine nordische Gans, deren Unterscheidung von *A. albifrons* (Scop.) nicht immer leicht ist, besucht unsere Provinz gelegentlich, aber anscheinend nicht regelmäßig, im Herbst, vielleicht aber doch häufiger, als bisher angenommen wurde.

Im Königsberger Museum stehen 2 Exemplare mit der Bezeichnung „Ostpreußen" und „Preußen". Ersteres ist ein im Jahre 1861 erlegtes ♂, dessen genauer Erlegungsort sich leider nicht ermitteln ließ. Hartert (200, 205) erwähnt nur eine von ihm gesehene, in der Provinz erlegte Zwerggans. Nach Reichenow (418) wurde ferner ein Stück im September 1892 bei Osterode erlegt; es befindet sich jetzt im Berliner Museum. In neuerer Zeit sind Zwerggänse mehrfach bei uns erbeutet worden. Auf der Kurischen Nehrung bei Rossitten wurden nach Thienemann (536, 537, 541, 546, 550, 551) 2 Exemplare am 19. September 1905 und 13. Oktober 1907 erlegt. Ein weiteres Stück, das sich jetzt gleichfalls in der Sammlung der Vogelwarte befindet, wurde am 22. September 1905 in Schönwalde bei Allenstein geschossen. Das Stück vom 19. September 1905 wird auch in einer Notiz von J. Fr. Kl. (257) erwähnt. Ebenda wird ferner von einer zweiten, drei Wochen später an der Passargemündung, also im Kreise Braunsberg, erlegten Zwerggans berichtet. Was es mit diesem Exemplar auf sich hat, konnte ich nicht ermitteln.

### 60. **Branta bernicla bernicla** (L.) — Ringelgans.

*Anser bernicla* (L.); *Anser torquatus* auct.; *Bernicla brenta, monacha* auct.

Auf den Watten der Nordsee zeigt sich die Ringelgans vom Herbst bis zum Frühjahr gewöhnlich in recht großer Anzahl. An unserer ostpreußischen Küste ist sie eine sehr spärliche und unregelmäßige Erscheinung.

Im Königsberger Museum stehen 2 Exemplare von Nodems (Kreis Fischhausen), eins von Cranz und eins mit der Bezeichnung „Ostpreußen". Die Stücke von Nodems sind nach dem Hauptkatalog 1870 und 1875 durch Sembritzki gesammelt, und zwar das letztere Mitte Februar (Begleitbrief vom 15. Februar). Das Cranzer Exemplar, ein junger Vogel, bezeichnet auf der Etikette als Geber Oberförster Böhm, stammt also wohl aus den 30 er Jahren. Weitere Exemplare wurden nach Bujack (68) in Fritzen (Kreis Fischhausen) durch Oberförster Bothe und nach dem Akzessionskatalog 1844 in Prökuls (Kreis Memel) durch Leutnant v. Braun erlegt. Vielleicht ist das letztgenannte mit dem die Angabe „Ostpreußen" tragenden Museumsexemplar identisch.

Hartert (200, 205) sagt von der Ringelgans, „sie sei zur Zugzeit nicht ganz selten"; er erwähnt sie als am Haff, der Ostsee und bei Norkitten (Kreis Insterburg) festgestellt, letzteres auf Grund einer Angabe von Robitzsch (18), deren Richtigkeit mir zweifelhaft erscheint. Künow erhielt im November 1868 ein Stück von Bledau (Kreis Königsberg) durch v. Batocki, und Sondermann gingen am 30. November 1899 2 Exemplare von Kl. Inse (Kreis Niederung) zu.

Auf der Kurischen Nehrung ist die Ringelgans erst wenige Male in den Monaten September bis November festgestellt. le Roi (430) erhielt ein junges ♀ am 5. Oktober 1902 von Grenz, und Zimmermann (536) beobachtete am Haff bei Rossitten 2 Stücke am 24. September 1905. Verhältnismäßig viele zeigten sich im November 1906; es wurden nämlich Ende des Monats auf dem nördlichen Teile der Nehrung 4 Exemplare erbeutet, von denen Thienemann (546) ein altes ♂ und ein junges ♀ zugingen. Schuchmann erhielt um dieselbe Zeit 3 Stücke aus Ostpreußen, darunter eins von Achthuben (Kreis Pr. Eylau). Ende Dezember 1906 schoß ferner Schlonski 2 Ringelgänse auf dem Kesselsee (Kreis Johannisburg); eine von ihnen befindet sich in seiner Sammlung. Es sind also im Spätherbst 1906 besonders viele dieser Gänse nach Ostpreußen und, was bei ihrer Vorliebe für das Meer auffallend ist, auch ins Innere der Provinz gelangt. Möschler (588) schließlich erhielt am 13. Oktober 1910 ein junges ♀ von Perwelk; es befindet sich jetzt in meinem Besitz.

### 61. **Branta leucopsis** (Bechst.) — Weißwangengans.

*Anser leucopsis* Bechst.

Erheblich seltener als die Ringelgans erscheint die hochnordische Weißwangengans bei uns. Im Königsberger Museum stehen 2 Exemplare mit den Fundortsangaben „Ragnit" und „Preußen". Das erstgenannte Stück ist von Ragnit durch Apothekenbesitzer Hassenstein mit Begleitbrief vom 16. Oktober 1826 eingeliefert worden (vgl. auch Bujack (68)). Die genaue Herkunft des zweiten Stücks steht nicht fest. Hartert (200, 205) führt als weiteren Fundort außer Ragnit noch das Kurische Haff an. Thienemann (558, 564) schließlich erhielt ein ♀ am 2. Mai 1908 von Pillkoppen auf der Kurischen Nehrung.

### 62. **Branta ruficollis** (Pall.) — Rothalsgans.

*Anser ruficollis* Pall.; *Rufibrenta ruficollis* (Pall.).

Aus ihrer sibirischen Heimat verfliegt sich die schöne Rothalsgans nur äußerst selten nach Deutschland. Für Ostpreußen ist sie aber bereits zweimal nachgewiesen. Am 28. September 1896 wurde ein Stück zwischen Heiligenbeil und dem Hafforte Rosenberg durch Gutsbesitzer Söcknick, jetzt in Marienhof bei Drugehnen, erlegt. Das Exemplar steht in der Sammlung der Landwirtschaftsschule in Heiligenbeil (vgl. 168). Eine zweite Rothalsgans erhielt Techler am 22. Oktober 1908. Sie war auf der Feldmark von Szeipen-Toms bei Nimmersatt (Kreis Memel) auf grüner Roggensaat erlegt und befindet sich jetzt im Besitze von Lehrer Paulat in Nimmersatt.

## 3. Familie: Cygnidae — Schwäne.

### 63. Cygnus olor (Gm.) — Höckerschwan.

Auf den meisten der großen ostpreußischen Landseen nistet der Höckerschwan noch in größerer oder geringerer Anzahl, auf manchen sogar recht häufig; dies gilt namentlich für den südlichen Teil der Provinz. Nach der im Jahre 1905 veranstalteten Rundfrage der Physikalisch-Ökonomischen Gesellschaft ist er recht verbreitet in den Kreisen Angerburg, Sensburg und Johannisburg, etwas sparsamer in den Kreisen Rössel, Mohrungen, Osterode und Ortelsburg. Im Kreise Angerburg waren im Mai 1908 auf dem Mauersee stets einige Höckerschwäne zu sehen, ebenso auch auf den anderen größeren Seen, wie dem Goldapgar- und Kruglinner See; zum Teil waren dies aber auch vielleicht ungepaarte Exemplare, die bei den Schwänen anscheinend sehr häufig sind. „Rauhfuß" (408) berichtet jedoch, daß bei Steinort 2 Paare genistet hätten. Auch Geyr v. Schweppenburg (189) beobachtete im Juli 1911 auf den masurischen Seen Schwäne nicht selten und begegnete bei Rudczanny einem Paare mit 4 Dunenjungen.

Nach Goldbeck ist der Höckerschwan regelmäßiger Brutvogel auf dem Geserich- und Ewingsee sowie verschiedenen Waldseen bei Saalfeld (Kreis Mohrungen). Für die Saalfelder Seen bezeichneten ihn auch schon Friedrich v. Droste (117, 121) und Kuhn (19) als Brutvogel, ersterer ferner für den Pausensee bei Osterode; beide wissen aber von einer erheblichen Verminderung zu berichten. Neuerdings ist eine solche nicht mehr zu konstatieren; im Gegenteil scheint stellenweise eine wesentliche Vermehrung stattzufinden. Auf dem Nordenburger See soll im Anfange der 90er Jahre erst ein einziges Paar genistet haben; jetzt bewohnen über 100 Schwäne regelmäßig den See. Szielasko erhielt von dort Eier am 16. April 1906 und 5. Mai 1907. Bei Heilsberg machte ein Paar im Jahre 1913 einen Nistversuch auf einer Insel im Blankensee; doch wurde das Nest nachher verlassen.

Ob Höckerschwäne auch an den Haffen nisten, ist zweifelhaft. Brutversuche werden jedenfalls oft gemacht; doch werden die Nester meist von den Fischern zerstört. Hildebrandt gibt an, daß vor einigen Jahren auf dem Kurischen Haff in der Nähe von Minge ein Paar gebrütet, und daß 1909 sich ein Paar sommerüber auf dem Helena-Werder an der Mündung des Skirwiethellstroms aufgehalten habe. Auch Baer (31) berichtet über das Vorkommen der Art zur Brutzeit bei Minge. Am Nordufer des Frischen Haffs beobachtete ich am 19. Juni 1909 in der Nähe des Seekanals 6 und in der Fischhauser Wiek 24 weiße Höckerschwäne; es waren dieses aber wohl alles nichtbrütende Vögel.

Auf dem Kinkeimer See bei Bartenstein habe ich das Nisten bisher noch nicht feststellen können; doch werden mit Ausnahme der Zeit, während der See mit Eis bedeckt ist, und des Monats September sehr häufig — wenigstens zeitweise — einzelne Höckerschwäne auf ihm angetroffen. Sobald im Frühjahr das Eis vom See verschwindet — die ersten beobachtete ich 1905 am 5., 1906 am 8. März —, stellen sich die Schwäne bei uns ein, häufig nur einzeln, bisweilen aber auch in Flügen bis zu 15 Stück. Auch während der Brutzeit bleiben häufig Höckerschwäne wochenlang in der Gegend. 1903 war ein Paar von April bis Anfang Juli stets auf dem See zu sehen. 1906 hielten sich 4 Paare in den Monaten Mai-Juni, 1907 sogar 14 Stück während derselben Zeit dort auf. 1908 wurden 3 Exemplare Anfang Juni andauernd gesehen, und 1912 verweilten vom 11. Mai bis 3. Juni anfangs 2, dann 4 und schließlich 7 Stücke auf dem See. Alle diese Schwäne waren weiße, völlig ausgefärbte Vögel. Solche bemerkte ich während der Brutzeit ferner lediglich durchstreifend am 8. und 22. Juni 1905 (13 bzw. 3 Stück), 23. Mai 1908 (8 Stück), 29. Mai und 3. Juli 1909 (2 bzw. 4 Stück), 21. und 30. Juni 1910 (4 bzw. 8 Stück), 2. und 8. Juli 1911 (4 bzw. 3 Stück), 8. und 21 August 1911 (2 bzw. 4 Stück), 14. August 1912 (3 Stück), 25. Mai

1913 (1 Stück), 6. Juli 1913 (8 Stück nach Südost). Anfang Oktober stellen sich wieder Höckerschwäne auf dem Herbstzuge bei Bartenstein ein, aber nicht in jedem Jahre und auch nie sehr zahlreich. Es sind dieses meist junge graue Exemplare. 1903 hielten sich 5 Junge von Ende Oktober bis Ende November, 1907 ein einzelner vom 10. Oktober bis 20. November auf dem See auf. 1906 bemerkte ich einen solchen, gleichfalls grauen, noch am 7. Dezember. Im Frühjahr sind graue Exemplare bei Bartenstein seltener. Am 28. März 1903 sah ich unter 8 Stück 2 graue und am 19. März 1906 beobachtete ich einen Flug von 5 Jungen; sonst habe ich im Frühjahr stets nur weiße bemerkt.

Auf dem Frischen Haff zeigen sich im Herbst und Frühjahr Höckerschwäne nach Ulmer recht häufig; sie bilden aber stets Flüge, die von denen der Singschwäne getrennt sind. Im Winter verlassen uns die meisten wohl; doch erhielt Schuchmann am 20. Januar 1910 ein Stück von Nikolaiken und Balzer im Januar 1914 2 Stücke aus der Nähe von Königsberg.

## 64. **Cygnus cygnus** (L.) — Singschwan.

*Cygnus ferus, musicus, xanthorhinus* auct.

Schon K. E. v. Baer und Löffler waren wegen der Frage nach den in Preußen nistenden Schwänen in der 30er Jahren in einen längeren wissenschaftlichen Streit geraten (25, 323, 324). Auch Friedrich v. Droste (116) nahm anfangs noch an, daß der gewöhnlich in Preußen nistende Schwan der Singschwan sei; später sah er jedoch seinen Irrtum ein (117). Auf dem Benseesee bei Alt-Christburg (Kreis Mohrungen) beobachtete er am 5. Mai 1870 einen Singschwan; doch konnte er 1871 feststellen, daß das auf dem See brütende Schwanenpaar — entgegen den Versicherungen der Fischer und Forstbeamten — zu *C. olor* gehörte (118). Bei der Rundfrage, die im Jahre 1905 die Physikalisch-Ökonomische Gesellschaft veranstaltete, wurde auch noch für das Nachbarrevier Schwalgendorf das Brüten des Singschwans in einem Paare angegeben. Wie mir aber Herr Forstmeister Picht-Schwalgendorf 1909 mitteilte, ist diese Angabe höchstwahrscheinlich falsch, jedenfalls in keiner Weise erwiesen.

Kann der Singschwan hiernach auch nicht als ostpreußischer Brutvogel aufgeführt werden, so ist er doch auf dem Zuge an der Küste, namentlich auf den Haffen, eine sehr gewöhnliche Erscheinung. Löffler (323) berichtet, er lasse sich im April auf den der Küste nahe gelegenen Gewässern nieder, im Herbst überfliege er das Samland ohne Aufenthalt, und Meier (369) sagt, er „raste auf dem Zuge am Frischen Haff in derartigen Mengen, daß die Wiesen vielfach weiß erschienen". Dasselbe geben auch W. Christoleit (100) und Ulmer für den nördlichen Teil des Frischen Haffs an. Besonders stark ist, was ja auch Löffler betont, immer der Frühjahrszug im März und Anfang April, während der Herbstzug im Oktober-November meist schwächer ist. Auf dem Kurischen Haff kommt dieser Schwan spärlicher vor. Einzelne bleiben sogar sommerüber ganz bei uns; so beobachtete ich am 14. August 1909 bei Pillkoppen einen weißen Singschwan, der nach Aussage der Fischer sich dort bereits etwa 3 Wochen aufgehalten hatte.

Im Innern der Provinz kommt der Singschwan nie auch nur entfernt so massenhaft vor wie an der Küste; doch zieht er auch bei Bartenstein im November, bisweilen auch noch später, regelmäßig in geringer Anzahl durch. Die Zugrichtung ist in der Regel von Osten nach Westen. Häufig lassen die ziehenden Schwäne ihre Trompetenstimme ertönen, so daß eine Verwechslung mit *C. olor* nicht möglich ist. Folgende Beobachtungsdaten seien erwähnt: 19. November 1902 (Flug von 19 Stück nach W), 18. November 1905 (2 Flüge von je 4 Stück nach W), 17. November 1907 (3 Exemplare nach W), 1. November 1908 (6 Stück nach NW), 15. November 1908 (7 Stück nach W), 28. Oktober 1909 (ein einzelner weißer Singschwan auf dem Kinkeimer See), 3. Dezember 1910 (Flug von 16 Stück über Heilsberg nach

W), 7. Januar 1912 (9 Stück nach W), 12. Dezember 1912 (10 Stück, darunter 8 juv., nach W), 22. Januar 1913 (4 Stück, darunter 1 juv.). Im Frühjahr zeigen sich Singschwäne bei Bartenstein gelegentlich im März, aber weit seltener als im Herbst.

### 65. **Cygnus bewickii bewickii** Yarr. — Zwergschwan.

*Cygnus melanorhinus, minor* auct.

Ein Exemplar dieses hochnordischen kleinen Schwans wurde nach Thienemann (550) am 13. April 1907 auf der Kurischen Nehrung bei Nidden erbeutet. Es befindet sich jetzt in der Sammlung der Vogelwarte.

#### **Cygnus atratus** (Lath.) — Schwarzer Schwan.

*Chenopsis atrata* (Lath.).

In der Sammlung der Vogelwarte steht ein junges ♀ des australischen schwarzen Schwans, das am 2. Oktober 1907 mit mehreren anderen Stücken auf dem Frischen Haff bei Fischhausen erlegt wurde. Natürlich waren die Vögel irgendwo aus der Gefangenschaft entflohen. Dasselbe war mit 3 anderen australischen Arten der Fall, die auf der Kurischen Nehrung erbeutet wurden, nämlich dem Wellensittich (*Melopsittacus undulatus* (Shaw)) (11. September 1900 bei Kunzen), dem Nymphensittich (*Calipsitta novaehollandiae* (Gm.)) (25. März 1912 bei Erlenhorst) und dem Rosenkakadu (*Cacatua roseicapilla* Vieill.) (18. August 1910 an der Nordspitze).

# V. Ordnung: **Cursores** — Laufvögel.

## 1. Familie: **Charadriidae** — Regenpfeifer.

### 66. **Arenaria interpres interpres** (L.) — Steinwälzer.

*Strepsilas interpres* (L.), *collaris* auct.

Nur im Herbst ist der Steinwälzer bisher an der Seeküste beobachtet worden; er zeigt sich aber auch dann nur ziemlich selten und unregelmäßig. In der Regel hält er sich am Seestrande oder an den Haffufern auf, soweit sie in der Nähe der offenen See liegen.

Hartert (200) sah ihn einige Male am Fuße des Camstigaller Berges bei Pillau und erlegte 2 Stücke im Jugendkleide am 11. August 1880 und 19. August 1882. Auf der Kurischen Nehrung kommt *A. interpres* gleichfalls nur spärlich vor; er erscheint dort gelegentlich Ende August oder im September. Thienemann (519, 525) erhielt von Rossitten Stücke am 3. September 1903 (♂ ad. im Winterkleide) sowie am 22. (♂ iuv.), 27. und 30. August 1904. Ich selbst sah dort einen Steinwälzer am Seestrande am 14. August 1910, Thomson (588) ein Stück auf der Vogelwiese am 16. September 1910. E. Christoleit (85, 96) beobachtete ein Exemplar zwischen Perwelk und Preil am 28. September 1910, ein anderes bei Memel am 10. Dezember 1900.

### 67. **Haematopus ostralegus ostralegus** L. — Austernfischer.

Als Brutvogel ist der an der Nordsee so häufige Austernfischer bisher für Ostpreußen noch nicht nachgewiesen. Eine auch von Lindner (316, 321) erwähnte Angabe (vgl. auch 163), wonach er zweimal (1891 und 1894) am Möwenbruch bei Rossitten gebrütet haben soll, bleibt in Ermangelung von Belegexemplaren und aus andern Gründen höchst unsicher.

Auf dem Zuge zeigt sich *H. ostralegus* an der Seeküste nicht gerade häufig; jedoch ist er im Herbst meist auch keine Seltenheit. Hartert (200, 205), der ihn noch für recht selten hielt, begegnete einer kleinen Schar im September

1881 am Kurischen Haff und einem einzelnen am 13. September 1880 bei Pillau; er erwähnt ferner ein von Woebcken bei Memel geschossenes Exemplar. So selten, wie Hartert annahm, ist der Austernfischer aber keineswegs. Thienemann berichtet in den Jahresberichten der Vogelwarte wiederholt über sein Vorkommen am Seestrande, und ich selbst habe ihn auf der Kurischen Nehrung im August und September mehrfach beobachtet. Ich besitze aus Rossitten ein ♀ vom 24. September 1910. Am 2. September 1905 sah ich einen einzelnen auch am Haff in der Nähe von Cranzbeek. Thienemann (576) bemerkte am Haff bei Ulmenhorst 2 Stücke am 3. September 1909 und Thomson (588) am Haff bei Rossitten ebenfalls 2 Exemplare am 29. September 1910. Auch im Oktober und November zeigen sich bisweilen noch einzelne an unserer Küste. Künow erhielt im Oktober 1869 3 Stück, im November noch ein Stück zum Präparieren, und Thienemann (588) beobachtete an der See bei Ulmenhorst 2 Exemplare noch am 13. Oktober 1910.

Während des Winters gelangen Austernfischer bei uns nicht zur Beobachtung, wohl aber einzeln wieder im Frühjahr, jedoch viel seltener und unregelmäßiger als im Herbst. Thienemann (510) bemerkte in Rossitten am 16. Mai 1902 mehrere Stücke pfeifend über dem Dorfe und le Roi (430) an demselben Tage einen einzelnen bei Cranz.

Im Binnenlande gehört er zu den seltensten Erscheinungen. Techler erhielt einen Austernfischer, der am 18. September 1894 bei Seeburg (Kreis Rössel) geschossen war, ein Fall, den auch Szielasko (475, 477) erwähnt, und Schlonski besitzt ein Stück vom Roschsee bei Johannisburg. An den Festlandsufern der Haffe kommt er aber wohl öfters vor. Sondermann gingen aus dem Kreise Niederung 2 Stücke zu, nämlich am 21. August 1904 von Kaukehmen und am 14. Oktober 1900 von Loye. Klemusch (277) erlegte ihn am Kurischen Haff bei Sudnicken (Kreis Königsberg), und in der Sammlung der Landwirtschaftsschule in Heiligenbeil steht ein Exemplar, das dort am Frischen Haff geschossen wurde.

### 68. **Squatarola squatarola** (L.). — Kiebitzregenpfeifer.

*Charadrius squatarola* L., *varius* auct.; *Squatarola helvetica* auct.

An der Seeküste ist der Kiebitzregenpfeifer im Herbst eine ziemlich gewöhnliche Erscheinung. Mit Vorliebe sucht er die Haffufer auf und ist namentlich auf der Kurischen Nehrung nach Fr. Lindner (316) und Thienemann in der Regel nicht selten. Ende Juli erscheinen bereits die ersten Vögel dieser Art, fast stets Alte mit schöner schwarzer Unterseite. Später, im Laufe des August und September, stellen sich dann die Jungen ein, die schließlich weitaus die Mehrzahl bilden. Der Zug dehnt sich noch bis weit in den Oktober hinein aus. Ich besitze aus Rossitten ein altes ♀ im sehr abgetragenen Sommerkleide vom 4. September 1911 und ein junges ♂ vom 19. Oktober 1909, aus Fischhausen einen alten Vogel in der Mauser zum Winterkleide von Ende September 1912.

Im Innern der Provinz zeigt sich dieser Regenpfeifer verhältnismäßig selten. Bei Bartenstein habe ich ihn nur wenig beobachtet. Am Kinkeimer See hielten sich 1—2 Stücke im Jahre 1907 vom 26. September bis 16. Oktober ständig auf, und 1908 sah ich einen einzelnen Vogel dort am 12. Oktober. Ein ausgefärbtes Exemplar bemerkte ich am See mit Sicherheit am 21. Mai 1911. Auf dem Frühjahrszuge scheint *S. squatarola* sonst unsere Provinz nur wenig zu berühren. Auf der Kurischen Nehrung wird er dann jedenfalls gar nicht angetroffen.

### 69. **Charadrius apricarius** L. — Goldregenpfeifer.

*Charadrius pluvialis, auratus* auct.

Auffallenderweise scheint der Goldregenpfeifer, der in Nordwestdeutschland gar nicht selten brütet, auf den ostpreußischen Mooren beinahe ganz als

Brutvogel zu fehlen. Sichere Angaben liegen fast garnicht vor. Borggreve (51) sagt von ihm nur, daß er „vielleicht in den ostpreußischen Moorbrüchen Brutvogel“ sei, während Altum (1) positiv behauptet, er brüte daselbst. Letztere Angabe beruht sicherlich auf zwei in der Sammlung der Forstakademie Eberswalde befindlichen Dunenjungen, die nach Altum (4) im Jahre 1878 durch Oberförster-Kandidaten Hoffmann aus der Oberförsterei Pfeil, also wohl vom großen Moosbruch (Kreis Labiau), eingeliefert wurden. Damit ist aber auch schon die Zahl der sicheren Brutbeobachtungen erschöpft. Hartert (200, 205), der selbst die Art nicht brütend aufgefunden hat, erwähnt lediglich eine briefliche Angabe Lindners, wonach Kuwert das Nisten festgestellt habe. Wie Lindner mir mitteilte, bezog sich die Beobachtung Kuwerts auf das im Landkreise Königsberg gelegene Gut Wernsdorf. Wenn auch Belegexemplare nicht vorhanden sind, so spricht doch nach Ansicht Lindners ein hoher Grad von Wahrscheinlichkeit für die Richtigkeit der Beobachtung. Wie spärlich dieser Regenpfeifer aber immerhin in Ostpreußen brüten muß, geht daraus hervor, daß ebensowenig wie Hartert auch andere Beobachter, die vorübergehend, wie Baer und Voigt, oder jahrelang, wie E. und W. Christoleit und Hildebrandt, die Moore im Nordosten der Provinz durchforscht haben, ihn dort zur Brutzeit aufzufinden vermochten.

Auf dem Zuge tritt der Goldregenpfeifer sehr verschieden zahlreich in den einzelnen Teilen der Provinz auf. Die Berichte weichen auffallend von einander ab. Hartert (200) sagt, er sei zur Zugzeit nicht selten, und v. Hippel (227), er erscheine im Herbst und Frühjahr in großen Scharen in Ostpreußen. Borggreve (51) gibt sogar an, er sei „in der Provinz Preußen auf der Hühnerjagd fast täglich zu sehen“, und Hildebrandt, er sei auf dem Zuge bei Heydekrug sehr häufig. Dagegen teilt Techler mit, er zeige sich auf dem Zuge bei Gumbinnen jetzt seltener als früher, und W. Christoleit hat ihn überhaupt nur 2—3 mal auf der Hühnerjagd beobachtet. Auch Schlonski erwähnt, daß er bei Johannisburg früher häufiger Durchzügler gewesen, jetzt aber selten geworden sei. Ein klares Bild des Herbstzuges läßt sich jedenfalls aus diesen Berichten nicht gewinnen. Während er in dieser Jahreszeit an der Küste, namentlich auf der Kurischen Nehrung und in der Nähe der Haffe, im allgemeinen häufig ist, zeigt er sich im Innern der Provinz stellenweise nur selten. Dies gilt besonders für die Bartensteiner Gegend, wo er zu den außergewöhnlichen Erscheinungen zählt. Einzeln oder in kleinen flüchtigen Flügen habe ich ihn zwar wiederholt in den Monaten August bis November beobachtet, aber im ganzen doch nur so selten und unregelmäßig, daß ich bisher kein Exemplar erlegen konnte. Als frühestes Beobachtungsdatum notierte ich den 15. August 1904, als spätestes den 4. November 1912 (Flug von 23 Stück eilig nach S). Vereinzelte Nachzügler bemerkte ich noch am 17. November 1907 und 9. Dezember 1906.

Auf der Kurischen Nehrung stellen sich die ersten Goldregenpfeifer meist Ende Juli — 1897 am 21. Juli — ein; in der Regel sind es Alte mit schwarzer Unterseite. Der Zug erreicht im August und September seinen Höhepunkt, wobei dann allmählich die Jungen sehr überwiegen, und dauert bis zum Oktober. Ein verspätetes Exemplar erhielt Thienemann (510) noch am 21. Dezember 1902. Sondermann ging ein Stück von Lasdehnen (Kreis Pillkallen) am 2. November 1905 zu.

Der Frühjahrszug durch unsere Provinz ist, trotz der oben angeführten Behauptung v. Hippels, im allgemeinen wohl doch nur recht unbedeutend. Auf der Kurischen Nehrung zeigt er sich in dieser Jahreszeit nur sehr sparsam; Thienemann (519) beobachtete bei Rossitten ein Stück unter Kiebitzen am 4. April 1903. Robitzsch (16) erwähnt für Norkitten (Kreis Insterburg) sein Vorkommen am 1. April 1882, und am Kinkeimer See bei Bartenstein beobachtete ich ein Stück am 2. und 3. April 1911. Dagegen weiß v. Hippel (227) von großen Flügen zu berichten, die sich im Mai 1892 auf den Insterwiesen vor Georgenburg aufhielten.

## 70. Charadrius morinellus L. — Mornellregenpfeifer.

*Eudromias morinellus* (L.).

Verhältnismäßig wenig ist der Mornell bisher in Ostpreußen beobachtet worden; doch tritt er im Herbst vielleicht öfters auf, als man denkt. Das erste für die Provinz bekannte Exemplar, ein junger Vogel, steht im Königsberger Museum. Es trägt die Bezeichnung „Gr. Blandau" und ist nach einer Notiz auf dem Aufstellbrett im Jahre 1870 erlegt worden. Nach einer Mitteilung Zimmermanns stammt das Stück in der Tat aber von Camstigall unweit Pillau; es gelangte dann später in die Sammlung des Gutsbesitzers Talke in Gr. Blandau und wurde nach dem Akzessionskatalog im Jahre 1886, nach der Etikette 1885 an das Museum vertauscht.

Fr. Lindner (314, 316, 320, 321) schoß einen Mornell am 6. September 1888 bei Rossitten, wo in der Folgezeit noch einige weitere Stücke erbeutet wurden. Neuerdings ist die Art dort nicht mehr beobachtet worden. Am 27. August 1908 erlegte Ulmer (564) 2 junge Vögel in Taplacken (Kreis Fischhausen); 4 waren im ganzen zu sehen. Von Plicken (Kreis Gumbinnen) erhielt Techler einen jungen Vogel, der sich am Telegraphendraht verletzt hatte, Anfang September 1911; er befindet sich jetzt in meinem Besitz. In Losgehnen beobachtete ich schließlich am 4. September 1910 einen Regenpfeifer, der nach Größe und Stimme wohl auch dieser Art angehörte.

Im Frühjahr scheint der Mornell Ostpreußen noch sehr viel spärlicher als im Herbst zu besuchen. Sondermann erhielt ein Stück am 13. Mai 1905 von Skirbst (Kreis Niederung).

Im Königsberger Museum steht ein altes ♀, das von Ebel im Mai 1826 bei Gilgudiszky in Rußland, nahe der preußischen Grenze, nach dem Akzessionskatalog gesammelt wurde.

## 71. Charadrius hiaticula hiaticula L. — Sand- oder Halsbandregenpfeifer.

*Aegialites, Hiaticula hiaticula* (L.).

In der Nähe der Küste, namentlich an den Haffufern, aber auch am Seestrande, kommt der Sandregenpfeifer durchaus nicht selten vor. Er ist auf der Kurischen Nehrung ziemlich verbreitet und nistet dort vielfach auf den Pallwen am Haffstrande, z. B. bei Rossitten und Pillkoppen, zuweilen auch unmittelbar hinter der Vordüne. Auch am Nordufer des Frischen Haffs unweit Fischhausen fand ihn W. Christoleit als Brutvogel auf, und nach Thienemann bewohnt er in einzelnen Paaren die Anlandung am Seekanal unweit Pillau.

Im Binnenlande erscheint *Ch. hiaticula* nur als nicht häufiger Durchzügler im Herbst. v. Ehrenstein (52) gibt zwar an, daß er in Masuren auch brüte; doch liegt wahrscheinlich eine Verwechslung mit dem Flußregenpfeifer vor. Am Kinkeimer See bei Bartenstein habe ich ihn bisher nur in geringer Anzahl und nicht alljährlich im August und September beobachtet. 1904 hielten sich 3 Exemplare vom 29. August bis 18. September ständig am See auf, und 1909 erhielt ich am 19. September ein junges ♀, das dort bereits eine Woche zuvor bemerkt worden war. 1910 beobachtete ich ein Stück am See schon am 6. August, 2 andere in einem Fluge von Alpenstrandläufern am 25. September. Gewöhnlich handelt es sich um Stücke im Jugendkleide; doch sah ich am 20. August 1911 auch 4 alte Vögel.

Auf seinen Brutplätzen kommt *Ch. hiaticula* im Frühjahr in der Regel Anfang April an. Bei Rossitten beobachtete Thienemann (550, 594c) 1907 die ersten jedoch bereits am 23., 1912 am 27. März. Ein Gelege von 3 Eiern fand Szielasko bei Rossitten am 5. Juni 1903.

### 72. **Charadrius dubius** Scop. — Flußregenpfeifer.

*Charadrius, Aegialites minor, curonicus, fluviatilis* auct.; *Aegialites dubius* (Scop.); *Hiaticula dubia* (Scop.).

An Seen, Flüssen und größeren Teichen, sofern sie nur freie Ufer mit Kies- und Sandbänken haben, ist der Flußregenpfeifer in der Provinz recht verbreitet. Ob die Ansicht v. Hippels (227) richtig ist, daß er stellenweise seltener geworden sei, ist schwer zu sagen. Im allgemeinen wird man ihn auch heute noch als ziemlich häufig bezeichnen müssen, wie dies auch Hartert (200, 205) und Szielasko (471) tun. Besonders zahlreich bewohnt er nach meinen Erfahrungen die Haffufer; auch auf der Anlandung am Seekanal im Frischen Haff ist er nicht selten. Ebenso kommt er in Masuren an geeigneten Stellen überall vor, und am Kinkeimer See bei Bartenstein nistet er alljährlich in mehreren Paaren. Vereinzelt beobachtete ich ihn zur Brutzeit sogar noch im Jahre 1906 am Oberteich bei Königsberg.

Mitte April trifft dieser kleine Regenpfeifer bei uns ein, nach meinen Beobachtungen bei Bartenstein zwischen dem 12. und 23. dieses Monats, wobei sich als Mittel von 8 Jahren der 19. April ergibt. Im August und September zieht er wieder von uns fort. Die letzten bemerkte ich 1904 und 1911 am 18. September.

### 73. **Charadrius alexandrinus** L. — Seeregenpfeifer.

*Charadrius, Aegialites, Aegialophilus cantianus* auct.; *Aegialites alexandrinus* (L.).

Der an der Nordsee so häufige Seeregenpfeifer fehlt an unserer Küste fast ganz. Erst dreimal ist er für die Provinz nachgewiesen. Thienemann (525, 576) erhielt je ein altes ♂ am 23. Juli 1904 von Rossitten und am 18. August 1909 von Pillkoppen sowie ein junges ♂ am 8. September 1912 von Pillkoppen.

Im Königsberger Museum befindet sich ein ostpreußisches Exemplar dieses Regenpfeifers nicht. Das in der Sammlung preußischer Vögel vorhandene stammt nach der Etikette aus Pommern. Die von Hartert (205) mitgeteilte Angabe Lindners ist hiernach irrtümlich.

### 74. **Vanellus vanellus** (L.) — Kiebitz.

*Vanellus cristatus, vulgaris, capella* auct.

Nimmt der Kiebitz auch stellenweise infolge der planmäßigen Eiersuche in seinem Bestande ab, so ist er doch im allgemeinen noch als häufiger Brutvogel zu bezeichnen, der wohl nirgends ganz fehlt. An geeigneten Stellen kommt er meist noch recht zahlreich vor, ganz besonders im ganzen Memelgebiet, in der Nähe der Haffe und vielfach in Masuren z. B. bei Angerburg. Auch bei Bartenstein brütet er auf Wiesen und Feldern in recht beträchtlicher Anzahl, namentlich in der Nähe des Kinkeimer Sees, oft aber auch weit vom Wasser entfernt auf ganz trockenen Schlägen.

In der Regel trifft er in der ersten Hälfte des März bei uns ein. Ist das Frühjahr sehr spät, so verzögert sich seine Ankunft ganz erheblich bis gegen Ende des Monats, ist es früh, so erfolgt sie wohl auch schon Ende Februar. Bei Bartenstein notierte ich als frühestes Ankunftsdatum den 26. Februar, als spätestes den 26. März, als Mittel von 20 Jahren den 10. März. 1906 wurden nach Lühe (337, 343, 358, 364) einzelne Kiebitze schon am 24. und 25. Februar, 1908 sogar schon am 13. Februar, 1910 am 16. und 18. bis 22., 1912 am 8. Februar in Ostpreußen beobachtet.

Ja für 1910 liegt eine Angabe von Insterburg über einen bereits am 18. oder 19. Januar beobachteten Kiebitz vor; falls sie richtig ist, handelt es sich wohl nur um einen — allerdings für unsere Provinz einzig dastehenden — Fall von Überwinterung. Auf der Kurischen Nehrung ziehen Kiebitze im Frühjahr ziemlich zahlreich durch, und auch bei Bartenstein ist bisweilen ein auffallend starker Durchzug zu beobachten. Durch einen geradezu großartigen Kiebitzzug zeichnete sich z. B. der 28. März 1909 aus, und auch der 27. März 1911 war ein sehr guter Zugtag.

Volle Gelege findet man in Ostpreußen meist wohl im April. 2 in Losgehnen am 14. April 1906 auf einem Weizenfelde gefundene Nester enthielten 3 und 4 unbebrütete Eier. Dunenjunge fing ich im Jahre 1909 am Kinkeimer See am 16. Mai; am 13. Juni beobachtete ich bereits flügge Junge, aber auch noch ein Stück im Halbdunenkleide, und am 27. Juni waren bereits größere Flüge von Jungen zu sehen. 1912 bemerkte ich einen fast ausgewachsenen jungen Kiebitz schon am 2. Juni. Andererseits fand Thienemann (576) noch am 15. Juli 1909 mehrfach Dunenjunge auf der Vogelwiese bei Rossitten, und am 14. August 1910 beobachtete ich dort einen Alten, der anscheinend noch kleine Junge führte.

Während der Brutzeit treiben sich zuweilen, z. B. im Mai und Juni 1903, Flüge von Alten umher, die wohl aus ungepaarten Stücken bestehen. Einen Flug von 12 Alten sah ich auch am 30. Mai 1909, einen solchen von etwa 15 Stück bei Kiwitten (Kreis Heilsberg) am 29. Mai 1913.

Sobald die Jungen flügge sind, sammeln sie sich in großen Flügen, die häufig nach Hunderten zählen. Solche Scharen trifft man am Kinkeimer See während des Juli und August fast stets an, regelmäßig unter ihnen auch einzelne junge Kampfläufer. Im September hat die Zahl der Kiebitze gewöhnlich schon sehr abgenommen, und spätestens im Oktober ziehen alle von uns fort. Ausnahmsweise bemerkte ich einen Flug von etwa 20 Stück 1907 noch bis zum 26. Oktober, einen einzelnen Nachzügler sogar noch am 10. November. Im Jahre 1909 hielt sich ein einzelner Kiebitz am See noch bis zum 20. Oktober auf.

### 75. **Burhinus oedicnemus oedicnemus** (L.) — Triel.

*Oedicnemus, Fedoa oedicnemus* (L.); *Oedicnemus crepitans, scolopax* auct.

Hartert (200, 205) weiß über das Vorkommen des Triels in Ostpreußen nichts zu berichten; doch scheint er im Südwesten und vielleicht auch in Masuren regelmäßiger Brutvogel zu sein. Bisher liegen allerdings erst wenige sichere Beobachtungen über ihn vor.

Im Königsberger Museum steht ein Exemplar, das Ende September 1841 durch Oberförster Fuchs aus Napiwoda (Kreis Neidenburg) mit Begleitschreiben vom 28. September eingesandt wurde; es ist auch im Akzessionskatalog erwähnt. Borggreve (51) sagt denn auch, daß der Triel in Ostpreußen erst neuerdings aufgefunden sei. Nach v. Hippel (227) „soll er in Masuren öfters vorkommen"; er berichtet von der Erlegung eines Stückes bei Kruglanken (Kreis Angerburg). Im Museum A. Koenig in Bonn befindet sich nach le Roi aus Sbylutten (Kreis Neidenburg) ein Dunenjunges in Alkohol von Ende Mai 1898 sowie ein nahezu flügges Nestjunges vom Juli 1898. Auch W. Christoleit erwähnt, daß der Triel bei Willenberg und Soldau brüten „solle", und Schuchmann erhielt ein Exemplar am 5. August 1910 aus der Gegend von Arys (Kreis Johannisburg).

Auf der Frischen Nehrung scheint der Triel gleichfalls zu nisten, wenigstens gilt dieses nach Ehmcke (132) für die Nähe von Danzig, also den westpreußischen Teil. Thienemann (550) beobachtete auf dem ostpreußischen Teil der Nehrung ein Stück am 25. Juli 1907. Für die Kurische Nehrung ist die Art noch nicht nachgewiesen.

Nach einer leider auch im neuen Naumann (386) enthaltenen Angabe (157) waren auf einer Vogelausstellung in Königsberg jung aufgezogene Triele aus der Gegend von Liebstadt (Kreis Mohrungen) zu sehen. In Wirklichkeit stammten die Vögel aber, wie mir der Aussteller, Herr Pfarrer Goldbeck, mitteilte, von Straßburg in Westpreußen. H. Löns (332) berichtet ferner, daß er den Triel in West- und Ostpreußen oft am Brutplatz beobachtet habe; auch diese Angabe bezieht sich, wie er mir schrieb, in der Hauptsache auf Westpreußen, wo er den Vogel bei Deutsch-Krone brütend antraf. In Ostpreußen will er ihn nur bei Zinten gelegentlich einer Pfingsttour zur Brutzeit bemerkt haben. Da diese Beobachtung aber über 25 Jahre zurückliegt, ist vielleicht doch bezüglich des Fundortes eine Verwechslung vorgekommen; denn gerade die Zintener Gegend dürfte dem Triel kaum geeignete Brutplätze bieten.

## 2. Familie: **Scolopacidae** — Schnepfenvögel.

### 76. **Recurvirostra avosetta L.** — Säbelschnäbler, Avosette.

*Recurvirostra avocetta* auct.

Im „*Aviarium prussicum*" ist nach M. Braun (58) und Gengler (186) ein preußisches Stück vom Mai 1659 abgebildet, dessen genaue Herkunft aber nicht feststeht. Hartert (200) beobachtete ein Exemplar dieser nicht zu verkennenden Art im September 1881 am Kurischen Haff. Er erwähnt ferner ein altes Stück des Königsberger Museums ohne Datum, das jetzt leider nicht mehr vorhanden ist. Liegt sonach auch ein Belegexemplar aus der Provinz nicht vor, so trage ich doch auf Grund der Hartertschen Beobachtung kein Bedenken, den Säbelschnäbler als ostpreußischen Vogel aufzuführen. Keine Brücksichtigung dagegen verdient die ganz unglaubwürdige Angabe (316), daß im August 1892 ein Exemplar bei Rossitten gesehen worden sein soll.

### 77. **Phalaropus lobatus (L.)** — Schmalschnäbliger Wassertreter.

*Phalaropus cinereus, hyperboreus, angustirostris* auct.

Alljährlich wandert der schmalschnäblige Wassertreter im Herbst die Seeküste entlang nach Süden. Wir besitzen zwar nicht allzu viele Beobachtungen für Ostpreußen; doch scheint er nach den Erfahrungen Thienemanns auf der Kurischen Nehrung an der Küste weniger selten zu sein, als man früher annahm.

Hartert (200) erhielt nur ein am 29. September 1881 von Woebcken bei Pillau erlegtes Exemplar. Auf der Kurischen Nehrung aber zeigt sich dieser Wassertreter einzeln wohl in jedem Jahr während der Monate August und September, ausnahmsweise auch schon im Juli. Zimmermann besitzt 3 Exemplare aus Rossitten vom 11. September 1891 und 4. September 1892, und Thienemann (504, 510, 519, 525, 536) gibt für Rossitten aus den letzten Jahren folgende Beobachtungsdaten an: 4. September 1901, 9. August 1902 (2 Alte mit braunen Halsseiten), 25. August 1902, 3. September 1903 (♂ und ♀ im Winterkleide), 30. August und 2. September 1904, 29. September 1905. Mit Ausnahme der beiden Exemplare vom 9. August 1902 waren es stets Vögel im Jugend- oder Winterkleide. Am 13. Juli 1911 erlegte Thienemann (594c) bei Ulmenhorst aus einem Fluge von 7—8 Stück 2 sehr schön ausgefärbte ♂♂ im Sommerkleide, von denen eins in meine Sammlung gelangte. Auf der Vogelwiese bei Rossitten sah Deichler (594c) in demselben Jahre am 17. Juli gleichfalls Exemplare im Sommerkleide.

Am Festlandsufer der Haffe und im Innern der Provinz erscheint diese Art nur sehr spärlich. Ulrich (645) erlegte ein Exemplar bei Ibenhorst, und Sondermann erhielt ein junges ♂ am 21. August 1907 von Budwethen (Kreis Ragnit). Die Angabe Altums (1), er habe ihn am 7. September auf dem Frischen Haff erlegt, bezieht sich anscheinend auf Westpreußen (Kahlberg).

Während des Winters stellte E. Christoleit (85) ihn am 4. Dezember 1900 bei Memel fest, und auch im Frühjahr und Sommer wandern einzelne Stücke, meist wohl nichtbrütende Exemplare, durch Ostpreußen. Thienemann beobachtete am 18. Juni 1909 ein ausgefärbtes Exemplar auf der Anlandung des Seekanals zwischen Pillau und Camstigall. In der Sammlung von Erlangers befinden sich nach Hilgert (225) 2 alte ♂♂ aus Skirwieth (Kreis Heydekrug) vom 11. Juni 1904, und Balzer erhielt einen alten Vogel Mitte Juli 1908 von Fischhausen.

### 78. **Calidris leucophaea** (Pall.) — Sanderling.

*Calidris arenaria* (L.).

Im Herbst gehört der Sanderling an der Seeküste zu den regelmäßigen, nicht seltenen Strandvögeln. Hartert (200) beobachtete ihn als „Wandervogel längs der Ostseeküste und den Haffufern Ende September und im Oktober in kleinen Trupps oder einzeln". In der Regel hält er sich unmittelbar an der Schälung auf, was Thienemann (504, 510, 525, 536) für die Kurische Nehrung mehrfach hervorhebt; doch wurden am 1. August 1904 ein Stück auch auf der Vogelwiese bei Rossitten, im August 1909 sowie am 29. Juli 1913 2 Stücke bzw. 1 Stück am Haffufer bei Pillkoppen gefangen. Die Hauptzugzeit ist der August und September. Einzelne zeigen sich bisweilen sogar schon im Juli, so 1905 bereits am 18. dieses Monats, während der Zug sich gelegentlich noch bis in den Oktober hinein ausdehnt. Thienemann (564, 576) schoß an der See bei Ulmenhorst ein ♀ im Winterkleide am 10. Oktober 1908, ein anderes aus einem ganzen Trupp am 8. Oktober 1910.

### 79. **Limicola platyrhyncha platyrhyncha** (Temm.) — Sumpfläufer.

*Limicola pygmaea* auct.

Von wenigen gekannt zieht der Sumpfläufer in jedem Herbst die Küste entlang. Bisher ist er nur für die Kurische Nehrung nachgewiesen; Hartert (200, 205) insbesondere kannte ihn aus der Provinz noch nicht. Den Seestrand selbst meidet er; vielmehr wird er bei Rossitten nur am Haff oder am Möwenbruch beobachtet. Meist schließen sich die Sumpfläufer den Scharen der Strandläufer oder anderer Strandvögel an; bisweilen bilden sich aber auch kleine Flüge für sich. Folgende Beobachtungsdaten nennt Thienemann in den Jahresberichten der Vogelwarte für die letzten Jahre: 8. August 1896, 19. und 21. Juli 1897, 21. Juli, 3. und 10. August 1898, 21. und 22. August 1899, 14. August 1902, 24. Juli und 15. August 1905, 11., 13. und 24. August 1906, 22. August 1908. Im einzelnen seien noch nachstehende Angaben Thienemanns über die Art des Vorkommens wiedergegeben: 8. August 1896: 1 ad. bei Pillkoppen erlegt, gewöhnlich zeigen sich nur junge Stücke; 19. Juli 1897: 20 Stück unter *Erolia alpina* und *temminckii*; 21. Juli 1898: 6 Stück unter *Erolia ferruginea* und *alpina*; 3. August 1898: 10 Stück unter Bruchwasserläufern und kleinen Regenpfeifern; 21. und 22. August 1899: mehrere am Bruch im Fieberklee; 11. August 1906: 10—12 Stück auf der Vogelwiese; 24. August 1906: 40 Stück unter Gold- und Kiebitzregenpfeifern; 22. August 1908: wenige am Bruche.

**80. Canutus canutus** (L.) — Isländischer Strandläufer, Kanutstrandläufer.

*Tringa canutus* L.; *Tringa islandica* auct.

Unser größter Strandläufer scheint sich auf dem Zuge streng an die Küste zu halten. Im Binnenlande von Ostpreußen ist er bisher anscheinend noch nicht festgestellt.

Mit Vorliebe hält er sich an den Haffufern auf. Hier ist er denn auch im Herbst auf der Kurischen Nehrung meist nicht selten, bisweilen sogar ziemlich häufig. In der ersten Hälfte des August eröffnen die Alten im roten Sommerkleide den Zug. Einzelne, vielleicht ungepaarte, Stücke zeigen sich bisweilen sogar schon früher; so erhielt Thienemann 1911 von Pillkoppen 4 rote Exemplare bereits am 18., ein weiteres am 19. Juli, während 1913 der erste am 22. Juli eingeliefert wurde. Erst Ende August und im September wandern die Jungen durch, oft in recht erheblicher Anzahl. Am 31. August 1906 erhielt Thienemann (546) von ihnen allein 32 Stück. Auch Hartert (200) sagt vom Kanutstrandläufer, er sei „in einzelnen Jahren häufiger als in anderen, und zwar wanderten die Alten vor den Jungen".

Im Frühjahr scheint diese Art unsere Provinz überhaupt nicht zu besuchen.

**Erolia maritima maritima** (Brünn.) — Seestrandläufer.

*Arquatella maritima* (Brünn.); *Tringa maritima* Brünn.; *Tringa striata* auct.

Für Westpreußen ist der nordische Seestrandläufer schon von Böck (48) und in neuerer Zeit von Th. Zimmermann (662) wiederholt nachgewiesen worden. Es ist daher auch an der ostpreußischen Küste sein gelegentliches Vorkommen zu erwarten; doch fehlt noch immer der sichere Nachweis. Ulmer (564) beobachtete ihn mit einiger Wahrscheinlichkeit am 25. März 1908 am Frischen Haff.

81. **Erolia alpina alpina** (L.) — Alpenstrandläufer.

*Tringa alpina* L.; *Pelidna alpina* (L.); *Tringa cinclus, variabilis* auct.

Als Durchzügler gehört der Alpenstrandläufer an der Küste zu den häufigsten Strandvögeln. In oft riesigen Scharen, die in ihrer Massenhaftigkeit an Starflüge erinnern, treibt er sich von Juli bis in den Oktober hinein an den Haffufern umher. Auch an der offenen See wird er öfters angetroffen. Die Alpenstrandläufer bilden den Hauptbestandteil der gemischten Strandvogelschwärme. Andere *Erolia*-Arten, wie *ferruginea, minuta, temmincki,* finden sich häufig in ihrer Gesellschaft, und auch die seltenen Sumpfläufer, die verschiedenen Regenpfeiferarten, Limosen und Wasserläufer schließen sich gern ihnen an. Natürlich ist der Durchzug nicht in jedem Jahre gleich groß; bisweilen ist er nur unbedeutend, gelegentlich aber, so im Jahre 1909, außerordentlich stark. Den Anfang des Zuges bilden stets die Alten mit schönen schwarzen Brustschildern. Im Juli und in der ersten Hälfte des August überwiegen Flüge, die nur aus Alten bestehen, bedeutend. Erst im September und Oktober zieht die Hauptmasse der Jungen durch. Der Zug scheint größtenteils an der Küste entlang nach Südwesten zu gehen. Ein am 5. September 1904 bei Rossitten markiertes Exemplar wurde am 22. September bei Ahrenholz in Schleswig-Holstein nach Thienemann (525) erbeutet. Die Winterquartiere liegen nach den Ringversuchen zum Teil schon an der südenglischen und südfranzösischen Küste (Thienemann (576, 588)).

Auch im Innern der Provinz ist der Alpenstrandläufer die häufigste Art; doch sind die Flüge, die hier beobachtet werden, viel kleiner als an der Küste. Oft bestehen sie nur aus wenigen Stücken; solche von 30 bis 40 sind schon seltener. Am Kinkeimer See bei Bartenstein erscheint er in jedem Herbst nicht selten, in Jahren mit niedrigem Wasserstande bisweilen sogar ziemlich zahlreich. Anfang oder Mitte Juli stellen sich schon die Alten im reinen Sommerkleide ein, die gegen Ende des Monats oft größere Flüge bilden; Junge erscheinen gewöhnlich erst Mitte August. In Flügen bis zu 20 Stück halten sie sich bis in die zweite Hälfte des Oktober am See auf. Als späteste Beobachtungsdaten notierte ich 1904 den 16., 1905 den 20., 1907 den 20., 1910 den 23., 1911 den 22., 1912 den 13. Oktober. Ausnahmsweise erhielt ich 2 Exemplare im reinen Jugendkleide 1907 schon am 8. und 10. Juli; sonst sieht man in diesem Monat stets nur alte Vögel. Die im August und September beobachteten Jungen zeigen in der Regel schon viele Federn des Winterkleides; doch trug ein Stück vom 22. Oktober 1911 auffallenderweise noch völlig das Jugendkleid.

Auf dem Frühjahrszuge gelangen Alpenstrandläufer am See seltener als im Herbst zur Beobachtung, einzeln aber wohl alljährlich. Im Jahre 1908 bemerkte ich einen kleinen Flug am 10. Mai, einen solchen von 30 bis 40 Stück am 24. Mai, vereinzelte sogar noch am 8. Juni. 1910 sah ich ein Stück schon am 24. April, eine ganze Anzahl am 16. Mai und einen einzelnen noch am 22. Mai, 1912 2 Stücke am 19. Mai. Auf der Kurischen Nehrung ist der Frühjahrszug wie bei allen Strandvögeln nur sehr unbedeutend. Thienemann (550) beobachtete 1907 den ersten am 10. April. In der Sammlung von Erlangers befinden sich nach Hilgert (225) 3 ♀♀ vom 22. Mai 1904 aus Skirwieth (Kreis Heydekrug).

### 82. **Erolia alpina schinzi** (Brehm) — Kleiner Alpenstrandläufer.

*Tringa schinzi* Brehm.

Auf diese kleine Form des Alpenstrandläufers, die von manchen sogar artlich von ihm getrennt wird, deren Berechtigung aber wohl noch keineswegs feststeht, ja von Hartert (212) anscheinend bestritten wird, ist bei uns bisher noch wenig geachtet worden. Thienemann (504) beobachtete auf der Kurischen Nehrung vielfach eine kleinere Form mit viel Rostrot, die früher als die typischen *E. alpina* durchzieht. Sie scheint aber nach neueren Untersuchungen (525) mit Exemplaren von *E. schinzi*, die von der Nordsee stammen, nicht identisch zu sein. Jedenfalls gehören aber die bei uns brütenden Alpenstrandläufer der kleinen Form an, die an der südlichen Ostseeküste wohl ausschließlich als Brutvogel vorkommt. Brutbeobachtungen liegen für Ostpreußen bisher nur in geringer Anzahl vor; doch scheint dieser Strandläufer sowohl an den Festlandsufern beider Haffe wie auf der Kurischen Nehrung stellenweise regelmäßig zu nisten.

Bei Rossitten kommt er nach Thienemann (504) zur Brutzeit nur sehr spärlich vor. Ein ♀ vom 1. Juni 1906 befindet sich in der Sammlung der Vogelwarte. Das Gelege ist zwar noch nicht gefunden; doch werden öfters schon Ende Juni Junge beobachtet, die wohl in der Nähe erbrütet sind. Ein junges ♀ wurde am 28. Juni 1906, ein anderer junger Vogel am 27. Juni 1902 erlegt. Ein ♀ vom 31. Mai 1907 besitzt kein Brustschild und hatte auch nur unentwickelten Eierstock, war also wahrscheinlich ungepaart. Ulmer (564) erhielt vom Ostufer des Frischen Haffs aus der Nähe von Heide-Waldburg (Kreis Königsberg) Anfang Juli 1908 einen Alpenstrandläufer, der noch teilweise das Dunengefieder trug, also wohl dort erbrütet war. Hildebrandt besitzt ein Ei der Art vom 15. Mai 1905 aus der Gegend von Heydekrug vom Szieszefluß; die Bestimmung ist von Georg Krause nachgeprüft.

In der Sammlung von Erlangers befinden sich nach Hilgert (225) 3 als *schinzi* bezeichnete ♂♂ vom 22. Mai 1904 aus Skirwieth (Kreis Heydekrug). Ob diese aber wirklich dazu gehören, erscheint fraglich, da Hilgert lediglich die sehr schwankende Schnabellänge als Maßstab genommen hat. Stücke mit einer Schnabellänge von 29—32 mm bezeichnet er als *Tringa schinzi*, solche mit 33—38 mm als *Tringa alpina*. So kommt es denn, daß am 22. Mai 1904 bei Skirwieth 3 ♀♀ von *T. alpina* und 3 ♂♂ von *Tr. schinzi* erlegt wurden.

### 83. **Erolia ferruginea** (Brünn.) — Bogenschnäbliger Strandläufer.

*Tringa ferruginea* Brünn.; *Tringa subarquata, subarcuata* auct.; *Ancylochilus ferrugineus* (Brünn.).

Nächst dem Alpenstrandläufer ist der bogenschnäblige an der Küste die häufigste Art. Im Herbst wird man ihn selten unter den großen Strandläuferscharen vermissen. Öfters bildet er auch kleine Flüge für sich.

Hartert (200) zählt ihn auffallenderweise zu den seltenen Arten. Das trifft aber für die Kurische Nehrung wenigstens durchaus nicht zu. Hier ist er in der Regel recht zahlreich vertreten. Schon im letzten Drittel des Juli stellen sich die Alten im schönen rostroten Sommerkleide ein; auch Anfang August bilden sie noch die Mehrzahl. 1911 erhielt Thienemann von Pillkoppen einen alten Vogel sogar schon am 14. Juli. Ende August und im September überwiegen dann beträchtlich die Jungen.

Im Innern von Ostpreußen zeigt sich dieser Strandläufer seltener als die anderen Arten. Am Kinkeimer See bei Bartenstein habe ich ihn bisher nur unregelmäßig und keineswegs alljährlich beobachtet; doch zeigt er sich in Jahren mit niedrigem Wasserstande wohl stets. 2 alte Exemplare im roten Sommerkleide gingen mir am 20. und 21. Juli 1904 zu. Junge wurden im September 1909 öfters am See gesehen; 2 Stücke erhielt ich am 5. September. Recht zahlreich beobachtete ich die Art ferner vom 25. bis 27. August 1911, und zwar in Flügen bis zu 30 Stück, aus denen ich am 26. August 5 junge Vögel erlegte. Am 3. September waren gleichfalls noch recht viele vorhanden; ich erhielt wiederum 6 Stücke im Jugendkleide. Am 17. September zeigte sich nur noch ein einzelner in einem Fluge von *Erolia minuta* und *alpina*; er hatte ein steifes Bein, war also wohl nur deshalb zurückgeblieben.

Im Frühjahr habe ich *E. ferruginea* bisher erst einmal am See festgestellt. Am 18. Mai 1905 bemerkte ich dort einen kleinen Flug. Für die Kurische Nehrung liegen Frühjahrsbeobachtungen überhaupt noch nicht vor.

### 84. **Erolia minuta minuta** (Leisl.) — Zwergstrandläufer.

*Tringa minuta* Leisl.; *Limonites, Leimonites minutus* (Leisl.).

An der Küste, besonders an den Haffufern, bildet der Zwergstrandläufer meist einen wesentlichen Bestandteil der großen gemischten Strandvogelschwärme, die dort fast alljährlich im August und September zu beobachten sind.

Hartert (200) sagt von ihm, er sei „zur Herbstzugzeit nicht selten“, namentlich im September, aber auch noch im Oktober. Auf der Kurischen Nehrung treffen einzelne bisweilen schon im Juli oder in den ersten Tagen des August ein; so erwähnt Thienemann (504, 576) das Vorkommen für den 28. Juli 1896, 10. August 1898 und 15. Juli 1909. Je einen alten Vogel erhielt er von Pillkoppen 1910 am 26., 1911 sogar schon am 17., 1913 am 20. Juli. Die Hauptzugzeit ist aber auch auf der Nehrung Ende August und im September.

Im Binnenlande zeigt sich der Zwergstrandläufer zwar nie auch nur in annähernd so großer Zahl wie an der Küste; doch ist er im Herbst, wenigstens am Kinkeimer See bei Bartenstein, eine regelmäßige Erscheinung. Einzeln oder in kleinen Flügen gelangt er fast alljährlich zur Beobachtung. Als früheste Daten notierte ich den 30. August 1904 und 27. August 1905, als späteste den 25. September 1898, 24. September 1899 und 24. September 1911. Ganz auffallend viele zeigten sich am 17. September 1911; außer vielen kleinen Gesellschaften beobachtete ich auch einen Flug von über 30 Stück. Alle bisher von mir erlegten Stücke trugen das reine Jugendkleid. Dasselbe gilt auch im allgemeinen für die Kurische Nehrung; nur die schon im Juli dort eintreffenden sind gewöhnlich alte Vögel.

Im Frühjahr ist *E. minuta* ganz auffallend seltener als im Herbst. Nur ausnahmsweise scheint er dann Ostpreußen zu besuchen. Ebenso wie bei Bartenstein fehlt er dann auch auf der Kurischen Nehrung. In der Sammlung von Erlangers befindet sich nach Hilgert (225) ein ♂ vom 22. Mai 1904 aus Skirwieth (Kreis Heydekrug).

### 85. Erolia temminckii (Leisl.) — Temmincks Strandläufer, grauer Zwergstrandläufer.

*Tringa temminckii* Leisl.; *Limonites, Leimonites temminckii* (Leisl.).

Auffallenderweise hat Hartert (200, 205) diesen kleinen Strandläufer nur **einmal** in der Provinz gefunden; am 21. August 1882 erlegte er bei Camstigall unweit Pillau aus einem kleinen Fluge 3 Exemplare im Jugendkleide. Und doch gehört die Art, die allerdings leicht übersehen oder mit *E. minuta* verwechselt wird, zu unsern regelmäßigen Durchzüglern sowohl im Herbst wie im Frühjahr. Im Innern der Provinz zeigt sich *E. temminckii* nächst dem Alpenstrandläufer am häufigsten; wenigstens gilt dieses nach meinen Erfahrungen für den Kinkeimer See bei Bartenstein, also wahrscheinlich doch auch für andere Teile Ostpreußens.

Während des Herbstzuges werden Temmincks Strandläufer am Kinkeimer See fast jedes Jahr in den Monaten August und September beobachtet, wenn auch nie sehr zahlreich. Bisweilen schließen sie sich den Flügen der Zwergstrandläufer an, es wurde z. B. am 24. September 1899 ein junger *E. temminckii* zusammen mit 2 *E. minuta* auf einen Schuß erlegt. Meist bildet aber *E. temminckii* kleine Flüge für sich oder treibt sich wohl auch nur einzeln oder paarweise umher. Wie bei allen Strandläufern ziehen auch bei dieser Art die Alten in der Regel vor den Jungen. Das konnte ich wenigstens im August 1906, in dem die Vögel sich am See verhältnismäßig oft zeigten und fast täglich einzeln oder paarweise zu sehen waren, deutlich beobachten. Am 1. und 5. August wurden 3 Stücke im Alterskleide geschossen, von denen das eine auf dem Rücken schon Federn des Winterkleides zeigte. Am 14. und 17. August wurden dann mehrere junge Exemplare erlegt. 1911 beobachtete ich den ersten auf dem Herbstzuge schon am 22. Juli.

Auf dem Frühjahrszuge gelangen diese Strandläufer am See noch häufiger als im Herbst, jedenfalls sehr regelmäßig und unter allen Erolien am zahlreichsten, zur Beobachtung. Der Zug geht spät im Mai vor sich und erstreckt sich bis in den Juni hinein. Viele *E. temminckii*, die noch so spät im Jahr fern von ihren Nistplätzen sich umhertreiben, schreiten vielleicht überhaupt nicht zur Brut. Am 20. Mai 1899 beobachtete ich einen Flug von etwa 10 Stück, aus dem ich ein Exemplar erlegte. Einzelne Stücke bemerkte ich ferner am 21. Mai 1906 und 24. Mai 1908. Im Jahre 1910 traf ich am 22. Mai einen Flug von 8—10 Stücken an und am 5. Juni noch 3 einzelne Exemplare, von denen ich eins schoß. 1911 beobachtete ich ein Stück schon am 7. Mai, ganze Flüge von 20 und mehr sowie öfters Einzelexemplare am 13. und 14. Mai; als Beleg sammelte ich am letztgenannten Tage ein ♂. Am 21. Mai hielt sich am See noch ein Flug von 12—15 Stücken auf, aus dem ich 2 ♂♂, 2 ♀♀ erlegte; am 28. Mai war nur noch ein einzelner dort zu sehen. 1912 traf ich 4—5 Stücke am 12. Mai an und schoß von ihnen ein Exemplar; am 19. Mai sah ich nur noch ein Stück. Oft sind diese Strandläufer überraschend zutraulich, häufig aber auch so scheu, daß sie sich frei überhaupt nicht angehen lassen.

Auf der Kurischen Nehrung zieht *E. temminckii* alljährlich im Herbst, wenn auch nur spärlich, durch. 1897 wurden die ersten nach Thienemann (504) schon am 19. Juli beobachtet; auch 1911 erhielt er von Pillkoppen einen alten Vogel schon am 19. Juli. Frühjahrsbeobachtungen liegen für die Nehrung auffallenderweise noch nicht vor.

### 86. Machetes pugnax (L.) — Kampfläufer, Kampfhahn.

*Totanus, Philomachus, Pavoncella pugnax* (L.).

Im Mündungsgebiet der Memel ist der Kampfläufer stellenweise noch recht häufiger Brutvogel; er ist am Ostufer des Kurischen Haffs überhaupt recht verbreitet. Baer (31) traf ihn zur Brutzeit sehr zahlreich bei Minge, Hildebrandt häufig bei Heydekrug an. Letzterer besitzt Eier der Art aus der Nähe der Stadt vom 6. Mai und 24. Juni 1906. W. Christoleit bezeichnet ihn als zahlreichen Brutvogel im Rußdelta sowie auch, doch minder zahlreich, an der Südostecke des Kurischen Haffs. Auch nach Szielasko (471) ist *M. pugnax* in der Niederung häufig. Am 12. Juli 1908 begegnete ich auf den großen Wiesenflächen bei Ruß nur noch vielfach Weibchen und Jungen; die alten Männchen schienen die Brutplätze schon verlassen zu haben. In der Sammlung von Erlangers befinden sich nach Hilgert (225) 2 ♂♂ aus Skierwieth (Kreis Heydekrug) vom 9. und 19. Juni 1904.

Auch sonst scheint der Kampfläufer nach Hartert (200, 205) noch an manchen Stellen in Ostpreußen zu nisten. Bujack (68) sagt sogar 1837 noch, er komme fast überall in sumpfigen Gegenden z. B. um den Memelstrom und in der Johannisburger Heide vor. Ulmer (564) stellte ihn als Brutvogel am Frischen Haff bei Heide-Waldburg, Techler auf dem Pakledimmer Moor (Kreis Gumbinnen) und bei Steinort (Kreis Angerburg) fest. Auch ich traf bei Angerburg am Nordufer des Mauersees auf den dortigen Sumpfwiesen im Mai und Anfang Juni 1908 wiederholt Kampfläufer an, namentlich alte ♂♂. Schlonski besitzt ein ♂ vom Roschsee bei Johannisburg, wo diese Vögel höchstwahrscheinlich gleichfalls nisten. Auch am Geserichsee (Kreis Mohrungen) ist die Art nach Goldbeck nicht allzu häufiger Brutvogel. Selbst auf der Kurischen Nehrung bei Rossitten gelang es Thienemann (546), den Kampfläufer als spärlichen Brutvogel nachzuweisen. 2 noch nicht flugfähige Junge im Halbdunenkleide wurden dort auf der Vogelwiese am 22. und 24. Juli 1906 gefangen.

Bei Bartenstein brütet der Kampfläufer nicht, doch trifft man am Kinkeimer See von Anfang Mai bis Ende September stets Exemplare an. Auf dem Herbstzuge zeigt er sich dort meist recht zahlreich; aber auch auf dem Frühjahrszuge ist er bei nicht zu hohem Wasserstande eine ganz gewöhnliche Erscheinung. In den ersten Tagen des Mai stellen sich die Kampfläufer gewöhnlich bei uns ein. 1906 sah ich die ersten bereits am 30. April, 1907 am 7., 1909 am 9., 1910 am 8. und 1911 am 7. Mai. Einzeln oder in kleinen Gesellschaften von 2—5 Exemplaren treiben sich diese Vögel während der ganzen Brutzeit am See umher. Bisweilen sieht man aber auch größere Flüge; solche bemerkte ich z. B. am 28. Mai 1904, 24. Mai 1908, 27. Juni 1909 und 5. Juni 1911. Während des Frühjahrszuges, Anfang Mai, gelangen Flüge von 20—30 Stück häufiger zur Beobachtung. Die größeren Flüge bestehen meist aus ♀♀ oder jüngeren ♂♂; doch trifft man auch alte ♂♂ gelegentlich unter ihnen an. Meist halten sich aber die alten ♂♂ mehr einzeln für sich auf; doch kann man auch vereinzelte alte ♀♀ nicht allzu selten beobachten.

Im Jahre 1909 erhielt ich am 16. Mai vom See ein ♂ mit weißem Kopf und Hals, aber noch ohne Kragen und Warzen. Vom 29. bis 31. Mai beobachtete ich vielfach kleinere Flüge, darunter nur ein altes ♂ mit gelbem Kragen, im übrigen jüngere ♂♂ und ♀♀. Am 27. Juni waren verhältnismäßig viele Kampfläufer zu sehen, darunter auch öfters ♂♂; ein Flug von etwa 20 Stück bestand nur aus ♀♀ und 4 ♂♂. Geschossen wurden 2 ♂♂, von denen eins einen weißen Kragen, das andere schwarzen Hals- und rostroten Nackenkragen besaß. Ein ähnliches ♂ wie das letztgenannte schoß ich am 19. Juni 1910. Ein am 8. Juni 1908 erlegtes altes ♀ besaß einen völlig geschrumpften Eierstock; ein anderes altes ♀ schoß ich zusammen mit einem jungen Vogel am 9. Juli 1905. Beide ♀♀ trugen viele abgeriebene Federn des Winterkleides. Ganz auffallend viele Kampfläufer zeigten sich am 7. Mai 1911, und zwar hauptsächlich ♂♂ mit und ohne Kragen, aber auch vielfach ♀♀. Am 14. Mai überwogen die letzteren; Flüge von 50 und mehr waren öfters zu sehen. Aus einem solchen Fluge erhielt ich 2 ♀♀ und 2 ♂♂; letztere hatten noch keinen Kragen; das eine war am Halse gelblich, das andere rostrot gefärbt. Von 3 am 17. Mai mit 2 ♀♀ aus einem Fluge geschossenen ♂♂ besaßen 2 schon ausgebildete Kragen. Am 21. Mai hatte die Zahl schon sehr abgenommen; nur noch wenige ♂♂ und ein kleiner Flug ♀♀ trieb sich am See umher. Am 28. Mai waren nur noch vereinzelte ♀♀ zu sehen. Auffallenderweise erschien am 5. Juni aber wieder ein großer Flug von über 50 Stück, der anscheinend ausschließlich aus ♀♀ bestand. Am 25. Juni hielt sich ein Trupp von 7 ♂♂ am See auf; auch vereinzelte ♀♀ zeigten sich daselbst. Am 15. Juli waren bereits Junge zu Hunderten zu beobachten.

Die meisten Kampfläufer, die sich zur Brutzeit am See aufhalten, scheinen ungepaarte Stücke zu sein; doch verlassen die alten ♂♂ wohl auch schon frühzeitig die Brutplätze. Alte ♂♂ habe ich bisher — mit 2 Ausnahmen — spätestens bis Mitte Juli am See angetroffen und auch alte ♀♀ später nur ganz ausnahmsweise. Alle im Herbst dort so zahlreich zu beobachtenden Kampfläufer, die gewöhnlich wenig scheu sind, tragen das Jugendkleid. Je ein altes ♀ wurde 1910 noch am 6. August, 1911 am 23. Juli, 1912 am 6. August aus einem Fluge junger Vögel erlegt. Ein altes ♂ mit weißem Kopf und Hals, aber schon ohne Kragen, schoß ich 1911 am 30. Juli; ein anderes beobachtete ich 1912 am 28. Juli.

Schon Anfang Juli stellen sich die ersten Jungen am See ein. Gegen Ende des Monats und im August nimmt ihre Zahl wesentlich zu, und in der ersten Hälfte des September erfolgt dann der allgemeine Abzug. Ende dieses Monats sieht man nur noch ganz vereinzelte; die letzten beobachtete ich 1898 am 25., 1909 am 20., 1910 am 25. und 1911 am 18. September. Außerordentlich gern schließen sie sich am See den Kiebitzscharen an, so daß man im Herbst kaum eine solche Schar ohne einige Kampfläufer antrifft. Häufig sieht man sie aber auch einzeln oder in kleinen Flügen für sich. Mit den Kiebitzen besuchen sie auch die in unmittelbarer Nähe des Sees gelegenen Felder; sehr weit vom Wasser entfernen sie sich aber nicht.

Auf dem Zuge wird sich *M. pugnax* wohl auch sonst in der Provinz an etwas größeren Gewässern und auf sumpfigen Wiesen überall nicht selten zeigen. Hartert (200) wenigstens sagt von der Art: „Als Zugvogel in Menge; namentlich im August und September auf feuchten Wiesen in seinem grauen Reisekleide zahlreich einfallend ...... Auch laufen sie gern auf Stoppelfeldern herum, wo man sie, hinter Getreidegarben gedeckt, leicht beschleichen kann." Auf der Kurischen Nehrung ziehen junge Vögel im Herbst recht zahlreich durch. Im Frühjahr sind Kampfläufer dort weniger häufig; namentlich alte ♂♂ gelangen nach Thienemann (546) verhältnismäßig selten zur Beobachtung. Ein ♂ mit Kragen erhielt er (550) von Preil am 2. Juni 1907. Am 23. Juni 1906 beobachtete er (546) einen Flug von 15—20 Stück, fast alles ♂♂ mit Kragen, bei Rossitten am Bruchrande. Am 1. Juli 1909 hielt sich ein Flug von etwa 40 Stück auf der Vogelwiese auf; ein ♂, dessen Kragen vorn schon ganz ausgefallen war, wurde erlegt (576).

### 87. **Totanus hypoleucus** (L.) — Flußuferläufer.

*Tringa hypoleuca* L.; *Actitis, Tringoides hypoleucos* (L.).

An den Ufern unserer größeren Flüsse brütet der Flußuferläufer anscheinend überall, allerdings nirgends besonders häufig. Hartert (200) traf ihn auch als regelmäßigen Brutvogel an den masurischen Seen an; Dunenjunge fand er daselbst im Juni. Geyr v. Schweppenburg (189) entdeckte Anfang Juli 1911 an der Rominte flugfähige, aber noch Reste des Dunenkleides tragende Junge, die zweifellos dort erbrütet waren; im ersten Julidrittel traf er ferner am Seeufer bei Guszianka ein paar Tage alte Dunenjunge an, die wohl einer verspäteten Brut entstammten. Baer (31) beobachtete *T. hypoleucus* Ende Mai 1896 vielfach bei Minge (Kreis Heydekrug).

Szielasko (471) erwähnt sein Nisten für die untere litauische Ebene und die Niederung, Ulmer (564) für das Frische Haff bei Heide-Waldburg. Ich selbst fand ihn im Juni 1908 bei Tilsit an einem Altwasser der Memel brütend und beobachtete ihn ferner verschiedentlich zur Brutzeit an der Alle sowohl bei Bartenstein wie bei Heilsberg und Guttstadt. Bei einer Bootfahrt von Guttstadt nach Heilsberg am 1. Juni 1910 zählte ich auf 47 km etwa 4—5 Paare. Am Kinkeimer See habe ich sein Brüten bisher noch nicht mit Bestimmtheit feststellen können; doch halte ich es für nicht unwahrscheinlich, daß in trockenen Jahren dort vielleicht ausnahmsweise einmal ein Paar zur Brut schreitet.

Auf dem Zuge, namentlich im Herbst, ist der Flußuferläufer überall an Seen, Flüssen und größeren Teichen recht häufig. Auch am Oberteiche bei Königsberg traf ich ihn öfters an. le Roi (430) bemerkte ihn sogar am 4. Mai 1902 an der Nordküste des Samlandes vielfach am Seestrande. Hartert (200) bezeichnet ihn als „zur Zugzeit sehr gemein". Ende April oder Anfang Mai trifft er bei uns ein. Die ersten beobachtete ich bei Bartenstein 1904 am 23., 1906 am 26., 1909 am 19. April, 1910 am 8. Mai, 1911 am 23., 1912 am 28. und 1913 am 27. April; als Mittel von 7 Jahren ergibt sich der 26. April. Der Durchzug dauert häufig noch bis in die zweite Hälfte des Mai; sehr viele bemerkte ich am Kinkeimer See 1905 z. B. noch am 18. Mai. Auch während der Brutzeit im Juni gelangen einzelne, meist wohl ungepaarte Stücke am See nicht allzu selten zur Beobachtung. Sehr viel lebhafter als der Frühjahrs- ist der Herbstzug, der Mitte Juli einsetzt und bis Mitte September dauert. Am zahlreichsten zeigen sie sich gewöhnlich im August, in dieser Zeit auch öfters in kleinen Gesellschaften, während sie sonst im allgemeinen nicht sehr gesellig sind. Die letzten sah ich 1907 am 15., 1909 am 25., 1911 am 17. September.

Auch auf der Kurischen Nehrung ist *T. hypoleucus* im Herbst recht zahlreicher Durchzügler, besonders an den Haffufern, wo sie mit Büschen und Rohr bewachsen sind und einzelne Schlammbänke zeigen. Auf dem südlichen Teile der Nehrung ist er nach le Roi (430) sogar der einzige Strandvogel, der sich dort regelmäßig und in größerer Zahl zeigt. Lindner (316) führt ihn für die Nehrung auch als Brutvogel auf; doch ist das Brüten bisher noch nicht mit Sicherheit festgestellt.

### 88. **Totanus totanus** (L.) — Gambettwasserläufer, kleiner Rotschenkel.

*Tringa totanus* (L.); *Totanus calidris* auct.

In den Marschen Nordwestdeutschlands, auf den Nordseeinseln, in den Teichrevieren Schlesiens ist der Gambettwasserläufer ein recht häufiger Brutvogel. Um so mehr muß es auffallen, daß er in Ostpreußen verhältnismäßig selten und nur an wenigen Stellen nistet. Hartert (200, 205) hat ihn überhaupt nicht brütend gefunden; doch ist der Nachweis des Brütens inzwischen für verschiedene Teile der Provinz geführt. Allerdings sind Brutbeobachtungen bisher noch wenig zahlreich.

Am Ostufer des Kurischen Haffs, das ihm so günstige Brutplätze bietet, ist es weder Baer (31) noch E. Christoleit gelungen, den Rotschenkel zur Brutzeit zu beobachten. Voigt teilte mir aber mit, daß er ihn Anfang Juni 1907 auf den flachmoorigen Wiesen westlich von Heydekrug unter Umständen beobachtet habe, die sein Brüten daselbst mit Sicherheit annehmen ließen. Auf der Kurischen Nehrung fehlt er nach Thienemann (504, 576) als Brutvogel ganz; er ist dort auch auf dem Zuge nicht häufig. Am Frischen Haff nistet er dagegen mehrfach; Ulmer (564) konstatierte sein Brüten bei Heide-Waldburg, E. Christoleit im Kreise Braunsberg, und ich selbst besitze ein Stück, das im Juni 1910 in der Nähe der Pregelmündung erlegt wurde.

In Masuren kommt der Rotschenkel gleichfalls stellenweise als Brutvogel vor. Im Mai und Anfang Juni 1908 beobachtete ich auf den großen Wiesen am Nordufer des Mauersees bei Angerburg ständig 8—10 Paare, die eifrig den Paarungsruf hören ließen und mich ängstlich schreiend umflogen, also dort wohl sicher nisteten. Hier beobachtete Geyr v. Schweppenburg (189) Anfang Juli 1911 ebenfalls diesen Wasserläufer. Auch am Mosdzehner See nördlich von Angerburg traf ich wiederholt Ende Mai einzelne Rotschenkel an. Nach Goldbeck ist *T. totanus* auch am Ewing- und Geserichsee (Kreis Mohrungen) einzeln Brutvogel, und am 24. Juli 1912 beobachtete ich 2 Paare mit teilweise flüggen Jungen auf einer Insel im Gr. Lauternsee (Kreis Rössel), wo ich auch am 18. Juni 1913 2 Brutpaare antraf. Am Kinkeimer See bei Bartenstein schließlich hat sich der Rotschenkel erst in neuester Zeit angesiedelt. Im Gegensatz zu früheren Jahren waren dort im Jahre 1909 vom 18. April bis Ende August ständig 1—3 — am 4. Juli auch 5 — Exemplare zu beobachten; ein ♂ ließ bis Ende Juni häufig den Paarungsruf hören. Am 27. Juni führte ein ♀ augenscheinlich Junge; es umflog mich andauernd, eifrig warnend. 1910 stellte sich ein Paar am 3. April am See ein, es schien auch brüten zu wollen, verschwand aber nach einiger Zeit wieder. Vielleicht haben die Vögel aber doch irgendwo in der Nähe genistet; wenigstens waren von Ende Juni an wieder mehrere regelmäßig am See zu beobachten, von denen ein ♂ eifrig jodelte. 1911 sah ich den ersten am 15. April; ein Paar hat auch in diesem Jahre wieder am See gebrütet; am 11. Juni führte es anscheinend kleine Junge. Ein wohl am See erbrütetes junges ♀ schoß ich am 16. Juli 1911. Im Jahre 1912 stellten sich die ersten am 14. April, 1913 am 31. März ein; mindestens ein Paar hielt sich 1912 wieder während der der ganzen Brutzeit am See auf, während 1913 der See einen zu hohen Frühjahrswasserstand aufwies, so daß es an einem geeigneten Brutplatz fehlte *).

Ebenso wie die Verbreitung des Rotschenkels als Brutvogel in Ostpreußen eine recht sporadische ist, so ist er auch auf dem Zuge weit weniger zahlreich als die anderen Wasserläuferarten. Daß er auf der Kurischen Nehrung selten ist, wurde schon erwähnt. Am Kinkeimer See zeigt er sich als Durchzügler gleichfalls nur spärlich. Abgesehen von den letzten Jahren seit 1909, wo er am See oder wenigstens in der Gegend nistete, habe ich stets nur vorübergehend und unregelmäßig einzelne Exemplare in den Monaten Mai bis August dort beobachtet. Am 14. Juni 1908 sah ich ausnahmsweise einmal einen Flug von 6 Stück. Der Durchzug ist aber auch jetzt noch bei Bartenstein recht gering. 1911 z. B. verschwanden die Brutvögel im Laufe des Juli vom See; in der Folgezeit sah ich dann nur noch zweimal, nämlich am 20. August und 3. September, je ein einzelnes Exemplar.

89. **Totanus erythropus** (Pall.) — Dunkler Wasserläufer, großer Rotschenkel.

*Totanus fuscus* auct.

Hartert (200, 205) hat den dunklen Wasserläufer nur selten und lediglich im Herbst in Ostpreußen beobachtet; doch zieht er auch im Frühjahr regelmäßig bei uns durch; im Herbst ist er sogar meist ziemlich häufig.

Ende April oder Anfang Mai zeigen sich am Kinkeimer See bei Bartenstein die ersten auf dem Frühjahrszuge, jedoch stets nur vereinzelte Stücke. Als früheste Beobachtungsdaten nenne ich für 1906 den 30. April, 1907 den 7., 1909 den 9., 1910 den 8., 1911 den 7., 1912 den 6. und 1913 den 12. Mai. Einzelne ungepaarte Stücke trifft man auch während der Brutzeit alljährlich an; ich sah solche z. B. am 12. Juni 1903; 24. Mai und 9. Juni 1904; 11. Juni 1905; 14. Juni 1908; 27. Juni und 4. Juli 1909; 26. Juni und 3. Juli 1910; 5. Juni (ein Stück) und 25. Juni 1911 (morgens ein Flug von 5, abends ein solcher von 9 schwarzen Exemplaren). Der Herbstzug setzt gewöhnlich in den letzten Tagen des Juli ein, ist im August am lebhaftesten und Mitte

*) 1914 hörte ich den ersten schon am 22. März.

September beendigt. Den letzten beobachtete ich 1904 am 18., 1911 am 10. September. Im August sieht man sie häufig in kleinen Flügen bis zu 20 Stück, zu anderen Zeiten meist nur einzeln, oft aber auch in Gesellschaft von hellen Wasserläufern, Kampfläufern oder anderen Strandvögeln. Fast alle, die man im Herbst beobachtet, tragen das Jugendkleid. Am 5. August 1912 bemerkte ich jedoch in einem Fluge von 15—20 Jungen auch 3 alte Vögel, nachdem ich schon am 28. Juli 3 einzelne schwarze Stücke gesehen hatte.

Ähnlich wie bei Bartenstein wird es sich mit dem Zuge des dunklen Wasserläufers wohl auch sonst in der Provinz verhalten. Auf der Kurischen Nehrung wenigstens ist er im Herbst eine ganz gewöhnliche Erscheinung. Auch im Frühjahr hat Thienemann (546) ihn dort beobachtet, so einen ganzen Flug am Bruchrande am 10. Mai 1906. 3 schöne alte ♂♂ wurden bei Rossitten am 21. Juli 1908 erlegt; 2 von ihnen befinden sich in der Sammlung der Vogelwarte, das dritte in meiner Sammlung.

Wenig bekannt ist es, daß dieser Wasserläufer außer dem tönenden „toit" sehr häufig auch Laute, die wie „tick tick" und andere, die wie „tack" klingen, hören läßt. Sie ähneln gewissen Stimmlauten des Kampfläufers sehr. Da nun einzelne sich den Scharen des Kampfläufers sehr gerne anschließen, dürfte dadurch die Fabel (174) entstanden sein, daß *M. pugnax* auch eine flötende, an die der großen Wasserläufer erinnernde Stimme habe. Dobbrick (Jahrb. Westpr. Lehrerver. für Naturk. Jahrg. IV/V) gibt die erwähnten Unterhaltungslaute mit „chat chat tüt — chat chat tschät tschit tjuit", den Warnungsruf mit „tschak tschak — tschak tschak" wieder. Ein ganz eigenartiges Stimmenkonzert lassen sie hören, wenn eine ganze Gesellschaft im seichten Wasser gründelnd nach Nahrung sucht. Meine Beobachtungen in dieser Hinsicht stimmen mit denen von Hagen (O. M. B. 1913, p. 22) durchaus überein.

### 90. **Totanus nebularius** (Gunn.) — Heller Wasserläufer, Glutt, Grünschenkel.

*Totanus littoreus, glottis, chloropus, griseus, canescens* auct.; *Glottis nebularius* (Gunn.).

Nächst dem Bruchwasserläufer ist der Glutt auf dem Zuge die häufigste Art, namentlich im Herbst. Hartert (200) sagt von ihm: „Auf dem Herbstzuge häufig. An schlammigen Stellen des Seestrandes habe ich ihn wohl geschossen, doch ist er mehr an den Ufern des Haffs sowie an Teichen, Sümpfen und schlammigen Flußuferstellen zu treffen. Die Alten, welche nicht gebrütet haben, erscheinen schon einzeln oder paarweise anfangs Juli, die Hauptzugzeit ist der August und Anfang September."

Am Kinkeimer See bei Bartenstein wird man vom Frühjahr bis Mitte September den Glutt nur selten vergeblich suchen. Der Zug beginnt gelegentlich schon Ende März, meist aber erst im Laufe des April; er hält bis Mitte Mai an. Die ersten beobachtete ich 1903 am 28., 1905 am 27. März, 1910 und 1911 am 30. April, 1912 am 5., 1913 am 4. Mai. Im ganzen ist der Frühjahrszug aber nur unbedeutend; es gelangen in dieser Jahreszeit stets nur vereinzelte Stücke zur Beobachtung. Auch während der Brutzeit halten sich einzelne ungepaarte Exemplare in jedem Jahre zeitweise am See auf; von ihnen vernahm ich garnicht selten den jodelnden Paarungsruf. Als Beobachtungsdaten aus dieser Zeit nenne ich den 12. Juni und 3. Juli 1903; 3. Juli 1904; 1., 10. und 28. Juni 1905; 3. Juli 1906; 5. Juli 1907; 27. Juni und 4. Juli 1909; 26. Juni, 2. und 3. Juli 1910; 1. Juli 1912. Von der Mitte des Juli an nimmt die Zahl dieser Wasserläufer wesentlich zu, da sich dann die ersten Jungen bei uns einstellen. 1911 bemerkte ich ziemlich viele Glutte schon am 8. und 9. Juli; vielleicht waren dieses noch alles alte Vögel. Am 15. Juli war die Zahl schon recht erheblich gewachsen; doch schienen auch jetzt noch die Alten zu überwiegen; wenigstens hörte ich öfters Bruchstücke des Paarungsrufes und schoß am 16. Juli aus einem Fluge von etwa 10 Stück ein Exemplar im Alterskleide. Den ersten jungen Vogel schoss ich 1911 am 23. Juli. 1912 erlegte ich ein altes ♀ am 21. Juli. Der Herbstzug ist, was ja auch Hartert betont, im August und Anfang September am lebhaftesten. Man sieht sie in dieser Zeit häufig in kleineren oder größeren Flügen bis zu 20 Stück, zu anderen Zeiten gewöhnlich nur einzeln. Mitte September ziehen sie völlig von uns fort; die letzten sah ich 1907 am 16., 1908 am 13. September. 1909 trieb sich ein einzelner Glutt am See noch bis zum 18. Oktober umher. An diesem Tage schoß ich ihn; er war sehr fett und hatte das Winterkleid größtenteils schon angelegt.

Die meisten dieser Wasserläufer, die man von Mitte Juli an erhält, tragen das Jugendkleid. Unter 30—35 Stücken, die mir vom See in den letzten Jahren durch die Hände gingen, waren nur 5 Alte; dieselben wurden am 21. Juli 1904, 23. August und 5. September 1909, 16. Juli 1911 und 21. Juli 1912 erlegt. In der Sammlung der Vogelwarte Rossitten befinden sich 2 alte Vögel vom 7. August 1902 und 20. August 1909.

So scheu der Glutt am Tage ist, so wenig ist er es in der Dämmerung. Am Abend des 5. September 1909 besuchte ich mit Schütze eine von diesen Vögeln gern als Rastplatz gewählte Sand- und Schlammbank im Kinkeimer See. Glutte und Kampfläufer flogen uns fortwährend um den Kopf und fielen trotz vieler Schüsse immer wieder in nächster Nähe ein, so daß im ganzen 8 *T. nebularius* und 12 *M. pugnax* erlegt wurden.

Auf der Kurischen Nehrung ist der Glutt im Herbst gleichfalls recht häufig, obwohl Lindner (316) ihn auffallenderweise als „sehr selten" bezeichnet. Im Frühjahr zeigt er sich dort nur spärlich. Ein am 13. August 1909 bei Rossitten gezeichnetes Stück wurde nach Thienemann (576) am 21. August an der Weichsel 68 km vom Seestrande erlegt.

## 91. **Totanus stagnatilis** Bechst. — Teichwasserläufer.

*Tringa stagnatilis* (Bechst.).

Das Brutgebiet des zierlichen Teichwasserläufers liegt südöstlich von uns. Von hier verfliegt er sich nur äußerst selten nach Ostpreußen. Im Mai 1863 wurde ein ♀ im Sommerkleide nach Zaddach (657) in der Nähe von Königsberg geschossen und dem Museum eingeliefert; es befindet sich noch jetzt daselbst.

Am Kinkeimer See bei Bartenstein beobachtete ich am 14. Mai 1911 2 Wasserläufer, die nur dieser Art angehört haben können. An dem genannten Tage herrschte am See reges Leben: große Mengen von Kampfläufern, Flüge von *Totanus glareola* und *Erolia temminckii*, einzelne *Totanus nebularius*, *erythropus* und *totanus* waren vielfach zu sehen. Unter einer Gesellschaft von Bruchwasserläufern nun zeigten sich 2 größere Wasserläufer, die in der Farbe *nebularius* sehr ähnlich sahen, aber viel kleiner waren und durch die hohen Ständer sowie ihre Stimme sofort auffielen. Letztere erinnerte im ersten Augenblick an *T. nebularius*, war aber leiser und wich auch durch Klangfarbe und Betonung sowohl von *T. nebularius* wie *T. totanus* merklich ab. Als ich die Vögel zuerst sah, waren sie ziemlich nahe, jedenfalls in guter Schußweite, so daß ich durch den scharfen Krimstecher die Farbe des Gefieders und der Ständer deutlich erkennen konnte. Bevor ich mich schußfertig machen konnte, flogen sie jedoch ab und ließen sich nun nicht mehr angehen. Gegen Abend traf ich sie noch einmal am See an und fand sie sofort an der geringen Größe und auffallenden Stimme heraus; doch strichen sie jetzt außer Schußweite an mir vorbei. Für mich unterliegt es keinem Zweifel, daß es sich hierbei um *T. stagnatilis* gehandelt hat. Wenn ja natürlich auch durch meine Beobachtung der absolut sichere Nachweis des Vorkommens dieser seltenen Art für die Bartensteiner Gegend noch nicht geführt ist, so erwähne ich sie doch, um das Augenmerk anderer

Beobachter auf sie zu lenken. Die Angaben von Wichtrich (O. M. B. 1911 p. 179—181) über die Stimme von *T. stagnatilis* stimmen mit meinen Beobachtungen gut überein.

## 92. Totanus ocrophus (L.) — Waldwasserläufer.

*Tringa ocrophus* L.; *Totanus, Helodromas ocrophus* auct.

Im Norden und Nordosten von Ostpreußen brütet der Waldwasserläufer nach den Beobachtungen von E. Christoleit (80) regelmäßig und häufig; aber auch an manchen andern Stellen der Provinz ist er in feuchten Wäldern nach Hartert (200, 205) kein ganz seltener Brutvogel. Anscheinend ist er in Ostpreußen recht weit verbreitet.

Hildebrandt bezeichnet ihn für Heydekrug, Szielasko (471) für die Niederung als Brutvogel. Häufig nistet er nach Wiese (654), der ein Gelege von dort erhielt, in Weszkallen (Kreis Pillkallen). v. Hippel (227) beobachtete ein Paar mit Jungen im Forstrevier Astrawischken (Kreis Insterburg). Nach Altum (3) wurde in demselben Revier ein Gelege in einem Drosselnest gefunden; ein dort gesammeltes Dunenjunges vom 3. Juni 1884 befindet sich in der Sammlung der Forstakademie Eberswalde (4). Szielasko konstatierte das Brüten in der Rominter Heide, wo auch Geyr v. Schweppenburg (189) *T. ocrophus* Anfang Juli 1911 nicht selten antraf, ich selbst in dem sumpfigen Angerburger Stadtwalde; am 4. Juni 1908 bemerkte ich dort ein Paar, das sich augenscheinlich in nächster Nähe des Nestes oder der Jungen befand. Am 2. Juli 1911 sah ich ferner ein Paar auch im Forstrevier Rothebude, Schutzbezirk Wiersbianken (Kreis Goldap); das ♂ ließ mehrfach den Paarungsruf hören. In demselben Revier beobachtete ich am 30. und 31. Mai 1913 diesen Wasserläufer vielfach am Brutplatze. E. Christoleit teilte mir brieflich noch mit, daß er den Waldwasserläufer „einzeln bei Wehlau und wahrscheinlich auch Königsberg, zahlreicher in den großen Waldungen der Kreise Labiau und Niederung sowie bei Passenheim (Kreis Ortelsburg)" als Brutvogel beobachtet habe. Baecker (19) bezeichnet ihn als Sommervogel für das Forstrevier Gauleden (Kreis Wehlau), Krause als nicht seltenen Brutvogel in Sadlowo (Kreis Rössel). In der Schausammlung des Berliner Museums befindet sich ein Dunenjunges aus Tapiau, von wo auch ich 2 pulli aus dem Juli 1889 durch Wendlandt erhielt. Am 27. Mai 1906 bemerkte ich diesen Wasserläufer in der Stadtheide bei Mehlsack (Kreis Braunsberg) und am 1. Juni 1910 bei Schmolainen (Kreis Heilsberg). Einzeln nistet er gelegentlich, aber nicht regelmäßig, wohl auch in der Bartensteiner Gegend. 1906 hat z. B. unweit von Losgehnen ein Paar wahrscheinlich gebrütet.

Auf dem Zuge ist der Waldwasserläufer meist nicht selten, wenn auch weit weniger zahlreich wie *T. glareola*. In der ersten Hälfte des April stellt er sich bei uns ein, nach meinen Beobachtungen bei Bartenstein zwischen dem 23. März und 22. April, im Mittel von 9 Jahren am 6. April. Der Durchzug dauert bis in die erste Hälfte des Mai. Ende April und Anfang Mai hört man schon häufig ihren Paarungsruf. Zur Brutzeit sind bei Bartenstein nur sehr vereinzelte Paare und auch nicht alljährlich zu beobachten. Auch ungepaarte Stücke zeigen sich gelegentlich im Mai und Juni am Kinkeimer See. 1911 stellte sich ein Paar, das vielleicht im Brutgeschäft gestört war, am 4. Juni daselbst ein. Schon Ende Juni oder Anfang Juli treffen die ersten Jungen ein, die am See und am Dostfluß von dieser Zeit an regelmäßig bis Anfang September zu beobachten sind. Den letzten bemerkte ich 1911 am 23. September. Der Waldwasserläufer ist entschieden weniger gesellig wie *T. glareola*. Kleinere Flüge, vielleicht Familien, sieht man aber im August nicht selten; gelegentlich habe ich ihn auch in Gesellschaft von Bruchwasserläufern angetroffen.

Ähnlich wie bei Bartenstein liegen die Zugverhältnisse wohl auch sonst in der Provinz. Auf der Kurischen Nehrung ist der Waldwasserläufer im

Herbst ziemlich häufig; auch dort werden Junge nach Thienemann (525, 550) öfters schon Ende Juni beobachtet.

### 93. **Totanus glareola** (L.) — Bruchwasserläufer.

*Tringa glareola* L.; *Rhyacophilus glareola* (L.).

Auf dem Zuge ist der Bruchwasserläufer unter seinen Gattungsgenossen weitaus am häufigsten; als Brutvogel tritt er dagegen nur recht spärlich an wenigen Stellen im Nordosten der Provinz auf. Hartert (200, 205) gelang es, sein Brüten im Darkehmer Kreise und für die Gegend von Labiau nachzuweisen. Hildebrandt bezeichnet ihn für Heydekrug als Brutvogel; doch hat E. Christoleit ihn dort und überhaupt im Rußdelta bisher nicht mit Sicherheit brütend aufgefunden. Der letztgenannte Forscher beobachtete ihn als Brutvogel in kleiner Anzahl an einer Stelle des großen Labiauer Moosbruches und vielleicht vor Jahren auf einem kleinen Torfmoor bei Königsberg. In der Sammlung der Forstakademie Eberswalde befinden sich 2 Dunenjunge vom 28. Mai 1878 aus Pfeil (Kreis Labiau), also gleichfalls vom „großen Moosbruch" (4). Auf sie stützt sich die Bemerkung Altums in seiner „Forstzoologie" (1), daß er „von Herrn Oberförster-Kandidaten Hoffmann Dunenjunge aus Ostpreußen erhalten habe".

Nur auf wenigen Mooren im Nordosten ist der Bruchwasserläufer bisher also brütend aufgefunden worden. Als Durchzügler ist er dagegen überall an etwas größeren Gewässern recht häufig. E. Christoleit beobachtete ihn als solchen „im Rußdelta, bei Heinrichswalde, Wehlau, Königsberg, Braunsberg, d. h. wohl an allen geeigneten Stellen des nördlichen Ostpreußen regelmäßig und zum Teil häufig". Bei Bartenstein zeigt er sich auf dem Herbstzuge gleichfalls recht zahlreich; aber auch im Frühjahr und sogar während der Brutzeit kann man ihn regelmäßig, wenn auch in geringerer Anzahl, am Kinkeimer See beobachten. Unter allen Wasserläufern ist er dort weitaus am häufigsten.

Im letzten Drittel des April, oft auch erst Anfang Mai, beginnt gewöhnlich der Frühjahrszug, der bis Mitte Mai anhält; am 18. Mai 1905 traf ich z. B. noch viele auf dem Durchzuge an, und am 19. Mai 1912 bemerkte ich neben vielen Einzelexemplaren einen geschlossenen Flug von 20—30 Stück. Die ersten beobachtete ich 1904 am 23. April, 1905 am 3. Mai, 1906 am 30. April, 1907 am 7., 1909 am 8. Mai, 1911 am 30. und 1912 am 28. April. Als Mittel von 7 Jahren ergibt sich der 1. Mai. Auch während der Brutzeit, Ende Mai bis Anfang Juli, halten sich fast stets einzelne Stücke oder kleinere, bisweilen auch ziemlich große, Flüge am See auf. Es sind dies jedenfalls alles ungepaarte Vögel oder solche, deren Brut gestört wurde. 2 am 8. Juli 1908 erlegte Exemplare (♂ und ♀) zeigten völlig geschrumpfte Geschlechtsteile; dagegen hatte ein am 5. Juni 1911 geschossenes ♀ einen stark entwickelten Eierstock.

Anfang Juli stellen sich die ersten Jungen ein; ihre Zahl ist Ende dieses Monats und im August am größten. Der Abzug erfolgt spätestens in der ersten Septemberhälfte; die letzten beobachtete ich 1911 am 17. September. Fast alle Bruchwasserläufer, die man im Herbst antrifft, sind junge Vögel. Dasselbe hat auch Thienemann (519) bei Rossitten beobachtet. Auch auf der Kurischen Nehrung ist *T. glareola* im Herbst sehr zahlreicher Durchzügler; im Frühjahr zeigt er sich dort weniger häufig. le Roi (430) traf ihn am 4. Mai 1902 an der Nordküste des Samlandes sogar mehrfach am Seestrande an.

### 94. **Limosa limosa** (L.) — Schwarzschwänzige Uferschnepfe.

*Limosa melanura, aegocephala* auct.

Nur am Ostufer des Kurischen Haffs nistet die schwarzschwänzige Uferschnepfe, hier aber auch stellenweise in recht großer Anzahl. Hartert

(200, 205) erwähnt sie noch als „seltenen“ Brutvogel für den nordöstlichen Teil der Provinz, speziell für die Gegend von Labiau. In der Tat brütet sie aber im Mündungsgebiet der Memel vielfach außerordentlich häufig. Baer (31) traf sie Ende Mai 1896 bei Minge so zahlreich an, daß aus manchen Schlammbuchten geradezu Wolken von Kiebitzen, Kampfläufern und Uferschnepfen aufflogen. Ihm wurde mitgeteilt, daß letztere dort erst in neuerer Zeit seit Einführung der Wiesenkultur eingewandert seien. Hildebrandt und Voigt (651) bezeichnen sie als sehr häufig bei Heydekrug, E. Christoleit als sehr zahlreich im Rußdelta. W. Christoleit teilte mir mit, daß sie sich etwa seit 1907 auch auf den Wiesen an der Südostecke des Kurischen Haffs sicherem Vernehmen nach angesiedelt habe. Sondermann erhielt von Nemonien ein Stück am 26. Juni 1905. Auf den Wiesen am Atmathstrom bei Ruß begegnete ich am 12. Juli 1908 vielfach jungen Exemplaren; ich erhielt auch ein altes ♀, das nebst 2 jungen Vögeln bei Minge auf der Entenjagd geschossen war.

Außerhalb der Brutzeit scheint *L. limosa* am ganzen Festlandsufer des Kurischen Haffs nicht selten zu sein. Einen jungen Vogel vom Südufer erhielt ich am 25. Juli 1908. Auf der Kurischen Nehrung zeigt sie sich zwar regelmäßig im Herbst, aber im ganzen nicht sehr zahlreich. Das erste für die Nehrung bekannte Stück erlegte Thienemann (504) am 23. Juli 1896. Einzelne Stücke oder kleine Flüge, meist aus Jungen bestehend, werden während der Monate Juli und August wohl alljährlich auf der Vogelwiese und am Bruch bei Rossitten beobachtet.

Ins Innere der Provinz gelangt diese Art anscheinend nur ziemlich selten. E. Christoleit traf sie auf dem Zuge je einmal auf den Wiesen am Nordufer des Frischen Haffs und bei Wehlau an. Ulmer (576) erlegte am 14. Juli 1909 ein Stück am Frischen Haff. Am Kinkeimer See bei Bartenstein beobachtete ich einen Flug von 5 Stück am 13. Juni 1909 und je ein einzelnes altes Exemplar am 7. Mai und 4. Juni 1911. Einen jungen Vogel erhielt ich vom See am 25. Juni 1911; er war völlig ausgewachsen und befand sich in Gesellschaft von einigen männlichen Kampfläufern, mit denen er wohl sofort nach dem Flüggewerden den Brutplatz verlassen hatte. Einen weiteren jungen Vogel schoß ich aus einem Fluge junger Kampfläufer am 15. Juli, einen anderen beobachtete ich am 23. Juli 1911.

### 95. **Limosa lapponica lapponica** (L.) — Rostrote Uferschnepfe.

*Limosa rufa* auct.

Die nächsten Brutplätze der rostroten Uferschnepfe liegen in Lappland, Finnland und Taimyrland. Schon aus diesem Grunde erscheint es wenig wahrscheinlich, daß diese nordische Art sich in unsern Breiten fortgepflanzt haben soll. In vielen neueren ornithologischen Werken, so bei Fr. Lindner (319), Reichenow (420, 421b) und Schäff (442), findet sich nun aber die Angabe, daß *Limosa lapponica* in Ostpreußen bei Pillkoppen auf der Kurischen Nehrung als Brutvogel festgestellt sei. Diese Bemerkung geht wohl auf folgende Mitteilung Fr. Lindners (314) zurück: „brütete 1891 auf den Skilorith-Hecken südlich von Pillkoppen (Krüger)“. Gemeint ist offenbar der Skielwiethhaken, der jedoch nördlich von Pillkoppen liegt. Das Tagebuch Krügers für das Jahr 1891 (156) ergibt hierüber nichts weiter, als daß am 6. Mai 1891 ein Pärchen bei Pillkoppen geschossen wurde. Hieraus allein schon auf ein Brüten daselbst zu schließen, geht doch entschieden nicht an. Höchstwahrscheinlich sind die Vögel noch auf dem Zuge begriffen gewesen, zumal das Brutgeschäft erst in den Juni fällt. Im neuen Naumann (386) ist ferner die Angabe enthalten, daß Anfang Juli 1894 am litauischen Ufer des Kurischen Haffs *Limosa lapponica* in ganz jungen, offenbar dort erbrüteten Exemplaren erbeutet sei (vgl. 163). Hier liegt augenscheinlich eine Verwechslung mit *Limosa limosa* vor. Erwiesen ist die Tatsache des Brütens von *L. lapponica*, da eine Nachprüfung nicht möglich ist, jedenfalls in keiner Weise. Man wird also gut tun, die rostrote Uferschnepfe endgültig als ostpreußischen Brutvogel zu streichen.

Als Zugvogel zeigt sie sich im Herbst nach Hartert (200, 205) an den Ufern beider Haffe gar nicht selten. Auf der Kurischen Nehrung insbesondere ist sie im Herbst von Juli bis Mitte September eine ziemlich gewöhnliche Erscheinung. Die Alten im rostroten Sommerkleide eröffnen den Zug. Im Jahre 1902 wurden die ersten von Thienemann (510) bei Rossitten schon am 4. Juli beobachtet, und 1911 wurde die erste von Pillkoppen am 18. Juli eingeliefert; es sind dieses wahrscheinlich Stücke, die aus irgendeinem Grunde nicht gebrütet haben. Erst Ende Juli sieht man sie in größerer Zahl. Die Jungen ziehen später als die Alten im August und September durch. Im Frühjahr wird *L. lapponica* nur äußerst spärlich bei uns beobachtet. Sondermann erhielt ein Stück von Nemonien am 18. April 1902. Beobachtungen über das Vorkommen der Art im Innern der Provinz liegen bisher nicht vor.

### 96. Numenius arquatus arquatus (L.) — Großer Brachvogel, Keilhaken, Kronschnepfe.

*Numenius arcuatus* auct.

Die Eindeichung und Kultivierung der großen Wiesenflächen im Mündungsgebiet der Memel und die Trockenlegung der Moore haben es bewirkt, daß der große Brachvogel als Brutvogel wesentlich seltener geworden ist. In der Mitte des vorigen Jahrhunderts brütete er sogar noch mehrfach im Innern der Provinz. Wenigstens konstatierte Löffler 1847 sein Brüten bei Gerdauen; dort gesammelte Eier bot er dem Museum zum Kaufe an (Briefe vom 12. Juni und 9. August 1847). Heutzutage nistet der Brachvogel nur noch am Ostufer des Kurischen Haffs und vielleicht im südlichen Masuren.

Hartert (200, 205) erwähnt das Brüten von *N. arquatus* für den Nordosten der Provinz, ohne daß es ihm aber selbst gelang, ihn am Brutplatz aufzufinden. Nach Hildebrandt nistet er bei Heydekrug nicht allzu selten; doch beobachtete Baer (31) bei Minge Ende Mai 1896 nur ein einziges Stück. Auch dieser Forscher erwähnt ausdrücklich, daß die Art vor Einführung der Wiesenkultur dort viel zahlreicher gewesen sein solle. In Schillkojen (Kreis Niederung) hat in den letzten Jahren einmal ein Paar genistet; Gude und Selzer sahen die eingefangenen, noch nicht flugfähigen Jungen. Auch die im Jahre 1908 veranstaltete Rundfrage der Physikalisch-Ökonomischen Gesellschaft ergab, daß der Brachvogel in der Hauptsache nur noch im Memeldelta nistet, allgemein aber an Zahl abnimmt. Nur 6 Reviere in den Kreisen Memel, Heydekrug, Niederung und Labiau beherbergen ihn noch als Brutvogel in höchstens etwa 40—50 Paaren. Am Frischen Haff bei Neplecken (Kreis Fischhausen) beobachtete ich ein einzelnes, wohl ungepaartes Exemplar am 19. Juni 1909. Schlonski ist der Ansicht, daß *N. arquatus* höchstwahrscheinlich auch im Kreise Johannisburg auf ausgedehnten Sumpfwiesen noch brüte; er hat dort die Vögel in jedem Jahre sommerüber nicht selten beobachtet.

Auf dem Zuge kommt der große Brachvogel an der Küste und an den Haffen überall recht zahlreich vor; aber auch im Binnenlande kann man ihn wohl in den meisten Gegenden als regelmäßigen Durchzügler beobachten. Hildebrandt erwähnt ihn für Heydekrug als „auf dem Zuge sehr häufig“, und dasselbe gilt auch für die Kurische Nehrung. Im Frühjahr wird er auf der Nehrung zwar alljährlich im April beobachtet, aber meist nicht besonders zahlreich; desto mehr zeigt er sich im Herbst. Schon Ende Juni stellt er sich in oft recht großen Flügen dort ein; 1907 wurden sogar schon am 15. Juni, 1910 am 23. Juni Brachvögel auf dem

Zuge bei Rossitten nach Thienemann (550, 588) gesehen. Ende Juli und im August wird man *N. arquatus* auf den großen Pallwen am Haff kaum jemals vergeblich suchen, bis dann etwa Mitte September der Zug allmählich beendet ist. Im August hört man auf der Nehrung und auch bei Cranz den klangvollen Ruf der ziehenden Brachvögel sowohl am Tage wie während der Nacht außerordentlich häufig.

Auch bei Bartenstein gehört der große Brachvogel auf dem Zuge zu den regelmäßigen Erscheinungen; doch tritt er dort weit weniger zahlreich als an der Küste auf. Ende März oder Anfang April — nach meinen Notizen zwischen dem 23. März und 15. April, wobei sich als Mittel von 8 Jahren der 4. April ergibt, — beginnt der Frühjahrszug, der bis Ende April anhält. Die letzten sah ich im Frühjahr 1905 am 20., 1906 am 30. und 1909 am 24. April. Während der Brutzeit habe ich Brachvögel bei Bartenstein noch nicht bemerkt. Auf dem Herbstzuge treffen die ersten aber bereits wieder Anfang Juli, bisweilen sogar schon Ende Juni, ein, so 1904 schon am 25. Juni. Der Herbstzug dauert in der Regel bis Ende August; am lebhaftesten ist er in der zweiten Juli- und ersten Augusthälfte. Gewöhnlich sieht man die Brachvögel bei Bartenstein nur einzeln oder in Flügen von höchstens 20 Stück, die sich mit Vorliebe auf den Feldern in der Umgebung des Kinkeimer Sees, bisweilen auch weiter von ihm entfernt, aufhalten, jedoch stets nur kurze Zeit in der Gegend verweilen. In Heilsberg hörte ich Brachvögel gleichfalls im August wiederholt nachts in großen Flügen über die Stadt ziehen.

### 97. **Numenius tenuirostris** Vieill. — Dünnschnäbliger Brachvogel.

Der in Deutschland so seltene dünnschnäblige Brachvogel, dessen Brutgebiet östlich von uns in Westsibirien liegt, ist auch für Ostpreußen schon einmal nachgewiesen. Th. Zimmermann (659) erlegte ein Exemplar am 8. September 1891 bei Rossitten. Meist wird als Erlegungsdatum der 2. September angegeben (vgl. 314, 320, 321), von Reichenow (417) sogar der 9. November; doch trägt die Originaletikette, die nach Angabe des Erlegers bestimmt richtig ist, die Notiz: 8. September. Hartert (208) zweifelte die Richtigkeit der Bestimmung an und hielt eine hochnordische Form von *N. arquatus* nicht für ausgeschlossen. Ich habe das fragliche Stück in der Sammlung Zimmermanns genau untersucht und halte es danach doch für einen echten *N. tenuirostris*. Es besitzt eine Flügellänge von 25 cm, dabei sehr helle Oberseite und auf der Unterseite die charakteristischen Drosselflecke.

### 98. **Numenius phaeopus phaeopus** (L.) — Regenbrachvogel.

Zusammen mit seinem großen Verwandten besucht der Regenbrachvogel auf dem Herbstzuge die Küstengegenden ziemlich häufig. Hartert (200, 205) nennt ihn zwar einen „seltenen Durchzugvogel"; doch trifft dies im Herbst, für die Kurische Nehrung wenigstens, durchaus nicht zu. Hier wird er im Juli und August alljährlich auf den Pallwen am Haffstrande, namentlich auf der Vogelwiese bei Rossitten, recht zahlreich beobachtet. Schon Anfang Juli stellen sich öfters die ersten ein; Thienemann (504, 510) berichtet von großen Flügen, die am 7. Juli 1899 und 3. Juli 1902 zu sehen waren. Häufig trifft man die Regenbrachvögel in Gesellschaft von *N. arquatus* an; doch ist der Zug meist etwas früher als bei dieser Art beendet. Der Frühjahrszug geht dafür etwas später vor sich; er fällt teilweise in den Mai, ist aber auf der Nehrung sehr unbedeutend.

Ins Binnenland kommt *N. phaeopus*, der durch seinen trillernden Ruf leicht kenntlich ist, weit seltener als *N. arquatus*. Bei Bartenstein habe ich ihn bisher erst dreimal, am 24. April und 9. Mai 1909 sowie am 24. Juni

1911, in geringer Anzahl beobachtet. An dem letztgenannten Tage flogen 3 wohl nichtbrütende Stücke bereits wieder nach Süden.

Angeblich (164, 170) soll dieser hochnordische Vogel im Sommer 1895 auf der Kurischen Nehrung bei Kunzen genistet haben. Die Angabe ist zwar leider auch in den neuen Naumann (386) übernommen, sie ist dadurch aber um nichts glaubwürdiger geworden. Abgesehen davon, daß eine Nachprüfung nicht möglich ist, wird jeder Ornithologe, der das Terrain bei Kunzen aus eigener Anschauung kennt, die angebliche „Brutbeobachtung“ ohne weiteres in das Reich der Fabel verweisen.

### 99. **Gallinago media** (Lath.) — Große Sumpfschnepfe, Doppelschnepfe.

*Gallinago, Telmatias, Ascolopax maior* auct.

Nur in wenigen Gegenden im Nordosten von Ostpreußen scheint die Doppelschnepfe als Brutvogel vorzukommen. Hartert (200, 205) fand 1882 2 Paare in Gleisgarben (Kreis Darkehmen) auf unzugänglichem Moor nistend; er stellte ferner das Brüten noch an einer andern Stelle in demselben Kreise sowie am Kurischen Haff fest. W. Christoleit beobachtete im Juni 1909 etwa 10 dieser Schnepfen im Rußdelta, konnte aber ein Gelege nicht finden. Friedrich v. Droste (126) bezeichnet die Art als nicht seltenen Brutvogel bei Nemonien und Labiau, und auch E. Christoleit hat sie am Ostufer des Kurischen Haffs zur Brutzeit bemerkt. Ob die Doppelschnepfe noch in anderen Teilen der Provinz als am Kurischen Haff und im Kreise Darkehmen sich fortpflanzt, ist bisher nicht festgestellt. Die Richtigkeit der Angabe Spaldings (13), daß sie bei Zymna (Kreis Johannisburg) Sommervogel sei, erscheint mir zweifelhaft.

Auf dem Herbstzuge besucht *G. media* einzelne Gegenden sehr zahlreich, andere dagegen wiederum fast garnicht; es scheint aber, als ob sie neuerdings als Durchzügler vielfach seltener geworden ist. Bujack (68) bezeichnet als beste Jagdzeit die Zeit vom 10. August bis 10. September. Hartert (l. c.) gibt an, sie sei „zur Zugzeit an geeigneten Stellen sehr häufig“. Nach Ulmer ist sie bei Fischhausen im August meist häufig, bei Quanditten dagegen selten. Professor Dr. Lech-Osterode teilte mir mit, daß er früher viele während des Herbstzuges auf den Pregelwiesen bei Wehlau geschossen habe. Nach Hildebrandt ist sie bei Heydekrug auf dem Zuge Ende Juli und Anfang August nicht zu selten. Dagegen kommt sie auf der Kurischen Nehrung und bei Bartenstein nur sehr spärlich und unregelmäßig vor. Auf der Nehrung hat Thienemann (504, 546) sie in den Monaten Juli bis September wiederholt, aber nicht in jedem Jahre und stets auch nur in sehr geringer Anzahl beobachtet. Als Beobachtungsdaten für die letzten Jahre erwähnt er den 28. Juli, 2. und 10. August 1896; 21. August 1899; 23. August und 11. September 1906. Bei Bartenstein habe ich die Art erst zweimal festgestellt; am 14. September 1902 erhielt ich ein Stück von Glittehnen, und in Losgehnen wurde eine Doppelschnepfe Anfang September 1905 beobachtet.

Eingehende Beobachtungen über den Frühjahrszug liegen aus der Provinz bisher nicht vor. In der Sammlung der Vogelwarte befindet sich ein am 15. Mai 1907 bei Rossitten erlegtes Exemplar.

### 100. **Gallinago gallinago gallinago** (L.) — Gemeine Sumpfschnepfe, Bekassine.

*Scolopax gallinaria* auct.; *Gallinago coelestis, scolopacina* auct.; *Telmatias, Ascolopax gallinago* (L.).

Auf Mooren, sumpfigen Wiesen und ähnlichen Plätzen nistet die Bekassine noch an sehr vielen Stellen in der Provinz; ja Hartert (200, 205) und Szielasko (471) bezeichnen sie sogar als „überall häufig". Auch W. Christoleit teilte mir mit, daß er sie „bisher an passenden Örtlichkeiten noch überall als Brutvogel" gefunden habe. Nach Hildebrandt nistet sie bei Heydekrug nicht selten; er besitzt 2 Gelege aus dortiger Gegend, nämlich 3 Eier vom Rupkalwer Moor (10. Mai 1905) und 4 Eier vom Augstumalmoor (2. Juni 1906). Goldbeck fand sie zur Brutzeit am Geserichsee (Kreis Mohrungen), ich selbst im Mai 1908 recht zahlreich auf den Sumpfwiesen am Mauersee bei Angerburg. In der Bartensteiner Gegend habe ich das Brüten, wohl nur aus Mangel an geeigneten Nistplätzen, bisher noch nicht festgestellt. Am 2. Mai 1907 beobachtete ich allerdings am Kinkeimer See ein Paar, dessen ♂ eifrig meckerte.

Auf dem Zuge kommt die Bekassine im Herbst überall recht zahlreich vor; der Frühjahrszug ist in der Regel nur unbedeutend. Auch der Herbstzug gestaltet sich in den einzelnen Jahren auffallend verschieden; auf sehr gute Bekassinenjahre folgen andere, in denen man nur verhältnismäßig wenige sieht.

In der zweiten Märzhälfte beginnt gewöhnlich der Frühjahrszug, der häufig bis Ende April anhält, aber nie sehr stark ist. Als frühestes Ankunftsdatum notierte ich bei Bartenstein den 10. März, als spätestes den 6. April; als Mittel von 10. Jahren ergibt sich der 28. März. Anfang Juli stellen sich am Kinkeimer See die ersten Jungen auf dem Herbstzuge ein. Während desselben sind Bekassinen am See meist recht häufig, im September und Oktober oft geradezu massenhaft vertreten. Sehr reich an Bekassinen war das auffallend nasse Jahr 1907. Am 15. September dieses Jahres traf ich auf einem trockenen Kartoffel- und auf einem Buchweizenfelde unweit des Sees, der einen sehr hohen Wasserstand zeigte, sehr viele an, mehrfach sogar Flüge von 15—20 Stück, die sich sowohl in der Luft wie beim Einfallen dicht zusammenhielten. Auch am 7. Oktober bemerkte ich noch einen Flug von etwa 20 Stück. Das häufige Auftreten im Herbst 1907 bestätigt auch Müller (381) für Ostpreußen; ein Jäger erlegte danach in 10 Tagen etwa 100 dieser Vögel. Bis tief in den November hinein halten sich oft noch zahlreiche Bekassinen in der Bartensteiner Gegend auf, von denen viele erst abziehen, wenn der See und die andern Gewässer sich mit Eis bedecken. Die letzten sah ich 1898 am 30., 1905 am 18., 1907 am 17., 1908 am 1. und 1911 am 12. November. Auf der Kurischen Nehrung ziehen Bekassinen im Herbst gleichfalls meist recht zahlreich durch. Bei Rossitten beobachtete Thienemann (504) 1899 die letzte am 27. November.

### 101. **Limnocryptes gallinula** (L.) — Kleine Sumpfschnepfe, Moorschnepfe, stumme Bekassine.

*Gallinago, Telmatias, Ascolopax, Philolimnos gallinula* (L.).

Noch seltener als die Doppelschnepfe schreitet die kleine Moorschnepfe bei uns zur Brut; sie wird aber wohl auch leicht übersehen. Hartert (200) berichtet, daß sie 1864 auf dem jetzt trockengelegten Nietlitzbruch bei Czierspienten (Kreis Sensburg) gebrütet haben solle, und vermutet, daß dies auch sonst vereinzelt hier und da geschehe. Szielasko hat sie, wie er mir mitteilte, bei Stallupönen am Brutplatz beobachtet; er gibt ferner an (471), daß sie in der oberen litauischen Ebene von Forstmeister Juedz als seltener, unregelmäßiger, in der unteren und der Niederung von den Förstern Franz und Gerhard als häufiger, regelmäßiger Brutvogel konstatiert sei. Spalding (12, 13) erwähnt sie als Sommervogel für Zymna (Kreis Johannisburg). Die letztgenannten Angaben erscheinen mir alle jedoch recht unsicher; häufig nistet die Moorschnepfe sicherlich nirgends in der Provinz.

Als Durchzügler zeigt sich *L. gallinula* im Herbst meist nicht selten, wenn auch in weit geringerer Anzahl als die Bekassine. Hartert (l. c.) nennt sie „zur Zugzeit nicht selten“. Nach Ulmer ist sie bei Quanditten im Herbst gewöhnlich häufig; 1905 erlegte er ein Stück daselbst noch am 24. Dezember. W. Christoleit beobachtete sie regelmäßig auf dem Zuge bei Fischhausen und im Kreise Labiau. Auch bei Bartenstein kommt sie in den Monaten September bis November regelmäßig vor. Meist hält sie sich am Kinkeimer See auf, doch in der Regel nicht sehr zahlreich; in manchen Jahren, so im Herbst 1907, kann man sie aber verhältnismäßig oft beobachten. Von Anfang Oktober bis zum Zufrieren des Sees im November traf ich dort 1907 stets eine ganze Anzahl an. Die letzten bemerkte ich am 17. November. Allabendlich beobachtete ich sie eingehend; sie begannen mit dem Abendstrich stets etwas später als die gewöhnlichen Bekassinen. Dabei ließen sie häufig ein schwaches und ziemlich hohes, von dem der gewöhnlichen Art deutlich verschiedenes „ätsch ätsch“ hören. Bisweilen flogen sie in ihrem fledermausartigen Fluge mir ganz nahe um den Kopf und fielen oft auch dicht bei mir ein. Auch am Rehsauer See waren sie in diesem Jahre recht zahlreich; wie mir Dr. Dembowski, von dem ich am 18. Oktober 2 Stücke erhielt, mitteilte, waren sie dort im Oktober 1907 weit häufiger als *G. gallinago.* 1911 hielten sich Moorschnepfen vom 7. Oktober bis 24. November ständig am Kinkeimer See auf. 1896 wurde ein Stück noch im Dezember am Alleufer bei Bartenstein lebend gefangen, und in Losgehnen bemerkte ich eine verspätete Moorschnepfe 1912 am 15. Dezember. Von Gertschen (Kreis Gumbinnen) erhielt Techler am 20. Januar 1912 ein Stück, das bei — 20° an einer Quelle geschossen war; es war nicht abgemagert.

Auf der Kurischen Nehrung zieht die kleine Sumpfschnepfe im Herbst regelmäßig durch, doch meist nur in geringer Anzahl. 1900 schoß Thienemann ein ♀ bei Rossitten schon am 22. August; es befindet sich jetzt im Königsberger Museum. Beobachtungen über den Frühjahrszug liegen bisher weder für die Nehrung noch sonst aus der Provinz vor.

### 102. **Scolopax rusticola** L. — Waldschnepfe.

*Scolopax rusticula* auct.

In fast allen größeren Waldungen ist die Waldschnepfe noch Brutvogel, vielfach sogar noch ziemlich zahlreich. In neuerer Zeit findet jedoch fast allgemein eine Abnahme der Brutpaare statt, die vielleicht teilweise auf zu starken Abschuß im Frühjahr zurückzuführen ist.

Nach der im Jahre 1908 veranstalteten Rundfrage der Physikalisch-Ökonomischen Gesellschaft fehlte die Waldschnepfe als Brutvogel nur in 8 von 84 staatlichen Forstrevieren. In einem dieser Reviere — Rossitten — ist sie aber schon wiederholt von Thienemann (504, 519, 546) zur Brutzeit festgestellt, so daß ein — zum mindesten gelegentliches — Brüten daselbst sehr wahrscheinlich ist. Ein junges ♀ in dem charakteristischen, von Naumann anscheinend nicht gekannten ersten Jugendkleide wurde der Vogelwarte am 9. Juli 1910 aus der Nähe von Rossitten eingeliefert. In 2 anderen Revieren, die gleichfalls Fehlanzeige erstattet hatten — Puppen und Prinzwald —, ist die Waldschnepfe nach Berichten, die Thienemann (588) bei der Rundfrage über den Schnepfenzug erhielt, jetzt gleichfalls Brutvogel, so daß also nur 5 Oberförstereien verbleiben, in denen sie bisher nicht brütend aufgefunden wurde. Die Zahl der Brutpaare in den einzelnen Revieren ist natürlich sehr verschieden. Über 10 Paare weisen auf: Klooschen, Neu-Sternberg, Gertlaucken, Neu-Lubönen, Wischwill, Weszkallen, Kranichbruch, Astrawischken, Tapiau, Papuschienen, Drusken, Leipen, Födersdorf, Jablonken, Lanskerofen, Kaltenborn, Commusin, Friedrichsfelde, Crutinnen, Kullick, Rudczanny und Johannisburg. Als fehlend bezeichnen sie — abgesehen von Rossitten, Puppen und Prinzwald, die bereits erwähnt sind, — die Reviere Nemonien, Kobbelbude, Wormditt, Grüneberge und Lyck. Eine Verminderung wird von 29, eine Vermehrung nur von 4 Revieren gemeldet. Nach den Berichten, die Thienemann (588) erhielt, scheint aber neuerdings, vielleicht infolge Ausdehnung der Schonzeit, die Zahl der Brutpaare erheblich zuzunehmen; dies ist z. B. in Brödlauken, Tzulkinnen und Alt-Christburg der Fall, und auch in Pfeilswalde und Nikolaiken nisten jetzt auffallend viele. Auch in den großen Privatforsten brütet die Waldschnepfe nach der Rundfrage noch fast überall; sie ist also im ganzen ziemlich gleichmäßig über die Provinz verbreitet. Hartert (200, 205) hat demnach durchaus recht, wenn er sagt, sie sei „noch an vielen Orten Brutvogel". Szielasko (471) gibt an, sie brüte in Masuren und der oberen litauischen Ebene nur vereinzelt, in der unteren und der Niederung häufig; ersteres trifft nach dem oben Angeführten nicht zu, auch in Masuren kommt die Waldschnepfe vielfach recht zahlreich vor. Bei Bartenstein nistet sie nur sehr spärlich, einzeln aber wohl doch noch in den meisten größeren Waldungen. Brutvogel ist sie z. B. im Bartensteiner Stadtwalde bei Kl. Wolla (Kreis Pr. Eylau).

Der Zug der Waldschnepfe durch Ostpreußen hat neuerdings in Thienemann (564, 576, 588) einen eingehenden Bearbeiter gefunden. Besonders stark ist er gewöhnlich in den Revieren, die in der Nähe der beiden Haffe liegen; aber auch im Binnenlande ist er vielfach recht gut, am schwächsten wohl im Süden der Provinz. Bei Bartenstein ist der Durchzug im allgemeinen nur unbedeutend, am lebhaftesten noch im Tale der Alle. In Losgehnen gelangen nur gelegentlich und kaum regelmäßig in den Monaten März-April und September-Oktober vereinzelte Waldschnepfen zur Beobachtung.

Der Frühjahrszug beginnt meist Mitte oder Ende März, bisweilen sogar schon Ende Februar; am lebhaftesten ist er gewöhnlich Anfang April. Thienemann (510, 546) nennt für Rossitten als früheste Ankunftsdaten den 27. Februar 1902 und 7. März 1906. Bei Quanditten dauerte der Frühjahrszug 1906 nach Ulmer (546) vom 22. März bis 16. April. Der Herbstzug setzt gelegentlich schon Mitte September ein; der Hauptzug fällt aber in die erste Hälfte des Oktober. Bisweilen findet ein außergewöhnlich starker Durchzug von Waldschnepfen statt. Im Oktober 1901 wurden nach Thienemann (505) an **einem** Tage bei Strauchbucht auf der Frischen Nehrung etwa 150 Stück beobachtet. Eine ganz besonders große Zugwelle ging nach Thienemann (564, 575) in der Nacht vom 16. zum 17. Oktober 1908 über Ostpreußen hin. Der Einzug erfolgte von Nordosten her. In der Nähe der beiden Haffe fielen die Schnepfen geradezu massenhaft ein, während der östliche und südliche Teil der Provinz nicht berührt wurden. Gewöhnlich dauert der Herbstzug noch bis Ende Oktober oder Anfang November, bisweilen sogar noch bis weit in den November hinein. Bei Quanditten waren nach Thienemann (564, 588) 1908 noch am 31. Oktober viele Schnepfen zu beobachten, desgleichen in Hohenstein am 30. Oktober. 1909 und 1910 wurden die letzten aus der Provinz vom 24. November gemeldet; jedenfalls waren in beiden Jahren Schnepfen im November noch vielfach zu sehen. In Wichertshof (Kreis Heilsberg) hielt der Zug 1908 vom 24. September bis Anfang November an, während in Maraunen (Kreis Heilsberg) 1911 ein Stück noch am 18. November erlegt wurde. Einzelne Schnepfen überwintern auch gelegentlich bei uns. Thienemann (519, 525) beobachtete solche bei Rossitten am 2. und 21. Dezember 1903 und 15. Dezember 1904, und Hartert (200) berichtet, daß bei tiefem Schnee eine Schnepfe bei Warnicken, eine andere im botanischen Garten zu Königsberg geschossen sei.

Im Königsberger Museum steht nach Lühe (351) ein albinotisches Stück, das am 13. April 1836 bei Gerdauen geschossen wurde. Es ist im allgemeinen weiß, nur der Scheitel ist dunkel und der Rücken hellgelblich mit kaum angedeuteter Zeichnung.

## 3. Familie: **Otitidae** — Trappen.

### 103. **Otis tarda tarda L.** — Große Trappe.

Solange die Jagd auf die Großtrappe noch Regal war, gehörte diese nach Bock (41) zu den in der Provinz ganz bekannten Wildarten. Selbst in der ersten Hälfte des vorigen Jahrhunderts kann sie noch durchaus nicht selten gewesen sein; ja sie scheint damals noch regelmäßig in Ostpreußen gebrütet zu haben. J. Th. Klein (255) sagt von ihr 1750, sie sei „*nostratibus satis nota*“, und Bock (l. c.) weiß 1779 folgendes zu berichten: „Sie waren vormals in ziemlicher Menge in Preußen, brütend in der Gegend von Memel nach der Polnischen und Kurischen Grenze, ferner im Johannisburgischen bei dem Kirchdorf Komilsko“ (= Kumilsko, Kreis Johannisburg). 1784 führt er sie nur noch für die Gegend von Stürlack (Kreis Lötzen) als häufig an (42).

Aus den dreißiger Jahren des 19. Jahrhunderts gibt K. E. v. Baer nach M. Braun (57) noch folgende Fundorte an: Goldap, Pillkallen, Schirwindt, Stallupönen, Trakehnen, Darkehmen, Angerburg, Litauen, Wysztyter See, Brakupönen, Bialla, Ortelsburg und Soldau. Auch Rathke (404) bezeichnet die Trappe noch 1837 als „in Preußisch-Litauen häufig“. Schon 1858 sagt aber Ratzeburg (649), sie komme nur noch einzeln im Regierungsbezirk Königsberg vor, während sie im Bezirk Gumbinnen fehle.

In neuerer Zeit werden Trappen fast gar nicht mehr in Ostpreußen erlegt. Nur wenige Fälle des Vorkommens sind bekannt. Künow erhielt am 16. April 1879 ein Stück durch Gutsbesitzer Schacht von Staßwinnen bei Milken (Kreis Lötzen). Es ist nach Mitteilung Harterts mit dem von ihm für Ublick erwähnten (200) identisch. Im Dezember 1889 wurden ferner nach Ehmcke (135) 2 Trappen im Kreise Darkehmen erbeutet. Es waren dieses ein ♀, das am 13. Dezember bei Jurgaitschen geschossen und von Sondermann präpariert wurde, sowie ein zweites ♀, das man eine Woche darauf bei Angerau erlegte (vgl. v. Hippel (227), Robitzsch (426) und Szielasko (471)). Das erstgenannte Stück befand sich früher im Besitze des Oberamtmanns Hassenstein in Jurgaitschen. Auf Grund der ungenauen Angaben von Szielasko und v. Hippel nahm Lühe (342) seinerzeit an, es handle sich um 4 in den 80er Jahren erlegte Trappen. Szielasko berichtet nämlich irrtümlich von einem „1886“ bei Goldap erlegten Exemplar.

Bei Neidenburg kamen nach einer Mitteilung des Herrn Postvorsteher a. D. Suckau in Sensburg von 1879—85 an der Grenze hin und wieder Trappen vor, von denen ein junges Exemplar einmal erlegt wurde. In diesen wie in den anderen neuerdings beobachteten Fällen handelt es sich offenbar um von Osten her zugeflogene Stücke.

### 104. **Otis tetrax L.** — Zwergtrappe.

*Tetrax tetrax* (L.).

Von Südosten verstreicht sich die Zwergtrappe nicht allzu selten nach Ostpreußen, in neuerer Zeit jedenfalls sehr viel häufiger wie die Großtrappe. Während diese aber noch im Anfange des vorigen Jahrhunderts wahrscheinlich regelmäßiger Brutvogel in der Provinz war, besitzen wir von der Zwergtrappe keine ganz sichere Brutbeobachtung. Die meisten Stücke sind im Spätherbst und Winter erlegt worden. Das ist umso auffallender, als die Art in ihren Brutgebieten ausgesprochener Zugvogel ist, der im Herbst regelmäßig nach Süden zieht. Möglich ist es, daß auch bei uns gelegentlich einmal ein Paar zur Brut schreitet, wie dies für Westpreußen schon nachgewiesen ist.

Die einzige Angabe, aus der ein Brüten mit Sicherheit zu folgern ist, ist zugleich die älteste überhaupt. Sie bezieht sich aber auf „Preußen“

ganz allgemein, so daß sie sich für Ostpreußen speziell nicht verwerten läßt. J. Th. Klein (255) berichtet nämlich, daß er 1737 ein ♀ der Zwergtrappe mit legereifen Eiern aus „Preußen" erhalten habe, von dem sich eine Abbildung im Aviarium Bareithanum befinde. Nach M. Braun (58) und Gengler (186) ist dort in der Tat ein ♀ dieser Art mit der Angabe „Mai 1837" dargestellt. Bock (41) und Bujack (68) erwähnen dieses Stück als bei Danzig erlegt.

Im November 1821 erhielt das Königsberger Museum ein Exemplar von Tilse, dem jetzigen Tilsit, das aber nach einer Notitz v. Baers auf dem vom 6. November datierten Begleitbrief sehr schlecht ankam, also jedenfalls nicht präpariert wurde (vgl. auch v. Baer (24)). Im Januar 1835 ging dem Museum sodann der Flügel eines bei Fuchshöfen (Kreis Königsberg) geschossenen ♀ zu; der Vogel selbst war kurz vorher von den Jägern aufgegessen worden. Eine Notiz hierüber findet sich im Akzessionskatalog und bei v. Siebold (457). Ein weiteres Stück, gleichfalls ein ♀, wurde im Mai 1838 in Pillwen (Kreis Pr. Eylau) durch Gutsbesitzer Kelch erlegt und dem Museum mit Begleitbrief vom 4. Mai übersandt (vgl. auch Rathke (405)). Dieses Exemplar ist, entgegen der Angabe von M. Braun (57), auch jetzt noch im Museum vorhanden.

Böck (48) besaß, wie er angibt, eine Zwergtrappe aus Ostpreußen, über die ich jedoch nichts Näheres ermitteln konnte. Im Danziger Museum, in das die Böcksche Sammlung größtenteils gelangt ist, stehen nach Th. Zimmermann 5 preußische Exemplare, von denen aber 3 keine näheren Angaben auf den Etiketten tragen. Unter ihnen befindet sich wahrscheinlich auch das ostpreußische Stück.

Am 7. Dezember 1874 erhielt das Königsberger Museum nach dem Hauptkatalog ein ♀, das in Adl. Mehlauken (Kreis Labiau) geschossen war. Das von Lorenz übersandte Stück steht noch jetzt im Museum. Hartert (200) berichtet 1887 von einem „in letzter Zeit", also wohl in den 80er Jahren, im Regierungsbezirk Gumbinnen beobachteten Stück. Nach Rörig (434) und Szielasko (471) wurde ein ♂ 1890 durch Robitzsch bei Waldhausen (Kreis Insterburg) erlegt. Sondermann erhielt eine junge oder weibliche Zwergtrappe am 14. Juli 1894 von Gr. Skaisgirren (Kreis Ragnit) durch Gutsbesitzer Hofer. Sie war nach einer brieflichen Mitteilung des Herrn A. Hofer, der den Vogel noch besitzt, beim Grasmähen auf einer 10 Morgen großen Feldwiese gefangen worden, da ihr der eine Flügel beschädigt war. Auch auf der Kurischen Nehrung ist die Art schon vorgekommen. Am 13. Dezember 1895 wurde ein ♀ bei Rossitten erbeutet; es befindet sich jetzt nach Thienemann im Besitze des Erlegers, Försters Quednau in Nickelsdorf (Oberförsterei Leipen) (vgl. 164, 165).

In neuester Zeit sind Zwergtrappen mehrfach in der Provinz erlegt worden. Am 8. November 1904 wurde ein Stück nach Frentzel-Beyme (180) in Collaten (Kreis Memel) geschossen. Ungefähr zu derselben Zeit, im Spätherbst 1904, erlegte Bäckermeister Murach in Königsberg ein ♀ auf der Feldmark von Langendorf (Kreis Königsberg). Das von Balzer ausgestopfte Stück befindet sich im Besitze des Erlegers, wo ich es untersuchen konnte. Es ist dies das von J. Schulze (449) erwähnte Exemplar, das also nicht, wie vermutet wurde, mit dem Memeler identisch ist. Im November 1905 wurden 2 Zwergtrappen, ein ♂ ad. und ein ♀, nach J. Schulze (l. c.) bei Pillau geschossen; das ♂, ein schön ausgefärbtes Stück, wurde in der Dezembersitzung 1905 der Faunistischen Sektion vorgezeigt. Auf eins dieser Stücke bezieht sich wohl die Notiz Müllers (380) über eine im November 1905 bei Neukuhren geschossene Zwergtrappe. Am 6. November 1907 wurde ferner durch v. Batocki (34) ein ♀ bei Tharau (Kreis Pr. Eylau) geschossen, das von Lühe (342) in der Faunistischen Sektion vorgelegt wurde. Sondermann erhielt ein ♂ am 27. Mai 1909 von Pötschlauken (Kreis Pillkallen). Schließlich wurde ein ♀ am 16. Dezember 1911 von Rittergutsbesitzer Klatt-Mednicken in Lopsienen (Kreis Fischhausen) bei einer Treibjagd erlegt und von Balzer präpariert; es befindet sich jetzt im Besitze des Erlegers. Meine frühere Angabe (625), daß das Stück am 10. Dezember in Syndau erlegt sei, beruhte auf einer ungenauen Mitteilung Balzers, die später durch den Pächter der Gutsjagd Lopsienen, Gutsbesitzer Wormit-St. Lorenz, richtiggestellt wurde.

Braun (57) erwähnt noch ein Exemplar des Königsberger Museums von der Frischen Nehrung. Dasselbe, ein ♀, ist jedoch nach Rathke (405) bei Danzig erlegt worden.

Auffallen muß es, daß die große Mehrzahl der in der Provinz erlegten Zwergtrappen angeblich ♀♀ waren, während wir nur von 3 ♂♂ sichere Kunde haben. Es erklärt sich dieses dadurch, daß vielfach wohl die jungen ♂♂, deren Kleid dem weiblichen sehr ähnlich sieht, für ♀♀ gehalten worden sind. Die 15 bisher für Ostpreußen nachgewiesenen Zwergtrappen verteilen sich auf die Monate Januar (1), Mai (2), Juli (1), November (6) und Dezember (3). Von 2 Stücken konnte ich das genaue Erlegungsdatum nicht feststellen.

## 4. Familie: Gruidae — Kraniche.

### 105. **Megalornis grus grus** (L.). — Gemeiner Kranich.

*Grus communis, cinerea* auct.; *Grus grus* (L.).

Auf den großen ostpreußischen Mooren ist der Kranich als Brutvogel noch recht verbreitet, wenn auch sein Bestand infolge der zunehmenden Kultivierung der Moorflächen vielfach zurückgeht. Am Ostufer des Kurischen Haffs, namentlich im Kreise Labiau, brütet er so zahlreich, wie sonst nirgends in Deutschland, und auch im Osten und Süden der Provinz ist er an geeigneten Stellen meist nicht selten.

W. Baer (32) erwähnt den Kranich als Brutvogel für die Kreise Heydekrug, Niederung, Labiau, Ragnit, Pillkallen, Goldap, Angerburg, Insterburg, Wehlau, Gerdauen, Friedland, Rössel, Allenstein, Ortelsburg, Johannisburg, Sensburg, Pr. Holland und Mohrungen, und zwar an 50 Stellen. Nach der Rundfrage der Physikalisch-Ökonomischen Gesellschaft brütete er 1905 im Regierungsbezirk Königsberg an 16, im Bezirk Gumbinnen an 19 und im Bezirk Allenstein an 21, zusammen also an 56 Stellen. Zu den von Baer aufgezählten Brutplätzen kommen noch folgende Kreise hinzu: Stallupönen, Darkehmen, Neidenburg, Heilsberg, Pr. Eylau und Braunsberg.

Im Kreise Friedland nistet der Kranich nach Baer nur im Norden auf dem Zehlaubruch, hier aber recht häufig. Ein wohl von dort stammendes, am 5. Juli 1908 erlegtes einjähriges ♀ erhielt ich durch Liedtke von Domnauswalde. Bei Bartenstein zeigen sich Kraniche nur auf dem Durchzuge, jedoch meist nicht in sehr erheblicher Anzahl. Gewöhnlich sieht man nur vereinzelte Exemplare oder kleinere Flüge bis 30 Stück, seltener Scharen von Hunderten. Auf der Kurischen Nehrung brüteten früher Kraniche nach Lindner (316) bei Grenz; jetzt ist dieses nicht mehr der Fall.

Der Frühjahrszug beginnt in der zweiten Hälfte der März, nach meinen Beobachtungen zwischen dem 17. und 27. dieses Monats, und dauert nur selten noch bis Mitte April. In dem milden Frühjahr 1910 wurden nach Lühe (358, 361) einzelne Kraniche aber schon am 16. und 26. Februar sowie am 5. und 14. März beobachtet, und 1911 wurden die ersten am 6. und 9. März gesehen*). Andererseits bemerkte Thienemann (504, 510, 550, 564, 588) ziehende Kraniche noch am 24. April 1902, 18. April und 7. Mai 1907, 13. April 1908, 24. April 1910, einen Flug von 60 Stück sogar noch am 9. Mai 1901. Vielleicht waren die im Mai beobachteten nichtbrütende Vögel. Sicherlich war dieses wohl mit 3 Kranichen der Fall, die ich in Losgehnen am

*) 1914 beobachtete Pflanz das bei Wichertshof (Kreis Heilsberg) nistende Brutpaar zuerst am 12. März.

15. Mai 1910 beobachtete. Ein Gelege von 2 Eiern aus dem Kreise Gerdauen besitzt Szielasko vom 5. Mai 1909. Der Herbstzug setzt gewöhnlich Mitte August langsam ein, ist im September am lebhaftesten und dauert bis Mitte oder Ende Oktober.

## 5. Familie: **Rallidae** — Rallen.

### 106. **Rallus aquaticus aquaticus L.** — Wasserralle.

Nur durch die versteckte Lebensweise der Wasserralle ist es zu erklären, daß noch Borggreve (51) an ihrem Brüten in Norddeutschland zweifeln konnte. Dabei ist sie in Ostpreußen außerordentlich weit verbreitet und kaum irgendwo selten. In schilfreichen Sümpfen, in verwachsenen Torfstichen, an den Ufern der Seen und Teiche, sofern nur genügend üppige Vegetation vorhanden ist, und an ähnlichen Örtlichkeiten kommt sie wohl überall vor, stellenweise sogar in recht beträchtlicher Anzahl. Ob die Angabe im neuen Naumann (386) richtig ist, daß sie in Ostpreußen seltener sei, als im übrigen Deutschland, ist mir sehr fraglich. Wahrscheinlich ist diese Annahme dadurch zu erklären, daß die Wasserralle eben leicht übersehen wird. Auch die von Hartert (205) angegebene „lokale" Verbreitung ist wohl hierauf zurückzuführen.

Hartert (200) erwähnt als Gegenden, in denen die Ralle regelmäßig brütet, den Oberteich bei Königsberg, das Frische Haff und Masuren. Ob sie jetzt am Oberteiche noch vorkommt, erscheint mir sehr zweifelhaft. Ganz besonders häufig scheint sie im Memeldelta und wohl überhaupt am Ostufer des Kurischen Haffs zu sein. W. Baer (31) traf sie bei Minge sehr zahlreich an, und auch Hildebrandt bezeichnet sie für Heydekrug als Brutvogel. Nach Szielasko (471) ist sie in der unteren litauischen Ebene und der Niederung häufig, und ich selbst hörte am 24. Juni 1906 bei Nemonien und Gilge vielfach ihre Stimme. Auf der Kurischen Nehrung brütet sie jedoch nicht; sie ist dort auch auf dem Zuge selten. Lindner (316) erlegte ein Stück am 3. April 1889 bei Grenz, und Thienemann (588) schoß ein altes ♂ am 11. August 1910 auf dem Bruch bei Rossitten. Am Frischen Haff ist sie nach W. Christoleit an vegetationsreichen Stellen wohl überall Brutvogel, und in Masuren scheint sie gleichfalls recht verbreitet zu sein. Am Mauersee bei Steinort bemerkte ich sie im Mai 1908 öfters, und in der Sammlung Zimmermanns befindet sich ein Stück vom 15. Juni 1900 aus Rothebude (Kreis Goldap-Oletzko), wo auch ich am 1. Juli 1911 ein Exemplar am Pillwungsee beobachtete.

Zahlreich brütet die Wasserralle nach Goldbeck am Geserichsee (Kreis Mohrungen), und bei Bartenstein ist sie nach meinen Erfahrungen in manchen Jahren geradezu häufig zu nennen. Sie kommt dort an allen geeigneten Stellen vor; am Kinkeimer See brüten regelmäßig ziemlich viele Paare, jedoch bei niedrigem Wasserstande eine größere Anzahl als bei hohem. Auch am Drausensee im Kreise Pr. Holland ist sie nach Döring (112 a) und Dobbrick nicht seltener Brutvogel.

In der ersten Hälfte des April kommt die Wasserralle in der Regel bei uns an, nach meinen Notizen bei Bartenstein zwischen dem 4. und 21. April, wobei sich als Mittel von 6 Jahren der 11. April ergibt. Zuweilen verspätet sie sich mit dem Brutgeschäft erheblich; denn ich erlegte ein Exemplar im Halbdunenkleide noch am 17. August 1904. Der Herbstzug fällt in die Monate Oktober und Anfang November. Ein Teil verläßt uns gewöhnlich erst dann, wenn stärkerer Frost eintritt. Als späteste Beobachtungstermine notierte ich den 24. November 1905, 10. November 1907, 6. November 1910, 30. Oktober 1911 und 9. November 1913. Fälle von Überwinterung sind für Ostpreußen selten; Pauly (400) beobachtete ein Stück Ende Januar 1912 in Prantlack (Kreis Friedland).

## 107. **Crex crex** (L.) — Wachtelkönig, Wiesensumpfhuhn, Wiesenschnarre, Wiesenknarrer, Schnarrwachtel.

*Rallus crex* L.; *Crex pratensis* auct.

Auf Wiesen, Klee- und Getreidefeldern mit nicht zu trockenem Boden ist der Wachtelkönig überall häufig; namentlich die großen Wiesenflächen an der Memel und an den Haffen bewohnt er in recht beträchtlicher Anzahl. Selbst auf der Kurischen Nehrung bei Rossitten ist er nicht seltener Brutvogel.

Erst spät im Jahre, gewöhnlich in der ersten Hälfte des Mai, trifft er bei uns ein, bei Bartenstein nach meinen Beobachtungen zwischen dem 2. und 16. Mai, wobei sich als Mittel von 11 Jahren der 9. Mai ergibt. Zwei Nester mit 11 und 9 Eiern wurden in Losgehnen 1910 bereits am 3. Juni gefunden. Seinen Ruf läßt der Wachtelkönig ausnahmsweise noch bis Anfang August hören; ich vernahm ihn z. B. noch am 11. August 1903 und 9. August 1909. Ende dieses Monats beginnt bereits wieder der Herbstzug, der im September am lebhaftesten ist und bis Mitte Oktober anhält. 1895 erhielt ich ein Exemplar noch am 20., und 1913 wurde ein Stück am 17. Oktober bemerkt. Thienemann (576) schoß 1909 ein ♂ ad. bei Ulmenhorst sogar noch am 25. Oktober. In manchen Jahren trifft man sie auf dem Herbstzuge sehr zahlreich an; sie liegen dann gelegentlich auch dicht beieinander, obwohl sie sonst ziemlich ungesellig sind. Am 5. Oktober 1902 gingen z. B. 6 Wachtelkönige unmittelbar nacheinander vor mir auf, und auch Thienemann (550, 588) beobachtete bei Rossitten, wo Wachtelkönige im September 1907 und 1910 in beträchtlicher Anzahl vorkamen, mehrfach die einzelnen Stücke in nächster Nähe voneinander.

## 108. **Porzana porzana** (L.) — Tüpfelsumpfhuhn.

*Rallus porzana* L.; *Crex, Gallinula, Ortygometra porzana* (L.); *Porzana maruetta* auct.

Auf sumpfigen, von Gräben durchzogenen Wiesen, an den verschilften Ufern der Seen und Teiche, in Brüchen, Torfstichen und an ähnlichen Örtlichkeiten ist das Tüpfelsumpfhuhn durchweg nicht selten. Es ist in Ostpreußen sehr weit verbreitet und nach Hartert (200, 205) namentlich am Frischen Haff recht häufig. W. Christoleit bezeichnet es als nicht seltenen Brutvogel bei Fischhausen und Braunsberg, und Hartert (l. c.) fand es auch am Oberteiche bei Königsberg nistend. Szielasko (471) sagt, es komme in der Niederung und der unteren litauischen Ebene am zahlreichsten vor. Sehr häufig ist es aber auch stellenweise in Masuren; auf den sumpfigen Wiesen bei Angerburg hörte ich im Mai 1908 abends stets eine große Anzahl locken.

Bei Bartenstein brütet *P. porzana* zwar etwas vereinzelter, aber keineswegs selten an allen geeigneten Stellen; auch am Kinkeimer See nisten einzelne Paare alljährlich. Nach beendeter Brutzeit nimmt meist ihre Zahl am See erheblich zu, da sie sich dann von ihren Brutplätzen allmählich dort ansammeln. Ende Juli ist der Bestand schon deutlich gewachsen; im August und namentlich im September sieht man sie oft sehr zahlreich. Vielfach sind dieses wohl auch nur durchwandernde Vögel. Anfang Oktober ist der Herbstzug gewöhnlich beendet; ausnahmsweise schoß ich einen alten Vogel in gutem Futterzustande noch am 19. November 1911. Der Frühjahrszug fällt in die zweite Hälfte des April. Als frühestes Beobachtungsdatum notierte ich den 18. April, als spätestes den 2. Mai, als Mittel von 5 Jahren den 26. April. Ein volles Gelege von 13 schwach bebrüteten Eiern fand Hartert (200) schon am 10. Mai 1882.

### 109. **Porzana parva** (Scop.) — Kleines Sumpfhuhn.

*Rallus parvus* Scop.; *Gallinula, Ortygometra, Zapornia parva* (Scop.); *Crex, Gallinula pusilla* (Gm.); *Ortygometra minuta* auct.

Über die Verbreitung des kleinen Sumpfhuhns in Ostpreußen sind wir nur sehr ungenau unterrichtet. Naumann (385) hielt es für sehr selten in der Provinz; doch dürfte es bei seiner äußerst versteckten Lebensweise gewöhnlich übersehen werden und in Wirklichkeit häufiger sein, als es den Anschein hat. Dies nimmt auch Hartert (200, 205) an, der als einzigen Fundort das Frische Haff zwischen Margen und Holstein angibt. Es handelt sich hierbei um ein in den 80er Jahren erlegtes Stück, das Künow von Margen erhielt, und das sich jetzt im Berliner Zoologischen Museum befindet.

E. Christoleit hat dieses Sumpfhuhn niemals sicher beobachtet; doch bezeichnet er es als „wahrscheinlich in Alt-Sternberg (Kreis Labiau) vorkommend". Sondermann erhielt ein Stück am 13. Mai 1907 von Lötzen. Den Nachweis des Brütens erbrachte als erster Goldbeck. Im August 1908 fing er am Ewingsee im Kreise Mohrungen 2 erst halbausgewachsene, noch nicht flugfähige Junge. Eins derselben, ein ♀, sah ich noch lebend in seinem Besitz am 27. August 1909; der Vogel hielt mehrere Jahre in der Gefangenschaft aus. Im Westen der Provinz ist *P. parva* offenbar nicht selten, da Dobbrick (651) am Drausensee über ein Dutzend Brutpaare beobachtete und zwar auch auf dem ostpreußischen Teile. Ein Stück schoß er z. B. bei Rohrkrug. Schon Döring (112a) nannte 1844 „*pusilla*" für den Drausensee als Brutvogel. Am Kinkeimer See bei Bartenstein erlegte ich schließlich am 29. April 1906 ein ♀, das zutraulich im Weidengebüsch am Wasserrande einherlief.

#### **Porzana pusilla intermedia** (Herm.) — Zwergsumpfhuhn.

*Rallus pusillus* Pall.; *Ortygometra pusilla* (Pall.); *Crex, Ortygometra bailloni, pygmaea* auct.

Das der vorigen Art so ähnliche und mit ihr auch vielfach verwechselte Zwergsumpfhuhn ist für Ostpreußen noch nicht mit Sicherheit nachgewiesen. Die im neuen Naumann (386) enthaltene Angabe über ein in der Provinz gefangenes Stück ist in keiner Weise bewiesen.

Zwar erwähnt Szielasko (471) ein an Künow vom Kurischen Haff eingesandtes Stück von *pusilla* (Pall.), und Fr. Lindner (307) bringt eine Notiz über ein Exemplar von „*Gallinula pusilla*", das an das Königsberger Museum eingeliefert sei. Es handelt sich in beiden Fällen aber um ein und dasselbe Stück, nämlich das bei der vorigen Art erwähnte Exemplar von *P. parva* (Scop.) von Margen am Frischen Haff. Künow besaß, wie er mir mitteilte, nur dieses eine Exemplar eines kleinen Sumpfhuhns. Es steht, wie bereits erwähnt, jetzt im Berliner Museum und gehört nach Mitteilung des Herrn Dr. Berndt bestimmt zu *P. parva*, unter welcher Bezeichnung es ja auch schon Hartert (200) zutreffend aufführt. Szielaskos Angabe ist daher sowohl bezüglich der Art wie des Fundortes — „Frisches" statt „Kurisches" Haff — zu berichtigen.

### 110. **Gallinula chloropus chloropus** (L.) — Teichhuhn, grünfüßiges Wasserhuhn.

*Fulica chloropus* L.; *Stagnicola chloropus* (L.).

So häufig wie in Westdeutschland, z. B. nach Geyr v. Schweppenburg (O. M. B. 1906, p. 4) am Niederrhein, ist das Teichhuhn in Ostpreußen nicht; doch ist es an schilfreichen Seen und größeren Teichen auch bei uns durchaus nicht selten. Dies geben sowohl Hartert (200) wie Szielasko (471) an, und für die Bartensteiner Gegend kann ich es nur durchaus bestätigen. Dort kommt es auf allen schilfreichen Teichen vor, und auch am Kinkeimer See brütet es in mäßiger, jedoch sehr wechselnder Anzahl; in manchen Jahren ist die Zahl der Brutpaare sogar ziemlich beträchtlich.

Von einer Vertrautheit des Teichhuhns gegenüber dem Menschen, die in Mittel- und Westdeutschland vielfach zu beobachten ist, kann bei uns noch nicht die Rede sein. Die Vögel sind vielmehr noch recht scheu, wodurch es auch zu erklären ist, daß sie leicht übersehen werden und daher vielfach für seltener gelten, als sie tatsächlich sind. Stellenweise mögen sie aber wohl in der Tat etwas seltener sein, so nach Hildebrandt bei Heydekrug und nach W. Christoleit bei Fischhausen. Auch bei Heilsberg scheint die Art nicht allzu häufig zu brüten; ich konnte sie im Juli 1911 aber vereinzelt sowohl am Simser- wie am Großendorfer See feststellen.

In der zweiten Hälfte des April, ganz ausnahmsweise auch schon früher, stellt sich das Teichhuhn bei uns ein. Als frühesten Ankunftstermin notierte ich bei Bartenstein den 31. März, als spätesten den 1. Mai; als Mittel von 9 Jahren den 20. April. Das Brutgeschäft fällt in den Mai und Juni. 1911 wurden in Quoossen (Kreis Friedland) 4 Eier schon am 5. Mai gefunden. Im Laufe der September und Oktober ziehen die Teichhühner wieder von uns fort. 1907 hörte ich die letzten am 31. Oktober, 1910 am 13. November und 1911 am 29. Oktober. Ein verspätetes Exemplar erhielt ich 1905 noch am 24. November und 1908 beobachtete ich ein Stück am 15. November bei — 20° R. und hohem Schnee. Im Winter habe ich bei Bartenstein Teichhühner noch nie bemerkt, und auch Hartert (205) sagt, daß sie in der Provinz nie überwinterten. Schuchmann erhielt jedoch Mitte Februar 1908 von Gerdauen ein junges Exemplar, das nach Mitteilung des Herrn Seltsam-Gerdauen am 13. Februar an einer offenen Stelle des Ometflusses totgeschlagen war, und bei Pillau wurde im Februar 1909 ein Stück am Tief lebend gefangen, das in den Besitz des Leutnants Puttlich gelangte.

### 111. **Fulica atra atra L.** — Schwarzes Wasserhuhn, Bläßhuhn, Bläßente, Lietze.

Auf allen größeren Gewässern mit schilf- oder rohrreichen Ufern und freier Wasserfläche ist das Wasserhuhn ein ganz gemeiner Brutvogel. Es fehlt keinem der zahlreichen ostpreußischen Landseen und größeren Teiche und nistet auf vielen in ganz überraschender Anzahl; namentlich auf beiden Haffen ist es ungemein häufig. Selbst auf dem Oberteich bei Königsberg brüteten bis vor kurzer Zeit noch 5—6 Paare, die ganz vertraut waren und sich durch den regen Motorbootverkehr nicht im geringsten stören ließen. Sogar die umfangreichen Ausbaggerungen, die dort neuerdings vorgenommen wurden, vermochten die Wasserhühner nicht ganz zu vertreiben — 1911 waren z. B. noch etwa 3 Brutpaare vorhanden — wenn auch sonst ein reiches Sumpfvogelleben dicht an den Mauern der Stadt dadurch vernichtet ist *).

Ende März oder Anfang April stellt sich das Wasserhuhn im Frühjahr bei uns ein, bei Bartenstein z. B. zwischen dem 10. März und 11. April, wobei sich als Mittel von 13 Jahren der 28. März ergibt. Auf dem Kinkeimer See, den Wasserhühner recht zahlreich bewohnen, nisten sie in Jahren mit hohem Frühjahrswasserstande vielfach im dichten Weidengebüsch. Wenn dann das Wasser fällt, stehen die Nester oft hoch über der Wasserfläche oder gar über festem Boden. So fand ich am 9. Juni 1904 2 Nester mit 9 und 13 Eiern, die etwa $^3/_4$ m über dem Erdboden im Weidengebüsch standen, und am 13. Juni 1909 entdeckte ich 3 Nester mit 11, 7 und 7 Eiern gleichfalls im Gebüsch über der beträchtlich gefallenen Wasserfläche. Ein am 21. Mai 1903 gefundenes Nest enthielt 7 unbebrütete Eier. Die ersten Jungen beobachtete ich 1903 am 28. Mai und 1906 am 6. Juni. Bisweilen schreiten sie noch spät zur Brut; wiederholt sah ich im August noch Dunenjunge. Thienemann gibt für Rossitten in den Jahresberichten der Vogelwarte folgende Brutdaten an: 29. April 1902 (zahlreiche Nester auf dem Bruch sind teils noch unbelegt, teils mit 1, 3 und 4 Eiern, teils auch schon mit vollen ziemlich stark bebrüteten Gelegen), 27. April 1904 (5—6 Nester enthalten je 3—4 Eier), 25. April 1905 (10 Nester mit 1—10, teilweise schon bebrüteten Eiern), 25. April 1906 (mehrere Nester mit 2—12 Eiern,

*) 1913 haben jedoch keine Wasserhühner mehr auf dem Oberteich genistet.

die noch frisch oder wenig bebrütet sind), 25. April 1907 (2 Nester mit 7 und 8 etwas angebrüteten Eiern), 1. Mai 1908 (2 Nester mit 6 und 8 ganz frischen Eiern), 23. April 1910 (3 Nester mit 2, 2 und 4 ganz frischen Eiern).

Im September und Oktober sammeln sich die Wasserhühner allmählich in größeren Scharen zum Abzuge. Auf dem Kinkeimer See betragen diese aber höchstens etwa 50—100 Stück, anderwärts mögen vielleicht auch solche von vielen Hunderten vorkommen. Anfang Oktober ist ihre Zahl gewöhnlich schon sehr gemindert, und Ende des Monats sieht man nur noch selten eins. 1907 bemerkte ich am 10. November nur noch 2, 1909 am 14. November noch ein Stück. 1910 sah ich 3 Wasserhühner noch am 20. und 21., 2 sogar noch am 27. November. Sehr auffallend war es, daß 1913 Wasserhühner Anfang November noch in sehr großer Zahl auf dem See verweilten; Mitte des Monats waren es wohl schon weniger geworden, doch waren z. B. am 24. noch ziemlich viele, am 1. Dezember noch ganz vereinzelte zu sehen. Einen ganz verspäteten Nachzügler erhielt ich lebend am 21. Dezember 1903; das Stück war auf dem Hofe einer Brauerei in Bartenstein gefangen worden. Ein gleichfalls verspätetes und sehr mageres Exemplar, ein altes ♂, erlegte ich ferner auf dem See, der bereits eine Eisdecke trug, am 24. November 1907. Thienemann (504) schließlich erhielt von Rossitten ein Wasserhuhn am 16. Dezember 1899.

## 6. Familie: **Pteroclidae** — Flughühner.

### 112. **Syrrhaptes paradoxus** (Pall.) — Steppenhuhn.

Die eigenartigen Wanderungen des Steppenhuhns, das in unregelmäßigen Zwischenräumen aus seiner asiatischen Heimat Massenzüge nach Westen unternimmt, sind so vielfach in der Literatur behandelt worden, daß es genügt, hier das Wichtigste über das Vorkommen der Art in Ostpreußen kurz anzuführen.

Bei der großen Invasion von 1863, über die wir Bolle (50), Hartert (200), Minden (375) und Zaddach (657) nähere Mitteilungen für Ostpreußen verdanken, wurden Steppenhühner in allen Teilen der Provinz erlegt, u. a. bei Fischhausen, Goldap, Gumbinnen, Ragnit und Willenberg, bei Gumbinnen sogar ein ♀ mit legereifem Ei.

Bedeutender noch war die Einwanderung im Jahre 1888, die geradezu eine eigene, von Leverkühn (290, 291, 292) übersichtlich zusammengestellte Literatur hervorgerufen hat. Die für Ostpreußen wichtigsten Arbeiten sind die von E. v. Dombrowsky (113, 114), Holtz (237, 238), Meyer und Helm (373), Reichenow (412) und Schäff (441); ferner finden sich vielfach noch kürzere Mitteilungen, so von Doberleit (110), Ehmcke (133), Höpfner (247), Fr. Lindner (298, 299, 301, 305) und anderen. Die ersten Steppenhühner zeigten sich 1888 Mitte April in Ostpreußen, nach Reichenow Mitte dieses Monats im Kreise Ortelsburg, am 20. April im Kreise Pillkallen und am 22. April bei Cranz. Der Hauptzug fiel in den Mai; er dehnte sich noch bis in die zweite Hälfte des Monats aus. Reichenow erwähnt für die Provinz 23 Fälle des Vorkommens (erster: Mitte April, letzter 25. Mai), Meyer und Helm 15 Fälle (erster: Mitte April, letzter: 18. Mai), Schäff 12 Fälle (erster: Mitte April, letzter: 18. Mai) und E. v. Dombrowsky etwa 19 Fälle. Auch im Kreise Friedland wurde am 3. Mai bei Mäkelburg nach Reichenow ein Flug von 20—30 Stück beobachtet, und in den Nachbarkreisen ließen sich im Mai Flüge bei Kl. Steegen (Kreis Pr. Eylau) und bei Heilsberg sehen. Auf der Kurischen Nehrung zeigten sich nach Doberleit (110), Lindner (l. c.) und Leverkühn (290) Steppenhühner bei Cranz, Nidden und Schwarzort sowie ganz besonders zahlreich nach Dünenmeister Schiweck bei Süderspitze.

Im Laufe des Sommers 1888 wurden dann nur ganz vereinzelte Stücke erlegt. Sondermann z. B. erhielt 2 Exemplare am 26. Juli von Tilsit,

Sichere Fälle des Brütens sind für die Provinz nicht nachgewiesen. Nach einem nicht unglaubwürdigen Bericht des Försters, jetzigen Dünenmeisters Schiweck soll sich aber ein zerstörtes Nest auf der Kurischen Nehrung zwischen Süderspitze und Schwarzort befunden haben (Leverkühn (290)). Etwas zahlreicher wurden dann wieder Steppenhühner auf dem Rückzuge im Herbst beobachtet. Nach Holtz liegt eine Angabe von Mitte Oktober für Labiau vor. Ferner ging Sondermann ein Stück am 4. Dezember von Skaisgirren zu, und Techler erhielt nach Ehmcke (l. c.) ein ♀ am 14. Oktober von Discherlauken (Kreis Gumbinnen), 2 ♂♂ am 13. Oktober von Lichtenhagen bei Seeburg und 1 ♂ am 2. November von Insterburg. Auch im folgenden Jahre wurden noch Steppenhühner in der Provinz bemerkt. Höpfner (l. c.) sah am 12. August 1889 9 Stück bei Böhmenhöfen (Kreis Braunsberg).

Im Jahre 1908 fand ein abermaliger Durchzug der Art statt, der aber nur geringen Umfang besaß und die Invasionen von 1863 und 1888 bei weitem nicht erreichte. Thienemann (554, 560, 562, 564) hat über ihn ausführlich berichtet. Nur 2 Fälle des Vorkommens lassen sich für Ostpreußen nachweisen. Am 19. Mai wurden 2 Stück in Neuhoff bei Kaukehmen beobachtet, und am 20. Mai erhielt Techler ein ♂ mit Brutfleck, das sich bei Wilkoschen (Kreis Gumbinnen) am Telegraphendraht verletzt hatte; es steht jetzt in der Sammlung der Vogelwarte.

## VI. Ordnung: **Gressores** — Schreitvögel.

### 1. Familie: **Ibidae** — Ibisse.

#### 113. **Egatheus falcinellus falcinellus** (L.) — Dunkelfarbiger Sichler.

*Tantalus falcinellus* L.; *Ibis, Plegadis falcinellus* (L.); *Plegadis autumnalis* auct.; *Falcinellus igneus, rufus* auct.

Hartert (200, 205) erwähnt den Sichler als ostpreußischen Vogel nicht, obwohl Rathke schon 1846 ihn in seinem Verzeichnis (406) als „sehr selten“ in Ostpreußen aufführt. Zwei Fälle des Vorkommens lassen sich nachweisen. Mitte September 1829 wurde ein junger Vogel bei Fischhausen am Frischen Haff erlegt und dem Museum durch Lietzau übersandt (Begleitbrief vom 19. September mit Notiz v. Baers). Das auch im Akzessions- und Hauptkatalog erwähnte Stück ist jetzt leider nicht mehr vorhanden. Ein weiteres Exemplar wurde im September 1859 von Pillau, wo es bei Camstigall geschossen war, durch Büchsenmacher Klang mit Begleitbrief vom 26. September eingesandt. Es ist gleichfalls im Akzessionskatalog aufgeführt, aber jetzt auch nicht mehr vorhanden.

Das Museum besitzt jetzt noch ein altes ♀, das v. Keudell im Mai 1823 bei Gilgudiszky in Rußland, nahe der preußischen Grenze, erlegte (Brief vom 22. Mai; vgl. auch v. Baer (24)).

#### 114. **Platalea leucorodia leucorodia** L. — Löffelreiher, Löffler.

Wiederholt schon hat sich der auffallende Löffelreiher von seinen in Südosteuropa gelegenen Brutplätzen nach Ostpreußen verflogen. Bereits Bock (41, 42) erwähnt ein Exemplar, das 1719 auf dem Gute Auerfus bei Angerburg (wohl Auerfluß im Kreise Darkehmen) erlegt wurde. Im Jahre 1820 wurden nach den Akten 2 Löffelreiher durch Oberförster Jester dem Königsberger Museum übersandt. Dieselben waren nach v. Baer (23) 1822 im Museum vorhanden, sind aber später wohl ausrangiert; wenigstens fehlen sie jetzt. Die genaue Herkunft dieser Stücke ist fraglich.

Ebel (129) sagt 1823, 2 Exemplare seien vor einigen Jahren bei Königsberg auf dem Oberteich geschossen, und Bujack (68) erwähnt 1837 ein „vor Jahren am Oberteich bei Königsberg erlegtes Paar". Hartert (200, 205) führt dieses Paar, wahrscheinlich auf Grund der Angabe v. Baers, irrtümlich als im Jahre 1822 geschossen auf. Vielleicht ist es mit dem oben erwähnten von 1820 identisch. Andererseits nennt Bujack (l. c.) als weiteren Fundort: „Brandenburg am Frischen Haff, Oberforstmeister Jester". Die Übereinstimmung in der Person des Gewährsmannes mit dem Einsender des Paares von 1820 läßt darauf schließen, daß letzteres von Brandenburg stammt. Hierfür spricht auch, daß Jester es wohl kaum mit ausführlichem Begleitschreiben dem Museum übersandt hätte, wenn es dicht bei Königsberg am Oberteich erlegt wäre. Was es nun mit den angeblich am Oberteich geschossenen Löffelreihern auf sich hat, bleibt fraglich. Entweder ist Ebel und Bujack ein Irrtum unterlaufen, und es ist überhaupt nur **ein** Paar erlegt worden, oder aber die Erlegung am Oberteich fällt in die Zeit **vor** 1820, und die betreffenden Stücke sind nie ins Museum gelangt.

Im Juni 1826 wurde ein Löffelreiher bei Cranz erlegt und von Oberförster Böhm mit Begleitbrief vom 28. Juni dem Museum zum Kauf angeboten, aber nicht angekauft (vgl. Bujack (l. c.), Zaddach (657)). Schließlich wurde ein noch jetzt im Museum vorhandenes Exemplar nach dem Akzessionskatalog und Zaddach (657) im Mai 1863 — die Etikette sagt fälschlich „Mai 1861" — bei Heydekrug erlegt und durch Professor Müller eingeliefert.

## 2. Familie: **Ciconiidae** — Störche.

### 115. **Ciconia ciconia ciconia** (L.) — Weißer Storch, Hausstorch, Klapperstorch.

*Ardea ciconia* L.; *Ciconia alba* auct.

Ostpreußen ist vielleicht das an Störchen reichste Gebiet in Deutschland; doch geht auch bei uns die Zahl der Brutpaare ständig zurück, worüber bereits Bock (42) 1784 klagte. Die zunehmende Entwässerung der Wiesen und Sümpfe, das Verschwinden der Strohdächer und die Verfolgungen, denen der Storch seitens vieler Jagdbesitzer ausgesetzt ist, vor allem aber die Gefahren, die ihm nach Thienemann (584) in den Winterquartieren durch vergiftete Heuschrecken drohen, sind wohl als die Hauptursache dieses Rückganges anzusehen. Neuerdings geht die Abnahme stellenweise außerordentlich rasch vor sich, wie die von der Physikalisch-Ökonomischen Gesellschaft in den Jahren 1905 und 1912 veranstalteten Zählungen der Storchnester ergeben haben. Leider konnte ich den demnächst erscheinenden ausführlichen Bericht von Lühe über die Rundfrage von 1912 hier nicht mehr im einzelnen verwerten.

Durch die Rundfrage von 1905, über die wir M. Braun (60) einen eingehenden Bericht verdanken, sind wir recht genau über die Verbreitung des Hausstorches in unserer Provinz unterrichtet. 1905 befanden sich danach in Ostpreußen 13565 besetzte und 1880 unbesetzte Storchnester, zusammen 15445 Nester, davon 1063 auf Bäumen. Im Jahre 1912 wurden nach Lühe (365) im ganzen rund 5000 Nester weniger gezählt. Am zahlreichsten nisteten 1905 Störche in den Kreisen Tilsit (1 Nest auf 1,15 qkm), Königsberg (1,35 qkm), Niederung (1,43 qkm), Stallupönen (1,82), Fischhausen (1,86), Lyck (1,90), Heiligenbeil (1,92), Pr. Eylau und Pillkallen (1,99), am seltensten in den Kreisen Rössel (4,06), Sensburg (4,71), Johannisburg (5,03), Allenstein (5,79), Neidenburg (7,32) und Osterode (7,92). Im Kreise Friedland kam 1905 ein besetztes Nest auf 2,52 qkm; von 208 Ortschaften im Kreise waren 45 ohne Nester, 151 besaßen 1—4, 7: 5—9, 3: 10—14 und 2: 20—30 Nester. Die nesterreichsten Ortschaften der Provinz waren 1905 Seligenfeld (Kreis Königsberg) mit 39 und Friedrichsgraben (Kreis Labiau) mit

30 besetzten Nestern. Zwischen 20 und 29 besetzte Nester wiesen im früheren Regierungsbezirk Königsberg nur 15 Ortschaften auf. Aus den mitgeteilten Zahlen, die 1912 teilweise erheblich geringer sind, geht hervor, daß die Störche vor allem in der Nähe der beiden Haffe recht zahlreich nisten und auch im Osten der Provinz stellenweise ziemlich häufig vorkommen, daß sie dagegen in dem waldreichen Süden und besonders im Südwesten wesentlich seltener sind.

Auffällig viele Baumnester befanden sich 1905 in den Kreisen Pillkallen (100), Heydekrug (108), Tilsit (109), Ortelsburg (151) und Memel (etwa 292). Nach den Untersuchungen, die Braun (65) an Ort und Stelle in den Kreisen Memel und Ortelsburg angestellt hat, ist in diesen Teilen der Provinz mit überwiegend litauischer bzw. polnischer Bevölkerung das Nisten auf Bäumen großenteils auf ein Zutun der Menschen zurückzuführen. In seltenen Ausnahmefällen wird das Nest sogar auf der Erde angelegt. Braun (59, 62) erwähnt einen solchen Fall, und auch Thienemann (588) berichtet von einem Horst, der bei Trakehnen auf einem Brachfeld errichtet wurde. In beiden Horsten wurden die Jungen ordnungsmäßig erbrütet.

Im letzten Drittel des März oder dem ersten des April stellt sich der Storch im Frühjahr bei uns ein, bei Bartenstein zwischen dem 21. März und 16. April, wobei sich als Mittel von 19 Jahren der 2. April ergibt. Einige von Braun (54) und Lühe (336) mitgeteilte langjährige Beobachtungsdaten ergeben folgende mittlere Ankunftszeiten: Keimkallen (Kreis Heiligenbeil) in 32 Jahren den 2. April (25. März bis 12. April), Adl. Gedau bei Zinten in 17 Jahren den 3. April (15. März bis 20. April), Göritten (Kreis Stallupönen) in 26 Jahren den 3. April (12. März bis 23. April), Heiligenbeil in 26 Jahren den 5. April (22. März bis 12. April). Die regelmäßige Ankunft erfolgt hiernach also gewöhnlich in den letzten März- oder ersten Apriltagen. Einzelne Vorläufer zeigen sich, wie auch die mitgeteilten frühesten Daten der Beobachtungsreihen ergeben, bisweilen schon in der ersten Hälfte des März, ja ausnahmsweise wohl auch bereits im Februar. So wurden nach Lühe (336, 358, 361, 367a) 1906 schon am 10. und 11. März, 1910 sogar schon am 20., 24. und 26. Februar sowie am 5. März, 1911 am 8., 9. und 13., 1913 am 10. März einzelne Störche in Ostpreußen beobachtet. Andererseits werden einzelne Nester in manchen Jahren auch erst Ende April oder Anfang Mai von den Brutpaaren bezogen.

Während der Brutzeit treiben sich nicht allzu selten kleinere oder größere Scharen ungepaarter Störche auf den Feldern umher. Solche Flüge beobachtete ich bei Bartenstein z. B. im Juni und Juli 1898, im Juni 1903, Ende Mai 1908 und 1909 sowie im Juni 1910. Einzelne ungepaarte Störche sind öfters zu sehen. Besonders groß waren die Scharen in den Jahren 1898 und 1908. In dem letztgenannten Jahre wurden Ende Mai abends auf Bäumen in Passarienhof bei Bartenstein einmal 43 Stück gezählt. Auffallend zahlreich waren ungepaarte Störche 1908 auch auf der Kurischen Nehrung; im Mai und Juni wurden dort nach Thienemann (564) Scharen bis zu 100 Stück beobachtet. Über die Zusammensetzung dieser Storchscharen, die, wie schon erwähnt, durchaus nicht alljährlich zu sehen sind, herrscht noch nicht völlige Klarheit. Nach Ansicht Sondermanns (461) sind es meist überzählige ♂♂; in Wirklichkeit werden es aber wohl großenteils noch nicht fortpflanzungsfähige Stücke sein, die sich in solche Scharen zusammenrotten und nun regellos im Lande umherziehen. Auch ist zu berücksichtigen, daß in ungünstigen Jahren viele Störche überhaupt nicht zur Brut schreiten, eine Tatsache, die bei vielen großen Vögeln beobachtet wird; bei den Störchen speziell ist sie von Schenk (Aquila 1912 p. 327ff.) neuerdings mit Sicherheit festgestellt. Wo diese Scharen nichtbrütender Störche ergiebige Nahrungsquellen finden, halten sie sich längere Zeit auf; so kommt es, daß sie in den einzelnen Jahren bezüglich der Zeit und des Orts ihres Auftretens so sehr wechseln. Endgültig gelöst wird die Frage wohl erst allmählich durch die Ringversuche der Vogelwarte Rossitten werden. Schon jetzt liegen einige beachtenswerte Resultate vor, aus denen wir schließen können, daß die erwähnten Storchscharen sich aus jüngeren, noch nicht fortpflanzungsfähigen Stücken, dann aber auch aus älteren, nichtbrütenden Exemplaren, und zwar in gleicher Weise ♂♂ wie ♀♀, zusammensetzen. Ein im Sommer 1907 in Gudnick (Kreis Mohrungen) gezeichneter Storch wurde am 31. Juli 1908 auf der Feldmark Spanden (Kreis Pr. Holland) aus einem Trupp von 12 Störchen herausgeschossen, und ein am 9. Juli 1907 in Gallhöfen im Samlande markierter Storch wurde am 20. Juli 1908 in Elkinehlen (Kreis Darkehmen) am Waldrande erlegt, wo meistens mehrere Stücke zu übernachten pflegten. Bemerkenswert ist ferner, daß ein am 19. Juli 1906 in der Lüneburger Heide gezeichneter Storch am 30. Juni 1908 bei Sorquitten (Kreis Sensburg) erbeutet wurde, daß also auch im zweiten Lebensjahre dieser Storch nicht zurBrut geschritten zu sein scheint, sich vielmehr weit von dem engeren Brutgebiet entfernt aufhielt. Ein 1908 im Kreise Lötzen gezeichneter Storch wurde schließlich im Juli 1911 im Kreise Angerburg aus einer Schar von 50 Stück erlegt. Hinsichtlich weiterer Einzelheiten sei auf die unten erwähnten interessanten Arbeiten Thienemanns, besonders auf seinen Aufsatz über „Storchjunggesellen“ (594c), verwiesen.

Ende Juli oder Anfang August verlassen die Jungen das Nest. In Losgehnen, wo sich bis 1912 3 Storchnester befanden, von denen aber das eine schon seit Jahren unbesetzt war und nur als Absteige- und Nachtquartier benutzt wurde*), da jeder Ansiedlungsversuch eines dritten Paares von den Störchen des Nachbarnestes vereitelt wurde, habe ich von 1906 bis 1909 im Auftrage der Vogelwarte Storchmarkierungen vorgenommen. Die markierten Störche flogen 1906 am 7., 1907 am 6. August, 1908 am 30. Juli und 1909 am 26. Juli bzw. 19. August aus. In der Regel waren in jedem Nest 3 Junge vorhanden; doch enthielt in den Jahren 1908 und 1909 je ein Nest 4 Junge. Nach Thienemanns Erfahrungen (546) werden 3 Junge auch sonst am häufigsten groß gezogen. 24 von ihm untersuchte Nester waren folgendermaßen besetzt: 4 mit einem Jungen und einem faulen Ei, 6 mit 2 Jungen, 13 mit 3 Jungen und 4 mit 4 Jungen. Szielasko fand am 9. Mai 1903 ausnahmsweise sogar ein Gelege von 7 Eiern.

Der Abzug erfolgt gewöhnlich im August und zwar meist in der zweiten Hälfte. Im Jahre 1906 beobachtete ich eine Schar von etwa 40 Stück bereits am 13. August auf dem Zuge, und von Bischofsburg wurde 1908 berichtet, daß dort am 14. August vormittags etwa 150 Störche über die Stadt nach Süden gezogen seien. In Losgehnen wurden 1908 zuletzt am 26. August Störche auf dem Nest gesehen; die 1909 gezeichneten zogen am 27. und 29. August ab. Einzelne Nachzügler werden bisweilen noch im September beobachtet. Bei Bartenstein sah ich z. B. je 2 Stück noch am 7. September 1903, 7. September 1904 und 11. September 1909. Im Jahre 1910 wurden in Losgehnen am 1. September noch 8 Stück beobachtet, und Höpfner erwähnt einen einzelnen Storch, der am 25. September 1911 über Böhmenhöfen (Kreis Braunsberg) kreiste und dann nach Süden zu verschwand. Verhältnismäßig groß war die Zahl der in ihrem Zuge verspäteten Störche im Herbst 1905, in dem einzelne Stücke noch am 20. und 22. Oktober sowie am 13. November beobachtet wurden (P. Ö. G. 1905 p. 187). Manche bleiben gelegentlich auch winterüber ganz bei uns, wohl stets nur solche, die in ihrer Flugfähigkeit beschränkt und dadurch am Fortzuge behindert sind. Nach Zeitungsberichten hielten sich z. B. einzelne Störche Ende Februar 1909 in Polepen (Kreis Fischhausen), Ende November 1909 in Leysuhnen am Frischen Haff, im Dezember 1909 sowie im Januar 1910 in Maulen (Kreis Königsberg), im Dezember 1911 in Kindschen (Kreis Ragnit), im November 1912 in Grünwalde (Kreis Darkehmen), im Januar 1913 in Trakischken (Kreis Goldap) und im Kreise Pr. Holland auf.

*) Es wurde im Frühjahr 1913 bei einem Neubau beseitigt.

Über die Zugstraße, die unsere ostpreußischen Störche einschlagen und ihre Winterquartiere in Afrika sind wir durch die Ringversuche in überraschend kurzer Zeit genau unterrichtet. Wir wissen jetzt, daß unsere ostdeutschen Störche durch Polen und Ungarn nach dem schwarzen Meer, dann über Kleinasien, Syrien, Palästina den Nil aufwärts bis tief in das Innere, ja fast bis zur Südspitze von Afrika gelangen. Über die bisher zurückgelieferten Störche hat Thienemann (550, 564, 576, 583, 586, 588, 593, 594c) wiederholt eingehend berichtet. Je länger der Versuch fortgesetzt wird und je größer erst die Zahl der gezeichneten Störche sein wird, desto wichtiger und interessanter werden auch die für die Wissenschaft erzielten Resultate sein. Auffallen muß es schon jetzt, daß manche ostpreußischen Störche noch spät im Mai, andere bereits wiederum im Juli sich in den Mittelmeerländern, ja sogar in Südafrika aufhalten; so wurden Ringstörche erbeutet am 15. Mai 1909 50 km südlich von Alexandria, am 21. Juli 1909 bei Damaskus und im August 1911 in Transvaal.

Ein nennenswerter Durchzug von Störchen durch Ostpreußen findet im allgemeinen nicht statt; auf der Kurischen Nehrung ist er nach Thienemann (564) gewöhnlich sogar recht unbedeutend.

### 116. **Ciconia nigra** (L.) — Schwarzer Storch.

*Ardea nigra* L.; *Melanopelargus niger* (L.).

Zu den Arten, die dem Andrängen der Kultur rasch zum Opfer gefallen und in ihrem Bestande in kurzer Zeit wesentlich vermindert sind, gehört der schwarze Storch, der früher in Ostpreußen sicherlich recht verbreitet war. Schon 1779 sagt aber Bock (41), daß er früher im Johannisburgischen bei Sziast noch häufig vorgekommen, jetzt aber selten geworden sei. Neuerdings sind sogar Stimmen laut geworden, daß der Schwarzstorch vielleicht schon ganz aus Ostpreußen verschwunden sei. Diese Befürchtung ist übertrieben. Noch gibt es so manchen Schwarzstorchhorst in unserer Provinz; doch ist es richtig, daß viele verschwinden, so daß nur absoluter Schutz am Brutplatz die drohende Gefahr der Ausrottung dieses stattlichen Vogels hinauszuschieben vermag.

Hartert (200, 205) sagt, der Schwarzstorch sei „in den großen Waldrevieren mit feuchten Brüchen oder in der Nähe von Gewässern keine Seltenheit“; am häufigsten komme er wohl in der Borker, etwas einzelner in der Johannisburger Heide vor. Szielasko (471) bezeichnet ihn als in Masuren und der oberen litauischen Ebene selten, in der unteren vereinzelt brütend.

Nach der Rundfrage der Physikalisch-Ökonomischen Gesellschaft befanden sich 1905 in Ostpreußen 39 Nistbezirke in Staatsforsten mit etwa 55—60 Horsten, wozu noch 2 bekannte Horste in Privatwaldungen kommen. Horste bestanden hiernach in den Kreisen Labiau, Ragnit, Pillkallen, Stallupönen, Goldap, Darkehmen, Angerburg, Insterburg, Gerdauen, Wehlau, Pr. Eylau, Braunsberg, Rössel, Mohrungen, Osterode, Neidenburg, Ortelsburg und Johannisburg. Nördlich der Memel und in ihrem Mündungsgebiet, in den Kreisen Memel, Heydekrug, Tilsit und Niederung, fehlt der schwarze Storch als Brutvogel und auch im oberen Memelgebiet, im Kreise Ragnit, horstet er nur sehr spärlich. Etwas häufiger ist er im südlichen Memeldelta, im Kreise Labiau, von wo 10—12 Horste gemeldet wurden. Hier scheint sein Bestand aber in neuester Zeit ganz erheblich vermindert zu sein; wenigstens fand Voigt ihn 1907 nach einer brieflichen Mitteilung in den Revieren Alt-Sternberg und Kl. Naujok (Kreis Labiau) und Eichwald (Kreis Insterburg) nicht mehr als Brutvogel, während nach der Rundfrage in jedem dieser Reviere noch

3 Horste vorhanden sein sollten. Vermutlich ist dieser Rückgang auf den Abschuß der Brutstörche zurückzuführen. Sondermann erhielt von 1890—1911 25 Schwarzstörche zum Präparieren, davon 5 aus dem Kreise Labiau. Dieselben verteilen sich auf die Monate April (2 aus den Kreisen Insterburg und Stallupönen), Mai (3 aus den Kreisen Tilsit, Niederung und Königsberg), Juni (2 aus den Kreisen Niederung und Sensburg), Juli (6 aus den Kreisen Labiau, Tilsit, Niederung, Pillkallen, Rastenburg und Ortelsburg), August (9) und September (3; letzter am 4. September).

In den großen Waldungen des Ostens und Südens horstet *Ciconia nigra* einzeln überall, so in der Rominter Heide (10—12 Horste), der Borker Heide (9—10 Horste) und der Johannisburger Heide (10—12 Horste). Zwischen Rothebude und Goldap wurden am 11. Juli 1910 11 schwarze Störche beobachtet, ein Beweis dafür, daß sie im Kreise Goldap noch nicht allzu selten sind. In der Sammlung v. Erlangers befinden sich nach Hilgert (225) aus dem Kreise Johannisburg 4 Exemplare. Nur sehr vereinzelt und sporadisch kommt er im südwestlichen, westlichen und mittleren Ostpreußen, etwas zahlreicher wieder in den waldreichen Kreisen Insterburg und Wehlau vor. Im Kreise Friedland hat der Schwarzstorch früher in Gallingen bei Bartenstein und nach Meier (369) auch am Zehlaubruch und in Georgenau, also im Norden des Kreises, gehorstet. Neuerdings scheint dieses nicht mehr der Fall zu sein. Bei Bartenstein gehört er jetzt zu den ungewöhnlichen Erscheinungen. Nur sehr unregelmäßig zeigt sich bisweilen einmal ein alter Vogel während der Brutzeit oder ein junger im August. 1910 wurde in Losgehnen je ein Exemplar am 7. Mai, 5. Juni und 8. Juli beobachtet, wohl in allen Fällen derselbe — anscheinend ungepaarte — Vogel. 1911 gelangte ein Stück am 23. Juni, 1912 am 17. April zur Beobachtung. Bei Heilsberg ist der Schwarzstorch nach Pflanz in einem Paare erst neuerdings wieder heimisch geworden; bei der Rundfrage wurde er noch als fehlend bzw. als in neuester Zeit verschwunden bezeichnet.

Als fraglichen oder unregelmäßigen Brutvogel nennen den Schwarzstorch 7 Oberförstereien in den Kreisen Labiau, Ragnit, Insterburg, Gumbinnen, Sensburg und Osterode, als lediglich bsiweilen vorkommend, aber nicht brütend 20 Oberförstereien in den Kreisen Niederung, Labiau, Ragnit, Insterburg, Wehlau, Fischhausen, Braunsberg, Heilsberg, Allenstein, Neidenburg, Ortelsburg, Sensburg, Lyck und Johannisburg, als völlig fehlend 20 Oberförstereien. Eine Verminderung war in neuerer Zeit zu bemerken in 10 Forstrevieren. Erst neuerdings ist der schwarze Storch gänzlich verschwunden aus den Revieren Foedersdorf, Alt-Christburg (wo bis 1908 stets ein Paar nistete), Purden, Lanskerofen (hier früher nach Volkmann (17) Brutvogel), Alt-Sternberg, Kl. Naujok, Schnecken (hier früher nach Sondermann (463) Brutvogel) und Eichwald. Gleichbleiben des Bestandes melden 26 Oberförstereien, eine Vermehrung keine einzige. Berücksichtigt man, daß bei der Rundfrage vielfach wohl auch unbesetzte Horste mitgezählt sind, so dürfte sich der jetzige Bestand auf vielleicht höchstens 40 Horste belaufen. Eckstein (131) nennt für 1911 sogar nur 26 besetzte Horste, nämlich 14 im Regierungsbezirk Königsberg, 8 im Regierungsbezirk Gumbinnen und 4 im Bezirk Allenstein; diese Zahlen dürften aber wohl doch etwas zu niedrig sein.

Die Ankunft des schwarzen Storches auf seinen Brutplätzen erfolgt wohl erst im April, nach Volkmann (17) in Lanskerofen 1881 am 14., nach Wels (653, 653a) in Astrawischken 1912 am 7., 1913 am 9. des Monats. Ein Gelege von 4 Eiern fand Szielasko am 1. Mai 1904. Der Fortzug fällt in den August und Anfang September. Auf der Kurischen Nehrung ziehen diese Störche äußerst spärlich durch. 2 Exemplare wurden nach Thienemann (504, 510) am 17. April 1902, ein einzelner am 11. Juli 1899 beobachtet. 1911 zeigte sich ein Stück nach Möschler (594c) am 28. April auf den Predinwiesen bei Rossitten.

## 3. Familie: **Ardeidae** — Reiher.

### 117. Nycticorax nycticorax nycticorax (L.) — Nachtreiher.

*Ardea nycticorax* L.; *Scotaeus nycticorax* (L.); *Nycticorax griseus* auct.

Unzweifelhaft hat der Nachtreiher früher wiederholt in der Provinz gebrütet, und höchstwahrscheinlich geschieht dieses auch heutzutage noch gelegentlich. Nachdem in neuester Zeit Kollibay in Schlesien und Fr. Henrici in Westpreußen am Drausensee, nahe der ostpreußischen Grenze, Brutkolonien aufgefunden haben, glaube ich mit Bestimmtheit, daß dieses auch noch für Ostpreußen, vielleicht für das Mündungsgebiet der Memel, gelingen wird. Jedenfalls werden Nachtreiher sehr viel häufiger in der Provinz erlegt, als es nach den spärlichen Literaturangaben den Anschein hat.

Der erste, der über das Brüten des Nachtreihers berichtet, ist Bock (41, 42), der ihn 1779 und 1784 für Preußen als seltenen Brutvogel aufführt, ohne indessen nähere Angaben zu machen. Er sagt von ihm: „Nur selten in Preußen, dahin er im Frühjahr mit den Störchen anziehet, auch mit denselben im Anfange des Herbstes das Land verläßt ... baut sein Nest auf den Ellern und anderen Laubbäumen und dichten Sträuchern."

Im Jahre 1825 bestand eine Brutkolonie in Schetricken bei Nemonien (Kreis Labiau). Oberförster v. Stein übersandte dem Museum mit Begleitbrief vom 2. Juni einen am 1. Juni geschossenen Nachtreiher und erwähnt, daß der Vogel dort früher nie beobachtet sei, jetzt sich aber in größerer Zahl zeige. Im Mai 1845 erhielt das Museum von Gutsbesitzer Siegfried mit Begleitbrief vom 10. Mai einen in Carben (Kreis Heiligenbeil) erlegten Nachtreiher, der auch im Akzessionskatalog erwähnt ist. Mitte Juni 1869 wurde ferner durch Wagenbichler ein in Purpesseln (Kreis Gumbinnen) geschossenes Exemplar mit Begleitbrief vom 19. Juni eingeliefert, das aber, wie aus der Korrespondenz des Einsenders mit Zaddach hervorgeht, nicht mehr konservierungsfähig war. Im Königsberger Museum befinden sich jetzt ein weiblicher alter Nachtreiher mit der Bezeichnung „Ostpreußen" und ein gleichfalls altes ♀ mit der Angabe „Preußen". Das letztgenannte Stück nennt auf der Etikette als Geber „Auerswald", ist also wahrscheinlich keins von den vorstehend aufgeführten. Nach den Akten hat ein Herr v. Auerswald vielfach aus Faulen (Kreis Osterode) Vögel in den 20er Jahren eingeliefert, vielleicht stammt auch dieses Stück von ihm.

Hartert (200, 205) erlegte am 30. August 1880 ein Exemplar im Jugendkleide bei Pillau; er glaubt ferner, mehrfach im Frühjahr die Stimme des Nachtreihers in den Lüften gehört zu haben. Im Leipziger Museum befindet sich ein altes ♂ aus der Talkeschen Sammlung. Das Stück ist, wie mir Künow mitteilte, bei Friedrichstein (Kreis Königsberg) von dem damaligen gräflichen Oberförster erlegt, ihm im Fleisch zugesandt und von ihm präpariert worden.

Th. Zimmermann sah einen jungen Nachtreiher bei einem Gastwirt in Nemonien (Kreis Labiau) ausgestopft. In der Tilsiter Gymnasialsammlung steht ein Exemplar im Jugendkleide, das nach Mitteilung von Selzer im Spätsommer (Juli oder August) 1901 von Professor Schlicht-Tilsit bei Tilsit erlegt ist. Der noch recht junge Vogel ist wahrscheinlich in der Nähe erbrütet. Dies ist um so mehr anzunehmen, als bereits 1900 an derselben Stelle ein Stück bemerkt wurde. Gude hat 2 oder 3 junge Nachtreiher, die seiner Erinnerung nach aus dem Kreise Labiau, sicherlich aber aus der Provinz, stammten, bei Balzer im Fleisch gesehen und zum Teil selbst präpariert. Auch Schuchmann gingen früher wiederholt Exemplare aus Ostpreußen zu. Techler erhielt aus dem Kreise Gumbinnen allein 3 Stücke zum Präparieren, einen jungen Vogel von Schneider-Gerwischken im September 1896, ein altes ♀, von Schneider-Meschkeningken in seinem Garten geschossen, am 24. August 1903 und einen jungen Vogel, erlegt bei Norgallen an der Angerapp, am 6. August 1900. Die beiden erstgenannten Stücke befanden sich in Techlers Besitz und gelangten durch seine Liebenswürdigkeit in meine Sammlung. Ich selbst beobachtete schließlich am 7. Mai 1904 abends nach Sonnenuntergang am Kinkeimer See bei Bartenstein einen mittelgroßen Reiher, der häufig seine rabenartige Stimme hören ließ und sich wiederholt auf die Spitzen von Bäumen setzte, aber so scheu war, daß ich ihn nicht zu erlegen vermochte. Es kann dieses nur ein Nachtreiher gewesen sein.

Für die Kurische Nehrung wird *N. nycticorax* nur fälschlich als einmal bei Kunzen beobachtet angegeben (316); die betreffende Mitteilung verdient durchaus keinen Glauben.

### 118. **Botaurus stellaris stellaris** (L.) — Große Rohrdommel.

*Ardea stellaris* L.

An rohrreichen Gewässern ist die Rohrdommel keine Seltenheit. Namentlich in Masuren, an beiden Haffen und im Memeldelta ist sie recht verbreitet, fehlt aber auch isolierten Landseen nicht, sofern nur genügend große Rohrbestände vorhanden sind.

Hartert (200, 205) sagt von ihr, sie brüte in Preußen nicht selten, namentlich in Masuren, und Szielasko (471) gibt dasselbe auch für die untere litauische Ebene und die Niederung an. W. Christoleit fand sie am Frischen Haff bei Fischhausen und Braunsberg sowie am ganzen Süd- und Ostufer des Kurischen Haffs, wo genügend Rohr vorhanden ist. Auch Hildebrandt bezeichnet sie als an der Ostseite des Kurischen Haffs nicht allzu selten, und W. Baer (31) beobachtete sie bei Minge sogar ziemlich häufig. Selbst auf dem Möwenbruch bei Rossitten hat sie nach Thienemann (576) 1909 vielleicht genistet. Am Nordufer des Frischen Haffs hörte ich am 28. April 1906 mehrfach ihren lauten Ruf; sie scheint dort, was ja auch W. Christoleit angibt, durchaus nicht selten zu sein.

Auf dem Aryssee traf v. Hippel (227) sie häufig an, und am Mauersee bei Angerburg und Steinort hörte ich im Mai 1908 öfters eine ganze Anzahl rufen. Schlonski bezeichnet sie für die Seen bei Johannisburg ebenfalls als häufig. Nach Szielasko brütet die große Rohrdommel nicht selten am Nordenburger See, nach Döring (112a) am Drausensee und nach Goldbeck am Geserichsee. Auch am Kinkeimer See bei Bartenstein hat sie bei nicht zu hohem Wasserstande schon wiederholt genistet, zuletzt im Jahre 1907. An einigen größeren Rohrteichen in seiner Umgebung habe ich ihr Brüten ebenfalls schon mehrmals festgestellt. 1910 ließ ein ♂ vom 23. April bis Anfang Mai allabendlich am See den Paarungsruf hören, verschwand dann aber anscheinend wieder, ohne zur Brut zu schreiten.

Im Laufe des März oder Anfang April stellt sich die Rohrdommel im Frühjahr bei uns ein. Ein altes ♂ schoß ich bei Bartenstein am 28. März 1900 und im Jahre 1910 beobachtete ich ein Stück schon am 12. März. Volle Gelege fand Hartert (200) an den masurischen Seen Mitte Mai. Im August beginnt bereits wieder Herbstzug, der Ende September am lebhaftesten ist und sich häufig noch bis in die zweite Hälfte des Oktober erstreckt. Mit lautem, rabenartigen „kâo kâo“ streichen sie abends und nachts einzeln, bisweilen auch paarweise oder in noch größerer Gesellschaft, durch die Luft nach Süden oder Südosten. Einige Notizen über den Herbstzug bei Bartenstein in den letzten Jahren seien hier wiedergegeben:

1898, 26. September: Etwa 5—6 Rohrdommeln stehen am Tage nahe beieiander vor mir auf.

1904, 24. September und 1. Oktober: Je ein Stück zieht abends etwa um $6^1/_2$ Uhr laut rufend nach Süden.

1905, 19. September: Ein Stück wird am Tage frei am Seeufer beobachtet.

1907: In diesem Jahre waren Rohrdommeln auffallend zahlreich am See zu sehen. Ein Paar brütete daselbst und zog auch Junge groß. Leider wurden viele erlegt; ich weiß von etwa 6 Exemplaren, die auf einigen Nachbargütern während der Entenjagd am See geschossen wurden. Über den Herbstzug dieses Jahres habe ich folgende Beobachtungen gemacht:

12. August: Abends höre ich eine Rohrdommel, wohl nur umherstreichend, laut rufend in der Luft.

31. August: Nachts in Gerdauen ein Stück, wohl gleichfalls nur umherstreichend, gehört.

7. September: Ein am See geschossenes Stück mausert noch am Kopf und Hals. Im Kropf hat es einen Teichfrosch, Froschknochen, eine große Raupe und mehrere Schnecken.

22. und 23. September: Einzelne Rohrdommeln stehen am Tage dicht vor mir auf; zum Teil sitzen sie verhältnismäßig frei. Die eine stößt nach dem Auffliegen ein tiefes „ka" aus; sonst sind sie am Tage beim Fliegen stets still.

25. September: Abends etwa um $6^1/_2$ Uhr 4 Stück gehört, die nach Südosten ziehen; 2 ziehen zusammen.

28. September: Abends 2 Rohrdommeln gesehen. Die eine fällt dicht bei meinem Boot ein, steht aber auf, als eine andere rufend herankommt, und antwortet schon im Aufstehen. Beide streichen zusammen fort.

29. September: Ein Stück abends gehört.

24. Oktober: Abends zieht eine Rohrdommel nach langem Umherstreichen nach Südosten.

26. Oktober: Wieder eine, die letzte, abends gehört.

1908, 10. Oktober: Abends etwa um 6 Uhr ziehen 3 Rohrdommeln zusammen unter lauten Rufen nach Süden.

1909, 29. Oktober: Abends ein Stück am See gehört.

1910, 16. Oktober: Ein Stück zieht abends nach Süden.

1912, 13. Oktober: Ein Stück abends laut rufend am See.

1913, 2. November: Etwa um $4^1/_2$ Uhr abends 2 Stück laut rufend am See.

Bisweilen ziehen die Rohrdommeln im Herbst also gesellig; ja Ulmer (550) beobachtete am 17. September 1907 sogar gleichzeitig einen Flug von 11 Stück am Frischen Haff, aus dem 3 Exemplare erlegt wurden. 1909 bemerkte er am Haff ziehende Rohrdommeln von Ende September bis Anfang November (576). Gelegentlich verspäten sich einzelne mit dem Herbstzuge recht bedeutend, so daß manche auch winterüber ganz bei uns bleiben. In der Sammlung des Osteroder Gymnasiums steht ein Stück aus dem Januar 1908 von Eilingsee (Kreis Osterode), und Sondermann erhielt je ein Exemplar am 24. November 1900 von Ibenhorst, am 11. November 1909 von Pr. Holland und am 8. Januar 1908 von Inse.

Eine im Juli 1912 in Podollen (Kreis Wehlau) als junger Vogel gezeichnete Rohrdommel wurde nach Thienemann Ende November 1912 in Frankreich erlegt. Der Zug verläuft also nicht, wie bei den Störchen, nach Südosten, sondern in westlicher Richtung.

### 119. **Ixobrychus minutus minutus** (L.) — Zwergrohrdommel.

*Ardea minuta* L.; *Ardetta minuta* (L.); *Botaurus minutus, pusillus* auct.; *Ardeola minuta* (L.).

Infolge ihrer recht versteckten Lebensweise wird die Zwergrohrdommel gewöhnlich für sehr viel seltener gehalten, als sie tatsächlich ist. Mit vollem Recht sagt Kleinschmidt (386) von ihr, sie sei in Ostpreußen verhältnismäßig häufig. Sowohl an beiden Haffen wie an den meisten mit schilfreichen Ufern versehenen Landseen und größeren Teichen kommt sie in einzelnen Brutpaaren vor; in manchen Gegenden scheint sie sogar ziemlich zahlreich zu sein. Besonders an den Altwässern der Memel ist sie recht verbreitet.

Böck (649) und auch noch Hartert (200, 205) hielten sie für selten in Ostpreußen. Letzterer ist mit ihr nur wenig zusammengetroffen; er erwähnt ihr Vorkommen an der Memel, am Frischen Haff, bei Johannisburg, Goldap und Norkitten (Kreis Insterburg). Bei letztgenannter Angabe stützt er sich auf eine Mitteilung von Robitzsch (18). Nach Szielasko (471) ist die Zwergrohrdommel namentlich in der Niederung häufig; ein Gelege besitzt er ferner von Pfahlbude (Kreis Braunsberg) am Frischen Haff. Gude und Selzer teilten mir mit, daß sie bei Tilsit öfters vorkomme. Sondermann erhielt von dort im Mai und August 1904 allein 8 Stücke. Weitere Exemplare, teilweise auch während der Brutzeit, gingen ihm aus den Kreisen Niederung, Labiau, Stallupönen, Lötzen und Sensburg zu. Eckert (19) sagt von ihr, sie sei in Masuren selten und nur auf dem Durchzuge etwas häufiger, in den Niederungen der Memel und des Pregel komme sie dagegen zahlreicher vor. Daß sie in Masuren wohl doch nicht ganz so selten ist, wie es hiernach den Anschein hat, beweisen die Angaben v. Hippels (227), der sie in mehreren Paaren am Aryssee auffand, und Schlonskis, der sie als bei Johannisburg „häufig" bezeichnet. Im Kreise Oletzko hat v. Hippel sie allerdings nicht beobachtet; doch wurde am 1. Juli 1911 in diesem Kreise ein alter Vogel am Pillwungsee erlegt. Geyr v. Schweppenburg (189) bemerkte Anfang Juli 1911 ein Exemplar bei Rudczanny. In der Sammlung des Osteroder Gymnasiums stehen 2 Stücke vom Sommer 1899 aus der Nähe der Stadt, wo die Art nach Mitteilung von Professor Dr. Lech nicht allzu seltener Brutvogel ist. Auch auf dem südlichen Teile des Drausensees beobachtete ich sie wiederholt am 20. Juli 1913.

Techler führt die kleine Rohrdommel für den Wilpischer See (Kreis Gumbinnen), Büchler für den Goldaper See, Goldbeck als regelmäßigen Brutvogel am Geserichsee auf. W. Christoleit sah ein Stück während der Brutzeit an der Alle bei Wehlau und schoß auf dem Zuge ein Exemplar bei Fischhausen; auf der Frischen Nehrung stellte er die Art aber als nicht besonders seltenen Brutvogel fest. Auch am Kinkeimer See bei Bartenstein nistet die Zwergrohrdommel fast alljährlich in einzelnen Paaren. Während der Sommermonate bis Ende August oder Anfang September werden einzelne Stücke bzw. Paare regelmäßig am See beobachtet und auch gelegentlich auf der Entenjagd erlegt. Ich besitze alte ♂♂ vom 20. Juni 1902 und 9. Juli 1907 sowie ein ♀ vom 3. Juli 1905. Den sicheren Nachweis des Brütens gelang es mir aber erst 1909 zu erbringen. Am 29. August schoß ich ein Junges, das noch von den Alten gefüttert wurde und am Kopfe noch Dunen hatte, also wohl erst ganz vor kurzem ausgeflogen war. 1913 hörte ich den Paarungsruf zuerst am 4. Mai. Auch im Kreise Heilsberg ist die Art jedenfalls Brutvogel; wenigstens wurden im Juli 1908 ein Stück, am 8. Juli 1912 2 Stücke auf dem Simsersee bei Makohlen erlegt, und auch am 3. Juli 1911 beobachtete ich dort 2 alte Vögel.

Nach Kleinschmidt (386) hat diese kleine Reiherart früher auch auf dem Oberteich bei Königsberg genistet. Seit der Anlegung der Villenkolonie Maraunenhof und der Regulierung des Oberteichs ist dieses wohl kaum mehr der Fall. Auf der Kurischen Nehrung bei Rossitten ist die Zwergrohrdommel gelegentlich im August auf dem Möwenbruch beobachtet worden. Auch dort kommt sie nach den Erfahrungen Thienemanns (504, 525) häufiger vor, als man früher annahm. Im Jahre 1910 hat ein Paar sogar unweit von Rossitten gebrütet; am 14. August erhielt Thienemann (588) einen unausgewachsenen jungen Vogel vom sogen. Rübenbruch.

### 120. **Ardeola ralloides ralloides** (Scop.) — Rallenreiher.

*Ardea ralloides* Scop.; *Ardea comata* auct.; *Buphus ralloides* (Scop.), *comatus* auct.

Dieser kleine Reiher, dessen Brutgebiet südöstlich von uns liegt, ist erst einmal für die Provinz nachgewiesen. Ein Exemplar, anscheinend ein junges ♂, wurde am 14. August 1905 am Goldaper See erlegt und dem Königsberger Museum von Apotheker Kühn geschenkt (Braun (62), Meissner (372)).

### 121. **Ardea cinerea** L. — Fischreiher, grauer Reiher.

Bei den unaufhörlichen Verfolgungen, denen der Fischreiher ausgesetzt ist, kann es nicht wundernehmen, daß sein Bestand vielfach erheblich zurückgeht, ja daß er stellenweise als Brutvogel wohl auch schon ganz verschwunden ist. Im allgemeinen ist er aber in Ostpreußen doch noch ziemlich häufig, namentlich im seenreichen Masuren.

Krohn (284) erwähnt 1903 für Ostpreußen nur 7 Ansiedlungen aus den Kreisen Osterode, Sensburg, Johannisburg und Angerburg. Diese Zahl ist aber bei weitem zu niedrig angegeben, besonders wenn man auch die Privatforsten berücksichtigt. Nach der Rundfrage der Physikalisch-Ökonomischen Gesellschaft gab es 1905/06 in den Staatsforsten Ostpreußens noch 25 Ansiedlungen mit im ganzen etwa 500—520 Horsten, darunter nur 3 größere Kolonien mit 150, 75 und 40 Horsten, während 10 weniger als 10 Horste enthielten. Dazu kommen noch 8—10 Ansiedlungen in Privatwäldern mit 210—240 Horsten, so daß im ganzen etwa 35 Brutplätze mit 700—800 Horsten aus der Provinz bekannt sind. Wahrscheinlich ist die Zahl der im Privatbesitz befindlichen Reiherkolonien aber noch etwas größer, da die neuerdings nicht selten vorkommenden ganz kleinen Siedlungen mehrfach wohl nicht mitgezählt sein dürften. Für das Jahr 1911 macht Eckstein (131) folgende Angaben.

Regierungsbezirk Königsberg: 87 Einzelhorste und 2 Kolonien mit 40 Horsten, zusammen also 127 Horste.

Regierungsbezirk Gumbinnen: 33 Einzelhorste und 4 Kolonien mit 70 Horsten, zusammen 103 Horste.

Regierungsbezirk Allenstein: 37 Einzelhorste und 9 Kolonien mit 315 Horsten, zusammen 352 Horste.

Im ganzen zählt Eckstein also für Ostpreußen 157 Einzelhorste und 15 Kolonien mit 425 Horsten, zusammen 582 Horste.

Am häufigsten nistet der Fischreiher im wasserreichen Süden der Provinz, in den Kreisen Angerburg, Lötzen, Lyck, Johannisburg, Sensburg, Neidenburg, Ortelsburg und Osterode. In den Kreisen Johannisburg und Lyck befanden sich auch 1905/06 die beiden größten Kolonien mit 150 und 120 Horsten. Vereinzelte Brutplätze sind ferner noch bekannt aus den Kreisen Memel, Ragnit, Goldap, Mohrungen, Allenstein, Rössel und Friedland. In letzterem Kreise befindet sich seit einigen Jahren eine Ansiedlung von 8—10 Paaren im „Schierlingswalde" zu Losgehnen. Die Horste, die meist auf Fichten, aber auch auf Eichen und Rüstern angelegt sind, stehen dort nicht sehr nahe beieinander, vielmehr in dem ganzen etwa 15 ha großen Walde zerstreut. Trotz großer Schonung am Brutplatz ist eine Vermehrung der Brutpaare bisher nicht festzustellen gewesen*).

Verschiedene früher recht bedeutende Ansiedlungen sind neuerdings arg dezimiert oder ganz verschwunden. Bock (41) sagt 1779, die Fischreiher seien „nirgends in Preußen häufiger als auf einer Halbinsel im Lewentinsee bei dem Kirchdorf Ridszewen" (= Rydszewen, Kreis Lötzen). Hartert (200, 205), der berichtet, daß in Preußen noch viele große Kolonien be-

*) Erst seit 1913 ist die Zahl der Brutpaare auf etwa 15 gestiegen; sie nisten jetzt auch nahe beieinander auf hohen Rüstern.

ständen, erwähnt als eine der größten die im Jakunowker Hegewald an den Ufern des Goldapgarsees bei Angerburg. Nach Auskunft der Regierung zu Gumbinnen befanden sich daselbst 1906 noch 2 Kolonien von 6 bzw. 21 Horsten und eine dritte von 30—40 Horsten in Gr. Eschenort in unmittelbarer Nähe des Hegewaldes, aber nicht nördlich, sondern südlich des hier ganz schmalen Goldapgarsees. Die letztgenannte ziemlich bedeutende Ansiedlung, in der außer Reihern auch viele schwarze Milane horsten, besuchte ich am 31. Mai 1908. Weitere bekannte, aber nicht mehr erhebliche Ansiedlungen bestehen auf der Kurischen Nehrung bei Schwarzort und auf der Insel Upalten im Mauersee. Letztere enthält etwa 10, erstere besaß nach Thienemann (525) 1904 etwa 20 Horste.

Bei Bartenstein, wo ja die schon erwähnte Brutkolonie in Losgehnen existiert, ist der Fischreiher eine häufige Erscheinung. An allen Gewässern, namentlich am Kinkeimer See, trifft man von März bis Oktober jederzeit einige an. Den See besuchen sie nach dem Ausfliegen der Jungen häufig in recht erheblicher Anzahl; Flüge bis zu 20 Stück lassen sich dann an seinen Ufern oder auf den Feldern in seiner Nähe nieder.

Im Laufe des März stellt sich der Fischreiher an seinen Brutplätzen ein, bei Bartenstein zwischen dem 2. und 30. März, wobei sich als Mittel von 16 Jahren der 16. März ergibt. Das Brutgeschäft fällt in den April und Mai. 3 Nester, die ich mit Szielasko am 30. April 1905 untersuchte, enthielten 4, 5 und 6 stark bebrütete Eier. Die Jungen fliegen gewöhnlich Mitte Juni aus; 1904 sah ich die ersten flugfähigen am 19., 1909 am 13. Juni. Im Laufe des September und Oktober verlassen uns die Reiher wieder. Einzelne verspätete Nachzügler sah ich noch am 15. November 1902, 30. November 1903, 11. November 1912 und 24. November 1913 (3 Stück). Fälle von Überwinterung sind für Ostpreußen nicht bekannt.

**Ardea purpurea purpurea** L. — Purpurreiher.

Obwohl schon Bock (41) 1779 zu berichten weiß, daß der Purpurreiher „bisweilen, wiewohl nicht alle Jahre, am Kurischen Haabe" gesehen worden sei, ist er doch bisher für unsere Provinz mit Sicherheit noch nicht nachgewiesen. Die Angabe im neuen Naumann (386), daß er in Ostpreußen schon vorgekommen sei, ist in keiner Weise bewiesen; wahrscheinlich bezieht sie sich auf eine ganz unglaubwürdige, angebliche „Beobachtung" (816) am Bruch bei Rossitten im Jahre 1893. Für Westpreußen ist der Nachweis des Vorkommens schon durch Böck (48) geführt worden.

**Egretta alba alba** (L.). — Silberreiher.

*Ardea alba* L.; *Herodias alba* (L.), *egretta* auct.

Auch dieser schöne große Reiher ist in Ostpreußen mit Sicherheit noch nicht beobachtet worden, obwohl er für Westpreußen gleichfalls schon nachgewiesen ist (Klein (255), Braun (58), Gengler (186)).

Am Kinkeimer See bei Bartenstein beobachtete ich am 12. Mai 1904 einen großen reinweißen Reiher, der in einer Entfernung von etwa 200 Schritt langsam und niedrig an mir vorbeistrich. Wahrscheinlich ist dies ein Silberreiher gewesen. Eine Verwechslung mit einem, sei es auch sehr alten, ♂ des Fischreihers ist ausgeschlossen, ebenso auch eine solche mit dem Löffelreiher, da der von mir beobachtete Vogel den Hals nicht ausgestreckt trug, wie es der Löffler immer tut. Daß es ein Albino des Fischreihers gewesen sein soll, ist bei der Seltenheit derartiger Stücke wenig wahrscheinlich. Der positive Nachweis des Vorkommens ist jedoch durch meine Beobachtung natürlich noch nicht geführt.

## 122. Egretta garzetta garzetta (L.) — Seidenreiher.

*Ardea garzetta* L.; *Garzetta, Herodias garzetta* (L.).

Im Gegensatz zu seinem großen Verwandten ist der kleine Seidenreiher schon einige Male in Ostpreußen vorgekommen. Im Königsberger Museum stehen 2 ostpreußische Exemplare, die nach Hartert (200, 205) beide bei Pillau erlegt sind. Aus den Akten konnte ich nur feststellen, daß eins von ihnen, auf dessen Etikette als Geber der Chirurgus Grüneberg genannt ist, im Oktober 1829 bei Pillau geschossen und mit Begleitbrief vom 20. Oktober durch Grünenberg eingesandt wurde; es ist auch im Akzessionskatalog erwähnt. Über das zweite Stück ließ sich nichts Näheres ermitteln. Im Herbst 1898 wurde ferner nach Sondermann ein Stück bei Ruß (Kreis Heydekrug) erlegt und von ihm präpariert. Es befindet sich jetzt in der Sammlung des Osteroder Gymnasiums.

# VII. Ordnung: **Gyrantes** — Girrvögel.

## 1. Familie: **Columbidae** — Baumtauben.

### 123. **Columba palumbus palumbus** L. — Ringeltaube.

*Palumbus torquatus* auct.; *Palumbus palumbus* (L.).

Mit Ausnahme der rauhen ostpreußischen Höhenlagen ist die Ringeltaube wohl überall in der Provinz als Brutvogel häufig. Nadel- wie Mischwaldungen bewohnt sie gleich zahlreich und nimmt auch mit Beständen von geringem Umfange vorlieb. Die Nähe menschlicher Wohnungen meidet sie bei uns noch, während in Mittel- und Süddeutschland die Nester sogar vielfach mitten in Städten an belebten Straßen gefunden werden. Nur in wenigen Gegenden ist sie seltener oder fehlt wohl gar ganz, so nach Volkmann (17) in Lanskerofen (Kreis Allenstein). Nach Hartert (200) brütet sie in der hochgelegenen Rominter Heide zwar regelmäßig, aber doch viel seltener als in anderen dem Bestande nach ebenso günstigen Revieren, und nach Goldbeck ist sie in Schwalgendorf (Kreis Mohrungen) nicht häufig. Bei Bartenstein und Heilsberg zeigt sie sich dagegen als Brutvogel recht zahlreich; sie fehlt wohl keinem Walde, sei er auch noch so klein, und ist dort, wie wohl auch sonst meist, die häufigste Taubenart.

In der zweiten Hälfte des März stellt sich gewöhnlich die Ringeltaube bei uns ein. Bei Bartenstein beobachtete ich die ersten im Durchschnitt von 16 Jahren am 21. März; das früheste Beobachtungsdatum ist der 6., das späteste der 29. März. In der Regel macht sie bei uns wohl 2 Bruten. Am 8. Mai 1907 fand ich in Losgehnen ein Nest mit einem zum Ausfallen reifen Ei, das aber von der brütenden Taube verlassen wurde, und am 1. Mai 1892 sowie am 1. Mai 1910 je ein Gelege von 2 schwach bebrüteten Eiern. Am 14. Juni 1903 wurden 2 fast flügge Junge gefangen; andererseits fand ich am 5. Mai 1912 im Walde eine tote, nicht mehr ganz frische junge Ringeltaube ohne Kopf, die schon völlig befiedert und mindestens 16—20 Tage alt war; rechnet man auf das Ausbrüten 18 Tage, so muß das Brutgeschäft in diesem Falle schon im März begonnen haben, was für Ostpreußen ganz auffallend früh ist. Nach beendeter Brutzeit schlagen sich Junge und Alte in Flüge zusammen, um Ende September und im Laufe des Oktober von uns fortzuziehen.

Auf der Kurischen Nehrung wandern diese Tauben in den Monaten Ende März-April und September-Oktober meist recht zahlreich durch. Namentlich im Herbst — um den 1. Oktober herum — ist die Zahl der durchziehenden Taubenflüge recht beträchtlich; sie bestehen dann oft aus 100—200 Stücken. Als Beginn des Herbstzuges gibt Thienemann (536, 546, 588) für 1905 den 21., 1906 den 11. und 1910 den 13. September an. Der Frühjahrszug dehnt sich bisweilen sehr lange aus. Thienemann (510) beobachtete ziehende Ringeltauben noch am 29. April 1902, einen ganzen Flug, vielleicht aus ungepaarten Stücken bestehend, sogar noch am 11. Juni 1902.

Ausnahmsweise überwintern einzelne dieser Tauben auch bei uns, was Hartert (l. c.) in Abrede stellt. Thienemann (546, 564,) sah bei Rossitten einzelne am 29. Januar und 1. März 1906 sowie am 31. Januar 1908. In Losgehnen hielt sich eine Ringeltaube im Jahre 1910 vom 1. Januar an bis Ende April regelmäßig in der Nähe des Gutshofes, oft in Gesellschaft der

Haustauben, auf, machte aber auch anfangs noch nicht selten Ausflüge in die benachbarten Waldungen. Später verließ sie die zahmen Tauben kaum mehr und ging auch stets mit ihnen zusammen in den Schlag. Ende April stellte sich im Garten ein wilder Ringeltauber ein, der häufig lockte, worauf die zahme mit ihm verschwand. 1911 und 1912 zeigte sich aber im Gutsgarten wieder öfters während der Sommermonate eine Ringeltaube, vielleicht dasselbe Stück wie im Winter 1910. Auch Thienemann (550) berichtet von 2 Ringeltauben, die sich im Oktober 1907 unter den Haustauben einstellten und ganz vertraut waren. Einzelne Stücke beobachtete ich bei Bartenstein ferner noch am 1. November und 4. Dezember 1903 sowie am 18. Februar 1904.

### 124. Columba oenas L. — Hohltaube.

*Palumboenas oenas* (L.).

Mit dem Verschwinden der alten höhlenreichen Bäume aus den Waldungen ist auch die Hohltaube vielerorts selten geworden, ja stellenweise als Brutvogel wohl auch ganz verschwunden. Ob ihr Bestand in manchen Gegenden, wo der Schwarzspecht für genügende Nisthöhlen sorgt, auch wieder zunimmt, wie dies z. B. für die Provinz Brandenburg beobachtet ist, steht noch nicht fest.

Wo die Hohltaube passende Bruthöhlen findet, ist sie anscheinend auch jetzt noch vielfach ziemlich häufig. Hartert (200, 205) sagt von ihr sogar, sie komme „in allen an höhlenreichen Bäumen nicht armen Wäldern sehr zahlreich“ vor. Nach Szielasko (471) ist sie in Masuren und Litauen häufig, in der Niederung nur vereinzelt. Gude bezeichnet sie für Ragnit als nicht selten, und bei Heydekrug ist sie nach Hildebrandt von Amtsvorsteher Settegast öfters als Brutvogel beobachtet. Am 5. Juli 1908 hörte ich im Forstrevier Dingken (Kreis Tilsit) eine ganze Anzahl locken. W. Christoleit beobachtete sie als „gemeinen Brutvogel im Stadtwalde von Fischhausen, in den litauischen Wäldern dagegen ziemlich selten“. Szielasko besitzt ein Gelege von 2 Eiern aus dem Kreise Labiau vom 23. Mai 1904, und Klemusch (277) nennt sie als Brutvogel für Sudnicken und Rinau (Kreis Königsberg) sowie für Kapkeim (Kreis Wehlau).

Techler stellte das Brüten von *C. oenas* bei Gumbinnen, Geyr v. Schweppenburg (189) bei Schorellen, Rominten und Rudczanny fest. In Steinort (Kreis Angerburg) traf ich sie im Mai 1908 in den alten höhlenreichen Eichenwäldern zwar wiederholt, jedoch durchaus nicht zahlreich an; sie ist dort aber nach „Rauhfuß“ (408) im ganzen nicht selten. Wels fand sie in der Johannisburger Heide von 1877—84 recht häufig, auch sonst überall, wo hohle Bäume vorhanden waren; doch nimmt der Bestand nach Angabe dieses Beobachters von Jahr zu Jahr ab. In der Johannisburger Heide hat Wels wiederholt bemerkt, daß die Hohltaube von der Blaurake aus den Brutbäumen vertrieben wurde.

Nach Löffler (326) war diese Taube schon 1836 bei Gerdauen nicht häufig. Dasselbe gilt für die Bartensteiner Gegend, wo nur im Stadtwalde von Kl. Wolla (Kreis Pr. Eylau), ferner nach Klemens (276) im Schippenbeiler Stadtwalde, nach Liedtke in Georgenau und nach Meier (369) in Louisenberg einige nisten. Vielen Waldungen dagegen fehlt sie ganz als Brutvogel, so auch in Losgehnen, wo nur selten einmal einzelne gesehen werden. Spärlicher Brutvogel ist sie bei Heilsberg im Forstrevier Wichertshof, ziemlich häufig dagegen nach Goldbeck in Schwalgendorf (Kreis Mohrungen). Auch für Pfeilings (Kreis Mohrungen) gibt Nagel sie als Brutvogel an.

Auf der Kurischen Nehrung zeigen sich Hohltauben im März-April und im Oktober als ziemlich zahlreiche Durchzügler. Der Zug beginnt im Frühjahr früher und endet im Herbst später als der der Ringeltaube; am lebhaftesten ist der Herbstzug Ende Oktober. Im Jahre 1910 beobachtete Thienemann (588) ein Stück sogar noch am 15. November auf dem Zuge nach Süden.

Die Ankunft auf den Brutplätzen erfolgt schon Ende Februar oder Anfang März. 1882 wurde die erste nach Robitzsch (16) bei Norkitten am 15. März, nach Schmidt (16) in Wondolleck (Kreis Johannisburg) am 28. Februar beobachtet. Thienemann (564) sah bei Rossitten 1908 die erste am 8., ich selbst in Losgehnen 1910 am 13., 1911 am 12., 1912 am 6. und 1913 am 17. März. Aus dem Kreise Niederung besitze ich ein ♀ vom 4. März 1913. Bei Bartenstein ist der Durchzug nur unbedeutend. Eine kleine Schar beobachtete ich in Losgehnen noch am 16. April 1906, also verhältnismäßig spät, da die Hohltaube mit dem Brutgeschäft gewöhnlich früher als die vorige Art beginnt. 1912 hielt sich ein Paar, dessen ♂ eifrig lockte, am 15. April vorübergehend im Losgehner Walde auf.

Auch von dieser Taube überwintern gelegentlich einzelne Exemplare bei uns. Thienemann (564) beobachtete am 8. November 1908 2 Stücke in Rossitten bei hohem Schnee am Dorfe und am 3. Dezember 1908 eine einzelne unter den Haustauben, die auch winterüber aushielt.

### 125. Streptopelia turtur turtur (L.) — Turteltaube.

*Columba turtur* L.; *Turtur, Peristera turtur* (L.); *Turtur auritus, communis, vulgaris* auct.

Erst spät im Jahre trifft die zierliche Turteltaube bei uns ein, die in einem großen Teile der Provinz als Brutvogel mehr oder minder häufig ist, einigen Strichen aber fast ganz zu fehlen scheint. Hartert (200) nennt sie „in den meisten Gegenden nicht eben selten, in manchen recht häufig". Szielasko (471) bezeichnet sie als überall häufig, Löffler (326) jedoch 1836 für Gerdauen als die seltenste Taubenart und v. Ehrenstein (52) als „in Ostpreußen relativ selten".

Bei Heydekrug ist die Turteltaube nach Hildebrandt nicht seltener Brutvogel, desgleichen nach Wels in der Rominter und Johannisburger Heide, in Dingken (Kreis Tilsit) und Astrawischken (Kreis Insterburg). Techler fand sie bei Gumbinnen nur vereinzelt, und auch Geyr v. Schweppenburg (189) beobachtete sie 1911 bei Schorellen und Rominten nur ziemlich selten. W. Christoleit stellte sie in den litauischen Wäldern als vereinzelten Brutvogel fest, der jedoch von Jahr zu Jahr in seinem Bestande beträchtlich schwankt; 1909 war sie ziemlich zahlreich vertreten. Nach Goldbeck ist sie in den Wäldern am Kurischen Haff häufiger Brutvogel; dagegen fehlt sie ganz in Schwalgendorf (Kreis Mohrungen). Auch auf der Kurischen Nehrung brütet sie nach Thienemann nicht.

Im Kreise Angerburg bemerkte ich *St. turtur* ziemlich häufig, bei Heilsberg dagegen mehr vereinzelt. Recht verbreitet ist sie bei Bartenstein, wo sie in allen, auch den kleinsten, Waldungen in mehreren Paaren nistet. Sie bevorzugt entschieden Nadelwälder, bewohnt aber auch etwas sumpfige Erlenbrüche nicht allzu selten.

Die Ankunft erfolgt gewöhnlich im letzten Drittel des April, bei Bartenstein zwischen dem 23. April und 4. Mai, im Mittel von 9 Jahren am 30. April. Der Herbstzug fällt in den August und September. In größeren Scharen sieht man diese Tauben bei uns nie; einzelne trifft man im Herbst öfters auf Kartoffeläckern an. Auf der Kurischen Nehrung, wo die Turteltaube auch auf dem Zuge eine seltene und unregelmäßige Erscheinung ist, beobachtete Thienemann (519, 536, 564, 588, 594 c) einzelne Exemplare im Mai-Juni und August-September; die spätesten Beobachtungsdaten sind der 18. September 1903 und 29. September 1905. Im Oktober ist diese Art anscheinend nie mehr in der Provinz bemerkt worden.

# VIII. Ordnung: **Rasores** — Scharrvögel.

## 1. Familie: **Phasianidae** — Fasanvögel.

### 126. **Phasianus colchicus colchicus L.** — **Kupferfasan, Edelfasan.**

Erst in neuerer Zeit ist der Fasan auch in Ostpreußen allgemein eingebürgert, so daß wir ihn jetzt mit vollem Recht als einheimischen Vogel betrachten müssen. In vielen Gegenden, so auch bei Bartenstein, gehört er zu den charakteristischen, überall häufigen Erscheinungen, und gute Fasanenjagden sind auch in Ostpreußen jetzt keine Seltenheit mehr. So beträchtliche Strecken wie in Schlesien werden allerdings bei uns nur ausnahmsweise erzielt. Jedenfalls verträgt der Fasan das rauhe ostpreußische Klima recht gut und bedarf nur einer unerheblichen Fütterung während der kalten Jahreszeit. In der Regel würde er aber auch ohne Zutun des Menschen unsere Winter, die ja meistens schneearm sind, gut überstehen. Neuerdings scheint er sich nach Thienemann (588) sogar auf der Kurischen Nehrung bei Rossitten anzusiedeln.

Reinblütige Edelfasanen sind bei uns selten; die meisten haben einen mehr oder weniger deutlich ausgebildeten weißen Halsring, was auf Kreuzung mit dem ostasiatischen Ringfasan (*Phasianus torquatus* Gm.) zurückzuführen sein soll. Farbenvarietäten sind bei diesen, teilweise halb domestizierten Vögeln häufig. Ein in Sandlack (Kreis Friedland) erlegtes großenteils weißes ♀ befindet sich im Bezitze von Oberleutnant Willemer, und Graf Kalnein (254) beobachtete im Jahre 1910 in Ostpreußen 4 reine Albinos sowie ein teilweise weiß gefärbtes Stück.

## 2. Familie: **Perdicidae** — Feldhühner.

### 127. **Perdix perdix perdix** (L.). — Rebhuhn, Rephuhn.

*Perdix cinerea, Starna cinerea* auct.

Zwar reicht der Rebhühnerbestand ostpreußischer Feldreviere an schlesische Verhältnisse nicht heran; doch ist auch bei uns das Rebhuhn fast überall eine recht häufige Erscheinung. In der Regel wohl Standvogel, bevorzugt es die fruchtbaren Weizengegenden und ist naturgemäß in den großen Waldgebieten seltener. Verbreitet ist es nach Hartert (200) in den Dünen der Seeküste; ja auf der Kurischen Nehrung hat sich der Bestand nach Thienemann sogar neuerdings beträchtlich gehoben.

Inwieweit sich die ostpreußischen Rebhühner subspezifisch abtrennen lassen, ist eine noch offene Frage. Altum (10) meinte, sie gehörten zum größten Teile zu der durch besondere Größe und lebhafte Farben ausgezeichneten Form *lucida* (Alt.), deren Berechtigung im übrigen jedoch durchaus nicht feststeht, zumal bei den Rebhühnern vielfach auch bloße Standortsformen vorzukommen scheinen. Hartert (212) jedenfalls zieht sämtliche europäischen Rebhühner, mit Ausnahme der in den Pyrenäen und Nordspanien sowie der in Osteuropa vorkommenden, zu *P. p. perdix* (L.).

Farbenvarietäten sind bei dieser so verbreiteten Art ziemlich häufig. Im Königsberger Museum steht ein partieller Albino von Willenberg, den Lühe (340) eingehend beschreibt. Sondermann erhielt ein ganz weißes Stück am 1. September 1903 von Drygallen (Kreis Johannisburg).

### 128. **Coturnix coturnix coturnix** (L.) — Wachtel, Schlagwachtel, Kirrwachtel.

*Coturnix communis, dactylisonans* auct.

Wie fast überall in Mitteleuropa ist auch bei uns die Wachtel stellenweise schon recht selten geworden, und nur in manchen Jahren tritt sie wieder einmal etwas häufiger auf.

Besonders zahlreich scheint sie auch früher in der Provinz nicht gewesen zu sein; sagt doch schon 1837 Bujack (68), sie sei selbst in den Weizengegenden selten. Hartert (200, 205) gibt an, sie komme nur in angebauten Strichen und nirgends zahlreich vor. Szielasko (471) bezeichnet sie im Gegensatz hierzu als in Masuren und der unteren litauischen Ebene häufig, in der oberen vereinzelt und in der Niederung selten; doch teilte er mir mündlich mit, daß sie auch nach seinen Beobachtungen jetzt überall sehr viel seltener geworden sei. Zigann (658) hat bei Wehlau gleichfalls eine erhebliche Abnahme von Jahr zu Jahr bemerkt. Nach Gude sind Wachteln jedoch in den Kreisen Ragnit und Niederung stellenweise noch ziemlich häufig, desgleichen nach Reinberger bei Tilsit und Pillkallen und nach Techler bei Gumbinnen. Nach Hildebrandt ist die Art bei Heydekrug selten. W. Christoleit fand sie im Kreise Labiau vereinzelt bei Popelken und Laukischken; er ist der Ansicht, daß sie sich dort langsam vermehre; wahrscheinlich handelt es sich dabei aber nur um ganz lokale Wahrnehmungen. Im Kreise Angerburg hörte ich die Wachtel im Frühjahr 1908 nur äußerst spärlich, etwas zahlreicher im Juli 1908 bei Heilsberg, wo sie aber sonst im allgemeinen auch nicht häufig ist.

Bei Bartenstein wechselt der Bestand von Jahr zu Jahr ganz auffallend. Es gibt Jahre, in denen kaum eine einzige sich hören läßt, während sie in anderen wieder keine Seltenheit ist. 1903 vernahm ich in Losgehnen am 18. Juli 5—6 ♂♂, dagegen 1904—07 und 1910—13 sommerüber kaum 1—2; andererseits waren sie aber wieder 1908 und 1909 durchaus nicht selten. Bei Quanditten war die Wachtel nach Ulmer gleichfalls schon recht selten geworden; doch zeigte sie sich auch dort 1908 wieder etwas häufiger. Bei Saalfeld (Kreis Mohrungen) scheint sie sich nach den Beobachtungen Goldbecks etwa auf dem früheren Stande zu halten; häufig ist sie dort während seiner Beobachtungszeit nie gewesen; sie ist aber auch heute noch regelmäßige Bewohnerin der Felder.

Erst spät im Jahre, in der ersten Hälfte des Mai, trifft die Wachtel bei uns ein, bei Bartenstein nach meinen Notizen zwischen dem 2. und 17. Mai, im Mittel von 9 Jahren am 10. Mai. Ihren Ruf läßt sie noch bis Anfang August hören; ich vernahm ihn z. B. in Losgehnen 1903 noch am 11., bei Heilsberg 1908 noch am 12. August. Der Fortzug erfolgt im September, bisweilen erst im Oktober. Die letzten bemerkte ich 1903 am 18. und 1909 am 10. Oktober.

Ein nennenswerter Durchzug von Wachteln scheint nirgends in der Provinz stattzufinden, auch nicht auf der Kurischen Nehrung, wo die Art überhaupt recht selten ist. Lindner (316) nennt sie für die Nehrung nur als unregelmäßigen Durchzügler, und Thienemann konnte sie dort von 1900—1912 überhaupt nicht feststellen. Im Jahre 1913 ließ sich jedoch ein ♂ zur Brutzeit bei Kunzen ständig hören; offenbar hat dort ein Paar auch genistet.

## 3. Familie: **Tetraonidae** — Rauhfußhühner.

### 129. **Lagopus lagopus lagopus** (L.) — Moorschneehuhn, Weidenschneehuhn.

*Tetrao lagopus* L.; *Lagopus albus, saliceti, subalpinus* auct.

Die zahlreichen großen Moore im Nordosten der Provinz beherbergten noch bis in die zweite Hälfte des vorigen Jahrhunderts nicht allzu selten das nordische Moorschneehuhn, das aber jetzt der zunehmenden Trockenlegung und Besiedlung der Moorflächen zum Opfer gefallen zu sein scheint.

Schon J. Th. Klein (255) erwähnt das Vorkommen bei Tilsit und berichtet, daß er am 20. Januar 1747 einige Stücke aus „Preußen“ erhalten habe. Bock (41, 42) führt 1782 und 1784 die Art für die Gegend um Tilsit, Ragnit und den Memelstrom auf, und J. Fr. Naumann (385) sagt, sie sei in der Gegend von Tilsit und Gumbinnen „ein bekanntes Geflügel“. Die Tilsiter Gegend nennen auch Ebel (129) 1823 und v. Baer (24) 1825 als Brutgebiet.

Das Königsberger Museum erhielt nach den Akten folgende Exemplare:

1. ein ♀ von Memel durch Apotheker Kannenberg mit Begleitbrief vom 11. April 1824; es wird auch von Bujack (68) erwähnt;

2. 2 Stücke von Ragnit durch Apotheker Hassenstein mit Begleitschreiben vom 19. Oktober 1826 und 6. Februar 1827;

3. 2 Stücke im Winterkleide von Ruß durch Ancker mit Begleitbrief vom 9. Dezember 1827;

4. ein ♂ im Übergangskleide von Memel im Jahre 1846 durch Baron v. Goecking. Es ist im Akzessionskatalog erwähnt und auch jetzt noch vorhanden, während die zu 1—3 genannten Exemplare später wohl fortgegeben sind.

5. Schließlich steht im Museum noch ein zweites ♂ im Übergangskleide mit der Angabe „September. O. A. Rathke“. Es stammt nach Bujack (68) gleichfalls von Memel und ist vor 1837 erlegt. Die Vermutung Dachs (105), der eine gute Photographie der beiden Museumsexemplare gibt, daß diese frühestens 1870 erlegt seien, ist sonach irrig.

In der Sammlung der Forstakademie Eberswalde befinden sich nach Altum (4) 3 ostpreußische Exemplare; es sind dies nach Ratzeburg (649) Sommer- und Winterstücke von Tilsit und Insterburg. Bei letzterem Fundort handelt es sich augenscheinlich um ein Vorkommen außerhalb des engeren Brutgebietes.

Einer der wichtigsten Brutplätze war das bei Heydekrug gelegene Rupkalwer Moor, das zum Forstrevier Dingken gehört. Die Angaben über das Vorkommen bei Tilsit beziehen sich wohl meist auf diese Gegend. Von hier erhielt Wiese (654) Ende November 1859 ♂ und ♀ durch Oberförster Borgmann, und auch v. Hagen (194) sowie neuerdings Hartert (205) bezeichnen Dingken als Brutgebiet. v. Hagen erwähnt als solches auch noch Ibenhorst, wahrscheinlich das bei Ruß gelegene Bredszuller Moor. A. E. Brehm (66) führt aus den 70er Jahren noch 3 ihm bekannte Brutplätze auf, nämlich das Dauperner Moor, 8 km nordöstlich von Memel, sowie das Augstumalmoor und das schon erwähnte Rupkalwer Moor, beide im Kreise Heydekrug. Über letzteres sagt er, daß sich dort seit 1871 die Zahl der Moorschneehühner rasch von vielen Hunderten auf etwa 30 Stück vermindert habe, eine Folge der Anlegung der Kolonie Bismarck. Im Winter 1876/77 wurde hier noch ein Stück durch Professor Schlicht-Tilsit erlegt; bald darauf war die Art völlig aus dieser Gegend verschwunden. Spezielle Angaben über das Vorkommen des Moorschneehuhns bei Heydekrug verdanke ich Herrn Amtsvorsteher Settegast, der mir darüber folgendes schreibt:

„Noch bis Anfang der 70er Jahre kam es auf den Mooren im Kreise Heydekrug und auf den damaligen großen Heideflächen an der russischen Grenze ziemlich häufig vor. Mit der zunehmenden Kultur und Zunahme der Jäger, namentlich der „Schießer“, verschwand auch das Moorschneehuhn. Am längsten hielt es sich auf dem fiskalischen Rupkalwer Moor, wo das letzte im Winter 1882/83 beim Kesseltreiben vorkam. Nach dieser Zeit ist keins mehr gesehen worden. Sein Lieblingsaufenthalt waren die mit Gestrüpp bewachsenen Ränder und Übergänge vom Hoch- zum Grünlandmoor.“

Außer an den gennanten Stellen in den Kreisen Memel und Heydekrug brütete das Moorschneehuhn ferner nach Reinberger (423) noch auf einem in den Kreisen Ragnit und Pillkallen gelegenen Moor, der Kacksche-Balis. Wann die Art von dort verschwand, läßt sich nicht genau feststellen; jedenfalls liegen für keinen der erwähnten Brutplätze aus neuerer Zeit Angaben vor, so daß wir annehmen müssen, daß sie von allen bereits vertrieben ist, wie es für die im Kreise Heydekrug gelegenen feststeht. Neuerdings wird jedoch von J. H. (= Johannes Helm = Ludwig

Dach) behauptet (219), daß das nordische Moorschneehuhn noch im „großen Moosbruch“, also im Kreise Labiau, urwüchsig vorkomme. Diese Angabe ist jedoch sehr zweifelhaft und bisher nicht bestätigt worden; Belegexemplare liegen nicht vor. Es ist wohl möglich, daß es sich hierbei um eine Verwechslung mit dem dort vielfach ausgesetzten schottischen Moorhuhn handelt. Auch die im Jahre 1908 veranstaltete Rundfrage der Physikalisch-Ökonomischen Gesellschaft hat ein völlig negatives Resultat gehabt; nicht eine einzige Oberförsterei weiß über das Vorkommen des Moorschneehuhns etwas zu berichten. So werden wir einstweilen denn die Art als ostpreußischen Brutvogel streichen müssen. Nicht ausgeschlossen ist es natürlich, daß nicht doch noch irgendwo Reste des früheren Bestandes vorhanden sind. Dies müßte aber erst durch positive Beobachtungen erwiesen werden.

Von Norden her gelangen diese Schneehühner jetzt kaum mehr während des Winters in unsere Provinz, was Brehm (66) noch für etwas ganz Gewöhnliches hielt. Schlonski besitzt ein vor Jahren im Winter bei Bialla (Kreis Johannisburg) erlegtes Exemplar, vielleicht noch einen verflogenen ostpreußischen Brutvogel. Aus neuerer Zeit sind nur 2 Fälle der Erlegung bekannt geworden. Am 11. April 1890 schoß Graf v. Klinkowström (279) in Korklack bei Gerdauen ein Stück, das von Sondermann präpariert wurde; es war weiß und hatte nur am Kopf und Hals einzelne braune Federn. Ferner erhielt Techler am 11. April 1906 ein Stück von Drutischken (Kreis Gumbinnen), das sich jetzt im Besitz des Viehhändlers Kibat daselbst befindet; es war gleichfalls in der Hauptsache weiß und hatte nur einzelne braune Flecken. In beiden Fällen scheint es sich also um das echte nordische Moorschneehuhn gehandelt zu haben.

Aussetzungsversuche mit dem schottischen Moorhuhn (*Lagopus lagopus scoticus* (Lath.)) sind in den Revieren Dingken, Nemonien, Mehlauken, Kl. Naujok und Pfeil gemacht worden. In Nemonien und Mehlauken hatte der Versuch keinen Erfolg, und auch in den anderen Revieren hat eine Vermehrung nicht stattgefunden.

## 130. Tetrastes bonasia bonasia (L.) — Haselhuhn.

*Tetrao bonasia* L.; *Bonasa bonasia* (L.); *Bonasa betulina* auct.

Wenn auch im allgemeinen an Zahl abnehmend, kommt das Haselhuhn doch noch in recht vielen gemischten und Laubwaldungen als Standvogel vor, in manchen sogar in ganz beträchtlicher Menge. Durch die im Jahre 1908 veranstaltete Rundfrage in Verbindung mit den Literaturangaben sind wir ziemlich genau über die Verbreitung dieses schönen Waldhuhns unterrichtet.

Als Brutvogel wird es für 50 staatliche Reviere angegeben; 28 wissen von einer Verminderung und nur 9 von einer Vermehrung zu berichten. Anscheinend hat aber neuerdings die Aufhebung des Dohnenstieges, wie mir von Forstbeamten mitgeteilt wurde, auf den Bestand vielfach sehr günstig eingewirkt. Gelegenheit zu interessanten Vergleichen bietet die Zusammenstellung des Bestandes der verschiedenen Reviere an Haselwild, die Donner (195) 1883 gibt. Ganz verschwunden ist es in neuerer Zeit aus den Revieren Dingken, Fritzen, Jablonken, Lanskerofen und Breitenheide; wesentlich vermindert ist der Bestand in Pfeil, Mehlauken, Kl. Naujok, Nassawen, Szittkehmen, Warnen, Tzulkinnen, Kranichbruch, Eichwald, Astrawischken, Foedersdorf, Friedrichsfelde, Ratzeburg, Guszianka und Kurwien.

Die Verbreitung des Haselhuhns in Ostpreußen ist durchaus keine gleichmäßige. Am häufigsten ist es noch an vielen Stellen im Norden und Osten, während es im Südwesten fast ganz fehlt. Die Moore und Erlenwaldungen im Gebiet der unteren Memel meidet es vielfach; es fehlt mithin den Revieren Klooschen, Norkaiten, Ibenhorst, Dingken, Tawellningken und Nemonien, kommt aber andererseits im Kreise Labiau strichweise recht zahlreich vor, besonders in Alt-Sternberg, Neu-Sternberg und Gertlauken. Sehr spärlich brütet es im Samlande, wo es früher nicht selten war. Vereinzelt zeigt es sich jetzt nur noch in Warnicken, während Hartert (200) es auch noch für Fritzen angibt; doch sagt er schon 1887, daß es in diesem Revier, wo es „früher gemein war, jetzt in vielen Jagen verschwunden, in anderen selten geworden sei". In Friedrichstein (Kreis Königsberg) ist es nicht seltener Brutvogel.

Verhältnismäßig zahlreich zeigt sich das Haselwild auch jetzt noch in vielen Forsten der Kreise Wehlau, Ragnit, Pillkallen, Goldap und Angerburg, namentlich in Papuschienen, Gauleden, Tapiau, Drusken, Trappönen, Schmalleningken, Jura, Weszkallen, Goldap, Rothebude, Borken und Heydtwalde. Im Kreise Insterburg fehlt es stellenweise, z. B. in Padrojen und Brödlauken, desgleichen auch in manchen Revieren der Johannisburger Heide. In letzterer bewohnt es etwas zahlreicher nur die Reviere Puppen, Kurwien, Crutinnen und Pfeilswalde; überhaupt scheint es im Kreise Sensburg verbreitet zu sein; es ist z. B. nach v. Hippel (229) und Szielasko bei Sorquitten häufig. Den Kiefernrevieren im Südosten fehlt es dagegen vielfach, so in Lyck, Grondowken, Drygallen, Breitenheide und Johannisburg.

Wie im Südosten ist das Haselhuhn auch im Südwesten und Westen im allgemeinen selten; es fehlt z. B. in den Kreisen Neidenburg, Ortelsburg (bis auf Friedrichsfelde und Puppen), Osterode, Allenstein (bis auf Purden), Mohrungen und Pr. Holland. In manchen Kreisen kommt es aber wieder mehr oder minder häufig vor, nämlich in Rössel (Sadlowo, Rösseler Stadtwald), Rastenburg (Dönhofstädt), Heilsberg (Wichertshof, Heilsberger Stadtwald, wo ich z. B. ein recht graues ♀ am 4. November 1913 schoß), Braunsberg (Wormditt, Foedersdorf) und Pr. Eylau (Forstrevier Pr. Eylau, Bartensteiner Stadtwald bei Kl. Wolla). Im südlichen Teile des Kreises Friedland, bei Bartenstein, fehlt es ganz, ist aber nach Meier (369) im Norden am Zehlaubruch Brutvogel.

Szielaskos Angabe (471), daß das Haselhuhn in Masuren häufig, in der oberen litauischen Ebene vereinzelt, in der unteren selten vorkomme, in der Niederung dagegen fehle, ist in dieser allgemeinen Fassung nach dem vorstehend Mitgeteilten unrichtig; gerade in „Litauen" ist es am häufigsten. Mit mehr Recht sagt v. Hippel (l. c.), es sei in Natangen und Litauen verbreitet, in Masuren fehle es zum Teil.

Die ostpreußischen Haselhühner scheinen zu der skandinavischen Form *T. bonasia bonasia* (L.) und nicht zu der mitteldeutschen *T. bonasia rupestris* bzw. *silvestris* (Brehm) zu gehören. 2 Stücke meiner Sammlung, ♂ und ♀, aus Rothebude vom 28. Dezember und 3. November 1909 besitzen wenigstens sehr stark befiederte Tarsen, bei denen die Befiederung auf der hinteren Seite bis auf die Zehen reicht.

### 131. Tetrao urogallus urogallus L. — Auerhuhn.

Auffallend ist es, daß das stattliche Auerwild aus den großen ostpreußischen Waldungen fast ganz verschwunden ist, in denen es im Anfange des vorigen Jahrhunderts gar nicht selten gewesen sein kann. Verschiedentlich finden sich Angaben über früheres Vorkommen an Stellen, an denen es jetzt schon lange fehlt; vielfach ist es aber auch erst Ende des Jahrhunderts ausgerottet.

1820 sandte Oberförster Weinreich mit Begleitschreiben vom 11. Juni eine Auerhenne von Pr. Eylau an das Königsberger Museum. 1860 sagt Wiese (654), das Auerwild sei Brutvogel in den Forsten bei Insterburg. Nach v. Hagen (194) befand sich 1867 ein ziemlich guter Bestand in den Revieren Trappönen, Jura und Astrawischken. Euen (18) gibt an, daß er in Ratzeburg (Kreis Ortelsburg) nur einmal, 1881, einen Hahn bemerkt habe, daß aber sonst das Auerwild von dort verschwunden sei; doch wurde bei der Rundfrage von 1908 berichtet, daß in diesem Reviere erst vor 2 Jahren das letzte Stück beobachtet worden sei. Tatsächlich sind in Ratzeburg auch noch 1888 und 1889 Rackelhähne geschossen worden.

1883 wiesen nach Donner (195) noch folgende Reviere einen Bestand an Auerwild auf: Ratzeburg (2), Breitenheide (5), Tapiau (8), Kranichbruch (30), Astrawischken (6), Trappönen (5), Schmalleningken (20) und Jura (5). Damals kam es also noch in den Kreisen Ortelsburg, Johannisburg, Wehlau, Insterburg und Ragnit vor. Auch Dach (108) weiß über das Vorkommen im Kreise Wehlau, nämlich im Frisching, also wohl gleichfalls im Tapiauer Revier, zu berichten, und Schlonski besitzt 2 in den 90er Jahren bei Johannisburg erlegte Stücke (♂ und ♀). Nach Hartert (200) bewohnte es 1887 nur noch einige Reviere im nordöstlichen Teile der Provinz, während Szielasko (471) es 1893 als in Masuren vereinzelt, in der Juraforst häufig bezeichnet.

Die Hartertsche Angabe ist die einzige, die auch heutzutage noch volle Geltung hat. Urwüchsig kommt Auerwild jetzt nur noch in dem Waldkomplex vor, der nahe der russischen Grenze an der Memel im Kreise Ragnit liegt, nämlich nach der Rundfrage von 1908 in den Revieren Jura, Neu-Lubönen (etwa 30 Stück), Schmalleningken (etwa 50 Stück) und Wischwill (etwa 5 Gelege), während in Trappönen zwar gelegentlich Stücke beobachtet werden, ohne daß das Brüten dort neuerdings festgestellt ist. Schon Reinberger (423) berichtete ebenso wie Szielasko über das Vorkommen in den Revieren Jura und Schmalleningken. Den großen Waldungen im Süden der Provinz fehlt dieses Waldhuhn jetzt vollständig, ebenso wie es auch sonst überall, bis auf den Kreis Ragnit, verschwunden ist.

Vielfach sind Aussetzungsversuche gemacht worden, die aber in der Rominter Heide, den Revieren Nassawen und Rominten, keinen Erfolg hatten. Gelungen ist die Einbürgerung dem Grafen v. Mirbach in Sorquitten (Kreis Sensburg).

### 132. **Lyrurus tetrix tetrix** (L.) — Birkhuhn.

*Tetrao tetrix* L.

Mehr noch als das Haselwild nimmt das Birkwild in Ostpreußen rasch an Zahl ab. Zwar kommt es nach der im Jahre 1908 veranstalteten Rundfrage noch in 55 staatlichen Revieren als Brutvogel vor; doch ist der Bestand häufig recht klein. Einer Verminderung an 29 Stellen steht nur eine unbedeutende Vermehrung an 2—3 Stellen gegenüber. Letztere wird auf den Ankauf und die Aufforstung von Ödlandflächen in der Johannisburger Heide zurückgeführt, während als Ursachen der Verminderung die Kultivierung der Moore und in der Rominter Heide das Heranwachsen der Nonnenfraßflächen genannt werden. In dem trockenen Sommer 1911 war nach Liebeneiner die Vermehrung des Birkwildes im Forstrevier Dingken jedoch recht bedeutend, und vielleicht hat auch der letzte Nonnenfraß zur Folge, daß sich der Bestand in den davon betroffenen Revieren wieder etwas hebt.

Verglichen mit dem von Donner (195) mitgeteilten Bestande im Jahre 1883 ergibt sich doch das Bild einer erheblichen Verminderung des Birkwildes. Ganz verschwunden ist es seit dieser Zeit aus den Revieren Alt-Sternberg, Gertlauken, Borken, Heydtwalde, Drusken, Fritzen, Wichertshof, Sadlowo, Taberbrück, Lanskerofen und Lyck; erheblich vermindert ist der Bestand in den Revieren Neu-Sternberg, Pfeil, Nemonien, Weszkallen, Nassawen, Szittkehmen, Goldap, Warnen, Rothebude, Tzulkinnen, Kranichbruch, Eichwald, Padrojen, Astrawischken, Leipen, Pr. Eylau, Ratzeburg, Kullick und Breitenheide.

Besonders zahlreicher Brutvogel ist das Birkhuhn noch in den großen Mooren am Ostufer des Kurischen Haffs, namentlich in den Revieren Klooschen, Ibenhorst, Dingken, Schnecken, Tawellningken, Kl. Naujock, ferner in den Kreisen Ragnit und Pillkallen, vor allem in den Revieren Neu-Lubönen, Trappönen, Schmalleningken und Uszballen, sowie stellenweise in der Johannisburger Heide z. B. in Guszianka, Crutinnen, Nikolaiken, Grondowken, Turoscheln, Rudczanny und Johannisburg.

Sehr zurückgegangen ist der Bestand in der Rominter und Borker Heide sowie in den Kreisen Insterburg, Gumbinnen und Darkehmen. Völlig fehlt es jetzt dem Samlande, wo es früher noch vereinzelt in Fritzen brütete, ist aber im Kreise Wehlau noch recht verbreitet, namentlich in den Revieren Gauleden und Papuschienen, was auch schon Zigann (658) angibt. Nur sehr spärlich noch kommt es in den Kreisen Pr. Eylau (Forstrevier Pr. Eylau; Bartensteiner Stadtwald bei Kl. Wolla, wo aber 1905 nur noch 1 ♂ und 2 ♀♀ vorhanden waren), Friedland (nur im Norden nach Meier (369) und Liedtke im Zehlaubruch) und Rastenburg (Stadtwald) vor. Aus Domnauswalde (Kreis Friedland) erhielt ich ein ♀ am 8. Januar 1911 und aus Schwönau in demselben Kreise ein ♂ im Oktober 1911.

Noch in weit höherem Maße als das Haselwild fehlt das Birkwild großenteils im Westen und Südwesten der Provinz, nämlich in den Kreisen Braunsberg, Heilsberg, Rössel, Pr. Holland, Mohrungen, Osterode, Allenstein (bis auf Ramuck) und Neidenburg (bis auf Kaltenborn). Fraglich ist in letzterem Kreise das Brüten für Hartigswalde, wo es früher nach Kampmann (18) nicht selten war, und Commusin. Etwas häufiger tritt es aber im Kreise Ortelsburg auf, nämlich in den Revieren Friedrichsfelde, Puppen, Ratzeburg und Corpellen.

Auf der Kurischen Nehrung ist die Art erst zweimal vorgekommen. Thienemann (504) beobachtete einen Birkhahn am 30. Dezember 1899 zwischen Preil und Nidden und Möschler (594c) ein ♀ am 8. und 21. April 1912 bei Rossitten.

Nach Lönnberg (O. M. B. 1904 p. 105—109) unterscheidet sich das schwedische Birkhuhn *Lyrurus tetrix tetrix* (L.) von dem deutschen *L. t. iuniperorum* (Brehm) durch das Fehlen von Weiß an der Basis des Afterflügels und der großen Handdecken und durch geringere Ausdehnung des Weiß an den Armschwingen. Ein ♀ meiner Sammlung vom 8. Januar 1911 aus Domnauswalde zeigt an Afterflügel und Handdecken kein Weiß, während die weiße Binde der Armschwingen von den Spitzen der Federn 4—5 cm entfernt und von den großen Flügeldecken fast verdeckt ist. Es weist also alle Kennzeichen der schwedischen Form auf, zu der ich die ostpreußischen Birkhühner bis auf weiteres ziehe. Bemerkt sei jedoch, daß Hartert (212) die von Lönnberg angegebenen Unterschiede nicht anerkennt und sämtliche europäischen Birkhühner, mit Ausnahme der vom östlichen Rußland nach Osten zu vorkommenden, als **eine** Form *L. t. tetrix* (L.) zusammenzieht.

## Lyrurus tetrix (L.) × Tetrao urogallus L. — Rackelhuhn.

*Tetrao medius* Meyer; *Tetrao hybridus* auct.

Entsprechend der Seltenheit des Auerwildes in Ostpreußen ist auch der Bastard mit dem Birkwild nur selten in der Provinz erbeutet worden. Nur 4 Fälle des Vorkommens sind nachweisbar.

Im Königsberger Museum steht ein schönes ♂ aus Ostpreußen, das nach dem Akzessionskatalog aus dem Jahre 1845 stammt. Ferner wurde nach den Akten ein Rackelhahn, über dessen Verbleib nichts ermittelt werden konnte, 1853 bei Paterswalde (Kreis Wehlau) geschossen (Brief von R. Neumann vom 24. November 1853). Wiese (654) und Hartert (200) wissen von 2 im Museum befindlichen ostpreußischen Stücken zu berichten; das zweite jetzt noch vorhandene Exemplar stammt aber aus Schweden. Im Forstrevier Ratzeburg (Kreis Ortelsburg), wo bis vor kurzem noch Auerwild vorkam, erlegte Nitsche (396) schließlich je einen Rackelhahn im März 1888 und am 11. April 1889. Ersterer ist wohl identisch mit dem Hahn, den nach Reichenow (411) im Jahre 1888 Bock in Berlin aus Ostpreußen erhielt.

# IX. Ordnung: **Raptatores** — Raubvögel.

## 1. Familie: **Vulturidae** — Geier.

### 133. **Gyps fulvus fulvus** (Hablizl) — Gänsegeier.

*Vultur fulvus* Hablizl; *Vultur leucocephalus* auct.

Im Jahre 1881 besuchte eine kleine Schar dieser Geier unsere Provinz. Nachrichten hierüber besitzen wir durch Hartert (196, 197) und Szielasko (471). Ergänzt werden sie durch eine Notiz in der „Ostpreußischen Zeitung" vom 17. Juni 1881, die sich in Künows Nachlaß vorfand. Danach wurden in der ersten Hälfte des Juni 6 Geier über Stallupönen beobachtet. Einer derselben wurde in Abracken von Gutsbesitzer Achenbach angeschossen und in Schilleningken (Kreis Stallupönen) getötet; es war ein Kuttengeier (*Vultur monachus* L.). Am 15. Juni bemerkte darauf Kantor Guske 5 Geier in Albrechtsdorf (Kreis Pr. Eylau). Es gelang ihm, einen Gänsegeier zu erlegen, während er einen Kuttengeier am Flügel verwundete und lebend erhielt. Die 3 übrigen Geier, die entkamen, waren 2 Gänse- und ein Kuttengeier. Am 14. Juni erlegte ferner der Gärtner des Rittergutsbesitzers N. in Paßlack bei Schippenbeil (Kreis Friedland) auf dem Anstande einen männlichen Gänsegeier, der an das Königsberger Museum gelangte und sich auch jetzt noch dort befindet. Vielleicht sind die Erlegungsdaten nicht ganz genau, oder es handelt sich bei dem Paßlacker Stück um ein Exemplar, das sich schon vorher von der nach Ostpreußen eingedrungenen Schar abgetrennt hatte.

So sind denn bisher erst einmal in der Provinz, im Jahre 1881, 2 Gänsegeier am 14. Juni bei Paßlack und am 15. Juni bei Albrechtsdorf erlegt, 2 weitere beobachtet worden. Andere Fälle des Vorkommens sind für Ostpreußen nicht bekannt.

Hartert (200, 205) erwähnt noch ein im Museum befindliches, im Frühjahr 1844 bei Lötzen erlegtes Exemplar; diese Mitteilung ist jedoch irrtümlich; der 1844 erlegte Geier ist ein Kuttengeier. Derselbe Autor berichtet schließlich von dem Vorkommen eines Gänsegeiers im Jahre 1851 in Ostpreußen. Die Angabe bezieht sich aber, wie Hartert selbst mir mitteilte, auf Danzig, wo nach Böck (49) am 11. Oktober 1851 einer dieser Geier erbeutet wurde. Für unsere Provinz scheidet dieser Fall mithin aus.

### 134. **Vultur monachus** L. — Kuttengeier.

*Vultur cinereus* auct.

Gewöhnlich wird der Gänsegeier als die in Deutschland häufiger auftretende Art bezeichnet. Für Ostpreußen ist es umgekehrt. Während Gänsegeier sich nur 1881 bei uns gezeigt haben, sind Kuttengeier schon wiederholt erlegt worden.

Im Königsberger Museum steht ein Exemplar aus dem Jahre 1844 von Lötzen, über das schon Rathke (406) berichtet. Dieser Geier ist nach einer Mitteilung des Landrats Bielitz vom 15. Mai am 13. Mai 1844 auf der Feldmark von Willkassen (Kreis Lötzen) erlegt worden; er ist auch im Akzessionskatalog erwähnt. Photographische Abbildungen dieses Kuttengeiers sowie des Gänsegeiers von Paßlack und der isabellfarbigen Varietät von *Aquila pomarina* finden sich bei Dach (107).

Im Juni 1881 wurden dann, wie schon bei der vorigen Art erwähnt ist, 2 Kuttengeier bei Abracken (Kreis Stallupönen) und Albrechtsdorf (Kreis Pr.-Eylau) erlegt. Wo sie geblieben sind, konnte ich leider nicht ermitteln.

Am 14. Mai 1894 erlegte ferner der damalige Jagdlehrling Wilhelm Schmidt im Fürstlichen Jagdrevier Belauf Neumühl (Feld Altstadt) im Kreise Mohrungen, hart an der westpreußischen Grenze, einen Kuttengeier, der eine Flügelspannung von 3,24 m hatte. 3 Stücke waren gesehen worden. Der erlegte Geier wurde von Otto Bock-Berlin präpariert und als Kuttengeier erkannt. Er befindet sich jetzt nach Mitteilung des Fürstlichen Wildmeisters Schmidt im Jagdschlosse des Fürsten zu Dohna in Prökelwitz. Einen Bericht über diesen Fall hatte bald nach der Erlegung schon Just (252) gegeben.

In demselben Jahre 1894, vielleicht auch erst 1895, wurde nach Gude auch im östlichen Ostpreußen, im Kreise Goldap oder Darkehmen, ein Kuttengeier erlegt und von einem Barbier Hill in Tilsit, der jetzt von dort verzogen ist, ausgestopft. Gude hat selbst den Vogel noch im Fleisch gesehen.

Schließlich erhielt Sondermann am 23. Mai 1906 ein altes ♂ dieses Geiers von Kaltenborn (Kreis Neidenburg) durch Oberförster v. Platen. Das Stück befindet sich jetzt im Museum zu Magdeburg. Es ist nach Mitteilung des Herrn Regierungs- und Forstrats v. Platen in Magdeburg auf der Feldmark der Gemeinde Wallendorf bei Kaltenborn, anscheinend durch einen Schuß am Flügel gelähmt, lebend aufgefunden worden.

## 2. Familie: **Falconidae** — Falken.

### 135. **Circus aeruginosus aeruginosus** (L.) — Rohrweihe.

*Falco aeruginosus* L.; *Circus rufus* (Gm.).

In wasserreichen Gegenden kommt die Rohrweihe überall ziemlich häufig als Brutvogel vor. Sie fehlt wohl kaum einem größeren Gewässer mit sumpfigen, schilf- und rohrreichen Ufern. Besonders zahlreich brütet sie in Masuren und vor allem im Memeldelta. Szielasko (471) bezeichnet sie für die Niederung als „gemein“, Baer (31) und Thienemann (504) als außerordentlich häufig bei Minge. Überhaupt kommt sie in der Nähe der beiden Haffe in erheblicher Anzahl vor. Auch isolierten Seen fehlt sie nicht. Im Mai 1908 begegnete ich ihr vielfach am Nordenburger See, von wo auch Szielasko ein am 26. April 1906 gefundenes Gelege besitzt, und bei Bartenstein brütet sie nicht allzu selten am Kinkeimer See, bei hohem Wasserstande an kleinen Rohrteichen in seiner Nähe. Häufiger Brutvogel ist sie ferner am Drausensee, namentlich in den Kämpen am Südende.

Die Ankunft erfolgt im April, der Wegzug im August und September; doch erhielt Sondermann ein Stück noch am 19. Oktober 1903 von Tilsit. Am Kinkeimer See treten sie während des Herbstzuges, namentlich im August, zuweilen ziemlich häufig auf. Auf der Kurischen Nehrung ziehen Rohrweihen einzeln im April und September durch und werden dann gelegentlich auch in Krähennetzen gefangen. Ein junges ♀, das in meine Sammlung gelangte, schoß Thienemann bei Ulmenhorst am 5. September 1913. Im Frühjahr 1909 hielt sich ein Exemplar nach Thienemann (576) längere Zeit bis in den Mai hinein am Möwenbruch bei Rossitten auf; doch ist das Brüten für die Nehrung noch nicht festgestellt.

### 136. **Circus cyaneus** (L.) — Kornweihe.

*Falco cyaneus* L., *pygargus* auct.; *Strigiceps cyaneus* (L.).

Über die Verbreitung der Korn-, Wiesen- und Steppenweihe in Ostpreußen sind wir nur sehr ungenau unterrichtet. Brutvögel sind wahrscheinlich nur die beiden erstgenannten Arten bei uns; aber auch über die Zugverhältnisse wissen wir nur sehr wenig. Die meisten der im Herbst bei uns durchziehenden weißbürzligen Weihen tragen das Jugendkleid; in diesem sind aber die 3 verwandten Arten im Freien mit Sicherheit nicht voneinander zu unterscheiden.

Hartert (200, 205) ist der Ansicht, daß die Kornweihe nächst der Rohrweihe noch am häufigsten in Ostpreußen brüte, im ganzen aber nur in geringer Zahl. Szielasko (471) bezeichnet sie für die Niederung und und die untere litauische Ebene als häufig, für die obere und Masuren als selten, Gude übereinstimmend hiermit für den Kreis Ragnit als ziemlich häufig. Baer (31) traf sie Ende Mai 1896 im Hochmoor von Augstumal bei Heydekrug an. E. Christoleit beobachtete sie zur Brutzeit einzeln im Kreise Wehlau, bei Ruß, Heinrichswalde und in der Oberförsterei Pfeil (Kreis Labiau). Nicht allzu selten scheint sie nach Dobbrick am Drausensee zu nisten, wo ich am 20. Juli 1913 in den Kämpen des südlichen Teils, also im Kreise Pr.-Holland, öfters alte Vögel beobachtete.

Geradezu häufig scheint die Kornweihe neuerdings fast nirgends mehr in der Provinz zu sein, auch nicht in der Memelniederung. Bei Bartenstein traf ein Paar 1895 Anstalten zum Nisten; doch verschwanden die Vögel bald wieder. Das Brüten konnte ich für die dortige Gegend mit Sicherheit noch nicht feststellen. Überhaupt scheint die Art vielen Teilen der Provinz als Brutvogel ganz zu fehlen; ihr Vorkommen ist ein recht sporadisches. Wels traf sie auf dem Zuge bei Dingken und Ibenhorst häufig, bei Astrawischken vereinzelt an; horstend hat er sie nie beobachtet. Ebenso kennt sie Techler für Gumbinnen, Zigann (658) für Wehlau nur als Durchzugsvogel. Als solcher wird sie wohl in den meisten Gegenden regelmäßig vorkommen, sicherlich auch bei Bartenstein, wo Weihen in den Monaten September—Oktober und April öfters, in manchen Jahren im Herbst sogar recht zahlreich, zu beobachten sind. Im Herbst sind es gewöhnlich Vögel im Jugendkleide, im Frühjahr aber auch alte ausgefärbte ♂♂. In letzteren habe ich einige Male *C. cyaneus* mit Bestimmtheit erkannt. Im Herbst schoß ich eine junge Kornweihe, die auffallenderweise im Walde aufgebaumt hatte, in Losgehnen am 2. Oktober 1910 und erhielt ferner von dort ein am 23. September 1913 geschossenes ♀ iuv. Auch über den Zug dieser Art auf der Kurischen Nehrung wissen wir wenig. Thienemann (498, 510, 588) erlegte ein altes ♀ während der großen Steppenweiheninvasion im Herbst 1901 am 24. August bei Rossitten und erhielt ein anderes ♀ am 2. Oktober 1902; je ein altes ♂ schoß er bei Ulmenhorst am 16. April 1910 und 20. April 1912.

Der Herbstzug verzögert sich bisweilen sehr, so daß einzelne wohl sogar winterüber bei uns bleiben. Sondermann erhielt eine junge Kornweihe noch am 20. November 1906 von Mehlauken und ein altes ♂ am 24. Dezember 1908 von Pr.-Eylau (467). Wels sah bei Norkitten (Kreis Insterburg) eine Kornweihe am 3. Januar 1912.

### 137. **Circus macrourus** (Gm.) — Steppenweihe.

*Accipiter macrourus* Gm.; *Circus pallidus* Sykes; *Circus swainsonii* Smith; *Strigiceps macrourus* (Gm.).

Die Heimat der Steppenweihe liegt in den weiten Steppengebieten Rußlands und Asiens. Von hier aus unternimmt sie in manchen Jahren Massenwanderungen nach Westen. Sie zeigt sich dann in unserer Provinz von August bis Oktober bisweilen in ungeahnten Mengen; jedoch werden fast ausschließlich junge Vögel beobachtet. Ein nennenswerther Rückzug im Frühjahr ist bisher noch nie bemerkt worden.

Aus neuerer Zeit sind zwei große Invasionen bekannt, nämlich aus den Jahren 1897 und 1901. Beide Durchzüge traten auf der Kurischen Nehrung besonders großartig in die Erscheinung. 1897 wurde die erste Steppenweihe nach Thienemann (504) bei Rossitten am 2. August beobachtet, verschiedene wurden im Laufe des Monats erlegt. In Niederhof (Kreis Neidenburg) wurden nach Kollibay (282) im August und September dieses Jahres allein 30 Stück erbeutet. Ein ♀ iuv. vom 20. August 1897 aus Goldap erhielt ich durch Wendlandt. Noch weit bedeutender war der Durchzug im Herbst 1901, über den wir Thienemann (498, 499, 503, 504) eingehende Mitteilungen verdanken. Die erste Steppenweihe zeigte sich diesmal bei Rossitten schon am 21. Juli. In der Folgezeit wurden diese Weihen dann immer häufiger, so daß Thienemann am 24. August in einer Stunde 9 junge Steppenweihen und ein altes ♀ der Kornweihe vor dem Uhu erlegen konnte. Der Zug endete erst Anfang Oktober. Sondermann erhielt in diesem Herbst etwa 40, Schuchmann gegen 100 Exemplare. Allein in der Grafschaft Prassen (Kreis Rastenburg) wurden nach Pauly (398) bis Ende September über 60 Stück erlegt. Auch bei Bartenstein waren Steppenweihen im August und September 1901 ungemein häufig.

Einzelne Steppenweihen durchwandern wahrscheinlich alljährlich Ostpreußen im Herbst und vielleicht auch im Frühjahr; wenigstens sind Fälle der Erlegung aus den verschiedensten Jahren bekannt. Fr. Lindner (218) gibt eine Zusammenstellung aller in der Literatur oder sonstwo erwähnten Beobachtungen über diese Art für die Zeit von 1890 bis 1901. Sondermann erhielt diese Weihen einzeln noch, außer 1897 und 1901, in den Jahren 1890, 1891, 1894, 1895, 1902, 1906, 1909, 1910, 1911 und 1913, Thienemann von der Kurischen Nehrung je ein Stück am 18. September 1902 (iuv.), 10. Mai 1904 (♂ iuv.), 1. April 1907 (♂ ad.) und 19. April 1913 (♂ ad.). Etwas zahlreicher zeigten sie sich nach 1901 nur in den Jahren 1909 und 1911. Schuchmann erhielt 1909 eine junge Steppenweihe am 19. August von Johannisburg und in der Folgezeit noch einige weitere Exemplare, und W. Christoleit erlegte im Oktober 1909 ein Stück im Jugendkleide in der Nähe von Grenzhaus bei Neukrug auf der Frischen Nehrung, nahe der westpreußischen Grenze. Im Herbst 1911 gingen sowohl Sondermann wie Techler mehrere Stücke zu. Balzer erhielt ein sehr blasses einjähriges Stück im Juni 1913 von Julienhöhe am Südufer des Kurischen Haffs.

Alte, ausgefärbte *C. macrourus* werden nur recht selten bei uns beobachtet. Thienemann erlegte ein altes ♀ am 6. September 1901 bei Rossitten, ein altes ♂ am 19. April 1913 bei Ulmenhorst und erhielt ein altes ♂ am 1. April 1907 von Perwelk. Ein anderes altes ♂ ging ihm am 25. August 1904 von Insterburg zu (525). Sondermann erhielt ein altes ♂ am 11. Mai 1894 von Lesgewangminnen (Kreis Ragnit) und ein anderes Stück am 22. April 1910 von Insterburg. v. Boxberger schließlich beobachtete im Herbst 1912 ein fast schneeweißes, offenbar sehr altes ♂ bei Barten.

Hartert (200) meint, daß die Steppenweihe vielleicht gelegentlich auch einmal in Ostpreußen niste. Nachgewiesen ist dieses jedoch bisher noch nicht.

### 138. Circus pygargus (L.) — Wiesenweihe.

*Falco pygargus* L.; *Circus cineraceus* (Montagu); *Glaucopteryx*, *Strigiceps pygargus* (L.), *cineraceus* (Montagu), *cinerascens* auct.

Nach Hartert (200, 205) brütet die Wiesenweihe in Ostpreußen seltener, ist dagegen auf dem Zuge häufiger als die Kornweihe. Ersteres ist unzweifelhaft richtig; ob auch letzteres zutrifft, läßt sich mit Sicherheit nicht sagen.

Sondermann erhält in manchen Jahren mehr Wiesen-, in anderen wieder mehr Kornweihen zum Präparieren; bisweilen übertreffen aber die Steppenweihen die beiden anderen Arten bei weitem an Zahl. Nach meinen Erfahrungen sind die meisten im Herbst durchziehenden Weihen — abgesehen von den Steppenweiheninvasionen — junge Kornweihen. Damit stimmen auch die Wahrnehmungen Thienemanns überein, der die Wiesenweihe für die Kurische Nehrung noch nicht nachweisen konnte.

Hartert selbst fand die Wiesenweihe in Ostpreußen nicht brütend auf, sah aber mehrere im Sommer geschossene Exemplare. Szielasko (471) gibt sie nur für die untere litauische Ebene als regelmäßigen, aber vereinzelten Brutvogel an. Gudes Angaben stimmen bezüglich des Kreises Ragnit hiermit überein. E. Christoleit sah die Art sicher nur im April bei Ibenhorst, und W. Christoleit fand sie als Brutvogel auf den Wiesen am Südostwinkel des Kurischen Haffs. In nennenswerter Zahl scheint die Wiesenweihe nach allen diesen Angaben in Ostpreußen nirgends zu brüten, sondern nur an wenigen Stellen im Norden der Provinz sehr spärlich aufzutreten.

Über den Zug von *C. pygargus* sind wir, wie schon erwähnt, nicht genau unterrichtet. Wahrscheinlich durchzieht sie aber regelmäßig unsere Provinz im Herbst und Frühjahr. Aus der Bartensteiner Gegend erhielt ich einmal ein einjähriges Exemplar im Sommer 1895. Sondermann ging im Frühjahr ein Stück am 29. April 1909 aus Gr. Bubainen (Kreis Insterburg) zu. Aus der Sammlung Wendlandt besitze ich ein altes ♂ vom 2. Juni 1896 von Krausenhof (Kreis Mohrungen).

### 139. Accipiter gentilis gentilis (L.) — Hühnerhabicht.

*Falco gentilis, palumbarius* L.; *Astur gentilis, palumbarius* (L.).

Während der Sperber überall noch ziemlich häufig vorkommt, ist sein großer Verwandter, der Hühnerhabicht, in manchen Gegenden schon geradezu selten geworden. Namentlich in neuerer Zeit scheint sein Bestand infolge der unausgesetzten Nachstellungen unablässig zurückzugehen. Hartert (200, 205) bezeichnet ihn noch als in den meisten Gegenden nicht selten. Szielasko (471) gibt ihn als in Masuren, der Niederung und der unteren litauischen Ebene häufig, der oberen vereinzelt an; brütend fand er selbst ihn nach mündlicher Mitteilung in den Kreisen Lyck, Sensburg, Johannisburg und Gumbinnen. Wels berichtet, er habe ihn überall, d. h. in Dingken, Ibenhorst, Astrawischken, in der Rominter und der Johannisburger Heide, horstend gefunden; in den letzten Jahren sei er aber sehr selten geworden.

Als „nicht selten" geben den Hühnerhabicht auch jetzt noch Hildebrandt für Heydekrug, Schlonski für Johannisburg und Goldbeck für das Forstrevier Schwalgendorf (Kreis Mohrungen) an. Geyr v. Schweppenburg (189) fand ihn im Forstrevier Schorellen (Kreis Pillkallen), Baecker (19) in Elchwalde (Forstrevier Gauleden), W. Christoleit in Foedersdorf (Kreis Braunsberg) als Brutvogel. Nach der letzten Rundfrage der Physikalisch-Ökonomischen Gesellschaft befanden sich ferner 1907 im Revier Jura (Kreis Ragnit) 4 Horste, von denen 9 Exemplare — meist Alte in der Brutzeit — erlegt wurden. Bei Bartenstein horstet dieser Raubvogel nur sehr selten und kaum ganz regelmäßig. 1902 bestand ein Horst in Borken (Kreis Pr. Eylau), von wo ich einen im Juli erbeuteten jungen Vogel erhielt. Sonst habe ich sein Horsten für die Bartensteiner Gegend noch nicht mit Sicherheit festgestellt; doch beobachtete ich 1911 in Losgehnen einzelne Hühnerhabichte während des ganzen Sommers und erhielt ein junges ♂ am 10. September.

Aus allem vorstehend Gesagten geht hervor, daß der Hühnerhabicht in den großen Waldungen wohl noch überall vereinzelt als Brutvogel vorkommt, in manchen Teilen der Provinz vielleicht auch noch verhältnismäßig zahlreich, daß er aber in den waldärmeren Gegenden nur sehr spärlich auftritt. Das Brutgeschäft fällt in den April und Mai. Robitzsch (16) fand bei Norkitten (Kreis Insterburg) am 10. April 1882 einen Horst mit 3 Eiern, und Szielasko besitzt 2 Eier aus dem Kreise Allenstein vom 19. April 1903.

Ein erheblicher Durchzug von Habichten scheint nirgends in der Provinz stattzufinden, auch nicht auf der Kurischen Nehrung, wo einzelne sich aber regelmäßig in den Raubvogelzugketten befinden. Bei Bartenstein treten diese Raubvögel auch im Herbst und Winter nur sehr vereinzelt auf. Seitdem aber die Fasanen so sehr an Zahl zugenommen haben, zeigen sich auch Habichte häufiger; einzelne verweilen jetzt während der kalten Jahreszeit ständig in der Gegend. Wenn auch manche im Winter von uns fortziehen mögen, so bleiben doch viele ganz bei uns. Je einen jungen Vogel erhielt ich von Losgehnen im Januar 1903 und am 8. Januar 1911, und auch Sondermann gehen nicht allzu selten Habichte im Winter zu, wenn auch nicht so häufig wie in den anderen Jahreszeiten.

Am 23. Oktober 1907 wurde nach Thienemann (550) bei Rossitten ein sehr hellgefärbtes junges ♂ erbeutet, bei dem die Unterseite fast weiß mit schwachem bräunlichem Anfluge war; auch auf der Oberseite und an den Flügeln waren die Partien, die sonst braun und dunkel gefärbt sind, heller. Ein ähnlich helles Stück besitzt auch Ulmer aus Ostpreußen, und v. Hippel (228) erwähnt ein im Winter 1891 oder 1892 in Brödlauken (Kreis Insterburg) erlegtes auffallend hell gefärbtes Exemplar. Ein junges ♀ meiner Sammlung aus Losgehnen vom 8. Januar 1911 hat ebenfalls sehr helle, weißliche Unterseite, und auch aus der Nähe von Königsberg erhielt ich Anfang Februar 1913 ein äußerst helles ♀ iuv. Derartig helle Habichte scheinen in Skandinavien und Nordrußland öfters vorzukommen; Graf Zedlitz (J. f. O. 1912, p. 118) erhielt ein solches Stück von Tromsö.

### 140. Accipiter nisus nisus (L.) — Sperber, Finkenhabicht.

*Falco nisus* L.; *Astur nisus* (L.); *Nisus fringillarius, communis* auct.

Der Sperber ist wohl in der ganzen Provinz ein ziemlich häufiger Jahresvogel; er fehlt anscheinend nirgends zur Brutzeit ganz. Nächst dem Turmfalken ist er unter den kleineren Raubvogelarten überall am zahlreichsten vertreten; doch zeigt er sich im Sommer in den meisten Gegenden nicht so häufig wie im Herbst und Winter. Das liegt daran, daß die einzelnen Brutpaare ziemlich zerstreut horsten und sich während der Sommermonate mehr in die Waldungen zurückziehen. Das Brutgeschäft fällt in den Mai und Juni. Thienemann (546, 588) erhielt am 30. Juni 1906 einen Horst mit 5 Jungen im Halbdunenkleide (4 ♂♂ und 1 ♀) aus der Nähe von Rossitten und fand daselbst einen anderen mit Dunenjungen am 17. Juni 1910. Szielasko besitzt 2 Eier aus dem Kreise Gerdauen vom 20. Juni 1907.

Ob der Sperber bei uns Standvogel ist, läßt sich, wie in allen solchen Fällen, schwer sagen. Nicht ausgeschlossen ist es ja, — aber auch bisher in keiner Weise erwiesen —, daß unsere Brutvögel im Winter durch von Norden zugewanderte Stücke ersetzt werden. Soviel jedenfalls steht fest, daß im Herbst und Frühjahr ein außerordentlich lebhafter Durchzug von Sperbern stattfindet, der sich jedoch fast nur auf die Seeküste beschränkt. Aus dem Binnenlande liegen gar keine Angaben über regelrechte Raubvogel- und speziell Sperberzüge vor; insbesondere habe ich bei Bartenstein solche nie beobachtet. Sehr eingehende Berichte über die interessanten Raubvogelzüge besitzen wir durch Thienemann (523, 525, 546, 550, 551, 564, 576) für die Kurische Nehrung. Hier findet im September — Oktober und April — Mai oft geradezu ein Massendurchzug von Sperbern statt, denen sich auch andere Raubvogelarten, wie Mäuse- und Rauhfußbussarde, schwarze Milane, Wander- und Baumfalken, Merline, Turmfalken, Hühnerhabichte, Weihen und Seeadler, zugesellen. Den Hauptbestandteil dieser Raubvogelzugketten bilden aber stets die Sperber, von denen z. B. am 20. April 1904 in kurzer Zeit 10 Exemplare in allen Altersstufen von beiden Geschlechtern erlegt wurden. In ununterbrochener Folge ziehen diese Raubvögel die Nehrung entlang, so daß an guten Zugtagen alle 3—4 Minuten einige zur Beobachtung gelangen. Besonders stark war der Durchzug, im ganzen 5 Wochen lang, im September und Oktober 1907. Am 19. Oktober beobachtete Thienemann in der ersten Viertelstunde nach Sonnenaufgang 30 Sperber; binnen kurzer Zeit fingen sich in Dohnen 15 Stück. Auch im Oktober 1912 war der Sperberzug auffallend stark; v. Lucanus (335) beobachtete am 17. Oktober in 4 Stunden 160 Stück. Bei Pillau sind nach Hartert (200) diese regelrechten Sperberzüge ebenfalls zu beobachten, die dann sicherlich noch die Frische Nehrung entlang gehen und sich später wohl mehr zerstreuen.

Viele Sperber bleiben auch winterüber bei uns. In dieser vogelarmen Jahreszeit suchen sie besonders gerne die Nähe menschlicher Wohnungen auf, wo sie dann mit großem Eifer die Sperlinge verfolgen. Daß sie bei diesen Jagden nicht allzu selten in menschliche Behausungen eindringen, ist bekannt. Ich besitze 2 ♀♀, von denen das eine am 14. November 1904 im Korridor des Landgerichtsgebäudes in Bartenstein, das andere am 20. Januar 1910 auf einem Speicher in Losgehnen lebend gefangen wurde.

### 141. **Circaëtus gallicus gallicus** (Gm.) — Schlangenadler.

*Falco gallicus* Gm.; *Falco leucopsis* Bechst.; *Aquila brachydactyla* auct.

Über den Schlangenadler als ostpreußischen Brutvogel sind wir erst durch Hartert (200) eingehender unterrichtet. Im Königsberger Museum steht ein ♀, das schon 1850, wie aus dem Akzessionskatalog und dem 5. Bericht des „Vereins für die Fauna Preußens" (648) hervorgeht, in Bladau (Kreis Königsberg) am Horst erlegt und mit dem Ei eingeliefert wurde. Im Vereinsbericht heißt es versehentlich „mit den Eiern", während im Katalog zutreffend „mit 1 Ei" gebucht ist. Außerdem befindet sich im Museum ein zweites Stück, das gleichfalls als ♀ bezeichnet ist und ebenfalls die Angabe „Bladau" trägt. Hartert (l. c.) führt diese beiden Stücke als in der Caporner Heide am Horst erlegtes Paar an, was zum mindesten bezüglich des Fundortes irrtümlich ist. Wahrscheinlich hat Hartert statt „Bladau" „Bludau" gelesen. Bezüglich der Geschlechtsbezeichnung kann ja ein Irrtum unterlaufen sein; doch ist 1850 anscheinend nur ein Stück durch Förster Lindenau aus Bladau eingeliefert worden.

Durch Hartert wissen wir jetzt, daß der Schlangenadler im Süden der Provinz zwar sehr vereinzelt, aber regelmäßig horstet. Er erwähnt speziell 2 Brutplätze in den Kreisen Sensburg und Ortelsburg. Im nördlichen Ostpreußen ist außer bei Bladau nach Hartert auch in Preußisch-Litauen, wohl im Kreise Labiau, durch Oberförster Hoffmann auf niedriger Moosbruchkiefer der Horst gefunden worden. Für Masuren bezeichnen ihn auch Schlonski, Sondermann und Wels als sehr vereinzelten Brutvogel. Er bewohnt dort nach Hartert mit Vorliebe die trockenen Kiefernforsten, die mit feuchten Brüchern, gemischten Beständen und Seen abwechseln. Schlonski besitzt ein Stück aus Vorderpogobien (Kreis Johannisburg).

Außerhalb der Brutbezirke werden Schlangenadler auch sonst gelegentlich in der Provinz erlegt, doch nicht sonderlich häufig. Das Königsberger Museum erhielt Stücke noch nach Bujack (68) von Pr. Eylau, nach den Akten 1837 von Powayen (Kreis Fischhausen) und nach einem Begleitbrief Löfflers vom 16. August 1855 von Schloß Gerdauen. v. Rautter (409) berichtet über die Erlegung eines Stückes in Rauttersfelde (Kreis Gerdauen) am 1. Oktober 1895. Techler erhielt je ein Exemplar von Walterkehmen (Kreis Gumbinnen), Sorquitten (Kreis Sensburg) und Spucken (Kreis Niederung), letzteres im Jahre 1911. Wels sah diesen Adler in Astrawischken (Kreis Insterburg) in 13 Jahren nur einmal, und Möschler (588) erhielt von Laukischken (Kreis Labiau) ein ♂ am 20. August 1910. Sondermann schließlich gingen von 1885 bis Januar 1912 nur 6 Exemplare zu aus den Kreisen Labiau (3. August 1888), Niederung (17. Oktober 1896), Pillkallen (22. Mai 1894), Ragnit (1. August 1904), Insterburg (12. Oktober 1907) und Stallupönen (26. Oktober 1907). Der Fortzug scheint hiernach teilweise erst im Oktober zu erfolgen.

### 142. **Nisaëtus pennatus pennatus** (Gm.) — Zwergadler.

*Falco pennatus* Gm.; *Aquila pennata* (Gm.), *minuta* Brehm; *Hieraëtus*, *Eutolmaëtus pennatus* (Gm.).

Erst einmal ist dieser zierliche, für uns südliche Adler für Ostpreußen nachgewiesen. Ulmer (564, 643) erhielt ein jüngeres Exemplar, das am 9. September 1908 auf der Feldmark von Widitten bei Fischhausen erlegt war. Der von Balzer ausgestopfte Vogel befindet sich jetzt als Balg in Ulmers Sammlung.

Schon im „5. Bericht des Vereins für die Fauna der Provinz Preußen im Oktober 1850" (648) wird von der Erlegung eines Zwergadlers in der Nähe von Königsberg berichtet. Wie aber aus dem Hauptkatalog des Museums hervorgeht, handelte es sich hierbei um die bei *Aquila pomarina* erwähnte, bei Pillau erlegte gelbe Varietät des Schreiadlers. Die ursprüngliche Buchung als *Aquila pennata* ist unter Hinweis auf den Artikel von Lichtenstein (294) später richtiggestellt. Der Vogel muß also schon 1849 oder 1850 erlegt sein — der 4. Vereinsbericht schloß mit dem März 1849 ab — und nicht erst, wie Lichtenstein, wohl auf Grund einer mündlichen Mitteilung von Rathke oder Zaddach, angibt, im November 1851.

### 143. **Buteo buteo buteo** (L.) — Mäusebussard.

*Falco buteo* L.; *Buteo vulgaris*, *albidus* auct.

Zu den häufigsten unter unseren größeren Raubvogelarten gehört neben dem schwarzen Milan, der aber mehr die Nähe des Wassers liebt, in vielen Gegenden noch immer der Mäusebussard; doch läßt sich nicht verkennen, daß er vielfach schon anfängt, als Brutvogel seltener zu werden. In Waldungen aller Art, auch in Beständen von geringem Umfange, horstet er einzeln wohl in allen Teilen der Provinz. Bei Bartenstein ist er als Brutvogel nicht besonders häufig.

Die meisten dieser Bussarde verlassen uns während der Wintermonate; ja diejenigen, die man in der kalten Jahreszeit sieht, sind vielleicht von Norden zugewanderte Stücke. Es ist immer eine Ausnahme, wenn man im eigentlichen Winter einmal einen Mäusebussard beobachtet. Sondermann erhält ihn zwar auch während dieser Jahreszeit nicht allzu selten zum Präparieren, jedoch nicht entfernt so zahlreich wie den Rauhfußbussard. Auch Robitzsch (18) bezeichnet ihn als vereinzelt im Winter bei Norkitten (Kreis Insterburg) vorkommend. Ein am 11. Oktober 1903 von Thienemann (525) bei Rossitten mit Ring versehener Bussard wurde am 23. Januar 1904 in Blöstau bei Kuggen (Kreis Königsberg) erbeutet. Erwähnt sei auch, daß ein von J. Fr. Naumann (385) in Anhalt mit Ring aufgelassener Mäusebussard in Kraftshagen bei Bartenstein erlegt wurde.

Im Laufe des März, bisweilen auch schon im Februar, je nach der Witterung, trifft der Mäusebussard auf seinen Brutplätzen ein. Der Durchzug nordischer Exemplare hält auf der Kurischen Nehrung häufig noch den April über an. Bei uns fällt das Brutgeschäft in diesen Monat. Szielasko besitzt ein Gelege von 3 Eiern aus dem Kreise Wehlau vom 9. April 1904. Schon im Anfange des September setzt dann wieder der Herbstzug ein, ja Thienemann (504) beobachtete bei Rossitten 1899 schon am 20. August einen Flug von 10 Stück auf dem Zuge. Dieser dehnt sich bis tief in den November hinein aus; am lebhaftesten ist er Ende September und im

Oktober. Während der Herbstzugzeit treiben sich Mäusebussarde oft in großer Anzahl auf den Feldern umher. So wurden in dem mäusereichen Herbst 1904 am 30. Oktober binnen $1^1/_2$ Stunden auf einem Gute im Kreise Pr. Eylau 6 Stück vor dem Uhu erlegt, in dem Mäusejahr 1910 auf einem Gute im Kreise Labiau binnen kurzer Zeit sogar 24 Stück.

Die meisten dieser Bussarde, die ich bei Bartenstein beobachtete, gehörten der mittleren Phase an; doch werden auch sehr helle und sehr dunkle Stücke nicht selten in der Provinz erlegt. Ein sehr weißes Exemplar erhielt ich von Losgehnen am 10. September 1910. Im Königsberger Museum befindet sich nach Lühe (351) ein teilweise albinotisches Stück mit fast weißer Unterseite und isabellfarbenem, braungeflecktem Kopf und Rücken sowie ebensolchen Schultern. Ein isabellfarbiges Exemplar erwähnt auch Rörig (435) aus Ostpreußen, und in der Sammlung der Vogelwarte befindet sich ein derartiges ♂ vom 19. April 1906 aus Rossitten.

### 144. Buteo buteo zimmermannae Ehmcke — Falkenbussard.

*Buteo vulpinus, desertorum* auct.

Nach ostpreußischen Exemplaren hat Ehmcke diesen dem Steppenbussard nahestehenden kleinen Bussard zuerst beschrieben (141, 142, 144). Seine Berechtigung wird auch heute noch vielfach nicht anerkannt; Reichenow und Schalow halten ihn für identisch mit dem südrussischen Steppenbussard (*Buteo desertorum* (Daud.)), während unter anderen Kleinschmidt (266, 386) und Neumann (J. f. O. 1904, p. 365) ihn als gut unterscheidbare, im nördlichen Rußland heimische Form ansehen. Ob man also die in Ostpreußen vorkommenden kleinen rostroten Bussarde als *B. desertorum* (Daud.), wie es Kollibay für Schlesien tut, oder *B. zimmermannae* Ehmcke bezeichnen soll, muß daher einstweilen noch dahingestellt bleiben, bis genügendes Material aus den verschiedenen Brutgebieten vorliegt. Die Angabe von Reichenow (421b), daß der gewöhnliche Mäusebussard östlich nur bis zur Weichsel vorkomme, ist jedoch unrichtig. Ostpreußen gehört noch durchaus zum Gebiet von *B. b. buteo* (L.).

Wiederholt ist jedoch dieser kleine Bussard, der von unserm gewöhnlichen Mäusebussard deutlich verschieden ist, und für den Ehmcke den Namen „Falkenbussard" vorgeschlagen hat, in der Provinz erlegt worden, namentlich im östlichen Teile. Mehrfach wurde er sogar während der Brutzeit erbeutet, so daß die Vermutung naheliegt, daß er sich gelegentlich bei uns auch fortpflanzt. Als Fundorte nennt Ehmcke: Brödlauken (Kreis Insterburg), Buylien und Krausenwalde (Kreis Gumbinnen), Balschkehmen (Kreis Darkehmen) und Sassupönen (Kreis Pillkallen). Ein ♂ vom 5. Juni 1893 und ein ♀ vom 21. April 1892, beide aus Sassupönen, sind im neuen Naumann (Bd. V Taf. 35) von Kleinschmidt abgebildet. Nach Techler wurde ferner ein ♂ am 21. Mai 1906 in Buylien erlegt und an eine Insterburger Schule abgegeben. Altum (11) erwähnt ein im August 1895 in Szittkehmen (Kreis Goldap) durch Speck v. Sternburg erlegtes Stück. v. Hippel erhielt nach Kleinschmidt (386) 2 im März 1895 in der Grafschaft Dönhofstädt erlegte Exemplare durch R. Wohlfromm, und im Museum A. Koenig in Bonn befindet sich nach le Roi ein ♀ ad. aus Bogslack bei Dönhofstädt vom 26. August 1895. Schließlich wurde nach Thienemann (522, 525) am 9. Mai 1904 bei Rossitten ein ♂ erlegt, das sich jetzt in der Sammlung der Vogelwarte befindet.

Bei manchen kleinen Bussarden ist es zweifelhaft, zu welcher Form man sie ziehen soll. Ich erhielt z. B. von Sondermann am 29. Oktober 1912 den Balg eines frisch erlegten Bussards (♂ iuv.) zur Untersuchung, der sich durch geringe Flügellänge (36 cm) und teilweise rötliche Unterseite auszeichnete. Wahrscheinlich gehörte er auch zu *B. zimmermannae*, obwohl dem Schwanz die Rostfarbe völlig fehlte.

Interessant ist es, daß sowohl Wohlfromm und Speck v. Sternburg wie Thienemann das Verhalten des Falkenbussards vor dem Uhu als von dem des Mäusebussards sehr abweichend schildern.

### 145. Buteo ferox ferox (Gm.) — Adlerbussard.

*Falco ferox* Gm.; *Buteo leucurus* Naum.

Dieser stattliche Bussard verfliegt sich nur höchst selten einmal aus seinem in den südrussischen Steppen gelegenen Brutgebiet zu uns. Das einzige für Ostpreußen bekannte Exemplar, ein ♀, wurde Mitte März 1895 in der Grafschaft Dönhofstädt durch R. Wohlfromm erlegt. Es gelangte in die Sammlung v. Hippels in Rogowszisna (vgl. v. Hippel (233) und Kleinschmidt (386)).

### 146. Buteo lagopus lagopus (Brünn.) — Rauhfußbussard.

*Falco lagopus* Brünn.; *Archibuteo lagopus* (Brünn.).

Während der Wintermonate ist nur **ein** größerer Raubvogel regelmäßig und oft in erheblicher Anzahl bei uns anzutreffen, das ist der Rauhfußbussard, dessen prächtiges Flugbild, das durch den hellen Schwanz besonders charakteristisch ist, sehr zur Belebung der winterlich kahlen Fluren beiträgt. Mit Ausnahme der großen Waldgebiete im Südosten, die er nach Hartert (200, 205) meidet, fehlt er während der kalten Jahreszeit wohl kaum irgendwo in der Provinz. Mit Vorliebe hält er sich in den fruchtbaren Getreidegegenden auf, in denen er seine Hauptnahrung — Mäuse — mit Leichtigkeit findet. Namentlich im Samlande ist er nach Hartert meist recht häufig; aber auch bei Bartenstein ist er kaum jemals selten.

Im Laufe des Oktober oder ausnahmsweise erst Anfang November, bisweilen auch schon Ende September, stellt er sich in seinen Winterquartieren ein. Die ersten beobachtete ich in den letzten Jahren im Herbst bei Bartenstein am 25. Oktober 1904, 31. Oktober 1905, 3. November 1907, 28. September 1908, 17. Oktober 1909, 13. Oktober 1910, 22. Oktober 1911, 21. September 1912, 28. September 1913, Thienemann bei Rossitten am 21. Oktober 1899, 4. Oktober 1902, 2. Oktober 1903, 21. September 1904, 16. Oktober 1906, 15. September 1910, 6. Oktober 1911, 17. September 1912, 25. August 1913 (2 Stück schon nach Süden ziehend). In mäusereichen Jahren ist ihre Zahl oft außerordentlich groß. So wurden bei Bartenstein im Winter 1904/05 auf einem Gute in einem Monat 22 Stück, auf einem anderen in einer Woche 10 Stück gefangen bzw. erlegt. Es ist sehr zu bedauern, daß diese nützlichen Raubvögel so rücksichtslos verfolgt werden.

Wenn auch viele Rauhfußbussarde winterüber bei uns bleiben, so zieht doch eine große Anzahl durch unsere Provinz nach Mitteldeutschland. Auch für sie bildet die Kurische Nehrung eine beliebte Zugstraße. Der Zug geht oft gesellig vor sich; so wurden am 6. März 1907 von einem Krähenfänger 10 Stück bei Rossitten erbeutet, und am 8. März sah Thienemann (550) gleichzeitig 7 dieser Bussarde. Die Hauptzugzeiten sind die Monate Oktober-November und März-April. 3 in den Monaten Oktober und November 1907 bei Rossitten mit Ringen versehene Rauhfußbussarde wurden nach Thienemann (550) in den Provinzen Sachsen, Schlesien und Posen wieder erbeutet, und zwar 2 von ihnen Ende März 1908. Ein am 21. November 1911 in Rossitten markiertes Stück wurde am 3. Februar 1912 im Samlande bei Transsau geschossen (593). Ein am 31. Oktober 1911 bei Stantau im Samlande erlegter Rauhfußbussard war 1911 als junger Vogel in Schwedisch-Lappland unweit Kiruna nach einer Mitteilung des Museums Göteborg gezeichnet worden (vgl. auch Jägerskiöld (249)).

1912 wurde ein dort beringtes Exemplar Mitte Oktober bei Herzogswalde (Kreis Rosenberg) in Westpreußen geschossen. Die bei uns überwinternden Rauhfußbussarde verlassen uns gewöhnlich im Laufe des März, bisweilen auch erst im April. Robitzsch (18) sah bei Norkitten 1884 den letzten am 12., Thienemann (576) bei Rossitten 1909 am 27. April, 1913 am 1. Mai (♀ geschossen), ich selbst bei Bartenstein 1909 am 5., 1910 und 1911 am 16., 1912 am 13., 1913 am 20. April.

Auch dieser nordische Gast brütet gelegentlich, vielleicht sogar regelmäßig, in Ostpreußen, wie dies ja gleichfalls von der Sperbereule sowie vom Merlin behauptet wird. Wie auch sonst schon einige Fälle des Horstens in Deutschland konstatiert sind, so ist auch für Ostpreußen dieser Nachweis neuerdings erbracht. Schon Böck (649) bezeichnet *B. lagopus* ohne nähere Angabe als ostpreußischen Brutvogel, und Szielasko (471) sagt, er sei von Forstmeister Juedz in Warnen als seltener Brutvogel in der oberen litauischen Ebene beobachtet worden. In Ermangelung von Belegexemplaren bleiben diese Angaben aber höchst unsicher. Ähnlich steht es mit einer Mitteilung Rörigs (438), wonach das Brüten für das Forstrevier Eichwald nachgewiesen, für Tzulkinnen zu vermuten sei. Auch hier sind keine Belegexemplare vorhanden; es handelt sich nur um unbeglaubigte Beobachtungen von Forstbeamten. Schließlich berichtet noch Dach (106), daß Mitte Mai 1901, also „zu Ende der Horstzeit“, ein Rauhfußbussard im Frisching erlegt sei; er folgert ein Horsten daselbst. Dieser Schluß ist nicht gerechtfertigt. Mitte Mai sind vielfach noch diese Bussarde auf dem Zuge beobachtet worden, z. B. von Zimmermann auf Hela. Die Horstzeit ist dann auch noch keineswegs zu Ende; sie beginnt vielmehr nach Rey (425) häufig erst erheblich später. Außerdem kann es sich ja auch um ein infolge früherer Verletzungen zurückgebliebenes Stück gehandelt haben. Dieses war in der Tat bei einem von „Klosterjäger“ (280) am 10. Mai 1910 in Ostpreußen erlegten Stück der Fall; es fehlte ihm nämlich ein Auge. Wels, der genaue Kenner ostpreußischer Forsten und ostpreußischer Raubvögel, hat *B. lagopus* niemals zur Brutzeit bemerkt. Erst Thienemann (594d) war es beschieden, den sicheren Nachweis des Horstens zu erbringen. Am 28. April 1913 erhielt er durch Freiherrn v. Wrangel ein in Waldburg bei Nordenburg gefundenes Ei des Rauhfußbussards. Die Bestimmung ist nach Georg Krause völlig sicher. Der Horst befand sich auf einer 30jährigen Fichte. Reichenow (421a) bezweifelt allerdings auch jetzt noch das Brüten, da nach seiner Ansicht einzelne Eier von *B. lagopus* nicht von denen des Mäusebussards zu unterscheiden seien.

### 147. **Aquila chrysaëtus chrysaëtus** (L.) — Steinadler, Goldadler.

*Falco chrysaëtus, fulvus* L.; *Aquila fulva* (L.), *nobilis* auct.

In den großen ostpreußischen Waldungen war der Steinadler noch bis Anfang der 80er Jahre regelmäßiger Brutvogel und in der ersten Hälfte des vorigen Jahrhunderts wohl gar nicht einmal so sehr selten. Bujack (68) sagt 1837 von ihm, er sei ziemlich selten in großen öden Forsten bei Johannisburg, Frauenburg und Soldau. Löffler fand, wie aus einem Brief an H. Rathke vom 15. September 1846 hervorgeht, einen Horst bei Gerdauen und sandte die Eier an Lichtenstein. Altum (1) sagt von ihm, er brüte mehrfach in der Nähe des Mauersees, und A. E. Brehm (66), er horste in den ausgedehnten Staatswaldungen des südöstlichen Teils der Provinz Ostpreußen. So war es denn erklärlich, daß Kronprinz Rudolf (440) annehmen konnte, in Ostpreußen befänden sich noch mehr Steinadlerhorste als sonst irgendwo in Deutschland. Das ist insofern richtig, als in der Tat in unserer Provinz der Steinadler länger als sonst irgendwo in der norddeutschen Ebene heimisch war. Schließlich ist er aber auch in Ostpreußen dem Andrängen der Kultur zum Opfer gefallen.

Die letzten Steinadlerhorste bestanden noch im südlichen Masuren und in der Juraforst (Kreis Ragnit). Hartert (199, 200, 205) selbst hat in den 80er Jahren den Steinadler nicht mehr am Brutplatz beobachtet; doch sah er 1882 am Horst erlegte Stücke und einen alten Horst. Er sagt 1885, daß der Horst noch neuerdings in Jura (Kreis Ragnit) und Hartigswalde (Kreis Neidenburg) gefunden sei; meist stehe er auf Kiefern. Szielasko (471) bezeichnet 1893 den Steinadler für Masuren und die obere litauische Ebene als vereinzelten, für die untere als seltenen, unregelmäßigen Brutvogel, desgleichen v. Hippel (228) für die großen Forsten Masurens und Litauens. 1887 befand sich nach dem letztgenannten Gewährsmann ein Horst in Turoscheln (Kreis Johannisburg). In Ibenhorst hat dieser große Adler in neuerer Zeit nach Reisch (228) nicht gehorstet, wohl aber, wie schon Hartert hervorhebt, in Jura. Robitzsch (427) sagt 1890, daß dort vor etwa 10 Jahren ein junger Steinadler ausgenommen sei. Ein Stück mit *fulvus*-Typus aus Jura vom 14. Mai 1885 befindet sich nach Altum (4) in der Sammlung der Forstakademie Eberswalde, und auch Wels ist es bekannt, daß dort ein Horst noch in den 80er Jahren besetzt war. Nach Robitzsch (20) hat ein Paar 1886 — an anderer Stelle (427) sagt er: 1883 — in der Droßwalder Forst (Kreis Pillkallen) wahrscheinlich gehorstet.

Ehmcke (145, 146) erhielt 1882 aus der Caporner Heide von 2 Horsten je ein Dunenjunges, die nach seiner Ansicht „wahrscheinlich" dem Steinadler angehörten. Diese Angabe bleibt aber doch recht unsicher. Daß damals noch in der Nähe von Königsberg 2 Steinadlerpaare gehorstet haben sollen, ist mehr als fraglich. Auch Hartert, der zu jener Zeit gerade im Samlande sammelte, hätte dann wohl etwas darüber in Erfahrung gebracht.

Für Masuren liegt außer den Berichten von Hartert über Hartigswalde und v. Hippel über Turoscheln noch eine Mitteilung von Wels vor, wonach 1877 der Förster Ewert in der Oberförsterei Crutinnen (Kreis Sensburg) den letzten Steinadler am Horst schoß, der darauf nicht mehr bezogen wurde. Bei der letzten Rundfrage der Physikalisch-Ökonomischen Gesellschaft bezeichnete 1908 nur noch ein einziges Forstrevier im Kreise Johannisburg den Steinadler als horstend. Eine Nachfrage bei dem betreffenden Herrn Revierverwalter ergab aber, daß diese Angabe sehr zweifelhaft ist, ja daß 1909 Steinadler im Revier mit Bestimmtheit **nicht** gehorstet haben.

So müssen wir uns denn mit dem Gedanken vertraut machen, daß dieser stolze Raubvogel aus Ostpreußens Forsten verschwunden ist. v. Hippel (235) hielt dies schon 1895 für sehr wahrscheinlich, während Ehmcke (386) und Reichenow (421 b) auch neuerdings noch glauben, daß er in Ostpreußen horste. Auch Schäff (442) bezeichnet ihn noch 1905 als in der Juraforst horstend. Nicht ausgeschlossen ist es, daß auch in Zukunft wiederum einmal ein Ansiedelungsversuch gemacht wird. Strengste Schonung wäre dann am Platze. Die Aussichten auf Erhaltung etwaiger Brutpaare sind aber nicht sehr groß, da der Steinadler eines ausgedehnten Jagdgebietes bedarf, und daher die Gefahr besteht, daß die Horstvögel trotz aller Schonung am Brutplatz von unberufenen Schützen abgeschossen werden.

Außerhalb der Brutzeit gelangen auch jetzt noch Steinadler alljährlich von Osten her in unsere Provinz. Wenn Ehmcke (146) annimmt, daß in jedem Jahre 6—10 bei uns erlegt werden, so ist diese Zahl eher zu niedrig als zu hoch gegriffen. Nach Picht (403) wurden allein in Dönhofstädt in 20 Jahren 6 Steinadler erbeutet. In manchen Jahren zeigen sie sich verhältnismäßig zahlreich. Schuchmann erhielt im November und Dezember 1907 allein 4, Präparator Schulze 2 Exemplare aus Ostpreußen. Auffallend viele wurden ferner nach Gude im Winter 1908/09 in Litauen erbeutet; Sondermann gingen in diesem Winter 8, im folgenden 1909/10 6 Steinadler zu. Auch im Winter 1912/13 erhielten die Präparatoren ziemlich viele dieser Adler aus der Provinz. Eine Aufzählung aller erlegten Stücke würde zu weit führen. Es möge die Feststellung genügen, daß es wohl kaum eine Gegend gibt, in der nicht einmal ein Steinadler vorgekommen wäre.

Auch im Kreise Friedland sind mehrfach Stücke erbeutet worden. Künow erhielt einen Steinadler am 19. November 1886 von Karschau, Sondermann je ein Stück am 18. Oktober 1894 von Gr. Wohnsdorf, am 17. November 1898 von Sophienthal und am 14. Oktober 1901 von Frischingwalde. Am 5. November 1907 wurde ferner ein Exemplar in Siddau bei Bartenstein erlegt.

Im ganzen gingen Sondermann von April 1887 bis 15. Januar 1912 71 Steinadler aus der Provinz zu und zwar aus den Kreisen Heydekrug (2), Ragnit (6), Tilsit (2), Niederung (2), Labiau (3), Insterburg (6), Wehlau (2), Heiligenbeil (1), Königsberg (1), Fischhausen (1), Pillkallen (13), Darkehmen (5), Stallupönen (1), Goldap (1), Gumbinnen (5), Johannisburg (9), Sensburg (5), Ortelsburg (1), Osterode (1), Allenstein (1) und Friedland (3). Sie verteilen sich auf die Monate September (1), Oktober (12), November (20), Dezember (14), Januar (12), Februar (4), März (6) und nur je einer auf die Monate April und Mai. Letzteres sind wahrscheinlich ungepaarte Stücke gewesen. Aus vorstehender Zusammenstellung geht ferner hervor, daß auf die großen Waldkomplexe in den Kreisen Ragnit — Pillkallen und im Südosten — die Johannisburger Heide — recht viele Steinadler entfallen, auf erstere 19, auf letztere 14. Auch Schlonski berichtet, daß bei Johannisburg Steinadler garnicht selten erlegt würden. Es scheinen also diese Adler auch jetzt noch die großen Waldungen, in denen sie zuletzt noch horsteten, mit besonderer Vorliebe aufzusuchen. Auffallend ist es überhaupt, daß im Osten der Provinz Steinadler unverhältnismäßig häufiger vorkommen als im Westen. Von den 71 an Sondermann eingelieferten Stücken sind allein 55 im östlichen Teile von Ostpreußen erlegt.

Erwähnt sei schließlich noch, daß nach Bujack (68) 1832 einer dieser Adler in Königsberg auf dem Sackheim in einem Garten lebend gefangen, und daß nach Thienemann (504) Anfang November 1900 bei Sarkau auf der Kurischen Nehrung ein Steinadler mit dem Peitschenstiel erschlagen wurde, als er den neben dem Wagen herlaufenden Dachshund schlug. Weitere Fälle des Vorkommens sind für die Nehrung nicht erwiesen. Angaben (178) über „Adlerzug" und die Erlegung eines Steinadlers bei Nidden im November 1909 sind falsch.

Die meisten ostpreußischen Steinadler, die ich sah, zeigten *fulvus*-Typus. Ein Stück mit *chrysaëtus*-Typus vom 9. Dezember 1870 aus Nikolaiken befindet sich nach Altum (4) in Eberswalde.

### 148. **Aquila melanaëtus melanaëtus** (L.) — Kaiseradler.

*Falco melanaëtus* L.; *Aquila imperialis* (Bechst.), *heliaca* Sav., *mogilnik* auct.

Am 12. Juni 1910 erhielt Sondermann einen Kaiseradler, der auf der Feldmark von Röseningken bei Darkehmen durch Herrn Zaworski erlegt war. Es war nach seiner Feststellung ein ♂ von 180 cm Flugbreite. Ich habe den Vogel, der sich im Besitze des Erlegers befindet, selbst untersucht. Er steht augenscheinlich im zweiten Lebensjahre und weist noch das lehmgelbe, jedoch sehr abgetragene Jugendgefieder mit der streifenartigen Fleckung der Unterseite auf. Die Mittelzehe besitzt, was ja Naumann (385) auch als charakteristisch hervorhebt, 5 große Schilder, während *A. chrysaëtus* nur 3 hat.

### 149. **Aquila maculata** (Gm.) — Schelladler, großer Schreiadler.

*Aquila clanga* Pall.

Selbst für einen Kenner ist es oft nicht leicht, den Schelladler vom Schreiadler zu unterscheiden. Die Angaben von Laien über die Erlegung von Schelladlern sind daher mit großer Vorsicht aufzufassen. Sichere Nachrichten über das Vorkommen dieses Adlers, dessen Brutgebiet im allgemeinen östlich von uns liegt, sind für Ostpreußen nur sehr spärlich vorhanden.

In der Sammlung der Forstakademie Eberswalde befinden sich nach Altum (4, 9) 3 ostpreußische Schelladler, nämlich 2 jüngere Stücke vom 15. Oktober 1885 aus Nodems (Kreis Fischhausen) und vom 5. Oktober 1886 aus Ibenhorst sowie ein dreijähriges ♂ vom 25. Mai 1893. Nach Hartert (200, 205) erhielt auch E. v. Homeyer ein Exemplar aus Ostpreußen, und nach Wüstnei (656) ging dem Präparator Knuth-Rostock aus unserer Provinz ein ♀ iuv. Anfang November 1900 zu. E. Christoleit (90, 95) berichtet von der Erlegung zweier Schelladler am Frischen Haff bei Wachtbude (Kreis Heiligenbeil), von denen der eine im Juli 1902 erlegte sich jetzt im Besitze des Amtsgerichtsrats May in Königsberg, der andere schwächere, wohl das ♂, sich im Besitze seines Bruders Max Christoleit befindet. In Losgehnen bei Bartenstein wurde schließlich durch Otto ein ♀ im zweiten Lebensjahre am 22. Juli 1912 geschossen. Das stark in der Mauser befindliche Stück, das jetzt in meiner Sammlung steht, besitzt eine Flügellänge von 54 und eine Schwanzlänge von 26 cm; die Flugbreite betrug 170 cm. Die Oberschwanzdecken sind lebhaft weiß. Besonders auffallend ist der sehr gestreckte Schnabel; bei einem alten ♀ von *A. pomarina*, das ich besitze, ist er kürzer und viel mehr gewölbt, während die Flügellänge nur 48 cm beträgt. Ein ähnliches, gleichfalls vorjähriges Stück wurde in Losgehnen am 12. August 1913 erlegt; es befindet sich jetzt in Ottos Besitz.

Die Vogelwarte Rossitten besitzt ein sehr dunkles altes ♀ aus Stobben am Mauersee vom 17. September 1911, das vielleicht auch hierher gehört. Die Flügellänge beträgt allerdings nur 51 cm, so daß es immerhin zweifelhaft bleibt, zu welcher Art man es ziehen soll.

Vielleicht horsten einzelne Schelladler gelegentlich auch in Ostpreußen; dies ist jedoch noch nicht mit völliger Sicherheit festgestellt. Hartert, der noch 1885 sagt (199), *A. maculata* habe schon in Ostpreußen gehorstet, modifiziert diese Behauptung später, bei Bearbeitung der Art im neuen Naumann (386), dahin, daß er ausführt: „Ausnahmsweise mag auch ein Paar in Preußen horsten". Er erhielt einmal aus Ostpreußen ein ungeflecktes, sehr großes Schreiadlerei, das möglicherweise dieser Art angehört (201). Reisch (228), Altum und v. Varendorf (6) bezeichnen den Schelladler als Brutvogel für Ibenhorst und Jura, Robitzsch (21) für Ibenhorst und Tawellningken. Sichere Beweise des Brütens fehlen aber; denn durch die Erlegung einzelner Stücke während der Brutzeit wird gerade bei Raubvögeln dieser Nachweis noch nicht erbracht. Schäff (442) ist denn auch noch neuerdings der Ansicht, *A. maculata* sei in Deutschland noch niemals als Brutvogel festgestellt. Für Schlesien ist Kollibay allerdings anderer Meinung.

### 150. **Aquila pomarina** Brehm — Schreiadler.

*Aquila naevia, maculata, pomerana* auct.

Als einziger unter den echten Adlern horstet der Schreiadler regelmäßig in Ostpreußen, dieser dafür aber auch in recht beträchtlicher Anzahl. Hartert (200, 205) bezeichnet ihn sogar als den häufigsten Raubvogel der Provinz, und auch Löffler (329) und v. Ehrenstein (52) vertreten eine ähnliche Ansicht. Heutzutage trifft dies allerdings nur noch sehr mit Einschränkungen für manche Gegenden zu; doch ist auch jetzt noch *pomarina* recht weit in der Provinz verbreitet. Er kommt wohl noch in den meisten größeren Waldungen sowohl der Fichten-, wie der Kiefernregion als Brutvogel vor, in manchen anscheinend auch noch ziemlich zahlreich; stellenweise ist der Bestand aber auch schon erheblich zurückgegangen, wie dies namentlich E. Christoleit (95) hervorhebt.

Vor allem am Ostufer des Kurischen Haffs und in Masuren ist *A. pomarina* fast überall häufig. Nach Hildebrandt horstet er vereinzelt bei Heydekrug, wo auch W. Baer (31) ihn zur Brutzeit über dem Hochmoor von

Augstumal antraf. W. Christoleit bezeichnet ihn als regelmäßigen Brutvogel in fast allen Oberförstereien des Kreises Labiau; jedes Revier bewohnen etwa 3—5 Paare. Ziemlich häufig ist er nach Szielasko (474, 476) in der Rominter Heide; auch aus der Gegend von Gerdauen erhielt er ein Gelege. Robitzsch (19) fand ihn im Kreise Insterburg horstend, desgleichen Wels, der ihm überall in der Provinz nicht selten begegnet ist. Geyr v. Schweppenburg (189) beobachtete ihn im Juni 1911 im Forstrevier Schorellen (Kreis Pillkallen) relativ häufig und auch in der Rominter Heide sowie bei Rudczanny nicht allzu selten.

In Masuren ist der Schreiadler gleichfalls recht verbreitet. W. Christoleit traf ihn dort in trockneren Beständen an als im Kreise Labiau, doch dann unmittelbar an Seen. Auch Hartert (386) sagt mit bezug auf Masuren, daß er auch in ausgedehnten Kiefernforsten vorkomme; er werde jedoch fast nur an den Rändern gefunden, nicht inmitten der Wälder, es sei denn, daß sich dort Seen oder Sümpfe fänden. Mehrere Stücke aus den Kreisen Johannisburg, Sensburg und Angerburg befinden sich nach Hilgert (225) in der Sammlung v. Erlangers. Ich selbst erhielt ein Stück im Juli 1893 von Nikolaiken. Volkmann (17) beobachtete ihn häufig im Kreise Allenstein.

Im Westen der Provinz — mit Ausnahme des südlichen Teils — ist er nicht ganz so verbreitet wie im waldreichen Osten und Südosten; doch ist er nach Goldbeck im Kreise Mohrungen stellenweise nicht selten. Ich besitze ein altes ♀ aus Gr. Bestendorf (Kreis Mohrungen) vom 26. April 1912. Im raubvogelarmen Kreis Friedland kommt *A. pomarina* dagegen nur sehr spärlich vor. Bei Bartenstein hat er früher ganz vereinzelt in Gallingen gehorstet, und Meier (369) bezeichnet ihn als Brutvogel für Abbarten. Jetzt läßt sich in der Bartensteiner Gegend nur selten einmal vorübergehend ein Schreiadler sehen. Bei Heilsberg horstet er nach Pflanz in einigen Paaren im Forstrevier Wichertshof.

Dieses schon aus der Literatur sowie durch fremde wie eigene Beobachtungen gewonnene Bild über die Verbreitung des Schreiadlers in Ostpreußen wird durch die im Jahre 1908 veranstaltete Rundfrage der Physikalisch-Ökonomischen Gesellschaft nur bestätigt und vervollständigt. In etwa 70 Forstrevieren ist er danach noch Brutvogel, am häufigsten wohl in einigen Revieren der Kreise Labiau und Goldap sowie stellenweise in Masuren. Nicht besonders häufig ist er im Samlande; der Kurischen Nehrung fehlt er als Brutvogel. 6 Reviere wissen von einer Vermehrung, 11 von einer Verminderung und 10 vom Gleichbleiben des Bestandes zu berichten.

Sondermann erhielt von Juni 1887 bis Juli 1911 129 Schreiadler aus Ostpreußen, davon 60 in der Brutzeit (Mai—Juni) aus den Kreisen Memel (1), Heydekrug (1), Ragnit (3), Tilsit (2), Niederung (10), Labiau (13), Wehlau (3), Gerdauen (2), Insterburg (3), Königsberg (1), Pillkallen (3), Darkehmen (3), Goldap (1), Angerburg (2), Oletzko (1), Johannisburg (2), Sensburg (4), Rastenburg (1), Friedland (2), Pr. Eylau (1) und Heilsberg (1). 65 gingen ihm in den Monaten April und Juli bis September zu, während nur 4 im Oktober eingeliefert wurden, die spätesten am 30. Oktober 1893 von Nemonien und am 31. Oktober 1895 von Charlottenberg (Kreis Angerburg).

Nach Hartert (199, 386) trifft der Schreiadler Ende März oder Anfang April auf seinen Brutplätzen ein, meist wohl erst in letzterem Monat. Die Hauptlegezeit fällt zwischen den 6. und 10. Mai. Am Horst führt er sehr charakteristische Flugspiele auf, die E. Christoleit (95) eingehend beschreibt. Der Abzug geht nach Hartert erst spät im Oktober vor sich; doch ergibt die vorstehend mitgeteilte Aufstellung über an Sondermann gelieferte Stücke, daß der Hauptabzug wohl doch schon im September erfolgt. Auf der Kurischen Nehrung zieht *A. pomarina* nach Thienemann nur sehr vereinzelt im April und September durch. Im Winter hat ihn Hartert nie beobachtet; doch erhielt Sondermann ein Stück am 17. Januar 1903 von Agilla (Kreis Labiau).

Eine sehr auffallende isabellfarbige Varietät, die nach Lichtenstein (294) im November 1851, wahrscheinlich aber schon, wie bei *Nisaëtus pennatus* näher erörtert ist, 1849 oder 1850 bei Pillau durch v. Franken erlegt wurde, befindet sich im Königsberger Museum. Sie ist von Lichtenstein genau beschrieben und auf der beigegebenen Tafel von Naumann abgebildet. Besonders interessant ist sie deshalb, weil sie in der Färbung auffällig an den indischen *Aquila fulvescens* Gray erinnert; doch handelt es sich nach den Untersuchungen Harterts (386) zweifellos um ein aberrantes Stück von *A. pomarina.* Eine photographische Abbildung dieses Stücks findet sich bei Dach (107).

### 151. Pernis apivorus apivorus (L.) — Wespenbussard.

*Falco apivorus* L.

Waldungen, die überwiegend aus Laubholz bestehen, beherbergen im Sommer nicht allzu selten den Wespenbussard, der in der Provinz zwar weit verbreitet ist, aber meist nicht gerade zahlreich vorkommt. Vielfach wird er, da er erst spät im Jahre bei uns eintrifft, wohl auch übersehen oder mit anderen Arten verwechselt. Er gilt daher vielleicht für seltener, als er tatsächlich ist.

Sein Brüten ist für die verschiedensten Teile der Provinz konstatiert; doch scheint seine Verbreitung keine gleichmäßige zu sein. In den Kiefernforsten Masurens fehlt er begreiflicherweise; so hat ihn denn auch Wels von 1877—84 in der Johannisburger Heide nie beobachtet. Auch im Memelgebiet kommt er nur spärlich vor. Er ist nach Sondermann sehr vereinzelter Brutvogel in der Niederung; doch ist für Dingken (Kreis Tilsit) sein regelmäßiges Horsten durch Sondermann und Wels festgestellt (vgl. auch Hartert (200)). Auch im Kreise Labiau hat W. Christoleit ihn wiederholt zur Brutzeit beobachtet. Aus dem Kreise Niederung besitze ich ein ♀ vom 31. Mai 1913, aus Schuicken bei Goldap ein ♀ vom 14. September 1896.

Am zahlreichsten scheint der Wespenbussard noch einige Waldungen in den Kreisen Ragnit, Pillkallen, Insterburg, Goldap und wohl auch Wehlau zu bewohnen. So ist er nach Gude bei Ragnit nicht selten, nach v. Hippel (228) in Brödlauken häufig und auch in Astrawischken regelmäßiger Brutvogel. Für das letztgenannte Revier bezeichnet ihn auch Wels noch neuerdings als ziemlich häufig. E. Christoleit (455) teilt mit, daß er in Drusken (Kreis Wehlau) in bald größerer, bald geringerer Zahl auftrete. In der Rominter Heide hat Wels ihn mehrfach horstend gefunden, und auch Schuchmann erhielt von dort im Juli 1908 ein am Horst erlegtes ♀ mit einem Jungen. Geyr v. Schweppenburg (189) begegnete ihm ebenfalls in der Rominter Heide im Juni 1911 nicht gerade selten; im Forstrevier Schorellen (Kreis Pillkallen) fand er ihn sogar relativ häufig, fast zahlreicher als den Mäusebussard. Im Kreise Gumbinnen wird er nach Techler öfters geschossen. Szielasko (471) irrt also, wenn er diesen Bussard nur für die untere litauische Ebene, und zwar als seltenen, unregelmäßigen Brutvogel aufführt. Richtiger ist Löfflers Angabe (327), die sich wohl hauptsächlich auf die Gegend von Gerdauen bezieht, daß er überall hin und wieder vorkomme.

Über den Westen der Provinz liegen spezielle Angaben nicht vor. Im Samlande ist *P. apivorus* nach Hartert (200) in der Caporner Heide horstend gefunden, aber sonst nach Ulmer nicht sonderlich häufig. Der Kurischen Nehrung fehlt er als Brutvogel. Auch für Bartenstein habe ich sein Horsten noch nicht feststellen können; er ist dort überhaupt entschieden selten. Sondermann erhielt aus dem Kreise Friedland je ein Stück am 29. Juli 1904 von Perkau und am 21. Mai 1906 von Bartenstein.

Während des Zuges werden sonst Wespenbussarde gar nicht so sehr selten in den verschiedensten Teilen der Provinz erlegt, namentlich im

Herbst. Auch noch nicht fortpflanzungsfähige Stücke treiben sich während der Brutzeit öfters in Gegenden umher, in denen sie nicht brüten.

Der Wespenbussard gehört zu unsern weichlichsten Zugvögeln. Der Frühjahrszug fällt größtenteils in den Mai, beginnt aber bisweilen schon im April. Nach Wels erscheint *P. apivorus* in Astrawischken stets als letzter Zugvogel am Brutplatz; 1909 sah er dort die ersten am 28., 1912 am 26., 1913 am 16. Mai (653, 653 a). Sondermann erhielt aus Ostpreußen von September 1888 bis Oktober 1911 im ganzen 77 Wespenbussarde zum Präparieren, davon 26 in der Zeit von Ende Mai bis Anfang Juli, und zwar aus den Kreisen Ragnit (2), Tilsit (1), Niederung (3), Labiau (3), Wehlau (2), Friedland (1), Rössel (1), Pillkallen (4), Gumbinnen (1), Stallupönen (1), Darkehmen (1), Angerburg (1), Sensburg (4) und Neidenburg (1). Das früheste Datum ist der 20. Mai. Rechnet man die Maidaten noch auf den Frühjahrszug, so bleiben nur 15 Brutdaten übrig für die Kreise Ragnit, Niederung, Labiau, Pillkallen, Stallupönen, Angerburg und Sensburg. 51 dieser Raubvögel erhielt Sondermann vom Herbstzuge aus den Monaten Ende Juli bis September, davon allein 14 im Herbst 1903. Der Rest von 37 verteilt sich auf die übrigen 22 Jahre. In manchen Jahren scheint also ein ganzer besonders starker Zug von *P. apivorus* stattzufinden. Auffallend viele erhielt z. B. auch Schuchmann im Herbst 1910. Auf der Kurischen Nehrung zieht der Wespenbussard im ganzen nur recht spärlich durch. 3 wohl ungepaarte Stücke wurden dort nach Thienemann (536) am 18. Juni 1905 beobachtet, und 1911 sah er bei Ulmenhorst ein Stück am 25. Juni nach Norden ziehen (594 c). In der Sammlung der Vogelwarte befindet sich nach Thienemann (588) ein junger Vogel aus Schwarzort vom 13. September 1910, und Möschler erhielt von Rossitten ein altes ♂ Anfang Juni 1912. Im Herbst 1912 beobachtete Thienemann (594 c) einen Wespenbussard bei Ulmenhorst noch am 16. Oktober.

### 152. **Milvus milvus** (L.) — Gabelweihe, roter Milan.

*Falco milvus* L.; *Milvus regalis, ictinus* auct.

Noch in der ersten Hälfte des vorigen Jahrhunderts war die Gabelweihe in Ostpreußen durchaus keine seltene, ja stellenweise geradezu eine häufige Erscheinung. Löffler (327) beobachtete in den 30er Jahren bei Gerdauen an der Abdeckerei bisweilen gleichzeitig 9 Exemplare, und Bujack (68) sagt von ihr 1837, sie würde in Preußen häufig geschossen. Jetzt ist das ganz anders geworden. Schon 1860 nennt Wiese (654) sie „in Ostpreußen nicht so häufig wie in Pommern". Heutzutage ist sie für viele Gegenden geradezu als große Seltenheit zu bezeichnen, und nur an wenigen Stellen ist sie noch etwas häufiger. Anscheinend geht der Bestand immer mehr und mehr zurück. Wie selten sie im allgemeinen schon ist, geht auch daraus hervor, daß Geyr v. Schweppenburg (189) sie während seines mehrwöchigen Aufenthalts im Osten und Südosten der Provinz im Sommer 1911 nirgends beobachtet hat.

Im nördlichen Ostpreußen brütet die Gabelweihe zwar ganz vereinzelt hier und da, fehlt aber weiten Strecken ganz und ist fast überall auch auf dem Durchzuge selten, so nach Hildebrandt bei Heydekrug, nach E. Christoleit im Rußdelta, nach Gude bei Ragnit und nach Techler bei Gumbinnen. Auf der Kurischen Nehrung horstet sie nach Thienemann (504, 519) nicht; sie wird dort auch auf dem Zuge nur sehr spärlich angetroffen. Sondermann bezeichnet sie für den Kreis Niederung, W. Christoleit für den Kreis Labiau als vereinzelten Brutvogel. Von 1889 bis Januar 1912 erhielt Sondermann im ganzen aus der Provinz nur 29 Gabelweihen zum Präparieren, davon 10 während der Brutzeit (Mai bis Anfang Juli) aus den Kreisen Heilsberg (1), Heiligenbeil (1), Labiau (4), Ragnit (1), Sensburg (1) und Johannisburg (2). Auch hieraus geht hervor, daß die Gabelweihe im Norden der Provinz durchweg eine seltene Erscheinung ist; denn aus dem Süden erhält Sondermann, der selbst im Kreise Niederung wohnt, überhaupt weniger Vögel. Dasselbe gilt nach Ulmer für das Samland, nach Zigann (658) für Wehlau und nach meinen Beobachtungen für die Umgegend von Bartenstein. Hier habe ich in 20 Jahren nur ein- oder zweimal eine Gabelweihe auf dem Frühjahrszuge beobachtet, zur Brutzeit oder im Herbst die Art aber noch nie bemerkt. Sondermann erhielt aus dem Kreise Friedland ein Exemplar am 6. März 1903 von Hohenfelde, und auch Meier (369) führt sie schon 1885 für Louisenberg nur als seltenen Gast auf. Im Forstrevier Astrawischken (Kreis Insterburg) fand Wels sie vor 10—12 Jahren nicht selten horstend; jetzt kommt sie dort nur noch sehr spärlich vor. Bei Saalfeld im Kreise Mohrungen fehlt sie nach Goldbeck zur Brutzeit ganz. Im Museum A. Koenig in Bonn befinden sich nach le Roi (431) Gelege aus den Kreisen Königsberg, Wehlau und Goldap.

Szielasko (471) bezeichnet die Gabelweihe für die Niederung als seltenen, für Litauen als vereinzelten und für Masuren als häufigen Brutvogel. In der Tat scheint sie im Süden der Provinz noch stellenweise etwas häufiger aufzutreten. Auf diese Gegenden bezieht sich daher wohl auch die Angabe von Hartert (200, 205), daß sie keine Seltenheit sei. In der Johannisburger Heide horstete sie 1877—84 nach Wels nicht selten; doch nimmt sie auch dort jetzt nach Schlonski an Zahl erheblich ab. Bei Angerburg, wo der schwarze Milan überall häufig ist, habe ich die Gabelweihe im Frühjahr 1908 nie beobachtet.

Bei der letzten Rundfrage der Physikalisch-Ökonomischen Gesellschaft gaben nur noch etwa 40 Forstreviere die Gabelweihe als brütend an, meist aber nur in wenigen Paaren. Nur 2 Reviere in den Kreisen Wehlau und Darkehmen wiesen einen etwas größeren Bestand auf, desgleichen 2 Reviere im Süden der Provinz. Von den Brutrevieren liegen 6 am Ostufer des Kurischen Haffs und im Gebiet der unteren Memel, 10 im östlichen und mittleren, 5 im westlichen Ostpreußen und der Rest im Süden der Provinz. Fast durchweg wird von einer Verminderung berichtet, die um so auffälliger ist, als der schwarze Milan überall an Zahl zuzunehmen scheint, ja stellenweise zu den häufigsten Raubvögeln gezählt werden muß. Worauf diese auffällige Verschiedenheit in der Entwicklung des Bestandes der beiden nahe verwandten Arten zurückzuführen ist, läßt sich nicht erklären. Daß die Gabelweihe mehr als der schwarze Milan verfolgt werden sollte, ist doch nicht anzunehmen.

Die Gabelweihe ist für uns ein ausgesprochener Zugvogel, der im März oder Anfang April auf seinen Brutplätzen eintrifft und uns im August bis September, bisweilen auch erst im Oktober, wieder verläßt. Eine Reihe von Ankunfts- und Abzugsdaten, die aber größtenteils in diese Zeit fallen, enthalten die Jahresberichte der Forstlich-phänologischen Stationen (250). Robitzsch (16, 18) gibt für Norkitten als erste Beobachtungsdaten den 15. März 1882 und 25. März 1884, Thienemann (519, 536) für Rossitten den 18. März 1903 und 25. März 1905 an. 1909 wurde ein ziehendes Exemplar nach Thienemann (576) noch am 3. Mai bei Pillkoppen gefangen. Nach Hartert (200) wählt die Gabelweihe als Sommeraufenthalt namentlich hohe Kiefernbestände; sie horstet aber auch im gemischten und reinen Laubwald auf Laubbäumen. Die Eier findet man im April und Mai.

### 153. **Milvus korschun korschun** (Gm.). — Schwarzer Milan.

*Accipiter korschun* Gm.; *Falco fusco-ater, Milvus migrans, niger, ater* auct.

Im Gegensatz zur Gabelweihe, deren Bestand rasch zurückgeht, scheint der schwarze Milan immer häufiger zu werden; mindestens kann von einer allgemeinen Abnahme nicht die Rede sein. Noch im Anfange des vorigen Jahrhunderts wird er von allen Autoren als geradezu selten bezeichnet, so von Ebel (129), Löffler (327) und Bujack (68). Sogar noch 1860 sagt Wiese (654) von ihm, er „solle selten sein". Heute ist dies ganz anders. In allen wasserreichen Gegenden, an denen Ostpreußen ja so reich ist, ist er eine ganz gewöhnliche Erscheinung und einer der häufigsten Raubvögel überhaupt. Dies gilt namentlich für Masuren, z. B. nach Hartert (200, 205) für die Kreise Johannisburg, Sensburg, Allenstein und Lötzen, nach der letzten Rundfrage der Physikalisch-Ökonomischen Gesellschaft auch für Neidenburg und nach meinen Beobachtungen für Angerburg. Wels fand ihn in der Johannisburger Heide häufiger als die Gabelweihe, und dies Verhältnis hat sich nach Schlonski jetzt noch weit mehr zugunsten des schwarzen Milans verschoben. Geyr v. Schweppenburg (189) beobachtete ihn im Sommer 1911 an den masurischen Seen ebenfalls häufig, und auch im oberländischen Seengebiet, im Kreise Mohrungen, ist er nach Goldbeck zahlreicher Brutvogel.

Ganz besonders verbreitet ist dieser Raubvogel ferner in den Waldungen unweit der Haffe. Am Nordufer des Frischen Haffs ist er nach Hartert (l. c.), E. und W. Christoleit und meinen eigenen Erfahrungen häufiger Brutvogel, der auch sonst nach Ulmer im Samlande nicht selten horstet. Auf der Kurischen Nehrung nistet er nach le Roi (430) und Thienemann (519, 525) von Grenz bis Schwarzort in beträchtlicher Anzahl und auch am Festlandsufer des Kurischen Haffs ist er nach E. und W. Christoleit, Hildebrandt und eigenen Beobachtungen recht verbreitet. Gude stellte ihn als nicht seltenen Brutvogel im oberen Memelgebiet fest, und auch an isolierten Seen fehlt er nicht. So fanden Szielasko und ich am 17. Mai 1908 ein stark bebrütetes Gelege von 2 Eiern auf einer Eiche am Nordenburger See, und am Kinkeimer See bei Bartenstein gehört er von April bis September zu den regelmäßigen Erscheinungen. Zwar horstet er an dem letztgenannten See selbst nicht, da in nächster Nähe passende Wälder fehlen; doch trifft man auch während der Brutzeit meist einzelne Milane dort an, die eifrig dem Fischfange obliegen oder auf Wasservögel und Eier Jagd machen. Für Elchwalde (Forstrevier Gauleden) bezeichnet ihn Baecker (19) gleichfalls als Brutvogel, und bei Gumbinnen ist er nach Techler häufiger zu sehen. In der Rominter Heide fand ihn Geyr v. Schweppenburg (189) in einzelnen Paaren, und nach meinen Beobachtungen nistet er nicht selten im Forstrevier Rothebude (Kreis Goldap-Oletzko).

Nur ganz lokal scheint der Milan an Zahl abzunehmen, so nach Wels in Astrawischken. Im allgemeinen ist aber ein Rückgang des Bestandes, wie schon gesagt, nicht zu konstatieren. Wenn Szielasko (471) ihn für den früheren Regierungsbezirk Gumbinnen ganz allgemein als „unregelmäßigen“ Brutvogel bezeichnet, so ist das ganz entschieden unrichtig.

Ende März, gewöhnlich aber erst im April, stellt sich der Milan bei uns ein. Thienemann (564) beobachtete z. B. bei Rossitten 1908 den ersten am 3., ich selbst bei Bartenstein 1909 am 19. und 1910 am 17. April. Das Brutgeschäft fällt in den Mai. Mit Vorliebe siedelt er sich in Reiherkolonien an, wie dies Thienemann in Schwarzort, ich selbst im Kreise Angerburg am Goldapgarsee feststellen konnte. Ein am 8. Juli 1907 bei Rossitten gefundener Milanhorst enthielt 2 schon völlig befiederte Junge (Thienemann (550)).

Der Herbstzug geht im August und September vor sich. In Losgehnen bemerkte ich am 8. August 1906 6 Milane, die wohl schon auf dem Zuge begriffen waren. Gelegentlich überwintern einzelne auch bei uns, allerdings wohl nur selten. Thienemann (504) sah bei Rossitten einen Milan noch am 10. Dezember 1899, und Sondermann erhielt ein Stück von Grumkowkeiten (Kreis Pillkallen) am 19. Januar 1907.

### 154. **Haliaëtus albicilla** (L.) — Seeadler.

*Vultur albicilla* L.; *Falco ossifragus* auct.; *Falco, Haliaëtos albicilla* (L.).

Noch vor wenigen Jahren war der stattliche Seeadler im nördlichen Ostpreußen regelmäßiger Brutvogel. Horste befanden sich noch in der zweiten Hälfte des vorigen Jahrhunderts an verschiedenen Stellen in der Nähe der Haffe; doch einer nach dem andern verschwand, so daß jetzt im Norden der Provinz kein einziger mehr bekannt ist. Hartert (200, 205) macht keine speziellen Angaben; er sagt nur, daß der Seeadler, wenn auch an Zahl sehr abnehmend, sowohl an der Küste wie an den Landseen als Brutvogel vorkomme. Szielasko (471) bezeichnet ihn als in Masuren und der Niederung vereinzelt, in Litauen selten, aber regelmäßig brütend.

Ebel (129) führt den Seeadler 1823 als Brutvogel für die Caporner Heide am Frischen Haff auf, und auch Wiese (654) erwähnt ihn noch 1860 für das Forstrevier Bludau. Auch auf der Kurischen Nehrung horstete er nach Wiese noch 1860 in Schwarzort. Von beiden Stellen ist er schon lange verschwunden. Länger bestanden noch die Horste bei Postnicken und Ibenhorst am Kurischen Haff. Ersterer war noch im Anfange der 90er Jahre nach v. Hippel (228) und Goldbeck besetzt; auf ihn bezieht sich vielleicht auch die Angabe von Klemusch und Ulmer (277) über ein früheres Horsten des Seeadlers im Schutzbezirk Brandt bei Tellehnen. Der Horst im Ibenhorster Revier wird von Robitzsch (21), v. Hippel (l. c.) und Wels erwähnt; er war bis 1905 stets bezogen. Wels hatte Gelegenheit, die Vögel vielfach zu beobachten; sie wechselten zwischen 2 etwa 1000 Schritt voneinander entfernt stehenden Horsten ab, von denen einer auf einer Fichte, der andere auf einer Eiche stand. Seit dem Jahre 1905 haben die Seeadler nach der letzten Rundfrage der Physikalisch-Ökonomischen Gesellschaft das Forstrevier Ibenhorst verlassen. In Wesselshöfen am Südufer des Kurischen Haffs existierte nach Holz (239) ein besetzter Seeadlerhorst sogar noch im Jahre 1907; leider wurde dann einer der Alten abgeschossen.

Heute horstet der Seeadler nur noch ganz vereinzelt an wenigen der großen masurischen und oberländischen Landseen. Für die Johannisburger Heide nennen ihn auch v. Hippel (l. c.), Schlonski und Wels als Brutvogel. Nach der Rundfrage befanden sich 1908 in 6 Revieren etwa 8 Horste, und zwar in den Kreisen Angerburg, Sensburg, Johannisburg und Mohrungen. Es wäre sehr zu wünschen, daß diese wenigen Horste aufs sorgfältigste geschont würden.

Außerhalb der Brutzeit werden Seeadler gar nicht selten in Ostpreußen erlegt; besonders an der Küste gehört dieser große Adler zu den regelmäßigen, ganz bekannten Erscheinungen. Im Herbst zieht er alljährlich in der Zeit von Ende September bis Anfang November, namentlich im Oktober, oft in erheblicher Anzahl die Kurische Nehrung entlang. Besonders viele wurden nach Thienemann (525, 546, 550, 564, 576, 594c) und v. Lucanus (335) 1904, 1906, 1907, 1908, 1909 und 1912 dort beobachtet und zum Teil auch in Krähennetzen gefangen. Im Jahre 1912 wurden nach v. Lucanus (l. c.) allein in der Zeit vom 7. bis 16. Oktober 11 Seeadler gesehen. Meist sind es jüngere Exemplare. Auch im Frühjahr, im März und April, findet nach Thienemann (550, 576, 588) nicht allzu selten ein Seeadlerzug auf der Nehrung statt; 1909 gelangte ein Exemplar bei Rossitten sogar noch am 18. Mai zur Beobachtung, und 1911 wurde nach Möschler (594c) ein alter Vogel mit weißem Schwanz im Mai und Juni öfters zwischen Rossitten und Pillkoppen gesehen.

Im Winter werden auf dem Frischen Haff bei Pillau und Fischhausen regelmäßig diese großen Adler beobachtet. Wenn sie auch im Innern der Provinz, von der Seeküste entfernt, seltener auftreten als z. B. der Steinadler, so sind doch an den verschiedensten Stellen Exemplare erlegt worden, u. a. auch bei Bartenstein, von wo Künow am 22. November 1867 ein Seeadler zuging. Ein in Bundien (Kreis Heilsberg) erlegtes jüngeres Exemplar steht jetzt im Gutshause von Klotainen. Von Lubainen (Kreis Osterode) ging Techler ein Stück mit weißem Schwanze am 27. Februar 1911 zu. Sondermann erhielt von 1885 bis Januar 1912 im ganzen 49 Seeadler aus der Provinz, und zwar aus den Kreisen Heydekrug (3), Ragnit (4),

Tilsit (4), Niederung (3), Labiau (5), Insterburg (1), Gerdauen (1), Königsberg (4), Fischhausen (4), Heiligenbeil (1), Stallupönen (3), Pillkallen (1), Gumbinnen (1), Goldap (1), Lötzen (1), Sensburg (4) und Johannisburg (8). Von diesen Stücken entfallen 12 auf die Zeit vom Mai bis August, und zwar aus den Kreisen Johannisburg (3), Stallupönen (1), Labiau (3), Heydekrug (1), Ragnit (1), Niederung (1), Königsberg (1) und Fischhausen (1), und 37 auf die übrige Zeit. Letztere verteilen sich auf die Monate Oktober (9), November (8), Dezember (3), Januar (5), Februar (3), März (5) und April (4). Viele von den zur Brutzeit erlegten waren offenbar junge, ungepaart umherstreifende Exemplare. Ein solches wurde auch Anfang Juni 1911 im Forstrevier Rothebude (Kreis Goldap-Oletzko) nach Brettmann erlegt.

### 155. **Pandion haliaëtus haliaëtus** (L.) — Fischadler.

*Falco haliaëtus* L.

An den großen ostpreußischen Landseen horstet der Fischadler noch mehrfach hier und da; doch geht sein Bestand infolge der Verfolgungen, denen dieser Raubvogel wegen seiner Schädlichkeit für die Fischerei, namentlich die jetzt vielfach angelegten Fischteiche, ausgesetzt ist, neuerdings rasch zurück. Schon Hartert (200) berichtet aus den 80er Jahren, daß er an Zahl abnehme. Seit dieser Zeit ist mit Sicherheit ein weiterer Rückgang zu verzeichnen. Wie erheblich er ist, mögen einige Angaben beweisen. Noch 1870 beobachtete Friedrich v. Droste-Hülshoff (127) im Revier Alt-Christburg (Kreis Mohrungen) allein in einem Schutzbezirk 4 nahe beieinander stehende Horste; jetzt besitzt das ganze Revier nur noch **einen** Horst. In Lanskerofen (Kreis Allenstein), wo er nach Volkmann (17) 1883 noch häufig war, befindet sich jetzt gleichfalls nur noch ein Horst. In Rominten horstet der Fischadler seit 10 Jahren nicht mehr. Auch aus den Revieren Födersdorf, Crutinnen und Commusin, in denen sich früher einzelne Horste befanden, ist er jetzt verschwunden.

Bei der im Jahre 1908 veranstalteten Rundfrage der Physikalisch-Ökonomischen Gesellschaft wird der Fischadler nur noch von 23 Forstrevieren als Brutvogel aufgeführt mit im ganzen etwa 40—50 Horsten. Die meisten entfallen naturgemäß auf das masurische und oberländische Seengebiet, nämlich die Kreise Sensburg, Johannisburg, Neidenburg, Ortelsburg, Allenstein, Osterode und Mohrungen. Wels kannte in den Jahren 1877—84 in 4 Revieren der Johannisburger Heide zusammen 9 Horste. Von diesen waren jährlich nur 5—6 besetzt; die übrigen wurden fast immer von Wanderfalken benutzt.

Außerhalb der Seenplatte kommt dieser Adler nur noch ganz vereinzelt, insgesamt in etwa 4—5 Paaren, in den Kreisen Insterburg, Darkehmen, Goldap und Rastenburg als Brutvogel vor. Aus dem nördlichen Ostpreußen, namentlich der Nähe der Haffe, scheint er sonst schon ganz verschwunden zu sein. Bei Grenz auf der Kurischen Nehrung, wo er früher regelmäßig horstete, wurde vor wenigen Jahren nach le Roi (430) der letzte Fischadler am Horst geschossen. Im Samlande fand Hartert (200) ihn schon im Anfange der 80 er Jahre nicht mehr horstend. Nach Gude brütet er aber noch ganz vereinzelt im Gebiete der oberen Memel. Auch Sondermann erhielt während der Brutzeit nur wenige Male diesen Adler aus dem Norden der Provinz, nämlich einmal aus dem Kreise Ragnit und dreimal aus dem Kreise Niederung. Vielleicht waren dies aber auch ungepaarte Stücke, die ja bei Raubvögeln nicht selten sind.

Auf dem Zuge gelangen Fischadler garnicht so selten zur Beobachtung. Präparator Schuchmann erhielt z. B. im September 1909 allein 8 Exemplare aus der Provinz. Es wird wohl kaum ein größeres Gewässer geben, an dem sich nicht gelegentlich im Herbst einzelne dieser Raubvögel einstellten. Am Kinkeimer See bei Bartenstein wird fast alljährlich im September vorübergehend einmal ein Fischadler beobachtet. Einer, den ich erhielt, besuchte sogar vom 5. bis 26. September 1903 regelmäßig den See. Der Herbstzug geht in der Regel im September vor sich. Sondermann erhielt jedoch auch im Oktober noch einige Male diesen Adler, nämlich am 6. Oktober 1909 je ein Stück von Königsberg und Sorquitten, am 8. Oktober 1892 von Berszienen (Kreis Insterburg), am 21. Oktober 1895 von Lyck und am 20. Oktober 1896 von Tzulkinnen (Kreis Gumbinnen). Der Frühjahrszug fällt in den April und Anfang Mai. Auf ihm zeigt er sich bei Bartenstein selten; ich habe ihn dort im Frühjahr nur zweimal beobachtet, nämlich am 29. April 1906 und am 19. April 1908. Auf der Kurischen Nehrung wird der Fischadler sowohl im Herbst wie im Frühjahr, jedoch nicht sonderlich häufig, beobachtet. Je ein ♂ wurde dort nach Thienemann (564, 576) am 5. Mai 1908 bei Perwelk und am 22. April 1909 am Möwenbruch bei Rossitten erlegt.

### 156. **Falco rusticolus rusticolus** L. — Jagdfalke, Gerfalke.

*Falco, Hierofalco gryfalco* auct.

Am 23. November 1888 erhielt der Konservator Künow in Königsberg einen Falken zum Präparieren, der, wie er mir noch kurz vor seinem Tode mitteilte, bei Margen am Frischen Haff geschossen war. Er hielt den Vogel für einen Jagdfalken und fertigte daher von ihm eine Bleistiftskizze an, die er mit einigen Federn aufbewahrte. Beides wurde in seinem Nachlaß aufgefunden und mir übermittelt. Pfarrer Kleinschmidt, dem ich die Skizze und die Federn übersandte, war so liebenswürdig, mir darauf folgendes unter dem 9. Juli 1909 mitzuteilen:

„Sowohl die Federn wie die Bleistiftskizze sind — schon jedes für sich allein — auf den ersten Blick als *Falco Hierofalco*, und zwar als Jagdfalke zu erkennen. Würgfalke ist ausgeschlossen und *F. peregrinus* erst recht ganz unmöglich. Das Nächstliegende ist, an *gyrfalco* zu denken. Aber ich habe soeben die Federn sowohl mit einem frischen wie mit einem sehr alten, von Alfred Brehm gesammelten Balg verglichen. Der Ostpreuße ist danach für *gyrfalco* etwas zu licht, auch wenn man ihm ein Ausbleichen zugute hält. Ob es nun *gyrfalco* oder seine Nachbarform ist, wird man nur nach dem Vogel selbst und vielleicht auch dann noch nicht sagen können; denn *gyrfalco* ist nicht immer unterscheidbar. Natürlich ist der Vogel jung gewesen."

Hiernach ist das Vorkommen des Jagdfalken in Ostpreußen unzweifelhaft erwiesen. Leider gelang es mir nicht mehr, etwas über den Verbleib des Vogels selbst zu ermitteln. Läßt sich sonach auch nicht mit Bestimmtheit sagen, zu welcher Subspezies er gehört hat, so möchte ich ihn doch bis auf weiteres zu *F. r. rusticolus* L. = *gyrfalco* ziehen. Diese Form verfliegt sich, da ihr Verbreitungsgebiet nach Schalow und Hartert (211) den hohen Norden von Europa mit Ausnahme von Island, vor allem aber Skandinavien, umfaßt, noch am häufigsten nach Deutschland. In Frage käme sonst wohl nur noch die östliche, etwas zweifelhafte Form *F. r. uralensis* (Sew. & Menzbier).

### 157. **Falco cherrug cherrug** Gray — Würgfalke.

*Falco sacer, saquer, saker, lanarius, laniarius* auct.; *Hierofalco, Gennaia sacer* auct., *cherrug* (Gray).

Nur äußerst selten streicht von Südosten her einmal der stattliche Würgfalke nach Ostpreußen, der überhaupt in Deutschland zu den recht seltenen Erscheinungen gehört. Nur **ein** Fall des Vorkommens ist für unser Gebiet mit Sicherheit erwiesen. Am 30. April 1899 erlegte Freiherr v. d. Horst nach Nehring (388, 389, 392) ein ♂ in Auer (Kreis Mohrungen). Das Stück befindet sich im Museum der Landwirtschaftlichen Hochschule in Berlin.

Die Bestimmung Nehrings ist, wie mir Herr Dr. Klatt unter dem 16. April 1909 mitteilte, neuerdings nachgeprüft und bestätigt worden.

Angeblich sollte noch ein zweiter Würgfalke am 1. Oktober 1895 bei Rossitten erlegt sein (vgl. 164, 165, 169, 170). Diese leider auch in den neuen Naumann übergegangene Angabe ist unrichtig; das jetzt im Museum der Vogelwarte befindliche Stück, das in neuerer Zeit Kleinschmidt zur Untersuchung vorgelegen hat, ist unzweifelhaft ein junger Wanderfalke.

### 158. Falco peregrinus peregrinus Tunst. — Wanderfalke.

*Falco communis* auct.

In größeren Nadelwaldungen, namentlich den Kiefernwaldungen Masurens, kommt der Wanderfalke noch vielfach vereinzelt als Brutvogel vor; doch ist er fast nirgends mehr häufig. Durchweg ist eine bedauerliche Abnahme der Brutpaare zu konstatieren, die in manchen Forsten schon bis zum völligen Verschwinden geführt hat. Bei der Rundfrage der Physikalisch-Ökonomischen Gesellschaft von 1908 geben nur noch etwa 50 Forstreviere ihn als Brutvogel an und auch meist nur in 1—2 Paaren. Ausdrückliche Abnahme verzeichnen ungefähr 15 Reviere; eine Zunahme scheint nirgends stattzufinden.

Die Berichte von W. Christoleit, Goldbeck, Hartert (200, 204, 205), Schlonski, Szielasko und Wels stimmen mit den durch die Rundfrage gewonnenen Angaben über die Verbreitung dieses Falken im großen und ganzen überein. Der Wanderfalke kommt danach sowohl im Norden, im Memelgebiet und im Samlande, wie im Osten und Westen der Provinz als Brutvogel vor, am häufigsten aber wohl im südlichen Masuren, der Johannisburger Heide. Hier benutzt er zum Nisten nach Wels mit Vorliebe alte Fischadlerhorste. Wels hat selbst beobachtet, wie er den Fischadler aus dem Horst vertrieb und diesen für sich in Besitz nahm. Das volle Gelege findet man nach Hartert (l. c.) in der ersten bis zweiten Hälfte des April.

Auf der Kurischen Nehrung stellte le Roi (430) 1902 das Brüten des Wanderfalken bei Grenz fest; jetzt scheint er auf dem südlichen Teile der Nehrung als Brutvogel nicht mehr vorzukommen. Bei Schwarzort hat jedoch ein Paar nach Thienemann (594 c) in den Jahren 1911 und 1912 gehorstet; ein dort erbrüteter junger Vogel wurde an Möschler im Juli 1912 eingeliefert. Es wäre dringend zu wünschen, daß der noch vorhandene geringe Bestand überall geschont würde. Die großen, eintönigen Kiefernwaldungen würden viel verlieren, wenn dieser stattliche, flugkräftige Raubvogel aus ihnen gänzlich verschwinden sollte.

Auf dem Zuge ist der Wanderfalke auch in Gegenden, die ihn zur Brutzeit nicht kennen, keine allzu seltene Erscheinung. Etwas häufiger zeigt er sich allerdings wohl nur auf der Kurischen Nehrung. Hier fällt der Zug nach Thienemann in die Monate März-April — 1910 wurde ein Stück sogar schon am 28. Februar gefangen — und Ende September bis November. Bisweilen dehnt der Frühjahrszug sich noch bis in den Mai hinein aus, und der Herbstzug beginnt gelegentlich wohl auch schon Anfang September. An guten Zugtagen sieht man nach Thienemann (576) Wanderfalken im Oktober und November auf der Nehrung garnicht selten. Einzelne, nach beendeter Brutzeit umherstreifende oder vielleicht auch ungepaarte Exemplare zeigen sich bisweilen auch im Juli und August. Bei Bartenstein ist *F. peregrinus* sehr spärlicher Durchzugsvogel, der in der Zeit von September bis April, hauptsächlich aber während der genannten Zugzeiten, alljährlich vereinzelt zur Beobachtung gelangt. Ein in einem Tellereisen gefangenes altes ♀ erhielt ich am 23. November 1895 von Schreibershöfchen. Das Brüten konnte ich für die Bartensteiner Gegend noch nicht nachweisen.

Hartert (204) nimmt an, daß dieser Falke im Winter in Ostpreußen selten oder niemals vorkomme. Wenn es auch richtig ist, daß sehr viele — und die Brutvögel vielleicht sämtlich — unsere Provinz im Winter verlassen, so ist doch auch wiederum das Auftreten eines Wanderfalken in dieser Jahreszeit nichts Ungewöhnliches. Wie Thielemann (489) mitteilt, halten sich in jedem Jahre winterüber einzelne auf dem Turm der Neuroßgärter Kirche in Königsberg auf. Im Jahre 1907 waren es nach Zeitungsberichten zeitweise sogar 5 Stück, so daß die Taubenbesitzer zwecks Abschießens der Falken Aufrufe erließen und Sammlungen veranstalteten.

Welche Subspezies die durchziehenden Wanderfalken darstellen, läßt sich, zumal gerade die geographische Verbreitung der verschiedenen Wanderfalkenformen noch wenig geklärt ist, kaum sagen. Vielleicht gehören sie zum Teil zu der folgenden Form *F. p. calidus* Lath. = *leucogenys* Brehm, die wiederholt schon in Deutschland erlegt ist. Ein junges ♂ meiner Sammlung vom 30. September 1910 aus Gr. Droosden (Kreis Labiau) hat nur 30,5 cm Flügellänge und gehört sicher zur typischen Form. 2 alte ♀♀, Brutvögel aus Oszywilken (Kreis Johannisburg), in der Sammlung v. Erlangers besitzen nach diesem Forscher (148) eine Flügellänge von 34,7 bzw. 35,9 cm. Ein altes ♀ vom 15. Mai 1912 aus Gr. Bestendorf (Kreis Mohrungen) in meinem Besitz mißt 35 cm, ein zweijähriges ♀ meiner Sammlung, das mitten in der Mauser zum Alterskleide steht, vom 15. Oktober 1913 aus dem Kreise Niederung 35,5 cm.

Ein altes ♂ vom September 1910 aus Blumberg (Kreis Gumbinnen), das ich durch Techler erhielt, ist oberseits auffallend hell, fast weißlichgrau, unterseits sehr dunkel gefärbt. Alle Federn der Unterseite tragen außer den nicht sehr zahlreichen verwaschenen großen Querflecken eine sehr dichte, feine, schwärzliche Wellenzeichnung. Es ist nach Kleinschmidt (274), der den interessanten Vogel abgebildet und eingehend besprochen hat, ein abnormes, albinotisches Stück mit Spuren von Melanismus, ein Stück mit gestörter Färbung und Zeichnung.

### 159. **Falco peregrinus calidus** Lath. — Östlicher Wanderfalke.

*Falco leucogenys* Brehm.

Ob diese östliche Form des Wanderfalken regelmäßig oder nur ausnahmsweise Ostpreußen auf dem Durchzuge besucht, läßt sich nach dem bisher vorhandenen Material nicht sagen. Wahrscheinlich ist nach W. Baer der am 1. Oktober 1895 bei Rossitten erlegte, ursprünglich als Würgfalke bezeichnete, junge Wanderfalke hierher zu rechnen (vgl. Kleinschmidt (268)). Im Königsberger Museum stehen ferner 2 Wanderfalken aus Ostpreußen, die vielleicht gleichfalls hierher gehören, ein ♂ ad. mit sehr schwacher Brustfleckung, heller Oberseite mit 1,3 cm breiten Backenstreifen und ein ♀ iuv. mit gelbbrauner Nackenfleckung und ebenfalls schmalen Backenstreifen. Beide unterscheiden sich auffallend von einem im Museum befindlichen Brutpaare aus der Caporner Heide, bei dem die Backenstreifen über 2 cm breit sind. In der Sammlung der Vogelwarte befindet sich ein ♀ ad. vom 14. September 1905 mit recht weißen Backen und einer Flügellänge von 37,2 cm; es dürfte wohl auch als *F. p. calidus* anzusehen sein. Dasselbe gilt für ein altes ♂ mit weißer ungefleckter Brust, das im Forstrevier Rothebude erlegt ist und sich im Besitze des Forstmeisters Brettmann befindet.

### 160. **Falco subbuteo subbuteo** L. — Baumfalke, Lerchenfalke.

*Hypotriorchis subbuteo* (L.).

Weit zahlreicher als der Wanderfalke brütet sein kleiner Verwandter, der Baumfalke, in Ostpreußen. In Feldhölzern und an den Rändern größerer Waldungen kommt er wohl überall einzeln als Brutvogel vor; doch ist er nach Hartert (200, 205) im allgemeinen nicht gerade häufig. Nach Wels bevorzugt er vor allem lückige Kiefernwaldungen.

Im Norden der Provinz brütet er nach Wels nicht selten in den Forstrevieren Dingken und Ibenhorst, nach Hildebrandt ziemlich häufig bei Heydekrug und nach Gude bei Ragnit. Auch auf der Kurischen Nehrung ist er vereinzelter Brutvogel, z. B. nach le Roi (430) bei Grenz und nach Thienemann (510) wahrscheinlich auch bei Rossitten. Robitzsch (19) bezeichnet ihn für Norkitten (Kreis Insterburg) als häufig; doch zeigt er sich in Astrawischken nach Wels nur auf dem Zuge. Bei Gumbinnen horstet er nach Techler wohl in allen Wäldern. Wels nennt ihn ferner als nicht seltenen Brutvogel für die Rominter und Johannisburger Heide. Geyr v. Schweppenburg (189) beobachtete ihn zur Brutzeit bei Schorellen und Guszianka, und Szielasko stellte ihn als Brutvogel für die Kreise Goldap, Lyck und Sensburg fest. In der Sammlung v. Erlangers befinden sich nach Hilgert (225) 9 Exemplare aus dem Kreise Johannisburg, wo er nach Schlonski ziemlich häufig ist. Im Forstrevier Rothebude ist er nach Brettmann nicht selten; ich besitze ein dort im Juni 1911 erlegtes altes ♀. Von Pillkallen erhielt ich ein ♂ ad., das am 20. Juli 1912 geschossen war. W. Christoleit fand den Baumfalken als regelmäßigen Brutvogel im Samlande und Goldbeck im Kreise Mohrungen. Nur sehr vereinzelt horstet er bei Bartenstein und Heilsberg; etwas häufiger zeigt er sich dort nur gelegentlich auf dem Zuge im August und September.

Auf der Kurischen Nehrung fällt der Herbstzug großenteils in den August und die erste Hälfte des September. Ausnahmsweise beobachtete Thienemann (588, 593, 594 c) einzelne ziehende Baumfalken bei Ulmenhorst noch am 13. Oktober 1910, 6. Oktober 1911 sowie am 9., 10. und 22. Oktober 1912. v. Lucanus (335) bemerkte dort einzelne als Durchzügler gleichfalls Anfang Oktober 1912, z. B. am 10. Oktober. Der Frühjahrszug geht im April und Mai vor sich; genaue Ankunftsdaten liegen für die Provinz nicht vor. Die Eier findet man nach Hartert (l. c.) erst in der zweiten Hälfte des Juni. In der Osteroder Gymnasialsammlung steht ein Stück vom Dezember 1907, einem auffällig späten Datum, da der Zug in der Regel schon im September, spätestens Anfang Oktober, beendet ist.

Mit Vorliebe sucht dieser zierliche Falke, wie ich am Kinkeimer See bei Bartenstein öfters beobachten konnte, abends größere Gewässer auf, um noch bis tief in die Dämmerung hinein dort auf Libellen und große Wasserkäfer Jagd zu machen, vielleicht auch gelegentlich einen der dort übernachtenden Kleinvögel zu erwischen.

### 161. **Falco columbarius regulus** Pall. — Merlin- oder Zwergfalke.

*Falco aesalon, lithofalco, merillus* auct.; *Hypotriorchis, Lithofalco aesalon* auct.; *Aesalon lithofalco auct., regulus* (Pall.).

Alljährlich durchzieht der Merlin im Herbst und Frühjahr unsere Provinz, in erheblicher Anzahl allerdings wohl nur längs der Kurischen Nehrung. Hier bildet er einen wesentlichen Bestandteil der beim Sperber näher beschriebenen Raubvogelzugketten. Besonders zahlreich war der Durchzug dieser kleinen Falken nach Thienemann (550, 551) im Herbst 1907. Im Innern von Ostpreußen zeigt sich der Merlin weit vereinzelter. Für die Bartensteiner Gegend, die überhaupt sehr raubvogelarm ist, habe ich ihn mit völliger Sicherheit noch nicht nachweisen können, glaube ihn aber wiederholt gesehen zu haben. Regelmäßiger Durchzügler in der Zeit von Ende September bis Anfang Oktober ist er jedoch nach Robitzsch (19) bei Norkitten. Aber auch sonst ist er, namentlich im Herbst, durchaus keine ungewöhnliche Erscheinung. Ein junges ♂ von Neudamm (Kreis Königsberg) erhielt ich am 19. September 1910, und Sondermann ging ein Stück von Schirwindt (Kreis Pillkallen) am 7. September 1911 zu.

Der Herbstzug fällt auf der Kurischen Nehrung in die Zeit von Anfang oder Mitte September bis Ende Oktober oder Anfang November. 1910 schoß Thienemann (588) einen jungen Vogel schon am 5. September.

Überhaupt tragen die meisten, die dort zur Beobachtung gelangen, das Jugendkleid. Alte ♂♂ wurden bei Rossitten z. B. am 27. September 1907, 13. Oktober 1908 und 21. Oktober 1909 erlegt; es sind solche aber auch sonst mehrfach dort beobachtet worden (Thienemann (550, 564, 576)). Ich selbst besitze ein altes ♂ vom 6. Oktober 1909, das ebenfalls von der Kurischen Nehrung herstammt. Der Frühjahrszug, auf dem Merline wesentlich seltener auftreten als im Herbst, geht hauptsächlich im April vor sich, beginnt bisweilen aber auch schon Ende März und dehnt sich gelegentlich noch bis in den Mai hinein aus. Ebenso verzögert sich der Herbstzug gelegentlich noch bis in den Winter; ja einzelne bleiben wohl auch winterüber ganz bei uns. So ging Sondermann noch je ein Stück am 24. Dezember 1906 von Lasdehnen (Kreis Pillkallen), am 30. Dezember 1908 von Insterburg und am 5. Januar 1895 von Lesgewangminnen (Kreis Ragnit) zu. Techler erhielt einen Merlin noch Ende November 1909 von Prasslauken (Kreis Gumbinnen).

Von mancher Seite wird dieser kleine Edelfalke auch als Brutvogel für Ostpreußen bezeichnet. Böck (649) meint, daß er hier „vielleicht" brüte, und v. Riesenthal (386) fand im Forstrevier Ibenhorst im August einen jungen Vogel, der höchstwahrscheinlich dort ausgebrütet war. Rey (425) und Hartert (211) nehmen aber an, daß alle Angaben über das Brüten des Merlins in Deutschland auf Irrtum beruhen. Zum mindesten ist der Nachweis des Brütens mit Sicherheit noch nicht geführt. Bei Gelegenheit der letzten Rundfrage der Physikalisch-Ökonomischen Gesellschaft teilte Herr Oberförster Correns-Jura mit, daß er im Sommer 1907 einen kleinen Falken häufig gesehen und auch in einem Exemplar geschossen habe, den er nur für den Merlin halten könne; 1908 sei ein ♂ dieses Falken im August geschossen. Es ist sehr zu bedauern, daß die erlegten Stücke nicht der wissenschaftlichen Untersuchung zugänglich gemacht sind.

### 162. **Falco vespertinus vespertinus** L. — Rotfuß- oder Abendfalke.

*Falco rufipes* auct.; *Tinnunculus*, *Cerchnëis*, *Erythropus vespertinus* (L.).

Wiederholt schon ist der Rotfußfalke, dessen Brutgebiet im allgemeinen südöstlich von uns liegt, in Deutschland brütend aufgefunden. Auch für Ostpreußen ist ein, zum mindesten gelegentliches, Nisten sehr wahrscheinlich. Zwar ist der unbedingt sichere Nachweis des Brütens noch nicht erbracht; doch sind die Nachrichten über zur Brutzeit erlegte Stücke so zahlreich, daß, wie ich nicht zweifle, dieser zierliche Falke bald unter die Zahl der ostpreußischen Brutvögel aufzunehmen sein wird. Angeblich (159) soll zwar in Kleinheide bei Königsberg der Horst bereits gefunden sein; doch ist eine Nachprüfung dieser auch sonst unglaubwürdigen Mitteilung nicht möglich.

Schon Böck (649) meint, daß *F. vespertinus* in Ostpreußen vielleicht brüte, und Friderich (181) führt unsere Provinz ohne nähere Erklärung als Brutgebiet auf. E. v. Homeyer erhielt nach A. E. Brehm (66) aus Ostpreußen jugendliche, offenbar erst vor wenigen Tagen dem Horst entflogene Abendfalken. Szielasko (471) berichtet, daß die Art von Forstmeister Juedz-Warnen als seltener, unregelmäßiger Brutvogel festgestellt sei. Hartert (200) beobachtete am 9. und 10. Mai 1882 5 ♀♀ und 1 ♂ in Gleisgarben (Kreis Darkehmen) und 1884 ein Paar sogar noch Ende Mai und Anfang Juni, konnte aber das Nisten nicht feststellen. Nach Robitzsch (19, 20) wurde ein altes ♂ Mitte Juli 1876 bei Insterburg erlegt. Gude erhielt ein altes ♂, das sich jetzt in seiner Sammlung befindet, Ende Mai 1897 von Tracken (Kreis Ragnit). Nach Ulmer wurde ferner ein altes ♂ im Samlande bei Kl.-Medenau erlegt. In der Sammlung des Osteroder Gymnasiums steht ein ♀ vom Mai 1906. Sondermann erhielt je ein Stück am 30. Mai 1901 von Schulstein (Kreis Königsberg) und am 7. Juni 1895 von Gr.-Skaisgirren (Kreis Ragnit), Balzer ein ♂ am 30. Mai 1911 von Condehnen bei Gallgarben und ein ♀ am 2. Juni 1911 von Julienhöhe, beide Stücke also aus dem Kreise Königsberg vom Südufer des Kurischen Haffs.

Als Durchzugsvogel passiert der Rotfußfalke Ostpreußen wohl alljährlich im Herbst, besonders längs der Kurischen Nehrung. Die Zahl der Durchwanderer wechselt jedoch in den einzelnen Jahren sehr. Auf Jahre, in denen nur ganz vereinzelte sich zeigen, folgen andere mit auffallend starkem Durchzuge, wie er auf der Nehrung z. B. 1897, 1898 und 1901 beobachtet wurde. Der Herbstzug geht in der Regel im August und September vor sich, oft gleichzeitig mit dem des Turmfalken. Einen ganz besonderen Massenzug brachte der Herbst des Jahres 1881 — nicht 1887, wie es an einer Stelle (205) infolge eines Druckfehlers heißt. Hartert (199, 200) beobachtete damals vom 10. bis 19. September Unmengen im Samlande am Rande der Fritzenschen Forst bei Wilkie und erhielt auch Stücke von Goldap, Lötzen und Johannisburg, sämtlich im Jugendkleide. Im Innern der Provinz ist dieser Falke sonst nicht gerade häufig; doch hat Wels ihn sowohl in der Johannisburger Heide wie bei Dingken durchziehend beobachtet. Fast alle Rotfußfalken, die im Herbst bei uns durchwandern, tragen das Jugendkleid. Nur einmal erlegte Krüger bei Rossitten ein ♂ im Übergangskleide, und 1909 wurde dort ein altes ♂ am 10. September beobachtet (Thienemann (519, 576)).

Über den Frühjahrszug liegen für unsere Provinz Beobachtungen kaum vor. Er erstreckt sich sicherlich noch bis weit in den Mai hinein, so daß viele der oben mitgeteilten Maidaten wahrscheinlich auf den Durchzug zu rechnen sind. Im Mai 1910 beobachtete der Förster Tartsch in Schulstein, 5 km südöstlich von Cranz, nach Thienemann (588, 593) einen auffallend starken Durchzug von Rotfußfalken. Zu Hunderten hielten sich sowohl graue alte Männchen wie helle Weibchen etwa 2—3 Wochen in der Gegend auf. Ein am 14. Mai von Tartsch erlegtes Paar erhielt der Präparator Kuck in Cranz. Diese interessante Zugerscheinung, die offenbar mit dem von Zimmermann im Mai auf Hela wiederholt beobachteten Rotfußfalkenzug, der dort auffallenderweise von Westen nach Osten geht, zusammenhängt, ist von Thienemann (592, 593) eingehend besprochen worden. Auf der Kurischen Nehrung findet im Frühjahr ein ausgeprägter und regelmäßiger Durchzug nicht statt, sichere Frühjahrsbeobachtungen liegen für die Nehrung bisher nicht vor. Jedenfalls ziehen die Vögel in der Mehrzahl von Cranz aus nicht nach Nordosten, sondern setzen den Zug nach Osten oder Südosten zu weiter fort, worauf die Beobachtungen von Schulstein, Condehnen, Julienhöhe und Darkehmen hinweisen.

**Falco naumanni naumanni Fleisch. — Rötelfalke.**

*Tinnunculus, Cerchnëis, Cenchris naumanni* (Fleisch.), *cenchris* auct.

Nicht allzu selten wird über die Erlegung von Rötelfalken berichtet; doch handelt es sich bei uns wohl stets um andere Arten, meist um weibliche Turmfalken. Nach einem gedruckten Ausstellungsverzeichnis des Naturkundlichen Vereins Mohrungen sollte in der dortigen Stadtschule ein Rötelfalke vorhanden sein, der aber in der Tat nach Goldbeck zu *F. vespertinus* gehört.

## 163. Falco tinnunculus tinnunculus L. — Turmfalke.

*Tinnunculus, Cerchnëis, Cenchris tinnunculus* (L.); *Tinnunculus alaudarius* auct.

Unter den Tagraubvögeln ist der Turmfalke im ganzen Gebiet entschieden am häufigsten. Er fehlt wohl keiner Gegend ganz und kommt vielfach sogar recht zahlreich vor.

Im Laufe des März, gewöhnlich erst in der zweiten Hälfte, oder wohl auch erst Anfang April stellt er sich auf seinen Brutplätzen ein. Auf der Kurischen Nehrung hält der Durchzug nordischer Exemplare häufig noch den April über an. Bei uns zu Lande bewohnt der Turmfalke mit besonderer Vorliebe die Feldhölzer und Waldränder, weniger das Innere ausgedehnter Forsten. Den Horst, zu dem häufig alte Krähennester benutzt werden, findet man in der Regel auf Kiefern oder Fichten, zuweilen gar nicht besonders hoch. Nicht selten nisten mehrere Paare in nächster Nähe voneinander. Auch auf Kirchtürmen und Schlössern legt er gelegentlich seinen Horst an. Bock (41) fand ihn als Brutvogel auf dem Königsberger, Mühling (378) auf dem Rösseler Schloß und Zigann (658) auf dem Wehlauer Kirchturm. Vom Heilsberger Schloß, wo er früher gleichfalls nistete, ist er jetzt verschwunden. Ulmer konnte in Quanditten beobachten, daß in einer Feldscheune gleichzeitig 3 Paare nisteten.

Der Herbstzug geht im August und September, zum Teil auch erst im Oktober, vor sich. Auf der Kurischen Nehrung ist er oft recht lebhaft; die meisten, die dort im Herbst durchziehen, sind nach Thienemann (519) junge Vögel oder ♀♀. Unsere Brutvögel verlassen uns teilweise wohl erst im Laufe des Oktober. Nicht allzu selten überwintern einzelne Turmfalken auch in Ostpreußen. Sondermann z. B. erhielt ein ♂ am 23. Dezember 1894 von Pogrimmen (Kreis Darkehmen). Bei Bartenstein beobachtete ich einzelne Stücke Mitte Februar 1904, am 11. Februar 1905, 13. Dezember 1907 und 2. Februar 1913 (ein Stück in Losgehnen an einem Getreideschober). In dem milden Winter 1910/11 hielt sich ein Turmfalke sogar ständig in Losgehnen auf. Zahlreicher als in anderen Jahren waren diese Falken im Winter 1913/14 zu beobachten. In Losgehnen sah ich im Dezember 1913 noch mehrfach einzelne Stücke, ja einen sogar noch am 19. Januar und 8. Februar 1914. An der Chaussee zwischen Polenzhof und Plensen bemerkte ich bei Bartenstein ein ♀ am 21. und an der Eisenbahn zwischen Zinten und Kobbelbude ein Stück am 22. Januar 1914. Auch Balzer erhielt Turmfalken in diesem Winter verhältnismäßig oft. Hartert (200, 205) hat *F. tinnunculus* ebenfalls in Königsberg an Türmen überwinternd angetroffen. Wie Lühe (346) mitteilt, wurde in einem Schornstein des Königsberger Schlosses eine ganze Anzahl mumifizierter Exemplare gefunden.

# X. Ordnung: **Striges** — Eulen.

## 1. Familie: **Strigidae** — Eulen.

### 164. **Bubo bubo bubo (L.)** — Uhu.

*Strix bubo* L.; *Bubo maximus* Fleming, *ignavus* Forster.

Während der Uhu in vielen Gegenden Deutschlands schon völlig ausgerottet ist, bieten ihm in Ostpreußen die im Sommer zum Teil unzugänglichen Waldungen des Memeldeltas und die großen Waldkomplexe im Süden und Südwesten noch immer sichere Zufluchtsstätten, so daß er im Gebiet vielleicht zahlreicher horstet als sonst irgendwo in Deutschland. Immerhin ist auch bei uns eine beträchtliche Abnahme nicht zu verkennen. Während er im Anfange des vorigen Jahrhunderts noch überall nicht selten vorkam, ist die Zahl der bekannten Brutreviere jetzt recht gering. Ein Horst nach dem anderen verschwindet; denn namentlich im Winter fallen verhältnismäßig viele Uhus dem Pfahleisen oder Schußwaffen zum Opfer. Da unsere stattlichste Eule in den Staatsforsten jetzt völligen Schutz genießt, wird es aber hoffentlich noch recht lange dauern, bis sie auch aus Ostpreußen endgültig vertrieben ist.

Hartert (200) sagt 1887 vom Uhu: „Nicht selten. In einigen Forsten des Nordostens noch geradezu häufig zu nennen, während er in den großen Kiefernheiden des Südostens meist garnicht vorkommt.“ Dies trifft heutzutage nur noch mit Einschränkungen zu. „Häufig“ ist der Uhu auch im

Nordosten nicht mehr; doch kommt er am Ostufer des Kurischen Haffs noch zahlreicher vor, als sonst irgendwo im Gebiet. Für die dortigen Waldungen geben ihn auch v. Hippel (228), Szielasko (471) und Thienemann (546) als nicht allzu selten an. Es bieten ihm eben die im Sommer unzugänglichen riesigen Erlenforsten noch immer sichere Horstplätze. Er nistet dort meist auf dem Boden, auf Stubben, während er sonst auch verlassene Raubvogelhorste benutzt. Die Eier findet man nach Hartert (l. c.) von Mitte März bis Ende April. Wendlandt (653 b) erwähnt ein ostpreußisches Gelege von 2 Eiern vom 3. April 1894.

Im übrigen Ostpreußen tritt er als Brutvogel nur recht selten und sporadisch auf. Im Osten fehlt er jetzt ganz, und nur im Süden brütet er noch stellenweise. Nach der Rundfrage der Physikalisch-Ökonomischen Gesellschaft war der Uhu 1905 nur noch in 9 Oberförstereien Brutvogel mit etwa 19—20 Horsten. Von diesen Revieren liegen 2 im Regierungsbezirk Königsberg, 2 im Bezirk Gumbinnen und 5 im Bezirk Allenstein, und zwar nisten Uhus noch in den Kreisen Fischhausen, Labiau, Niederung, Heydekrug, Sensburg, Ortelsburg, Allenstein und Osterode. Von früher bestehenden, jetzt verschwundenen Horsten berichten die Reviere Schorellen, Schnecken, Grünfließ, Kudippen, Lanskerofen und Jablonken. Aus der Sammlung Wendlandt besitze ich ein altes ♂ vom Sommer 1889 aus Tapiau. Von den 9 Revieren, in denen der Uhu noch horstet, sprechen 5 gleichfalls von einer Verminderung und keins von einer Vermehrung; doch wird anläßlich der Rundfrage von 1908 von einer Oberförsterei im Kreise Neidenburg, die 1905 den Uhu als fehlend bezeichnete, ein jetzt dort befindlicher Uhuhorst erwähnt. Von den sonach in Staatsforsten vorhandenen 20—21 Horsten entfallen 11—12 auf das Memeldelta, die übrigen — bis auf eine Ausnahme — auf den Süden und Südwesten. Kampmann (18) gab 1884 das Brüten des Uhus für Hartigswalde und Euen (18) für Ratzeburg an; aus dem zuerst genannten Revier ist er aber jetzt auch schon verschwunden.

Auch als Strichvogel zeigt sich der Uhu in den meisten Teilen der Provinz jetzt nur noch sehr spärlich. Wenn auch in jedem Jahre noch eine Anzahl erlegt wird, so daß eine Aufzählung der einzelnen Fundorte zu weit führen würde, so muß er doch für die Gegenden, die seinen Brutrevieren nicht benachbart sind, geradezu als Seltenheit bezeichnet werden. Bei der erwähnten Rundfrage führen außer den oben genannten 10 Oberförstereien, in denen er brütet, überhaupt nur noch 18 den Uhu als gelegentlich vorkommend auf. 3 von ihnen, in den Kreisen Heydekrug, Labiau und Sensburg, halten ein Brüten für nicht ganz ausgeschlossen, während in 15 Revieren, die in den Kreisen Memel, Niederung, Labiau, Wehlau, Goldap, Lyck, Johannisburg, Neidenburg, Osterode, Mohrungen und Pr. Eylau liegen, der Uhu sich zum Teil regelmäßig, zum Teil ausnahmsweise auf dem Striche zeigt. 58 Oberförstereien bezeichnen den Uhu als völlig fehlend; doch ist er in der Oberförsterei Rossitten, die gleichfalls Fehlanzeige erstattet hatte, inzwischen als ganz ausnahmsweise Erscheinung festgestellt worden. Ein ♂ wurde nach Thienemann (564) am 23. April 1908 bei Preil erbeutet. Gleichfalls auf der Kurischen Nehrung wurde nach le Roi (430) ein Uhu am 23. November 1902 bei Grenz geschossen.

Bei Bartenstein befand sich vor vielen Jahren ein Uhuhorst in Gr. Schwaraunen. Ein von ihm herrührendes Stück stand jahrelang im dortigen Gutshause. Jetzt werden in der Gegend nur noch sehr selten Uhus im Winter erbeutet, so ein Stück in Polenzhof, ein anderes Mitte Februar 1912 in Kloschenen bei Friedland und eins vor Jahren in Tolks (Kreis Pr. Eylau). Sondermann erhielt aus dem Kreise Friedland einen Uhu am 5. März 1903 von Hohenfelde, Ulmer (564) aus dem Kreise Pr. Eylau ein Stück am 12. April 1908 von Landsberg.

Im ganzen gingen Sondermann von Dezember 1884 bis Januar 1912 90 Uhus aus der Provinz zu. Hiervon entfallen 32 auf die Monate April bis August, und zwar aus den Kreisen Memel (2), Heydekrug (11), Ragnit (1), Tilsit (1), Niederung (5), Labiau (3), Königsberg (2), Fischhausen (1),

Heiligenbeil (2), Gerdauen (1), Angerburg (1), Johannisburg (1) und Sensburg (1). Natürlich werden viele von ihnen ungepaart umherstreichende Stücke gewesen sein, wie dies z. B. sicherlich bei dem oben erwähnten, bei Preil erlegten Stück der Fall war. 58 von den Sondermann zugesandten Uhus waren außerhalb der Brutzeit erlegt; sie verteilen sich auf die Kreise Memel (1), Heydekrug (16), Ragnit (2), Tilsit (3), Niederung (10), Labiau (5), Königsberg (3), Heiligenbeil (3), Wehlau (1), Gerdauen (1), Friedland (1), Rastenburg (1), Darkehmen (3), Pillkallen (1), Angerburg (1), Lyck (2), Johannisburg (2) und Sensburg (2). Auch diese Zusammenstellung bestätigt das relativ häufige Vorkommen am Ostufer des Kurischen Haffs. Von allen 90 Uhus entfallen allein 53 auf die Kreise Memel (3), Heydekrug (27), Niederung (15) und Labiau (8).

### 165. **Asio otus otus** (L.) — Waldohreule.

*Strix otus* L.; *Aegolius otus* (L.); *Otus silvestris, vulgaris* auct.

In Waldungen aller Art, vor allem solchen, in denen Nadelhölzer vorherrschen, seien es auch nur kleine Feldhölzer von wenigen Schritten Durchmesser, ist die Waldohreule im ganzen Gebiet eine ziemlich häufige Erscheinung, die an solchen Örtlichkeiten wohl überall einzeln brütet. Dem Waldkauz steht sie in der Regel an Zahl nach. Ihre Eier findet man in alten Krähen- oder Raubvogelhorsten gewöhnlich im April, häufig auch schon Ende März, bisweilen aber erst spät im Mai (vgl. Hartert (205)). Ulmer (550) beobachtete in Quanditten am 11. Mai 1907 3 Junge, die bereits Federn hatten, und in Losgehnen fand ich ein Dunenjunges am 17. April 1911.

Die Waldohreule scheint weniger Stand- als Strichvogel zu sein. Zum Teil unternimmt sie auch ausgedehnte Wanderungen, allerdings bei weitem nicht in dem Maße wie die Sumpfohreule. Man trifft sie zwar auch im Winter regelmäßig an, am häufigsten aber doch im Herbst (September bis November) und im Februar-März. Wahrscheinlich hängen die Züge und Ansammlungen dieser Eulen in bestimmten Gegenden mit dem mehr oder minder zahlreichen Auftreten von Mäusen, ihrer fast ausschließlichen Nahrung, zusammen. Namentlich in den genannten Monaten während der Strichzeit begegnet man ihr gar nicht selten in größeren Gesellschaften; so beobachtete ich in Losgehnen Ende Februar und Anfang März 1905 14—20 Waldohreulen etwa eine Woche lang stets auf denselben Bäumen. Auch im Winter finden zuweilen Ansammlungen statt. Nach Thienemann (594 c) wurden am 27. Dezember 1910 in der Försterei Augstutschen bei Schillehnen von Förster Puppel gegen 100 Stück aus einer Fichtenschonung von 30 a aufgescheucht, und Anfang Januar 1911 sah Hegemeister Ziemann in der Försterei Wörth bei Schorellen 40—50 Stück.

Am 22. Dezember 1907 erlegte Thienemann (550) ein Exemplar von auffallend heller, fahler Färbung, bei dem an den Schaftflecken der Unterseite die Querstrichelung mehr oder weniger fehlte. Solche Stücke werden bei Rossitten öfters angetroffen.

### 166. **Asio accipitrinus accipitrinus** (Pall.) — Sumpfohreule.

*Strix flammea* Pontopp.; *Asio brachyotus* auct.; *Otus, Aegolius brachyotus* auct.; *Brachyotus palustris* auct.

Da die Sumpfohreule auf den Mooren und in den Marschen Nordwestdeutschlands regelmäßig und gar nicht selten nistet, ist es um so auffallender, daß sie für Ostpreußen zu den unregelmäßigen, spärlichen Brutvögeln gerechnet werden muß, über die nur sehr wenige sichere Angaben vorliegen. Die meisten Gegenden meidet sie zur Brutzeit ganz, und selbst die vielen großen Moore scheint sie nur in kleiner Anzahl zu bewohnen, ja auch ihnen vielfach zu fehlen.

Als recht spärlichen Brutvogel bezeichnen sie Löffler (331), Szielasko (471) und Hartert (200, 205). Letzterer fand, wie er mitteilte, ein schwer bebrütetes Gelege im Mai 1881 in der Nähe des Forstreviers Fritzen im Samlande und erlegte ferner ein ♀ am 24. Mai 1884 bei Guszianka (Kreis Sensburg); dieses Exemplar befindet sich jetzt nach W. Blasius in der Sammlung E. v. Homeyers in Braunschweig. v. Hippel (228) nennt die Art zwar „in Masuren überall häufig“; doch bezieht sich dieses wohl nur auf den Zug. Nach E. Christoleit hat die Sumpfohreule 1898 — später nicht mehr — am Frischen Haff nördlich der Passargemündung genistet. „In demselben Jahre hielt sich auf dem großen Exerzierplatz vor dem Sackheimer Tor bei Königsberg eine kleine Gesellschaft — vielleicht Familie — Ende August längere Zeit auf.“ Sonst ist ihm über das Brüten der Art in Ostpreußen nichts bekannt geworden; insbesondere auf den großen Mooren im Memeldelta hat er sie nicht gefunden. W. Christoleit beobachtete sie zur Brutzeit auf dem Wittgirrer Torfbruch bei Popelken, dagegen gleichfalls nicht auf den ausgedehnten Mooren am Ostufer des Kurischen Haffs. Müller (379) vermutet ihr Brüten bei Moditten (Kreis Königsberg), während Dobbrick sie als Brutvogel für den Drausensee nennt, wo auch ich im Kreise Pr. Holland am 20. Juli 1913 einzelne Stücke beobachtete. Sondermann gehen während der Brutzeit nur äußerst selten Sumpfohreulen zu; er erhielt nämlich Stücke nur von Seckenburg, Kreis Niederung (7. Juni 1894), Lyck (18. Mai 1895), Gigarren, Kreis Ragnit (8. Juli 1898) und Talken, Kreis Sensburg (♂, 2. Juni 1910).

Bei Bartenstein habe ich diese Art zur Brutzeit noch nie bemerkt; dagegen ist sie dort auf dem Herbstzuge, im September und Oktober, vielfach durchaus nicht selten, tritt aber in den einzelnen Jahren sehr verschieden häufig auf. Bisweilen, z. B. 1905, 1907, 1908 und 1911, habe ich sie im Herbst bei Bartenstein gar nicht beobachtet, obwohl sie auch in diesen Jahren sich anderswo einzeln gezeigt hat, z. B. 1907 bei Rossitten und Quanditten, während sie 1908 und 1911 auch auf der Kurischen Nehrung nicht bemerkt wurde (Thienemann (550, 564)). 1909 wurde nur ein einziges Exemplar am 21. November in Losgehnen gesehen; Thienemann (576) beobachtete jedoch bei Rossitten im Oktober einen etwas stärkeren Zug; am 27. Oktober scheuchte er aus einem Gebüsch allein 6 Stück auf. In größerer Zahl zeigten sich Sumpfohreulen in dem mäusereichen Herbst 1910. In Losgehnen wurde die erste am 9. Oktober, die letzte am 3. Dezember beobachtet; einzelne Stücke wurden aber auch noch im Januar und Februar 1911 bemerkt. Thienemann (588) sah im Jahre 1910 die ersten bei Ulmenhorst am 5. September und beobachtete in der Folgezeit dort ziemlich viele. W. Christoleit stellte nach Thienemann (594c) am 1. Dezember 1910 große Ansammlungen im Kreise Heiligenbeil fest und traf am 10. Januar 1911 mindestens 15 Stück in einer Kiefernschonung bei Vierbrüderkrug im Samlande an. 1912 wurde die erste in Losgehnen am 6. Oktober gesehen; in der Folgezeit gelangten dann einzelne noch mehrfach, aber nur vereinzelt zur Beobachtung. Im Herbst 1913 sah ich trotz großen Mäusereichtums bei Bartenstein nur sehr wenige; doch zeigten sie sich anderwärts, z. B. nach Techler bei Gumbinnen, häufiger. In manchen Jahren findet geradezu ein Massendurchzug statt, wie dies wohl in der ganzen Provinz, vor allem aber auf der Kurischen Nehrung, 1901 der Fall war. Der Herbst dieses Jahres brachte uns neben der großen Steppenweiheninvasion so viele Sumpfohreulen, wie man sie selten sieht. Massenhaft wurden die nützlichen Vögel auf der Hühnerjagd erlegt. Der Zug setzte sowohl bei Rossitten wie bei Bartenstein schon in der ersten Hälfte des August ein und erreichte Anfang September seinen Höhepunkt, während in der Regel der Hauptzug erst in die zweite Septemberhälfte und in den Oktober fällt (Thienemann (504)). Sondermann erhielt im Herbst 1901 21 Sumpfohreulen aus der Provinz, 1894: 6, 1895: 6, 1897: 9, 1899: 5, 1902: 10, 1904: 7, 1905: 7, 1906: 11, 1909: 17 und 1910: 18, in anderen Jahren wiederum nur 1—4. In Kartoffelfeldern, im hohen Wiesengrase, im vom Vieh zertretenen Schilf liegen sie in guten Zugjahren oft dicht nebeneinander; am 9. Oktober 1904 wurde z. B. in Losgehnen eine Gesellschaft von 7 Stück bemerkt. Löffler (327) beobachtete auf einer Pallwe bei Kirschnehnen im Samlande einmal sogar einen großen Flug von über 100 Stück.

Im Winter werden Sumpfohreulen nur ausnahmsweise in der Provinz bemerkt, in Mäusejahren wohl aber öfters. In Losgehnen sah ich ein Exemplar noch Ende Dezember 1896 und erhielt je ein Stück am 15. und 16. Januar sowie am 12. Februar 1911. Auch W. Christoleit beobachtete, wie oben erwähnt, am 10. Januar 1911 einen ganzen Flug. Thienemann (504, 564) konstatierte Sumpfohreulen bei Rossitten am 3. Januar 1900 und 14. Januar 1908. In der Sammlung des Osteroder Gymnasiums steht ferner ein auffallend helles Stück aus dem Dezember 1905 von Osterode. Sondermann schließlich wurden im Winter außer 7 im Dezember erlegten Stücken von folgenden Orten Sumpfohreulen zugesandt: Insterburg (6. Januar 1902), Possindern, Kreis Königsberg (15. Januar 1906), Tramischen, Kreis Heydekrug (16. Januar 1907), Pronitten, Kreis Labiau (21. Februar 1907), Schirwindt, Kreis Pillkallen (28. Januar 1910), Rudzen, Kreis Stallupönen (3. Januar 1911), Rautenberg, Kreis Ragnit (19. Januar 1911) und Lauknen, Kreis Labiau (8. Februar 1911).

Über den Frühjahrszug ist bisher fast nichts bekannt geworden. Massendurchzüge scheinen in dieser Jahreszeit überhaupt nicht stattzufinden. Sondermann erhielt von 1895—1911 im Frühjahr nur 4 Stücke im April aus den Kreisen Labiau, Niederung und Ragnit und eins am 11. März 1910 aus dem Kreise Darkehmen. Dies können ja aber alles auch Brutvögel gewesen sein.

Ähnlich helle Stücke wie das erwähnte von Osterode werden nicht allzu selten in der Provinz erlegt. Thienemann (546) beschreibt z. B. ein Exemplar vom 16. September 1906, bei dem auf der Oberseite nicht nur die Grundfarbe sehr hell, sondern auch die dunkle Zeichnung verwaschen fahlgelb oder bräunlich, die Unterseite sehr hell mit fahler Zeichnung war. Solche Stücke haben mit der von Sarudny und Loudon beschriebenen (O. M. B. 1906 p. 151), in Westsibirien und Turkestan heimischen Form *A. a. pallidus* = *leucopsis* (Brehm) nach Loudon (O. M. B. 1910 p. 41—42) und Kollibay (ebenda p. 120) nichts zu tun; es handelt sich vielmehr nur um individuelle Variationen.

### 167. Otus scops scops (L.) — Zwergohreule.

*Strix scops* L.; *Pisorhina, Ephialtes, Scops scops* (L.); *Scops giu, aldrovandi, carniolica* auct.

Schon Rathke (406) führt 1846 die Zwergohreule als in Ostpreußen höchst selten auf; doch ist ihm selbst diese Angabe sehr zweifelhaft. Der sichere Nachweis des Vorkommens wurde erst im Jahre 1893 erbracht. Das Königsberger Museum erhielt nämlich ein im Mai 1893 in der Rominter Heide erlegtes Exemplar, das von Büchler-Goldap ausgestopft und nach dem Akzessionskatalog von J. Schulze-Königsberg eingeliefert wurde (vgl. 157). Läßt auch das Erlegungsdatum ein gelegentliches Brüten als möglich erscheinen, so ist der Beweis dafür doch noch nicht erbracht.

### 168. Syrnium nebulosum lapponicum (Thunb.) — Lapplandseule, Bartkauz.

*Strix lapponica* Thunb.; *Ulula, Scotiaptex lapponica* (Thunb.); *Syrnium cinereum lapponicum* (Thunb.); *Strix microphthalmus* Tyzenhaus.

Zu unsern seltensten Eulenarten gehört die Lapplandseule, die sich nur ganz ausnahmsweise einmal von Norden her nach Ostpreußen verfliegt. Nach Gloger (191) wurde im Herbst 1832 ein Exemplar bei Gumbinnen erlegt; J. Fr. Naumann (385) weiß sogar von mehreren daselbst erbeuteten Stücken zu berichten. Gloger scheint das von ihm erwähnte Stück selbst gesehen zu haben; wenigstens sagt er, daß es ein bejahrter Vogel und viel dunkler sei als ein jüngeres Exemplar aus Sibirien. Schließlich erwähnt Szielasko (471) noch ein von Robitzsch jun. in der unteren litauischen Ebene erlegtes Exemplar; doch erscheint es mir sehr zweifelhaft, ob es sich hierbei tatsächlich um diese Art handelt. Auf der Jagd- und Sportausstellung 1904 in Königsberg war eine Lapplandseule ausgestellt, die nach einer Notiz von M. K. (D. J. Z. Bd. 43 p. 826) in Ostpreußen erlegt sein sollte. Diese Angabe ist jedoch unrichtig; das Stück war nach Mitteilung Sondermanns als Balg aus dem Auslande bezogen.

### 169. Syrnium uralense uralense (Pall.) — Habichts- oder Uraleule.

*Strix uralensis* Pall.; *Ulula uralensis* (Pall.); *Syrnium litturatum* (Tengm.).

Zu den interessantesten Brutvögeln Ostpreußens, die unsere Avifauna vor der des übrigen Deutschland auszeichnen, gehört die stattliche Habichtseule, die in einem — allerdings beschränkten — Teile der Provinz durchaus nicht selten nistet. Sie ist denn auch von den verschiedensten Forschern zum Gegenstande eingehender Studien gemacht, so daß wir eine recht umfangreiche Literatur über sie besitzen. Die wichtigsten Arbeiten sind der Zeitfolge nach die von Löffler (331), Altum (1, 3), Hartert (198, 199, 200, 205), Schmidt (445), Szielasko (483) und Wels (652). Ferner liegen noch zahlreiche Berichte in der Deutschen Jägerzeitung und anderen Jagd- oder Fachblättern vor, so von W. Christoleit (98), Ludwig Dach (103, 104), v. Hippel (226, 230), Linck (295), Nehring (390, 391) und Robitzsch (427).

Über die Verbreitung von *Syrnium uralense* in Ostpreußen sind wir schon durch die Literaturangaben ziemlich genau unterrichtet. Dazu kommt noch ein eingehender Bericht, den ich von Wels erhielt, und schließlich erstreckte sich die im Jahre 1908 veranstaltete Rundfrage der Physikalisch-Ökonomischen Gesellschaft auch auf diese Art. Ich bin daher in der Lage, ein wohl im ganzen erschöpfendes Bild ihrer Verbreitung zu geben. Auffälligerweise nistet die Habichtseule heutzutage ausschließlich in den Kreisen Wehlau und Insterburg sowie den angrenzenden Teilen der Kreise Gerdauen, Pr. Eylau, Friedland, Königsberg und Labiau, während sie die großen Waldungen im Osten und Südosten ebenso wie das übrige Gebiet kaum einmal auf dem Striche besucht.

Der wichtigste und am genauesten beschriebene Brutplatz ist die nördlich des Zehlaubruchs größtenteils im Kreise Wehlau und nur in ihren Ausläufern in den Kreisen Friedland und Pr. Eylau gelegene Frischingforst und speziell das Forstrevier Gauleden, das leider bei dem letzten Nonnenfraß sehr gelitten hat. Hartert fand daselbst 2 Horste unter Führung des Forstreferendars Schmidt bei Elchwalde, desgleichen neuerdings Szielasko. Auch Baecker (19) bezeichnet die Art für das Revier als Standvogel, und Sachse (20) erhielt gleichfalls ein Gelege von dort. Mir selbst ging ein junger Vogel aus dem Gauleder Revier Anfang August 1910 zu. Außer im Frisching kommt *S. uralense* noch in einigen andern Forsten des Kreises Wehlau ständig vor, zum Teil sogar ziemlich häufig. Angegeben wird sie z. B. für die Stadtforst Wehlau, Kl. Nuhr (Dach), Tapiau (W. Christoleit, Linck) und Georgenberg (Dach, Nehring). Aus dem Kreise Friedland erhielt Sondermann ein Stück am 23. Oktober 1906 von Frischingwalde bei Kl. Schönau.

Im Kreise Insterburg bewohnt die Habichtseule namentlich die Oberförsterei Kranichbruch. Hier — im neuen Naumann steht infolge eines Druckfehlers „Granitbruch" — erlegte Robitzsch jun. am 4. April 1878 nach Szielasko (471) ein ♀ mit starkem Brutfleck, das in die Sammlung der Forstakademie Eberswalde gelangte. Altum berichtet von einem durch Oberförster Walckhoff aus Kranichbruch eingesandten ♀ vom 5. April 1878; es ist dies wohl sicher dasselbe Exemplar wie das von Szielasko erwähnte. Weiter wird die Art für den Kreis noch angegeben von Astrawischken (Altum, Dach, v. Hippel, Linck, Wels), Wenskowethen (Altum), Obehlischken (Techler (139)) und Norkitten (Dach). v. Hippel sagt, sie sei zwischen Wehlau und Insterburg häufig; ebenso äußert sich nach Nehring auch Graf Schlieben. Robitzsch gibt an, sie komme im Kreise einzeln in allen großen Forsten vor, und ähnlich lauten alle anderen Berichte. Aus der Sammlung Wendlandt besitze ich ein altes ♂ vom 10. April 1896 aus Matheningken. Wie häufig sie im Kreise Insterburg noch heute ist, ergeben auch die Eingangsbücher Sondermanns. Dieser erhielt von Juni 1886 bis November 1911 32 Habichtseulen, davon allein 20 aus dem Kreise Insterburg, und zwar 4 zur Brutzeit. Die übrigen 12 verteilen sich auf die Kreise Wehlau, Labiau, Königsberg, Friedland, Niederung, Darkehmen und Goldap; sie sind sämtlich — bis auf ein Stück von Tapiau — außerhalb der Brutzeit erlegt. Außerordentlich verbreitet war die Habichtseule früher anscheinend bei Gerdauen. Löffler erhielt von 1826—1855 aus der Gegend östlich von Gerdauen etwa 80 Exemplare, vielfach auch noch unausgewachsene Junge im Sommer. Die meisten gingen ihm aus einer Entfernung von 4—5 Meilen, also wohl auch aus dem Kreise Insterburg, zu. Jetzt scheint die Art in nächster Nähe von Gerdauen nur noch vereinzelt im Stadtwalde zu brüten. Für den Kreis Labiau konstatierte W. Christoleit ihr mutmaßliches Brüten im Revier Alt-Sternberg.

Die Rundfrage hat alle diese bereits vorliegenden Angaben im wesentlichen bestätigt und nur unerheblich erweitert. Auch sie ergibt, daß die Habichtseule tatsächlich nur in den genannten Kreisen horstet, nämlich in 6 staatlichen Revieren der Kreise Labiau, Wehlau und Insterburg und in 2 Privatforsten der Kreise Wehlau und Königsberg, im ganzen in etwa 70—80 Paaren. Nimmt man noch die verschiedenen Privatwaldungen hinzu, auf die sich die Rundfrage nicht bezog, so wird der Bestand von *Syrnium uralense* in Ostpreußen auf weit über 100 Paare angegeben werden müssen. Anscheinend hält er sich neuerdings erfreulicherweise auf etwa derselben Höhe. 3 Reviere berichten von „geringer Vermehrung", eins von „Gleichbleiben" und nur eins von „Zurückgehen" des Bestandes. Übertrieben sind hiernach sicherlich die Angaben, die von einer „starken" Vermehrung zu berichten wissen. Im höchsten Maße bedauerlich ist es aber, wenn ein Jäger sich damit rühmt (103), daß er im Jahre bis 12 Uraleulen erlege. In den Staatsforsten ist die Art glücklicherweise jetzt unter Schutz gestellt.

Alle übrigen Oberförstereien, bis auf die 8 genannten, berichten von dem völligen Fehlen der Art. Nur 5 Reviere in den Kreisen Labiau, Goldap, Gumbinnen und Rastenburg erwähnen ein gelegentliches Vorkommen. Wie selten dies aber ist, geht daraus hervor, daß in Rominten in 15 Jahren nur eine Habichtseule, in Dönhofstädt sogar in 30 Jahren nur ein Exemplar erlegt wurde. In Tzulkinnen soll früher ein Horst bestanden haben und ein Stück vor 6 Jahren erlegt sein. Wie schon diese Angaben zeigen, ist die Habichtseule ein ausgesprochener Standvogel, der sich streng an sein Brutrevier, etwas feuchte, dichte Misch- und Laubwälder, hält. Dies ist auch die Ansicht Löfflers und Harterts, die von Baecker, Wels und Wendlandt (653b) geteilt wird. Außerhalb des Brutgebiets werden fast gar keine Habichtseulen in Ostpreußen erlegt. Abgesehen von dem oben erwähnten ausnahmsweisen Vorkommen in Rominten und Dönhofstädt und den nachstehend aufgeführten Sondermannschen Stücken ist nur **ein** solcher Fall bekannt geworden. Nach Neubauer (393) wurde ein Exemplar am 30. November 1899 in Quittainen (Kreis Pr. Holland) erlegt. Die Stücke, die Sondermann aus den Kreisen Niederung, Darkehmen und Goldap erhielt, sind in nächster Nähe des Brutgebiets erbeutet, nämlich je ein Stück am 1. Dezember 1900 in Mergelswalde (Kreis Darkehmen), am 1. November 1907 in Liedemeiten (Kreis Niederung) und am 19. Januar 1910 in Warnen (Kreis Goldap).

Die Eier findet man nach Hartert in verlassenen Raubvogelhorsten und großen Baumlöchern im März und April. Das Gelege des ♀, das Altum am 5. April 1878 aus Kranichbruch erhielt, bestand aus 4 Eiern, die ohne Nistmaterial auf dem Boden der 0,5 m tiefen Höhle einer starken, alten Eiche, etwa 10 m über dem Erdboden, lagen. Von den Eiern, die durch den feuchten Eichenmulm eine graubraune, jedoch leicht abzuwaschende Färbung angenommen hatten, war eins faul, die 3 andern waren bereits stark bebrütet. Szielasko entdeckte am 9. April 1904 in Gauleden einen Horst mit 2 Jungen, einem angehackten Ei und 2 hochbebrüteten Eiern; am 1. April 1906 erhielt er aus demselben Horst 2 unbebrütete, am 13. April 1904 aus einem andern 2 hochbebrütete Eier. Kricheldorff erhielt ein Gelege von 4 Eiern am 27. März 1904 aus einem Schwarzstorchhorst (Hocke (483)), Sachse (18) ein solches von 2 frischen Eiern aus Gauleden am 12. April 1886. In der Sammlung v. Erlangers befindet sich nach Hilgert (225) ein ostpreußisches Gelege von 4 Eiern vom 30. März 1896, und Nilsson (395) besitzt Eier aus Ostpreußen vom 7. und 8. April. Wendlandt (653b) berichtet ausführlich über 27 in den Jahren 1887—95 in Ostpreußen gesammelte Gelege von zusammen 75 Eiern. Die Zahl der Eier im Gelege betrug 8 mal 4, 7 mal 3, 10 mal 2 und 2 mal 1. Das früheste Datum ist der 26. März, das späteste der 26. April.

Eine eingehende Schilderung des Brutgeschäfts verdanke ich Wels, der im Forstrevier Astrawischken die Art vielfach zu beobachten Gelegenheit hat. Er schreibt mir darüber folgendes: „Ich habe die Uraleule nur in hohlen Bäumen, die es in Astrawischken noch reichlich gibt, brütend gefunden, und zwar stets in nischenartigen, nicht in tiefen Löchern. Die jungen Vögel kann man meistens von unten sitzen sehen. Als ich in diesem Jahre (1909) den Horst fand, konnte ich auch von unten die Rückenfedern des alten Vogels sehen. Die benutzten Löcher sind meistens in größerer Höhe, oft recht hoch, aber auch manchmal dicht über dem Boden. Herr Forstmeister Schrage-Astrawischken fand vor einigen Jahren im Gerdauer Stadtwalde ein Gelege zwischen den Wurzeln eines starken Stammes.... Die Eier sind Anfang April zu finden. In einem Falle fand ich 2 Eier in den letzten Tagen des März beim Fällen einer starken Linde. Das diesjährige Gelege (2 Eier) fand ich am 9. April in wenig angebrütetem Zustande. Meist werden wohl 3 Eier gelegt, da ich fast immer 3 Junge fand. Die Eier liegen einfach auf dem Boden der Löcher in einer kleinen Vertiefung im Holzgrus. Angegriffen bin ich von den alten Vögeln niemals worden; sie hielten sich vielmehr immer in bescheidener Entfernung. Als Raub dienen ihnen außer Mäusen, deren Reste ich im Gewölle fand, wohl meistens Waldvögel. Ich fand Häher und dgl. am Horst, einmal auch eine Waldschnepfe. Im Herbst 1907 schoß ich eine Uraleule in dem Augenblick, als sie ein Rebhuhn schlug, und zwar fiel letzteres mit." Wie Wels an anderer Stelle hervorhebt (652), ist seit 16 Jahren die Zahl der im Forstrevier Astrawischken horstenden Paare etwa gleichgeblieben; er schätzt den Bestand auf ungefähr 20 Paare.

Im Königsberger Museum befinden sich 5 Exemplare dieser Eulenart mit der Bezeichnung „Preußen" und eins von Tapiau. Sie sind wohl sämtlich von Löffler eingeliefert, der fast in jedem Brief dem Museum eine Habichtseule zum Kauf anbot. In der Sammlung der Forstakademie Eberswalde stehen gleichfalls 5 ostpreußische Stücke, nämlich von Wenskowethen (21. März 1884), Astrawischken (23. April 1884), Elchwalde (25. April 1884: pull. und ♂ ad.) und Kranichbruch (4. April 1878: ♀) (4). Die Forstakademie Tharandt besitzt nach Heyder einen jungen Vogel von Elchwalde aus dem Jahre 1884.

Die ostpreußischen Uraleulen dürften sich von skandinavischen, baltischen und westrussischen Stücken wohl nicht unterscheiden und würden daher mit diesen nach Buturlin (J. f. O. 1907 p. 332) zur Form *litturatum* (Tengm.) zu ziehen sein. Stücke vom Ural, nach denen Pallas seine *Strix uralensis* beschrieb, sollen nach Buturlin von den erstgenannten deutlich verschieden sein; jedoch erkennt Hartert diese Verschiedenheit nicht an. Ich führe daher auch die ostpreußischen Vögel als *Syrnium uralense uralense* (Pall.) auf.

### 170. **Syrnium aluco aluco** (L.) — Waldkauz, Baumkauz.

*Strix aluco* L.; *Ulula aluco* (L.).

Unzweifelhaft ist der Waldkauz bei weitem die häufigste Bruteule in Ostpreußen; darin stimmen meine Beobachtungen mit allen andern Berichten, namentlich denen von Löffler (327) und Hartert (200, 205) überein. Er kommt in Wäldern aller Art, seien sie klein oder groß, in größeren Gärten, in der Nähe von Gebäuden, kurz eigentlich überall vor und fehlt wohl keiner Gegend ganz. Stellenweise nistet er in überraschend großer Zahl; so berichtet Ulmer, daß in Quanditten in manchen Jahren 4—5 Paare allein in den Scheunen des Guts brüteten. Überhaupt hält er sich gern in der Nähe menschlicher Wohnungen auf. Er ist daselbst, da Schleiereule und Steinkauz fast überall nur spärlich vorkommen, sicherlich die häufigste Eule, die auf dem Lande wie in den kleinen Städten während des ganzen Jahres von den Dächern ihren Ruf hören läßt. Als Brutvogel begegnete ich ihm alljährlich mitten in der Stadt Heilsberg, ferner in Scheunen bei Bartenstein und auch sonst vielfach in nächster Nähe des Menschen. In den Wäldern benutzt er sowohl Baumhöhlen wie alte Krähen- oder Raubvogelhorste zur Anlage seines Nestes. Die Eier findet man in der Regel schon Ende März, spätestens Anfang April. In Quanditten entdeckte Ulmer (550) am 27. April 1907 in einer Scheune ein Nest mit 8 Jungen, die 7—14 Tage alt waren; diese Zahl ist auffällig groß, das normale Gelege besteht nur aus 3—5 Eiern. Wendlandt (653b) berichtet über 6 ostpreußische Gelege von 4, 4, 4, 3, 2, 2 Eiern, gefunden in der Zeit vom 31. März bis 14. April. Einmal entdeckte er das Nest in einer Baumhöhle zu ebener Erde*).

Nachts jagt der Waldkauz, der bei uns Standvogel zu sein scheint, gern über dem Wasser, namentlich im Herbst, wahrscheinlich um von den dort übernachtenden Kleinvögeln den einen oder andern wegzufangen. So beobachtete ich am Kinkeimer See bei Bartenstein mehrfach, wie ein Kauz dort übernachtende Rauchschwalben und Bachstelzen aufjagte. Ob er einen Vogel fing, konnte ich jedoch der herrschenden Dunkelheit wegen nicht erkennen.

Die fuchsrote Varietät des Waldkauzes ist in Ostpreußen nach Hartert (200) recht verbreitet. Bei Bartenstein fand ich sie jedoch entschieden seltener als die gewöhnliche graue, während mir Ulmer mitteilte, daß bei Quanditten beide etwa gleich zahlreich seien. In der Sammlung der Vogelwarte Rossitten befindet sich ein rotbraunes ♂ vom 17. Dezember 1909.

### 171. **Surnia ulula ulula** (L.) — Sperbereule.

*Strix ulula* L.; *Nyctea ulula* (L.); *Strix, Surnia nisoria, funerea* auct.

Es vergeht wohl kaum ein Winter, in dem nicht wenigstens vereinzelte Exemplare der nordischen Sperbereule nach Ostpreußen gelangten. In manchen Jahren tritt sie ganz auffallend zahlreich auf, so nach Hartert (200) im Herbst 1881 und neuerdings wiederum im Winter 1906/07, in dem, wie ich an anderer Stelle hervorgehoben habe (598), namentlich auf der

*) Am 20. April 1914 wurden auf einem Heuboden in Losgehnen 3 Junge im Halbdunenkleide gefunden, die ich beringte.

Kurischen Nehrung und im Samlande, aber auch sonst in der Provinz verhältnismäßig viele beobachtet und erlegt wurden (vgl. auch Thienemann (542, 546)). Präparator Schuchmann erhielt in diesem Winter etwa 12, Sondermann 16 Sperbereulen. Gewöhnlich gelangen sie in der Mehrzahl im Oktober, etwas vereinzelter im November und in den Wintermonaten zur Beobachtung. Friedrich v. Droste-Hülshoff (119) bemerkte jedoch ein Exemplar auch schon am 27. September 1871 bei Königsberg, und Hartert (199) berichtet von dem Vorkommen einer Sperbereule bei Pillau in den letzten Septembertagen 1881. Löffler (327) sah ein Stück einmal sogar schon Anfang September, und Sondermann erhielt aus Gr. Post bei Postnicken (Kreis Königsberg) 1910 eine Sperbereule bereits am 17. September. Auf dem Rückzuge treten diese Eulen ungleich seltener in der Provinz auf als im Herbst und Winter. Nach Thienemann (550) wurden 1907 einzelne Stücke noch im Februar, März und Anfang April auf der Kurischen Nehrung bemerkt. Auch Sondermann erhielt eine Sperbereule noch am 4. April 1907. Weitere Exemplare aus dieser Jahreszeit gingen ihm am 28. Februar 1893, 19. März 1898 und 6. März 1899 zu. Nach Höpfner (245) wurde in Regitten (Kreis Braunsberg) eine Sperbereule am 27. März 1873 geschossen.

Es würde zu weit führen, alle in der Literatur erwähnten Fälle des Vorkommens während der Wintermonate hier aufzuführen. Ob die Sperbereule einzelne Gegenden besonders bevorzugt, wie dies z. B. bei der Schneeeule der Fall zu sein scheint, läßt sich bisher nicht sagen. Bei Bartenstein bin ich mit ihr noch nicht zusammengetroffen; doch ist sie auch im Kreise Friedland schon vorgekommen. Im Jahre 1838 wurden nach dem Akzessionskatalog 2 Exemplare durch Baron v. d. Goltz aus der Gegend von Friedland, wohl von Mertensdorf, an das Königsberger Museum geliefert; 1904 wurde eine Sperbereule von Pauly (399) am 28. Oktober in Prantlack bei Schippenbeil erlegt, und Sondermann erhielt ein Stück von Friedland am 24. Oktober 1906. Auf der Kurischen Nehrung hat sich die Art nach Thienemann schon öfters gezeigt; ich besitze aus Rossitten ein ♀ vom 20. Dezember 1908.

Ist sonach die Sperbereule auch zu den regelmäßigen und durchaus nicht ungewöhnlichen Wintergästen in Ostpreußen zu rechnen, so kann ich doch die vielfach aufgestellte Behauptung, sie sei auch Brutvogel im Gebiet, noch nicht als erwiesen ansehen. Die diesbezüglichen Angaben beruhen zum Teil auf unbeglaubigten Beobachtungen, zum Teil aber auch auf einem offenbaren Irrtum. Da das Brüten der Sperbereule in Ostpreußen als ornithologisches Dogma gilt, das nicht so leicht zu zerstören sein dürfte, seien hier der Zeitfolge nach alle Angaben wiedergegeben und auf ihre Zuverlässigkeit geprüft.

J. Fr. Naumann (385) sagt von der Sperbereule: „In Livland, Preußen und Polen ist sie eben nicht selten, von wo sie dann auch in das nördliche Deutschland kommt“. Worauf diese allgemeine Angabe bezüglich Preußens beruht, konnte ich nicht ermitteln. Da aber die Kenntnis der ostpreußischen Avifauna zu damaliger Zeit noch eine sehr geringe war, möchte ich Naumanns Angaben ein entscheidendes Gewicht nicht beilegen. Von großer Wichtigkeit ist es jedenfalls festzustellen, daß Löffler, der genaue Kenner ostpreußischer Eulen, das Brüten der Sperbereule nicht beobachtet hat. Er betont ausdrücklich in zwei Briefen vom 15. September und 13. November 1846 an Rathke, daß sie **nie** in der Provinz niste, und auch 1855 ist er noch derselben Ansicht (331). In demselben Jahre, am 21. Dezember 1855, verstarb er nach längerer Krankheit. Weder in seinen Briefen noch sonst irgendwo findet sich ein Anhalt dafür, daß er etwa noch kurz vor seinem Tode seine Meinung geändert hätte. H. Rathke (406), der die Art 1846 als ostpreußischen Brutvogel aufführt, stützt sich denn auch nicht auf Löffler; doch läßt sich nicht nachprüfen, welche sonstigen Tatsachen seiner Angabe zugrunde liegen. Der von Löffler revidierte Entwurf seines Verzeichnisses hat mir vorgelegen; auch hier bestreitet letzterer in einer Anmerkung das

Brüten entschieden. Höchstwahrscheinlich ist **Rathke**, der nicht selbst Ornithologe war und sich sonst fast ausschließlich auf Löffler beruft, ein Irrtum unterlaufen.

Obwohl sonach Löffler zum Beweise des Brütens keinesfalls herangezogen werden kann, sagt doch 1860 Wiese (654) in seinem Bericht über eine Reise durch verschiedene ostpreußische Forstreviere, nachdem er das von Löffler konstatierte Brüten der Habichtseule bei Gerdauen erwähnt hat: Die Sperbereule „soll gleichfalls nach demselben in derselben Gegend nistend aufgefunden sein". Offenbar hat Wiese bei seinem kurzen Aufenthalt in der Provinz Löfflers Arbeiten nicht selbst gelesen, sondern nur eine irrtümliche oder mißverstandene mündliche Mitteilung wiedergegeben. Durch Wiese war aber nun die Behauptung, Löffler habe das Brüten der Sperbereule nachgewiesen, in die Literatur eingeführt, aus der sie bis zum heutigen Tage nicht mehr verschwinden sollte. Borggreve (51) stützt sich auf Wiese, wenn er sagt, daß die Sperbereule „nach Löffler in Ostpreußen genistet haben solle", und ebenso ist es wohl A. E. Brehm (66) ergangen, der folgendes ausführt: „Es ist keineswegs unwahrscheinlich, daß unsere Eule wiederholt in Ost- und Westpreußen genistet hat. Schon Löffler gedenkt eines solchen Falles. Ehmcke erhielt 1866 ein Junges von Danzig." Letztere Angabe beruht, wie mir Ehmcke mitteilte, darauf, daß er 1865 oder 1866 auf dem Markte in Danzig eine junge Eule kaufte, die sich später als Sperbereule herausstellte. Mit Sicherheit ließ sich ihre Herkunft nicht ermitteln; sie stammte aber höchstwahrscheinlich aus der Nähe von Danzig. Diese einzige positive Beobachtung, so wichtig sie auch ist, läßt sich mithin für die ostpreußische Avifauna nicht verwerten.

Als regelmäßigen Brutvogel der litauischen Wälder bezeichnet v. Ehrenstein die Sperbereule (Friedrich v. Droste (116), vgl. auch Borggreve (52)). Seine Angaben beruhen aber nach Borggreve (456) lediglich auf Mitteilungen von Forstbeamten, nicht auf eigenen Beobachtungen. Seehusen (456) ferner glaubt mit voller Bestimmtheit, daß sie in Neu-Sternberg (Kreis Labiau) gebrütet habe, da sie dort vom 7. bis 23. April 1870, ja nach Friedrich v. Droste (119) sogar noch am 28. Mai, in einem bestimmten Jagen allabendlich gesehen und gehört worden sei. „Man kann sich", so schreibt Seehusen, „eben nicht täuschen, der Keilschwanz macht sie zu kenntlich und der quietschende Laut ist nicht zu verwechseln. Ihre Brutstätte zu entdecken, ist leider nicht geglückt. Wie ich von einem Förster erfahren, soll sie sich hier fortwährend aufhalten und in jedem Frühjahr eine bestimmte Stelle des Waldes als Tummelplatz wählen". Trotz dieser bestimmten Angaben halten aber Borggreve und Ferdinand v. Droste (456) eine Verwechselung mit der Habichtseule nicht für ausgeschlossen, den Nachweis des Brütens mithin noch nicht für erbracht. Und nach dem, was mir der jetzt verstorbene Oberförster a. D. Seehusen noch neuerdings über seine damaligen Beobachtungen mitteilte, kann ich mich ihrer Ansicht nur anschließen. „Ein Förster berichtete Seehusen, er habe auf einer Kulturfläche in Neu-Sternberg eine große ihm unbekannte Eule gesehen. Seehusen begab sich dorthin, wo die Eule auf einer Schonungsfuhse saß: größer als der Waldkauz, Schwanz länger, Kopf jedoch kleiner, ziemlich guter Flieger. Zur Erlegung erbot sich keine Gelegenheit. Später zeigte sie sich nicht wieder." Der Federzeichnung erinnerte sich Seehusen nicht mehr. Ich halte es nach dieser Beschreibung doch auch für zweifelhaft, ob die beobachtete Eule tatsächlich *Surnia ulula* gewesen ist; vielleicht handelte es sich in der Tat um *Syrnium uralense*, eine Art, die im Nachbarrevier Alt-Sternberg schon zur Brutzeit festgestellt worden ist. Immerhin sind die unter dem frischen Eindrucke mitgeteilten Beobachtungen doch auch wiederum so bestimmt, daß ich ein gelegentliches Brüten in Neu-Sternberg nicht völlig von der Hand weisen möchte. Namentlich spricht die von Seehusen mitgeteilte „quietschende" Stimme für *Surnia ulula*, deren Stimme von allen Beobachtern als „turmfalkenähnlich" bezeichnet wird, während bekanntlich die Habichtseule ganz andere Laute von sich gibt. Bei der aber doch zweifellos vorhandenen Unsicherheit der Bestimmung und in Ermangelung von Belegexemplaren können die Angaben Seehusens als völlig beweiskräftig nicht gelten.

Hartert, der von 1879—1884 in Ostpreußen sammelte, konnte, wie er mir mitteilte, über das Brüten ebenfalls nichts Sicheres in Erfahrung bringen. Wohl auf Grund der Angaben von Rathke, Wiese, Brehm und Ehmcke sowie mündlicher Mitteilungen von Forstbeamten schrieb er 1885 (199): „In Ostpreußen ist sie schon als Brutvogel konstatiert". 1887 sagt er dann (200): „Früher hat sie in den Birken-, Eschen- und Ellernbeständen des Nordostens regelmäßig gehorstet. Seitdem aber die uralten Aspen und andere Bäume mehr und mehr abgeholzt wurden, . . . wird sie selten und horstet wenig oder gar nicht mehr dort", während er sich 1892 richtig und vorsichtig ausdrückt (205): „Aller Wahrscheinlichkeit nach in früheren Zeiten regelmäßiger Brutvogel im nördlichen Ostpreußen." Später bei Bearbeitung der Art im neuen Naumann (386) erwähnt er aber gleichfalls, daß Löffler und Ehmcke ihr Brüten für Ostpreußen nachgewiesen hätten (vgl. auch 202). Er fährt dann fort: „Mündlichen Versicherungen alter Forstleute zufolge soll sie früher nicht selten in alten Espen und Erlen in Ostpreußen gebrütet haben; doch dürfte dies jetzt, wenn überhaupt, nur noch selten geschehen." Auch aus neuester Zeit liegen noch einige Mitteilungen vor, aus denen aber leider etwas Positives ebenfalls nicht zu entnehmen ist. So sagt Szielasko (471), die Art sei in Litauen durch Forstmeister Robitzsch, Forstmeister Juedz und Förster Franz als sehr seltener Brutvogel festgestellt, und Ludwig Dach (104) hebt hervor, sie komme „ständig" in Ostpreußen vor. Auch Friderich (181), Rey (425) und Schäff (442) nehmen das Brüten der Sperbereule in Ostpreußen als nachgewiesen oder zum mindesten wahrscheinlich an.

So sehr hiernach ein gelegentliches Brüten in der Provinz auch im Bereiche der Möglichkeit liegt, namentlich mit Rücksicht auf den Ehmckeschen Fall, so kann ich mich doch nicht entschließen, es als erwiesen anzusehen, solange nicht das Nest mit Eiern oder Jungen gefunden ist, oder zum mindesten Belegexemplare aus dem Sommer vorliegen. Auf Grund bloßer „Beobachtungen" oder „glaubwürdiger Mitteilungen", bei denen Irrtümer allzu leicht vorkommen können, darf das Brüten nicht als sicher angenommen werden. Vor allen Dingen aber ist es verfehlt, in Zukunft noch Löffler als Gewährsmann zu zitieren.

### 172. Nyctea nyctea (L.) — Schneeeule.

*Strix nyctea* L., *scandiaca* auct., *nivea* Thunb., *erminea* Shaw; *Nyctea*, *Surnia scandiaca* auct., *nivea* (Thunb.), *erminea* (Shaw).

In ähnlicher Weise wie die Sperbereule erscheint auch die hochnordische Schneeeule wohl in jedem Winter von November an in geringer Zahl in Ostpreußen, so daß kaum ein Jahr vergehen dürfte, in dem nicht wenigstens einzelne Stücke hier erlegt würden. Immerhin ist sie aber in den meisten Jahren durchaus keine gewöhnliche Erscheinung, und nur verhältnismäßig selten tritt sie etwas zahlreicher auf. Wenn im neuen Naumann (386) gesagt ist, daß auch in normalen Jahren wenigstens 50 Schneeeulen in Ostpreußen erlegt würden, so ist diese Zahl bei weitem zu hoch gegriffen.

Besonders häufig zeigten sich in Preußen diese Eulen nach J. Fr. Naumann (385) im Winter 1832/33, nach Ferdinand v. Droste (115) auch 1811 und 1825. Im Winter 1858/59 erhielt das Königsberger Museum nach v. Duisburg (128) mehr als 50 Exemplare. Künow wurden, wie seine Aufzeichnungen ergeben, von Januar bis März 1867 7 Schneeeulen, von Januar bis April 1869 sogar 32 Exemplare zugesandt; die letzte erhielt er in diesem Jahre am 19. April. J. Schulze (448) berichtet ferner, daß im Winter 1894/95 24—28 Schneeeulen erbeutet wurden, was Th. Zimmermann (661) bestätigt. Sondermann erhielt in diesem Winter 8 Exemplare, im folgenden, 1895/96, sogar 19 Stücke, davon allein 8 im Februar und 7 im März. Auch Schlüter (444) und Techler (488) berichten über das häufige Auftreten der Art im Winter 1895/96. In anderen Jahren gehen Sondermann höchstens 1—3 Schneeeulen zu, in manchen auch keine einzige. Nur in den Wintern 1900/01 und 1909/10 erhielt er wieder etwas mehr, nämlich 7 bzw. 6 Stück. Das früheste Datum, an dem Sondermann eine Schneeeule zuging, ist der 23. Oktober 1894, die spätesten sind der 4. April 1889, 24. April 1895, 4. April 1896, 24. April 1900 und 17. April 1901. Die meisten werden gewöhnlich in der Zeit von Ende November bis Februar erlegt. Schuchmann erhielt 1910 ein Stück aus dem Samlande von Wangnicken noch am 17. April.

Verhältnismäßig oft wird diese Eule nach Löffler (331) im Samlande beobachtet, während sie manche Gegenden, vor allem wohl die großen Waldgebiete, ähnlich wie der Rauhfußbussard, wahrscheinlich meidet. Entschieden selten ist sie bei Bartenstein. Ein Belegexemplar von hier wurde nach dem Akzessionskatalog durch Bujack im Januar 1835 dem Königsberger Museum übersandt und dort aufgestellt. Andere Fälle des Vorkommens in dortiger Gegend sind mir nicht bekannt geworden; doch sah ich ein in Lindenau (Kreis Gerdauen) unweit der Grenze des Kreises Friedland erlegtes Stück. Bei Heilsberg wurde ein Exemplar in Bogen am 16. Dezember 1913 geschossen. Auch auf der Kurischen Nehrung ist die Schneeeule nach Thienemann eine ganz ungewöhnliche Erscheinung und ungleich seltener als die Sperbereule; in den letzten Jahren ist sie dort überhaupt nicht mehr zur Beobachtung gelangt. Am Festlandsufer des Kurischen Haffs scheint sie dagegen öfters vorzukommen. Ich besitze ein ♀ vom 26. November 1913 aus Postnicken.

Auch diese Eule soll, allerdings nur ganz ausnahmsweise, schon in Ostpreußen genistet haben. Es wäre dieses der einzige Fall für Deutschland, so daß ganz besondere Vorsicht bezüglich der Angaben geboten ist. Ehmcke teilte mir mit, daß nach Mitteilung des jetzt verstorbenen Rittergutsbesitzers Frisch-Insterburg die Schneeeule vor etwa 100 Jahren zwischen den großen erratischen Blöcken auf den Pallwen in der Umgebung von Pillkallen gebrütet habe (vgl. auch 143). Ferner soll sich nach einem Briefe von Friedrich v. Droste vom 6. Oktober 1872 (121) vor etwa 30 Jahren ein Schneeeulenhorst laut Mitteilung des Domänenpächters Höpfner in Regitten (Kreis Braunsberg) befunden haben. Schließlich berichtet A. E. Brehm (66), daß Rittergutsbesitzer Pieper sie 1843 in Kimschen (Kreis Ragnit) auf einem Steinhaufen brütend gefunden habe. Alle diese Angaben sind, da leider keine Belegexemplare vorliegen, doch zu unsicher, als daß daraufhin die Art unter die ostpreußischen Brutvögel gezählt werden könnte. Allerdings liegt wenigstens eine sichere Angabe über ihr Vorkommen im Sommer vor. Nach M. Braun (519) erhielt das Königsberger Museum eine am 25. Juli 1903 auf dem Frischen Haff erlegte Schneeeule. Es kann sich aber hierbei auch um ein, vielleicht infolge einer Verletzung, zurückgebliebenes Stück gehandelt haben. Eine von Höpfner am 15. Mai 1872 bei Schaaken (Kreis Königsberg) nach Friedrich v. Droste (l. c.) erlegte Schneeeule hatte sich vielleicht nur auf dem Rückzuge etwas verspätet, der sich ja öfters, wie oben erwähnt, bis Ende April ausdehnt.

### 173. Aegolius tengmalmi tengmalmi (Gm.) — Rauhfußkauz.

*Strix tengmalmi* Gm., *dasypus* Bechst., *funerea* auct.; *Nyctala, Nyctale, Cryptoglaux tengmalmi* (Gm.).

Der Rauhfußkauz, der in Deutschland vorwiegend Gebirgsbewohner ist, brütet auch in Ostpreußen, wenn auch jedenfalls nur sehr vereinzelt. Immerhin dürfte er in den großen Nadelwaldungen des Ostens und Südostens vielleicht doch regelmäßiger nisten, als man denkt, da er leicht übersehen oder mit dem Steinkauz verwechselt wird.

Hartert (200) war aus eigener Erfahrung über das Brüten nichts bekannt. Er sagt von *Aeg. tengmalmi*: „Wird gewöhnlich zufällig bei der Suche nach Waldschnepfen und im kahlen Winterwald geschossen. Sein Brüten ist noch nicht nachgewiesen; da er jedoch Standvogel zu sein scheint, ist kaum daran zu zweifeln, zumal er auch in Livland brütet." Der Nachweis des Brütens war jedoch bereits durch Löffler erbracht, dem wir gerade über die Eulen so viele wertvolle Nachrichten verdanken. In einem Brief vom 2. April 1839 teilt er mit, daß er am Tage zuvor in einer Kiefer bei Gerdauen das Nest des Rauhfußkauzes gefunden habe, in dem 2 Eier gelegen hätten, die aber zerbrochen seien. Das Weibchen wurde auf dem Nest gefangen und legte in der Gefangenschaft ein drittes Ei. Am 6. April teilt derselbe Gewährsmann mit, daß auch das Männchen in einer Schlinge am Nest gefangen sei. Er übersendet das Pärchen mit dem Ei dem Museum mit der Anfrage, ob 10 Taler dafür genug seien. Da Löffler gerade die Eulen sehr genau kannte, halte ich einen Irrtum für ausgeschlossen. In seinem Aufsatz „über die Tageulen" (331) führt er den Rauhfußkauz denn auch als ziemlich seltenen Brutvogel in Baumlöchern auf. Ebenso bezeichnen ihn Rathke (406) und neuerdings Rey (425) als in Ostpreußen brütend. Aus späterer Zeit sind nur 2 Fälle des Vorkommens während der Brutzeit bekannt geworden. Nach Wiese (654) wurde im Mai 1858 ein Stück im Revier Alt-Sternberg (Kreis Labiau) erlegt, und Gude erhielt ein Exemplar, das im April 1903 auf dem Schnepfenstrich in Tussainen (Kreis Ragnit) geschossen war.

Standvogel ist der Rauhfußkauz keineswegs in so hohem Maße, wie Hartert annimmt. Im Gegenteil zieht er auf der Kurischen Nehrung nach Thienemann (525, 536, 550) fast alljährlich im Oktober und November, bisweilen auch noch einzeln im Dezember, durch, öfters sogar in ganz erheblicher Anzahl. Namentlich im Dohnenstiege wurden verhältnismäßig viele gefangen, z. B. 1904, 1905 und 1907. Auch W. Christoleit berichtet von einem bei Braunsberg in Dohnen gefangenen Stück. Möschler (594c) erhielt ein lebendes Exemplar vom Niddener Leuchtturm am 25. November 1911. In demselben Jahr erlegte Thienemann (593, 594c) ein Exemplar bei Ulmenhorst ausnahmsweise am 30. März, also auf dem Frühjahrszuge. Mit Ausnahme der Nehrung wird der Rauhfußkauz in der Provinz meist nur recht vereinzelt in den Wintermonaten erlegt. Berichte über erlegte Stücke liegen aus den verschiedensten Teilen von Ostpreußen vor; bei Bartenstein bin ich ihm jedoch bisher noch nicht begegnet. Ich besitze lediglich ein Exemplar vom Oktober 1907 aus Rossitten.

### 174. Glaucidium passerinum passerinum (L.) — Sperlingskauz.

*Strix passerina* L.; *Surnia, Athene, Carine passerina* (L.); *Strix acadica, pygmaea* auct.

Der Sperlingskauz ist in Ostpreußen entschieden selten, da verhältnismäßig sehr wenige sichere Angaben über ihn vorliegen; doch wird er zweifellos auch leicht übersehen. Unzweifelhaft ist er aber zu den Brutvögeln des Gebiets zu zählen; denn im allgemeinen ist er wohl Standvogel. Die Nachrichten über sein Brüten sind jedoch sehr dürftig.

Der einzige, der positive Angaben macht, ist Löffler (327, 329), der ihn im Juni aus der Gegend von Gerdauen erhielt. Er vermutet daher bereits 1836 sein Brüten daselbst; später, im Jahre 1855, sagt er dann (331), er habe ihn als Brutvogel festgestellt, der namentlich im östlichen Teile der Provinz in den gleichen Waldungen wie die Uraleule vorkomme, aber anscheinend an Zahl abnehme. Als ostpreußischen Brutvogel bezeichnen den Sperlingskauz denn auch fast alle späteren Autoren, so E. v. Homeyer (241), Hartert (200, 205), Rey (425), Schäff (442) und Szielasko (471), letzterer für Masuren und die obere litauische Ebene.

Hartert sagt von ihm, er habe früher in den höhlenreichen, alten Espenbeständen zahlreicher gebrütet als jetzt; er niste jetzt in gemischten Laubwäldern und Baumgärten, scheine aber reinen Nadelwald nicht zu bewohnen.

Recht spärlich sind auch die sonstigen Nachrichten über das Vorkommen unserer kleinsten Eule, und zwar beziehen sie sich durchweg auf die Wintermonate. Das Königsberger Museum hat nach den Akten im ganzen nur 3 Exemplare aus Ostpreußen erhalten, nämlich mit Begleitbrief vom 13. November 1829 von Trappönen (Kreis Ragnit), mit Begleitbrief vom 19. Oktober 1836 von Heiligenbeil und mit Begleitbrief vom 13. Oktober 1860 von Brödlauken (Kreis Insterburg). Wahrscheinlich sind dieses die 3 noch jetzt vorhandenen Stücke, die auf den Etiketten nur die Bezeichnung „Preußen" tragen. Im Leipziger Museum steht nach Mitteilung von Voigt ein Exemplar mit der Angabe „Blandauer Wald, 14. Februar 1890"; es stammt aus der Sammlung des Herrn Talke-Gr.-Blandau, also aus dem Kreise Goldap. Löffler sandte nach einem Brief vom 2. Dezember 1846 ein „selten schönes" Stück des Sperlingskauzes nach Deutschland ab, das wohl aus der Gegend von Gerdauen stammte. Techler erhielt im Oktober 1907 ein Stück von Wilpischen (Kreis Gumbinnen), das einzige in 30 Jahren, und Büchler ging einmal im Februar ein Exemplar aus dem Kreise Darkehmen zu. Zigann (658) gibt an, diese Eule „von Haubenlerchengröße" wiederholt am Tage bei Wehlau beobachtet zu haben. Ferner will Meier (369) sie bei Louisenberg (Kreis Friedland) mehrfach im Herbst und Frühjahr gesehen haben; vielleicht liegt aber eine Verwechslung mit dem Stein- oder Rauhfußkauz vor. Ich selbst bin dem Sperlingskauz leider noch nie begegnet, ebensowenig andere ostpreußische Beobachter, wie W. Christoleit, Goldbeck und Wels. Dabei hat letzterer eine große Reihe von ostpreußischen Revieren seit vielen Jahren genau kennen gelernt. Auch der vielbeschäftigte Präparator Sondermann hat ihn noch nie aus der Provinz erhalten.

### 175. **Athene noctua noctua** (Scop.) — Steinkauz.

*Strix noctua* Scop.; *Glaucidium*, *Carine noctua* (Scop.); *Athene passerina* auct.

Für viele Gegenden kann der Steinkauz nur als seltener Brutvogel bezeichnet werden, wenn er auch wohl nirgends ganz fehlt. Er ist im Gebiet bei weitem nicht so häufig wie im übrigen Deutschland.

Die Berichte von Bujack (68), Löffler (327, 331), Hartert (200, 205) und Szielasko (471) lauten ziemlich übereinstimmend dahin, daß der Steinkauz keine häufige Erscheinung sei. Nicht gerade selten ist er aber nach Gude bei Ragnit und nach Techler bei Gumbinnen, wo er z. B. in Szameitschen, Plicken und an anderen Orten brütet. Für das nördliche Ostpreußen bezeichnet ihn sonst E. Christoleit als spärlich vorkommend, womit auch die Angabe von Hildebrandt übereinstimmt, daß er bei Heydekrug nur brüten „solle". Auf der Kurischen Nehrung beobachtete ihn le Roi (430) zur Brutzeit bei Grenz; im übrigen fehlt er dort nach Thienemann ganz. W. Christoleit stellte ihn in Wehlau und bei Heiligenbeil als Brutvogel fest, während Zigann (658) ihn in Wehlau nur zeitweise zwischen den Scheunen bemerkte; er kommt dort also sicherlich nur spärlich vor. Hartert (200) berichtet von einem Steinkauznest, das dicht bei Königsberg in einem Erdloche gefunden wurde. Ulmer bezeichnet ihn für Quanditten im Samlande, Löffler (l. c.) für Gerdauen und Schlonski für Johannisburg als „selten". Auf dem Rösseler Schloßturm konnte Mühling (378) ihn gelegentlich, aber nicht in jedem Jahre als Brutvogel feststellen, während dieser Nachweis Goldbeck für die Gegend von Saalfeld noch nicht gelang. Bei Bartenstein und Heilsberg ist er nach meinen Erfahrungen nicht häufiger Brutvogel und durchaus nicht überall zu finden. In der Stadt Bartenstein nisten einzelne Paare in den Scheunengegenden und auf einigen Abbauten.

Dagegen habe ich ihn in Losgehnen noch nicht brütend beobachtet, und auch im Herbst und Winter verstreicht sich nur äußerst selten einmal ein Stück dorthin; ebenso fehlt er auch auf vielen andern Gütern. Ich besitze aus dem Kreise Friedland einen jungen Vogel vom 25. Juli 1907 aus Abbau Bartenstein und einen alten vom März 1911 aus Wilhelmshöhe.

Auch Sondermann erhält im ganzen nur verhältnismäßig wenige Steinkäuze aus der Provinz, ebenfalls ein Zeichen dafür, daß die Art wohl nirgends sonderlich häufig ist. Von April 1892 bis Dezember 1911 wurden ihm 45 Exemplare zugesandt, davon aber nur 14 in der Zeit von April bis August aus den Kreisen Ragnit (3), Niederung (7), Labiau (3) und Wehlau (1). 31 Stücke gingen ihm außerhalb der Brutzeit zu aus den Kreisen Memel (1), Heydekrug (1), Ragnit (7), Tilsit (2), Niederung (7), Labiau (1), Königsberg (1), Insterburg (3), Stallupönen (4), Pillkallen (2) und Angerburg (2).

Im allgemeinen ist der Steinkauz wohl Standvogel; doch streichen im Herbst und Winter manche etwas weiter umher und treten dann, namentlich bei starkem Schneefall, in manchen Gegenden häufiger auf. So erhielt Schuchmann im Januar 1908 gleichzeitig 5—6 Exemplare aus der Nähe von Königsberg, während sonst jahrüber kaum so viele aus der ganzen Provinz eingeliefert werden.

### 176. **Strix alba guttata** Brehm — Schleiereule.

*Strix flammea* auct.; *Tyto alba guttata* (Brehm).

Die Berichte über das Vorkommen der Schleiereule in Ostpreußen lauten auffallend verschieden. Löffler (327) bezeichnete sie 1836 als die nächst dem Waldkauz häufigste Eule, und Hartert (200, 205) sagt von ihr ganz allgemein, sie sei keine Seltenheit. Dagegen nennt v. Riesenthal (386) sie für die Provinz „recht selten“, und Szielasko (471) kennt sie nur für die obere litauische Ebene als unregelmäßigen, seltenen Brutvogel; er besitzt aber auch ein Ei aus der Gegend von Lyck. Diese so erheblich voneinander abweichenden Angaben finden ihre Erklärung wohl darin, daß die Schleiereule in der Tat in den einzelnen Teilen der Provinz sehr verschieden häufig auftritt, ohne daß sich bisher ein einigermaßen klares Bild ihrer Verbreitung geben ließe. Im allgemeinen wird man sie — einige Gegenden vielleicht ausgenommen — doch als ziemlich seltene Erscheinung bezeichnen müssen.

Im nördlichen Ostpreußen scheint sie nur stellenweise etwas häufiger aufzutreten, in manchen Strichen aber wiederum als Brutvogel ganz zu fehlen. Letzteres gilt namentlich für die Kurische Nehrung, wo sie nach Thienemann (564, 589, 593) sehr selten erscheint. Ein ♀ wurde am 13. März 1908 in Rossitten gefangen; bei Ulmenhorst zeigte sich ein Stück am 2. November 1911, und von Nidden wurde ein ♂ mit weißer Unterseite am 24. Dezember 1911 eingeliefert (594c). Im Samlande bei Quanditten, wo sie früher nach Ulmer häufiger vorkam, ist sie jetzt recht selten geworden und nicht mehr Brutvogel. le Roi (430) hörte sie zur Brutzeit in Cranz, konnte aber das Nisten daselbst nicht nachweisen. Für die nähere Umgebung von Königsberg ist dies jedoch bereits wiederholt gelungen. Thienemann (546) fand ein Nest mit 5 Dunenjungen am 20. Juni 1906 in Seligenfeld, und Hartert (199) beobachtete in Wernsdorf sogar noch am 6. November Junge, die teilweise das Dunengefieder trugen.

Selten ist die Schleiereule auch an manchen Stellen im Memelgebiet. Nach Hildebrandt „soll“ sie bei Heydekrug brüten, aber jedenfalls recht selten, da er selbst sie nie beobachtet hat. E. Christoleit bezeichnet sie gleichfalls für das Rußdelta als selten, und W. Christoleit konnte sie am Ostufer des Kurischen Haffs überhaupt nicht auffinden. Etwas häufiger scheint sie aber wieder im Osten der Provinz zu sein. Gude gibt sie für Ragnit als „ziemlich häufig“, Techler für Gumbinnen als „nicht selten" an. Wie die Eingangsbücher des Präparators Sondermann ergeben, ist die Schleiereule aber auch im Mündungsgebiet der Memel stellenweise durchaus nicht übermäßig selten, so namentlich in den Kreisen Niederung und Labiau. In der Zeit von Mai 1889 bis Januar 1912 erhielt Sondermann im ganzen 123 Schleiereulen zum Präparieren. Von ihnen entfallen 50 auf die Zeit von April bis August, und zwar verteilen sie sich auf die Kreise Heydekrug (1), Ragnit (7), Tilsit (3), Niederung (15), Labiau (6), Insterburg (7), Wehlau (1), Pillkallen (5), Darkehmen (1), Stallupönen (2), Gumbinnen (1) und Pr. Eylau (1). Die übrigen 73, erlegt in der Zeit vom September bis März, entfallen auf die Kreise Heydekrug (3), Ragnit (2), Tilsit (3), Niederung (34), Labiau (6), Insterburg (7), Königsberg (1), Pr. Eylau (1), Pillkallen (7), Stallupönen (6), Darkehmen (1), Gumbinnen (1) und Oletzko (1).

Aus dem Süden und Südosten der Provinz liegt, abgesehen von der Mitteilung Szielaskos über das Brüten der Art bei Lyck, nur eine Angabe von Schlonski vor, wonach sie bei Johannisburg selten ist. Für den mittleren und westlichen Teil sind zahlreichere Berichte vorhanden. Nach Mühling (378) nisteten bis 1847 regelmäßig 2 Paare auf dem Schloßturm in Rössel; nach Zigann (658) bewohnt seit Jahren ein Paar den Wehlauer Kirchturm. Löffler (327) nannte sie 1836, wie schon erwähnt, für Gerdauen häufig; Dunenjunge sah er 1853 daselbst noch am 28. Oktober (331). Goldbeck bezeichnet sie jedoch für Saalfeld als durchaus nicht häufig, und dasselbe gilt auch nach meinen Beobachtungen für die Umgebung von Bartenstein. Ich bin ihr dort überhaupt nur wenige Male begegnet; als Brutvogel habe ich sie noch nicht nachweisen können. Am 17. Dezember 1904 erhielt ich eine lebende Schleiereule von Schippenbeilshof; Ende November 1904 wurde ferner ein Stück in der Turnhalle der Unteroffiziervorschule in Bartenstein gefangen, und am 27. Mai 1907 wurde in Losgehnen ein alter Vogel erlegt, der sich aber bestimmt nur verflogen hatte, da die Art dort keinesfalls brütet. Mitte Oktober 1909 erhielt ich schließlich ein Stück von Friedlandshof. Sondermann gingen aus der Nähe von Bartenstein 2 Exemplare zu, nämlich je ein Stück am 2. Mai 1910 von Tolks und am 5. November 1910 von Loyden. Balzer erhielt ein Stück von Schippenbeil Mitte Juli 1913. In der Stadt Heilsberg hörte ich die Art zuerst im Juli und September 1910 und dann auch regelmäßig in der Folgezeit; sie hat sich dort auf der Pfarrkirche angesiedelt, wo 1911 ein Nest mit Eiern gefunden, aber leider zerstört wurde. Auch 1912 und 1913 zeigte sie sich zur Brutzeit in der Stadt.

Bei den Präparatoren Schuchmann und Balzer sah ich öfters aus der Provinz eingelieferte Schleiereulen, bisweilen sogar ziemlich viele zu derselben Zeit; auffallend viele erhielt ersterer z. B. im Herbst 1910, während Balzer im Herbst und Winter 1911/12 allein über 30 Stück, großenteils aus der Nähe von Königsberg, zugingen. Wie Thienemann (589) berichtet, wurden dem Präparator Kuck in Cranz im Februar 1912 13 Schleiereulen eingeliefert, die sämtlich bei Cranz tot oder halbtot aufgefunden waren. Diese Tatsachen sprechen dafür, daß zuweilen wahrscheinlich ein größerer Zug dieser Eulen stattfindet, was z. B. Techler für Gumbinnen vermutet, oder daß zum mindesten bei starkem Schneefall und strenger Kälte Ansammlungen erfolgen, bei denen viele Stücke dem Nahrungsmangel oder der Kälte zum Opfer fallen.

Die ostpreußischen Schleiereulen haben fast durchweg gelbe Unterseite; sie gehören zu der mitteleuropäischen Form *guttata* Brehm. Von den 13 an Kuck eingelieferten Stücken war nach Thienemann (l. c.) nur eins etwas heller. Weißbäuchige Exemplare sind sehr selten; ein solches, das sicher aus der Provinz stammte, sah ich einmal bei Schuchmann. Ein sehr schönes ♂ mit reinweißer, fast ungefleckter Unterseite vom 24. Dezember 1911 aus Nidden befindet sich in der Sammlung der Vogelwarte (594c). Balzer schließlich erhielt im Juli 1913 ein unterseits weißes Stück von Schippenbeil.

# XI. Ordnung: **Picariae** — Spechtvögel.

## 1. Familie: **Cuculidae** — Kuckucke.

### **177. Cuculus canorus canorus L. — Gemeiner Kuckuck.**

*Cuculus hepaticus* Sparrm., *rufus* Bechst.

In der ganzen Provinz tritt der Kuckuck anscheinend gleichmäßig häufig auf. Es ist bisher keine Gegend bekannt, wo er seltener, aber auch keine, wo er ganz besonders zahlreich wäre.

Im letzten Drittel des April oder im ersten des Mai stellt er sich im Frühjahr bei uns ein, bei Bartenstein zwischen dem 23. April und 9. Mai, wobei sich als Mittel von 15 Jahren der 2. Mai ergibt. Nach Lühe (337) wurde für Petrikatschen (Kreis Stallupönen) 1906 die Ankunft bereits am 10. März gemeldet; dieser Termin ist aber so auffällig früh, daß sicherlich ein Irrtum vorliegen muß. Zum Vergleich seien noch einige anderweite Beobachtungen herangezogen. Im Jahre 1882 erfolgte die Ankunft bei Kurwien (Kreis Johannisburg) am 20., bei Norkitten (Kreis Insterburg) und Wondolleck (Kreis Johannisburg) am 24. April (16). Aus den Jahresberichten der Forstlich-Phänologischen Stationen (250) ergibt sich ferner für Ostpreußen folgendes Bild des Frühjahrszuges: Der mittlere Ankunftstag war für die Provinz 1885 der 26., 1886 der 27., 1887 der 26., 1888 der 26., 1889 der 27., 1890 der 22., 1891 der 29., 1892 der 29. April, 1893 der 3. Mai und 1894 der 26. April. Für die einzelnen Stationen ergeben sich in den Jahren 1885—1894 folgende mittleren Ankunftszeiten: Ibenhorst 29. April (25. April bis 6. Mai), Dingken 28. April (21. April bis 4. Mai), Pfeil 30. April (25. April bis 10. Mai), Neu-Sternberg 26. April (20. April bis 2. Mai), Fritzen 29. April (25. April bis 5. Mai), Brödlauken 28. April (20. April bis 5. Mai)*), Rothebude 26. April (17. bis 30. April), Kurwien 26. April (16. April bis 2. Mai), Ratzeburg 24. April (19. April bis 2. Mai), Sadlowo 26. April (18. bis 30. April), Foedersdorf 27. April (20. April bis 1. Mai). Die Ankunftsdaten lauten also recht übereinstimmend sowohl untereinander wie mit meinen Bartensteiner Beobachtungen. Auch die von Lühe (l. c.) für 1906 mitgeteilten Daten weichen hiervon nicht ab. Es entfallen nämlich von 37 Daten — 2 können als unglaubwürdig nicht berücksichtigt werden — 15 auf die Zeit vom 20. bis 29. April und 21 auf die Zeit vom 30. April bis 9. Mai. Als mittlerer Ankunftstag für 1906 ergibt sich der 30. April.

Über die Pflegeeltern des Kuckucks bei uns besitzen wir leider keine genaueren Aufzeichnungen. Hartert (200) fand zweimal die Eier in Hänflingsnestern, Thienemann (513, 519) einmal, am 24. Juni 1903, ein Ei im Nest des Karmingimpels. In Losgehnen beobachtete ich am 4. August 1905 einen jungen Kuckuck, der von *Motacilla alba*, am 15. Juli 1912 einen solchen, der von *Sylvia communis*, am 3. August 1913 einen, der von *Acrocephalus schoenobaenus* gefüttert wurde.

Im Laufe des Juli verstummt allmählich sein Ruf; zum letzten Male wurde er in Losgehnen 1908 am 26. und 1909 am 25. Juli gehört. Bald danach setzt auch der Herbstzug ein, der auf der Kurischen Nehrung bisweilen recht große Dimensionen annimmt. Besonders stark war er dort nach Thienemann (525, 588) Ende Juli und Anfang August 1904 sowie im August und Anfang September 1913, und zwar gelangten sowohl junge wie alte Vögel zur Beobachtung; 1910 zeigten sich die ersten am 28. Juli auf dem Zuge. In manchen Jahren beginnt der Zug auch auf der Nehrung erst später, so 1908 am 21. August (564). Die letzten Kuckucke werden gewöhnlich im September bei uns gesehen. In Tzul-

*) Die einzeln dastehende Angabe, daß in Brödlauken 1886 die Ankunft am 25. Mai erfolgt sei, beruht wohl auf einem Versehen und ist daher fortgelassen.

kinnen wurde nach Wiese (654) ein junger Vogel noch am 13. September geschossen. Thienemann (546, 588) beobachtete bei Rossitten ziemlich lebhaften Zug noch am 5. September 1910 sowie Anfang September 1913, ein einzelnes Exemplar sogar noch am 16. September 1906. In Losgehnen sah ich die letzten 1904 am 5. September (ein altes ♂) und 1905 am 14. September (mehrere junge Vögel). Sondermann erhielt im September noch aus folgenden Kreisen Kuckucke: Ragnit (27. September 1902 von Pleinlauken und 15. September 1908 von Plimballen), Niederung (15. September 1902 von Rautenburg und 13. September 1908 von Gr. Asznaggern), Labiau (17. September 1902 von Petricken und 24. September 1903 von Mehlauken), Gumbinnen (13. September 1906 von Pötschkehmen), Sensburg (23. September 1893 von Alt-Ukta) und Braunsberg (26. September 1904 von Tiedmannsdorf).

Weibliche Kuckucke der roten Phase werden nicht allzu selten bei uns beobachtet. Thienemann (525) erlegte ein solches Stück bei Rossitten am 5. August 1904 und beobachtete eins am 25. Mai 1904. In Losgehnen sah ich derartige Exemplare u. a. am 16. Mai 1905 und 12. Juni 1910.

Im Königsberger Museum befindet sich nach Lühe (351) ein Totalalbino, der am 25. Juni 1836 von Guttstadt eingesandt wurde.

## 2. Familie: **Picidae** — Spechte.

### 178. **Iynx torquilla torquilla L. — Wendehals.**

Im größten Teile von Ostpreußen ist der Wendehals an Waldrändern, in Feldhölzern, Obstgärten und Parks nicht seltener Brutvogel; doch scheint er in manchen Gegenden nur ziemlich spärlich vorzukommen, so nach Szielasko (471) in der oberen litauischen Ebene, nach Hildebrandt bei Heydekrug und nach Goldbeck bei Saalfeld. Auf der Kurischen Nehrung hat er sich nach Thienemann (510, 546) erst neuerdings, seit dem massenhaften Aufhängen künstlicher Nisthöhlen, bei Rossitten als Brutvogel angesiedelt.

In der zweiten Hälfte des April trifft er gewöhnlich bei uns ein, bei Bartenstein und Heilsberg nach meinen Beobachtungen zwischen dem 16. April und 2. Mai, wobei sich als Mittel von 16 Jahren der 24. April ergibt. Robitzsch (18) gibt für Norkitten (Kreis Insterburg) 1884 den 16. April als Ankunftsdatum an. Das Brutgeschäft fällt in den Mai und Juni. Szielasko besitzt aus Nordenburg ein Gelege von 6 Eiern vom 5. Juni 1909. In Losgehnen fand ich ein solches mit 12 stark bebrüteten Eiern am 10. Juni 1892. Im Laufe des August verlassen uns wohl schon wieder die meisten, so daß man im September nur noch vereinzelte Nachzügler sieht.

Im Königsberger Museum befindet sich ein Totalalbino, der nach Lühe (351) 1859 bei Werden (Kreis Heydekrug) erlegt wurde.

### 179. **Dryocopus martius martius (L.) — Schwarzspecht.**

*Picus martius* L.; *Dryopicus martius* (L.).

Unser größter Specht ist in Ostpreußen sehr weit verbreitet und stellenweise noch ziemlich häufiger Brutvogel. Er fehlt wohl kaum einem größeren Nadelwalde ganz; ja in manchen Gegenden scheint sein Bestand nicht unbeträchtlich zuzunehmen. Hartert (200, 205) sagt von ihm, in Übereinstimmung mit den Angaben von Szielasko (471) und v. Hippel (227), er sei in den großen Waldungen noch recht zahlreich. Seine Nisthöhle fand er in der Regel in Kiefern, aber auch in Eichen, Zitterpappeln und Erlen.

Harterts Angaben werden durch das Ergebnis der von der Physikalisch-Ökonomischen Gesellschaft veranstalteten Rundfrage vollauf bestätigt. Danach kam der Schwarzspecht 1905 noch in 81 Oberförstereien als Brutvogel vor und nur in 3 Revieren — Norkaiten, Nemonien und Rossitten — fehlte er als solcher, während 2 Oberförstereien — Klooschen und Mehlauken — sein Brüten als fraglich bezeichnen. Gleichbleiben des Bestandes wird von 43, Vermehrung von 9 und Verminderung nur von 8 Stellen gemeldet. Im Forstrevier Rossitten scheint er sich bei Schwarzort jedoch neuerdings nach Thienemann (588) als Brutvogel anzusiedeln.

Im Gebiet des Kurischen Haffs ist der Schwarzspecht, was auch schon aus vorstehenden Angaben hervorgeht, stellenweise etwas seltener, wohl in solchen Revieren, in denen die Erle sehr überwiegt; es gibt z. B. Ibenhorst nur 1, Tawellningken nur 3 Brutpaare an. In Schnecken ist er aber nach Thienemann (546, 588) nicht selten und im südlichen Memeldelta, im Kreise Labiau, ist er mit wenigen Ausnahmen — Nemonien und Mehlauken — im allgemeinen ziemlich häufig, wenn auch einzelne Reviere, wie Kl. Naujok, von einer Abnahme berichten. Auf der Kurischen Nehrung nistete er früher nicht; er ist dort auf dem Striche im allgemeinen eine seltene Erscheinung, kommt aber auf dem südlichen Teile nach le Roi (430) öfters vor; ebenso hält er sich jetzt nach Thienemann (588) bei Schwarzort dauernd auf.

In den großen Nadelwäldern des Ostens ist der Schwarzspecht fast überall noch sehr zahlreich, namentlich in den Kreisen Ragnit und Pillkallen, in der Rominter und Borker Heide. Hier wird auch nirgends eine Abnahme gemeldet, vielmehr 11 mal ein Gleichbleiben des Bestandes und 2 mal sogar eine Zunahme. Einen besonders ansehnlichen Bestand weisen z. B. die Reviere Trappönen, Uszballen und Heydtwalde auf. Für die Reviere Tzulkinnen und Weszkallen bezeichnete ihn Wiese (654) schon 1860 als häufig, und auch Geyr v. Schweppenburg (189) traf ihn im Juni 1911 bei Schorellen und Rominten nicht selten an. Gleichfalls recht verbreitet ist der Schwarzspecht in den waldreichen Teilen der Kreise Insterburg, Wehlau und Gerdauen, was auch v. Hippel (l. c.) für Astrawischken und Zigann (658) für Wehlau bestätigen. Kranichbruch gibt 35—40, Tapiau 30—40, Papuschienen etwa 40 Brutpaare an. Eine Verminderung ist auch hier nirgends eingetreten.

Im Samlande, im nordwestlichen und mittleren Ostpreußen, also in den Kreisen Fischhausen, Braunsberg, Heilsberg, Rössel, Friedland und Pr. Eylau, ist er in Staatsforsten und größeren Privatwäldern überall vertreten, wenn auch meist nicht so häufig wie im Osten der Provinz. Doch weist z.B. das Revier Födersdorf den ansehnlichen Bestand von 30—40 Brutpaaren auf. Auf der Frischen Nehrung ist er nach Thienemann (550) nicht selten, und auch bei Bartenstein ist er ein ziemlich verbreiteter Jahresvogel. Als Brutvogel kommt er dort in allen größeren Nadelwäldern vor, z. B. im Schippenbeiler Stadtwalde, den Wäldern von Gallingen, Dietrichswalde, Kraftshagen usw. In Losgehnen, wo er nicht brütet, zeigt er sich einzeln regelmäßig zu allen Jahreszeiten, gelegentlich sogar während der Brutzeit. Auf dem Herbststriche läßt er sich bisweilen verhältnismäßig zahlreich sehen. Im Kreise Heilsberg ist er gleichfalls nicht selten.

In den Kreisen Pr. Holland, Mohrungen, Osterode und Allenstein tritt er zwar in der Regel nicht so zahlreich auf, wie in den Waldungen des Ostens; doch meldet Lanskerofen, wo schon Volkmann (17) den Vogel häufig beobachtete, 30—40 Brutpaare, und vielfach ist auch sonst infolge strengster Schonung und Schaffung von Brutgelegenheit durch Stehenlassen alter Bäume eine Zunahme zu konstatieren, so in den Revieren Alt-Christburg, Hohenstein, Jablonken und Taberbrück, während in Schlodien und Schwalgendorf eine Verminderung eingetreten ist. Immerhin ist er in letzterem Revier nach Goldbeck nicht selten, und Nagel bezeichnet ihn für Pfeilings (Kreis Mohrungen) sogar als häufig.

In großer Anzahl bewohnt der Schwarzspecht die ausgedehnten Kiefernreviere im Süden und Südosten der Provinz, in den Kreisen Neidenburg, Ortelsburg, Sensburg und Johannisburg. Die Oberförsterei Commusin z. B. bezeichnet ihn als „sehr zahlreich", Reußwalde als „zahlreich"; Kullick und Turoscheln weisen einen Bestand von 50 bzw. 30—40 Brutpaaren auf. Schon Böck (649) nannte ihn für Masuren ganz allgemein „sehr häufig", und Spalding (17) gab dasselbe für Kurwien (Kreis Johannisburg) an.

### 180. **Dryobates maior maior** (L.) — Großer Buntspecht.

*Picus maior* L.; *Dendrocopus maior* (L.).

Sicherlich ist der große Buntspecht überall weitaus der häufigste Specht. Er fehlt wohl keinem Nadel- oder gemischten Walde und nimmt auch mit kleineren Beständen vorlieb. Sehr häufig ist er nach Geyr v. Schweppenburg (189) im Forstrevier Schorellen, nicht annähernd so zahlreich in der Rominter Heide. le Roi (430) fand ihn auf der Kurischen Nehrung noch in der Sarkauer Plantage brütend. Etwas seltener scheint er nach Szielasko (471) nur in der Niederung zu sein, was wohl durch das Fehlen größerer Nadelwälder zu erklären ist.

Am zahlreichsten zeigen sich Buntspechte gewöhnlich während des Herbststrichs in den Monaten September und Oktober, in manchen Jahren geradezu in überraschender Menge. Namentlich auf der Kurischen Nehrung findet bisweilen ein regelrechter Massenzug von großen Buntspechten statt, und zwar fast ausschließlich von jungen Vögeln mit roter Kopfplatte. Thienemann (514, 516, 519, 572, 576) beobachtete solche Spechtzüge in den Jahren 1903 von Anfang September bis Anfang Oktober und 1909 von der zweiten Hälfte des August bis Ende Oktober. In derartigen Massen — Thienemann sah bisweilen gleichzeitig bis 20 Stück — zeigen sich diese Spechte im Binnenlande nicht; immerhin waren im Herbste 1909 Buntspechte auch bei Bartenstein und nach Ulmer (576) bei Quanditten recht häufig zu sehen. Auch während des Winters 1909/10 hielten sie sich in der Bartensteiner Gegend viel zahlreicher auf als in anderen Jahren; in der Hauptsache nährten sie sich von Kiefern- und Fichtensamen, mit dessen Gedeihen diese Züge vielleicht überhaupt zusammenhängen.

Die Unterseite ostpreußischer Exemplare ist bald sehr weiß, so bei einem auch sonst recht lebhaft gefärbten ♂ aus Losgehnen vom 20. April 1908, das ich an Kleinschmidt sandte, bald mehr bräunlich, wie bei 4 ♂♂, 2 ♀♀ meiner Sammlung vom 16. Februar 1896 (♂♀), 16. November 1898 (♂), 30. Oktober 1910 (♂), 10. November 1912 (♂) und 10. Oktober 1907 (♀). Ein ♀ vom 17. November 1907, das ich besitze, hat sogar eine stark bräunlich gefärbte Unterseite; doch ist diese Färbung teilweise vielleicht auf Fremdstoffe zurückzuführen. Ein im neuen Naumann (Bd. IV, Taf. 31 Fig. 1) abgebildetes ostpreußisches ♂ vom November 1899 aus der Sammlung Hennickes ist unterseits sehr hell gefärbt. Im allgemeinen stimmen die ostpreußischen Buntspechte nach Hartert (211) mit skandinavischen und russischen Exemplaren überein. Sie unterscheiden sich durch die bedeutendere Flügellänge (138—143, sogar bis 148 gegen 130—138 mm) von der mitteleuropäischen Form *D. m. pinetorum* (Brehm). Die Stücke meiner Sammlung messen 4 ♂♂: 141, 140, 140, 138; 3 ♀♀: 138, 140, und 143; 1 iuv. 139 mm. Das von mir am 20. April 1908 in Losgehnen gesammelte ♂ in Kleinschmidts Sammlung, ein sicherer Brutvogel, mißt sogar 147 mm. 6 Stücke in der Sammlung der Vogelwarte Rossitten weisen folgende Flügelmaße auf: 4 ♂♂: 132, 137, 138, 145; 2 ♀♀: 138, 142 mm. Die teilweise geringen Maße erklären sich dadurch, daß es sich fast durchweg um junge Herbstvögel handelt.

Inwieweit die Wintervögel mit unsern Brutvögeln identisch sind, steht noch nicht fest. Anscheinend findet aber im Herbst ein in den einzelnen Jahren verschieden starker Zuzug von Nordosten her statt.

**181. Dryobates leucotos leucotos** (Bechst.) — Weißrückenspecht.

*Picus leucotos* Bechst.; *Picus, Dendrocopus leuconotus* auct.

Erst an wenigen Stellen ist der schöne Weißrückenspecht bei uns aufgefunden worden. J. F. Naumann (385) sagt zwar, er sei in der Provinz Preußen nicht selten; doch fehlen sichere Nachrichten über sein Brüten bisher völlig. In den großen masurischen Waldungen ist er wahrscheinlich vereinzelter Brutvogel; als solchen führt ihn Rathke (406) schon 1846 auf.

Im Königsberger Museum steht ein von Löffler mit Begleitbrief vom 21. November 1828 aus Gerdauen eingesandtes ♂, das auch Hartert (200) erwähnt. Dieser gibt als weitere Fundorte noch Allenstein und die Johannisburger Heide an. An anderer Stelle (205) sagt er, er selbst habe ihn nur selten in den großen Kiefernforsten im Südosten der Provinz beobachtet. Künow erhielt nach seinen Aufzeichnungen ein Stück im Februar 1871; leider fehlt die genaue Ortsangabe. Zimmermann schließlich besitzt ein Exemplar vom 21. Oktober 1893 aus Gr. Blandau (Kreis Goldap).

**182. Dryobates medius medius** (L.) — Mittelspecht, mittlerer Buntspecht.

*Picus medius* L., *cynaedus* Pall.; *Dendrocopus, Dendrocoptes medius* (L.).

Bei weitem seltener als der große Buntspecht ist der Mittelspecht in Ostpreußen; ja selbst dem Kleinspecht scheint er an Zahl nachzustehen. Zur Brutzeit bewohnt er wohl nur Laubwälder, namentlich solche mit alten Eichen. Seine Verbreitung, die recht sporadisch ist, bedarf noch sehr der Aufklärung.

Hartert (200, 205) sagt, er fehle stellenweise, und Szielasko (471) gibt an, er sei in Litauen und der Niederung als vereinzelter, unregelmäßiger Brutvogel beobachtet. Bei Heydekrug ist er nach Hildebrandt nicht häufiger Brutvogel und auf der Kurischen Nehrung kommt er nach Thienemann (504, 550) lediglich als recht seltener Durchzügler vor; er erwähnt ihn nur für den 5. August 1897 und 14. August 1907. Zigann (658) nennt ihn für Wehlau „selten"; doch hat E. Christoleit ihn daselbst in mehreren Paaren brütend gefunden; sonst hat er ihn nur im Winter bei Ruß und in der Oberförsterei Papuschienen beobachtet.

Nach Baecker (19) ist der Mittelspecht bei Elchwalde im Forstrevier Gauleden Brutvogel. Nach Gude, der ein schönes ♂ besitzt, ist er bei Ragnit nicht gerade selten. In dem für ihn so geeigneten Mischwalde von Schorellen (Kreis Pillkallen) suchte ihn Geyr v. Schweppenburg (189) jedoch vergeblich; auch sonst begegnete er ihm nirgends in der Provinz. Löffler (328) bezeichnete ihn zwar 1837 für Gerdauen als „gewöhnlich", doch ist diese Angabe vielleicht nicht ganz zuverlässig. In neuerer Zeit ist er wenigstens nirgends im Gebiet zahlreich aufgefunden worden. Bei Saalfeld kommt er nach Goldbeck vereinzelt als Brutvogel vor.

Wie auf der Kurischen Nehrung wird der Mittelspecht nach Ulmer auch bei Quanditten und nach Techler bei Gumbinnen nur selten auf dem Striche beobachtet. Dasselbe gilt für Bartenstein, wo ich ihn erst viermal nachweisen konnte. Am 11. November 1894 und 30. Oktober 1910 erlegte ich je ein ♂, am 24. November 1907 und 13. November 1910 je ein ♀ in Losgehnen. Sonst habe ich diesen Specht für die Bartensteiner Gegend nie mit Sicherheit festgestellt.

Sondermann erhält Mittelspechte auch nur selten aus der Provinz. Stücke gingen ihm zu am 3. Oktober 1903 von Tawe (Kreis Niederung), am 17. November 1898 von Birkenfelde (Kreis Pillkallen), am 3. Mai 1892 von Norkitten (Kreis Insterburg) und am 3. Januar 1912 aus Kleszowen (Kreis Darkehmen).

**183. Dryobates minor minor** (L.) — Kleinspecht, kleiner Buntspecht.

*Picus minor* L.; *Dendrocopus, Xylocopus minor* (L.).

In dem an Weichhölzern reicheren nördlichen Ostpreußen ist der Kleinspecht nicht allzu selten; auch im Osten der Provinz kommt er öfters vor. Vielerorts fehlt er aber wieder auch ganz.

Nach Hartert (200, 205) ist der Kleinspecht in Preußen verbreitet, doch ziemlich selten, nach Szielasko (471) in Masuren und der oberen litauischen Ebene vereinzelter, in der unteren und der Niederung häufiger Brutvogel, verhältnismäßig zahlreich z. B. bei Tilsit. Auch Gude teilte mir mit, daß er bei Ragnit ziemlich häufig sei; bei Heydekrug brütet er jedoch nach Hildebrandt nur recht spärlich. Auf der Kurischen Nehrung zeigt er sich nach Lindner (316), Thienemann (588) und le Roi (430) nur gelegentlich auf dem Striche, doch nach letzterem auf dem südlichen Teile etwas häufiger. In der Sammlung der Vogelwarte Rossitten befinden sich ein ♂ vom 2. April 1905 aus Rossitten, ein ♀ vom 22. Oktober 1910 von Ulmenhorst — ein weiteres Stück wurde dort am 18. Oktober 1910 erlegt — und ein ♀ vom 20. März 1902 vom südlichen Teile der Nehrung. 1911 beobachtete Thienemann (594 c) Kleinspechte öfters vom 3. bis 8. April im Niddener Walde, wo er auch ein Stück erlegte. Möschler sah ein Stück zwischen Sarkau und Rossitten am 19. November 1911. Im Samlande scheint der Kleinspecht stellenweise nicht selten zu sein. Bei Königsberg sah ich öfters Exemplare, und im April 1907 schien ein Paar im Glacis auch zur Brut schreiten zu wollen. In Übereinstimmung hiermit sagt E. Christoleit, er brüte bei Königsberg gar nicht selten, einzeln auch bei Wehlau und Ruß; auf dem Zuge fehle er, abgesehen von reinen Kieferngegenden, wohl nirgends ganz. Bei Quanditten ist er jedoch nach Ulmer als Strichvogel ziemlich selten. Für Wehlau bezeichnen ihn auch W. Christoleit und Zigann (658) als seltenen Brutvogel; ersterer hat ihn zur Brutzeit auch bei Frauenburg und in der Oberförsterei Pfeil beobachtet. Wiese (654) erwähnt, daß er ihn in Weszkallen (Kreis Pillkallen) einige Male gehört habe. Wels bemerkte ihn in der Johannisburger und Rominter Heide vereinzelt; in Astrawischken (Kreis Insterburg) kommen alljährlich einzelne Stücke im Herbst in seinen Garten am Waldrande. Bei Szameitschen (Kreis Gumbinnen) traf ihn Techler nur wenige Male auf dem Zuge an. Als Brutvogel geben ihn ferner noch Robitzsch (17) für Norkitten (Kreis Insterburg) und Baecker (19) für Elchwalde am Zehlaubruch an. Bei Saalfeld nistet der Kleinspecht nach Goldbeck höchstwahrscheinlich, da er ihn dort mehrmals im Spätsommer beobachtet hat.

Nicht häufig ist der Kleinspecht in der Bartensteiner Gegend, für die ich ihn als Brutvogel noch nicht nachweisen konnte. Auch für Louisenberg (Kreis Friedland) gibt ihn Meier (369) nur als Strichvogel an. Nur im Herbst und Winter, ausnahmsweise auch im Frühjahr oder Spätsommer, zeigt sich bei Bartenstein gelegentlich einmal einer dieser Spechte vorübergehend auf dem Striche, aber im ganzen sehr unregelmäßig und ziemlich selten. Als Beobachtungsdaten aus den letzten Jahren nenne ich den 28. Dezember 1892, 18. November 1894, 28. Juli 1898 (♂ iuv. geschossen), 6. Januar 1901, 15. September 1904 (♀ geschossen), 28. März 1909, 27. Oktober und 6. November 1910, 22. Dezember 1912 (♂ geschossen), 4. Januar 1914.

In Masuren fehlt der Kleinspecht nach Hartert (l. c.) begreiflicherweise den großen Kiefernrevieren. Auch Schlonski bezeichnet ihn für Johannisburg als selten. In der Sammlung v. Erlangers befinden sich nach Hilgert (225) ♂ und ♀ ad. vom 30. November und 15. Dezember 1898 aus Grondowken (Kreis Johannisburg) und ein ♀ vom 30. April 1903 aus Steinfließ (Kreis Osterode). Im nördlichen Masuren begegnete ich im Mai 1908 mehrfach Kleinspechten in Steinort (Kreis Angerburg). 2 ♂♂, die ich dort am 3. Mai aus nächster Nähe beobachtete, schienen einen ziemlich hellen, von wenigen dunkeln Querbinden durchzogenen Rücken und weißen, anscheinend wenig gestrichelten Bauch zu haben.

Die ostpreußischen Kleinspechte gehören nach Hartert (211) zu der in Skandinavien und Nordrußland heimischen Form *Dr. minor minor* (L.), von der sich die mitteleuropäische Form *hortorum* (Brehm) durch etwas mehr fahlbraune und oft stärker gestrichelte Unterseite und etwas kürzere Flügel (87—93 mm bei *hortorum* gegen 89—96 bei *minor*) unterscheidet. Die Stücke meiner Sammlung messen: ♂ (22. 12. 12): 94, ♀ (15. 9. 04): 96, ♂ iuv. (28. 7. 98): 89 mm. Ein ♂ in Kleinschmidts Sammlung aus Brödlauken (Kreis Insterburg) vom 19. Januar 1897 besitzt eine Flügellänge von 91 mm. Die Stücke in der Sammlung der Vogelwarte Rossitten messen: 1 ♂ 90, 2 ♀♀ 92 und 95 mm.

### 184. Dryobates minor kamtschatkensis (Malh.) — Sibirischer Kleinspecht.

*Dendrocopus minor pipra* auct.

Im Jahre 1897 legte Kleinschmidt (262) in der Deutschen Ornithologischen Gesellschaft 2 Kleinspechte vor, die er von Wohlfromm aus Brödlauken (Kreis Insterburg) im Fleisch erhalten hatte, und die er als die sibirische Form *pipra* (Pall.) ansprach. Über die beiden Stücke teilte mir Herr Pfarrer Kleinschmidt folgendes mit: Der eine Vogel, ein ♂, den er am 19. Januar 1897 erhielt, ähnelt einem echten schwedischen *minor*-Pärchen seiner Sammlung, ist aber etwas lichter. Der andere, ein am 6. April 1897 erlegtes ♂, ist noch heller; er ist im neuen Naumann (Bd. IV, Taf. 33, Fig. 5) als *pipra* abgebildet. Neuerdings ist es Kleinschmidt zweifelhaft geworden, ob die Bezeichnung dieser Vögel als *pipra* richtig ist. Soviel ist aber nach seiner Ansicht sicher: 1. Die Vögel variieren etwas; 2. sie stehen den schwedischen echten *minor* sehr nahe; 3. sie sind viel heller als die mittel- und westdeutschen Vögel; 4. sie sind von russischen oder sibirischen sogenannten *pipra* nicht oder schwer zu unterscheiden.

Das ♂ vom 19. Januar 1897 mit einer Flügellänge von 91 mm ziehe ich unbedenklich zur *Dr. minor minor* (L.). Anders steht es mit dem als „*pipra*" abgebildeten ♂ vom 6. April 1897. Es entspricht völlig der von Hartert (211) gegebenen Beschreibung der Form *kamtschatkensis* (Malh.), die von den Ufern des Ochotskischen Meeres bis zum Ural und der Ebene zwischen der Wolga und dem Ural heimisch ist. Es ist dies die früher als *pipra* (Pall.) bezeichnete Form. Die Flügellänge des Kleinschmidtschen Stücks beträgt 93 mm, liegt also an der unteren Grenze der von Hartert gegebenen Flügelmaße. Nach Hartert kommt *Dr. minor kamtschatkensis* im Winter bis Moskau und anscheinend auch anderwärts im europäischen Rußland vor. Es ist also sehr wohl möglich, daß einzelne Exemplare auch gelegentlich bis Ostpreußen streichen. Einstweilen möchte ich daher das erwähnte ♂ vom 6. April 1897 noch als *Dr. minor kamtschatkensis* aufführen, wenn auch allerdings zugegeben werden muß, daß es vielleicht nur eine helle Varietät von *Dr. minor* ist, die an *kamtschatkensis* anklingt*). Jedenfalls wird auf die ostpreußischen Wintervögel besonders geachtet werden müssen. Was ich bisher von ostpreußischen Kleinspechten untersuchen konnte, zeichnete sich nicht durch sehr weißen Rücken und Bauch aus. So sind die 3 in der Sammlung der Vogelwarte Rossitten befindlichen Exemplare nicht sehr hell; der Rücken zeigt nicht besonders viel Weiß; der Bauch ist gelblich, dunkel gestrichelt. Ich selbst besitze nur 3 Vögel vom 28. Juli 1898, 15. September 1904 und 22. Dezember 1912, die zum Teil noch nicht ausgefärbt sind; auch sie sind ziemlich dunkel; namentlich das letztgenannte ♂ hat bräunliche, allerdings wenig gestrichelte Unterseite und wenig Weiß auf dem Rücken. Ein ähnliches, Anfang Februar 1913 in Neuhausen bei Königsberg erlegtes ♂ sah ich bei Balzer.

---

*) Offenbar handelt es sich um die von Loudon soeben beschriebene (O. M. B. 1914 p. 78) nordrussische Form *transitivus*, die in den Ostseeprovinzen als Wintervogel auftritt.

**Picoides tridactylus tridactylus (L.) — Dreizehenspecht.**

*Picus tridactylus* L.; *Apternus tridactylus* (L.).

Ballo (169) will angeblich 1872 diesen Specht in Masuren erlegt haben. Da ein Belegexemplar aber nicht vorhanden ist, halte ich den Nachweis des Vorkommens noch nicht für geführt. Ein weibliches Exemplar aus der Talkeschen Sammlung mit der Angabe „22. 11. 95", das sich im Leipziger Museum befindet, hat Zimmermann seiner Erinnerung nach aus einem in Berlin gekauften Balge gefertigt. Auch ein in der Goldaper Gymnasialsammlung befindliches Stück stammt nach Büchler nicht aus Ostpreußen.

## 185. Picus viridis viridis L. — Grünspecht.

*Gecinus, Chloropicus viridis* (L.).

In gemischten und Laubwäldern kommt der Grünspecht meist nicht selten vor; doch ist er nach Hartert (200, 205) in Ostpreußen im allgemeinen nicht so häufig wie im übrigen Deutschland. Reine Nadelwälder, namentlich die masurischen Kiefernwälder meidet er; er fehlt aber anscheinend auch in manchen Gegenden, die ihm zusagen könnten, oder ist dort doch wenigstens selten.

Szielasko (471) bezeichnet ihn als regelmäßigen Brutvogel, der in Masuren und der oberen litauischen Ebene vereinzelt, in der unteren häufig, in der Niederung selten niste. Gelege hat er u. a. aus den Kreisen Sensburg und Königsberg erhalten. Bei Heydekrug ist er nach Hildebrandt nicht häufiger Brutvogel, der aber in den letzten Jahren an Zahl zunimmt. Nach E. Christoleit fehlt der Grünspecht, mit Ausnahme von reinen Kiefernrevieren, zwischen Bajohren (Kreis Memel), Wehlau und Frauenburg wohl keiner Waldgegend, und auch W. Christoleit teilte mir mit, daß er ihn in Laubwäldern bisher überall angetroffen habe. Wels beobachtete ihn in Dingken, in der Rominter und Johannisburger Heide sowie durchaus nicht selten in Astrawischken (Kreis Insterburg). Wiese (654) bezeichnet ihn für das Forstrevier Tzulkinnen (Kreis Gumbinnen) als „häufig", und Techler erwähnt ihn für denselben Kreis als Brutvogel in Buylien. Bei Ragnit ist er nach Gude nicht sonderlich häufig. Geyr v. Schweppenburg (189) fand ihn im Juni und Juli 1911 als Brutvogel bei Schorellen und in der Rominter Heide. Anläßlich der Rundfrage der Physikalisch-Ökonomischen Gesellschaft wurde ferner mitgeteilt, daß er in Schnecken (Kreis Niederung) vereinzelt als Brutvogel vorkomme, in Kl. Nuhr (Kr. Wehlau) aber ziemlich viel vertreten sei. Auch Zigann (658) führt ihn für Wehlau als nicht selten auf, und in der Sammlung der Vogelwarte befindet sich ein ♀ vom 17. Mai 1909 aus demselben Kreise von Stampelken.

Auf der Kurischen Nehrung fehlt der Grünspecht als Brutvogel; auch auf dem Striche ist er dort sehr selten. Vom südlichen Teile der Nehrung bei Grenz erhielt le Roi (430) ein ♂ iuv. am 22. September 1902. Sehr spärlich kommt dieser Specht nach Ulmer auch bei Quanditten vor.

In der Bartensteiner Gegend nimmt der Grünspecht neuerdings an Zahl zu; er ist dort jetzt als Brutvogel ziemlich verbreitet. Während ich früher, etwa bis 1903, nur äußerst selten in Losgehnen einen dieser Spechte sah, halten sich jetzt auch während der Brutzeit einzelne Stücke regelmäßig dort auf, die im Frühjahr häufig den Paarungsruf hören lassen und sicherlich in der Nähe brüten. Ständiger Brutvogel ist der Grünspecht in einigen Wäldern der Umgegend, z. B. in Gallingen, Wöterkeim, im Schippenbeiler Stadtwalde u. a. Für Louisenberg (Kreis Friedland) bezeichnete ihn Meier (369) 1885 jedoch nur als seltenen Gast. Außerhalb der Brutzeit sind diese Spechte in Losgehnen jetzt gar nicht selten; man sieht sie fast täglich. Bei hohem Schnee kommen einzelne öfters auch an die Gebäude.

Im Forstrevier Schwalgendorf (Kreis Mohrungen) ist der Grünspecht nach Picht nicht häufiger Brutvogel. Auch in Masuren scheint er stellenweise nur spärlich aufzutreten; so hat Volkmann (17) ihn in Lanskerofen (Kreis Allenstein) nur einmal bemerkt. In den Eichenwaldungen von Steinort

(Kreis Angerburg), die allerdings recht feucht sind, hörte ich im Mai 1908 keinen einzigen; häufig kann er dort sicherlich nicht sein. Auch sonst habe ich ihn bei Angerburg nicht beobachtet. Bei Johannisburg ist er jedoch nach Schlonski ziemlich häufig.

Die ostpreußischen Grünspechte stimmen nach Hartert (211) mit skandinavischen und nordrussischen Stücken überein und unterscheiden sich von der mitteleuropäischen Form *pinetorum* (Brehm) durch größere Flügel- und Schnabellänge. Hartert gibt folgende Maße an:

*P. viridis viridis* L.: Schnabel 50—53 mm, Flügel beim ♂ 169—172, beim ♀ 165—169 mm.

*P. viridis pinetorum* (Brehm): Schnabel 45—48 mm, Flügel 162—167,5 mm.

3 Stücke meiner Sammlung aus der Bartensteiner Gegend messen: ♂ (5. 10 1904): Flügel 163, Schnabel 44; ♀: Flügel 165, Schnabel 43; ♀ iuv. (1. 8. 1904): Flügel 160, Schnabel 42 mm. Sie gehören also den Maßen nach zu *P. viridis pinetorum*. Hesse (223) erwähnt ein ♀ aus Reußwalde im Berliner Museum mit einer Flügellänge von 168 und einer Schnabellänge von 42,5 mm. Da mir weiteres Vergleichsmaterial nicht zur Hand ist, möchte ich die Frage einstweilen noch offenlassen und führe daher bis auf weiteres nach Harterts Vorgang die ostpreußischen Grünspechte als *P. viridis viridis* L. auf, wobei noch erwähnt sein soll, daß Hesse (223) die Unterscheidbarkeit der Form *pinetorum* überhaupt bezweifelt.

### 186. **Picus canus canus** Gm. — Grauspecht.

*Gecinus, Chloropicus canus* (Gm.), *caniceps* auct.

Über den Grauspecht als ostpreußischen Brutvogel ist nur wenig bekannt; doch dürfte er wohl häufig mit dem Grünspecht verwechselt werden und in Wirklichkeit nicht so selten sein, als es bisher den Anschein hat. Da er auch im Sommer im Gebiet vorkommt, unterliegt es wohl keinem Zweifel, daß er dort auch brütet. Die bisher für unsere Provinz nachgewiesenen Stücke lassen sich allerdings noch mit Leichtigkeit aufzählen.

Löffler sandte ein ♀, wohl von Gerdauen, mit Begleitbrief vom 28. März 1828 an das Königsberger Museum. Das auch im Akzessionskatalog erwähnte Stück ist jetzt nicht mehr vorhanden. Rathke (406) führt 1846 den Grauspecht als sehr seltenen Brutvogel auf, und Böck (649) sagt, er sei in Ostpreußen selten; ausdrücklich erwähnt er sein Vorkommen bei Königsberg. Szielasko (471) gibt ihn als sehr seltenen und unregelmäßigen Brutvogel für die litauische Ebene an. Hartert (200, 205) kannte nur **ein** ostpreußisches Stück, ein am 15. Dezember 1877 bei Blandau (Kreis Goldap) erlegtes ♀. Dieses Exemplar gelangte, wie aus dem Akzessionskatalog, in dem das gleiche Erlegungsdatum angegeben ist, hervorgeht und mir auch von Künow und Zimmermann bestätigt wurde, im Jahre 1885 aus der Talkeschen Sammlung in das Königsberger Museum, wo es sich jetzt mit der Bezeichnung „Rothebude 1885“ befindet. Nach Zimmermann ist es in der Tat in der Rothebuder Forst (Kreis Goldap-Oletzko) erlegt worden. Im Leipziger Museum steht ein ♀ des Grauspechts aus der Talkeschen Sammlung, das gleichfalls die Aufschrift „Rothebude“ trägt. Diese Bezeichnung ist unrichtig. Nach Zimmermann ist das Stück als Ersatz für das an das Königsberger Museum abgegebene Exemplar aus einem gekauften Balge hergestellt. Gleichfalls aus dem Osten, nämlich aus der Rominter Heide, stammt nach Techler ein in Iszlaudzen befindliches Stück. Schlonski besitzt ein ♀, das er im Sommer bei Pogobien (Kreis Johannisburg) erlegte; er hat den Grauspecht bei Johannisburg öfters beobachtet und ist der Ansicht, daß er dort sicherlich Brutvogel sei. Im Spätherbst 1906 wurde ferner nach Gude ein ♀ auf dem Rombinus zwischen Tilsit und Ragnit erlegt. Gude hat den im Besitz des damaligen Oberprimaners Plew befindlichen Balg selbst untersucht. Picht schließlich bezeichnet den Grauspecht als Brutvogel für das Forstrevier Schwalgendorf (Kreis Mohrungen). Wenn auch ein Belegexemplar nicht vorliegt, so ist das Brüten in diesem noch die Rotbuche beherbergenden Revier doch sehr wahrscheinlich.

Ob die ostpreußischen Grauspechte zu der mitteleuropäischen Form *P. c. viridicanus* Wolf oder der skandinavischen *P. c. canus* Gm. gehören, ist fraglich. Die von mir untersuchten beiden Stücke im Königsberger Museum und in der Schlonskischen Sammlung sind schon etwas verbleicht. Bei beiden sind die Schnabelborsten grau mit schwarzen Spitzen. Das Königsberger Stück hat helle, wohl früher gelbe Unterschnabelbasis; bei dem Johannisburger ist eine helle Basis schwach angedeutet; sie weisen also beide Merkmale von *viridicanus* auf. Nach Hartert (211) läßt sich diese Form jedoch nicht aufrecht erhalten. Kleinschmidt (O. M. B. 1911 p. 190) meint zwar, daß livländische und skandinavische Grauspechte kürzere Schnäbel zu haben schienen als westdeutsche Stücke; Hartert erkennt aber auch diesen Unterschied nicht an. Leider habe ich es versäumt, mir die Schnabelmaße der erwähnten ostpreußischen Stücke zu notieren. Ich möchte aber doch annehmen, daß sie, wie es ja bei so vielen andern Arten der Fall ist, Exemplaren aus den Ostseeprovinzen näher stehen als solchen aus Westdeutschland, und führe sie daher mit Hartert als *P. canus canus* Gm. auf. Neuerdings weist Hesse (223) darauf hin, daß bei der nordischen Form das Grau der Kopfseiten dunkler, der Bürzel mehr grün- bis schwefelgelb statt zitronengelb gefärbt sei. Ostpreußische Grauspechte werden auf diese Merkmale zu untersuchen sein. Die mir bekannten Belegexemplare eignen sich jedoch wegen ihres Alters zu Vergleichszwecken nicht.

## 3. Familie: **Alcedinidae** — Eisvögel.

### 187. **Alcedo ispida ispida** L. — Eisvogel.

Hartert (200) ist der Ansicht, daß der Eisvogel in Ostpreußen nur „an wenigen Lokalitäten“ brüte; tatsächlich kommt er aber wohl an den meisten Flüssen und Bächen mit steilen Lehm- oder Sandufern vor. Außerhalb der Brutzeit ist er an allen Seen, größeren Teichen und fließenden Gewässern eine regelmäßige und ganz bekannte Erscheinung. Auf der Kurischen Nehrung zeigt er sich nach Thienemann (594c) jedoch nur selten. Bei Rossitten wurde ein Stück am 21. April 1912 beobachtet. Etwas häufiger ist er auf dem südlichen Teile der Nehrung, wo ihn le Roi (430) von Ende September ab öfters bemerkte.

Szielasko (471) führt den Eisvogel nur für Masuren und die obere litauische Ebene als seltenen regelmäßigen Brutvogel, für die untere nur als Durchzügler und für die Niederung überhaupt nicht auf. Er ist aber im Forstrevier Nemonien (Kreis Labiau), wie anläßlich der letzten Rundfrage der Physikalisch-Ökonomischen Gesellschaft mitgeteilt wurde, Brutvogel, und nach Gude brütet er an der Memel im Kreise Ragnit nicht selten. Auch bei Heydekrug kommt er nach Hildebrandt als, allerdings nicht häufiger, Brutvogel vor. Verhältnismäßig zahlreich nistet er im Osten der Provinz, so nach Hartert (200) am Goldapfluß, nach Techler an der Rominte und Angerapp. Auch Geyr v. Schweppenburg (189) fand ihn an der Rominte vielfach und sah dort verschiedentlich seine Bruthöhle und seine Jungen; auch bei Rudczanny entdeckte er eine Bruthöhle mit Jungen. Am 1. Juli 1911 bemerkte ich ferner ein Exemplar am Gr. Schwalgsee (Kreis Goldap), in dessen Nähe ich am 31. Mai 1913 ein Stück am Brutplatz beobachtete. v. Hippel (227) bezeichnet den Eisvogel als „nirgends sehr häufig; er fehle stellenweise in Masuren, häufig sei er im Kreise Insterburg und selten im Samland“. Nach Ulmer trifft letzteres außerhalb der Brutzeit nicht zu; bei Quanditten ist er auf dem Striche durchaus nicht selten. Nestjunge erhielt Ulmer von Löwenhagen (Kreis Königsberg).

Recht verbreitet ist der Eisvogel im Gebiet der Alle, für die ihn auch Hartert (l. c.) als Brutvogel erwähnt. Bei einer Bootfahrt von Guttstadt nach Heilsberg beobachtete ich am 1. Juni 1910 auf 47 km etwa 5 Paare. Bei Heilsberg sieht man Eisvögel an Alle und Simser gar nicht selten; an letzterer beobachtete ich ein Exemplar u. a. auch am 18. Mai 1910. Auch bei Bartenstein nistet er regelmäßig in einzelnen Paaren an den Steilufern der Alle und des Dostflusses, an letzterem, soweit er durch die Wälder von Gallingen und Dietrichswalde fließt. Außerhalb der Brutzeit ist er am ganzen Laufe des Dostflusses, ferner am Kinkeimer See und an der Alle eine ziemlich häufige Erscheinung. In Losgehnen z. B., wo er nicht nistet, kann ich von Mitte Juli an bis zum Zufrieren der Gewässer im November oder Dezember täglich 2—4 Eisvögel am See und Dostfluß antreffen, von denen jeder sein bestimmtes Revier hat. Am zahlreichsten zeigen sie sich alljährlich im Herbst, von September bis November, wogegen sie im Frühjahr, im März und April, viel seltener auftreten. Während des Winters suchen sie größtenteils wohl die Alle auf, die niemals völlig zufriert. Am 9. Januar 1912 bemerkte ich in Heilsberg unmittelbar neben dem Schlosse ein Exemplar auch an einem fast zugefrorenen Wiesengraben. Selbst während der Brutzeit habe ich wiederholt einzelne Eisvögel in Losgehnen bemerkt, z. B. am 12. Mai und 16. Juni 1904, 6. Mai, 7. Juni und 1. Juli 1906, 7. Juli 1907, 29. Mai und 6. Juni 1909 und 26. Juni 1910. Für Louisenberg (Kreis Friedland) bezeichnet Meier (369) die Art nur als Strichvogel, der daselbst nicht brütet. Bei Landsberg traf ich am 5. Mai 1910 ein Paar an einem Bache im Stadtwalde an, das sich anscheinend in der Nähe des Brutplatzes befand, und im Parke von Schloß Gerdauen beobachtete ich ein Exemplar am 25. Mai 1911.

Im Westen und Süden von Ostpreußen fehlt der Eisvogel vielleicht stellenweise, worauf für Masuren ja auch v. Hippel (l. c.) hinweist. Doch stellte W. Christoleit sein Brüten bei Frauenburg und Ortelsburg fest, und Goldbeck bezeichnet ihn als sehr seltenen Brutvogel im Forstrevier Schwalgendorf (Kreis Mohrungen) am Ossafluß zwischen dem Gr. und Kl. Gardensee. In geringer Anzahl nistet er nach Volkmann (17) auch bei Lanskerofen (Kreis Allenstein).

## 4. Familie: **Meropidae** — Bienenfresser.

### 188. **Merops apiaster** L. — Bienenfresser.

Von Süden oder Südosten her hat sich der auffallend gefärbte Bienenfresser schon einige Male nach Ostpreußen verflogen; ja angeblich soll er bei uns auch schon einmal genistet haben.

Im Königsberger Museum stehen 2 Exemplare, die nach Bujack (69) im Sommer 1837 bei Dirschkeim (Kreis Fischhausen) an der Westküste des Samlands erbeutet und nach dem Akzessionskatalog dem Museum von Kaufmann Douglas geschenkt wurden. Nach Rathke (404) sind sie im Spätsommer 1837 erlegt worden; 3 weitere, angeblich die Jungen, wurden noch beobachtet. Einige Jahre vorher waren schon mehrere nach einer Mitteilung von Sanitätsrat Lietzau bei Fischhausen gesehen worden. Auf die Dirschkeimer Stücke beziehen sich zweifellos die Angaben von Hartert (200, 205) und Szielasko (471) über 2 „vor langen Jahren" im Samlande erbeutete Bienenfresser. Aus neuerer Zeit ist nur ein Fall des Vorkommens bekannt. Schlonski besitzt ein Exemplar, das er Mitte der 90er Jahre im August bei Ortelsburg erlegte.

Ein Exemplar der Talkeschen Sammlung mit der Bezeichnung „Bornemann 1883", das sich im Leipziger Museum befindet, stammt nach Künow und Zimmermann sicher nicht aus der Provinz.

## 5. Familie: Coraciidae — Raken.

### 189. Coracias garrulus garrulus L. — Blaurake, Mandelkrähe.

Im allgemeinen deckt sich die Verbreitung der Blaurake in Ostpreußen mit derjenigen des Schwarzspechts, was insofern wohl kein Zufall ist, als sie gewöhnlich die von ihm gezimmerten Höhlen zum Nestbau benutzt. Sie ist in vielen Gegenden, namentlich im Süden und Osten der Provinz, noch recht häufig; vor allem bevorzugt sie sandige Kiefernwälder. Immerhin ist bei ihr aber doch schon in höherem Maße als beim Schwarzspecht stellenweise eine Verminderung zu beobachten, zum Teil wohl deshalb, weil der farbenprächtige Vogel mehr Nachstellungen ausgesetzt ist als der einfach gefärbte Specht. Dadurch erklärt es sich auch, daß in Gegenden, wo nur Privatwälder vorhanden sind, wie bei Bartenstein, die Blaurake sehr viel seltener ist als in den Staatsforsten, wo sie im allgemeinen geschont wird.

Nach der Rundfrage der Physikalisch-Ökonomischen Gesellschaft brütete sie 1905 noch in 76 Oberförstereien; fraglich war ihr Brüten für 6 — Wilhelmsbruch, Neu-Sternberg, Kl. Naujok, Gertlauken, Borken und Gauleden —; sie fehlte als Brutvogel in 4 Revieren: Alt-Sternberg, Mehlauken, Nemonien und Rossitten. Die Angabe hinsichtlich Rossitten ist insofern unrichtig, als die Art dort, wie weiter unten erwähnt ist, gelegentlich, wenn auch selten nistet. Einer Vermehrung an 8 Stellen steht eine Abnahme an 19 Stellen gegenüber, während von 38 Stellen Gleichbleiben des Bestandes gemeldet wird.

In den Erlenrevieren des Memeldeltas ist die Blaurake, was auch Szielasko (471) hervorhebt, nicht häufig. Ibenhorst und Tawellningken geben nur je 3 Brutpaare an; in Wilhelmsbruch, Neu-Sternberg und Kl. Naujok ist ihr Brüten fraglich; in Alt-Sternberg, Mehlauken und Nemonien fehlt sie ganz. In weniger sumpfigen Revieren, in denen die Erle mehr zurücktritt, ist sie aber auch wieder häufiger, so in den Revieren Schnecken, Norkaiten und Klooschen. Für Schnecken bezeichnet sie auch Thienemann (546), für Heydekrug Hildebrandt als häufigen Brutvogel. Auf der Kurischen Nehrung brütet sie nach Thienemann (550) wohl nur ausnahmsweise und sehr spärlich.

Recht zahlreich bewohnt die Blaurake vielerorts den Osten der Provinz, namentlich die großen Waldungen in den Kreisen Ragnit und Pillkallen sowie die Rominter Heide, wenn auch der Bestand neuerdings immer mehr zurückgeht. Bei Schorellen konnte z. B. Geyr v. Schweppenburg (189) 1911 nur noch 2 Brutpaare feststellen. Die Reviere Trappönen, Jura und Uszballen weisen aber einen recht beträchtlichen Bestand von Brutpaaren auf. Andere Reviere, wie Neu-Lubönen und Rominten bezeichnen sie als „häufig“ bzw. „zahlreich“. Lediglich in Schmalleningken ist sie sehr viel seltener; es brüten dort nur 3 Paare. In den Oberförstereien Rothebude und Heydtwalde ist die Blaurake ziemlich häufig, ebenso auch nach v. Hippel (227) im Kreise Oletzko. Auffällig ist es, daß ihr Brüten für Borken fraglich sein soll; wahrscheinlich liegt das an der Zusammensetzung des Waldes; feuchte Wälder liebt sie augenscheinlich nicht. In den für sie sonst sehr geeigneten, aber recht feuchten Eichenwaldungen von Steinort (Kreis Angerburg) traf ich im Mai 1908 keine einzige an; häufig können dort Blauraken sicherlich nicht sein. Auch in dem sehr sumpfigen Angerburger Stadtwalde bin ich ihr im Mai und Juni 1908 nie begegnet. Mehrfach bemerkte ich sie dagegen am 31. Mai 1908 im sandigen Südosten des Kreises, bei Siewken, im Jakunowker Hegewald usw.

In den Kreisen Darkehmen, Gumbinnen, Insterburg, Wehlau und Gerdauen ist die Art überall vertreten, wenn auch in manchen Revieren seltener. So geben, in Übereinstimmung mit v. Hippel (l. c.), Brödlauken und Astrawischken einen Bestand von nur 2—3 bzw. 3, Skallischen von

4—6 Paaren an. Fraglich ist das Brüten der Blaurake für das am Zehlaubruch gelegene, zum Teil sehr sumpfige Revier Gauleden; doch sind in dem Nachbarrevier Tapiau etwa 11 Paare vorhanden. In manchen Revieren, wie Tzulkinnen, kommt sie aber auch recht zahlreich vor. Robitzsch (18) bezeichnet sie ferner als stellenweise häufig bei Norkitten (Kreis Insterburg) und Zigann (658) bei Wehlau.

Das Samland, das nordwestliche und mittlere Ostpreußen, also die Kreise Fischhausen, Braunsberg, Heilsberg, Rössel, Friedland und Pr. Eylau, bewohnt die Blaurake im allgemeinen weniger zahlreich als den Osten; doch fehlt sie auch hier kaum einer größeren Waldung. Im Forstrevier Kobbelbude ist sie verhältnismäßig selten und auch stets selten gewesen; in Warnicken brüteten einige, in Fritzen 14, in Greiben 20 Paare. Födersdorf (Kreis Braunsberg) weist einen Bestand von 15—20, Wichertshof (Kreis Heilsberg) von 10—12, Pr. Eylau von etwa 10 Paaren auf. Bei Bartenstein ist sie nicht häufiger, entschieden an Zahl abnehmender Brutvogel, vermutlich aus Mangel an Nistgelegenheit. In ganz vereinzelten Paaren brütet sie noch in manchen größeren Wäldern der Umgegend, z. B. in Gallingen, Tingen, Kraftshagen, Wöterkeim, nach Meier (369) auch in Louisenberg nördlich von Bartenstein. In Losgehnen zeigt sie sich nur gelegentlich und nicht alljährlich, im ganzen neuerdings recht selten und spärlich auf dem Durchzuge. Derselbe fällt in die Zeit von Ende April bis Mitte Mai — ein Paar wurde z. B. 1903 noch am 18. Mai, 1912 wurde ein Stück am 9. Mai beobachtet — und von Ende Juli bis Anfang September. Nur einmal ist in Losgehnen auch ein Stück erlegt worden, nämlich am 24. Juli 1892. Im benachbarten Kreise Heilsberg ist sie weniger selten. Im nördlichen Teile nisten einzelne Paare regelmäßig, und nach Süden zu wird sie entschieden häufiger; zahlreich ist sie z. B. bei Sperlings. Im Westen der Provinz nimmt der Bestand der Blaurake nach Süden gleichfalls erheblich zu. In den Kreisen Pr. Holland, Mohrungen, Allenstein und teilweise auch Osterode ist sie nicht gerade zahlreich vertreten, wenn sie auch nirgends fehlt. Lediglich Liebemühl nennt etwa 50 Paare; die anderen Reviere schwanken zwischen 1 bis 2 — Alt-Christburg und Lanskerofen — und 10 bis 15 Paaren — Jablonken. In Schwalgendorf ist sie nach Goldbeck nicht selten. Außerordentlich häufig wird die Blaurake dann wieder, was auch v. Hippel (l. c.) für Arys (Kreis Johannisburg), Kampmann (18) für Hartigswalde (Kreis Neidenburg) und Euen (18) für Ratzeburg (Kreis Ortelsburg) angeben, im Süden und Südosten der Provinz, in den Kreisen Neidenburg, Ortelsburg, Sensburg, Lyck und Johannisburg. Besonders reich besetzt sind die Reviere Commusin, Puppen, Reußwalde, Crutinnen, Lyck sowie die 9 Oberförstereien im Kreise Johannisburg. Sehr auffällig ist es, daß Ratzeburg, wo die Art 1884 nach Euen (l. c.) „gemein" war, jetzt nur 2 Brutpaare aufweist. Ob tatsächlich eine so große Verminderung eingetreten ist und worauf dieselbe zurückzuführen ist, kann ohne weiteres nicht entschieden werden. Jedenfalls ist Ratzeburg die einzige Oberförsterei aus den genannten 5 Kreisen, die einen so kleinen Bestand angibt.

Im allgemeinen gilt hiernach unzweifelhaft noch heutzutage dasselbe, was Hartert (18) bereits 1884 über die Verbreitung der Blaurake berichtet. Er sagt nämlich von ihr: „Ist in Ostpreußen sehr häufig, namentlich wo viele alte Eichen sich finden. Außer in Eichen habe ich nur in Kiefern ihre Nisthöhlen gefunden. Reine Kiefernwälder bewohnt sie hier im Osten fast immer. Die Waldränder sind ihr eigentlicher Aufenthalt." Szielasko fand bei Lyck ein Nest auch in einer Erle. In Ermangelung von passenden Nisthöhlen nimmt sie wohl auch ausnahmsweise einmal mit alten Krähennestern vorlieb.

**Die Ankunft erfolgt erst spät im Jahre, Ende April oder Anfang, häufig erst Mitte Mai.** Nach Hartert (18) rückte 1884 das Gros in der Johannisburger Heide erst am 14. und 17. Mai ein; der Bestand vermehrte sich noch durch mehrere Tage hindurch. Meier (19) gibt für Louisenberg 1885 den 12., Langer (20) für Mittelpogobien (Kreis Johannisburg) 1886 den 13. Mai als Ankunftsdatum an. Thienemann (504, 525, 550) beobachtete bei Rossitten die ersten am 9. Mai 1901 und 1. Mai 1904; sehr viele zogen 1907 noch am 21. Mai die Nehrung entlang. Möschler (588) sah bei Rossitten 1910 die erste am 5. Mai, und le Roi (430) bei Cranz 1902 am 16. Mai.

Der Herbstzug fällt in den August; er dauert spätestens bis Mitte September. Thienemann (504, 550, 588) sah bei Rossitten 1907 2 Stücke noch am 12., 1910 1 Stück am 7. September, einzelne aber öfters auch schon im Juli. Ich selbst bemerkte die letzten bei Trautenau (Kreis Heilsberg) 1908 am 31. August und in Losgehnen 1910 am 4. September.

## 6. Familie: **Upupidae** — Hopfe.

### 190. **Upupa epops epops** L. — Wiedehopf.

Wie so mancher andere Höhlenbrüter ist auch der Wiedehopf in den letzten Jahren vielerorts selten geworden. Das Verschwinden der alten Eichen und Kopfweiden von den Viehtriften und Landstraßen hat wohl in erheblichem Maße zu dieser Verminderung seines Bestandes beigetragen.

Hartert (200, 205) bezeichnet ihn noch ganz allgemein als „nicht selten“ in Ostpreußen. Nach Szielasko (471) kommt er lediglich in der unteren litauischen Ebene häufig, sonst nur vereinzelt vor. Wels fand ihn vor Jahren in der Johannisburger und Rominter Heide sowie in Dingken (Kreis Tilsit) nicht selten, während er in Astrawischken (Kreis Insterburg) ihn in 13 Jahren nur einmal gehört hat. Nach der im Jahre 1908 veranstalteten Rundfrage der Physikalisch-Ökonomischen Gesellschaft ist er jetzt aber in der Rominter Heide nur noch sehr spärlicher Brutvogel; für Dingken ist sein Brüten sogar fraglich geworden. Als sicheren Brutvogel führen ihn nur noch 52 Reviere an; in 17 Staatsforsten fehlt er gänzlich und in 15 kommt er nur gelegentlich vor oder brütet jedenfalls nicht mehr mit Sicherheit. Während 24 Reviere von einer mehr oder minder starken Verminderung, ja von völliger Ausrottung und 21 von einem Gleichbleiben des Bestandes zu berichten wissen, ist eine Vermehrung nirgends zu konstatieren.

Äußerst spärlich brütet der Wiedehopf im Bereich des Kurischen Haffs. Er fehlt ganz in Klooschen, Wilhelmsbruch, Tawellningken, Alt-Sternberg, Nemonien und Greiben; fraglich ist sein Brüten für Dingken und Mehlauken. In allen andern Revieren kommt er nur noch in einem oder in ganz vereinzelten Paaren vor; häufig ist er nirgends. W. Christoleit ist ihm in den litauischen Wäldern überhaupt nicht begegnet. Hildebrandt bezeichnet ihn für Heydekrug als nicht häufigen Brutvogel, der in Weidenbäumen und Steinhaufen niste. Auf der Kurischen Nehrung ist er nach Thienemann (525, 588) nur spärlicher Durchzügler; doch stellte le Roi (430) ihn als Brutvogel noch bei Sarkau fest.

Entschieden häufiger tritt der Wiedehopf im Gebiet der oberen Memel, in den Kreisen Ragnit und Pillkallen, auf. Er fehlt hier nur in Uszballen, während er in Neu-Lubönen und Wischwill in mehr als 10 Paaren nistet. Gude bezeichnet ihn für den Kreis Ragnit ebenfalls als stellenweise häufig, z. B. bei Lengkeningken; auch im Memeltal bei Obereisseln hat er ihn brütend gefunden. In der Rominter Heide ist der Wiedehopf jetzt, wie schon erwähnt, ziemlich selten geworden; ja für Szittkehmen ist sein Brüten fraglich. Dasselbe gilt für die Borker Heide, wo er nur in Rothebude noch sicherer und verhältnismäßig häufiger Brutvogel ist, während er in Borken und Heydtwalde nicht mehr nistet.

Sehr lokal und sparsam verbreitet ist er in den Kreisen Gumbinnen, Darkehmen, Insterburg, Wehlau, Gerdauen, Friedland, Pr. Eylau und

Fischhausen. Er fehlt z. B. in Eichwald, Astrawischken, Papuschienen, Drusken, Kl. Nuhr, Fritzen und Warnicken; nicht mit Sicherheit ist er als Brutvogel für Tzulkinnen, Padrojen, Brödlauken, Gauleden und Pr. Eylau festgestellt. Skallischen und Schloß Gerdauen berichten von „auffallender Verminderung". Auch Zigann schrieb mir, daß er bei Wehlau immer seltener werde, und Baecker (19) gab ihn 1885 noch als **sicheren** Brutvogel für Gauleden an. Szielasko stellte ihn als vereinzelten Brutvogel bei Nordenburg fest. Bei Quanditten brütet er nach Ulmer nicht; er ist dort überhaupt äußerst selten. Auch bei Bartenstein ist er neuerdings fast ganz verschwunden. Als Brutvogel habe ich ihn mit Sicherheit noch nicht feststellen können, doch habe ich ihn gelegentlich zur Brutzeit gehört, in den letzten Jahren allerdings kaum mehr. Am ehesten sieht man Wiedehopfe bei Bartenstein noch auf dem Durchzuge, nämlich in der zweiten Hälfte des April und Anfang Mai sowie im August und Anfang September, aber auch dann nur sehr vereinzelt und unregelmäßig.

Im Westen von Ostpreußen kommt der Wiedehopf in Staatsforsten überall, aber meist auch nur noch sehr spärlich vor. Nur Wormditt weist einen Bestand von etwa 10 Paaren auf; alle andern Reviere haben einen sehr viel kleineren, so Wichertshof 2—3, Schwalgendorf und Alt-Christburg je ein Paar. Am zahlreichsten bewohnt er unzweifelhaft noch den Süden und Südosten der Provinz. Er fehlt hier nur in Puppen, während sein Brüten für Sadlowo, Friedrichsfelde, Pfeilswalde, Crutinnen und Johannisburg als fraglich angegeben wird. Verhältnismäßig häufig ist er in Jablonken, Lanskerofen, Grüneberge, Corpellen, Kullick, Rudczanny und Kurwien. Auch W. Christoleit bezeichnet ihn für Ortelsburg und Szielasko für Lyck als Brutvogel. Schlonski nennt ihn für die Umgegend von Johannisburg „häufig". Im nördlichen Masuren scheint er spärlicher vorzukommen. In den höhlenreichen, allerdings recht sumpfigen Eichenwaldungen von Steinort (Kreis Angerburg) hörte ich Ende Mai 1908 keinen einzigen, wohl aber mehrere am 31. Mai im Südosten des Kreises, bei Siewken. Nach der Rundfrage brütet er aber auch in Steinort vereinzelt und an Zahl abnehmend.

Die Ankunft des Wiedehopfes bei uns erfolgt, wie bereits erwähnt, meist in der zweiten Hälfte des April. Bei Bartenstein notierte ich als frühestes Ankunftsdatum den 17. April, als spätestes den 5. Mai. Langer (20) gibt für Mittelpogobien (Kreis Johannisburg) 1886 die Ankunft auf den 24. April an. Sondermann erhielt 1888 ein Stück aus dem Kreise Ragnit schon am 14. April. Thienemann (550) beobachtete bei Rossitten 1907, Szielasko bei Nordenburg 1910 den ersten am 18. dieses Monats. 1910 sah Thienemann (588) den ersten Wiedehopf am 17. April.

## XII. Ordnung: **Strisores** — Schwirrvögel.

### 1. Familie: **Caprimulgidae** — Nachtschwalben.

#### 191. **Caprimulgus europaeus europaeus** L. — Nachtschwalbe, Ziegenmelker.

In sandigen Kiefernbeständen und wohl auch sonst in trockenen, lichten Wäldern, auf Heiden und am Rande der Hochmoore nistet die Nachtschwalbe regelmäßig und stellenweise ziemlich häufig in Ostpreußen. Hartert (200, 205) bezeichnet sie ganz allgemein als „sehr häufig", Szielasko (471) als im ganzen Gebiet vereinzelt. Wels nennt sie „überall nicht selten", und auch W. Christoleit schrieb mir, daß er sie als „regelmäßigen Brutvogel bisher noch überall" gefunden habe.

Bei Heydekrug ist sie nach Hildebrandt auf den Mooren und in der Oszkarter Forst „nicht allzu seltener Brutvogel". Recht häufig brütet sie nach le Roi (430) bei Cranz, nach Thienemann (546, 588) einzeln bei Rossitten und wohl auch sonst auf der Kurischen Nehrung. Ein Gelege von 2 Eiern fand Thienemann am 14. Juli 1906; am 22. Juli waren die Jungen ausgefallen. Schumann (452) erwähnt die Art als am Zehlaubruch brütend, Goldbeck als häufig im Forstrevier Schwalgendorf, Geyr v. Schweppenburg (189) als Brutvogel bei Rominten und Rudczanny. In Masuren scheint sie vielfach recht zahlreich vorzukommen, so nach Euen (18) in Ratzeburg (Kreis Ortelsburg). Aus dem Kreise Heilsberg erhielt ich ein am 23. Mai 1911 in Großendorf geschossenes Exemplar. Bei Bartenstein ist die Nachtschwalbe nur recht spärlicher Brutvogel, da Kiefernwälder dort selten sind. Für Losgehnen konnte ich ihr Brüten noch nicht feststellen; sie zeigt sich dort nur auf dem Herbstzuge, aber auch dann nicht sonderlich häufig. Der Herbstzug fällt in den September; bisweilen beginnt der Zug schon im August; vereinzelte sah ich gelegentlich noch Anfang Oktober.

Auf der Kurischen Nehrung ist der Herbstzug nach Thienemann (504, 510, 546, 564, 576) in der Regel ziemlich lebhaft. Er setzt dort in manchen Jahren schon Ende Juli oder Anfang August, in der Regel aber erst in der zweiten Hälfte dieses Monats ein und dauert bis Ende September. 1911 sah er bei Kunzen 2 Stücke sogar noch am 1. Oktober. Nicht selten ziehen die Nachtschwalben auf der Nehrung in kleinen Gesellschaften; wenigstens hat sie Thienemann am Tage oft zu mehreren nahe beieinander zwischen den niedrigen Bergkiefern auf den festgelegten Dünen oder im nicht zu dichten Weidengestrüpp am Haffufer aufgescheucht. Ulmer (564) erlegte bei Quanditten eine Nachtschwalbe noch am 29. September 1908, und Sondermann erhielt ein Stück von Skoepen (Kreis Niederung) noch am 14. Oktober 1902.

Im Königsberger Museum befindet sich nach Lühe (351) ein Totalalbino aus Ostpreußen, der nach Rathke (406) aus dem Samlande stammt.

## 2. Familie: **Cypselidae** — Segler.

### 192. **Apus apus apus** (L.) — **Mauersegler.**

*Hirundo apus* L.; *Cypselus, Micropus apus* (L.); *Micropus, Brachypus murarius* auct.

In allen Städten ist der Mauersegler recht zahlreicher Brutvogel, der oft geradezu massenhaft auftritt, so in Königsberg, Tilsit, Heilsberg und wohl in vielen anderen Ortschaften. Auch auf dem Lande fehlt er nirgends, sofern nur Ziegeldächer, unter denen er meist nistet, vorhanden sind. Wenn er es nicht anders haben kann, nimmt er auch mit recht niedrigen Gebäuden vorlieb. Auf der Frischen und Kurischen Nehrung fanden Hartert (386) und Thienemann (504) seine Nester oft nur 2—$2^1/_2$ m vom Erdboden entfernt. Hartert (200, 205) nennt ihn ferner als Bewohner der großen Kiefernforsten. Anscheinend nimmt er vielfach an Zahl zu; von einer ständigen Abnahme kann jedenfalls nirgends die Rede sein, wenn auch natürlich wie bei vielen Kleinvögeln der Bestand von Jahr zu Jahr sehr wechselt.

In der ersten Hälfte des Mai trifft er an seinen Brutplätzen ein, bei Bartenstein und Heilsberg zwischen dem 2. und 16. dieses Monats, wobei sich als Mittel von 13 Jahren der 10. Mai ergibt. Bei Angerburg beobachtete ich 1908 den ersten am 13. Mai. Nach E. Christoleit (86) erfolgte die Ankunft im nördlichen Ostpreußen (Königsberg, Wehlau, Jesau (Kreis Pr. Eylau) und Memel) in den Jahren 1891 bis 1900 zwischen dem 8. und 22. Mai, im Durchschnitt von 9 Jahren am 13. Mai. Hartert (200) führt als Ankunftszeit den 5. bis 12. Mai, Thienemann in den Jahresberichten der Vogelwarte für Rossitten 1902 den 23., 1904 den 23., 1906 den 11., 1907 den 17., 1909 den 18. und 1910 den 19. Mai an. Für den April liegen sichere Beobachtungen des Mauerseglers aus Ostpreußen nicht vor. Lühe (337) gibt zwar für 1906 eine aus Nemonien mitgeteilte Beobachtung wieder, wonach dort ein Flug von 15 Stück bereits am 21. April gesehen sein soll; doch ist mir die Richtigkeit dieser Angabe sehr zweifelhaft, zumal auch alle übrigen Beobachtungen aus dem Jahre 1906 in die Zeit vom 10. bis 19. Mai fallen.

In der zweiten Hälfte des August ziehen die Mauersegler wieder von uns fort. Durchzügler von Norden her sieht man nicht selten noch im ersten Drittel des September. E. Christoleit (l. c.) gibt für die oben genannten Orte durchgängig das letzte Drittel des August als Abzugszeit an, 1894 für Königsberg sogar den 1.—10. September; die letzten sah er 1894 auffällig spät am 19. September. Bei Rossitten, Bartenstein und an einigen anderen Orten gestaltete sich der Herbstzug nach Thienemanns und meinen Beobachtungen in den letzten Jahren folgendermaßen:

1902. **Rossitten:** Der Hauptabzug erfolgte zwischen dem 8. und 10. August; am 8. sah Zimmermann einen Flug von über 100 Stück über die Vogelwiese nach SW ziehen. Den letzten bemerkte Thienemann am 24. August.

**Losgehnen:** Am 20. August war eine Anzahl Brutvögel noch zu sehen.

1903. **Losgehnen:** Der Abzug erfolgte nach dem 23. August.

1904. **Rossitten:** Der Hauptabzug erfolgte um den 26. August.

**Losgehnen:** Am 29. August waren noch viele Brutvögel zu sehen; die letzten, wohl nördlicher wohnende, bemerkte ich am 11. September.

1905. **Losgehnen:** Der Abzug der Hauptmasse ging in der Nacht vom 19. zum 20. August vor sich. Am 27. August war wieder eine große Anzahl am Kinkeimer See zu sehen, wohl durchweg nordische Durchzügler.

1906. **Rossitten:** Der Hauptabzug erfolgte vom 16. bis 19. August; den letzten sah Thienemann am 1. September.

**Losgehnen:** Der größte Teil der Brutvögel verschwand in der Nacht vom 13. zum 14. August.

1907. **Rossitten:** Der allgemeine Abzug erfolgte um den 20. August; letzter am 2. September.

**Losgehnen:** Am 25. August waren die meisten schon abgezogen.

**Gerdauen:** Am 23. August trieben sich noch viele in der Stadt umher; erst am 26. verschwand der größte Teil. Einzelne beobachtete ich noch bis zum 31. August.

1908. **Rossitten:** Hauptabzug vor dem 22. August; letzter am 9. September.

**Losgehnen:** Am 16. August waren noch sehr viele zu sehen, am 23. kein einziger mehr. Am 29. tummelten sich aber wieder einige und am 30. Hunderte über dem Kinkeimer See, zweifellos nordische Durchzügler.

**Heilsberg:** Am 21. August noch sehr viele; am 22. an Zahl sehr erheblich vermindert, am 24. keiner mehr.

1909. **Rossitten:** Letzte Brutvögel am 22. August, letzte Durchzügler am 5. September.

**Losgehnen:** Am 20. August waren die meisten schon abgezogen; vereinzelte noch am 25.

**Cranz:** Am 18. August waren noch sehr viele zu sehen.

1910. **Rossitten:** Hauptabzug vor dem 18. August; vereinzelte noch am 21.

**Losgehnen:** Am 16. August nur noch sehr vereinzelte, am 26. keiner mehr. Am 4. September ein einzelner über dem Kinkeimer See.

**Königsberg:** Am 16. August noch sehr zahlreich und auch am 26. noch vielfach.

1911. **Rossitten:** Am 9. September noch ein einzelner.

**Losgehnen:** Am 20. August noch zahlreich; am 10. September ein einzelner am Kinkeimer See.

**Königsberg:** Geyr v. Schweppenburg (188, 189) beobachtete am 22. August noch recht viele über der Stadt, offenbar alles noch Brutvögel.

1912. **Losgehnen:** Die Brutvögel zogen schon vor dem 22. August ab. Am 23. zeigten sich über dem Kinkeimer See in sehr bedeutender Höhe Unmengen von Seglern, weit über 100, die eilig kreisend und jagend nach Westen zu verschwanden. Am 8. September ein einzelner am See.

**Landsberg:** Am 30. August in der Stadt noch ziemlich viele, vielleicht aber nur Durchzügler.

1913. **Rossitten:** Am 10. September noch ein einzelner über dem Dorfe.

**Heilsberg:** Am 19. August noch massenhaft in der Stadt. Abzug nach dem 20. August.

Aus allen diesen Beobachtungen geht hervor, daß in Ostpreußen der Abzug in der Tat etwa 3 Wochen später als in Süd- und Mitteldeutschland erfolgt.

**Apus melba melba (L.) — Alpensegler.**

Wie Thienemann (510) mitteilt, will Ballo diesen Segler Ende Mai 1902 in Kleinheide bei Königsberg beobachtet haben. Ich halte diese Angabe aus verschiedenen Gründen doch für zu unsicher, als daß sie Berücksichtigung finden könnte.

# XIII. Ordnung: **Oscines** — Singvögel.

## 1. Familie: **Hirundinidae** — Schwalben.

### 193. **Chelidon rustica rustica (L.)** — Rauchschwalbe, Stallschwalbe.

*Hirundo rustica* L.

Die so vielfach laut werdende Klage über eine beträchtliche Abnahme der Schwalben hat für Ostpreußen anscheinend noch keine Gültigkeit. Mag auch an manchen Örtlichkeiten der Bestand, der ja überhaupt von Jahr zu Jahr großen Schwankungen ausgesetzt ist, zurückgehen, von einer allgemeinen Abnahme kann wohl nicht die Rede sein. Die Rauchschwalbe fehlt kaum einer menschlichen Siedelung; meist tritt sie recht zahlreich auf. Nur aus dem Innern der großen Städte verschwindet sie mehr und mehr, weil es ihr dort an Nistgelegenheit und Baumaterial sowie an Insektennahrung mangelt.

In der zweiten Hälfte des April, spätestens Anfang Mai trifft sie bei uns ein, bei Bartenstein nach meinen Beobachtungen zwischen dem 16. April und 4. Mai, wobei sich als Mittel von 19 Jahren der 24. April ergibt. Ganz vereinzelte Vorläufer erscheinen ausnahmsweise wohl auch schon früher bei uns; so wurden nach Lühe (337) im Jahre 1906 Schwalben schon am 23. März bei Carlsberg (Kreis Gerdauen) und am 8. April bei Uszdeggen (Kreis Stallupönen) beobachtet. Sobald die Jungen ausgeflogen sind — dies geschah z. B. in Losgehnen 1904 zuerst am 3. Juli, 1909 in einem Nest der zweiten Brut erst am 12. September — übernachten diese Schwalben in oft recht großen Scharen im Rohr und in den Binsen an Seen und Teichen. Am Kinkeimer See bei Bartenstein suchen sie bei hohem Wasserstande mit Vorliebe das im Wasser stehende Weidengebüsch als Schlafplatz auf.

Wie die Rauchschwalbe die bei uns am frühesten erscheinende Art ist, so verläßt sie uns auch zuletzt. Der Abzug der Mehrzahl erfolgt in der zweiten Hälfte des September; viele verlassen uns erst Anfang Oktober; ja einzelne, vieleicht Durchzügler von Norden her, verweilen gelegentlich noch bis Ende dieses Monats bei uns. Die letzten beobachtete ich bei Bartenstein 1902 am 20., 1903 am 11., 1904 am 16., 1905 am 25., 1907 am 10., 1908 am 19., 1911 am 15., 1912 am 7. und 1913 am 12. Oktober. Fr. Lindner (302) sah bei Königsberg 1888 3 Stücke noch am 28. Oktober, Möschler (588) bei Rossitten 1910 2 Stücke am 16., Thienemann (588) bei Ulmenhorst in demselben Jahre 3 Stücke am 17. Oktober. Im Jahre 1905 war die Zahl der trotz rauhen Wetters noch bis spät in den Oktober hinein bei Bartenstein verweilenden Schwalben auffällig groß, eine Erscheinung, die auch sonst an sehr vielen Orten in Deutschland beobachtet wurde. 1907 dagegen erfolgte, obwohl oder vielleicht weil der Oktober schön und sonnig war, der Abzug gleichzeitig zwischen dem 8. und 10. Oktober; am 8. waren Schwalben noch massenhaft zu sehen, am 10. bemerkte ich nur noch 2 Stücke. 1908 zeigten sich Schwalben am 2. Oktober noch recht zahlreich, am 8. nur noch ganz vereinzelt; am 11. war keine einzige mehr zu bemerken; doch sah ich dann wieder am 19. Oktober bei — 3° R und kaltem Nordost eine einzelne eilig nach SW fliegen. 1909 erfolgte der Hauptabzug zwischen dem 21. und 24. September, 1910 zwischen dem 24. September und 1. Oktober. 1911 übernachteten am 17. September Schwalben noch zu Hunderten am See; am 23. war die Zahl schon recht klein geworden, und am 30. sah ich dort abends keine mehr; am 1. und 2. Oktober zeigten sich nur noch vereinzelte Durchzügler, am 8. ließ sich noch eine einzelne sehen, und am 15. zogen zwei Stücke eilig nach Süden. 1912 sah ich am 29. September noch ziemlich viele, am 7. Oktober nur noch ganz vereinzelte. 1913 waren am 28. September noch viele zu sehen, anscheinend aber meist Durchzügler; am 5. Oktober bemerkte ich auch noch eine ganze Anzahl und am 12. sah ich gegen Abend mindestens ein Dutzend.

Auf der Kurischen Nehrung ziehen diese Schwalben im September, teilweise auch schon Ende August, recht zahlreich durch. Auffällig ist es, daß nicht selten in dieser Zeit Schwalbenflüge oder einzelne Stücke auch nach Norden streichen.

Die Unterseite ostpreußischer Rauchschwalben ist, was auch Thienemann (546) als Regel für Rossitten angibt, stets sehr hell, fast weiß. Ein ♂ mit gelber Unterseite und sehr dunkler Kehle, entsprechend der nur eine individuelle Variation darstellenden Form *pagorum* Brehm, erlegte Thienemann (491, 504) bei Rossitten am 3. August 1897. Bei Bartenstein habe ich derartige Stücke noch nicht gesehen. Farbenvarietäten sind bei der Rauchschwalbe sonst ziemlich häufig. Im Königsberger Museum befinden sich nach Lühe (351) ein Totalalbino vom Juli 1864 aus „Preußen" und ein weißes Stück mit gelblichem Rücken. Schlonski besitzt einen Totalalbino aus Johannisburg, und Büchler beobachtete im August 1910 in Goldap ein hellgraues Exemplar. In Losgehnen wurde ein fast weißes Stück im Sommer 1909 erbrütet; es flog am 13. Juli aus und wurde zuletzt am 24. Juli gesehen. Im Jahre 1911 wurde dort ein silbergraues Stück am 4. September beobachtet.

### 194. **Riparia riparia riparia** (L.) — Uferschwalbe, Erdschwalbe.

*Hirundo riparia* L.; *Cotile, Cotyle, Clivicola riparia* (L.).

An den steilen Lehm- und Sandufern der Flüsse und Seen wie auch in fast jedem Sand- oder Lehmausstich besitzt die Uferschwalbe mehr oder minder große Brutkolonien; an geeigneten Stellen fehlt sie kaum irgendwo. Vielfach nistet sie selbst an der Steilküste des Samlandes, und auch am Kurischen Haff bei Rossitten besteht eine Siedelung. Durch seinen Schwalbenreichtum berühmt war nach Hartert (200) früher der „Schwalben berg" bei Pillau. Wird ein Sandausstich neu hergestellt, so siedelt sie sich oft sofort an und wird dadurch an Örtlichkeiten heimisch, an denen sie früher nicht brütete. Bei Bartenstein sind Uferschwalben an den Steilufern der Alle sowie in allen Sand- und Lehmgruben als Brutvögel häufig; nur am

Kinkeimer See nisteten sie bis 1906 nicht, da ihnen dort ein passender Brutplatz fehlte. Im Herbst 1906 wurde am Seeufer auf ganz ebenem Boden ein flacher, etwa 1½ m tiefer Sandausstich hergestellt, der schon im nächsten Frühjahr (1907) 26 Brutröhren der Uferschwalbe aufwies. Leider ertranken die meisten Bruten, da Anfang Juli Hochwasser einsetzte und die Grube überschwemmte. 1910 wurde der Sandstich, der inzwischen zugefallen war, vertieft; sofort siedelte sich wieder eine größere Anzahl von Brutpaaren an; aber auch in diesem Jahre zerstörte Hochwasser sämtliche Bruten.

Im Frühjahr erscheint die Uferschwalbe bei uns etwas später als die Rauchschwalbe und mit der Hausschwalbe ungefähr gleichzeitig. Bei Bartenstein erfolgte die Ankunft im Mittel von 12 Jahren am 30. April, nämlich zwischen dem 22. April und 5. Mai. Sobald die Jungen flügge sind, übernachten sie in großen Mengen bis zum Wegzuge in den Binsen an Seen und Teichen. Der Abzug selbst erfolgt Ende August, spätestens im September; ausnahmsweise bleiben einzelne noch bis in die zweite Hälfte dieses Monats bei uns. Am 14. September 1902 sah ich z. B. noch eine große Anzahl über dem Kinkeimer See und 1904 beobachtete ich die letzte am 21. September. Andererseits war am 22. September 1907 unter Hunderten von Rauchschwalben und einer Anzahl Hausschwalben am See keine Uferschwalbe mehr zu sehen, und 1908 war dieses bereits am 13., 1909 am 20., 1911 am 17. September der Fall. Am 4. September 1910 hielten sich am See noch recht viele auf, am 10. September 1911 nur noch ganz vereinzelte. 1913 übernachteten am 12. September noch recht viele mit Rauchschwalben am See; auch am 14. zeigten sich noch einige; ja 1—2 durchziehende Stücke bemerkte ich sogar noch am 28. September, also auffällig spät.

Bei Rossitten sammeln sich Uferschwalben Ende Juli und im August oft in sehr großen Scharen. Am 22. August 1909 beobachtete Thienemann (576) Schwärme von Hunderten, ja vielleicht Tausenden. Ende August und Anfang September ziehen sie bei Ulmenhorst regelmäßig in erheblicher Anzahl durch.

Im Königsberger Museum befindet sich nach Lühe (351) ein Totalalbino aus Ostpreußen.

### 195. Hirundo urbica urbica L. — Hausschwalbe, Mehl-, Fenster- oder Stadtschwalbe.

*Chelidon, Chelidonaria, Delichon urbica* (L.).

Was über die Abnahme der Schwalben bei der Rauchschwalbe gesagt wurde, gilt auch für die Hausschwalbe. Auch sie nimmt im allgemeinen an Zahl nicht ab; ja stellenweise scheint ihr Bestand sogar noch zuzunehmen. Auf dem Lande ist sie durchweg noch häufiger Brutvogel und nur in den größeren Städten wird sie seltener. In Rossitten nistet sie ungemein zahlreich; sie ist dort weit zahlreicher als *Ch. rustica.*

Im letzten Drittel des April oder oft erst Anfang Mai stellt sie sich bei uns ein, bei Bartenstein nach meinen Notizen zwischen dem 25. April und 7. Mai, wobei sich als Mittel von 12 Jahren der 30. April ergibt. Der Wegzug erfolgt im Laufe des September, oft erst in der zweiten Hälfte. Am 23. September 1907 war in Losgehnen der größte Teil schon abgezogen; doch fütterten einzelne Paare noch ihre Jungen. Am 20. und 21. September 1908 trieben sich unter Hunderten von Rauchschwalben nur noch ganz vereinzelte Hausschwalben umher. Die letzten sah ich 1902 am 27., 1907 am 29. und 1910 am 24. September. Beobachtungen aus dem Oktober liegen für Ostpreußen nicht vor. Auf der Kurischen Nehrung ist der Durchzug dieser Art im August und September recht bedeutend.

Daß diese Schwalben ihre alten Brutplätze immer wieder aufsuchen, beweisen zwei von Thienemann (568, 576, 591) in Rossitten am 15. Juli 1906 und 6. Juli 1911 im Nest mit Ring versehene alte Vögel, die er am 19. Juli 1909 und 24. Juli 1912 wieder dort im Neste erbeutete.

Auch bei der Hausschwalbe sind Farbenvarietäten nicht selten. Im Königsberger Museum befindet sich nach Lühe (351) ein Totalalbino aus „Preußen“. Thienemann (504, 576) erlegte bei Rossitten einen echten Albino am 16. Juli 1898 und bei Ulmenhorst ein junges weißes ♀ mit gelblichem Anfluge und dunkeln Augen am 4. September 1909.

## 2. Familie: **Ampelidae** — Seidenschwänze.

### 196. **Ampelis garrulus garrulus** (L.) — Seidenschwanz.

*Lanius garrulus* L.; *Bombycilla garrula* (L.).

Es vergeht kein Winter, in dem nicht Seidenschwänze in Ostpreußen beobachtet würden, allerdings in sehr wechselnder Anzahl. Auf Jahre, in denen sich große Flüge in fast allen Teilen der Provinz zeigen, folgen andere, in denen sie nur sehr spärlich an wenigen Orten gesehen werden. Es ist ein weit verbreiteter Irrtum zu glauben, daß in schneereichen Wintern besonders viele Seidenschwänze bei uns einträfen; das ist keineswegs der Fall. Mit den auffallend starken Zügen dieser Vögel in manchen Jahren verhält es sich ebenso wie mit den großen Wanderungen der dünnschnäbeligen Tannenheher, Hakengimpel, Steppenweihen, Sumpfohreulen und anderer östlichen oder nördlichen Arten. Diese Züge haben ganz andere, bisher noch nicht erforschte Ursachen und stehen mit den klimatischen Verhältnissen Deutschlands sicher nicht in Zusammenhang. Etwas Ähnliches kann man übrigens bei fast allen unseren Wintervögeln, z. B. Gimpeln, Leinfinken, Erlenzeisigen, Rauhfußbussarden, Schnee- und Sperbereulen usw., beobachten.

Hartert (200, 205) konstatierte Seidenschwänze in den Jahren 1879—86 allwinterlich in der Provinz, in manchen Jahren in ungeheuren Scharen, in anderen als Seltenheit. Auch K. E. v. Baer (24), Robitzsch (426) und Szielasko (470) bestätigen ihr alljährliches Erscheinen. Robitzsch (21) beobachtete 1887 bei Waldhausen (Kreis Insterburg) Hunderte auf Ebereschen vom 5. bis 25. November. Der November ist überhaupt der Monat, in dem man gewöhnlich die meisten sieht; weniger zahlreich sind sie in den eigentlichen Wintermonaten Dezember bis Januar. Der Herbstzug setzt bisweilen, so in den Jahren 1903 und 1913, schon Mitte Oktober ein; ja Friedrich v. Droste (125) beobachtete 1872 Seidenschwänze schon im September in Ostpreußen. Nur wo sie sehr viel Beerennahrung, namentlich Ebereschen oder Misteln, finden, halten sie sich längere Zeit in derselben Gegend auf; sonst streichen die Flüge unstet im Lande umher. Ihr Benehmen ist sehr verschieden; oft sind sie überraschend arglos, bisweilen aber auch so wenig vertraut, daß sie sich kaum schußrecht angehen lassen. Ich habe dies wiederholt bei Bartenstein beobachtet, und auch Techler (486), der bei Szameitschen Anfang Januar 1895 eine Schar von über 300 Stück antraf, fand sie häufig recht scheu. Solche großen Scharen sind in normalen Jahren selten; in der Regel bestehen die Gesellschaften aus höchstens etwa 20—25 Stücken; nicht selten sieht man aber auch ganz vereinzelte Exemplare.

Der Rückzug erfolgt im Februar und März; er erstreckt sich bisweilen noch bis in den April. Robitzsch (18) beobachtete 1884 bei Norkitten die letzten am 10. April. Höpfner (248) sah einige noch Anfang April 1892 bei Böhmenhöfen (Kreis Braunsberg), und Sondermann erhielt ein Stück am 14. April 1905 von Schwägerau (Kreis Insterburg). Auch im Frühjahr 1906 hielten sich, wie weiter unten erwähnt ist, Seidenschwänze noch bis Mitte April bei uns auf. Ausnahmsweise dauert der Zug nach Hartert (200) sogar noch bis in den Mai hinein. Auch Friedrich v. Droste (l. c.) beobachtete 1872 Seidenschwänze noch im Mai in der Provinz, und Robitzsch (18) berichtet sogar von einem Paar, das sich in Gärten bei Insterburg sommerüber aufgehalten habe.

Bei Bartenstein und Rossitten gestaltete sich das Auftreten der Seidenschwänze in den letzten Jahren folgendermaßen:

1901: Bei Rossitten zeigten sich die ersten am 28. Oktober.

1902: Die ersten wurden in Losgehnen am 16. November gesehen; es gelangten im Laufe des Winters im ganzen aber nicht viele zur Beobachtung. Thienemann (510) gibt für Rossitten den 15. November als ersten Beobachtungstermin an.

1903: Außerordentlich zahlreich zeigte sich der Seidenschwanz im Winter 1903/04. Der Zug begann schon recht früh; die ersten sah ich in Losgehnen am 18. Oktober, Thienemann (519) bei Rossitten sogar schon am 11. Oktober. Fast täglich konnte ich fortan den ganzen November hindurch bei Bartenstein kleine Flüge sehen, die niedrig von Nordosten kommend ohne Aufenthalt durchzogen. Nur selten ließen sich einige für kurze Zeit nieder. Auch auf der Kurischen Nehrung verlief der Zug nach Thienemann in ähnlicher Weise (vgl. auch Geyr v. Schweppenburg in J. f. O. 1904, p. 523, Anm. 1). Die Wanderung dehnte sich, wie aus der Zusammenstellung v. Tschusis (636) hervorgeht, weit nach Westen und Süden aus.

1904: Nach dem starken Zuge im Winter 1903/04 war es um so auffallender, daß Seidenschwänze im Winter 1904/05 bei Bartenstein fast ganz fehlten; nur am 11. Februar wurden 2 Stück gesehen. In Rossitten waren sie nach Thienemann (525) in diesem Winter gleichfalls sehr selten.

1905: Etwas häufiger zeigten sich die Vögel wieder im Winter 1905/06. Die ersten sah ich in Losgehnen am 5. November. Ein sehr großer Flug von über 100 Stück gelangte am 8. Februar 1906 zur Beobachtung; die letzten wurden am 3. April gesehen. Bei Präparator Schuchmann in Königsberg sah ich sogar noch später erlegte Exemplare.

1906/1907: In den Wintern 1906/07 und 1907/08 waren Seidenschwänze in Ostpreußen sehr wenig zahlreich. Schuchmann erhielt nur ganz wenige Exemplare, und auch Thienemann (546, 550) beobachtete sie bei Rossitten nur in verschwindend geringer Anzahl.

1908: Im Winter 1908/09 beobachtete ich die ersten in Losgehnen am 8. und 9. November. Trotz großen Beerenreichtums und trotz des schneereichen und kalten Winters blieb ihre Zahl aber recht gering. Flüge von 10—12 Stück sah ich in Heilsberg dann noch am 15. und 24. März 1909. Thienemann (564) bemerkte die ersten bei Rossitten am 21. Oktober; auch dort zeigten sie sich in diesem Winter aber nur spärlich.

1909: In dem sehr milden Winter 1909/10 konnte ich bei Bartenstein keinen einzigen feststellen. Thienemann (576, 588) bemerkte bei Rossitten die ersten am 21. November, in der Folgezeit aber auch nur sehr wenige. Am 1. Februar 1910 zeigte sich dort ein Flug von 11, am 11. Februar ein solcher von etwa 30 Stück; der letzte wurde am 24. Februar gesehen.

1910: Im Winter 1910/11 fand wieder eine etwas größere Invasion statt, über die v. Tschusi (641) eingehend berichtet hat. Von Rossitten erhielt Möschler (588) den ersten am 29. Oktober; Thienemann (588) sah dort ein Stück sogar schon am 24. dieses Monats. Schuchmann ging der erste von Gumbinnen am 16. November zu, und auch in der Folgezeit wurden ihm öfters Stücke eingeliefert. Bei Bartenstein sah ich 3 Stücke in der Nähe von Dietrichswalde am 16. Januar 1911. Am 12. Februar zog ein Flug von 5—6 Stück eilig durch den Gutsgarten von Losgehnen, am 13. bemerkte ich bei Tingen auf Misteln etwa 10—12 Stück, und am 17. flogen 11 Seidenschwänze über die Stadt Heilsberg. Am 25. Februar sah ich bei Dietrichswalde einen Flug von 10, am 3. März in Heilsberg einen solchen von etwa 20 Stück und am 18. März daselbst noch ein vereinzeltes Exemplar.

1911: Im Winter 1911/12 scheinen Seidenschwänze in Ostpreußen fast ganz gefehlt zu haben.

1912: In Rossitten zeigten sich Seidenschwänze im Herbst 1912 ziemlich häufig; die ersten wurden am 28. Oktober beobachtet. Die Königsberger

Präparatoren erhielten im Winter 1912/13 öfters Exemplare, namentlich im Januar und Februar 1913. In Losgehnen sah ich einen Flug von etwa 12 Stück am 4. November 1912, in Heilsberg 11 Stück auf Misteln am 19. Februar 1913 und in Gallingen einen Flug von 30—40 Stück ebenfalls auf Misteln am 17. März.

1913: In diesem beerenreichen Herbst, dem ein äußerst milder Winter folgte, fand wieder einmal ein Massenzug statt. Auf der Kurischen Nehrung war der Durchzug nach Thienemann schon am 21. und 22. sowie besonders am 28. Oktober sehr lebhaft, und zwar zogen die Vögel bei Ulmenhorst in starken Flügen frei durch die Luft nach Süden; die ersten wurden am 13. Oktober bemerkt. Sondermann sah die ersten bei Skaisgirren (Kreis Niederung) am 21. Oktober. Bei Bartenstein bemerkte ich am 26. Oktober im Losgehner Gutsgarten einen Flug von etwa 15 Stück sowie am 23. November und 8. Februar noch je ein einzelnes Exemplar. Balzer erhielt den ersten am 27. Oktober und in der Folgezeit auffallend viele, und Schuchmann beobachtete Anfang November bei Königsberg einen sehr starken Durchzug. Hier überwinterten sie auch in erheblicher Anzahl, namentlich im Botanischen Garten und an anderen nahrungsreichen Plätzen. Techler sah am 6. November in Szameitschen einen Flug von etwa 20 Stück auf einem Paradiesapfelbaum.

Bei Heilsberg traten Seidenschwänze im November und Dezember massenhaft auf; so sah ich am 19. November an der Chaussee nach Guttstadt auf Ebereschen mindestens 80—100 Stück. In der Folgezeit waren an den Chausseen in der Umgegend wie in der Stadt Heilsberg selbst Seidenschwänze in kleineren oder größeren Flügen täglich zu sehen. Recht große Gesellschaften von über 100 Stück sah ich z. B. am 11. und 18. Dezember. Unter 28, die ich im Laufe des Winters untersuchen konnte, waren nur 9 alte Stücke, von denen aber keins am Schwanz deutliche rote Hornplättchen aufwies. Ich erhielt lediglich durch Wendlandt ein altes ♂ vom 3. April 1895 aus Tapiau, bei dem letzteres der Fall ist.

Auch bei Landsberg, Zinten, Lyck und wohl überall sonst, wo die Beeren der Ebereschen ihnen Nahrung boten, traten die Vögel im Spätherbst ungemein häufig auf. Gegen Ende Dezember nahm ihre Zahl allmählich immer mehr ab, und im Januar 1914 sah ich bei Heilsberg keinen mehr; nur am 9. Februar bemerkte ich noch 4 Stücke. Bei Gallingen (Kreis Friedland) beobachtete ich einen Flug von etwa 10 Stück am 5. und einen einzelnen am 10. Januar. Bei Wuslack (Kreis Heilsberg) sah ich ein einzelnes Exemplar am 12. Januar.

Das Königsberger Museum besitzt nach Lühe (351) einen interessanten partiellen Albino. Normal gefärbt sind bei ihm nur die roten Plättchen an den Enden der hinteren Schwungfedern, die zitronengelben Spitzen der Steuer- und großen Schwungfedern und die rotbraunen unteren Schwanzdeckfedern. Ein Teil der Steuerfedern und der großen Schwungfedern ist noch ziemlich dunkelgrau, aber nur in dem an die gelben Spitzen der betreffenden Federn grenzenden Abschnitte, und die Stirn ist rotbraun. Im übrigen ist das Gefieder weiß mit stellenweise eingestreuten isabellfarbenen bzw. hellbräunlichen Federn.

## 3. Familie: **Muscicapidae** — Fliegenfänger.

### 197. **Muscicapa striata striata** (Pall.) — Grauer Fliegenfänger.

*Muscicapa, Butalis grisola* auct.

In der Nähe menschlicher Wohnungen gehört der graue Fliegenfänger überall zu den verbreitetsten Vogelarten. Städtische Promenaden und Parks bewohnt er in gleicher Weise wie ländliche Gärten. Auch am Rande von Laubwäldern kann man ihn nicht selten antreffen. Anscheinend ist er im ganzen Gebiet häufig; in manchen Ortschaften, so in Tilsit, kommt er auffallend zahlreich vor.

Anfang Mai stellt er sich im Frühjahr bei uns ein, bei Bartenstein und Heilsberg, zwischen dem 1. und 15. Mai, im Mittel von 10 Jahren am 7. Mai. Der Herbstzug beginnt im August und ist Anfang September am lebhaftesten. In der zweiten Hälfte dieses Monats sieht man nur noch vereinzelte Nachzügler; 1904 bemerkte ich in Losgehnen die letzten am 18. September. Für die Kurische Nehrung, auf der der Zug dieser Art ziemlich lebhaft ist, nennt Thienemann (510, 546) als späteste Beobachtungsdaten 1902 den 23. und 1906 den 21., le Roi (430) für Cranz 1902 den 21. September.

### 198. **Muscicapa hypoleuca hypoleuca** (Pall.) — Trauerfliegenfänger.

*Muscicapa atricapilla* L.; *Hedymela atricapilla* (L.); *Muscicapa luctuosa* (Scop.), *muscipeta* Bechst., *nigra* auct.

Wie bereits Altum in seiner „Forstzoologie“ hervorhebt, gehört der Trauerfliegenfänger zu den Arten, deren Bestand sehr auffälligen Schwankungen unterworfen ist. In manchen Jahren hört man überall seinen charakteristischen Gesang, in anderen sieht man wieder nur ganz vereinzelte Brutpaare. Im allgemeinen ist er in Ostpreußen weit verbreitet; er fehlt in Laub- und Mischwäldern, namentlich wenn sie alte Eichen enthalten, wohl nirgends, wo er geeignete Nisthöhlen vorfindet; doch kommt er fast überall nur spärlich vor. Durch das Aufhängen künstlicher Nisthöhlen ist er jetzt vielfach in Gegenden eingebürgert, in denen er früher fehlte. Dies ist z. B. nach Thienemann (504, 510, 588) bei Rossitten, nach Ulmer (576) in Quanditten der Fall, und auch im Gutsgarten von Losgehnen ist er neuerdings auf diese Weise heimisch geworden.

Hartert (200, 205) sagt von ihm, er brüte in Preußen „verhältnismäßig sparsam“, und Szielasko (471) gibt ihn als vereinzelten Brutvogel nur für die untere litauische Ebene und die Niederung an. E. Christoleit stellte sein Brüten für Memel, Heinrichswalde, Laukischken (Kreis Labiau), Wehlau und Tharau (Kreis Pr. Eylau) fest; doch nennt er ihn gleichfalls „nicht häufig und wohl im Bestande schwankend“. Auch W. Christoleit sagt, daß er „in den litauischen Wäldern ein in den einzelnen Jahren verschieden häufiger Brutvogel“ sei. Bei Heydekrug ist er nach Hildebrandt nicht allzu selten, bei Ragnit nach Gude verbreitet. In Dingken (Kreis Tilsit) beobachtete ich ihn am 5. Juli 1908 vereinzelt im Kiefernwalde. Ziemlich gemein ist er nach Robitzsch (18) bei Norkitten (Kreis Insterburg), häufig nach Löffler (327) bei Gerdauen, wo auch ich ihn am 25. Mai 1911 vielfach antraf. Für Szameitschen (Kreis Gumbinnen) bezeichnet ihn Techler nur als Durchzügler. Geyr v. Schweppenburg (189) fand ihn im Forstrevier Schorellen (Kreis Pillkallen) 1911 als gar nicht seltenen Brutvogel; in der Rominter Heide war er etwas weniger häufig. In den Eichenwaldungen von Steinort (Kreis Angerburg) bemerkte ich ihn am 28. Mai 1908 öfters, desgleichen am 30. und 31. Mai 1913 im Forstrevier Rothebude (Kreis Goldap-Oletzko). Ob er im südlichen Masuren ebenfalls verbreitet ist, steht noch nicht fest.

Verhältnismäßig zahlreich nistet der Trauerfliegenfänger bei Heilsberg, sowohl in der Stadt selbst, namentlich in den Anlagen am Schloß, wie besonders im ganzen Forstrevier Wichertshof bis nach Guttstadt hin. Auch bei Landsberg hörte ich ihn im Mai 1910 mehrfach in der Stadt und im Stadtwalde. Bei Bartenstein ist er zwar nicht sonderlich häufig, aber an geeigneten Stellen doch überall vertreten; verhältnismäßig zahlreich zeigte er sich im Jahre 1909.

Auf dem Zuge fehlt dieser Fliegenfänger im Laubholz wohl nirgends ganz; sehr zahlreich wandert er die Kurische Nehrung entlang. Der Frühjahrszug dauert dort von der zweiten Hälfte des April bis Mitte Mai, der

Herbstzug von Anfang August bis gegen Ende September. Die letzten beobachtete Thienemann (546) 1906 am 21. September. An manchen Tagen zeigen sich bei Rossitten geradezu Unmassen dieser Vögel; ein solcher Zugtag war z. B. der 5. September 1910, wo es nach Thienemann (588) bei Ulmenhorst von grauen und angehend schwarzen Stücken förmlich wimmelte. Bei Bartenstein trifft er meist Ende April, bisweilen auch erst Anfang Mai ein. Als frühestes Beobachtungsdatum notierte ich den 17. April, als spätestes den 7. Mai; das Mittel von 12 Jahren fällt auf den 27. April. Der Rückzug setzt Mitte August ein. Man sieht die Vögel dann in Gärten, an Waldrändern, auch wenn es Nadelwälder sind, kurz an allen baumreichen Orten. Die letzten sah ich 1905 am 10., 1908 am 13. September.

Das Brutgeschäft fällt in den Mai und Juni. Bei einer am 17. und 18. Juni 1910 ausgeführten Revision der in der Oberförsterei Rossitten aufgehängten künstlichen Nisthöhlen fand Thienemann (588) 5 von dieser Art bezogene; sie enthielten 8, 6, 5, 5 Eier und einmal 4 Eier neben 2 Jungen.

### 199. **Muscicapa collaris** Bechst. — Halsbandfliegenfänger.

*Muscicapa albicollis* Temm.; *Hedymela collaris* (Bechst.).

W. Baer erlegte, wie er mir brieflich bestätigte, ein altes ♂ dieses für uns südlichen, aber auch noch auf der Insel Gotland heimischen Fliegenfängers am 28. April 1896 bei Rossitten. Das Stück befindet sich in der Sammlung der Vogelwarte. Ein zweites ♂ beobachtete er dort in demselben Jahre am 12. Mai (vgl. 169). Thienemann schoß in Rossitten ein schönes ♂ am 2. Mai 1914.

### 200. **Muscicapa parva parva** Bechst. — Zwergfliegenfänger.

*Erythrosterna, Siphia parva* (Bechst.).

Schon Rathke (406) gibt 1846 an, er habe den zierlichen Zwergfliegenfänger aus dem östlichen Teile der Provinz erhalten; doch zweifelte Böck (649) noch im Jahre 1858 an seinem Brüten. Ein im Königsberger Museum befindliches ♂ mit der Bezeichnung „Litauen“ stammt aus Russisch-Litauen; es ist nach einem Briefe v. Keudells vom 28. Mai 1826 im Mai 1826 in Gilgudiszky am Njemen nahe der Grenze erlegt. Erst durch Robitzsch (18) erhielten wir eingehendere Nachrichten; er fand ihn, zuerst im Jahre 1880, bei Norkitten (Kreis Insterburg) als gar nicht seltenen Brutvogel, aber in einigen Jahren häufiger als in anderen. Der Vogel bevorzugt dort besonders Fichtenwälder, die mit einzelnen Espen, Eichen und Linden gemischt sind, kommt aber auch in Weißbuchenpartien vor. Auffallenderweise ist Hartert (200, 205) ihm nie in Ostpreußen begegnet; vermutlich hat er ihn aber nur übersehen. In neuerer Zeit wenigstens ist er im größten Teile der Provinz so regelmäßig und vielfach aufgefunden worden, daß die Angabe von R. Blasius im neuen Naumann (386), er trete in Ostpreußen „nur sporadisch“ auf, sicherlich nicht zutrifft. Dafür, daß er erst neuerdings bei uns wesentlich häufiger geworden ist, ist jedoch nicht der geringste Anhalt gegeben.

Sehr eingehende Beobachtungen über den Zwergfliegenfänger, namentlich über seinen Gesang, verdanken wir E. Christoleit (71), der mir mitteilte, daß nach seinen Beobachtungen der Vogel „nördlich des Pregel in jedem geeigneten Walde vorkomme, von Memel bis zum Samlande und namentlich in den für ihn so passenden litauischen Wäldern“. Auch südlich des Pregel hat dieser Beobachter ihn „an geeigneten Stellen überall gefunden, so in den Kreisen Pr. Eylau, Heiligenbeil und Braunsberg, in letzterem schon südlich der Rotbuchengrenze“. An anderer Stelle (455) spricht er die Ansicht aus, daß dieser Fliegenfänger bei uns eher zu- als abnehme. Er berichtet auch (76) über einen abweichenden Neststand; er fand nämlich ein Nest in einem am Walde gelegenen Strohschober. W. Christoleit bezeichnet *M. parva* als „regelmäßigen Brutvogel in der ganzen Umgebung von Pfeil (Kreis Labiau); 1909 war er dort in allen passenden Beständen vorhanden". Gude erlegte ein ♂ in Tussainen (Kreis Ragnit), und Szielasko (479) erhielt ihn zur Brutzeit aus der Rominter Heide. Im Osten der Provinz scheint er überhaupt verbreitet zu sein. Am 1. Juli 1911 beobachtete ich im Kreise Oletzko-Goldap je ein singendes ♂ im Forstrevier Borken, Schutzbezirk Walisko, und im Forstrevier Rothebude, Schutzbezirk Rogonnen, am 2. Juli in dem letztgenannten Revier, Schutzbezirk Wiersbianken, ein weiteres singendes ♂ sowie an anderer Stelle ein lockendes Exemplar. Am 30. und 31. Mai 1913 bemerkte ich in der Nähe der Oberförsterei Rothebude etwa 8 singende ♂♂ und hörte eins auch im Forstrevier Heydtwalde. Geyr v. Schweppenburg (187, 189) gelang es, im Juni 1911 den Zwergfliegenfänger mehrfach im Forstrevier Schorellen (Kreis Pillkallen) und in der Rominter Heide am Brutplatz zu beobachten und 4 Nester zu entdecken. In Schorellen fand er ihn entweder im reinen Fichtenholze oder an Stellen, wo eine einzelne alte Eiche das gleichmäßige Nadelholz durchbrach, oder aber in den typischen litauischen Mischbeständen von Fichte, Weißbuche, Linde und Eiche. In der Rominter Heide bevorzugten diese Vögel dunkle Mischbestände von Fichte, Weißbuche, Ahorn und baumartigen Grauweiden. Die aufgefundenen Nester standen nicht in Baumlöchern, sondern teilweise frei in den Ästen. Eins befand sich etwa 3 Meter hoch in den Wasserreisern einer alten Eiche. Ein anderes entdeckte er etwa 6 Meter hoch auf einer ziemlich starken Fichte, wo es ganz frei auf einigen trockenen Quirlästen stand. Der Standort des dritten Nestes war auf dem etwas abstehenden Rindenstück einer abgestorbenen Eiche, etwa 5 Meter hoch. Das vierte Nest schließlich, in der Rominter Heide, war auf das abstehende Rindenstück einer Fichte gebaut. Die drei erstgenannten Nester in Schorellen enthielten am 15., 20. und 23. Juni je 5 Eier. Am 28. Juni beobachtete er in der Rominter Heide aber auch schon flügge Junge.

Auch auf der Kurischen Nehrung kommt der Zwergfliegenfänger als Brutvogel vor. Thienemann (504, 546) beobachtete bei Rossitten ein Paar am 3. August 1898, eine ganze Familie am 23. Juli 1906; wahrscheinlich hatten die Vögel dort genistet. Sicherlich ist dies auf dem südlichen Teile der Nehrung bei Grenz der Fall, wo le Roi (430) während der Brutzeit im Jahre 1902 ständig mehrere Paare feststellte. Ich selbst traf ihn im Samlande am 1. Juni 1902 in der Nähe des Galtgarben und Anfang Juli 1902 im Parke von Luisenwahl bei Königsberg an. In der Sammlung des Altstädtischen Gymnasiums in Königsberg befindet sich ferner nach Vogel ein Stück, das am 11. Juni 1898 auf dem Schulhofe tot aufgefunden wurde. Verbreitet ist er auch in den Kreisen Friedland und Heilsberg. Schon Meier (19, 369) bezeichnete ihn 1885 für Louisenberg (Kreis Friedland) als Brutvogel, und bei Bartenstein habe ich ihn zur Brutzeit öfters bemerkt. In Losgehnen beobachtete ich eifrig singende ♂♂ am 25. Mai 1902, 5. Juni 1910 und 14. Mai 1911, im „Bärenwinkel" bei Bartenstein am 3. Juli 1903, in Dietrichswalde am 28. Mai 1905, im Gallinger Park am 15. und 29. Mai 1911 und im Walde zwischen Gallingen und Tingen am 17. Mai und 19. Juli 1909. Auf dem Zuge habe ich ferner öfters Anfang Mai diese Vögel in Losgehnen gesehen, z. B. ein ♂ mit roter Kehle, das eifrig, wenn auch noch leise, sang, in einer kleinen Fichtenanpflanzung am Ufer des Kinkeimer Sees am 5. Mai 1903 und je ein gleichfalls singendes ♂ in einem kleinen Fichtenwalde am 13. Mai 1904 und 19. Mai 1912. Bei Heilsberg traf ich singende ♂♂ wiederholt in der Wichertshöfer Forst an, so am 23. Mai 1909 ein ♂ im sogenannten „Hundegehege", am 1. Juni 1910 2 ♂♂ in der Nähe der Försterei Waldhaus. Am 2. und 24. Juni 1913 hörte ich ein ♂ auch in der Eichendamerau.

Ob der Zwergfliegenfänger auch im südlichen Masuren nistet, steht noch nicht fest. In Steinort (Kreis Angerburg) beobachtete ich aber am 20. Mai 1908 mehrere singende ♂♂. Einem solchen mit roter Kehle sah ich lange zu; es hielt sich ständig an einer Stelle auf, wo Eichen, Weißbuchen und Fichten zusammenstanden. Ferner hörte ich am 4. Juni 1908 im Angerburger

Stadtwalde 2 ♂♂ singen, und zwar in einem Fichtenbestande mit einzelnen Weißbuchen und Espen. Überhaupt bevorzugt dieser Fliegenfänger bei uns, was ja auch die Beobachtungen von Robitzsch und Geyr v. Schweppenburg ergeben, Mischwälder, bestehend größtenteils aus Fichten, untermischt mit einzelnen Rüstern, Linden, Weißbuchen, Eichen, Birken usw., wie sie in Ostpreußen so häufig sind.

## 4. Familie: **Laniidae** — Würger.

201. **Lanius excubitor excubitor** L. — Großer Würger, Raubwürger.

Die im Winter in allen Teilen Deutschlands nicht selten beobachteten Raubwürger, bei denen nur ein weißer Spiegel auf den Handschwingen ausgebildet ist, während der Armschwingenspiegel fehlt, bezeichnete man früher — und auch heutzutage geschieht dieses noch fast allgemein — als *L. maior* Pall. Untersucht man aber diese angeblichen *L. maior* genauer, so findet man, daß bei sehr vielen, vielleicht der Mehrzahl, der Armschwingenspiegel wenigstens angedeutet, wenn auch unter den Flügeldecken verborgen ist, so daß man bei zahlreichen Stücken sehr im Zweifel sein kann, welcher Form man sie zurechnen soll. So fand ich unter den Exemplaren in der Sammlung der Vogelwarte nur ein ♀ vom 20. Oktober 1905, das keine Spur eines Armschwingenspiegels aufweist, und bei Bartenstein habe ich ein unzweifelhaft einspiegliges Exemplar überhaupt noch nicht feststellen können. Schon 1892 sagt denn auch Hartert (205) in bezug auf Ostpreußen, daß dort beide Formen sich im Winter nebeneinander zeigten, und daß Zwischenglieder sehr häufig seien. Neuerdings (211) hat er die Unterscheidung zwischen *L. excubitor* L. und den früher als *L. maior* Pall. bezeichneten Stücken nach dem Vorgange E. v. Homeyers völlig aufgegeben. Er sagt von *L. excubitor*: „Wurzeln der Handschwingen immer, Wurzel der Armschwingen meist weiß, wodurch entweder (in letzterem Falle) zwei weiße Spiegel, oft (in ersterem Falle) nur ein Flügelspiegel entsteht", so daß hiernach also die in Deutschland auftretenden einspiegligen Raubwürger von dem typischen *L. excubitor* L. nicht mehr abgetrennt werden können. *Lanius maior* Pall. betrachtet Hartert als Synonym zu *L. mollis* Eversm., einer Form, deren Brutgebiet in Sibirien von Kamtschatka bis zum unteren Jenissei liegt, und die noch niemals für Europa nachgewiesen ist. Ich möchte mich Hartert anschließen und führe daher für die Provinz nur **eine** Form, den typischen *L. excubitor excubitor* L., auf.

In Ostpreußen ist der Raubwürger anscheinend ein äußerst spärlicher Brutvogel, über den wir nur sehr wenige sichere Nachrichten besitzen. Hartert (200) hat ihn nur im Winter beobachtet; doch ist er der Ansicht. daß er unzweifelhaft an manchen Stellen auch brüte. Das trifft sicherlich zu. Szielasko hat Gelege von Lyck und aus Labiau erhalten. Sondermann bezeichnet ihn als vereinzelten Brutvogel im Kreise Niederung. Goldbeck stellte sein Brüten am Südufer des Kurischen Haffs in den 80 er Jahren fest; er fand ein Nest auf einer Pyramidenpappel in Brasdorf (jetzt Bahnstation Kuggen) und hatte selbst die Jungen in Händen. Ulmer vermutet das Nisten des Raubwürgers in der Nähe von Quanditten. Nach Spalding (13) nistet er bei Zymna (Kreis Johannisburg); nach Baecker (19) ist er bei Elchwalde (Kreis Pr. Eylau) Standvogel. Andererseits berichtet W. Christoleit, daß er ihn **sicher** als Brutvogel noch nicht aufgefunden habe. Bei Tilsit und Ragnit haben ihn Reinberger und Gude zur Brutzeit nicht bemerkt, und Techler hat ihn im Kreise Gumbinnen gleichfalls nur im Herbst und Frühjahr beobachtet. Auch bei Bartenstein und Heilsberg habe ich ihn in der Zeit von Mai bis September noch nie gesehen, und Meier (19) berichtet dasselbe für Louisenberg (Kreis Friedland). Zigann (658) gibt ihn zwar als Brutvogel für die Gegend von Wehlau an, doch verwechselt er ihn vermutlich mit *L. minor*, da er diesen nicht aufführt und andererseits seinem *L. excubitor* eine blaßrötliche Unterseite zuschreibt. Die im Winter von ihm beobachteten grauen Würger sind natürlich Raubwürger gewesen; er hat die beiden Arten nur nicht auseinander gehalten. Vielleicht gilt dasselbe auch für die Brutbeobachtungen von Baecker und Spalding, so daß als sichere Angaben nur die von Goldbeck, Sondermann und Szielasko übrigbleiben.

Als Wintervogel ist der große Würger wohl in allen Teilen der Provinz nicht selten. In manchen Jahren zeigt er sich verhältnismäßig zahlreich, in anderen wieder nur sehr spärlich; er fehlt aber in keinem Winter ganz. Auf der Kurischen Nehrung ist er als Durchzügler gewöhnlich ziemlich häufig. Der Herbstzug beginnt dort in der Regel Anfang Oktober und hält den November über an, der Rückzug dauert bis Ende April. 1898 beobachtete Thienemann (504) je ein Stück ausnahmsweise sogar am 29. Juli und 3. August bei Pillkoppen. Auch bei Bartenstein ist *L. excubitor* regelmäßiger, in manchen Jahren ziemlich häufiger Wintervogel. Ende Oktober oder Anfang November — die ersten sah ich 1903 am 8. 11., 1904 am 30. 10., 1907 am 1. 11., 1908 am 25. 10., 1909 am 8. 11., 1910 am 23. 10., 1913 am 2. 11. — erscheinen diese Würger alljährlich einzeln, bisweilen ziemlich zahlreich in der Gegend, um bis in den April hinein zu verweilen. Die letzten beobachtete ich im Frühjahr 1901 am 5., 1904 am 10., 1905 am 2., 1907 und 1908 am 21., 1909 am 19. April. Auffallend häufig waren sie in den mäusereichen Wintern 1904/05 und 1910/11.

### 202. **Lanius minor** Gm. — Kleiner Würger, Grauwürger.

Die Nachrichten über den Grauwürger als ostpreußischen Brutvogel lauten auffallend verschieden. Es hat den Anschein, als ob er neuerdings vielfach seltener geworden, ja aus manchen Gegenden ganz verschwunden ist.

Hartert (200, 205) bezeichnet ihn als „nicht selten“, Szielasko (471) für die untere litauische Ebene als vereinzelten, für Masuren, die obere litauische Ebene und die Niederung als seltenen, aber regelmäßigen Brutvogel. Wie Szielasko mir aber mündlich mitteilte, hat er ihn stellenweise, z. B. bei Lyck, ziemlich häufig gefunden. Überhaupt scheint der Grauwürger im Osten und Süden der Provinz noch verhältnismäßig zahlreich aufzutreten. Nach Techler brütet er bei Gumbinnen an den verschiedensten Stellen, und nach Büchler ist er bei Goldap häufig. Langer (19) nennt ihn als Brutvogel für Mittelpogobien (Kreis Johannisburg). Im Museum A. Koenig in Bonn befinden sich nach le Roi ein junger Vogel vom 12. August 1897 und ♂ und ♀ ad. vom 31. Mai 1898 aus Sbylutten (Kreis Neidenburg), und die Sammlung E. v. Homeyers in Braunschweig enthält nach R. Blasius (386) ein ♂ vom 23. Mai 1882 aus Gr. Ublick sowie noch 2 ♂♂ und 1 ♀ aus Ostpreußen. Das Osteroder Gymnasium besitzt mehrere Exemplare, die wohl aus der Nähe der Stadt stammen.

Im nördlichen Ostpreußen kommt der Grauwürger anscheinend nur sehr sporadisch vor. E. Christoleit hat ihn bei Memel und im Memeldelta, aber auch in den Kreisen Pr. Eylau und Braunsberg vergeblich gesucht; nur **einmal** hat er ihn überhaupt mit Sicherheit beobachtet, nämlich am 19. August 1896 bei Wehlau. W. Christoleit schrieb mir, daß er lediglich bei Passenheim (Kreis Ortelsburg) einmal ein Paar mit ziemlicher Sicherheit bemerkt habe. Bei Heydekrug kommt *L. minor* nach Hildebrandt jedoch während der Brutzeit vor, und Reinberger sowie Gude bezeichnen ihn für Tilsit und Ragnit als „nicht selten“. Nach Sondermann ist er vereinzelter Brutvogel im Kreise Niederung. Goldbeck konstatierte sein regelmäßiges Brüten in der Zeit von 1880 bis 1890 in Damm bei Lablacken (Kreis Labiau). Auf der Kurischen Nehrung fand Thienemann (510) am 3. Juli 1902 ein Nest mit 3 flüggen Jungen bei Rossitten; doch brütet der Grauwürger auf der der Nehrung neuerdings nicht mehr; auch auf dem Durchzuge zeigt er sich dort sehr selten. Bei Norkitten (Kreis Insterburg) tritt er nach Robitzsch (18) nur sporadisch auf. Im Königsberger Museum stehen mehrere Stücke aus der Gegend von Königsberg. Dort scheint er früher überhaupt öfters vorgekommen zu sein. Fr. Lindner erlegte ihn bei Wernsdorf (Kreis Königsberg) und beobachtete ihn in den Jahren 1888 und 1889 im Samlande, z. B. bei Rauschen und an anderen Orten, nicht selten. Mir selbst ist sein Vorkommen bei Ottilienhof (Kreis Königsberg) bekannt, von wo ich im Juli 1892 die Flügel eines dort kurz vorher geschossenen Exemplars erhielt; er fehlt aber nach Ulmer bei Quanditten. Wendlandt schoß ein ♀ ad. am 22. Juni 1895 bei Tapiau; es befindet sich jetzt in meinem Besitz.

Bei Angerburg habe ich diesen Würger im Frühjahr 1908 nie beobachtet; auch bei Heilsberg kommt er nicht vor. Bei Bartenstein ist er jetzt außerordentlich selten geworden. Anfangs der 90 er Jahre brütete er regelmäßig in einzelnen Paaren in Losgehnen. Ich fand selbst am 8. Juni 1892 ein Nest mit 5 Eiern und erhielt im Juli 1893 ein vor kurzem ausgeflogenes Junges. Dann verschwanden die Vögel ganz aus der Gegend, so daß ich in den letzten 20 Jahren nur einmal noch ein Exemplar bei Bartenstein gesehen habe, nämlich am 9. Juli 1904 ein altes ♂ bei Sandlack. Für Louisenberg (Kreis Friedland) bezeichnet ihn Meier (369) 1885 noch als Brutvogel; er fehlt aber als solcher nach Goldbeck bei Weinsdorf (Kreis Mohrungen).

Erst spät im Jahre trifft dieser Würger bei uns ein. Die Ankunft erfolgte nach Robitzsch (16, 18) bei Norkitten 1882 am 8. und 1884 am 13. Mai, nach Meier (19) 1885 bei Louisenberg am 8. Mai.

Schlonski besitzt in seiner Sammlung einen Totalalbino von Johannisburg.

### 203. **Lanius collurio collurio** L. — Rotrückiger Würger, Dorndreher.

*Enneoctonus collurio* (L.).

Ebenso wie der graue wird auch der rotrückige Würger stellenweise seltener; doch ist er im allgemeinen noch als ziemlich häufig zu bezeichnen. Am Rande von Feldhölzern, in niedrigen Fichtenschonungen, in Dornbüschen zwischen Getreidefeldern, in größeren Gärten fehlt er wohl nirgends ganz. Bei Rossitten gehörte er nach Thienemann (510, 564, 588) früher zu den häufigsten Kleinvögeln; jetzt hat er dort, seitdem das Buschwerk auf den Feldrainen abgeholzt ist, an Zahl sehr abgenommen (594 c). Auch bei Bartenstein, wo er früher gleichfalls häufig war, zeigt er sich seit 1908 verhältnismäßig spärlich, ohne daß eine Ursache dafür angegeben werden könnte.

Seine Ankunft bei uns erfolgt erst Mitte Mai, bei Bartenstein zwischen dem 8. und 18. dieses Monats, wobei sich als Mittel von 8 Jahren der 15. Mai ergibt. Für Rossitten erwähnt Thienemann (510) aus dem Jahre 1902 folgende Brutdaten: 9. Juni: angefangenes Nest; 15. Juni: Nest mit 1 Ei; 27. Juni: Nest mit 6 Eiern; 3. Juli: 4 Nester, nämlich eins mit 5, eins mit 6, eins mit 7 Eiern und eins mit 5 nackten Jungen. Im Laufe des August, spätestens Anfang September verläßt er uns wieder. le Roi (430) erlegte ein altes ♂ bei Cranz noch am 26. August 1902. Ganz vereinzelte Nachzügler, durchweg junge Vögel, sieht man ausnahmsweise auch noch in der zweiten Hälfte des September; solche beobachtete ich in Losgehnen 1902 am 28. und 1907 am 22. September.

In der Sammlung v. Erlangers befindet sich nach Hilgert (225) ein fast reinweißer Albino, ein altes ♀ vom 2. Juni 1904 aus Skirwieth (Kreis Heydekrug).

### 204. **Lanius senator senator** L. — Rotköpfiger Würger.

*Lanius ruficeps* Pall., *auriculatus* Müll., *rufus* Gm., *pomeranus* Sparrm.; *Enneoctonus, Phoneus senator* (L.), *rufus* (Gm.).

Das Königsberger Museum besitzt vom Rotkopfwürger einen Vogel im Alterskleide, der wohl sicher aus Ostpreußen stammt. Auf der Etikette ist als Herkunftsort Königsberg angegeben, während eine Zeitangabe leider fehlt. Wahrscheinlich ist dieses Stück während der Gründungszeit des Museums, also in den 20 er Jahren des vorigen Jahrhunderts, gesammelt. Hartert (200, 205) führt es ebenfalls als bei Königsberg erlegt auf. Weitere Fälle des Vorkommens sind für unsere Provinz nicht bekannt. Wenn Szielasko (471) ihn „im ganzen Gebiet sehr selten" nennt, so ist nicht ersichtlich, ob dieser Angabe auch nur **eine** positive Beobachtung zugrunde liegt. In der Sammlung der Mohrunger Stadtschule befindet sich nach Fibelkorn und Goldbeck ein Stück, das angeblich im Kreise Mohrungen erlegt sein soll, dessen Herkunft aber doch nicht ganz sicher ist.

## 5. Familie: Corvidae — Raben.

### 205. Corvus corax corax L. — Kolkrabe.

Schon Bock (41, 42) gibt 1776 und 1784 an, der Kolkrabe werde „seit einigen Jahren in Preußen selten, doch habe er sich im Herbst 1774 infolge eines Viehsterbens wieder in größerer Menge gezeigt". Bujack (68) berichtet 1837, daß Scharen aus nördlicheren Gegenden bei uns zu überwintern schienen. Neuerdings geht der Bestand fortgesetzt recht erheblich zurück; aus sehr vielen Gegenden ist der Rabe völlig verschwunden und nur im Osten und Süden der Provinz horstet er noch in geringer Anzahl. Hartert (200, 205) bezeichnet ihn noch für alle Teile von Preußen als vereinzelten Horstvogel, der im Winter weithin verstreiche, und Szielasko (471) berichtet dasselbe von dem früheren Regierungsbezirk Gumbinnen. Nach der Rundfrage der Physikalisch-Ökonomischen Gesellschaft war er 1905 jedoch nur noch in 7 Oberförstereien des Regierungsbezirks Allenstein mit 13—14 Horsten und in 13 — von Braun (61) werden nur 12 angegeben — Oberförstereien des Bezirks Gumbinnen mit etwa 20 Horsten Brutvogel. Im Bezirk Königsberg kam er als solcher in Staatsforsten überhaupt nicht mehr vor. Früher hat er jedoch nach Zigann (658) in der Sanditter Forst (Kreis Wehlau) und nach Meier (369) in Georgenau (Kreis Friedland) gehorstet. 1905 befanden sich Horste nur noch in den Kreisen Heydekrug, Niederung, Ragnit, Pillkallen, Stallupönen, Goldap, Darkehmen, Lyck, Johannisburg, Ortelsburg und Neidenburg. Hildebrandt berichtet, daß der Kolkrabe bei Heydekrug sehr selten sei; ein Paar habe bei Kuhlins gebrütet, sei jetzt aber abgeschossen. Bei Rothebude (Kreis Goldap-Oletzko) ist *C. corax* nach Otto als Brutvogel jetzt fast verschwunden. Aus dem Kreise Oletzko erhielt ich einen jungen, aus dem Horst gefallenen Raben lebend am 11. Juli und einen alten Vogel am 20. Oktober 1910. In der Sammlung v. Erlangers befindet sich nach Hilgert (225) ein ♂ vom 26. April und ein ♀ vom 2. Mai 1899, beide aus Oszywilken (Kreis Johannisburg). Bei Johannisburg sind nach Schlonski Kolkraben überhaupt öfters zu sehen. Als lediglich bisweilen vorkommend, aber nicht horstend wird der Kolkrabe bei der Rundfrage von 15 Oberförstereien aufgeführt, und zwar in den Kreisen Heydekrug, Niederung, Labiau, Wehlau, Ragnit, Johannisburg, Sensburg, Ortelsburg, Neidenburg, Allenstein und Braunsberg; fraglich ist das Vorkommen für eine Oberförsterei im Kreise Osterode. Als völlig fehlend bezeichnen ihn 44 Forstreviere; das beweist, daß er auch als Strichvogel schon recht selten geworden ist. In der Oberförsterei Rossitten, die gleichfalls Fehlanzeige erstattet hat, zeigt sich allerdings der Kolkrabe als sehr seltener Durchzügler; am 17. März 1907 wurde nach Thienemann (550, 593, 594c) ein Stück unter Krähen ziehend beobachtet, und am 13. November 1911 wurde eins im Krähennetze lebend gefangen.

Sondermann erhielt von Oktober 1887 bis 1912 nur 19 Kolkraben zum Präparieren, davon einen im März aus dem Kreise Niederung, 2 im April aus den Kreisen Goldap und Osterode, 1 im Mai aus dem Kreise Pillkallen, die übrigen 15 in der Zeit von August bis Januar aus den Kreisen Heydekrug,

Ragnit, Tilsit, Niederung, Pillkallen, Stallupönen, Darkehmen, Lyck, Johannisburg, Neidenburg und Osterode. Ein nennenswerter Zuzug von Norden her scheint im Winter neuerdings nicht mehr stattzufinden. Bei Bartenstein habe ich die Art noch niemals festgestellt.

Wenn der Kolkrabe jetzt in den Staatsforsten im allgemeinen auch geschont wird, so wird es doch wohl nicht mehr allzu lange dauern, bis der letzte Horstvogel aus Ostpreußen verschwunden ist. Besonders den für das Raubzeug gestellten Fangeisen sowie den Giftbrocken fallen viele Raben, und häufig gerade die Alten in der Brutzeit, zum Opfer. So wird z. B. aus dem Schutzbezirk Dittballen und der Schilleningker Forst (Kreis Niederung) berichtet, daß der Kolkrabe dort seit 10 Jahren verschwunden und wohl durch den Schwanenhals vernichtet sei. Ferner schreibt Herr Oberförster Correns-Jura (Kreis Ragnit): „Es dürfte von Interesse sein, daß auch der Kolkrabe hier vereinzelt auftritt; er hat in Jura zwar nicht genistet, muß aber seinen Horst in der Nachbarschaft haben. Ein Exemplar fing sich im Herbst in einem Tellereisen, das für Fuchs gestellt war. Seit dieser Zeit beobachte ich jetzt nur ein Exemplar, das aber häufig zu sehen ist." Mir selbst berichtete Hegemeister Rosenbaum-Schwalg, daß in seinem zur Oberförsterei Rothebude gehörigen Revier alljährlich Kolkraben zur Brut schritten, doch seien in den letzten 3—4 Jahren regelmäßig die Alten während der Brutzeit plötzlich verschwunden; wiederholt habe er sie in der Nähe des Horstes tot aufgefunden; wahrscheinlich hätten sie Giftbrocken aufgenommen, die dort vielfach für Krähen ausgelegt würden.

Zimmermann erhielt nach Thienemann (386) im Herbst 1894 aus der Rothebuder Forst (Kreis Goldap-Oletzko) einen jungen Kolkraben, der an Rücken und Schwingen normal schwarz, aber an Kopf, Hals, Brust und der ganzen Unterseite dunkelbraun mit bronzeartigem Glanz gefärbt war.

**Corvus corone corone L. — Rabenkrähe.**

Mit Sicherheit ist die Rabenkrähe für Ostpreußen noch nicht nachgewiesen; Belegexemplare liegen jedenfalls aus der Provinz nicht vor. Alle bisher veröffentlichten Nachrichten (vgl. insbesondere 169) beruhen, soweit sie nicht schon von vornherein unglaubwürdig sind, auf bloßer Beobachtung; es ist daher eine Verwechslung mit jungen Saatkrähen nicht ausgeschlossen. Die Berichte von Meier (369) und Spalding (12—15, 468) über das Vorkommen von Rabenkrähen bei Louisenberg (Kreis Friedland) und Zymna (Kreis Johannisburg) hat schon Hartert (200, 205) richtiggestellt. Spalding verwechselt *C. corone* offenbar mit *C. corax*. Es erscheint hiernach geboten, allen Angaben dieses Beobachters große Vorsicht entgegenzubringen, zumal er auch gelegentlich (468) den Mauersegler mit der Felsenschwalbe zusammenwirft.

## 206. Corvus cornix cornix L. — Nebelkrähe.

Neben dem Haussperling ist wohl die Nebelkrähe der häufigste Vogel unserer Provinz; ja ihre Verbreitung ist noch allgemeiner, da sie nicht, wie jener, an die unmittelbare Nähe des Menschen gebunden ist. Es gibt keine Gegend, in der Nebelkrähen nicht sehr häufig wären; ungeachtet aller Anstrengungen gelingt es nie, ein Revier krähenrein zu erhalten.

Die Frage, ob unsere ostpreußischen Nebelkrähen Stand-, Strich- oder Zugvögel sind, ist noch nicht geklärt. Nach meiner Überzeugung bleibt eine große Anzahl das ganze Jahr hindurch in derselben Gegend; viele — hauptsächlich wohl die Jungen — mögen aber auch im Winter von uns fortziehen, und andererseits beziehen sicher auch zahlreiche russische Krähen aus Gebieten, die östlich von uns liegen, in Ostpreußen schon Winterquartiere. Fast alljährlich kann ich bei Bartenstein die Beobachtung machen, daß sich im Oktober und November plötzlich zahlreiche Nebelkrähen einstellen, die ganz auffallend vertraut sind; im Gegensatz zu den scheuen Brutvögeln lassen sie sich öfters im freien Felde auf Schußweite angehen. Im Winter 1912/13 wurden in Losgehnen sehr viele Nebelkrähen vergiftet, so daß schließlich nur noch äußerst wenige zu sehen waren. Unter 15 vergifteten, die ich untersuchte, befand sich nur eine junge. Im Laufe des März nahm der Krähenbestand dann aber wieder sehr zu, so daß zur Brutzeit eine Verminderung gegen sonstige Jahre kaum mehr erkennbar war. Wenn es möglich wäre, Brutkrähen in größerer Menge mit Ringen zu versehen, würden wir wohl bald Klarheit über diese Frage erlangen. Bisher sind die Resultate mit ostpreußischen Brutvögeln noch sehr unbedeutend, was bei der Schwierigkeit des Zeichnens von Krähen im Nest nicht verwunderlich ist. Glänzende Ergebnisse hat dagegen Thienemann schon mit dem Zeichnen von Zugkrähen erzielt. Auf der Kurischen Nehrung und überhaupt an der Küste findet im Herbst und Frühjahr ein außerordentlich starker Krähenzug statt. Zu Hunderten, ja zu Tausenden werden dann die Vögel von den Nehrungsbewohnern in Netzen als willkommene Fleischnahrung gefangen und durch einen Biß in den Kopf getötet. Im Herbst 1899 wurden nach Thienemann (386) allein in Rossitten und Pillkoppen gegen 2500 Krähen erbeutet. Thienemann hat diesem Zuge, der übrigens schon von Löffler (325, 329) recht gut geschildert wird, in allen seinen Einzelheiten seit Jahren seine volle Aufmerksamkeit gewidmet und seine sehr interessanten Beobachtungen in den „Jahresberichten der Vogelwarte Rossitten" niedergelegt. Der Herbstzug setzt nach Thienemann (536) „mit großer Pünktlichkeit und Regelmäßigkeit in den letzten Tagen des September oder in den ersten Oktobertagen ein. Seinen Höhepunkt erreicht er stets im Oktober. Schon am Ende dieses Monats, namentlich aber im November, ist ein Nachlassen zu verzeichnen; aber schwache Krähenzugerscheinungen sind zuweilen noch bis gegen Weihnachten bemerkbar. Weniger pünktlich verläuft der Frühjahrszug. Seine Anfänge sind zuweilen schon sehr zeitig im Jahre zu verzeichnen, 1900 bereits am 22 Februar, 1901 am 6., 1905 am 2. März, 1910 am 21. Februar; der Höhepunkt liegt im April. Gegen Ende dieses Monats läßt der Zug nach, um in den letzten April- oder ersten Maitagen ganz aufzuhören." In seinen letzten Ausläufern dauert der Frühjahrszug in manchen Jahren sogar noch bis in die zweite Hälfte des Mai, und der Zug nach Süden setzt bisweilen auch schon Anfang September wieder ein, um gelegentlich noch bis Mitte Januar anzuhalten. Mit Ausnahme der Monate Juni bis August werden also ziehende Nebelkrähen während des ganzen Jahres auf der Nehrung bemerkt. Gewöhnlich wandern die Krähen in einer langen losen Kette die Nehrung entlang. Sie erscheinen einzeln oder in kleinen Trupps mit mehr oder weniger weiten Abständen. Zuweilen bemerkt man auch zwei oder mehrere solcher Ketten, und an besonders guten Zugtagen wird auch gelegentlich ein Wandern von großen Gesellschaften in breiter Front beobachtet. Im Herbst ziehen zuerst fast ausschließlich Junge durch; erst von Mitte Oktober an zeigen sich die Alten in allmählich immer größer werdender Zahl, so daß im November und Dezember fast nur Alte erlegt werden. Im Frühjahr eröffnen die Alten den Rückzug; im April überwiegen bei weitem die Jungen.

Durch die Ringversuche ist nun festgestellt (564, 593), daß das Brutgebiet sehr vieler die Nehrung entlang ziehenden Krähen in Finnland, im Gouvernement Petersburg, in Livland und Kurland liegt. Der nördliche Fundort einer markierten Krähe befindet sich etwa 30 km westnordwestlich von der Stadt Savonlinna in Finnland, etwa 61° 40′ n. Br. Ihr Winterquartier beziehen diese Krähen zum großen Teil schon in Pommern und Mecklenburg, vereinzelt auch in Brandenburg, der Provinz Sachsen, in Hannover, Westfalen und der Rheinprovinz. Das westlichste und zugleich südlichste Stück stammt aus dem nördlichen Frankreich von Solesmes im Gebiet des Sambreflusses, etwa 50° 12′ n. Br. Die südlichste Ringkrähe in Deutschland ist in Prettin an der Elbe im Kreise Torgau erbeutet.

Im Innern von Ostpreußen ist von einem massenhaften Ziehen nichts zu bemerken. An den Festlandsufern der Haffe und im Samlande ist der Zug noch ziemlich lebhaft; je mehr man ins Binnenland kommt, desto seltener und schwächer werden ausgesprochene Zugerscheinungen. Bei Bartenstein habe ich öfters ein deutliches, aber doch immer nur vereinzeltes Ziehen von Nebelkrähen, und zwar hauptsächlich im Oktober, beobachtet, das aber mit dem Massenzuge an der Küste auch nicht entfernt zu vergleichen ist. Auch sonst liegen Berichte über besonders starke Krähenzüge in einiger Entfernung von der Küste für Ostpreußen nicht vor.

Das Brutgeschäft fällt in den April und Mai. Szielasko besitzt ein Gelege von 7 Eiern aus Tannenkrug (Kreis Fischhausen) vom 26. April 1902; 5 Eier waren bebrütet, 2 klar. Thienemann (536) erhielt frische Gelege am 1., 2. und 12. Mai, ebenso aber auch schon am 24. April. Ausgeflogene Junge sah ich in Losgehnen 1906 zuerst am 7., 1908 am 8., 1910 und 1912 am 5. Juni. Am 21. Mai 1908 beobachtete ich auf der Insel Upalten im Mauersee, daß etwa 40—50 Nebelkrähen gemeinschaftlich auf alten Eichen übernachteten. Wie mir der dortige Förster mitteilte, finden diese Krähenansammlungen im Frühjahr jede Nacht statt. Dieses wohl noch wenig beobachtete gemeinschaftliche Übernachten von Nebelkrähen während der Brutzeit bildet eine Parallele zu der beim Star näher beschriebenen Erscheinung. Außerhalb der Brutzeit ist ein Beziehen gemeinschaftlicher Schlafplätze sehr häufig. Thienemann (536) beobachtete bei Rossitten und le Roi (430) bei Cranz mehrfach kleine Gesellschaften, die offenbar überhaupt nicht zur Brut geschritten waren, so ersterer 10 Stück am 11. Juni 1902 in Gesellschaft von Dohlen, letzterer eine Schar von 34 Stück am 29. Mai 1902 am Haff bei Grenz.

Wie große Verheerungen die Nebelkrähe unter den Bruten der Wasservögel anrichtet, konnte ich zur Genüge bei einer Bootfahrt beobachten, die ich am 17. Mai 1908 mit Szielasko auf dem Nordenburger See unternahm. Der See besitzt sehr sumpfige, unpassierbare Ufer und ein äußerst reiches Wasservogelleben. 10—15 Nebelkrähen flogen stets neben dem Boot her und stießen auf jedes Nest herab, das von dem brütenden Vogel verlassen wurde, oft nur wenige Schritte vom Boot entfernt. Durch Rufen ließen sie sich kaum stören. Die Seeufer und die Inseln waren mit Eierschalen förmlich übersät. Die meisten gehörten *Fulica atra* an; wir fanden aber auch solche von *Colymbus cristatus*, *Anas platyrhyncha* und *Nyroca ferina*. In Losgehnen raubte im Frühjahr 1907 ein Paar an einem Vormittage allein 9 junge Enten.

Farbenvarietäten werden bei diesem häufigen Vogel verhältnismäßig oft beobachtet. Im Königsberger Museum befinden sich nach Lühe (351) 6 partielle Albinos und ein gleichmäßig hellgraues Stück; letzteres ist wahrscheinlich 1839 bei Lyck erlegt. Sondermann ging ein Albino am 7. August 1895 von Rogowszysna (Kreis Oletzko) zu, und die Vogelwarte besitzt ein ♂ mit weißem Stirnfleck vom 29. Oktober 1904 aus Rossitten. Möschler (377) schließlich erhielt im August 1898 eine Nebelkrähe aus der Gegend von Königsberg, die im wesentlichen lehmgelb gefärbt war; die Schulterfedern und ein dreieckiger Fleck auf Unterbrust und Bauch waren dunkelrotbraun.

### Corvus corone L. × cornix L.

Den Bastard zwischen Raben- und Nebelkrähe hat Thienemann (500, 504, 508, 512, 519, 594c) (vgl. auch le Roi (430)) bereits viermal von der Kurischen Nehrung erhalten, nämlich je ein Stück am 2. November 1901, 19. April 1902, 4. April 1903 und 25. Oktober 1912. Die Exemplare sind deshalb besonders interessant, weil sie vielleicht aus dem fernen Osten stammen, wo in den Gegenden zwischen Tomsk und Krasnoyarsk in Sibirien die Brutgebiete der Nebel- und Rabenkrähe zusammenstoßen, und Bastarde der Formen *Corvus cornix sharpii* Oates und *C. corone orientalis* Eversm. häufig sind. Das Stück vom 19. April 1902 besitzt nach Thienemann in der Tat auch einen breiteren Schnabel als mitteldeutsche Krähenbastarde. Möglicherweise handelt es sich aber auch nur um mitteldeutsche Stücke, die sich den dort überwinternden Nebelkrähen auf dem Zuge angeschlossen haben. Vielleicht sind die scheinbaren Bastardkrähen sogar nur melanistische Stücke von *C. cornix.*

### 207. Corvus frugilegus frugilegus L. — Saatkrähe.

*Trypanocorax frugilegus* (L.); *Frugilegus segetum* auct.

Die Zahl der Saatkrähenkolonien in Ostpreußen hat in neuerer Zeit entschieden sehr bedeutend zugenommen. Ebel (129) bezeichnete die Saatkrähe 1823 nach als „ziemlich selten", und Löffler (327) sagt sogar 1836 nur, sie „solle" in Litauen brüten, er selbst habe dieses aber noch nicht konstatiert. Selbst im Jahre 1884 gibt Hartert (18) noch an, sie besitze in Ostpreußen nur einige wenige Brutkolonien, und auch Matschie (368) meint, sie sei „in Ostdeutschland seltener". Rörig (437) führt 1900 für die Provinz 15 Kolonien, davon 4 mit 1000 und mehr Horsten, und eine zerstreute Niederlassung auf. Nach Thienemanns Zählung (543) gab es aber 1905 in Ostpreußen 343 Ansiedlungen mit etwa 238301 Horsten. Die Zahl der Siedlungen ist dabei eher noch zu niedrig als zu hoch angegeben, während die Zahl der Horste wohl vielfach sehr erheblich überschätzt ist. Infolge der vielen Nachstellungen gehen die Saatkrähen neuerdings notgedrungen dazu über, oft nur zu wenigen Paaren bei einander zu nisten.

Was nun die Verbreitung innerhalb der Provinz angeht, so fehlen nach Thienemann Saatkrähenkolonien nur in den Kreisen Labiau, Niederung und Oletzko. Verhältnismäßig kleine Ansiedlungen befinden sich in den Kreisen Heydekrug, Angerburg, Rössel, Heilsberg und Pr. Holland. Sehr zahlreich dagegen nisten Saatkrähen in den Kreisen Tilsit, Ragnit, Pillkallen, Darkehmen, Gumbinnen, Gerdauen, Pr. Eylau, Mohrungen, Neidenburg und Lötzen. In der Bartensteiner Gegend bestanden früher Brutplätze in Wöterkeim-Louisenhof (durch Abholzen des Waldes vernichtet), Losgehnen (1903/04 vertrieben) und Brostkersten (1907 vertrieben, aber seit 1911 wieder besetzt); jetzt existieren außer in Brostkersten nach Thienemann noch in folgenden Ortschaften des Kreises Friedland Kolonien: Rückgarben, Wehrwilten, Gr. Kärthen, Gr. Saalau, Puschkeiten, Gallitten, Kinnwangen und Schmirdtkeim. Soviel läßt sich jedenfalls aus der von Thienemann gegebenen Übersicht ersehen, daß die Art im Memeldelta und stellenweise im östlichen Masuren auffällig seltener ist.

Eine sehr große auch von Thienemann erwähnte Ansiedlung befand sich nach Szielasko auf einer schwer zugänglichen Insel im Nordenburger See. Im Winter 1907/08 wurde die Insel jedoch abgeholzt, worauf die Krähen eine neue Kolonie in der Nähe des Sees gründeten. Überhaupt wechseln die einzelnen Ansiedlungen jetzt sehr, da vielfach energisch gegen die Krähenplage vorgegangen wird, und die Vögel daher zum Aufgeben ihrer alten und Aufsuchen neuer Brutplätze gezwungen werden. Manche gelangen infolgedessen auch gar nicht zum Brüten, so daß man auch während der Brutzeit öfters Scharen nichtbrütender Saatkrähen antrifft. Lühe (354) berichtet ausführlich über eine im Frühjahr 1909 im botanischen Garten und einigen andern Gärten der Stadt Königsberg angelegte Kolonie, die aber alsbald wieder zerstört wurde. Neuerdings — seit 1912 — nisten einige Paare auch in der Stadt Heilsberg auf dem Eckertsberge. Im März 1914 siedelten sich etwa 50 Paare in dem daneben, mitten in der Stadt gelegenen bischöflichen Garten an; sie wurden im Laufe des April aber wieder vertrieben.

Wie auch Hartert (18) hervorhebt, durchwandern die Saatkrähen in großer Anzahl unsere Provinz, und zwar „nicht nur auf schmalen Straßen, sondern über das ganze Land hin". Besonders viele ziehen natürlich die Kurische Nehrung entlang, häufig in Gesellschaft von Dohlen, mit denen man sie auf dem Zuge überhaupt meist zusammen sieht. Der Zug fällt dort in die Zeit von Ende Februar bis Mitte Mai und von Mitte September bis in den November hinein. Auch bei Bartenstein sind riesige durchziehende Schwärme in den Monaten März—April und September-Oktober sehr oft zu sehen. Wenn auch weitaus die meisten uns im Winter verlassen, so hält doch eine nicht unbeträchtliche Anzahl in Ostpreußen auch winterüber aus, und zwar befinden sich unter ihnen nach meinen Beobachtungen verhältnismäßig viele Junge mit noch befiederter Schnabelwurzel. Mit Nebelkrähen und Dohlen treiben sie sich umher und kommen bei Schnee an die Getreideschober und auf die Höfe. Bisweilen bleiben sogar größere Flüge bei uns; solche sah ich in Losgehnen im Januar und Februar 1903 und im Winter 1903/04. Viele dieser Krähen verweilen im Lande, bis anhaltender Frost und Schneefall ihnen die Nahrung entzieht. Erst Ende Februar, in späten Frühjahren wohl auch erst in der zweiten Hälfte des März, stellen sie sich wieder auf ihren Brutplätzen ein. 1907 waren bis Mitte Dezember noch recht viele, von diesem Zeitpunkt an nur noch vereinzelte in Losgehnen zu sehen; von Mitte Februar 1908 an war dann wieder eine deutliche Zunahme zu bemerken, Ende des Monats war die Anzahl der zurückgekehrten schon recht erheblich, und in der ersten Hälfte des März war der Einzug vollendet. 1908/09 überwinterten dagegen fast gar keine Saatkrähen bei Bartenstein; der Abzug erfolgte bereits Mitte November, und erst vom 21. März an wurden sie wieder häufiger. Verhältnismäßig viele ließen sich im Winter 1913/14 sehen, und zwar sowohl Junge wie Alte.

In der Sammlung der Vogelwarte befindet sich ein junges, völlig albinotisches Stück vom 9. Juni 1905 aus Gerdauen, und Sondermann erhielt einen Albino am 11. August 1899 von Gr. Schirrau (Kreis Wehlau). In Losgehnen beobachtete ich vor Jahren ein Exemplar mit weißen Flügeln.

### 208. **Coloeus monedula spermologus** (Vieill.) — Westeuropäische Dohle.

*Corvus monedula* L.; *Lycos monedula* (L.); *Monedula turrium* Brehm.

Die ostpreußischen Brutdohlen gehören nach Hartert (211) noch annähernd zu der westeuropäischen Form *C. m. spermologus* (Vieill.), die sich durch die dunklere Unterseite von der skandinavischen Form (*Coloeus monedula monedula* (L.)), durch die dunkle Unterseite und den fehlenden Halsring von der osteuropäischen Dohle (*Coloeus monedula collaris* (Drumm.)) unterscheidet. Leider fehlt es mir an Vergleichsmaterial, so daß ich mich über die Zugehörigkeit der ostpreußischen Brutvögel zu der einen oder andern Form nicht äußern kann. Ich besitze lediglich ein altes ♂ aus Heilsberg vom 7. Juni 1909, das ziemlich dunkle Unterseite und fast gar keinen Halsfleck zeigt, also für Harterts Annahme spricht. 3 von mir Ende Juni 1911 in Heilsberg aus dem Nest genommene und dann aufgezogene Dohlen hatten gleichfalls keinen Halsfleck, auch nicht nach der zweiten Mauser. Oft habe ich jedoch die in Heilsberg sehr zahlreich nistenden Dohlen aus nächster Nähe beobachtet und mehrfach gefunden, daß auch bei ihnen ein heller Fleck am Flügelbug nicht selten mehr oder minder deutlich ausgebildet ist. Auch ein in der Osteroder Gymnasialsammlung befindliches Stück vom Sommer 1891 aus dem Kreise Allenstein hat ziemlich deutlichen Halsfleck. Eine Annäherung der ostpreußischen Brutvögel an *C. m. collaris* ist also sicherlich vorhanden. Im Winter sieht man nicht selten ganze Scharen, die durchgängig einen sehr deutlichen weißen Fleck am Flügelbug aufweisen; es sind wohl Wintergäste von Osten her, die man unbedenklich als *C. m. collaris* bezeichnen kann. Natürlich trifft man im Winter vielfach auch Vögel an, bei denen ein Halsfleck nur sehr schwach oder fast gar nicht entwickelt ist; dies können ja aber auch ostpreußische Brutvögel sein. 21 Wintervögel meiner Sammlung zeigen folgenden Befund: Der Halsfleck fehlt fast ganz bei 5 Stücken vom 6. November 1907, 22. November 1909, 2. Oktober und 21. November 1910 (♀), 26. November 1911 (♀); er ist schwach ausgebildet bei 5 Stücken vom 18. November 1901, 17. Januar und 22. November 1909, 29. Januar 1911, 26. November 1911; recht deutlich ist er bei einem ♀ vom 22. November 1909, 3 ♂♂, 1 ♀ vom 28. November 1909, 2 ♂♂ vom 29. Januar 1911, 3 ♂♂, 1 ♀ vom 26. November 1911.

Dohlen nisten in Ostpreußen in vielen Städten und Dörfern auf Kirchen, alten Schlössern und anderen hohen Gebäuden, ferner in hohlen Bäumen und gelegentlich auch in Saatkrähenkolonien. Harterts Angabe (200, 205), daß sie nur an wenigen Orten brüteten, ist wohl nicht ganz zutreffend. An geeigneten Stellen scheinen sie überall vorzukommen. Szielasko (471) nennt sie in Masuren und Litauen häufig, in der Niederung vereinzelt. In Heydekrug ist die Dohle nach Hildebrandt häufiger Brutvogel; sie vermehrt sich dort so, daß sie bald zur Plage werden wird. In Szillen (Kreis Ragnit) nisten ziemlich viele nach Gude in den hohlen Bäumen nahe der Kirche. In Wehlau brütet die Art nach einer Mitteilung Ziganns seit 1904; nach Szielasko nistet sie auch in Nordenburg und nach meinen Beobachtungen in Puschdorf (Kreis Insterburg). Recht verbreitet sind Dohlen in den an alten Ordenskirchen reichen Kreisen Friedland, Rössel und Heilsberg. Sie nisten z. B. in Bartenstein und vielfach in der Umgegend der Stadt, so auf der Kirche in Gallingen, in alten Linden bei Tingen und Kraftshagen, ferner nach Mühling (378) und Schütze sehr zahlreich auf dem Rösseler Schlosse und nach meinen Beobachtungen in recht erheblicher Menge auf dem bischöflichen Schlosse und der katholischen Pfarrkirche zu Heilsberg sowie auf den Kirchen in Guttstadt, Reimerswalde und Kiwitten, einzeln in alten Eichen in der Damerau bei Heilsberg sowie in alten Linden in Kiwitten. Auch im Parke von Steinort (Kreis Angerburg) traf ich einzelne Paare in alten Eichen nistend an.

Im Winter, gewöhnlich von Ende Oktober oder Anfang November an, streichen große Scharen im Lande umher, wahrscheinlich vielfach von Osten zugewanderte Vögel, die dann wohl meist zu *C. m. collaris* gehören; sie halten sich bei günstigen Nahrungsverhältnissen oft lange in derselben Gegend auf, wo sie an Getreideschobern erheblichen Schaden anrichten können. Die ostpreußischen Brutdohlen sind zum großen Teile wohl Standvögel; wenigstens habe ich in Heilsberg während mehrerer Jahre niemals nennenswerte Schwankungen in dem Bestande bemerken können. Im Sommer wie im Winter hält sich dort auf dem Schlosse und der Kirche ständig ungefähr die gleiche Anzahl von Dohlen auf, die aus- und einschlüpfen, also dort doch anscheinend heimisch sind. Ich glaube nicht, daß die Brutvögel im Herbst wegziehen und durch Wintergäste ersetzt werden. Möglich ist es ja aber, daß die Jungen im ersten Jahre den Brutplatz verlassen, nach beendeter Brutzeit im Lande umherstreichen und sich im Winter den Scharen von *C. m. collaris* anschließen. Vielleicht werden wir darüber durch die von mir in Heilsberg seit 1912 vorgenommene Markierung von Nestjungen allmählich Aufschluß erhalten. Verhältnismäßig viele verunglücken an den Brutplätzen dadurch, daß sie in Schornsteine hineinfallen, aus denen sie nicht mehr entkommen können; so wurden im Heilsberger Schlosse beim Abbruch eines Ofens im September 1912 17 Dohlenskelette entdeckt, während auf dem Kirchturm im Juni 1913 in einer Kammer etwa 15 tote Dohlen gefunden wurden.

Auf der Kurischen Nehrung ist der Zug von Dohlen zeitweise ziemlich lebhaft; er dauert von Mitte oder Ende Februar bis in den Mai hinein sowie von Oktober bis Dezember. Auch Thienemann (550) hebt hervor, daß die im Dezember 1907 von Norden her die Kurische Nehrung entlang wandernden Dohlen sich durch sehr hellen Halsring ausgezeichnet hätten. Hartert (200) schließlich berichtet, daß Dohlen beim ersten Frost und Schnee zu Hunderttausenden nach Königsberg zögen, wo sie in alten Bäumen und auf hohen Dächern übernachteten; sie gehörten größtenteils einer Varietät mit außerordentlich hellen Halsseiten an; sie kämen von Osten und zögen im April wieder gen Osten fort.

Ein im Jahre 1910 auf der Kirche in Kiwitten (Kreis Heilsberg) erbrüteter Totalalbino befindet sich im Gasthause von Dietrich in Kiwitten.

### 209. Coloeus monedula collaris (Drumm.) — Osteuropäische Dohle.

Es ist bereits bei der vorigen Form hervorgehoben, daß die durch deutlichen weißen Fleck am Flügelbug ausgezeichnete Form *C. m. collaris*, deren Verbreitungsgebiet sich nach Hartert (211) über ganz Rußland und weite Teile Asiens erstreckt, regelmäßiger Wintergast in Ostpreußen ist. Reiser (Ornis balcanica Vol. 3 p. 251) erkennt zwar diese Form überhaupt nicht an, und auch Parrot (Zool. Jahrbuch 1907 p. 9) ist über ihre Berechtigung noch im Zweifel; doch wird man wohl gut tun, sie nicht fallen zu lassen, da sie in großen Gebieten ausschließlich vorkommt. Daß ostpreußische Stücke alle möglichen Abstufungen in der Ausbildung des Halsfleckes zeigen, beweist eben nur, daß Ostpreußen auf der Grenze zwischen den Verbreitungsgebieten von *C. m. spermologus* und *C. m. collaris* liegt. Soviel steht jedenfalls fest, daß man im Winter häufig recht große Flüge sieht, in denen kaum einem Stück der Halsring fehlt; ich habe solche Scharen oft durch das Glas auf nahe Entfernung gemustert. Unter 15 am 26. November 1911 erlegten Dohlen hatten nicht weniger als 12 einen sehr deutlich ausgebildeten Halsfleck. Ich selbst besitze, wie bereits erwähnt, aus Losgehnen 11 Stücke: 3 ♂♂, 1 ♀ vom 28. November 1909, ein ♀ vom 22. November 1909, 2 ♂♂ vom 29. Januar 1911, 3 ♂♂, 1 ♀ vom 26. November 1911, die ich als *C. m. collaris* ansprechen möchte. In der Sammlung der Vogelwarte befinden sich 3 ♂♂ vom 3. November 1904, 24. Dezember 1907 und 23. März 1909, die gleichfalls einen recht deutlichen Halsfleck aufweisen. Auch Hartert (211) berichtet, daß *C. m. collaris* in Ostpreußen von Ende Oktober an in Massen erscheine, nicht selten auf den Dachfirsten der Städte übernachtend.

### 210. Pica pica pica (L.) — Elster.

*Corvus pica* L.; *Pica rustica, caudata* auct.

Ein einigermaßen klares Bild der Verbreitung der Elster in Ostpreußen läßt sich nicht geben, da sie äußerst sporadisch vorkommt. In manchen Gegenden ist sie sehr häufig, während sie in anderen, die oft gar nicht weit entfernt liegen, fast ganz fehlt. Ein Grund für diese ungleichmäßige Verbreitung ist schwer zu finden; wahrscheinlich ist sie aber durch unausgesetzte Verfolgungen stellenweise ausgerottet. Anscheinend wird sie neuerdings überhaupt vielfach seltener; als jagdschädlichem Vogel wird ihr viel nachgestellt, und namentlich am Horst werden viele Elstern erlegt.

Ebel (129) sagt noch 1823 von ihr, sie sei „in Gärten gemein". Das trifft heutzutage kaum noch irgendwo zu; aus der nächsten Nähe der Menschen ist sie meist vertrieben. Mit Vorliebe nistet sie jetzt in Feldhölzern und ferner auch auffallenderweise zahlreich auf den urbar gemachten Mooren im Nordosten der Provinz. Hartert (200, 205) gibt an, sie sei „in einzelnen Strichen eine Seltenheit", und v. Hippel (228) nennt sie „einen sporadisch auftretenden Vogel, den er im Kreise Insterburg gar nicht, im Kreise Oletzko häufig" beobachtet habe. Im Gegensatz hierzu sagt Robitzsch (18), sie sei bei Norkitten (Kreis Insterburg) überall verbreitet, aber nicht häufig. Auch ich habe bei Insterburg am 15. Juli 1908 Elstern bemerkt. Nach E. Christoleit fehlt sie im nördlichen Ostpreußen wohl nirgends ganz. „Zahlreicher als anderswo tritt sie bei Ruß auf den Mooren auf, dort auch nahe den menschlichen Wohnungen, und wohl auch sonst in der Niederung." Auch Reinberger und Sondermann bezeichnen sie für die Niederung als ziemlich häufigen Brutvogel. Nach W. Christoleit ist sie auf dem großen Moosbruch bei Labiau „gemein". Hildebrandt hat sie bei Heydekrug nicht selten beobachtet und ihr Nest oft gefunden. Der Kurischen Nehrung fehlt die Elster als Brutvogel; sie ist dort auch auf dem Striche während der

Wintermonate nach Thienemann (504, 525, 594c) recht selten. An Beobachtungsdaten seien nach den Jahresberichten der Vogelwarte erwähnt: 1. April 1900 (2 Stücke), 8. Mai 1902 (1 Stück bei Grenz geschossen), 31. Dezember 1903 (1 Stück erbeutet), 5. Januar 1904 (1 Stück erbeutet), 1. April 1904 (1 Stück bei Pillkoppen gefangen), 14. März 1910, Ende Dezember 1911, 24. März 1912 (1 Stück bei Ulmenhorst erlegt). Im Samlande scheint sie jedoch verbreitet zu sein; wenigstens ist sie nach Ulmer ziemlich häufig bei Quanditten, nach Szielasko „gemein" im Spittelbruch bei Moditten.

Bei Ragnit kommt die Elster nach Gude öfters vor. In der Nähe von Tilsit brütete ein Paar 1908 auf dem Schloßberge; am 23. Juni waren die Jungen flugfähig. Auch an anderen Stellen unweit der Stadt habe ich sie wiederholt beobachtet, zahlreicher namentlich in den Erlengebüschen am Bahndamm nach Memel. In der Gegend von Pillkallen tritt sie nach Reinberger dagegen nur sehr spärlich auf. Das wird auch durch Geyr v. Schweppenburg (189) bestätigt, der sie während seines sechswöchigen Aufenthalts im Juni und Juli 1911 bei Schorellen (Kreis Pillkallen), Rominten und Rudczanny nirgends antraf. Auch bei Gumbinnen ist sie nach Techler selten geworden; vor wenigen Jahren hielten sich auf dem Husarenberge bei Marienthal bis 20 Stück auf; jetzt nistet nur noch ein Paar daselbst. Im Kreise Insterburg ist sie ebenfalls, wie bereits erwähnt, im ganzen spärlich vertreten; auch bei Nordenburg (Kreis Gerdauen) ist sie nach Szielasko selten. Zahlreich kommt sie aber nach Zigann (658) bei Wehlau vor, wo ihr Bestand neuerdings auch noch zunimmt. Baecker (19) bezeichnet sie als Standvogel für das Revier Gauleden im Kreise Wehlau. In der Sammlung des Altstädtischen Gymnasiums in Königsberg befindet sich nach Vogel ein Nest aus der Gegend von Zinten. Bei Bartenstein waren Elstern früher ziemlich häufig; mehrere Paare nisteten vor Jahren sogar im Gutsgarten von Losgehnen. Als sie von dort aber wegen ihrer Schädlichkeit für die Geflügelzucht vertrieben wurden, verschwanden sie ganz aus der Gegend, so daß sie jetzt geradezu eine Seltenheit geworden sind. Nur im Herbst und Winter zeigen sich gelegentlich vereinzelte, aber auch nur spärlich und unregelmäßig; doch hat sich seit 1911 wieder ein Paar unweit von Losgehnen angesiedelt. Sehr viel häufiger waren Elstern bis 1911 bei Heilsberg, wo man in der Nähe der Stadt stets einige antraf; sie nisteten dort gar nicht selten im Kiefernstangenholz. Leider wurden 1911 die Vögel in der Brutzeit fast sämtlich abgeschossen; doch hat seit 1913 ihre Zahl wieder etwas zugenommen. Bei Weinsdorf (Kreis Mohrungen) konnte Goldbeck die Art erst einmal feststellen; als Brutvogel fand er sie in demselben Kreise bei Liebstadt auf, während ich sie am 20. Juli 1913 im Kreise Pr. Holland am Drausensee vielfach bemerkte.

Im südlichen Ostpreußen sind Elstern bei Allenstein und Neidenburg nach Reinberger selten, bei Lyck nach Szielasko spärlich, häufiger nach demselben Gewährsmann bei Alt-Ukta (Kreis Sensburg). Nach Spalding (17) brüten sie bei Kurwien (Kreis Johannisburg) in mehreren Paaren, und Schütze fand sie zahlreich im Mai 1908 bei Jucha (Kreis Lyck). Auch im Kreise Oletzko ist die Art, wie erwähnt, nach v. Hippel recht verbreitet. Wenig zahlreich beobachtete ich sie aber im Mai 1908 bei Angerburg. Lediglich im Stadtwalde und im Südosten des Kreises, bei Kruglanken, traf ich mehrfach einzelne an.

Das Brutgeschäft der Elster fällt in den April und Mai. Szielasko besitzt Gelege vom 1. und 4. Mai.

### 211. Garrulus glandarius glandarius (L.) — Eichelheher.

*Corvus glandarius* L.

In Waldungen aller Art ist der Eichelheher überall ein häufiger Jahresvogel. Am zahlreichsten sieht man ihn gewöhnlich im Herbst, während der Monate September und Oktober. In Gegenden, in denen die Eicheln gut geraten sind, sammeln sich dann oft große Mengen von Hehern an, die in losem Verbande von Busch zu Busch fliegen und so lange beisammen bleiben, wie noch Eicheln auf den Bäumen sind. Bei Bartenstein habe ich solche Ansammlungen fast alljährlich beobachten können; besonders groß waren sie in den Jahren 1905 und 1907 bis 1910. Überall, wo Eichen stehen, in jedem Garten und Walde, trifft man dann diese Vögel in großer Anzahl an. Sie sind in dieser Zeit gewöhnlich wenig scheu und zumal auf ihren Nahrungsbäumen leicht zu schießen. Daraus allein kann man allerdings noch nicht folgern, daß es sich um Zuzügler von Norden her handelt. Auch der zur Brutzeit sehr scheue Alpentannenheher wird nach Eugen Donner (O. M. S. 1908 p. 32ff.) im Herbst „ein zutraulicher, sorgloser, fast könnte man sagen, dummdreister Strauchplünderer, für den nichts anderes als Haselnüsse zu existieren scheint". Ähnlich verhält es sich wohl mit dem Eichelheher: wie der Tannenheher auf Haselnüsse, ist er auf Eicheln so versessen, daß er alles andere um sich her vergißt. Sicherlich findet aber auch bisweilen ein beträchtlicher Zuzug von nördlicher wohnenden Hehern statt; wenigstens beobachtete Thienemann (550, 551, 588, 594c) bei Rossitten im Herbst 1907, im September 1910 sowie im Oktober 1912 einen sehr lebhaften Eichelheherzug. Bei Ulmenhorst sah er sogar noch am 25. Mai 1911 einen Trupp von 5—6 Stück nach Norden ziehen. Auch bei Königsberg traten die Vögel 1907 sehr zahlreich auf. Sehr auffallend war es, daß in den äußerst eichelreichen Herbsten 1911 und 1913 Eichelheher bei Bartenstein nur recht spärlich zu beobachten waren; von Ansammlungen war nichts zu bemerken. Winterüber bleiben ziemlich viele bei uns; ob dies aber unsere Brutvögel oder Wintergäste sind, läßt sich, wie in allen solchen Fällen, schwer entscheiden. Unterschiede in Größe und Gefieder lassen sich — abgesehen von der sehr bedeutenden individuellen Variation — nicht nachweisen. Kleinschmidt (258), der eine genaue Beschreibung von 12 ostpreußischen Exemplaren gibt, meint, daß der Scheitel bei ihnen oft etwas rötlicher gefärbt sei, als bei westdeutschen Stücken. Er sagt an anderer Stelle (275c), er habe aus Ostpreußen Anklänge an den nordrussischen Heher *G. gl. sewertzowi* Bogd. erhalten, eine Form, die zwischen *G. gl. brandtii* Eversm. und *glandarius* L. stehen soll, die Hartert (211) aber als Synonym zu letzterem zieht.

Das Brutgeschäft fällt in den April und Mai. Robitzsch (18) fand bei Norkitten (Kreis Insterburg) ein Nest mit 8 frischen Eiern auf einer Fichte, 12 m über dem Erdboden, am 27. April 1884.

### 212. **Nucifraga caryocatactes caryocatactes** (L.) — Dickschnäbliger Tannenheher.

*Corvus caryocatactes* L.; *Nucifraga caryocatactes brachyrhnchos* Brehm, *platyrhynchos* Brehm, *pachyrhynchus* Blasius, *crassirostris* Hart.

Als ostpreußischer Brutvogel wurde der Tannenheher schon von Kuwert (288) für den Kreis Goldap und von Volkmann (17) für Lanskerofen (Kreis Allenstein) bezeichnet; die ersten eingehenden Angaben verdanken wir jedoch Hartert (200, 205, 386), dem es gelang, den Vogel in der Rominter Heide am Brutplatz zu beobachten. Am 19. April 1882 fand er dort ein Nest mit halberwachsenen Jungen und am 21. März 1884 ein solches mit 3 frischen Eiern. Hartert ist der Ansicht, daß der Tannenheher, der nach seinen Erfahrungen in Ostpreußen reine Fichtenbestände oder gemischten Wald mit dichten Fichtengebüschen bevorzugt, auch sonst in manchen Wäldern Litauens und Masurens als Brutvogel vorkomme. Außer der Rominter Heide nennt er als Brutplätze noch das Forstrevier Lanskerofen und die Gegend von Ortelsburg.

Harterts Annahme ist durch die im Jahre 1908 veranstaltete Rundfrage der Physikalisch-Ökonomischen Gesellschaft vollauf bestätigt. Danach nistet der Tannenheher im Osten und Süden der Provinz stellenweise durchaus nicht selten, am zahlreichsten in den Kreisen Goldap, Angerburg, Sensburg, Allenstein und Neidenburg. Den Hauptbrutplatz bilden entschieden die Rominter und die Borker Heide. Als vereinzelter oder unregelmäßiger Brutvogel wird er aber auch für die Kreise Niederung, Pillkallen, Darkehmen, Wehlau, Braunsberg, Mohrungen und Rastenburg angegeben, im ganzen für etwa 20 Forstreviere. Aus dem Kreise Goldap erhielt auch Zimmermann (660) Nestjunge, die sich jetzt im Berliner Museum befinden, und mir selbst ging von dort aus dem Forstrevier Rothebude ein junger Vogel am 10. Juli 1910 zu. Aus der Rominter Heide erhielt Techler 2 Stücke im Februar 1911; eins von ihnen, einen alten Vogel, überließ er mir liebenswürdigerweise für meine Sammlung. Im Königsberger Museum befindet sich ferner ein Brutvogel von Blandau (Kreis Goldap), und Wels bezeichnet die Art ebenfalls als Standvogel für die Rominter Heide und den Kreis Sensburg.

Es handelt sich bei den in Ostpreußen brütenden Tannenhehern um die dickschnäblige europäische Form, deren Vorkommen in Deutschland sonst auf die Gebirge (Harz, schlesische Gebirge, Alpen) beschränkt ist. Anscheinend sind unsere ostpreußischen Tannenheher Standvögel, obwohl auch sie nach den Untersuchungen von Schalow (443a) vielleicht weiter streichen, als man früher annahm. Die außerhalb der Brutplätze beobachteten Vögel gehören gewöhnlich der schlankschnäbligen sibirischen Form an; doch sah ich bei Herrn Bieler in Hilff bei Bartenstein ein Stück mit sehr dickem Schnabel, das er dort vor einigen Jahren erlegt hatte. Ein ziemlich scheues Exemplar, das vielleicht auch dieser Form angehörte, beobachtete ich in Losgehnen am 21. September 1902.

Die Unterscheidung zwischen der europäischen und der sibirischen Form ist durchaus nicht immer leicht, da namentlich die Schnabellänge sehr variiert. Bei manchen Sibiriern überragt der Oberschnabel den Unterschnabel bedeutend, so bei einem Stücke meiner Sammlung vom 14. Oktober 1900 um 6 mm; bei anderen ist der Unterschied in den Längenverhältnissen aber auch sehr gering. Das beste Unterscheidungsmerkmal zwischen *N. c. caryocatactes* und *N. c. macrorhynchus* bleibt immer die verschiedene Breite des Unterschnabels an der Stelle, wo die Unterkieferäste zusammenstoßen. Kleinschmidt (272) gibt für ostpreußische Brutvögel die Schnabellänge in der Regel auf 42—44 mm, die Breite des Unterschnabels meist auf 12,5 mm an.

Die Exemplare meiner Sammlung messen:

I. *N. c. caryocatactes.*

1. ad. Februar 1911. Rominter Heide 44; 13,5.
2. juv. 10. Juli 1910. Rothebude 45,5; 13.

II. *N. c. macrorhynchus.*

1. juv. 18. Oktober 1899. Losgehnen 45; 11.
2. juv. 14. Oktober 1900. Losgehnen 51; 11.
3. juv. 20. Oktober 1907. Losgehnen 49; 11.
4. juv. Oktober 1907. Königsberg 46; 11,5.
5. ♂ im zweiten Jahr. 10. September 1911. Losgehnen 50; 11.
6. ♂ juv. 7. Oktober 1911. Rossitten 50; 11,5.
7. ♂ juv. 4. September 1913. Ulmenhorst 49; 11,5.
8. ♂ juv. 4. September 1913. Ulmenhorst 50,5; 11.
9. ♂ juv. 4. September 1913. Ulmenhorst 49; 11.
10. ♂ juv. 4. September 1913. Ulmenhorst 46; 11.
11. ♂ juv. 4. September 1913. Ulmenhorst 48; 12.
12. ♀ juv. 4. September 1913. Ulmenhorst 46; 11.
13. ♀ juv. 4. September 1913. Ulmenhorst 47; 11.

14. juv. 25. September 1913. Rossitten 47; 10,5.
15. juv. Januar 1895. Wehlau 47; 11.

## 213. **Nucifraga caryocatactes macrorhynchus** Brehm — Dünnschnäbliger Tannenheher.

*Nucifraga caryocatactes leptorhynchus* Blasius, *tenuirostris* Hart.

In unregelmäßigen Zwischenräumen, dann aber oft in recht großer Anzahl, besucht der dünnschnäblige sibirische Tannenheher unsere Provinz, und zwar ausschließlich im Herbst. Sichere Winter- und Frühjahrsbeobachtungen liegen — mit einer Ausnahme — bisher nicht vor. Ein von Meier (19) am 28. April 1885 in Louisenberg (Kreis Friedland) beobachteter Tannenheher war vielleicht ein ostpreußischer Brutvogel, und dasselbe gilt wohl auch von einem recht scheuen Exemplar, das Pflanz Mitte Februar 1914 bei Wichertshof (Kreis Heilsberg) bemerkte. Aus der Sammlung Wendlandt besitze ich jedoch einen Dünnschnäbler von Januar 1895 aus Wehlau.

Ähnlich, wie bei der Steppenweihe, zeigen sich einzelne Exemplare von *N. c. macrorhynchus* sehr viel öfter bei uns, als man gewöhnlich annimmt. Thienemann (492, 498, 504, 519, 550, 588, 593, 594d) beobachtete Tannenheher bei Rossitten in den Jahren 1899 (zuerst am 3. Oktober), 1900 (zuerst am 8. August), 1901 (am 30. Juli 1 Stück, am 2. August 2 Stücke, am 23. August 1 Stück), 1903 (zuerst am 18. September), 1907 (zuerst am 12. September), 1910 (zuerst am 5. Oktober), 1911 (zuerst am 4. September) und 1913 (zuerst am 2. September). Möschler (594c) sah 1912 je einen Tannenheher am 30. Juni und 13. Juli. Mit Ausnahme der im Juli und August 1901, am 8. August 1900 und im Sommer 1912 gesehenen Vögel, die nicht erlegt wurden, also möglicherweise der in Ostpreußen brütenden Form angehörten, vielleicht aber auch zurückgebliebene Sibirier waren, waren dies durchweg Dünnschnäbler. E. Christoleit (97) beobachtete Tannenheher vielfach in der ersten Hälfte des Oktober 1906 am Nordufer des Frischen Haffs. Bei Bartenstein bemerkte ich Tannenheher in den Jahren 1896 (zuerst am 8. Oktober), 1899, 1900, 1902, 1903, 1907, 1911 und 1913. Ein am 21. September 1902 gesehenes Stück war vielleicht ein Dickschnäbler; im übrigen handelt es sich aber auch bei den in Losgehnen beobachteten Tannenhehern ausnahmslos um die sibirische Form, die schon durch ihre überraschende Vertrautheit sofort auffällt.

Besonders lebhaft war der Zug in den Jahren 1900, 1907, 1911 und 1913. Namentlich in den drei letztgenannten Jahren fand geradezu ein Massenzug von dünnschnäbligen Tannenhehern statt, der außerordentlich stark auf der Kurischen Nehrung in die Erscheinung trat. Thienemann (550, 551, 593, 594d) hat über diesen Zug ausführlich berichtet. 1907 bemerkte er die ersten Vögel am 12. September; der Hauptdurchzug erfolgte in der zweiten Hälfte des September; die letzten wurden am 31. Oktober gesehen. Am hellen Tage wanderten die Tannenheher in größeren und kleineren Trupps von 10—50 Stück ständig nach Süden. Auch bei Bartenstein wurden im Herbst 1907 Dünnschnäbler mehrfach beobachtet und erlegt, nämlich am 15., 20. und 25. September sowie am 20. Oktober. Schuchmann erhielt in derselben Zeit über 40 Stück zum Präparieren. Auch bei der Rundfrage der Physikalisch-Ökonomischen Gesellschaft wird auf das zahlreiche Erscheinen von Tannenhehern im Herbst 1907 vielfach hingewiesen, so von den Revieren Schwalgendorf, Kobbelbude, Warnicken, Pfeil, Ibenhorst, Dingken, Brödlauken, Padrojen, Kranichbruch, Lyck, Grondowken, Commusin, Grünfließ und Ratzeburg. Als Tannenheherjahre werden sonst noch angegeben 1900 für Kobbelbude und 1903 für Ibenhorst.

Im Jahre 1910 erhielt Schuchmann ein Stück der sibirischen Form im Oktober aus dem Kreise Rössel, und Thienemann (588) erlegte solche bei Ulmenhorst und Rossitten am 5. und 7. Oktober; er bemerkte dort einzelne noch am 12., 16. und 17. Oktober. E. Christoleit (97) beobachtete einige gleichfalls am 17. Oktober 1910 am Ostufer des Frischen Haffs zwischen Braunsberg und Heiligenbeil.

Der Herbst 1911, in dem Ebereschen und Eichen ungemein starken Fruchtansatz zeigten, brachte wieder einen Massenzug, der schon recht früh begann. Bei Elchwalde am Rande des Zehlaubruchs sah Czeczatka (102) 2 Stücke schon am 29. und 30. August, und Schütze bemerkte dort ein sehr vertrautes Exemplar ebenfalls am 30. August. Schuchmann erhielt den ersten Ende August aus dem Kreise Gerdauen und Sondermann am 29. August aus dem Kreise Ragnit. Auch bei Memel und im Kreise Pillkallen zeigten sich nach den von Kurella und von Jordans (287) gesammelten Notizen die ersten bereits in den letzten Tagen des August. Auf der Kurischen Nehrung wurden die ersten nach Möschler (594 c) am 4. September bei Rossitten beobachtet. An den beiden folgenden Tagen fand dort ein großartiger Durchzug statt, der mitunter an den lebhaftesten Herbstkrähenzug erinnerte. Binnen wenigen Minuten flogen 30—40 Tannenheher über ein Gestell. In der Folgezeit wurden einzelne dann noch vielfach bis zum November auf der Nehrung bemerkt. Bei Ulmenhorst sah Thienemann (593) in der ersten Hälfte des Oktober fast an jedem Tage einzelne nach Süden ziehen, den letzten am 9. November. In Losgehnen schoß ich einen typischen Schlankschnäbler, ein zweijähriges ♂, am 10. September; je ein weiteres Exemplar wurde dort am 14. September, 2. Oktober und in der Zeit vom 11.—14. Oktober beobachtet. Bei Gallingen sah ich ein Stück am 18. September auf Haselnüssen, und auch im Kreise Heilsberg zeigten sich die Vögel öfters, nämlich am 26. Oktober ein Stück im Simsertal, am 9. November 2 Stücke im Forstrevier Wichertshof und am 18. November ein ganz vertrautes Exemplar auf der Chaussee am Napratter Walde. Wie bedeutend der Durchzug von Tannenhehern durch Ostpreußen im Herbst 1911 war, geht auch daraus hervor, daß die Präparatoren die Vögel massenhaft aus allen Teilen der Provinz erhielten, so Reger etwa 40—50, Balzer über 40, Sondermann 36 (den letzten am 16. November) und Schuchmann etwa 20 Stück. Techler gingen vom 2. September bis 18. Dezember 8 Tannenheher zu, und zwar alles Schlankschnäbler, der letzte aus Gumbinnen. Wo sie besonders viel Nahrung fanden, verweilten die Vögel wohl auch längere Zeit; so waren sie auffallend häufig nach Brettmann im Forstrevier Rothebude, nach Wels in Astrawischken und nach Liebeneiner in Dingken, und zwar etwa von Mitte September bis Mitte November. Sondermann schrieb mir aus dem Kreise Niederung, daß der Zug dort 1911 so stark war, wie er es noch nie beobachtet habe; man hätte Dutzende schießen können.

Ein ungemein starker Tannenheherzug fand auch im Jahre 1913 wieder statt. Nachdem schon am 2. September ein Stück bei Rossitten beobachtet war, setzte am 3. September ein sehr lebhafter Zug ein, der auf der Nehrung, allmählich immer schwächer werdend, bis Mitte November anhielt. Anfangs zogen die äußerst vertrauten Vögel in Flügen von 10—20 Stück von Busch zu Busch (vgl. Thienemann (594 d)). 26, die in der Zeit vom 3.—8. September bei Ulmenhorst durch meine Hände gingen, waren sämtlich Junge. Später ging dann nach Thienemann ein regelrechter Zug hoch durch die Luft vor sich; so wurden am 12. September Züge von 20—30 Stück gesehen, und am 19. zogen bei Ulmenhorst Hunderte in Flügen von 10—20 Stück etwa 100 m hoch durch. Vom 23. September ab flogen die Vögel auffallenderweise sehr oft statt nach Süden nach Norden; vielleicht handelte es sich dabei um Rückzugserscheinungen. Wenn auch einzelne im Oktober noch nach Süden zogen, so wurden doch weit mehr in umgekehrter Richtung ziehend beobachtet. Einzelne gelangten auch noch im November z. B. am 11. zur Beobachtung. Auch ins Innere von Ostpreußen kamen die Vögel stellenweise recht zahlreich. Nach Pflanz waren im Forstrevier Wichertshof (Kreis Heilsberg) Tannenheher um die Mitte des September häufig. Sondermann beobachtete bei Skaisgirren (Kreis Niederung) im September auffallend große Flüge u. a. einen von mindestens 70—80 Stück, die aber sehr eilig durchzogen und nur ganz kurze Rast machten. Überhaupt war es auffallend, wie schnell der Durchzug in diesem Jahre vonstatten ging. Sondermann erhielt im ganzen nur 5 Stück im der Zeit vom 11.—27. September, und in Losgehnen wurde nur ein einziges Stück Mitte September gesehen. Reger gingen von Mitte September bis Mitte Oktober etwa 30, Balzer vom 12. September bis 11. November etwa 20, Schuchmann von Anfang September bis Mitte November 9 Tannenheher zu. Techler erhielt im ganzen 3 Stücke, den ersten am 2. September aus dem Kreise Stallupönen.

Hiernach ist also *N. c. macrorhynchus* mit Sicherheit in den Jahren 1896, 1899, 1900, 1903, 1906, 1907, 1910, 1911 und 1913 in Ostpreußen beobachtet worden. Von Massenzügen aus früheren Jahren ist namentlich der von 1885 zu erwähnen, über den R. Blasius (36) eingehend berichtet hat. In den vierziger Jahren sah ferner Kuwert (288) an der von Königsberg nach Tilsit führenden Chaussee endlose Züge von Tannenhehern; sie flogen einzeln und in Scharen, setzten sich öfters auf Alleebäume „und zogen so, eine wahre Völkerwanderung, wohl acht Tage lang und darüber in ununterbrochenem Zuge".

## 6. Familie: **Oriolidae** — Pirole.

### 214. **Oriolus oriolus oriolus** (L.). — Pirol, Pfingstvogel, Goldamsel.

*Oriolus galbula* L.

In Laub- und Mischwäldern ist der Pirol in der Regel nicht selten; ganz fehlt er wohl nirgends; doch kommt er stellenweise vielleicht etwas spärlicher vor. Hartert (200, 205) bezeichnet ihn als „überall häufig", und damit stimmen auch im großen und ganzen die Berichte von Szielasko für Tilsit und Lyck, von Gude für Ragnit, von Techler für Gumbinnen, von Ulmer für Quanditten und von Goldbeck für Weinsdorf (Kreis Mohrungen) überein. Auch bei Steinort (Kreis Angerburg), bei Heilsberg und Bartenstein ist er nach meinen Erfahrungen recht verbreitet. Wels nennt ihn „überall nicht selten", und W. Christoleit sagt, daß er ihn bisher noch „überall als vereinzelten Brutvogel" gefunden habe. v. Hippel (227) meint, er komme „in Litauen nicht gerade sehr häufig, dagegen in Masuren häufiger" vor, und Zigann (658) berichtet, er sei bei Wehlau „in jedem Walde, doch nirgends häufig" zu finden. Geyr v. Schweppenburg (189) fand ihn bei Schorellen (Kreis Pillkallen) ziemlich häufig, in der Rominter Heide dagegen seltener.

Erst spät im Jahre stellt der Pirol sich bei uns ein. Bei Bartenstein notierte ich die Ankunft im Mittel von 11 Jahren am 8. Mai, nämlich zwischen dem 2. und 16. dieses Monats. Der Fortzug erfolgt im August. Im September sieht man nur noch vereinzelte Nachzügler. Solche beobachtete Ulmer (564) bei Quanditten noch am 16. und 20. September 1908, und Sondermann erhielt ein Stück von Parwischken (Kreis Niederung) am 9. September 1905.

Die Weibchen ändern vielfach in der Färbung ab. Auffallend verschieden gefärbte Stücke sammelte Hartert (211) für E. v. Homeyer in Ostpreußen; sie befinden sich jetzt im Museum zu Braunschweig. Auch sehr blaß gefärbte ♂♂, die Brehm als *O. garrulus* unterschied, kommen nach Hartert (l. c.) in der Provinz ebenso wie anderswo vor; es sind lediglich individuelle Aberrationen.

## 7. Familie: **Sturnidae** — Stare.

### 215. Sturnus vulgaris vulgaris L. — Gemeiner Star.

Die Mehrzahl der ostpreußischen Stare gehört der von **Prazák** 1895 aufgestellten Form *St. intermedius* an, die Bianchi 1896 als *St. sophiae* beschrieb. Fast durchweg zeigt nämlich der grüne Oberkopf einen mehr oder minder deutlichen Purpurschimmer, während die Ohrdecken stets reingrün sind. Diese angeblich zwischen den Brutgebieten von *Sturnus vulgaris vulgaris* L. mit ganz grünem und dem sibirischen *St. v. poltaratskyi* Finsch mit ganz purpurrotem Kopf wohnende Form läßt sich nach Hartert (211) jedoch nicht aufrechterhalten, da auch in England und Schweden die Brutvögel nicht selten am Kopf Purpurschimmer aufweisen, während in Rußland vielfach ganz grünköpfige Individuen vorkommen. Von 20 in Losgehnen erlegten Staren meiner Sammlung (13 Frühjahrs- und 7 Herbstvögeln) besitzen 7 einen deutlichen, 13 einen schwachen Purpurglanz am Kopf; am schwächsten ist dieser — abgesehen von 2 Stücken in abgetragenem Gefieder vom Juni — bei 4 ♂♂ vom 17. September 1904, 4. September 1910, 9. April 1911 und 24. März 1912, am stärksten bei einem ♂ vom 22. März 1899.

Der Star nistet wohl in der ganzen Provinz außerordentlich häufig; nach Szielasko war er früher nur in Masuren stellenweise etwas seltener. In sehr großen Mengen fand ich ihn als Brutvogel in den prächtigen Eichenwaldungen von Steinort (Kreis Angerburg); fast jede Eiche beherbergte ein oder mehrere Brutpaare. Außer in hohlen Bäumen nisten Stare sonst mit Vorliebe unter Ziegeldächern und in künstlichen Nisthöhlen. Anscheinend nehmen sie fast überall nicht unbeträchtlich an Zahl zu.

Ende Februar, ausnahmsweise auch schon in der ersten Hälfte dieses Monats, gewöhnlich aber erst im ersten Drittel des März, stellen sie sich im Frühjahr auf ihren Brutplätzen ein. Die Ankunft erfolgte bei Bartenstein im Mittel von 18 Jahren am 2. März; als frühesten Ankunftstermin notierte ich den 9. Februar 1913, als spätesten den 18. März 1909. In Übereinstimmung hiermit berichtet auch Lühe (337), daß im Jahre 1906 von 86 Ankunftsnotizen 65 auf die Tage vom 4.—8. März entfielen. Bald nach ihrer Ankunft, sowie das Eis vom Kinkeimer See bei Bartenstein verschwunden ist, beziehen sie dort allabendlich in wolkenartigen Schwärmen das dichte Weidengebüsch als Schlafplatz. Diese gewaltigen Ansammlungen dauern auffallenderweise in manchen Jahren auch während der Brutzeit fort, worauf ich schon mehrfach hingewiesen habe (595, 602, 603). Zur Brutzeit bestehen diese Scharen nach meinen Untersuchungen fast ausschließlich aus ♂♂, unter denen sich nur wenige nicht fortpflanzungsfähige ♀♀ befinden. Auch vor Beginn der Brutzeit überwiegen in ihnen die ♂♂ sehr bedeutend, da sie anscheinend sehr in der Überzahl sind; hierauf weisen auch schon Schacht und L. Tobias (O. C. 1881 p. 92, 118) hin. Schon im zweiten Lebensjahre pflanzen sie sich fort; doch bleiben viele infolge der Überzahl der ♂♂ ungepaart. Einjährige Vögel schreiten oft erst spät zur Brut, was aber durch Wohnungsmangel allein kaum ausreichend erklärt werden kann. Derartig große Ansammlungen, wie bei Bartenstein in den Jahren 1903, 1905 und 1907, finden nur unter besonders günstigen Umständen gelegentlich statt. In kleinerem Maßstabe scheint ein gemeinschaftliches Übernachten der ♂♂ zur Brutzeit auch sonst vielfach vorzukommen. In den Jahren 1908 bis 1913 übernachteten am Kinkeimer See im Mai nur kleine Scharen. Am 12. April 1909 traf ich solche spät abends auch im Walde auf Fichten an. Daß Stare abends während der Brutzeit einem gemeinschaftlichen Schlafplatz zustreben, beobachtete ich auch bei Königsberg, Angerburg und Nordenburg. Die abendlichen Flüge zogen stets nach größeren Wasserflächen hin, also nach dem Frischen Haff, dem Mauersee und dem Nordenburger See. Wie wichtig übrigens das gemeinschaftliche Übernachten zum Schutze gegen Raubvögel ist, konnte ich mit Schütze am Abend des 16. August 1909 beobachten. Wiederholt versuchte ein Sperber von den vielen ins Rohr eingefallenen Staren einen zu schlagen. Sofort erhob sich dann der ganze große Schwarm in die Luft, wodurch der Sperber derartig irregeführt wurde, daß es ihm nicht gelang, sein Vorhaben auszuführen. Nachdem er die Stare mehrfach aufgejagt hatte, mußte er schließlich unverrichteter Sache abziehen.

Die Jungen der einzigen Brut verlassen gewöhnlich Anfang Juni das Nest; als Zeitpunkt des allgemeinen Ausfliegens notierte ich bei Bartenstein 1903 den 2., 1904 den 3., 1905 den 9. Juni, 1906 den 28. Mai, 1908 den 6., 1909 den 9. Juni, 1910 den 31. Mai, 1911 den 6., 1912 den 3., 1913 den 2. Juni. Daß in Ostpreußen in der Regel nur **eine** Brut stattfindet, berichten auch Hartert (200), Spalding (468) und Thienemann (525). Nach dem Ausfliegen treiben sich die Jungen, anfangs noch mit den Alten zusammen, in kleinen, allmählich stärker anwachsenden Flügen unstet im Lande umher, in manchen Gegenden, in denen sie viel Nahrung finden, namentlich an den Haffen, sich in großen Massen ansammelnd. Diese wolkenartigen Flüge, die besonders auf der Kurischen Nehrung in Jahren, die reich an Haffmücken sind, sich zeigen, bestehen nach Thienemann (519) fast ausschließlich aus Jungen. Besonders groß waren die Schwärme nach diesem Forscher (588, 594 c) im Juli und Anfangs August 1910, Ende Juni und Anfang Juli 1911 sowie im August 1912. Die Alten schlagen sich nach der Brutzeit gleichfalls in Flüge zusammen, die aber wesentlich kleiner sind. Am 12. Juli 1908 beobachtete ich im Memeldelta bei Ruß fortwährend auf den Wiesenflächen Starflüge von 30—50 Stück, die fast ausschließlich aus Alten bestanden; Junge befanden sich nur in verschwindend geringer Zahl darunter. Etwas Ähnliches bemerkte ich auch wiederholt bei Rossitten, und Thienemann (519) hebt gleichfalls diese Erscheinung hervor. Eine teilweise Absonderung der Alten von den Jungen findet also nach der Brutzeit wohl statt; doch kommen natürlich Ausnahmen nicht selten vor. Nach der Herbstmauser scheinen sich dann die Alten und Jungen in den Flügen wieder mehr zu vermischen, und der Abzug findet vielfach wohl gemeinschaftlich statt. Immerhin ist es möglich, daß sehr viele Junge schon bald nach beendeter Brutzeit fortziehen; denn die Zahl der im September zu beobachtenden Stare steht zu der Zahl der zur Brutzeit vorhandenen in gar keinem Verhältnis. Im Juli und Anfang August sind Stare in manchen Jahren bei Bartenstein nicht gerade sehr zahlreich zu sehen, wenn auch gelegentlich große Scharen unherstreichender Junge sich zeigen. In der Regel erst Ende August und im September, wenn die Beeren der Ebereschen reif werden, suchen sie diese in größerer Zahl auf. Dann übernachten auch häufig wieder im Rohr am Kinkeimer See große Scharen, die aber den Frühjahrsschwärmen meist erheblich an Größe nachstehen. Am Simsersee (Kreis Heilsberg) beobachtete ich aber am 18. Juli 1911 abends ganz gewaltige Starschwärme. Die Alten erscheinen — wenn auch in weit geringerer Zahl als zur Brutzeit — Anfang September wieder an ihren Nestern, schlüpfen ein und aus, singen eifrig und setzen dieses Treiben bis Anfang Oktober fort. Im Laufe dieses Monats verschwindet dann die Mehrzahl, nachdem uns sehr viele schon im September verlassen haben. Ausnahmsweise wurden 1908 noch am 11. Oktober riesige Scharen beobachtet, die im Rohr übernachteten. 1909 hielten sich noch am 18. Oktober sehr viele Stare, anscheinend die Brutvögel, des Morgens am Gutshause von Losgehnen auf. Die Flüge, die man im September und Oktober sieht, setzen sich, wie ich vielfach festgestellt habe, aus Alten und Jungen gemischt zusammen. Ein Abziehen **aller** Jungen vor den Alten findet sicher nicht statt. 2 Stare, die ich am 14. Oktober 1907 aus einem Schwarm erlegte, waren junge ♂♂, und unter 3 am 11. Oktober 1908 geschossenen befanden sich 2 alte und ein junges ♂. Ende Oktober sind im ganzen am Tage nur noch sehr wenige Stare bei Bartenstein zu sehen; doch übernachteten am 31. Oktober 1907 abends am See noch etwa 100 Stück. 1909 waren die meisten schon am 24. Oktober abgezogen; am 31. Oktober sah ich abends am See noch etwa 30 Stück, am 7. November nur noch einen einzelnen, den letzten. Im Jahre 1910 waren sogar am 11. Oktober nur noch wenige zu sehen; am 13. November zog noch ein Flug von etwa 30 Stück und am 14. ein einzelner eilig nach Südwesten. 1911 übernachtete am 29. Oktober noch ein Flug von etwa 50 Stück am See; am 10. November wurden dort noch 9 Stück bemerkt, und am 20. zogen 3 Stück eilig nach Süden. Auch sonst sieht man im November noch gelegentlich kleine Flüge. Ich bemerkte z. B. am 4. November 1903 noch eine ganze Anzahl bei Krausen (Kreis Rössel); am 16. November 1905 übernachteten 7 Stück am Kinkeimer See, und am 22. November 1905 sah ich in Losgehnen 10 Stare auf einer Wiese.

Während schon in Berlin und Leipzig, noch mehr aber in Westdeutschland Stare regelmäßig in größerer Anzahl überwintern, kann davon für Ostpreußen nicht die Rede sein. Es handelt sich bei uns im Winter stets nur um unregelmäßig auftretende, häufig wohl lediglich infolge von Verletzungen zurückgebliebene Einzelindividuen oder ganz kleine Flüge. Thienemann (510, 519, 546, 550, 576) sah solche mehrfach bei Rossitten im Dezember, Januar und Anfang Februar, und auch Lühe (338, 343, 344, 360) erwähnt einige Fälle von Überwinterung. 1909 wurde am 18. Januar ein einzelner nach Thienemann (564) in Nikolaiken beobachtet, und Techler erwähnt 3 Stare, die sich Mitte Dezember 1909 in Gertschen (Kreis Gumbinnen) aufhielten. Auch die Tageszeitungen berichten in jedem Winter über einzelne überwinternde Stare. Für die Bartensteiner Gegend nenne ich folgende Winterbeobachtungen: 3. Dezember 1902 (5 Stück), 6. Februar 1903 (12 Stück), 21. Dezember 1903 (1 Stück), 15. Dezember 1904 (1 Stück), 10. Dezember 1907 (1 Stück), 17. Dezember 1913 (1 Stück). Wo die Winterquartiere unserer ostpreußischen Stare liegen, steht noch nicht fest. Brutvögel aus den russischen Ostseeprovinzen überwintern zum Teil in England. Die die Kurische Nehrung so zahlreich entlang wandernden Stare stammen wohl größtenteils aus den Ostseeprovinzen. Ein von Loudon bei Lisden in Livland am 10. Juni 1911 gezeichneter junger Star wurde nach Thienemann (593) am 6. August 1911 bei Fischhausen tot aufgefunden, während ein am 2. Juni 1913 in Livland gezeichneter Junger schon am 26. Juni 1913 bei Mühlhausen im Kreise Pr. Holland angetroffen wurde.

Farbenvarietäten werden bei diesem so häufigen Vogel öfters angetroffen. Thienemann (504, 594 c) beobachtete einen semmelgelben Star am 8. Juli 1899 bei Rossitten und erlegte ein junges lehmgelbes ♀ daselbst am 1. August 1912. Ich selbst sah ein ähnliches Stück bei Siddau (Kreis Friedland) am 7. Juli 1904. In der Sammlung Zimmermanns befindet sich ein Totalalbino vom 28. Juli 1894 aus Pfahlbude am Frischen Haff, ferner ein sehr blasses Exemplar und ein solches mit weißem Schwanz aus Quanditten. In Losgehnen erlegte ich am 6. August 1906 2 Junge mit teilweise weißen Schwänzen. Wüstnei (655) erwähnt einen aus Ostpreußen stammenden Star, der silberweiß oder grauweiß mit undeutlicher Fleckenzeichnung gefärbt war. Sondermann schließlich erhielt je ein weißes Exemplar am 19. September 1910 von Allenstein und am 19. Oktober 1911 von Neukirch (Kreis Niederung).

**Sturnus vulgaris poltaratskyi** Finsch — Sibirischer Star.

*Sturnus vulgaris menzbieri* Sharpe.

Das Vorkommen dieser in Sibirien heimischen Form, bei der auch die Ohrdecken purpurn gefärbt sind, ist für Ostpreußen noch nicht nachgewiesen. Die gegenteiligen Angaben (164, 170) sind unkontrollierbar und völlig unglaubwürdig.

### 216. Pastor roseus (L.) — Rosenstar.

*Turdus roseus* L.; *Sturnus roseus* (L.).

Nicht allzu selten verfliegt sich der Rosenstar von Südosten her zu uns. Eine ganze Reihe von Beobachtungen liegt für Ostpreußen vor, und dabei werden die jungen Vögel im Herbst oft wohl gar nicht einmal erkannt.

Im Mai 1865 wurde 2 Stücke (♂ und ♀) nach Zaddach (657) von Heyn in Radomin (Kreis Neidenburg) erlegt und mit Begleitschreiben vom 18. Mai dem Museum übersandt, wo sie auch jetzt noch stehen. Am 6. August 1872 wurde sodann nach Friedrich v. Droste-Hülshoff (121) ein Stück in den Anlagen bei Königsberg gesehen. 1876 bemerkte Sanio-Lyck nach Hartert (200) in Masuren einen Schwarm, aus dem ein Stück geschossen und an das Museum gesandt, leider aber nicht präpariert wurde. 1878 oder 1879 erlegte v. Morstein nach v. Hippel (227) ein Exemplar in Kruglanken (Kreis Angerburg). Am 11. Oktober 1889 schoß ferner Emil Schröder aus Mehlkehmen nach Techler einen Rosenstar auf einer Eberesche bei Pilzenkrug (Kl. Schwentischken) (Kreis Stallupönen), wo der Vogel unter einer großen Anzahl von gewöhnlichen Staren gesessen hatte. Dieses Exemplar, das sich jetzt in Techlers Besitz befindet, wird von Reichenow (413) irrtümlich als im August erlegt erwähnt. Gude besitzt ein schönes ♂, das im Jahre 1899 um Pfingsten, also in der zweiten Hälfte des Mai, bei Johannisburg geschossen wurde; 3 Exemplare hatten sich dort schon eine Zeitlang aufgehalten. Schließlich wurde nach Thienemann (576) ein Rosenstar am 2. Juni 1909 bei Rossitten mit Sicherheit beobachtet, aber nicht erlegt.

## 8. Familie: **Fringillidae** — Finken.

### 217. **Passer domesticus domesticus** (L.) — Haussperling.

*Fringilla domestica* L.

In der nächsten Nähe menschlicher Wohnungen ist der Haussperling überall ein außerordentlich gemeiner Standvogel, der wohl kaum irgendwo fehlt; höchstens einsame Forsthäuser mitten im Walde meidet er, vgl. z. B. Speiser (468 a), der im Kreise Oletzko bei Pillwung Sperlinge vergeblich suchte. Auf der Kurischen Nehrung traf Thienemann (576, 588, 594 c) mehrfach im Oktober, 1910 auch Anfang Januar, einzelne dieser Sperlinge bei der Beobachtungshütte Ulmenhorst an, die von Rossitten 7 und von Sarkau 16 km entfernt liegt; es scheint also, als ob eine Anzahl bei Beginn des Winters doch etwas weiter umherstreicht. Am 14. und 17. Oktober 1912 beobachtete er sogar einige kleine Flüge regelrecht nach Süden ziehend. Vielleicht gilt dies aber nur für die stellenweise nahrungsarme Nehrung, wie es auch Gaetke und Weigold für Helgoland feststellen konnten.

Regelmäßig macht der Haussperling bei uns 2, ausnahmsweise wohl auch 3 Bruten. Baumnester werden öfters beobachtet; so berichtet Hildebrandt von Heydekrug, daß Sperlinge dort frei auf Bäumen etwa 10 m hoch in großen kugelrunden Nestern nisteten.

Farbenvarietäten sind bei diesem gemeinen Vogel häufig. Das Königsberger Museum besitzt nach Lühe (351, 355) 5 albinotische Stücke, darunter 2 völlig weiße von Königsberg. In den Straßen der Stadt konnte Lühe partielle Albinos mehrfach beobachten. In der Sammlung der Forstakademie Eberswalde (4) befindet sich ein weißbuntes Stück von Lyck aus dem Jahre 1880, in der Sammlung Zimmermanns ein von Ulmer gesammelter Totalalbino von Taplacken (Kreis Fischhausen) aus dem Jahre 1909. Bei Schlonski sah ich ein blasses, hellgelblichbraunes Exemplar von Johannisburg, und Fr. Lindner (312) erwähnt einen in Tilsit beobachteten schönen Melanismus. Bei einem ♀ meiner Sammlung vom 12. Oktober 1903 aus Losgehnen sind die Schwungfedern bis auf die äußersten rein weiß, und der Schwanz zeigt gleichfalls weiße Federn. Ein ähnliches Stück wurde auch im Oktober 1909 in Losgehnen gesehen, und in Heilsberg beobachtete ich im Oktober 1909 gleichfalls einen derartigen Sperling. Ein schwarzes ♂ vom 25. Oktober 1910 aus Salwarschienen (Kreis Pr. Eylau) sowie ein blasses, teilweise gelblichweißes ♂ iuv. vom 18. September 1912 aus Rossitten befinden sich in der Sammlung der Vogelwarte Rossitten. Am 28. Oktober 1911 sah ich ferner in Heilsberg am Markt ein blasses, gelblichweißes Exemplar; ein ähnliches, vielleicht dasselbe Stück bemerkte ich am 23. November auf dem Schloßhof. Am 24. November 1911 sah ich dort einen Sperling mit teilweise weißem Schwanz.

### 218. Passer montanus montanus (L.) — Feldsperling, Baumsperling.

*Fringilla montana* L.; *Passer arboreus* auct.

Auch der Feldsperling ist in der ganzen Provinz gemein. Ob er oder der Haussperling im ganzen häufiger ist, läßt sich schwer sagen; doch möchte ich letzteren für individuenreicher halten. Er ist etwas mehr Strichvogel als sein Vetter. Im Herbst und Winter streichen viele mit Gold- und Grauammern, Grünlingen, bisweilen auch Hänflingen, umher, fallen dann in größeren Flügen auf Stoppelfeldern ein und kommen bei Schnee sehr zahlreich auf die Höfe. Bei Ulmenhorst beobachtete Thienemann (593) ziehende Feldsperlinge nicht allzu selten sowohl im Herbst wie im Frühjahr.

Baumhöhlen aller Art wählt er zur Anlegung seines Nestes; namentlich Kopfweiden bewohnt er recht zahlreich. Lästig fällt er dadurch, daß er die für Meisen bestimmten künstlichen Nisthöhlen mit Vorliebe in Besitz nimmt. Nicht selten nisten Feldsperlinge auch in den Nestern der Hausschwalbe, in dem Unterbau von Storchnestern und an ähnlichen Orten.

In der Sammlung Schlonskis befindet sich ein blasses, gelbliches Stück von Johannisburg.

### 219. Coccothraustes coccothraustes coccothraustes (L.) — Kirschkernbeißer.

*Loxia coccothraustes* L.; *Fringilla coccothraustes* (L.); *Coccothraustes vulgaris* Pall.

Wenn auch vielleicht stellenweise nicht ganz regelmäßig und in wechselnder Anzahl, so kommt der Kernbeißer doch im größten Teile der Provinz als mehr oder minder häufiger Brutvogel vor. Als solcher bevorzugt er entschieden Laub- und Mischwälder. Hartert (200, 205) bezeichnet ihn als nicht selten, Szielasko (471) als häufig in Litauen, vereinzelt in Masuren und der Niederung. W. Christoleit berichtet, daß er ihn als seltenen Brutvogel bisher überall gefunden habe.

Bei Heydekrug fand ihn Settegast ziemlich häufig brütend, und sogar für die Kurische Nehrung konnte ihn Thienemann (504) als vereinzelten Brutvogel bei Rossitten feststellen; 1913 zog ein Paar sogar mitten im Dorfe Junge groß. Recht verbreitet ist er in der Nähe von Königsberg, wo er z. B. im Parke von Luisenwahl und in den Glacis vielfach vorkommt. Zigann (658) erwähnt sein Brüten für Wehlau und Techler für Gumbinnen; ich selbst konnte es für Nordenburg und Angerburg, namentlich die Eichenwaldungen von Steinort, feststellen. Geyr v. Schweppenburg (189) fand ihn als außerordentlich häufigen Brutvogel im Forstrevier Schorellen (Kreis Pillkallen) und bemerkte ihn einzeln zur Brutzeit auch bei Rudczanny. Bei Heilsberg nistet der Kernbeißer einzeln im Forstrevier Wichertshof und bei Bartenstein ist er durchaus nicht selten; ziemlich regelmäßig brütet er z. B. im Schierlingswalde von Losgehnen. Sobald die Jungen ausgeflogen sind, stellen sich die Alten mit ihnen in den Gärten ein; so erscheinen sie im Gutsgarten von Losgehnen im August und September meist in recht erheblicher Anzahl, um sich von den Kernen der Sauerkirschen *(Prunus Cerasus)* und der verschiedenen Traubenkirschenarten *(Prunus Padus, serotina* und *virginiana)* zu nähren.

Winterüber bleiben fast alljährlich einige Kernbeißer bei uns, in manchen Jahren sogar ganze Flüge von 20—30 Stück. In dieser Zeit genießen sie mit Vorliebe die Samen der Ahorne und Weißbuchen und die Früchte der verschiedenen *Crataegus*-Arten. Ihre Hauptnahrungsbäume sind aber wohl doch die Weißbuchen. Sind deren Samen schlecht geraten, wie 1910, so sieht man im Winter kaum ganz vereinzelte Stücke, während die äußerst kernbeißerreichen Winter 1902/03 und 1909/10 auf sehr gute Samenjahre folgten. Auffallend viele waren allerdings auch im Winter 1912/13 zu sehen, obwohl Weißbuchensamen nur wenig vorhanden war.

### 220. **Fringilla coelebs coelebs** L. — Buchfink, Edelfink.

In den sumpfigen Erlenwaldungen des Memeldeltas wie in den sandigen Kiefernforsten Masurens ist der Buchfink gleich zahlreich. Er gehört sicherlich überall, wo Bäume stehen, zu unseren häufigsten Kleinvögeln. Geradezu massenhaft beobachtete ihn Geyr v. Schweppenburg (189) im Forstrevier Schorellen (Kreis Pillkallen) als Brutvogel.

Im Laufe des März, gewöhnlich erst in der zweiten Hälfte, treffen die Männchen auf ihren Brutplätzen ein. Der Frühjahrszug hält aber noch den April über an. Gegen Ende dieses Monats bestehen die Finkenflüge meist aus ♀♀, denen aber häufig einige ♂♂ beigesellt sind. Nur selten wird man in der Gesellschaft der Buchfinken auf dem Zuge Bergfinken vermissen; doch sind erstere meist in der Überzahl. Auf der Kurischen Nehrung sind ziehende Buchfinken, sicherlich nördlicher wohnende Vögel, noch bis in den Mai hinein zu beobachten; 1902 traf Thienemann (510) bei Rossitten Schwärme sogar noch am 19. Mai an.

Ende Juli oder Anfang August setzt der Herbstzug ein, der sich bei Bartenstein ganz so abspielt, wie es Thienemann (519) für die Kurische Nehrung so anschaulich schildert. Den Zug eröffnen graue Exemplare — Junge und ♀♀ —, die sich überall in den Büschen umhertreiben, aber auch Stoppelfelder, die in der Nähe von Wäldern liegen, scharenweise besuchen. Erst vom ersten Drittel des September ab bis Anfang November ziehen dann sichtbar in eiligem Fluge die ♂♂ durch, unter denen sich nur verhältnismäßig wenige ♀♀ befinden. Der Zug, der gewöhnlich in der ersten Oktoberhälfte seinen Höhepunkt erreicht, geht fast stets gleichzeitig mit dem der Feld- und Heidelerchen, Wiesenpieper und Bergfinken vor sich. Auf der Kurischen Nehrung ziehen die Finken namentlich mit Nebelkrähen zusammen; sie sind dort im Herbst wie im Frühjahr — wie wohl auch sonst in der Provinz die am zahlreichsten durchziehenden Kleinvögel. Bei trübem Wetter, um die Mittagszeit und zur Nachtruhe fallen sie gewöhnlich auf freiem Felde, namentlich auf Kartoffel- oder Stoppelfeldern, ein.

Einzelne Buchfinken, und zwar fast stets ♂♂, bleiben regelmäßig in jedem Winter bei uns, bisweilen auch kleine Flüge. Auffallend viele zeigten sich im Winter 1908/09 bei Bartenstein, fast gar keine in dem milden Winter 1910/11. Je ein ♀ beobachtete ich in Heilsberg am 15. Februar und in Losgehnen am 28. November 1909. Die überwinternden Finken halten sich gern in der Nähe der Gebäude auf und besuchen bei Schnee mit Gold- und Grauammern, Grünlingen und Feldsperlingen die Höfe. Gern nähren sie sich von den vertrockneten Beeren des Traubenhollunders *(Sambucus racemosa)*, dessen Büsche sie bei Schneefall in Losgehnen mit Vorliebe aufsuchen. Hartert (200, 205) hat überwinternde Buchfinken in Preußen nie bemerkt, wohl aber Thienemann (510, 546, 564, 576, 588) fast alljährlich bei Rossitten. Am 29. Dezember 1902 beobachtete er sogar ganze Schwärme, und vom 30. Dezember 1909 schreibt er: „Im Garten sind etwa 10 *Fringilla coelebs* eingetroffen mit einigen Bergfinken vermischt. Das sind nordische. Ich habe solche nordische Buchfinken gefangen und im Käfig gehalten, um ihren Gesang kennen zu lernen . . . Alle sind Stümper im Gesange. Der Schlag wird nie zu Ende geführt. Gerade die charakteristischen Endsilben, wonach der Schlag benannt wird, fehlen oder sind ganz verkümmert". Am 27. Januar 1910 bemerkte er unter vielen ♂♂ auch 3 ♀♀, desgleichen am

3. Januar 1911 einzelne ♀♀ unter mehreren ♂♂. Auch Lühe (338, 344) und v. Hippel (236) erwähnen einige Fälle von Überwinterung.

Wahrscheinlich sind die meisten Buchfinken, die den Winter bei uns zubringen, von Norden zugewandert, wie dies auch Thienemann vermutet. Mit völliger Sicherheit läßt sich die Frage jedoch nicht entscheiden. Man hat versucht, sie als besondere Subspezies (*minor* Brehm, *tristis* Floericke) aufzustellen, weil sie häufig recht geringe Maße aufweisen. Solange man aber ihr Brutgebiet nicht kennt, erscheint die Abtrennung einer kleinen „nordischen" Form nicht angängig. Richtig ist, daß ostpreußische Wintervögel sich häufig durch geringe Flügellänge auszeichnen; doch gehen die Maße von Winter- und Brutvögeln völlig ineinander über. 28 Finken meiner Sammlung, sämtlich von Losgehnen, weisen folgende Flügelmaße auf:

**Brutvögel.**

12 ♂♂: 93, 92, 91, 90, 89, 88, 88, 88, 87, 87, 86, 86.
3 ♀♀: 85, 84, 83.

**Herbstvögel.**

3 ♂♂: 89, 86, 85.
1 ♀: 85.

**Wintervögel.**

6 ♂♂: 90, 88, 87, 87, 85, 83.
3 ♀♀: 84, 82, 82 mm.

8 ♂♂ in der Sammlung der Vogelwarte, sämtlich Durchzügler oder Wintervögel, schwanken in der Flügellänge zwischen 82 und 90 mm. Auch in der Ausdehnung des Weiß im Flügel konnte ich einen Unterschied zwischen Brut- und Wintervögeln nicht feststellen.

Am 30. Oktober 1907 erlegte Thienemann (550) bei Rossitten ein semmelgelbes ♂, das sich jetzt in der Sammlung der Vogelwarte befindet.

### 221. Fringilla montifringilla L. — Bergfink.

Als Durchzugsvogel ist der Bergfink wohl überall häufig. Mit großer Pünktlichkeit setzt im letzten Drittel des September, nur selten schon Anfang des Monats, der Herbstzug ein, der bis Anfang November anhält. Die ersten beobachtete ich bei Bartenstein 1902 am 27., 1903 am 21., 1904 am 19., 1905 am 24., 1907 am 27., 1908 am 28., 1909 am 26. September, 1910 am 2. Oktober, 1911 am 11., 1912 am 29., 1913 am 28. September. Thienemann (588) sah bei Rossitten 1910 die ersten am 9. September. Der Zug geht fast stets in Gesellschaft von Buchfinken vor sich. Bei trübem Wetter, namentlich bei Nebel, und in der Mittagszeit ruhen sie mit ihnen gern auf den Feldern.

Im Winter gelangen Bergfinken bei Bartenstein meist nur in sehr kleiner Anzahl und in geringerem Maße wie Buchfinken zur Beobachtung. So überwinterten 1908/09 in Losgehnen nur 1—2 *Fr. montifringilla* unter 12—20 *Fr. coelebs*; am 28. Februar beobachtete ich auf dem Fasanenfutterplatz etwa 10 Stück. Auch Thienemann (510, 546, 550, 564, 576) gibt für Rossitten ein nicht zahlreiches Überwintern oder gänzliches Fehlen im Winter an; ganze Schwärme erwähnt er nur für den 29. Dezember 1902. Als ausgesprochener „Wintervogel" ist der Bergfink für Ostpreußen also im allgemeinen nicht zu bezeichnen.

Der Frühjahrszug beginnt im Laufe des März und dauert bis Anfang Mai. Die letzten beobachtete ich im Frühjahr bei Bartenstein 1903 am 3. Mai, 1904 am 28. April, 1905 am 16., 1907 am 5., 1908 am 10., 1910 am 8. Mai, 1912 am 28. April. Im Frühjahr ist der Zug bei Bartenstein entschieden stärker und fällt weit mehr in die Augen wie im Herbst. Besonders im April treiben sich oft sehr große Scharen mit Buchfinken zusammen, oft aber auch nur aus Bergfinken bestehend, auf den Feldern umher und halten sich bei ungünstiger Witterung oft lange in derselben Gegend auf.

Nicht ausgeschlossen ist es, daß einzelne Paare gelegentlich bei uns auch zur Brut schreiten. Mit Sicherheit festgestellt ist dieses bisher allerdings noch nicht. Am 31. Mai 1908 sah ich im Südosten des Kreises Angerburg, im Walde nahe dem Kruglinner See, ein einzelnes schön ausgefärbtes ♂, das eifrig den rulschenden Paarungsruf hören ließ und sich, Insekten fangend, ständig auf einigen Kiefern, die mit Erlen und Fichten zusammenstanden, aufhielt. Am 10. Juni 1908 traf ich ferner in Losgehnen einen einzelnen Bergfinken in einer Fichtenanpflanzung am Kinkeimer See an. Auch Thienemann (504) hält nach seinen Beobachtungen bei Rossitten ein gelegentliches Brüten von *Fr. montifringilla* in Ostpreußen für sehr wohl möglich.

In bezug auf die Kehlfärbung variieren die ♂♂ sehr. Bei einzelnen, die ich am 23. April 1905 in Losgehnen aus einem Schwarm herausschoß, war die Kehle fast schwarz; sie gehörten also zu der lediglich individuellen Variation *atrogularis* Dalla Torre. Es zeigten sich aber alle möglichen Abstufungen von der rostbraunen zur schwarzen Kehlfärbung.

### 222. **Chloris chloris chloris** (L.) — Grünling, Grünfink.

*Fringilla chloris* L.; *Loxia, Ligurinus chloris* (L.); *Chloris hortensis* Brehm.

In Baumgärten und Feldhölzern, an Waldrändern und Landstraßen, namentlich sofern sie mit Kopfweiden bepflanzt sind, ist der Grünling überall recht häufiger Brutvogel. Nach dem Ausfliegen der zweiten Brut schlagen sich Alte und Junge in Flüge zusammen, um uns teilweise in den Monaten September bis November zu verlassen. Sehr viele bleiben aber auch winterüber in Ostpreußen, wenngleich nicht jedes Jahr in annähernd gleicher Anzahl. In manchen Wintern sieht man nur vereinzelte Grünlinge, die sich den Gold- und Grauammern und Feldsperlingen anschließen und mit ihnen bei Schnee auf die Höfe und an die Getreideschober kommen. In anderen Jahren zeigen sich aber auch größere Flüge; so beobachtete ich im Winter 1902/03 am 2. Januar einen Flug von 20—25 und am 25. Januar einen Schwarm von über 100 Stück. Im Dezember 1907 sah ich vielfach Flüge von 20—30 Stück, und auch im Winter 1908/09 überwinterten bei Bartenstein auffallend viele. An Chausseen, die mit Ebereschen bestanden sind, sammeln sich in guten Beerenjahren nicht selten große Flüge an; solche bemerkte ich bei Heilsberg vielfach im Dezember 1911. Die fortgezogenen kehren im März wieder zu uns zurück. Sie bilden dann bisweilen recht große Scharen; so sah ich am 11. März 1911 bei Wuslack (Kreis Heilsberg) Flüge von vielen Hunderten. Auf der Kurischen Nehrung dauert der Durchzug nordischer Grünlinge bisweilen noch bis in den Mai hinein; Thienemann (510) bemerkte bei Rossitten 1902 Schwärme noch am 19. Mai.

Seinen Gesang läßt der Grünling oft schon früh im Jahre hören; ich notierte ihn 1903 z. B. schon für den 16. Januar.

### 223. **Carduelis cannabina cannabina** (L.) — Bluthänfling.

*Fringilla cannabina* L., *linota* Gm.; *Acanthis, Linota cannabina* (L.), *sanguinea* auct.

Gärten, Kirchhöfe, Büsche an Feldrainen, Hecken an Chausseen und Bahnstrecken, Fichtenschonungen bewohnt der Bluthänfling mit Vorliebe zur Brutzeit; an solchen Örtlichkeiten ist er wohl überall häufig. Sein Bestand ist jedoch lokal erheblichen Schwankungen ausgesetzt; so war in Losgehnen die Zahl der Brutpaare in den Jahren 1907 und 1908 aus unerklärlichen Gründen auffällig gering. In Rossitten, wo er früher sehr spärlich vorkam, scheint er neuerdings nach Thienemann (588) als Brutvogel häufiger zu werden.

Bald nachdem der Schnee von den Feldern verschwunden ist, also gewöhnlich Anfang oder Mitte März, stellen sich die Hänflinge in kleinen Flügen bei uns ein. Auf der Kurischen Nehrung findet sogar nach Thienemann (579, 588, 593, 594 c) von Anfang März bis Mitte April ein recht lebhafter Hänflingszug statt, von dem im Herbst nur wenig zu bemerken ist. Im Laufe des September und Oktober verlassen uns die meisten wieder; doch sieht man kleinere Flüge auch noch bis Ende November regelmäßig und gar nicht selten. Winterüber bleiben wohl in jedem Jahre einzelne oder kleine Gesellschaften in Ostpreußen, was Hartert (200) nie beobachtet hat. Aus der Bartensteiner Gegend liegen folgende Winterbeobachtungen vor: 14. Dezember 1902 (Flug von etwa 10 Stück), 2. Februar 1903 (einige), 13. und 25. Dezember 1903 (kleine Flüge), 2. und 8. Januar 1904 (einzelne), 14. Februar 1904 (kleine Flüge), 17. Dezember 1907 (ein einzelner), 14. Februar 1909 (ein einzelner unter Ammern, Buchfinken und Grünfinken), 1. Januar 1910 (einzelne), 18. Dezember 1910 (einzelne), 1. Januar 1911 (ein kleiner Flug), 11. Dezember 1911 (2 Stück), 17. Dezember 1911 (kleiner Flug), 22. Dezember 1912 (ein einzelner), 26. Dezember 1913 (kleiner Flug), 18. Januar und 1. Februar 1914 (einzelne). Bei Heilsberg bemerkte ich mehrfach Flüge am 13. Dezember 1910 und hörte einzelne am 2. Februar 1911 sowie in Klotainen am 12. Dezember 1911 und in Maraunen am 11. Dezember 1913. Übrigens haben auch Fr. Lindner (205) und Zigann (658) im Winter Hänflinge in der Provinz beobachtet.

**Carduelis flavirostris flavirostris (L.) — Berghänfling.**

*Fringilla flavirostris* L., *montium* Gm.; *Acanthis, Linota flavirostris* (L.).

Das Brutgebiet des Berghänflings erstreckt sich von England und Schottland über Norwegen nach Schweden und Nordrußland. Er ist daher als gelegentlicher Wintergast in Ostpreußen mit Bestimmtheit zu erwarten, zumal er auch sonst im östlichen Deutschland, z. B. in Westpreußen, Brandenburg und Schlesien, schon beobachtet ist. In der Tuchler Heide bemerkte ihn Dobbrick (34 Ber. Westpr. Botan.-Zool. Ver. 1912, p. 116) sogar als regelmäßigen, wenn auch spärlichen, Durchzügler im Frühjahr. Sichere Angaben über sein Vorkommen in Ostpreußen liegen jedoch bisher nicht vor.

Bujack (68) sagt zwar von ihm, er besuche uns im Winter in kleinen Scharen; doch fehlt leider jeder Hinweis auf etwaige Belegexemplare. Auch die Angabe von Szielasko (471), daß er in der unteren litauischen Ebene seltener, unregelmäßiger Durchzugsvogel sei, ist nach seiner eigenen Mitteilung höchst unsicher. Die von einer Seite aufgestellte Behauptung (157, 159, 164, 170, 178), daß *C. flavirostris* in Ostpreußen ein regelmäßiger und ziemlich häufiger Wintervogel sei, ist sicher unrichtig. Vogelhändler Schulze in Königsberg, der im Winter 1892/93 viele Berghänflinge erhalten haben sollte, teilte mir mit, es seien dies, soweit er sich entsinne, Bergfinken gewesen. Tischlermeister Neitz-Königsberg, der allerdings *C. flavirostris* lebend hielt, hatte die Vögel aus Olmütz bezogen, während ihm aus Ostpreußen die Art nie zuging. Wichtig ist es jedenfalls, daß weder Hartert (200) noch Thienemann ihn für die Provinz nachweisen konnten. Auch ich habe auf Hänflinge im Winter stets besonders geachtet; doch erwiesen sich alle bisher als *C. cannabina.*

## 224. Carduelis linaria linaria (L.) — Birkenzeisig, Leinfink.

*Fringilla linaria* L.; *Acanthis, Aegiothus, Linota linaria* (L.), *flammea* auct.; *Linaria rubra, vulgaris* auct.

Wohl in jedem Winter besucht der Leinfink unsere Provinz, wenn auch, wie fast alle unsere Wintergäste, in sehr wechselnder Anzahl. Auf Jahre, in denen man die Vögel überall einzeln oder in Flügen antrifft, folgen andere, in denen sich nur gelegentlich ganz vereinzelte Stücke sehen lassen. Durch großen Reichtum an Leinfinken zeichneten sich die Winter 1902/03, 1903/04, 1911/12 und 1913/14 aus; auch im November—Dezember 1907 und im Oktober—November 1910 waren die Vögel ziemlich zahlreich. Auffallend selten waren Leinfinken dagegen in den Wintern 1904/05, 1908/09, 1909/10 und 1912/13, nicht besonders häufig 1905/06 und 1906/07. Ein recht großer

Durchzug von Leinfinken fand im Herbst 1910 statt, ohne daß die Vögel aber bei uns in nennenswerter Zahl überwinterten. Schon am 16. Oktober zogen bei Bartenstein vormittags unaufhörlich größere und kleinere Flüge in mittlerer Höhe nach Süden, ohne sich niederzulassen, und dieser Zug fand bei günstiger Witterung fortgesetzt bis Anfang November statt. Auch lediglich umherstreichende Flüge waren in dieser Zeit häufig zu beobachten. Gegen Ende November verloren sich dann alle aus der Gegend, vielleicht weil Erlensamen völlig mißraten war, und winterüber zeigten sich nur verschwindend wenige. Jedenfalls sind aber recht große Menge im Herbst durch Ostpreußen hindurchgezogen. Auffallend war es, daß von einem Rückzuge im folgenden Frühjahr nichts zu bemerken war. Derselbe Massenzug wie bei Bartenstein wurde von Thienemann (588) im Oktober auch auf der Kurischen Nehrung beobachtet. Die ersten zeigten sich dort am 12. Oktober; in der Folgezeit waren Scharen von Hunderten bis November fast täglich zu sehen. Der Rückzug im Frühjahr 1911 war nur sehr unbedeutend; Thienemann (593) erwähnt ziehende Leifinken z. B. für den 30. März. Goldbeck teilte mir mit, daß die Vögel im Oktober 1910 auch bei Weinsdorf und im November bei Lyck häufig auftraten. Auch im Herbst 1913 sowie in dem darauffolgenden Winter waren die Vögel in der ganzen Provinz ungemein häufig. Dies war z. B. nach meinen Wahrnehmungen bei Bartenstein, Heilsberg und Königsberg, nach Techler bei Szameitschen der Fall. Bei Bartenstein sah ich, wie unten erwähnt, die ersten am 12. Oktober; an dem reichlich vorhandenen Erlensamen fanden sie überall Nahrung in Hülle und Fülle. Auf der Kurischen Nehrung, wo Thienemann die ersten am 3. Oktober bemerkte, zogen im Laufe des Monats bei Ulmenhorst Unmassen durch, besonders viele z. B. am 12., 19. und 20.—22. Oktober; auch Mitte November waren die Vögel in Rossitten noch massenhaft zu sehen.

In der Regel stellen sich die Leinfinken im letzten Drittel des Oktober, seltener erst Anfang November bei uns ein. Die ersten beobachtete ich bei Bartenstein im Herbst 1902 am 26., 1903 am 25. Oktober, 1904 am 5. November, 1905 am 22., 1907 am 20. Oktober, 1908 am 15. November, 1910 am 16., 1911 am 25. und 1913 am 12. Oktober. Wie bei so vielen Wintervögeln, gelangen auf dem Herbstzuge meist sehr viel mehr Leinfinken als auf dem Frühjahrszuge zur Beobachtung. Am zahlreichsten sieht man sie in der Regel in den Monaten November und Dezember, etwas weniger im Januar und Februar. Im März ist der größte Teil meist schon abgezogen. Die letzten verlassen uns gewöhnlich im Laufe des April. Die spätesten Beobachtungsdaten sind für Bartenstein 1904 der 24., 1907 der 25., 1908 der 21. und 1909 der 10. April.

Die Hauptnahrung der Leinfinken bilden im Winter die Samen der Erlen, auf denen sie oft in großen Scharen, vielfach in Gesellschaft von *C. spinus*, einfallen. Häufig habe ich sie auch auf Brennesseln *(Urtica dioica)* angetroffen. Im Spätherbst suchen sie, solange noch nicht Schnee den Boden deckt, mit Vorliebe die Stoppelfelder und Feldraine auf. Im freien Felde sind sie häufig recht scheu, so daß sie sich kaum auf Schußweite angehen lassen; auf Bäumen habe ich sie aber meist recht zutraulich gefunden.

43 Leinfinken meiner Sammlung, nämlich 25 ♂♂ und 18 ♀♀, gehören nach Färbung und Maßen zu *C. linaria linaria* (L.). Die Flügellänge übersteigt nicht 76, die Schnabellänge nicht 8 mm. 2 durch kurzen Schnabel und weißen Bürzel ausgezeichnete Vögel vom Herbst 1910 sieht Kleinschmidt als *C. hornemannii exilipes* (Coues) an, während 20 Stücke mit langem Schnabel aus den Wintern 1911/12 und 1913/14 zu *C. linaria holboellii* (Brehm) gehören; sie sind bei diesen Arten besonders erwähnt. 9 Stücke vom Zuge 1910 in der Sammlung der Vogelwarte Rossitten gehören zu *C linaria linaria* (L.).

Das Brutgebiet des Birkenzeisigs erstreckt sich bis nach Ostpreußen. An der Küste nistet er vielleicht ziemlich regelmäßig. Hartert (200, 205) sah ein einzelnes ♂ im Juli 1881 bei Königsberg. Thienemann (504) fand am 11. August 1898 an der Dorfstraße von Rossitten auf einer Birke ein Nest, dem die Jungen gerade entflogen waren; eins von ihnen erlegte er als Belegexemplar. Schon 1896 hatte W. Baer, wie er mir brieflich bestätigte, am 11. Juni ein singendes ♂ bei Pillkoppen erlegt, das bei der Sektion große Testikel aufwies. Kleinschmidt besitzt ein ebenda am 20. Mai 1896 geschossenes ♂ iuv., das von W. Baer etikettiert ist. Neuerdings beobachtete Thienemann (536) die Art am 9. September 1905 bei Rossitten, und ich selbst traf südlich von Rossitten ein Exemplar am 9. August 1908 an. 1911 hielten sich nach Thienemann (594c) 1—2 Stücke Ende Juni und Anfang Juli ständig im Dorfe Rossitten auf; jedenfalls haben sie dort wieder gebrütet.

### 225. **Carduelis linaria holboellii** (Brehm) — Großer Birkenzeisig.

*Linaria holboellii* Brehm, *longirostris* Brehm; *Acanthis, Aegiothus holboellii* (Brehm).

Diese Form des Birkenzeisigs unterscheidet sich von typischen *C. linaria linaria* (L.) durch größere Flügellänge (75—81,5 statt 74—78 mm) und durch stärkeren und längeren Schnabel (9—11 statt 8 mm). Ihr Brutgebiet umfaßt den höchsten Norden der alten und neuen Welt; jedoch ist es Hartert (212) neuerdings zweifelhaft geworden, ob es sich nicht lediglich um eine individuelle Variation von *C. linaria linaria* (L.) handelt.

Für Ostpreußen ist *C. linaria holboellii* erst in neuester Zeit nachgewiesen worden; er ist aber bei uns offenbar weniger selten als man früher glaubte. Nach le Roi (432) befindet sich im Museum A. Koenig in Bonn ein altes ♂, das am 22. Februar 1901 aus Sbylutten (Kreis Neidenburg) durch Herrn Franz Westphal eingesandt wurde. Im Winter 1911/12 gelang es mir ferner, *C. linaria holboellii* auch für die Bartensteiner Gegend mehrfach festzustellen. Am 20. November 1911 erlegte ich in Losgehnen aus einem Schwarm neben 3 gewöhnlichen *C. l. linaria* ein altes ♂ und ein ♀, die mir sofort durch den starken Schnabel auffielen. Am 16. November schoß ich dann noch ein ebensolches ♀. Kleinschmidt, dem ich die Stücke übersandte, schrieb mir, daß alle drei *C. l. holboellii* in „typischer Ausbildung" seien. Am 7. Januar 1912 bemerkte ich einen großen Schwarm von Erlen- und Birkenzeisigen, aus dem ich 5 *C. l. holboellii* (3 ♂♂, 2 ♀♀) erlegte; am 8. Januar schoß ich sodann noch 2 weitere alte ♂♂, am 18. Februar ein ♀ und am 25. Februar 4 ♂♂, 3 ♀♀ dieser Form. So scheint also im Winter 1911/12 *C. l. holboellii* in besonders großer Anzahl in Ostpreußen überwintert zu haben. In meiner Sammlung befinden sich aus diesem Winter im ganzen 18 Exemplare, nämlich 10 ♂♂ und 8 ♀♀. Auch 1913 zeigte sich diese Form wieder bei uns. Am 16. November schoß ich in Losgehnen 2 Exemplare und am 14. Dezember ein Stück von *C. l. holboellii.*

Schon früher war der große Birkenzeisig für Ostpreußen verzeichnet worden; jedoch ließ sich die Richtigkeit der Angaben (164, 170) nicht nachweisen. Kleinschmidt besitzt 4 angeblich von Sarkau auf der Kurischen Nehrung stammende Wintervögel von *C. l. holboellii*; er hat sie jedoch als Bälge erhalten, und zwar als am 29. **Juni** 1894 erlegt. Diese unrichtige Datierung wurde später auf eine Verwechslung durch den Präparator zurückgeführt. Solange keine anderen als diese doch recht fraglichen Belegexemplare vorlagen, war der Nachweis des Vorkommens von *C. l. holboellii* für unsere Provinz noch nicht erbracht.

### 226. **Carduelis hornemannii exilipes** (Coues) — Sibirischer Leinfink.

*Aegiothus exilipes* Coues; *Acanthis, Linaria, Linota exilipes* (Coues).

Kleinschmidt (259) besitzt ein ♀ dieser Art, das angeblich am 26. Februar 1894 in Sarkau auf der Kurischen Nehrung erlegt ist. Da er den

Vogel im Fleisch erhielt, dürfte an der Richtigkeit von Fundort und Datum nicht zu zweifeln sein. Außerdem befindet sich im Tring-Museum ein ganz gleiches, von Sondermann gesammeltes Exemplar aus Ostpreußen, ein ♂ iuv. vom 14. November 1898 aus Skaisgirren (Kreis Niederung). Der Kleinschmidtsche Vogel ist im neuen Naumann (386) in Bd. III auf Tafel 37 Fig. 2 abgebildet.

Ich selbst besitze aus Losgehnen 2 ♂♂ vom 24. und 31. Oktober 1910, die sich durch den kurzen Schnabel und weißen Bürzel von gewöhnlichen Birkenzeisigen unterscheiden. Kleinschmidt, dem ich die Vögel zur Ansicht sandte, hält auch sie nach Vergleich mit Sibiriern und Amerikanern für *C. h. exilipes.* Thienemann (593, 594 c) schließlich erlegte auf der Kurischen Nehrung bei Ulmenhorst am 28. Oktober 1911 ein ♂, das meinen Stücken sehr ähnlich sieht und jedenfalls auch hierher gehört. Im Winter gelangt dieser Bewohner des höchsten Nordens also vielleicht gar nicht so selten zu uns, wie man bisher glaubte. Die kleinen Flüge, aus denen ich die beiden Stücke erlegte, schienen überwiegend aus hellen weißbürzligen Exemplaren zu bestehen. Ihre Stimme unterschied sich von der gewöhnlicher Birkenzeisige nicht.

### 227. Carduelis spinus (L.) — Erlenzeisig.

*Fringilla spinus* L.; *Chrysomitris, Acanthis, Spinus spinus* (L.).

Als Brutvogel kommt der Erlenzeisig in größeren Nadelwäldern wohl überall vor, aber nur recht zerstreut und in geringer Anzahl. Dies hebt Hartert (200, 205) ausdrücklich hervor, und auch meine Beobachtungen stimmen damit völlig überein. Nach Szielasko (471) ist er in Masuren und der oberen litauischen Ebene regelmäßiger, aber vereinzelter Brutvogel. Thienemann (510, 588) stellte sein mutmaßliches Nisten für Rossitten, Lindner (316) für Grenz fest. Ich selbst beobachtete im nördlichen Ostpreußen zur Brutzeit Zeisige am 16. Juni 1908 bei Tilsit, ferner am 5. Juli 1908 im Forstrevier Dingken und bei Pogegen, am 12. Juli 1908 im Forstrevier Ibenhorst, am 19. Juni 1909 im Fischhauser Stadtwald und Anfang August 1909 vielfach in Cranz. W. Christoleit nennt ihn gleichfalls als regelmäßigen vereinzelten Brutvogel für die Gegend von Fischhausen und für das Forstrevier Pfeil (Kreis Labiau). Geyr v. Schweppenburg (189) beobachtete am 6. Juni 1911 im Forstrevier Schorellen (Kreis Pillkallen) ein ♀, das ein noch nicht flugfähiges Junges fütterte. Recht häufig fand er ihn im Juli in der Rominter Heide und sah ihn zur Brutzeit auch bei Rudczanny.

Bei Bartenstein kommen Zeisige zur Brutzeit in der Regel sehr spärlich vor. Ich habe aber wiederholt einzelne Brutpaare oder singende ♂♂ in Losgehnen und in einigen Wäldern der Umgegend beobachtet, z. B. am 14. Mai und 19. Juni 1903, 16. Mai 1905, 28. Mai 1905. Bei Heilsberg ist der Zeisig einzeln Brutvogel im Forstrevier Wichertshof. Auch bei Weinsdorf (Kreis Mohrungen) kommt er nach Goldbeck nistend vor.

Zahlreicher als sonst nisteten die Vögel stellenweise im Jahre 1909. Wie bei Cranz beobachtete ich im August auch bei Bartenstein und Heilsberg vielfach Flüge von 10—12 Stück. Wahrscheinlich hängt dieses Schwanken des Bestandes der Brutvögel mit Nahrungsverhältnissen, dem Gedeihen des Erlen-, Birken- und Fichtensamens, zusammen. Im August habe ich auch in anderen Jahren in den Gärten schon ganze Flüge auf Lebensbäumen *(Thuia occidentalis)* bemerkt; es sind dieses offenbar unsere Brutvögel, die sich dann schon in Scharen zusammengetan haben. Für Wehlau nennt Zigann (658) den Zeisig nur als Wintergast; wahrscheinlich hat er ihn aber zur Brutzeit nur übersehen, was sehr leicht möglich ist, da er sich dann in den großen Waldungen wenig bemerkbar macht.

So spärlich der Zeisig im ganzen also in der Provinz brütet, so häufig ist er in der Regel während der Wintermonate. Im Oktober und November stellen sich fast alljährlich große Schwärme von vielen Hunderten bei uns ein, die bis in den April hinein oder sogar noch bis Anfang Mai bei uns verweilen und sich in der Hauptsache von Erlensamen nähren. Auffallend häufig waren die Vögel in den an Erlensamen reichen Wintern 1906/07, 1908/09, 1909/10, 1911/12 und 1913/14, geradezu selten 1907/08 und 1910/11. Anfang Mai sieht man Zeisigflüge nur noch selten; kleine Gesellschaften, die ich im Jahre 1908 am 3. Mai in Steinort (Kreis Angerburg), am 5. Mai bei Angerburg und am 10. Mai in Losgehnen beobachtete, bestanden aber wohl auch noch aus Wintergästen.

228. **Carduelis carduelis carduelis** (L.) — Distelfink, Distelzeisig, Stieglitz.

*Fringilla carduelis* L.; *Acanthis carduelis* (L.); *Carduelis elegans* Steph.

Gärten, Parkanlagen, Promenadenwege, Feldhölzer und Waldränder sind der Lieblingsaufenthalt des Distelfinks; hier ist er überall ein recht verbreiteter und meist wohl ziemlich häufiger Brutvogel.

Nach der Brutzeit, die oft erst spät beendet ist — soeben flügge gewordene Junge der zweiten Brut sah ich z. B. 1902 in Losgehnen noch am 14. September —, treiben sie sich familienweise, hauptsächlich an Plätzen, wo viele Disteln oder Kletten wachsen, umher. Im Spätherbst und Winter tun sie sich bisweilen zu recht großen Flügen zusammen. Gewöhnlich sieht man sie aber nur in Trupps von 8—12 Stücken. Schon im März stellen sich die einzelnen Paare auf den Brutplätzen wieder ein. Ein Flug von etwa 30 Stück, den ich noch am 30. April 1910 bei Thegsten (Kreis Heilsberg) beobachtete, bestand wohl aus nördlicher wohnenden Vögeln.

Inwieweit der Stieglitz für Ostpreußen als Stand-, Strich- oder Zugvogel anzusehen ist, läßt sich schwer entscheiden. Wahrscheinlich findet im Winter ein Zuzug von Norden oder Osten her statt, und sicherlich verläßt uns mindestens ein Teil unserer Brutvögel. Es ist behauptet worden, daß die Wintervögel sich durch Größe und lebhaftere Färbung von den Brutvögeln unterschieden. Das ist nach meinen bisherigen Untersuchungen nur zum Teil der Fall. 18 Wintervögel meiner Sammlung, sämtlich aus Losgehnen, besitzen eine Flügellänge von 82 (2 ♂♂, 1 ♀), 81 (4 ♂♂, 1 ♀), 80 (4 ♂♂, 1 ♀), 79 (2 ♂♂) und 78 (1 ♂, 2 ♀♀) mm. 7 Brutvögel messen 81 (1 ♂), 80 (2 ♂♂), 77 (2 ♀♀), 76 (1 ♀) und 75 (1 ♀) mm. 3 Wintervögel (♂♂) in der Sammlung der Vogelwarte Rossitten haben eine Flügellänge von 83, 80 und 79 mm, 2 Wintervögel von Quanditten in den Sammlungen von Ulmer und Zimmermann eine solche von 81 und 80 mm. Was die Färbung angeht, so zeichnen sich die Wintervögel durch braunere Brust und goldiges Rot aus, während die Unterseite bei den Brutvögeln heller, das Rot dunkler und gesättigter ist. Beides ist wohl nur auf das Abreiben der Federspitzen zurückzuführen, also eine lediglich jahreszeitliche Verschiedenheit. Hiernach läßt sich nur soviel bisher sagen, daß Wintervögel teilweise etwas längere Flügel zu haben scheinen, daß aber eine subspezifische Trennung nicht angängig erscheint. Mit der sibirischen Form *C. c. maior* (Tacz.) haben jedenfalls die ostpreußischen Wintervögel, die ich bisher sah, nichts zu tun, zumal auch das Weiß auf dem Bürzel bei allen wenig rein und nicht sehr ausgedehnt ist. Auch in dieser Hinsicht besteht ein Unterschied zwischen Winter- und Brutvögeln nicht.

**Carduelis carduelis maior** (Tacz.) — Großer Stieglitz.

Vom Ural an durch Westsibirien bis Omsk und Krasnoyarsk kommt eine Stieglitzform vor, die sich nach Hartert (211) durch die bedeutende Flügellänge (83—89 mm gegen 76—84 mm bei *C. carduelis carduelis* (L.)) und das reine Weiß des Bürzels von dem gewöhnlichen Stieglitz unterscheidet. Reichenow (420) gibt an, daß diese Form im Winter auf dem Striche nach Ostpreußen gelange, und auch Hartert (l. c.) berichtet, daß sie vereinzelt im Winter bis Preußen gefunden sei. Worauf diese Angaben beruhen, konnte ich leider nicht ermitteln. Nach einer brieflichen Mitteilung Reichenows befinden sich im Berliner Museum ostpreußische Exemplare von *C. c. maior* nicht, wohl aber solche von Nauen und Ziegenhals; Kollibay erkennt jedoch in seiner schlesischen Avifauna auch das letztgenannte schlesische Stück nach eingehender Untersuchung nicht als *C. c. maior* an. Hartert ist über das Vorkommen in Ostpreußen, wie er mir mitteilte, aus eigener Erfahrung ebenfalls nichts bekannt, und Kleinschmidt schrieb mir ausdrücklich: „In Ostpreußen ist nur der echte *carduelis* zu erwarten; *maior* ist Asiate und kommt überhaupt für Ostpreußen nicht in Betracht. Was man aus dem europäischen Rußland als *maior* bestimmte, ist *volgensis* (Buturl.); aber auch *volgensis* wird kaum von Südrußland nach Ostpreußen kommen." Hiernach kann ich mich nicht entschließen, *C. c. maior* für Ostpreußen aufzuführen. Rossitter, Quanditter und Bartensteiner Wintervögel gehören, wie ich bereits bei der vorigen Form ausführte, jedenfalls nicht zu der sibirischen Form.

## 229. Serinus canarius serinus (L.) — Girlitz.

*Fringilla serinus* L.; *Serinus hortulanus* Koch.

Noch in neuester Zeit hat der Girlitz sein Brutgebiet von Südwestdeutschland, wo er schon vor mehr als 300 Jahren häufig war, immer mehr nach Norden und Nordosten vorgeschoben. Bei Danzig ist er nach Fritz Braun (O. M. B. 1900, p. 8) jetzt schon ziemlich häufig, und Dobbrick (4. Jahrb. Westpr. Lehrerver. für Naturk. 1913) fand ihn auch bei Graudenz und Thorn nicht selten. Nach Ostpreußen scheint er als Brutvogel jedoch noch kaum vorgedrungen zu sein; wenigstens liegt nicht eine einzige sichere Brutbeobachtung für unsere Provinz vor. Laubmann (Verh. Ornith. Gesellsch. in Bayern 1913, p. 191 ff.) unterscheidet den deutschen Girlitz neuerdings als *Serinus c. germanicus*; die Berechtigung dieser Abtrennung dürfte wohl noch nachzuprüfen sein.

Bemerkenswert ist es, daß bereits im Mai 1849 Löffler ein Pärchen Girlitze bei Gerdauen beobachtete, wie aus einem von mir im Wortlaut mitgeteilten (606) Briefe vom 29. Mai 1849 an das Königsberger Museum mit Sicherheit hervorgeht. Das Brüten festzustellen, gelang ihm jedoch nicht und ebensowenig irgendeinem andern ostpreußischen Beobachter. Zwar gibt W. Schuster (454) an, der Girlitz habe „zu Ausgang des Jahrhunderts häufig in Ostpreußen gebrütet", und an anderer Stelle (453) sagt er: „In Ostpreußen nistet er seit 1890, 1891 und 1892 in Königsberg und dem nahen Städtchen Militsch, ebenso auf der Kurischen Nehrung zu Ende des Jahrhunderts auch z. B. 1902 (Christoleit)." Diese Angaben beruhen aber auf einem unerklärlichen Irrtum. E. Christoleit, den mir Schuster als Gewährsmann für sämtliche Beobachtungen bezeichnete, hat den Girlitz, wie er mir mitteilte, „ganz sicher überhaupt nicht, am wenigsten als Brutvogel gefunden". Eine Stadt Militsch gibt es ferner in Ostpreußen nicht, wohl aber in Schlesien. Auf der Kurischen Nehrung ist der Girlitz nach Thienemann als Brutvogel bisher noch nicht aufgefunden worden; doch konnte er ihn am 14. April 1901 zuerst als gelegentlichen Gast bei Rossitten nachweisen und bemerkte ihn seitdem noch mehrfach, nämlich am 19. Mai 1902, 5. Juni 1904 und 29. April 1906 (497, 504, 510, 525, 546). 1912 hielt sich ein eifrig singendes ♂ Anfang Juni sogar mehrere Tage in Rossitten auf (594 c). Auf den Hufen in Königsberg hörte Thienemann ein singendes ♂ am 20. Juni 1912; vielleicht kommt die Art also dort schon als vereinzelter Brutvogel vor. Wenn jedoch Kaeber (253) angibt, daß sich in der Königsberger Stadtgärtnerei oft Scharen von Girlitzen einstellten, so dürfte diese Angabe wohl auf eine Verwechslung mit Erlenzeisigen zurückzuführen sein.

Daß Schuster (453) schließlich noch hinzusetzt: „In Wehland in Ostpreußen überwinterte der Girlitz 1898", beruht auf der ungenauen Wiedergabe einer unsicheren Beobachtung. Gemeint ist die Stadt Wehlau, wo E. Christoleit einmal im Winter 1898 „mit ziemlicher Bestimmtheit" einen Girlitz gesehen hat.

Seit 1849 ist der Girlitz also lediglich von Thienemann in Ostpreußen überhaupt auch nur vorübergehend beobachtet worden. Im Westen der Provinz ist sein gelegentliches Auftreten und vielleicht auch Nisten allerdings ziemlich sicher zu erwarten; doch hat auch Goldbeck ihn im Kreise Mohrungen bisher vergeblich gesucht.

230. **Pinicola enucleator enucleator** (L.) — Hakengimpel, Fichtengimpel.

*Loxia enucleator* L.; *Fringilla, Pyrrhula, Corythus enucleator* (L.).

Regelmäßiger Wintergast ist der Hakengimpel in Ostpreußen nicht. Wenn auch kleine Gesellschaften im Osten der Provinz sich nicht allzu selten zeigen, so finden doch bedeutendere Einwanderungen nur in großen Zwischenräumen statt. In weiten Teilen von Ostpreußen ist der Vogel — abgesehen von den großen Invasionen — eine entschieden seltene Erscheinung. Die Königsberger Präparatoren erhalten jahrelang kein Exemplar, und bei Bartenstein habe ich ihn in mehr als 20 Jahren noch nie beobachtet. Die ersten Hakengimpel im Freileben sah ich 1913 bei Heilsberg. Ebenso, wie mir bei Bartenstein, ist es auch E. Christoleit ergangen, und W. Christoleit hat ihn seit Anfang der 90 er Jahre nicht mehr gesehen. Auch Goldbeck hat Hakengimpel im Kreise Mohrungen nie bemerkt, und Thienemann (525, 594e) konnte sie für die Kurische Nehrung nur zweimal, im November 1904 und 1913, nachweisen.

Ist der Vogel hiernach auch für Ostpreußen im allgemeinen nur als spärlicher Wintergast zu bezeichnen, so haben doch andererseits auch E. v. Homeyer (240) und Hartert (211) nicht ganz unrecht, wenn sie annehmen, daß er sich in den meisten Jahren in der Provinz zeige; ersterer hebt aber ausdrücklich hervor, daß große Massen selten seien. Bedeutende Invasionen fanden nach Ferdinand v. Droste (115) in den Jahren 1793, 1798, 1803, 1820, 1821, 1832, 1849, nach A. E. Brehm (66) in den Jahren 1821, 1822, 1832, 1844 und 1878 statt; in geringerer Anzahl zeigten sich die Vögel nach dem letztgenannten Forscher in den Jahren 1845, 1856, 1863, 1870, 1871.

Aus neuerer Zeit konnte ich folgende speziellen Angaben ermitteln:

Im Winter 1869/70 traten nach P. Höpfner (246) Hakengimpel in Menge bei Regitten (Kreis Braunsberg) auf.

Im November 1875 wurden nach Altum (1) einige in Klooschen (Kreis Memel) beobachtet. 3 Stücke vom 19. November 1875 befinden sich in der Sammlung der Forstakademie Eberswalde (4).

Das Königsberger Museum besitzt 6 Exemplare vom November 1877 aus dem Samlande.

Ende November 1879 zeigten sich die Vögel in Astrawischken (Kreis Insterburg) nach Altum (1) in mäßiger Anzahl.

Robitzsch (21) beobachtete am 6. und 7. November 1887 Hakengimpel in Menge bei Insterburg. Sondermann erhielt in demselben Jahre je ein Exemplar am 8. und 10. November von Darkehmen, und Altum (5) erwähnt ein ♂ vom 5. November aus dem Regierungsbezirk Gumbinnen.

Im Winter 1890/91 bemerkte Zigann (658) ein ♀ mehrere Wochen hindurch auf dem Wehlauer Kirchhofe.

Im Spätherbst 1892 fand eine sehr bedeutende Invasion statt, über die wir Szielasko (472) einen eingehenden Bericht verdanken. Die ersten zeigten sich schon vor Mitte Oktober bei Stallupönen und Pillkallen; die Hauptmasse traf Ende Oktober und im November ein. Techler beobachtete die Vögel vom 1.—6. November zahlreich bei Szameitschen (Kreis Gumbinnen). Diese Einwanderung, die sich wohl über den größten Teil der Provinz erstreckte, wird auch von Altum (7), v. Hippel (228), Sondermann (462) und Zigann (658) erwähnt. Während aber Szielasko angibt, daß die letzten Hakengimpel Anfang Dezember beobachtet seien, erhielt Sondermann noch am 1. und 8. Januar 1893 je ein Exemplar von Kraupischken (Kreis Ragnit) und am 8. Januar 3 Stücke von Mierunsken (Kreis Oletzko).

In der Sammlung des Goldaper Gymnasiums befindet sich ein ♀ vom 15. Februar 1894 aus der Nähe von Goldap.

Im Winter 1894/95 beobachtete Sondermann nach Szielasko (475, 477) Hakengimpel in wenigen Exemplaren bei Skaisgirren (Kreis Niederung). Wendlandt erhielt im Januar 1895 ein ♀ von Fischhausen; es befindet sich jetzt in meinem Besitz.

Am 30. Oktober 1897 erhielt Sondermann 4 Stücke von Tawellningken (Kreis Niederung).

Im Jahre 1900 gingen Sondermann am 4. November 3 Exemplare von Reichenau (Kreis Osterode) und am 12. November ein Stück von Pillkallen zu.

1902 zeigten sich nach Techler 3 ♀♀ auf einer Eberesche in Szameitschen (Kreis Gumbinnen); eins wurde gefangen.

Am 14. November 1904 wurde nach Thienemann (525, 526) ein ♀ bei Rossitten im Dohnenstieg gefangen, und bei Pillkoppen wurden zu derselben Zeit 5—6 Exemplare erbeutet. Sondermann erhielt am 17. November 6 Stücke von Hohensprindt (Kreis Niederung).

Im November 1908 sollen sich angeblich große Schwärme in Ostpreußen gezeigt haben (176). Diese von keiner Seite bestätigte Mitteilung ist jedoch durchaus unglaubwürdig.

Eine größere Einwanderung erfolgte erst wieder im Herbst 1913. Bei Skaisgirren (Kreis Niederung) beobachtete Sondermann die ersten am 20. Oktober; er konnte bis Mitte November 2 Stücke schießen und 12 lebend fangen; in der Folgezeit hörte er die Vögel dann noch öfters im Walde. Auf der Kurischen Nehrung zeigten sich die ersten am 5. November. Thienemann (594 e) erhielt eine ganze Anzahl; doch waren alte, rote ♂♂ auffallend selten. Anfang Dezember waren nach Möschler alle aus der Nähe von Rossitten verschwunden. Bei Heilsberg sah ich die ersten auf Ebereschen an der Chaussee nach Guttstadt am 26. November; von 4 gelben Stücken konnte ich 3 erlegen. Am 3. Dezember traf ich dort wieder 3 Stücke an, von denen ich ein rotes ♂ und ein ♀ schoß. Am 4. und 10. Dezember sah ich dann noch je ein gelbes Exemplar und bemerkte am 11. 2 graue Stücke auf Ebereschen am Napratter Walde. Der flötende Lockruf erinnerte mich übrigens nicht so sehr an die Stimme des gewöhnlichen Gimpels als vielmehr an gewisse Lockrufe der Haubenlerche. Bei Zinten stellte sich nach Mitteilung von Herrn Amtsgerichtsrat v. d. Gröben, der mir eine sehr charakteristische Schilderung sandte, Anfang Dezember im Stadtwalde ein größerer Flug von mindestens 20—30 Stück ein. Die Vögel besuchten von dort aus in kleinen Trupps täglich die Ebereschen der Chaussee. Auch hier waren die ausgefärbten ♂♂ sehr in der Minderzahl; Ende Dezember waren alle verschwunden. Aus der Nähe von Königsberg erhielt ich durch Balzer ein rotes ♂, das im Januar 1914, und ein ♀, das im Dezember 1913 erbeutet war. Stellenweise scheinen die Hakengimpel auch ganz gefehlt zu haben, so nach Szielasko bei Klaussen (Kreis Lyck) und nach meinen Beobachtungen bei Bartenstein.

Weitere Nachrichten über das Auftreten von Hakengimpeln fehlen. Seit 1892 hat also nur **eine** größere Invasion im Jahre 1913 stattgefunden. Es ist wohl kein Zufall, daß fast alle Angaben über beobachtete kleine Flüge sich auf den Osten der Provinz beziehen. Nur für diese Gegenden gelten daher wohl auch die Angaben, die Gude für Ragnit und Robitzsch (426) für Insterburg machen, daß nämlich die Vögel sich dort alle 4—5 bzw. 2—4 Jahre zeigten. Für alle übrigen Teile der Provinz sind die Zwischenräume ganz erheblich länger.

### 231. **Carpodacus erythrinus erythrinus** (Pall.) — Karmingimpel.

*Loxia erythrina* Pall.; *Fringilla, Pyrrhula, Pinicola erythrina* (Pall.).

Zwar ist der Karmingimpel auch schon für Schlesien und Westpreußen als vereinzelter Brutvogel festgestellt; doch kommt er nirgends sonst in Deutschland so regelmäßig und verhältnismäßig häufig vor wie stellenweise in Ostpreußen. Mit vollem Recht gilt er als einer der interessantesten Charaktervögel unserer Provinz. Er erreichte hier bis vor kurzem die Westgrenze seines Verbreitungsgebiets, das sich von Ostpreußen und Polen über Rußland bis an die untere Wolga und das ebene Sibirien bis zur Lena erstreckt. Neuerdings hat er sich nach Dobbrick (37. Bericht Westpr. Botan. Zool. Ver.) auch an der Weichsel anscheinend ständig angesiedelt.

Bereits v. Baer (24) führte ihn 1825 als ostpreußischen Brutvogel auf, und auch Rathke (406) erwähnt 1846 sein Brüten auf Grund von Angaben Löfflers. Das Königsberger Museum gab nach den Akten in den 20 er Jahren verhältnismäßig viele ostpreußische Exemplare an auswärtige Sammlungen ab.

Lange Zeit geriet dann das Vorkommen des Karmingimpels in Vergessenheit, so daß Borggreve (52) das Brüten sogar ganz bezweifelte. Erst Hartert hat ihn wieder sozusagen neu für Ostpreußen entdeckt. Diesem Forscher verdanken wir die ersten eingehenden Mitteilungen (200, 205, 206, 386). Er gibt an, der Karmingimpel „komme von Pillau und der Pregelniederung nordwärts bis zum Kurischen Haff und Memel" als regelmäßiger Brutvogel vor. In einem Erlenwäldchen nordöstlich von Königsberg wurden z. B. allein 15 oder 17 Nester gefunden; dagegen bemerkte er ihn auf der Frischen Nehrung von 1880 bis 1884 nicht. Hartert ist daher der Ansicht, daß er „wohl kaum viel südlicher als Pillau und Königsberg, jedenfalls aber nicht weiter nach Westen als Pillau" regelmäßig brüte. Demgegenüber betont Thienemann (510), der uns ein interessantes Lebensbild des Vogels gezeichnet hat, daß sich „das Verbreitungsgebiet in Ostpreußen nach Süden bzw. Südwesten weiter vorschiebt". Auf der Frischen Nehrung traf er ihn jetzt gar nicht selten an, und auch W. Christoleit beobachtete ihn dort als Brutvogel in mehreren Paaren. Hartert (211) stellt zwar auch jetzt noch ein Vorrücken nach Westen entschieden in Abrede; doch spricht die Tatsache, daß er auf der Frischen Nehrung, wo er früher fehlte, jetzt vielfach vorkommt, für die Ansicht Thienemanns. Außerordentlich verbreitet ist der Karmingimpel auf der Kurischen Nehrung, wenn auch leider bei Rossitten der Bestand neuerdings infolge Abhauens vieler Büsche bei den Arbeiten der Generalkommission nach Thienemann (550, 564, 576) etwas zurückgegangen ist.

Nach E. Christoleit (77), dem wir ebenso wie Voigt (651) eine eingehende Studie über den Gesang verdanken, ist der Karmingimpel, wie er mir brieflich mitteilte, „von Memel bis Rossitten und ebenso am Pregel als Brutvogel nicht selten, spärlich im Delta des Atmath und ganz einzeln am Frischen Haff im Kreise Heiligenbeil". le Roi (430) fand ihn von Cranz bis Sarkau, Baer (31) bei Minge und Zigann (658) am Pregel bei Wehlau. Letzterer beschreibt den Vogel an Stimme und Betragen so deutlich, daß ein Irrtum ausgeschlossen erscheint, zumal auch W. Christoleit ihn für Wehlau als regelmäßigen, aber nicht häufigen Brutvogel bezeichnet. An der Memel scheint er im Oberlauf häufig zu sein, vielleicht mehr als im Delta. In den Sammlungen von Gude und Selzer befinden sich mehrere schöne ♂♂ von Ragnit, und nach Berichten v. Keudells an das Museum aus den 20 er Jahren war der Vogel damals bei Gilgudiszky am Njemen, jenseits der Grenze, ziemlich verbreitet. Auch bei Tilsit habe ich ihn Ende Juni und Anfang Juli 1908 vielfach bemerkt, besonders in den ausgedehnten Weidengebüschen an den Altwässern der Memel, der Uszlenkis und Kurmeszeris. Im Samlande bin ich dem Karmingimpel an der ganzen Nord- und Westküste von Cranz bis Lochstädt, Neuhäuser und Pillau gar nicht selten begegnet, und auch im Weidengebüsch unweit des Forts Friedrichsburg bei Königsberg habe ich ihn noch 1901 zur Brutzeit beobachtet. Künow fand ihn nach Szielasko (484) sogar noch im Anfange der 80 er Jahre im Garten von Luisenwahl brütend vor; die zunehmende Bebauung hat ihn jedoch schon lange von dort vertrieben. Am Südufer des Kurischen Haffs in der Nähe von Postnicken war er nach Goldbeck im Anfange der 90 er Jahre kaum seltener als der Buchfink, und bei Peyse am Frischen Haff beobachteten Thienemann, Ulmer und ich am 19. Juni 1909 ein Paar in der Nähe des auf einer niedrigen Erle stehenden noch unbelegten Nestes.

Nach allen diesen Angaben scheint unser Vogel nördlich des Pregel in Ostpreußen recht verbreitet zu sein. Er bevorzugt ganz entschieden die

Nähe der Ostsee, die Ufer beider Haffe und die großen Stromtäler, nämlich das Memel- und Pregeltal. Vom Pregel aus ist er auch in das Tal der Alle vorgedrungen, an der er vielfach noch vereinzelt brütet. So hörte ich am 2. Juli 1909 ein ♂ bei Heilsberg im Weidengebüsch an der Simser und am 1. Juni 1910 bemerkte ich je ein rotes ♂ an der Alle bei Kossen unweit Guttstadt und bei Zechern. Auch bei Bartenstein kommt der Karmingimpel nicht allzu selten vor; wenigstens habe ich ihn in Losgehnen schon wiederholt beobachtet. In den Jahren 1898 bis 1905 erschien er fast alljährlich zur Brutzeit, und zwar meist im Weiden- oder Erlengebüsch am Kinkeimer See. Da ich ihn dort von seiner Ankunft, Mitte Mai, an noch bis in den Juli hinein beobachtet habe — 1904 notierte ich z. B. seinen Ruf noch für den 16. Juni und 6. Juli, 1905 für den 8. Juli —, glaube ich wohl, daß er gelegentlich dort auch gebrütet hat. Bisweilen zeigen sich umherstreichende einzelne ♂♂ auch erst nach beendeter Brutzeit; ein solches hörte ich z. B. am Kinkeimer See am 26. Juli und 2. August 1908, also zu einer für den Ruf recht späten Zeit. 1910 rief ein ♂ am 3. Juli, 1911 am 4. und 5. Juni, 1912 am 3. Juni vorübergehend am See; vielfach handelt es sich bei den in Losgehnen beobachteten Stücken also sicherlich auch nur um ungepaarte, vielleicht überzählige ♂♂. Ich besitze aus Losgehnen ein rotes ♂ vom 28. Mai 1898 und ein einjähriges graues ♂ vom 31. Mai 1901.

Dem oberländischen und masurischen Seengebiet scheint der Karmingimpel zu fehlen; ebenso meidet er im allgemeinen wohl auch die Waldgebiete im Osten der Provinz. Ich beobachtete jedoch am 1. Juli 1911 ein rufendes ♂ im Forstrevier Rothebude, Schutzbezirk Rogonnen (Kreis Goldap) ganz in der Nähe des Pillwungsees anscheinend am Brutplatz und hörte am 31. Mai 1913 in derselben Gegend 4 ♂♂, von denen mindestens 2 rot waren.

Lichten, feuchten Erlenwald mit dichtem Unterholz von Erlenbüschen, Johannisbeersträuchern, hohen Brennesseln, Brombeerranken und dergl. bewohnt er nach Hartert (200, 211) mit Vorliebe, ebenso auch wohl mittleren Weißbuchenbestand. Die dichten Weidengebüsche an Flüssen und Seen liebt er gleichfalls sehr und auf den Nehrungen bevorzugt er nach Thienemann (510) entschieden die Umgebung menschlicher Niederlassungen, während er den eigentlichen Wald meidet; er ist dort geradezu ein Bewohner buschreicher Gärten geworden.

Erst spät im Jahre, in der zweiten Hälfte des Mai, trifft der Karmingimpel auf seinen Brutplätzen ein. Bei Rossitten erfolgte die Ankunft nach den Jahresberichten der Vogelwarte 1902 am 21., 1903 am 18., 1904 am 23., 1905 am 17., 1906 am 15., 1907 am 23., 1908 am 24., 1909 am 23., 1910 am 15., 1911 am 25. und 1912 am 22. Mai. Unermüdlich läßt das ♂ alsbald seinen wohlklingenden Ruf hören, der erst im Laufe des Juli allmählich verstummt. „Wo man geht und steht," so schreibt Thienemann (510) im Jahre 1902 über Rossitten vom Anfange der Brutzeit, „aus allen Dorfgärten, aus den am Haffstrande gelegenen dichten und teilweise ziemlich hohen Weiden- und Dornbüschen, aus dem um das Dorf Kunzen herum gelegenen hohen Buschwerke schallt einem die charakteristische Strophe, die man nie wieder vergißt, wenn man sie einmal gehört hat, entgegen." Das schlecht gebaute, grasmückenähnliche Nest steht in dichten Büschen, bisweilen auch ziemlich frei auf niedrigen Erlen. Das erste volle Gelege fand Hartert (200) am 7. Juni; die meisten sind Mitte Juni vollzählig; doch findet man auch Anfang Juli noch Eier. Thienemann (510, 546, 550) gibt folgende Brutdaten an:

2. Juli 1902: Nest mit 4 zur Hälfte bebrüteten Eiern in einem Eichenbusch.

7. Juli 1902: Nest mit kleinen Jungen in einem Lindenbusch.

5. Juli 1906: Nest mit 2 eben ausgeschlüpften Jungen und 2 Eiern in einem Erlenstrauch.

27. Juni 1907: Nest mit 5 Eiern in einem Erlenstrauch.

1. Juli 1911: Nest mit 3 kleinen Jungen in einer Weidenhecke.

Am 24. Juni 1903 entdeckte Thienemann (513, 519) in einem Nest mit 4 stark bebrüteten Eiern ein Kuckucksei. Nach dem Ausfliegen der

Jungen leben die Vögel sehr versteckt in dichtem Gebüsch, auch wohl in Getreidefeldern. Der Abzug erfolgt in der Regel wohl schon im Laufe des August. Thienemann (510) besitzt aus Rossitten einen jungen Vogel vom 24. August 1899, und Lindner (205) beobachtete Karmingimpel sogar noch im September. Spätestens Anfang September dürften aber wohl die letzten ihre ostpreußischen Brutplätze verlassen.

232. **Pyrrhula pyrrhula pyrrhula** L.) — Großer Gimpel, Dompfaff.

*Loxia pyrrhula* L.; *Pyrrhula rubicilla* Pall., *maior* Brehm, *coccinea* Selys.

Eine so allbekannte Erscheinung auch der Gimpel während der Wintermonate ist, als Brutvogel unserer Provinz kennen ihn die wenigsten, und doch nistet er wohl im größten Teile von Ostpreußen ziemlich regelmäßig, wenn auch nur zerstreut und in verhältnismäßig geringer Anzahl. Nur von wenigen Beobachtern wird er als Brutvogel erwähnt. Hartert (200, 205) sagt mit vollem Recht, daß er überall nur zerstreut niste. Szielasko (471) erwähnt ihn als vereinzelten Brutvogel für die untere litauische Ebene, und auch Robitzsch (18) fand ihn bei Norkitten, wenngleich nicht häufig, nistend. E. Christoleit beobachtete nur einmal, am 31. Mai 1899, ein ♂ bei Tharau (Kreis Pr. Eylau) mutmaßlich beim Nest. Zigann (658) traf ihn bei Wehlau zur Brutzeit nie an, hat ihn aber vielleicht nur übersehen. Im Forstrevier Rothebude, Schutzbezirk Wiersbianken (Kreis Goldap) begegnete ich ihm am 2. Juli 1911. Geyr v. Schweppenburg (189) beobachtete im Juni 1911 einen Vogel im Forstrevier Schorellen (Kreis Pillkallen) und bemerkte Gimpel ferner Ende Juni auf der Jnsel Upalten im Mauersee sowie vielfach im Juli in der Rominter Heide.

Bei Heilsberg sah ich ein Paar am 23. Mai 1909 im Forstrevier Wichertshof, wo die Art nach Pflanz nicht selten brütet, und auch 2 Paare, die sich noch am 6. Mai 1910 im Garten der Domäne Neuhof aufhielten, waren höchstwahrscheinlich Brutvögel, die sich später wohl zum Nisten in die nahegelegene Forst zurückzogen. 1912 verweilte ein Paar vom Winter an während der ganzen Brutzeit auf dem evangelischen Kirchhof in Heilsberg; es hat dort jedenfalls gebrütet. Auch im Landsberger Stadtwalde traf ich ein Paar am 5. Mai 1910 an. Bei Bartenstein nisten einzelne Paare ziemlich regelmäßig. Fast alljährlich habe ich in den Sommermonaten einzelne Gimpel, die ♂♂ eifrig singend, in Losgehnen beobachtet, die dort wohl sicher brüteten. Von solchen Brutpaaren stammen jedenfalls die Gimpel her, die in kleinen Flügen und vielfach noch im Jugendkleide sich öfters schon im August und September auf Ebereschen einstellen, wie ich dies in Losgehnen am 27. August 1905, 1. und 7. August 1906, 13. September 1908, 5. und 18. August sowie 17. September 1911 beobachten konnte. Am 27. Juli 1908 hörte ich Gimpel im Walde von Dietrichswalde, sicherlich auch Brutvögel. Im Jahre 1909 hielt sich vom Winter an bis zum 24. Mai ständig im Gutsgarten von Losgehnen ein Gimpelpaar auf, das dann wohl auch in der Nähe genistet hat; denn am 29. August traf ich wieder eine Familie an, aus der ich einen jungen Vogel im reinen Jugendkleide schoß. Weitere junge, noch unausgefärbte Stücke erlegte ich dann noch am 19. September und 10. Oktober; das letztgenannte Exemplar stand stark in der Mauser, die Brustseiten waren bereits rot. Auch im Jahre 1910 haben Gimpel anscheinend wieder in Losgehnen gebrütet; wenigstens beobachtete ich am 17. und 24. Juli je einen kleinen Flug. Am 6. Mai 1911 bemerkte ich bei Gallingen ein Paar und am 21. Juli 1912 sah ich im Gutsgarten von Losgehnen ein altes ♂.

Die in Ostpreußen brütenden Gimpel gehören ebenso wie die Wintergäste der großen nordischen Form an. Ich besitze von Brutvögeln leider nur die 3 erwähnten jungen Exemplare; sie weisen eine Flügellänge von 91, 90 (♀) und 94 (♂) mm auf. 25 Wintervögel meiner Sammlung messen: 19 ♂♂: 95, 95, 94, 94, 94, 94, 94, 94, 93, 93, 93, 93, 93, 93, 93, 93, 92, 91, 91 mm;

6 ♀♀: 91, 90, 90, 89, 89, 87 mm. Unterschiede in der Flügellänge bestehen also zwischen Brut- und Wintervögeln nicht.

Von Mitte Oktober an sind Gimpel überall in der Provinz ziemlich häufig; in manchen Jahren zeigen sie sich in sehr großer Anzahl. Durch großen Reichtum an Gimpeln zeichneten sich bei Bartenstein die Winter 1906/07, 1909/10 und ganz besonders 1913/14 aus; nur sehr spärlich traten die Vögel 1907/08 und 1908/09 auf. Auf der Kurischen Nehrung beobachtete Thienemann (588, 594e) einen besonders starken Durchzug von Gimpeln von Ende Oktober bis Ende November 1910 sowie im Herbst 1913. In kleinen Flügen, die selten mehr als 20 Stück umfassen, streichen sie während der Wintermonate im Lande umher. Bei günstigen Nahrungsverhältnissen halten sich diese Gesellschaften, in denen bald die ♂♂, bald die ♀♀ sehr überwiegen, aber auch lange in derselben Gegend auf. Ihre Nahrung besteht im Winter in der Regel aus den verschiedensten Baumsamen und -früchten. Die Beeren der Ebereschen, Ahorn-, Erlen -und Hopfensamen genießen sie ganz besonders gern. Im Frühjahr schaden sie oft durch Abbeißen von Baumknospen ganz erheblich; besonders auf Kirschbäumen ist der Schaden, wie ich in Losgehnen wiederholt beobachten konnte, bisweilen sehr bedeutend. Spätestens im Laufe des April verlassen uns unsere Wintergäste; die letzten Flüge bemerkte ich 1905 am 22. April. Die Gimpel, die man später noch paarweise antrifft, sind wohl meist unsere Brutvögel.

Im Königsberger Museum befindet sich ein von Kuwert geschenktes großenteils schwarzes Stück vom November 1893. Ob es sich hierbei um einen Käfigvogel oder ein im Freien erbeutetes Exemplar handelt, konnte ich nicht ermitteln.

### 233. Loxia curvirostra curvirostra L. — Fichtenkreuzschnabel.

*Crucirostra curvirostra* (L.).

Als Zigeunervögel bezeichnet man mit Recht die Kreuzschnäbel; denn je nach dem Gedeihen des Nadelholzsamens treten sie bald in großen Mengen auf, bald fehlen sie wieder gänzlich. Auffallend ist es, daß die Massenzüge zu den verschiedensten Jahreszeiten stattfinden; bisweilen fallen sie in den Hochsommer, oft aber auch erst in den Spätherbst oder Winter. Das hängt sicherlich damit zusammen, daß das Brutgeschäft nicht an eine bestimmte Jahreszeit gebunden ist, daß man vielmehr fast in allen Monaten schon Eier oder Junge gefunden hat.

Unter seinen Gattungsgenossen ist der Fichtenkreuzschnabel in Ostpreußen weitaus am häufigsten; er ist der einzige, der in größeren Nadelwäldern vereinzelt sogar ziemlich regelmäßig nistet. In zapfenreichen Jahren — jedoch nicht in allen, z. B. nicht 1913 — hört man in den Nadelwaldungen vielfach seinen Lockton, und dann brütet er dort wohl auch in recht beträchtlicher Anzahl. Hartert (200, 205) und Szielasko (471) stimmen darin überein, daß er in der ganzen Provinz verbreitet sei, aber stets unregelmäßig auftrete. Auch Thienemann (546) konnte dasselbe für die Kurische Nehrung feststellen. Geyr v. Schweppenburg (189) beobachtete ihn im Juni und Juli 1911 nicht selten bei Schorellen., Rominten und Rudczanny, ich selbst am 1. Juli 1911 im Forstrevier Rothebude. Bei Bartenstein zeigt sich dieser Kreuzschnabel gleichfalls in manchen Jahren sehr zahlreich, in anderen wieder fast gar nicht. Ob er in der Gegend auch gelegentlich brütet, konnte ich noch nicht mit Sicherheit feststellen; es ist dies aber wohl, namentlich für die Waldungen von Gallingen, Dietrichswalde und Kraftshagen, zu vermuten. Im allgemeinen ist er bei Bartenstein im Herbst und Winter sehr viel häufiger als im Sommer zu sehen. Von Beobachtungsdaten aus dem Sommer nenne ich die folgenden: 31. Juli 1904, 16. Juli 1905, 1. August 1906, 8. Juli 1907, 30. Juli und 5. August 1911, 3., 17. und 25. August 1913 (sämtlich in Losgehnen), 10. Juli 1911 (bei Tingen). Im Forstrevier Wichertshof bei Heilsberg hörte ich Kreuzschnäbel am 24. August

1908, in der Stadt Heilsberg am 28. Juni und 15. Juli 1911, bei Mengen (Kreis Heilsberg) am 10. Juli 1911.

Eine sehr bedeutende Kreuzschnabelinvasion fand im Sommer und Herbst 1909 statt. Besonders lebhaft war der Zug auf der Kurischen Nehrung, wo Thienemann (576, 578) von Anfang Juli bis in den Dezember hinein ziehende Kreuzschnäbel — und zwar meist *L. c. curvirostra* — beobachten konnte. Der Zug ging mit großer Regelmäßigkeit und Stetigkeit vor sich; die Vögel zeigten sich aber immer nur in kleinen Trupps, nie in imponierenden großen Flügen. Ganz verschwanden sie winterüber nicht aus den Nehrungswäldern, und so konnte denn Thienemann (580, 588) auch im Frühjahr und Herbst 1910 von neuem einen regelrechten Kreuzschnabelzug beobachten. Im Herbst 1909 zeigten sich Fichtenkreuzschnäbel auch sonst in der Provinz vielfach in größerer Anzahl. So erschienen nach Techler im Oktober ganze Flüge in den Gärten von Szameitschen auf Sonnenglanz, und auch bei Bartenstein und Heilsberg waren die Vögel häufiger als sonst. In Losgehnen bemerkte ich die ersten 4 Stücke im Gutsgarten am 12. Juli, und in der Folgezeit ließen sich bis zum November nicht selten kleine Flüge sehen. In den zapfenarmen Jahren 1910 und 1912 fehlten Kreuzschnäbel bei Bartenstein dagegen wieder fast völlig.

### **Loxia rubrifasciata** Brehm — Rotbindenkreuzschnabel.

Bei der letzten Kreuzschnabelinvasion im Herbst 1909 erhielt W. Techler auch ein zu *L. rubrifasciata* gehöriges ♂, das zugleich mit 6 gewöhnlichen *L. curvirostra* in Szameitschen (Kreis Gumbinnen) auf Sonnenglanz im Oktober erbeutet war. Der Vogel lag mir vor. Es ist ein rotes ♂, bei dem die Spitzen der mittleren und großen Flügeldeckfedern rosa gefärbt sind, so daß 2 deutliche Binden entstehen; im übrigen, namentlich auch in der Größe, unterscheidet es sich von gewöhnlichen *L. curvirostra* nicht.

Ein ähnliches Stück besitzt W. Christoleit vom Juni 1904 aus dem Fischhauser Stadtwald. Es ist gleichfalls ein ♂, bei dem aber nicht nur die Flügeldeckfedern, sondern auch die äußeren Armschwingen rötliche Spitzen haben. Ich sandte den Vogel an Kleinschmidt, der mir folgendes über ihn mitteilte:

„Im Gegensatz zu Hartert halte ich alle Kreuzschnäbel für eine natürliche Verwandtschaftsgruppe, von der sich nicht nur geographische Formen, sondern auch der Nahrungspflanze (verschiedenen Nadelhölzern) entsprechende Formen ausgebildet haben. Daher sehe ich in *rubrifasciata* Übergänge zu *bifasciata.* In dem Sinne, wie Zigeuner eine Heimat haben, mögen auch diese Vögel aus Nordrußland stammen.

Ich habe den Vogel genau mit meinem Material verglichen. Von *bifasciata* ist er natürlich weit verschieden; dieser ist weit schlanker, hat anderes Rot usw. Es ist eine echte *rubrifasciata.* Der Vergleich mit meinem ähnlichen, etwas kleineren Stück (der Christoleitsche Vogel 10,1; meiner 9,4 cm Flügellänge) bestärkt mich noch mehr in meiner seitherigen Ansicht, das *rubrifasciata* nicht lediglich Varietät von *curvirostra* ist. Ich besitze bindige Varietäten von *curvirostra,* aber diese scheinen mir einen andern Charakter zu haben. Der Vogel hat ja freilich die volle *curvirostra*-Größe; aber er paßt ganz in die Übergangsreihe *curvirostra-bifasciata* hinein. Solange nicht erwiesen ist, ob *rubrifasciata* = *curvirostra* × *bifasciata* oder eine in Nordrußland brütende seltene Mischform ist, wird man den Namen *rubrifasciata* Brehm beibehalten müssen. Gewiß wird auch *curvirostra* zuweilen eine ähnliche Varietät bilden, aber hier handelt es sich wohl um Mischlinge, die bei der großen Zugbewegung aus den Grenzgebieten von *bifasciata* und *curvirostra* zu uns kommen.

Die Flecken an den äußeren Sekundärschwingen sind bei dem Stück schön erhalten; sie sind sonst meist abgerieben.“

Trotzdem Hartert (211) *L. rubrifasciata* unbedingt nur als individuelle Variation von *L. curvirostra* ansieht, halte ich mit Kleinschmidt doch die

Frage noch nicht für spruchreif und führe daher *L. rubrifasciata* einstweilen noch besonders, wenn auch ohne laufende Nummer auf.

### 234. **Loxia pytyopsittacus** Borkh. — Kiefernkreuzschnabel.

*Crucirostra pityopsittacus* auct.

J. Fr. Naumann (385) nahm an, daß der Kiefernkreuzschnabel in Preußen sehr häufiger Brutvogel sei; das ist aber keineswegs der Fall. Hartert (200, 205) hebt vielmehr mit Recht hervor, daß er im allgemeinen zu den seltenen Vögeln gehöre, wenn er auch in einzelnen Jahren in großen Scharen beobachtet werde. In der Tat besitzen wir verhältnismäßig wenige Nachrichten über sein Vorkommen. Szielasko (471) bezeichnet ihn, ebenso wie Hartert, als selten in Ostpreußen. Nach Ehmcke (136) zeigte er sich vorübergehend bei Szameitschen (Kreis Gumbinnen). Die Richtigkeit der Angabe Meiers (369) über sein Auftreten in der Caporner Heide im Samlande wird von Hartert (200) bezweifelt; doch teilte mir W. Christoleit mit, daß er im Fischhauser Stadtwald sowohl *L. curvirostra* wie auch *L. pytyopsittacus* zu allen Jahreszeiten beobachtet habe. Bei Bartenstein habe ich den letztgenannten noch nie bemerkt.

Auf der Kurischen Nehrung zeigt sich der Kiefernkreuzschnabel nur gelegentlich und sehr viel seltener wie *L. curvirostra.* Thienemann (510) erlegte ein Stück am 22. März 1902 bei Rossitten. In etwas größerer Zahl konnte er ihn bei dem großen Kreuzschnabelzuge im Herbst 1909 nachweisen (578). Am 2. November erlegte er ein ♀ von 104 mm Flügellänge und 15 mm Schnabelhöhe und am 12. Dezember erhielt er 3 rote ♂♂ und 2 graue ♀♀, die gleichfalls nach Schnabelform und Flügellänge zu *L. pytyopsittacus* gehören. In der Sammlung der Vogelwarte befindet sich ferner ein zu dieser Art gehörendes ♂ vom 12. März 1908.

Es kann wohl keinem Zweifel unterliegen, daß der Kiefernkreuzschnabel gelegentlich, wenngleich unregelmäßig, in Ostpreußen auch brütet. Sichere Brutbeobachtungen besitzen wir allerdings über ihn einstweilen noch nicht.

### 235. **Loxia leucoptera bifasciata** (Brehm) — Weißbindenkreuzschnabel.

*Crucirostra bifasciata* Brehm; *Loxia taenioptera* Gloger.

Am 3. November 1911 wurde ein altes ♂ des Weißbindenkreuzschnabels zusammen mit einem ♂ von *L. curvirostra* im Walde von Bothenen (Kreis Labiau) durch Gärtnereibesitzer Klemusch-Ponarth erlegt. Dieses einzige ostpreußische Belegexemplar gelangte durch Präparator Balzer in meine Sammlung.

### 236. **Calcarius lapponicus lapponicus** (L.) — Sporenammer.

*Fringilla lapponica* L., *calcarata* Pall.; *Emberiza, Passerina lapponica* (L.), *calcarata* Pall.; *Plectrophanes, Centrophanes lapponicus* (L.), *calcaratus* (Pall.)

Obwohl schon J. Fr. Naumann (385) den Sporenammer für Preußen als Wintervogel bezeichnet, besitzen wir aus späterer Zeit doch nur eine einzige Angabe, die sein Vorkommen in Ostpreußen betrifft. Ehmcke (132) berichtet nämlich, daß er ihm mehrfach in der Königsberger Gegend unter dem Namen „Stahlfink" zum Kaufe angeboten sei.

### 237. **Plectrophenax nivalis** (L.) — Schneeammer.

*Emberiza nivalis* L.; *Passerina, Plectrophanes nivalis* (L.).

Gehört der Schneeammer auch zu unseren regelmäßigen Wintergästen, so besucht er doch nicht alle Teile der Provinz in gleicher Anzahl. Für viele Gegenden ist er eine ziemlich spärliche Erscheinung; in großen Mengen erscheint er kaum jemals irgendwo. Dazu kommt noch, daß sich die Flüge selten an derselben Örtlichkeit längere Zeit aufhalten.

Am zahlreichsten zeigen sich Schneeammern wohl in den Küstengegenden. Thienemann (504) fand sie auf der Kurischen Nehrung in der Regel ziemlich häufig, und W. Christoleit berichtet dasselbe von Fischhausen. Goldbeck beobachtete fast alljährlich große Flüge am Südufer des Kurischen Haffs. Auch sonst scheinen sie im Osten und Norden der Provinz nicht selten vorzukommen; wenigstens gilt dies nach Gude für den Kreis Ragnit, aus dem er eine Reihe schöner Exemplare besitzt. Andererseits berichtet aber E. Christoleit, daß er die Art nur einige Male bei Wehlau und Memel, sonst aber nie angetroffen habe.

Im Innern der Provinz treten Schneeammern wohl meist nur in geringer Anzahl auf, wenn sie auch anscheinend nirgends ganz fehlen. In der Sammlung v. Erlangers befinden sich nach Hilgert (225) ♂ und ♀ ad. vom 24. November 1898 aus Grondowken (Kreis Johannisburg). Goldbeck bemerkte bei Weinsdorf (Kreis Mohrungen) zu Ende des Winters 1908 einen Flug von etwa 50 Stück einige Wochen lang, und auch sonst liegen aus den verschiedensten Teilen von Ostpreußen Berichte über erlegte Stücke vor. Bei Grünhof (Kreis Insterburg) beobachtete v. Hippel (228) kleine Flüge noch am 24., 25. und 26. März 1892. Bei Bartenstein zeigen sich Schneeammern alljährlich einzeln oder in sehr kleinen unsteten Gesellschaften, die sich nirgends längere Zeit aufhalten und gewöhnlich in bedeutender Höhe eilig durchziehen. Der Herbstzug beginnt in der Regel Anfang November. In diesem Monat gelangen die Vögel überhaupt noch am meisten bei Bartenstein zur Beobachtung, weit weniger in den eigentlichen Wintermonaten und auf dem Rückzuge. Die ersten beobachtete ich 1902 am 9., 1903 am 15., 1904 am 5. November, 1905 am 26. Oktober, 1907 am 3., 1909 am 15., 1910 am 7. November, 1911 am 30. Oktober, 1912 am 4., 1913 am 9. November, die letzten im Frühjahr 1905 am 19., 1906 am 30., 1911 am 27. März. So regelmäßig sie also auch in der Bartensteiner Gegend erscheinen, so selten bin ich mit ihnen doch bisher auf nahe Entfernung zusammengetroffen. Aus Sandlack erhielt ich am 30. Januar 1893 ein Exemplar. Am 8. November 1910 wurde abends ein Flug von 5 Stück in Losgehnen auf grüner Roggensaat beobachtet, und am 27. März 1911 begegnete ich selbst 2 Schneeammern unter Feldlerchen auf einem Weizenfelde.

Auf der Kurischen Nehrung fällt der Durchzug in die Zeit von Oktober bis März. 1908 bemerkte Thienemann (564) ein Exemplar bereits am 9. Oktober bei Rossitten; in der Regel zeigen sich die Vögel aber erst im November, so 1899 am 29., 1901 am 29., 1902 am 4., 1907 am 12. und 1911 am 3. November, während 1912 die ersten am 21. Oktober bemerkt wurden. Die spätesten Beobachtungsdaten sind der 6. März 1901, 15. März 1908, 12. März 1909 und 10. April 1912 (2 Stück auf der Düne bei Ulmenhorst). Ich selbst besitze aus Rossitten ein altes ♂ vom 14. März 1908.

### 238. Emberiza calandra calandra L. — Grauammer.

*Emberiza miliaria* L.; *Miliaria calandra* (L.); *Critophaga calandra* (L.), *miliaria* (L.).

Mit Ausnahme der sandigen und waldreichen Teile Masurens ist der Grauammer fast überall ein ziemlich häufiger Brutvogel. Wiesen, die mit einzelnen Bäumen oder Büschen bestanden sind, Getreidefelder in der Nähe von Landstraßen bilden seinen Lieblingsaufenthalt. So ist er denn in den fruchtbaren Getreidegegenden ganz besonders häufig, z. B. nach Szielasko (471) in der unteren litauischen Ebene, nach Techler bei Gumbinnen, nach le Roi (430) im Samlande, nach Goldbeck bei Weinsdorf und nach meinen Beobachtungen bei Nordenburg und Angerburg. Hildebrandt nennt ihn für Heydekrug einen ziemlich häufigen Brutvogel, dessen Eier er oft gefunden und erhalten habe. Im Kreise Heilsberg ist er gleichfalls recht verbreitet, und auch bei Rothfließ (Kreis Rössel) sowie bei Landsberg (Kreis Pr. Eylau) habe ich ihn zahlreich zur Brutzeit beobachtet. Bei Bartenstein fehlt er als Brutvogel an geeigneten Stellen nirgends, und ähnlich ist es wohl überall, wo der Boden nicht zu dürftig und sandig ist. In Masuren ist er nach Hartert (200, 205) aus diesem Grunde stellenweise etwas seltener und auch auf der Kurischen Nehrung scheint er nicht oder doch nur sehr selten zu brüten.

Für unsere Provinz ist dieser Ammer unbedingt als Jahresvogel zu bezeichnen; ja im Winter sieht man ihn fast noch häufiger als im Sommer. In großen Flügen streichen sie während der kalten Jahreszeit umher, schließen sich dann oft den Goldammern und Feldsperlingen an und besuchen bei hohem Schnee mit ihnen regelmäßig die Getreideschober und die Höfe; sie kommen dann also ganz in die Nähe menschlicher Wohnungen, die sie im Sommer meiden. Auf der Kurischen Nehrung ist die Art nach Thienemann (546, 550) aber auch im Winter ziemlich selten.

Sicherlich sind die Wintervögel zum Teil von Osten oder Norden her zugewandert. Ob aber unsere Brutvögel ganz durch sie ersetzt werden, ist mir sehr zweifelhaft. Sobald im Frühjahr die Felder schneefrei werden, lösen sich die Grauammerflüge teilweise auf, und alsbald lassen die ♂♂ wieder an ihren Brutplätzen ihren Gesang hören. Das deutet doch darauf hin, daß uns unsere Brutvögel auch im Winter nicht verlassen.

Die Größenunterschiede sind bei diesem Ammer recht bedeutend. Ostpreußische Brutvögel scheinen im allgemeinen nur mittelgroß zu sein. 2 ♂♂ meiner Sammlung aus Losgehnen vom 16. Mai 1909 und 1. Mai 1910 besitzen eine Flügellänge von je 100 mm. Hartert (211) gibt aber an, daß die größten von ihm gemessenen Exemplare aus Schweden und Ostpreußen stammten. Im Winter trifft man neben sehr kleinen auch recht große Stücke an; die ersteren scheinen bisweilen ganze Flüge für sich zu bilden. Am 12. Februar 1911 erlegte ich aus einem Fluge 6 Stücke, von denen das größte ♂ 93 mm Flügellänge besaß. 19 Wintervögel meiner Sammlung, sämtlich aus Losgehnen, messen: 8 ♂♂: 105, 105, 104, 104, 102, 93, 92, 91; 5 ♀♀: 98, 95, 92, 91, 90; Geschlecht unbestimmt: 102, 102, 94, 94, 91, 91 mm. Es kommen also auch recht kleine ♂♂ vor. Ein ♀ von Rossitten (1. März 1906) in der Sammlung der Vogelwarte mißt 92, ♂ und ♀ (14. März 1909 und 14. November 1908) von Quanditten in der Sammlung Ulmers 104 und 100 mm.

Die Frage nach den geographischen Formen des Grauammers, insbesondere ob die auffallend kleinen Wintervögel Subspeziesrang verdienen, ist einstweilen noch nicht spruchreif. Es bedarf zu ihrer Lösung namentlich guter Serien von Brutvögeln aus den verschiedensten Gebieten.

### 293. Emberiza citrinella sylvestris Brehm — Mitteleuropäischer Goldammer.

Neben dem Buchfink ist der Goldammer wohl überall der häufigste Kleinvogel; ja er ist vielleicht noch allgemeiner verbreitet als jener, da er eigentlich nirgends fehlt, wo Büsche oder Bäume stehen. Mit Vorliebe bewohnt er die Waldränder, Schonungen, Feldhölzer, Büsche an Feldrainen und ähnliche Orte. Regelmäßig finden 2 Bruten statt. Ein Nest mit 4 mittelmäßig bebrüteten Eiern fand le Roi (430) bei Grenz 2 m hoch in einer Fichte am 10. Juni 1902, ein solches mit 3 ziemlich flüggen Jungen Thienemann (576) bei Rossitten unmittelbar an der Erde sogar noch am 23. August 1909. Auf dem evangelischen Kirchhof in Heilsberg entdeckte ich ein an der Erde stehendes Nest mit einem soeben ausgeschlüpften Jungen und einem Ei am 19. August 1913.

Im Herbst schlagen sich die Goldammern in Flüge zusammen, die sich anfangs auf Stoppelfeldern umhertreiben, bei Eintritt von Schneefall aber sofort die Höfe und Getreideschober aufsuchen. In der Nähe menschlicher Wohnungen, ja selbst mitten in kleineren Städten sind sie neben Sperlingen dann bei weitem die häufigsten Wintergäste. Offenbar findet im Winter ein bedeutender Zuzug von Norden her statt; darauf weisen namentlich die bei der folgenden Form mitgeteilten Beobachtungen Thienemanns hin, der alljährlich ziehende Goldammern auf der Kurischen Nehrung beobachten konnte. Daß unsere Brutvögel durch diese Wintergäste aber nicht ersetzt werden, sondern größtenteils wohl auch im Winter bei uns bleiben, geht aus den unten mitgeteilten Angaben Genglers hervor. Auch meine Beobachtungen bei Bartenstein sprechen dafür, daß die meisten unserer Brutvögel uns auch im Winter nicht verlassen.

Hartert (211) scheint die ostpreußischen Goldammern zu der Form *E. c. erythrogenys* Brehm zu ziehen, wenigstens sagt er: „Schon in Ostpreußen finden wir die Federränder der Oberseite hellgraubräunlich gesäumt, die Säume der Steuerfedern heller, so daß der Vogel ein lichteres Aussehen erhält", und als Verbreitungsgebiet von *E. c. erythrogenys* gibt er an: „Rußland und Westsibirien, westlich bis Ostpreußen, nördlich bis zum 64° nördl. Breite, östlich bis zum Altai und Jenissei .... (Ungenügend bekannte Form)." Eingehende Arbeiten über die Goldammern hat Gengler (184, 185) veröffentlicht, der 1907 bezüglich Ostpreußens zu folgendem Ergebnis gelangte: „Als Anhang zu der Gruppe der Nordländer, deren Brutgebiet in Norwegen, Schweden, Lappland und Finnland liegt, muß ich auch die Vögel von Nordwestrußland, Litauen, Polen, Ost- und Westpreußen zählen. Sie sind wohl etwas verschieden von den übrigen Nordländern, aber so unbedeutend, daß ich sie nicht in eine eigene Gruppe einteilen kann. Der Unterschied zwischen diesen Vögeln und den eigentlichen Nordländern besteht darin, daß die Kehle reiner ist, d. h. nur wenige dunkle Flecken und Strichel zeigt, das Nackenband schmäler ist und sich nur als dünner Querstrich über dem orangeroten Brustband über den Kropf hin fortsetzt und sich weniger dunkel gefleckt und geschuppt zeigt. Sie bilden den Übergang zu der Gruppe der Mitteleuropäer." 1912 sagt er, es finde sich in Ost- und Westpreußen noch die nordische, aber vielfach auch schon eine andere Form. Angeregt durch diese Angaben sammelte ich in Losgehnen 35 Goldammern (25 ♂♂, 9 ♀♀, 1 pull.), die bis auf 2 aufgestellte Stücke und 11 Bälge (5 ♂♂, 7 ♀♀, 1 pull.) Herrn Oberstabsarzt Dr. Gengler-Erlangen vorlagen. Über das Resultat seiner Untersuchung teilte er mir liebenswürdigerweise folgendes mit:

„Die mir überschickten Bälge von *Emberiza citrinella* L. 1758 teile ich in 3 Gruppen ein, und zwar nur nach der Färbung der Unterseite, wie ich dies seinerzeit bei meiner Arbeit über den Goldammer ebenso gemacht habe.

1. Gruppe: **Mitteleuropäer.**

a) Brutvögel des Beobachtungsgebiets.

No. 1—9. Alle mit einer Ausnahme sind großwüchsige Vögel, entsprechend ihrer mehr nach Norden gelegenen Heimat. No. 7 (♂ vom 22. April 1907) allein zeigt kleine Maße, auch im Flügel. No. 5—9 zeigen teils Anflug von rotem Bart, teils, besonders No. 9 (♂ vom 10. April 1911), stark ausgeprägte Bärte, sind also sehr alte Vögel. Was die Schnabelform anlangt, so ist diese bei allen so ziemlich die gleiche, nur No. 1 (♂ vom 28. Mai 1911) zeigt eine etwas schwächere Form.

b) Wintervögel des Beobachtungsgebiets.

Auch diese, No. 15—18, sind großwüchsig und sind zweifellos auch Brutvögel der Gegend. No. 18 (♂ vom 12. Februar 1911) ist ein sehr altes ♂ mit sehr schön entwickeltem Bart.

2. Gruppe: **Nordländer.**

a) Brutvögel des Beobachtungsgebiets.

Es sind dies die Nummern 12, 13 und 14. No. 12 (♂ vom 19. April 1909) gibt kein schönes Bild; er ist sicherlich kein reinblütiger Nordländer, während No. 13 (♂ vom 10. April 1911) und 14 (♂ vom 9. April 1911) auch den typischen weißlichen Anflug, und zwar 13 ganz wenig an den Seiten, 14 aber ausgeprägter auf der ganzen Unterseite, zeigen. Da diese beiden Stücke Anfang April erlegt sind, bleibt es noch immerhin dahingestellt, ob es wirklich Brutvögel der Gegend sind, oder ob sie nicht letzte Strichvögel darstellen. Der Schnabel von No. 12 weicht auch etwas von den beiden andern ab.

b) Strichvögel des Beobachtungsgebiets.

No. 10 und 11 (♂♂ vom 28. Februar 1909 und 5. Februar 1911) sind ganz typische Nordländer, nur ist die Kehle von No. 10 sehr zart gestrichelt. Der weiße Ton der Unterseite ist bei beiden gut ausgedrückt.

3. Gruppe: **Abweichende Stücke.**

Wintervögel.

No. 19 (♂ vom 28. Februar 1907) ist sehr kleinwüchsig und paßt zu der anderen Serie gar nicht. Die Hauptabweichung aber besteht in dem dunkelolivenbraunen Abgrenzungsstrich zwischen Kehle und Oberbrust. Eine so auffallende Zeichnung kommt nur sehr selten vor, und ich kann mich nicht erinnern, ein ähnliches Exemplar in der Hand gehabt zu haben. Ich kenne wohl einzelne Anhalter und Rumänier, die ähnliche Linien zeigen, aber doch niemals so schön ausgeprägte. No. 20 (♂ vom 28. Februar 1909) ist ebenfalls kleinwüchsig. Dieser Vogel stammt wahrscheinlich aus Böhmen, denn von dort allein sah ich so dunkel gefärbte Goldammern, die ich durch die Güte des Herrn v. Tschusi damals leihweise erhielt. Ich habe seitdem nie wieder solche Vögel gesehen.

In der Hauptsache gibt die Serie ein prächtiges Bild von großwüchsigen Mitteleuropäern."

3 weitere ♂♂, zwei Brutvögel und ein Wintervogel, die Gengler nicht vorlagen, gehören ihrer Färbung nach auch zu den Mitteleuropäern, so daß also von allen 25 ♂♂ mindestens 16 zu ihnen gezählt werden müssen. 2 ♂♂ vom 11. Januar 1914 stellen typisch die nordische Form dar.

Hiernach trage ich kein Bedenken, mit Gengler die gut charakterisierten Nordländer abzutrennen, denen alsdann der Name *E. citrinella citrinella* L. zukommt, während den Mitteleuropäern der Name *E. c. sylvestris* Brehm gebührt. Ostpreußische Brutvögel, die uns aber auch im Winter meist nicht verlassen, sind sonach als *E. c. sylvestris* Brehm, Wintergäste von Norden als *E. c. citrinella* L. zu bezeichnen.

Ein roter Bartstreifen ist auch bei ostpreußischen Exemplaren, wie aus den Mitteilungen von Gengler hervorgeht, häufig mehr oder minder deutlich ausgebildet, am schönsten bei den ♂♂ vom 12. Februar und 10. April 1911. Dieser Bartstreifen ist nach Gengler lediglich ein Zeichen hohen Alters; früher hielt man derartige Vögel für eine besondere Form, *E. c. brehmi* Popham.

Ein weißes Exemplar erhielt Sondermann am 8. Januar 1895 von Wanniglauken (Kreis Insterburg).

### 240. Emberiza citrinella citrinella L. — Nordischer Goldammer.

Bereits bei der vorigen Form ist ausführlich auseinandergesetzt, daß die in Ostpreußen brütenden Goldammern, die aber auch bei uns überwintern, sich von mitteldeutschen Stücken nicht oder nur wenig unterscheiden, während im Winter vielfach ein beträchtlicher Zuzug von Norden her stattfindet. Diese Wintergäste gehören zu der in Norwegen, Schweden, Lappland, Finnland, Nord- und Nordwestrußland, Litauen und Polen heimischen Form *E. c. citrinella* L. Daß die nordische Form in Ostpreußen auch brütet, halte ich im Gegensatz zu Gengler (184, 185) noch nicht für erwiesen. 2 ♂♂ meiner Sammlung vom 9. und 10. April 1911, die alle

Kennzeichen von *E. c. citrinella* L. aufweisen, sind vielleicht doch noch Wintergäste gewesen, da ja nach den Beobachtungen Thienemanns Goldammern im April noch vielfach auf dem Zuge angetroffen werden. Ein ♂ vom 19. April 1909 ist kein reinblütiger Nordländer, während 4 ♂♂ vom 28. Februar 1909, 5. Februar 1911 und 11. Januar 1914 (2 Stücke) diese Form in typischer Ausbildung darstellen.

Über den Zug nordischer Goldammern auf der Kurischen Nehrung seien im einzelnen aus den Jahresberichten der Vogelwarte Rossitten noch folgende Angaben mitgeteilt:

7. Mai 1902: Goldammern in großen Flügen, jedenfalls nordische.

19. Mai 1902: Immer noch Scharen zu beobachten.

24. September 1905: Viele sind zu sehen.

5./6. April 1906: Viele sind angekommen.

7. April 1906: Ziehend unter zahlreichen Buchfinken.

Von Mitte Oktober 1906 an in Flügen angetroffen.

2. April 1907: Viele Goldammern ziehen unter Buch- und Bergfinken, Feld- und Heidelerchen, Piepern, Drosseln und Staren.

10. April 1907: Goldammern ziehend.

Vom 5. September 1907 an viele Goldammern zu sehen, jedenfalls nordische, auf dem Zuge befindliche.

27. März 1908: Viele im Dorfe Rossitten angetroffen.

20. Januar 1909: Goldammern seit etwa 6 Tagen in Hof und Garten; kamen ganz plötzlich, sind ohne Zweifel von Norden her eingetroffen.

12. März 1910: Viele sind plötzlich angekommen.

28. März 1911: In den letzten Tagen hat bemerkenswerter Durchzug nach Norden stattgefunden. Am 26. flog ein Trupp niedrig übers Haff eilig nach Norden. Auch rastende jetzt öfters anzutreffen.

3. November 1911: Größere Flüge in den Feldbüschen. Sehr vertraut.

### 241. **Emberiza hortulana** L. — Gartenammer, Ortolan.

*Glycispina hortulana* (L.).

Auffallenderweise hat Hartert (200, 205, 209) als erster auf das häufige Vorkommen des Gartenammers in Ostpreußen aufmerksam gemacht. Daraus folgt aber keineswegs, daß die Art früher in der Provinz selten gewesen ist; sie ist eben nur nicht erkannt worden, erging es doch so auch noch Szielasko (471), der diesen so gewöhnlichen Vogel mit Sicherheit nirgends feststellen konnte.

Ohne nähere Angabe als Brutvogel aufgeführt wurde der Gartenammer schon von v. Ehrenstein (52) im Jahre 1871 für Ostpreußen. Hartert (l. c.) sagt von ihm, er sei „häufiger als man wisse, gemein in Masuren, Ermland und Barten, hier und da im Samlande, seltener auf der Frischen Nehrung bei Pillau". Bei Goldap und Trakehnen beobachtete er ihn nicht, besonders häufig dagegen in den Kreisen Johannisburg und Sensburg. Diese Angaben sind in neuerer Zeit vollauf bestätigt worden. Wo Chausseen und Landstraßen durch Felder mit leichtem, sandigem Boden führen, wird man im Sommer das charakteristische Liedchen des Gartenammers nirgends vermissen. Anscheinend wird er bei uns immer häufiger.

Nach E. Christoleit ist er ziemlich zahlreicher Brutvogel in der ganzen Gegend zwischen Heiligenbeil und der Passarge sowie in der Umgegend von Memel mit Ausnahme der Nehrung; einzeln brütet er bei Wehlau und Dammkrug (Kreis Königsberg). W. Christoleit bezeichnet ihn als vereinzelten Brutvogel bei Braunsberg, Fischhausen, Labiau, Mehlauken, Popelken und Wehlau. Zigann (658) betont aber, daß er bei Wehlau von Jahr zu Jahr an Zahl zunehme. Hildebrandt konnte bei Heydekrug den Gesang des Ortolans sommerüber hören, und Techler (485) stellte ihn zur Brutzeit vielfach im Kreise Gumbinnen, z. B. bei Plicken, Szameitschen, Dauginten sowie im Kreise Angerburg bei Steinort und Taberlack fest. Geyr v. Schweppenburg (189) beobachtete Mitte Juli 1911 2 singende ♂♂ bei Jagdbude in der Rominter Heide, wo Hartert die Art anscheinend vergeblich suchte; dagegen traf auch er sie nicht bei Schorellen (Kreis Pillkallen) an. Auf der Frischen Nehrung ist der Ortolan nach Thienemann (519) jetzt eine ganz gewöhnliche Erscheinung und auch auf der Kurischen Nehrung zeigt er sich neuerdings weniger selten, wenn er auch bisher dort noch nicht brütend aufgefunden werden konnte. Die gewöhnliche Beobachtungszeit ist nach Thienemann (588) die erste Hälfte des Mai.

Verhältnismäßig häufig nistet der Ortolan bei Bartenstein, wo ich z. B. an der Chaussee von Bartenstein nach Kinkeim im Jahre 1903 auf einer Strecke von etwa 3 km 6—8 singende ♂♂ hörte. In Losgehnen nisten regelmäßig etwa 4—5 Paare. Noch zahlreicher kommt er bei Heilsberg vor. An der Chaussee nach Guttstadt zählte ich am 24. Mai 1909 auf 500 m 5 ♂♂, und an den Chausseen nach Bartenstein, Seeburg und Wormditt läßt er sich gleichfalls mehr oder weniger zahlreich hören. Vereinzelter fand ich ihn im Norden des Kreises bei Wuslack, Wienken, Thegsten und Mengen. Im Oberlande beobachtete Goldbeck ihn als nicht seltenen Brutvogel, im Kreise Mohrungen bei Liebstadt aber häufiger als bei Weinsdorf.

In Masuren ist der Gartenammer, was ja bereits Hartert hervorhebt, ganz besonders häufig. Dies gilt auch für das nördliche Masuren, den Kreis Angerburg. Am 21. Mai 1908 hörte ich an der Chaussee Angerburg-Lötzen auf einer Strecke von 1 km 6 singende ♂♂. Geradezu gemein ist er im sandigen Südosten des Kreises, bei Kruglanken, Siewken, etwas weniger häufig, aber auch noch recht verbreitet bei Steinort. Auch bei Bergfriede (Kreis Allenstein) hörte ich ihn am 21. Juni 1908, und bei Rothfließ sowie bei Seeburg (Kreis Rössel) sangen je 2 ♂♂ am 25. Mai 1911 bzw. 18. Juni 1913. Für den Südwesten der Provinz, die Gegend von Soldau und Neidenburg, bezeichnet ihn F. Henrici (221) geradezu als Charaktervogel.

Zu fehlen scheint der Ortolan stellenweise im Memelgebiet und im Osten der Provinz. Wie Hartert ihn bei Goldap und Trakehnen, Geyr v. Schweppenburg ihn bei Schorellen vergeblich gesucht hat, kommt er nach Gude auch bei Ragnit, nach meinen Beobachtungen bei Tilsit und nach E. Christoleit im Memeldelta nicht vor.

Ende April oder Anfang Mai stellt er sich bei uns ein. Bei Bartenstein erfolgt die Ankunft zwischen dem 24. April und 8. Mai, im Mittel von 11 Jahren am 2. Mai. Der Abzug geschieht wohl schon wieder im August und September.

### 242. Emberiza schoeniclus schoeniclus (L.) — Rohrammer.

*Fringilla schoeniclus* L.; *Cynchramus schoeniclus* (L.); *Schoenicola arundinacea* auct.

An Seen und Teichen, deren Ufer eine reiche Sumpfvegetation aufweisen und denen auch einzelne Weiden- oder Erlenbüsche nicht fehlen dürfen, in Sümpfen aller Art ist der Rohrammer durchweg eine häufige Erscheinung. An passenden Stellen kommt er sogar recht zahlreich vor; so ist er am Kinkeimer See bei Bartenstein neben dem Schilfrohrsänger bei weitem der häufigste Kleinvogel. Sogar am Oberteich bei Königsberg brütete er noch 1907 ziemlich häufig; doch geht dort der Bestand infolge von Aufschüttungen und Ausbaggerungen neuerdings ganz bedeutend zurück.

Der Frühjahrszug fällt in den März. Als frühesten Ankunftstermin notierte ich bei Bartenstein den 28. Februar, als spätesten den 28. März; als Mittel von 16 Jahren ergibt sich der 14. März. Die Rohrammern machen bei uns wohl durchweg 2 Bruten. Die Gelege der ersten findet man Anfang Mai. Nester mit 3, 4, 5, 4, 4, 5 und 5 Eiern entdeckte ich am Kinkeimer See am 9. Mai 1909, 6., 7. und 14. Mai sowie am 4. und 25. Juni 1911 und am 20. Mai 1912. Die zweite Brut wurde in den Jahren 1907 und 1910 durch

Anfang Juli einsetzendes Hochwasser am See völlig vernichtet. Bisweilen nisten sie auch im freien Felde. Am 14. August 1905 fand ich ein Nest mit 3 kleinen Jungen und einem Ei in Losgehnen in einem Weizenfelde, vom Wasser sehr weit entfernt.

Im Herbst besuchen sie gern die Kartoffel- und Kohläcker und ziehen im Laufe des Oktober allmählich von uns fort. Im November sieht man gewöhnlich nur noch ganz vereinzelte Exemplare. Solche bleiben aber bisweilen auch winterüber bei uns; ich beobachtete z. B. einzelne Rohrammern in Losgehnen am 11. Januar und 5. Februar 1903, 26. Dezember 1904, 11., 17. und 24. Dezember 1911.

Ostpreußische Brutvögel besitzen im allgemeinen keine sehr bedeutende Flügellänge. 15 Exemplare meiner Sammlung, sämtlich aus Losgehnen, messen: 11 ♂♂: 82, 82, 81, 81, 80, 80, 80, 80, 80, 79, 76; 4 ♀♀: 74, 72, 71, 71 mm. Auch Thienemann (510) weist darauf hin, daß Exemplare aus Rossitten nur geringe Körperdimensionen aufzuweisen schienen. Am 9. Oktober 1911 erlegte er bei Ulmenhorst ein auffallend kleines ♀ (Flügel: 74 mm; Länge des Schnabels 7, Höhe 5 mm). Kleinschmidt, der den Vogel untersuchte, besitzt ein entsprechendes ♂ aus Lappland, vielleicht Brehms *E. lapponicus* und *microrhynchus* (594 c).

### 243. **Emberiza pusilla** Pall. — Zwergammer.

In der Sammlung E. v. Homeyers, die sich jetzt im Braunschweiger Museum befindet, steht ein Zwergammer mit der Aufschrift „Rastenburg“; das Erlegungsdatum ist leider nicht angegeben. Wie mir Herr Geheimrat W. Blasius mitteilte, sieht das Stück einem im Herbst 1879 auf Helgoland erlegten ♀ sehr ähnlich. Auch Hartert (200, 205) erwähnt dieses Exemplar als bei Rastenburg erlegt, aber gleichfalls ohne Zeitangabe.

## 9. Familie: **Motacillidae** — Stelzen.

### 244. **Anthus pratensis** (L.) — Wiesenpieper.

*Alauda pratensis* L.

Auf ausgedehnten Wiesenflächen und Mooren kommt der Wiesenpieper meist recht zahlreich vor; ja stellenweise ist er geradezu Charaktervogel. Dies gilt z. B. nach W. Baer (31) für das Hochmoor von Augstumal, nach Geyr v. Schweppenburg (189) für das große Hochmoor bei Schorellen und die Wiesen an der Bahnstrecke Stallupönen-Goldap, nach Zigann (658) für die Pregel- und Allewiesen bei Wehlau, nach meinen Beobachtungen für die Pregelwiesen bei Königsberg. Zahlreich fand ich ihn auch im „Hengstbruch“ bei Fischhausen, in der Stadtheide bei Mehlsack sowie auf den großen Wiesen bei Nordenburg und Angerburg, weniger auf den Memelwiesen bei Tilsit. Wo die Wiesen und Moore nur geringen Umfang besitzen, brütet er weniger häufig, fehlt aber auch dort an geeigneten Stellen nirgends. Bei Bartenstein ist er als Brutvogel nicht besonders zahlreich vertreten, kommt aber einzeln wohl überall vor. Dasselbe ist im Kreise Heilsberg der Fall, wo ich ihn als spärlichen Brutvogel bei Neuendorf, Thegsten und Mengen sowie auf Allewiesen zwischen Heilsberg und Guttstadt antraf. Am Mühlenteich bei Gerdauen beobachtete ich ein singendes ♂ am 25. Mai 1911 und im Kreise Pr. Holland bemerkte ich am Drausensee Wiesenpieper am 20. Juli 1913 vielfach.

Auf dem Zuge gehört dieser Pieper auf der Kurischen Nehrung und jedenfalls auch sonst überall — wenigstens gilt dies für die Bartensteiner Gegend — zu den häufigsten Kleinvögeln. Im Laufe des März beginnt der Frühjahrszug, nach meinen Beobachtungen bei Bartenstein zwischen dem 3. und 29. März, wobei sich als Mittel von 18 Jahren der 20. März ergibt.

Während der Zugzeit, die bis Anfang Mai dauert, begegnet man den Vögeln auf feuchten Wiesen meist außerordentlich häufig. Die zuerst bei uns erscheinenden sind wohl meist unsere Brutvögel; wenigstens halten sie sich oft paarweise zusammen, und die ♂♂ lassen schon im März eifrig ihren Gesang hören. Auf der Kurischen Nehrung findet nach Thienemann (546) und le Roi (430) sogar noch bis Ende Mai ein beträchtlicher Durchzug von Wiesenpiepern statt. Unsere einheimischen Brutvögel liegen dann schon längst dem Brutgeschäft ob. Hildebrandt besitzt ein Gelege von 5 Eiern, das er am 30. April 1906 auf dem Augstumalmoor fand.

Der Herbstzug setzt Anfang September ein, ist um den 1. Oktober herum am lebhaftesten und erreicht erst Anfang November sein Ende. In dieser Zeit suchen sie mehr trockenen Boden, Stoppel-, Kartoffel- oder Rübenfelder, auf und schließen sich hier häufig den Feldlerchen an. Die letzten bemerkte ich bei Bartenstein 1909 am 11., 1910 am 13., 1911 am 5., 1912 am 4. und 1913 am 9. November. Einzelne überwintern gelegentlich auch bei uns, aber wohl nur ganz ausnahmsweise. Löffler (325) erwähnt einen Fall von völliger Überwinterung bei Gerdauen im Winter 1833/34, und Thienemann (504) erlegte bei Rossitten ein Stück noch am 10. Dezember 1899.

### 245. Anthus cervinus (Pall.) — Rotkehlpieper.

*Motacilla cervina* Pall.; *Anthus rufogularis* Brehm.

Hartert sammelte ein ♂ dieses Piepers am 17. März 1884 in der Caporner Heide (Kreis Fischhausen) für E. v. Homeyer, mit dessen Sammlung es nach Mitteilung von Herrn Geheimrat W. Blasius in das Braunschweiger Museum gelangte. Dieses Stück, das R. Blasius auch im neuen Naumann (386) erwähnt, bildet das einzige sichere Belegexemplar für Ostpreußen.

Auf der Kurischen Nehrung will Krüger den Rotkehlpieper nach Thienemann (504) beobachtet haben; doch fehlt der Nachweis des Vorkommens. Diesbezügliche Angaben aus der Zeit vor der Gründung der Vogelwarte (320, 321) können als höchst unsicher nicht berücksichtigt werden. Bei Bartenstein beobachtete ich am 17. September 1911 einen Pieper, der wohl zu *A. cervinus* gehörte, da seine Stimme den Schilderungen von Natorp (O. M. S. 1908, p. 490) und Voigt (651) durchaus entsprach; sie unterschied sich sehr merklich von *A. pratensis* und *A. trivialis*.

In der Tuchler Heide konnte Dobbrick (34. Ber. Westpr. Botan. Zool. Ver. 1912, p. 111) fast alljährlich im Herbst, seltener im Frühjahr, einen spärlichen Durchzug von Rothkehlpiepern beobachten. Danach müßte die Art auch in Ostpreußen sich öfters zeigen, zumal sie von Voigt (l. c.) für Hinterpommern und von Natorp (l. c.) für Oberschlesien nachgewiesen ist.

### 246. Anthus trivialis trivialis (L.) — Baumpieper.

*Alauda trivialis* L.; *Anthus arboreus* Bechst.

Blößen in Wäldern und Waldränder bilden den Lieblingsaufenthalt des Baumpiepers. An solchen Stellen ist er wohl durchweg recht häufiger Brutvogel. Auf den durch den Nonnenfraß verursachten Kahlschlägen in der Wichertshofer Forst (Kreis Heilsberg) traf ich ihn ganz besonders zahlreich an.

In der zweiten Hälfte des April trifft er bei uns ein, bei Bartenstein nach meinen Beobachtungen zwischen dem 17. und 29. April, im Mittel von 17 Jahren am 22. April. Bei Tilsit bemerkte ich 1908 die ersten am 17. April. Das Brutgeschäft fällt in den Mai und Juni. Ein Gelege von 5 Eiern fand ich in Losgehnen am 11. Juni 1905. Der Abzug geht einzeln oder familienweise im Laufe des September vor sich. In dieser Zeit begegnet man ihnen oft auch im freien Felde, namentlich auf Kartoffeläckern. Ein einzelnes Exemplar erwähnt Thienemann (576) von Ulmenhorst noch für den 2. November 1909; das Beobachtungsdatum ist auffällig spät.

### 247. Anthus campestris (L.) — Brachpieper.

*Alauda campestris* L.; *Corydalla, Agodroma campestris* (L.).

Nach Hartert (386) ist der Brachpieper in Ostpreußen „nur stellenweise häufig; die beweglichen Sanddünen am Ostseestrande bewohnt er dort nicht, wohl aber Ödland in den Kiefernwaldungen des Innern von Masuren". An anderer Stelle (200, 205) gibt er an, er habe ihn „einige wenige Male in der Johannisburger Heide, bei Lötzen und am Wysztyter See gefunden, im Herbst einmal auch auf der Frischen Nehrung". Neuere Beobachtungen haben ergeben, daß er in der Provinz doch weiter verbreitet ist, als Hartert annahm. Der Kurischen Nehrung fehlt er keineswegs; er ist vielmehr nach den Angaben von Lindner (314), le Roi (430), Thienemann (546, 550) und Voigt (651) sowie nach meinen eigenen Wahrnehmungen jedenfalls Brutvogel bei Sarkau, Rossitten, Pillkoppen, Nidden und wohl auch auf dem nördlichen Teile der Nehrung. Im Innern der Provinz kommt er ebenfalls an geeigneten Stellen, auf Brachäckern mit sandigem Boden und dürftiger Vegetation, auf Ödland, wie es sich in den Kieferngegenden so häufig findet, wohl überall vor, allerdings anscheinend immer nur in geringer Anzahl.

Szielasko (471) bezeichnet ihn als regelmäßigen, aber vereinzelten Brutvogel für den ganzen früheren Regierungsbezirk Gumbinnen, der am häufigsten in der unteren litauischen Ebene sei. Am zahlreichsten kommt der Brachpieper aber doch wohl in Masuren vor, was ja auch Hartert hervorhebt. Ein von ihm am 12. Mai 1884 bei Guszianka (Kreis Sensburg) gesammeltes ♂ befindet sich nach R. Blasius (386) im Braunschweiger Museum. Im Kreise Angerburg begegnete ich ihm vielfach am 31. Mai 1908 bei Kruglanken und Jesziorowsken, nur vereinzelt am 4. Juni 1908 in der Nähe des Stadtwaldes. Techler (485) bemerkte ihn zur Brutzeit bei Plicken (Kreis Gumbinnen), Geyr v. Schweppenburg (189) im Juli 1911 ein singendes ♂ bei Rominten; letzterer beobachtete ferner Brachpieper am Wysztyter See, bei Guszianka und verschiedentlich auf der Fahrt von Allenstein nach Lautenburg. E. Christoleit sagt, er sei als Brutvogel verbreitet und nicht selten bei Passenheim (Kreis Ortelsburg), einzeln am Frischen Haff bei Heiligenbeil; bei Memel komme er vielleicht nur auf dem Zuge vor. Hildebrandt hörte bei Heydekrug sommerüber den Gesang, und bei Tilsit ist er durchaus nicht selten; ich fand ihn dort Mitte Juni 1908 mehrfach auf den Binnenlanddünen unweit Jakobsruhe bei Tilsit sowie am 5. Juli 1908 wiederholt bei Pogegen und Powilken. Auch dem Samlande fehlt dieser Pieper nicht. le Roi (430) bemerkte ein Stück am 4. Mai 1902 bei Garbseiden (Kreis Fischhausen); W. Christoleit erwähnt ihn als Brutvogel für Fischhausen, und ich selbst bemerkte einzelne singende ♂♂ am 21. Juni 1906 in der Bludauer Forst bei Elendskrug und am 19. Juni 1909 bei Peyse und Neplecken.

Verbreitet ist der Brachpieper auch im Kreise Heilsberg, wo einzelne Paare alljährlich bei Mengen, Trautenau, Markeim, in der Nähe der Stadt Heilsberg, bei Neuhof, Wernegitten, Launau und wohl auch sonst noch brüten. In der Stadtheide bei Mehlsack (Kreis Braunsberg) hörte ich ein ♂ am 27. Mai 1906. Bei Bartenstein fehlt er gleichfalls nicht; er ist dort im ganzen aber nur spärlich vertreten, weil sandiges Ödland nur an wenigen Stellen vorhanden ist. In Losgehnen beobachte ich alljährlich einzelne singende ♂♂ in den Monaten Mai bis Juli; ich besitze 3 dort gesammelte ♂♂ vom 7. Mai 1906, 15. Juli 1907 und 15. Mai 1910. Auch bei Gallingen und Tingen bemerkte ich Brachpieper öfters während der Brutzeit.

In der ersten Hälfte des Mai trifft der Brachpieper bei uns ein, um uns im August und September wieder zu verlassen. In Losgehnen hörte ich 1913 den ersten am 3. Mai. Auf der Kurischen Nehrung zieht er im Herbst ziemlich zahlreich durch; er ist dort im August auf den weiten Pallwen eine ganz charakteristische Erscheinung. Am 23. und 24. August 1903 begegnete ich ihm vielfach bei Schwarzort und Sandkrug und am 9. August 1908 beobachtete ich einen Flug von 25—30 Stück südlich von Rossitten. Thienemann (564) sagt vom 19. August 1908: „Viel Brachpieper auf dem Zuge. Ihre Lieblingsruheplätze sind immer die Telegraphendrähte". Bei Bartenstein ist der Durchzug nur unerheblich. Am 5. September 1909 traf ich auf einem gepflügten Felde etwa 10 Stück an, von denen ich 2 junge Vögel erlegte.

### 248. **Anthus spinoletta littoralis** Brehm — Felsenpieper.

Fr. Lindner (314, 320, 321) erlegte am 8. Oktober 1888 bei Rossitten einen als *Anthus obscurus* (Lath.) bestimmten Pieper, der jedenfalls dieser Form angehört hat. Der Balg ist leider später verloren gegangen, so daß eine Nachprüfung nicht möglich ist. Soviel ist aber sicher, daß es sich um einen Wasserpieper gehandelt hat, und es kann dieses wohl nur die an den skandinavischen Küsten brütende Form *A. sp. littoralis* Brehm gewesen sein.

### 249. **Motacilla alba alba** L. — Weiße Bachstelze.

In der ganzen Provinz ist die weiße Bachstelze ein außerordentlich häufiger und allbekannter Brutvogel, der sich gern dem Menschen anschließt. Thienemann (564) konnte feststellen, wie die mitten in den Dünen gelegene Beobachtungshütte Ulmenhorst sofort von einem Bachstelzenpärchen als Brutplatz gewählt wurde.

In der zweiten Häfte der März trifft sie gewöhnlich bei uns ein. Für Bartenstein notierte ich als frühesten Ankunftstermin den 19., als spätesten den 31. März; als Mittel von 18 Jahren ergibt sich der 24. März. Bei Tilsit sah ich 1908 die erste am 29. März. Wohl nur ausnahmsweise zeigen sich einzelne bisweilen schon Anfang März; Lühe (337, 361) teilt für 1906 Beobachtungen schon vom 7., 9. und 12. März, für 1911 eine solche vom 2. März mit.

Nach dem Ausfliegen der Jungen — in der Regel finden 2 Bruten statt — übernachten die Bachstelzen gemeinschaftlich in Rohr, Binsen oder im Weidengebüsch an Seen und Teichen. In Heilsberg bildeten Anfang September 1910 und während des ganzen Monats September 1911 und 1912 dichte Kastanien am Markt einen beliebten Schlafplatz für Hunderte. Die ersten flüggen Jungen beobachtete ich in Losgehnen 1905 am 9., 1908 am 13. Juni, in Heilsberg 1909 am 12. Juni, bei Springborn (Kreis Heilsberg) 1910 sogar schon am 23. Mai, bei Tingen (Kreis Friedland) 1912 am 1. Juni. Der Herbstzug beginnt gewöhnlich Ende August und dauert bis Mitte Oktober. Vereinzelte Nachzügler sah ich in Losgehnen noch am 5. November 1904, 1. November 1905 und 27. Oktober 1912.

Auf der Kurischen Nehrung dauert der Frühjahrszug bisweilen noch bis Mitte Mai — Thienemann (564) erwähnt ziehende Bachstelzen noch für den 15. Mai 1908 —, und der Herbstzug beginnt gelegentlich bereits wieder Ende Juli; unter dem 25. Juli 1898 findet sich die Notiz (504), daß junge weiße Bachstelzen bereits auf dem Zuge seien. Nur ausnahmsweise überwintern vereinzelte Exemplare in Ostpreußen. Auf der Domäne Neuhof bei Heilsberg hielt sich ein Stück im Dezember 1909 ständig auf, und auch in Legienen bei Bartenstein wurde noch im Januar 1913 eine Bachstelze regelmäßig beobachtet.

Farbenvarietäten sind bei dieser Art nicht allzu selten. Zimmermann besitzt einen Totalalbino aus Ostpreußen, und in der Sammlung Schlonskis befindet sich ein größtenteils weißes Stück von Johannisburg. Nach Mitteilung von Rittergutsbesitzer Strüvy-Gr. Peisten hielt sich vor Jahren auf seinem Gute gleichfalls ein weißes Exemplar auf. Höpfner beobachtete am 26. Juni 1910 in Böhmenhöfen (Kreis Braunsberg) auf wenige Schritte eine von ihm als *Motacilla lugubris* bestimmte Bachstelze, als sie ihren Jungen Futter brachte. Natürlich kann es sich hierbei nicht um eine echte

*M. lugubris* Temm. gehandelt haben, sondern nur um ein an die Trauerbachstelze erinnerndes melanistisches Stück der gewöhnlichen Form, die Aberration *cervicalis* Brehm.

**250. Motacilla boarula boarula L.** — Gebirgsbachstelze, graue Bachstelze.

*Motacilla sulphurea* Bechst.; *Calobates boarula* (L.), *sulphurea* (Bechst.).

Als Brutvogel ist die Gebirgsbachstelze für Ostpreußen noch nicht nachgewiesen, während sie in Westpreußen nach A. v. Homeyer (O. M. B. 1898, p. 3—4), Ibarth (ebenda 1908, p. 181) und anderen Beobachtern, wie Geyr v. Schweppenburg, Henrici und Zimmermann, schon regelmäßig nistet. Für unsere Provinz kann sie vorläufig nur als sehr spärlicher und unregelmäßiger Durchzügler bezeichnet werden. Böck (46) berichtet, daß sie „von Herrn v. Homeyer an der Landstraße von Königsberg nach Elbing“ gesehen worden sei. Im Königsberger Museum steht ein ♂ aus der Gegend von Königsberg. Thienemann (504, 525) erlegte die Art zweimal, am 21. Juli 1898 und 17. September 1904, bei Rossitten. Daß es sich hierbei um die östliche Form *M. b. melanope* Pall. gehandelt haben soll, halte ich für sehr unwahrscheinlich, da die echte *M. b. boarula* noch bis zum Ural vorkommt, und das Verbreitungsgebiet der an einzelnen Stücken nicht festzustellenden Form *M. b. melanope* erst östlich vom Ural beginnt.

**251. Motacilla flava flava L.** — Gelbe Bachstelze, Vieh-, Schaf- oder Kuhstelze.

*Budytes flavus* (L.).

Auf Wiesen, etwas feuchten Klee-, Wicken- oder Bohnenfeldern ist die gelbe Bachstelze überall nicht selten. An passenden Stellen kommt sie recht zahlreich vor, z. B. nach Baers (31), Szielaskos (471) und meinen Beobachtungen im Memeldelta.

In der zweiten Hälfte des April treffen diese Stelzen bei uns ein, bei Bartenstein nach meinen Notizen zwischen dem 15. und 29. April, wobei sich als Mittel von 16 Jahren der 23. April ergibt. Auf dem Zuge suchen sie gern gepflügte Äcker oder Viehweiden auf. Nach beendeter Brutzeit treiben sie sich bei Viehherden umher und übernachten in den Rohr- und Binsenbeständen an Seen und Teichen. Mitte August setzt der Herbstzug ein, der gewöhnlich Mitte September beendet ist. 1907 sah ich vereinzelte Nachzügler jedoch noch am 22., 25. und 30. September; 1908 bemerkte ich die letzten am 20. September. Thienemann (576) beobachtete bei Ulmenhorst sogar noch am 28. Oktober 1909 gelbe Bachstelzen auf dem Zuge. Auf der Kurischen Nehrung ziehen sie überhaupt recht zahlreich durch; der Frühjahrszug dauert dort bis in die zweite Hälfte des Mai. Ein großer Teil der bei Rossitten durchwandernden Schafstelzen gehört der folgenden Form an; es finden sich jedoch unter den Mitte Mai dort meist recht zahlreichen gelben Bachstelzen auch sehr viele Exemplare, die der typischen Form zugerechnet werden müssen.

**252. Motacilla flava thunbergi** Billberg — Nordische Schafstelze.

*Motacilla flava borealis* Sundev.; *Budytes borealis* (Sundev.).

Wie bereits erwähnt, ist die nordische Schafstelze, deren Brutgebiet im Norden von Skandinavien, Rußland und Sibirien liegt, auf der Kurischen Nehrung recht häufiger Durchzugsvogel. Namentlich im Mai werden alljährlich ganze Flüge, in denen aber auch vielfach Exemplare der gewöhnlichen Form vertreten sind, bei Rossitten beobachtet. Am 14. Mai 1901 erlegte

Thienemann (498, 504) aus einem großen Schwarm 2 Stücke und erbrachte damit als erster für Ostpreußen den Nachweis des Vorkommens dieser nordischen Form. Wie er berichtet, „treiben sich noch bis Ende Mai gelbe Bachstelzen bei Rossitten oft in Schwärmen bis zu 100 Stück umher und übernachten in dem ausgedehnten Rohrdickichte am Haff“.

Aus späteren Jahren seien folgende Einzelangaben nach den Jahresberichten der Vogelwarte erwähnt:

14. Mai 1902: Viele *Budytes borealis* auf dem Zuge.

19. Mai 1902: ♂ von *Budytes borealis* erlegt, desgleichen am 20. Mai.

19. Mai 1905: Auf den Triften wimmelt es heute und an den folgenden Tagen von *Budytes*, meist wohl *borealis*.

9. Mai 1906. Ein kleiner Flug Kuhstelzen am Bruche. Ein Stück erlegt; es ist nicht *borealis*, während sonst die um diese Zeit beobachteten Schwärme meist dieser nordischen Art angehörten.

15. Mai 1906: Flüge von Kuhstelzen am Bruche, meist *B. borealis*. 9 Stück erlegt, mit und ohne Augenbrauenstreifen. Die Vögel sind auch noch an den folgenden Tagen anzutreffen und werden mehrfach in Flügen von 20—40 Stück nach Norden ziehend beobachtet.

19. Mai 1906: Große Flüge auf den Äckern.

24. Mai 1907: Die Kuhstelzenflüge sind heute eingetroffen; das ist etwas später wie sonst, auch weniger. *B. borealis* ist darunter.

7. Mai 1908: Kuhstelzenflüge auf den Feldern beobachtet; also bedeutend früher wie im vorigen Jahre. Auch am 15. Mai solche Flüge bemerkt; einen *B. borealis* daraus erlegt.

14. Mai 1910: Heute die um diese Zeit üblichen Flüge von gelben Bachstelzen, die sich aus beiden Arten zusammensetzen; fliegen abends übers Dorf, vielleicht abziehend. In diesem Jahre soviel gelbe Bachstelzen, wie noch nie zuvor. Mächtige Flüge!

12. Mai 1911: Zwischen Cranz und Rossitten mehrfach Flüge durch die Luft nach Norden ziehend.

Im Herbst ist der Durchzug weniger bedeutend. Thienemann (510, 576) erlegte ein Stück am 30. August 1902 bei Rossitten und ein altes ♂ am 5. September 1909 bei Ulmenhorst.

Im Innern der Provinz scheint die nordische Schafstelze noch nicht beobachtet zu sein. Für die Bartensteiner Gegend habe ich sie jedenfalls trotz größter Aufmerksamkeit noch nicht nachweisen können.

**Motacilla citreola citreola** Pall. — Sporenstelze.

Meier (369) will diese Art, deren Brutgebiet sich vom nordöstlichen Rußland durch Sibirien bis zum Baikalsee und der Mongolei erstreckt, sogar zur Brutzeit in Ostpreußen beobachtet haben. Das beruht natürlich auf einem Irrtum, vielleicht auf einer Verwechslung mit der Schafstelze, die er allerdings noch besonders aufführt. Die Angabe Meiers ist von Hartert (200, 205, 211) schon mehrfach richtiggestellt worden.

## 10. Familie: **Alaudidae** — Lerchen.

### 253. **Alauda arvensis arvensis** L. — Feldlerche.

*Alauda agrestis* Brehm, *segetum* Brehm.

Mit der zunehmenden Bodenkultur, der Umwandlung von Wäldern und Mooren in Ackerland, nimmt auch die Feldlerche ständig an Individuenzahl zu; sie ist im ganzen Gebiet außerordentlich häufig.

Sobald im Frühjahr der Schnee von den Feldern verschwindet, stellt sie sich bei uns ein. Je nach dem Zeitpunkt der Schneeschmelze erfolgt die Ankunft meist Ende Februar, bisweilen auch schon Anfang oder Mitte dieses Monats, oft aber erst Anfang März, ja in späten Frühjahren, wie 1909, sogar erst in der zweiten Hälfte des März. Als frühesten Ankunftstermin notierte ich für Bartenstein den 8. Februar 1913, als spätesten den

21. März 1909; als Mittel von 18 Jahren ergibt sich der 26. Februar. Bei der von Lühe (337) aus Heiligenbeil mitgeteilten langjährigen Beobachtungsreihe fiel die Ankunft im Mittel von 19 Jahren gleichfalls auf den 26. Februar. Das früheste aus der Provinz überhaupt bisher bekannt gewordene Ankunftsdatum ist der 3. Februar 1913, an welchem Tage Thienemann (594) bei Cranz schon große Flüge beobachtete. 1903 wurde die erste nach Lühe (l. c.) vom 7., 1906 vom 10. Februar gemeldet. Bei Rossitten beobachtete Thienemann (l. c.) die ersten 1905 am 20., 1906 am 28. Februar, 1907 am 1. März, 1908 am 20. Februar, 1909 am 21. März, 1910 am 21. und 1912 am 24. Februar. Tritt nach ihrer Ankunft, wie es häufig der Fall ist, wieder Winterwetter ein, so kann man oft ausgedehnte Rückzugserscheinungen beobachten. Ja selbst bei dem am 14. April 1913 herrschenden Schneesturm taten sich die Lerchen sofort wieder in Flüge zusammen, die an Gräben und Feldrainen kümmerlich nach Nahrung suchten. Auf der Kurischen Nehrung dauert der Frühjahrszug oft noch bis weit in den April hinein. Dann haben unsere Brutvögel schon längst Eier. Hildebrandt besitzt ein Gelege von 4 Eiern, das er am 20. April 1907 auf dem Augstumalmoor fand.

Der Herbstzug beginnt Anfang September und dauert bis Ende Oktober, selten noch bis Anfang November. Am lebhaftesten ist er in der zweiten September- und ersten Oktoberhälfte. 1911 bemerkte ich am 5. November in Losgehnen noch einen ganzen Flug, während 1912 am 4. November nach ausgedehntem Schneefall sogar noch auffallend viele nach Süden zogen. Als Durchzügler gehört die Feldlerche neben dem Buchfink sowohl auf der Kurischen Nehrung wie auch sonst in der Provinz zu den häufigsten Kleinvögeln.

Überwinternde Lerchen hat Hartert (200, 205) in Preußen nie bemerkt. Bei Rossitten tritt dieser Fall aber nicht eben selten ein. Thienemann nennt in den Jahresberichten der Vogelwarte folgende Beobachtungsdaten aus dem Winter: 10. Dezember 1899 (1 Stück erlegt), 28. Januar 1901 (4 Stück auf einem Stoppelfelde), 3. Januar 1904 (1 Stück erlegt), 31. Dezember 1909 (2 Stück beobachtet). In Losgehnen traf ich nur zweimal, am 13. Dezember 1903 und 26. Dezember 1913, je ein einzelnes verspätetes Exemplar an; sonst habe ich dort im Winter Lerchen nie beobachtet.

Gar nicht selten ahmen Feldlerchen die Stimme anderer Vögel nach. Die Pfiffe der verschiedenen Wasserläufer, wie *Totanus erythropus* und *nebularius*, und den Paarungsruf von *Charadrius dubius* habe ich öfters in dem Gesange solcher, die unweit des Kinkeimer Sees bei Bartenstein nisten, vernommen. Am 12. Juli 1908 hörte ich bei Ruß einzelne auch die Stimme von *Totanus totanus* und *hypoleucus* nachahmen. Bisweilen, wenn auch selten, setzen sie sich während des Singens auf Bäume; ich sah z. B. am 31. Mai 1908 bei Kruglanken (Kreis Angerburg) eine Lerche, die lange Zeit von der Spitze einer niedrigen Kiefer aus ihren Gesang hören ließ. An schönen Herbsttagen singen sie oft noch recht laut und eifrig, eine Tatsache, auf die bisher noch wenig hingewiesen ist.

Wie so manche Bodenvögel scheint die Feldlerche zur Bildung von Standortsformen zu neigen; das erschwert natürlich die Aufstellung und Abgrenzung der verschiedenen geographischen Formen. Die ostpreußischen Brutvögel, die ich bisher in Händen hatte, sind ziemlich groß; sie stimmen in der Färbung untereinander sehr überein und scheinen darin nach Thienemanns Untersuchungen (496) von mitteldeutschen Stücken sich nicht zu unterscheiden. 10 in Losgehnen erlegte Lerchen meiner Sammlung weisen folgende Flügelmaße auf: 9 ♂♂ 11,3, 11,3, 11,2, 11,1, 11,1, 11,0, 11,0, 11,0, 11,0; 1 iuv. 10,0 cm. 10 Brutvögel von Rossitten in der Sammlung der Vogelwarte messen: 9 ♂♂ 11,2, 11,1, 11,1, 11,1, 11,0, 11,0, 10,9, 10,9, 10,6, 1 ♀ 9,7 cm.

Auf dem Zuge kommen auf der Kurischen Nehrung neben sehr großen auch sehr kleine, neben sehr hellen auch sehr dunkelbraune Exemplare vor. Solche dunkeln Brutvögel habe ich aus Ostpreußen bisher noch nicht gesehen. Thienemann gibt folgende Flügelmaße an: 11,4 (9. Oktober 1901; Pillau; sehr dunkel); 11,5 (♂, 17. Oktober 1902; Rossitten, hell); 11, 10, 10 (17. Oktober 1902; Rossitten, dunkel); 9,9; 9,9; 10,2; 10,5; 11,3 (18. Oktober 1902; Rossitten). 3 bei Ulmenhorst gesammelte Lerchen, nämlich ein ♀ vom 16. April 1910 (a = 10,7), sowie ♂ und ♀ vom 24. März 1910 (a = 10,9 und 10,4) sind auffallend braun gefärbt. Auch bei einem am 28. Januar 1901 bei Rossitten erlegten Exemplar ist nach Thienemann (496, 504) das Braun des ganzen Gefieders viel dunkler als bei der typischen Feldlerche und reicht auf der Brust viel weiter herunter als gewöhnlich; die sonst weißliche Kehle ist braun mit dunkeln Schaftstrichen. Andererseits schoß Thienemann am 2. August 1898 bei Nidden ein ♂, das ausgeprägte fahle Sandfarbe aufwies, vielleicht eine den Dünen angepaßte Standortsform.

Farbenvarietäten sind bei dieser häufigen Art nicht selten. Bujack (68) erwähnt ein weißes, von Geheimrat Bessel geschenktes sowie ein schwarzes Exemplar. Im Königsberger Museum befindet sich nach Lühe (351) ein Totalalbino von Königsberg aus dem Jahre 1860, und Fr. Lindner (309) erlegte ein reinweißes Stück am 17. September 1889 bei Ludwigsort (Kreis Heiligenbeil).

## 254. **Lullula arborea arborea** (L.) — Heidelerche.

*Alauda arborea* L., *nemorosa* Gm.; *Galerida*, *Galerita*, *Corys arborea* (L.).

Im Gegensatz zur Feldlerche scheint die Heidelerche stellenweise seltener zu werden. Sie vermag sich nicht der zunehmenden Ackerkultur anzupassen, und so werden ihr denn mit der Urbarmachung von Heideländereien manche Brutplätze genommen. Ausschließlich bewohnt sie bei uns Kiefernheiden, denen sie wohl nirgends ganz fehlt.

Recht verbreitet ist sie anscheinend in Masuren; aber auch in andern Teilen der Provinz ist sie nach Hartert (200, 205) und Szielasko (471) vielfach durchaus nicht selten. So hörte ich denn auch den Gesang öfters am 31. Mai 1908 bei Kruglanken und Siewken (Kreis Angerburg), am 1. Juli 1911 und 30. Mai 1913 vereinzelt im Forstrevier Rothebude in der Nähe von Waldkater (Kreis Goldap). Geyr v. Schweppenburg (189) fand sie als nicht seltenen Brutvogel in der Rominter Heide. Bei Heydekrug wird sie nach Hildebrandt häufiger, bei Fischhausen ist sie nach W. Christoleit „gemein". Auf der Kurischen Nehrung brütet sie durchaus nicht selten, und auch in der sandigen Umgebung Tilsits ist sie vielfach vertreten; sowohl in der Stadtheide wie bei Pogegen und im Forstrevier Dingken hörte ich im April und Juni 1908 öfters eine große Anzahl singen. Zigann (658) nennt sie als Brutvogel für Wehlau.

Bei Bartenstein kommt die Heidelerche in Ermangelung geeigneter Brutplätze nur sehr spärlich als Brutvogel vor. Im Süden des Kreises Friedland habe ich sie in der Nähe von Losgehnen als solchen überhaupt noch nicht feststellen können. Dagegen tritt sie im Kreise Heilsberg öfters auf. Vereinzelt beobachtete ich sie zur Brutzeit bei Trautenau, Mengen (hier entschieden an Zahl abnehmend, jetzt wohl sogar ganz verschwunden), Springborn, Wosseden, zahlreicher bei Wichertshof, Sperlings und Launau. Ziemlich häufig hörte ich ferner Heidelerchen am 27. Mai 1906 in der Stadtheide von Mehlsack (Kreis Braunsberg), vereinzelt am 18. Juni 1913 im Forstrevier Sadlowo, Schutzbezirk Kekitten (Kreis Rössel).

Im Frühjahr zeigen sich die ersten in kleinen Flügen von höchstens etwa 30 Stück in der Regel Mitte März. Als frühesten Ankunftstermin notierte ich für Bartenstein den 3., als spätesten den 28. März; als Mittel von 12 Jahren ergibt sich der 18. März. Meist ziehen diese Lerchen bei Bartenstein nur ziemlich eilig durch und halten sich lediglich bei ungünstigem Wetter längere Zeit in der Gegend auf. Auf der Kurischen Nehrung hält der ziemlich bedeutende Durchzug im Frühjahr noch bis Mitte April an; er beginnt auch dort bereits nach Thienemann (546) Anfang März.

Der Herbstzug dauert von Ende September bis Ende Oktober. An guten Zugtagen, meist schönen, warmen Tagen, wird man in dieser Zeit Heidelerchen unter den ziehenden Kleinvögeln nur selten vermissen. 1908 beobachtete ich in Losgehnen 2 Nachzügler bei Schnee und Frost noch am 8., 1912 am 4. November, 1909 einige sogar noch am 14., 1913 3 Stück am 17. November. Bei Rossitten ist der Herbstzug dieser Art gleichfalls recht bedeutend. Noch Anfang November 1909 konnte Thienemann (576) einen lebhaften Durchzug beobachten. Einzelne halten sich auf der Nehrung sogar winterüber auf. Als Beobachtungsdaten während des Winters nennt Thienemann (504, 525) den 30. Dezember 1899; 5., 9., 16. und 19. Januar 1900; 1. Februar 1904.

### 255. **Galerida cristata cristata** (L.) — Haubenlerche.

*Alauda cristata* L.; *Galerita, Ptilocorys cristata* (L.).

In unmittelbarer Nähe der Städte ist die Haubenlerche ein verbreiteter und ziemlich bekannter Standvogel. Sie fehlt wohl nur wenigen der ostpreußischen Städte, in denen sie sich mit besonderer Vorliebe an den Bahnhöfen mit ihren ausgedehnten Lagerplätzen und Gleisanlagen ansiedelt. Ich konnte sie so als mehr oder minder häufigen Brutvogel feststellen bei Königsberg — hier namentlich auf den Getreidebahnhöfen und früher im Wallterrain —, Tilsit, Ragnit, Insterburg, Rössel, Seeburg, Bischofstein, Heilsberg, Wormditt, Bartenstein, Landsberg, Domnau, Angerburg. Nach Zigann (658) brütet sie auch bei Wehlau, nach Techler bei Gumbinnen, nach Büchler und Geyr v. Schweppenburg (189) bei Goldap, nach letzterem auch bei Gr. Rominten und nach E. Christoleit bei Heinrichswalde (Kreis Niederung). Goldbeck teilte mir mit, daß die Art im Kreise Mohrungen am Bahnhofe Saalfeld und an den Chausseen bei Saalfeld und Weinsdorf brüte; im Winter sei sie in Dorf und Stadt ein wohlbekannter Straßenvogel. Bei Heydekrug ist sie nach Hildebrandt jedoch ziemlich selten.

Anscheinend breitet sich die Haubenlerche neuerdings infolge der Anlegung von Eisenbahnen immer mehr aus, wie dies insbesondere auch E. Christoleit (455) annimmt. J. Th. Klein (255) führte sie zwar schon 1750 als häufigen Wintervogel auf; doch bezog sich diese Angabe wohl ausschließlich auf das Weichselgebiet, wo sie auch jetzt ganz besonders zahlreich vorkommt. Böck (649) nannte die Art jedenfalls noch 1858 „in Ostpreußen selten“. Dies trifft, wie erwähnt, für die nächste Nähe der Städte jetzt durchaus nicht mehr zu. In Schippenbeil fehlte sie allerdings in den Jahren 1902 und 1903 noch gänzlich; ob sie dort inzwischen seit dem Bau der Eisenbahn heimisch geworden ist, bleibt festzustellen. Einen Fall von neuerer Ansiedlung konnte ich am Bahnhof Thegsten (Kreis Heilsberg) beobachten, wo erst seit dem Jahre 1910 ein Paar nistet. Ferner berichtet Thienemann (546), daß auf der Kurischen Nehrung bei Perwelk, wo ich bereits am 4. September 1905 8—10 Exemplare antraf, Haubenlerchen neuerdings auch brüten. Sonst ist die Art auf der Nehrung ein recht seltener und unregelmäßiger Durchzügler. Als Beobachtungsdaten nennt Thienemann für Rossitten in den Jahresberichten der Vogelwarte den 21. Juli 1902, 29. Juni 1903, 27. Juli 1904, 2. April 1907, 28. Januar 1910 (5—6 Stück auf der Dorfstraße). In der Sammlung der Vogelwarte befindet sich ferner ein ♂ vom 19. Oktober 1906.

Wie sehr die Haubenlerche sich an die Städte bindet, konnte ich in Losgehnen beobachten, das nur etwa 6 km von Bartenstein entfernt liegt. Dort habe ich in den letzten 20 Jahren nur dreimal im Oktober Haubenlerchen bemerkt, die sich nur ganz kurze Zeit aufhielten, zuletzt ein Paar am 19. Oktober 1905. Auch Meier (369) bezeichnet die Art für Louisenberg (Kreis Friedland) nur als Wintergast. Im sandigen Masuren scheint sie jedoch auch auf dem offenen Lande in der Nähe von Dörfern öfters vorzukommen. So ist sie z. B. nach Spalding (17) Standvogel bei Kurwien (Kreis Johannisburg). In der Sammlung v. Erlangers befindet sich nach Hilgert (225) ein Stück vom 2. November 1898 aus Oszywilken (Kreis Johannisburg), und Schütze beobachtete Haubenlerchen vielfach im Mai 1908 auf dem Truppenübungsplatz bei Arys. Ich selbst traf die Art einzeln am 31. Mai 1908 bei Kruglanken (Kreis Angerburg) an.

Vielfach ahmt die Haubenlerche in ihrem Gesange andere Vogelstimmen nach. So hörte ich von einem ♂ bei Maraunenhof unweit von Königsberg am 20. Februar 1907 täuschend den Gesang des Grünlings, von einem anderen bei Thegsten (Kreis Heilsberg) am 27. März 1911 den Lockruf des Rebhuhns und den Gesang der Rauchschwalbe wiedergeben.

### 256. **Eremophila alpestris flava** (Gm.) — Alpenlerche.

*Alauda flava* Gm., *nivalis* Pall.; *Phileremos, Otocoris, Otocorys alpestris flava* (Gm.).

Gaetke nahm an, daß die Alpenlerche erst neuerdings ihr Verbreitungsgebiet vom nördlichen Nordamerika auch über das nördliche Asien und Europa ausgedehnt habe und sich daher erst seit der Mitte des 19. Jahrhunderts auf Helgoland häufiger zeige. Die Berechtigung dieser Annahme ist namentlich von Hartert (211) energisch in Abrede gestellt, der insbesondere auch darauf hinweist, daß die Amerikaner und Europäer verschiedenen geographischen Formen angehören. Unterstützt wird die Beweisführung Harterts durch J. Th. Klein (255), der bereits 1750 die Art kenntlich als *Alauda gutture flavo* beschreibt. Danach ist bereits am 21. April 1667 ein Stück bei Danzig, am 2. Dezember 1747 ein anderes bei Zoppot gefangen. Ein ♂ ist denn auch nach M. Braun (58) und Gengler (186) im Aviarium prussicum von Niedenthal abgebildet. Bock (41) berichtet ferner 1784, man finde die Art bei uns des Winters unter dem Namen „Schneelerche", obwohl nicht häufig. Nach v. Siebold (459) war sie Vogelstellern unter dem Namen der „türkischen Lerche" bekannt. Böck (45, 49) erhielt im Februar 1844 4 Stücke von Zoppot; er erwähnt bis 1852 10 Fälle des Vorkommens in der Nähe von Danzig. Ehmcke (132) schließlich berichtet, daß noch in den 60 er Jahren viele bei Danzig mit Schneeammern gefangen seien. Nach allen diesen Angaben läßt sich die Annahme, die Art sei früher seltener gewesen, für Ost- und Westpreußen nicht aufrechterhalten.

Mit Vorliebe hält sich die Alpenlerche während des Zuges und als Wintergast an die Küste. Auf der Kurischen Nehrung zeigt sie sich nach Thienemann alljährlich und zwar von Mitte Oktober bis Januar und Februar. Am häufigsten tritt sie wohl in den Monaten November und Dezember auf. In der Sammlung Zimmermanns befindet sich auch ein Stück vom März 1904 aus Rossitten, und bei Ulmenhorst beobachtete Thienemann (594 c) einen kleinen Flug sogar noch am 20. April 1912. Anderweite Beobachtungen über den Rückzug liegen für unsere Provinz nicht vor. Ich selbst besitze aus Rossitten ein ♀ vom 24. Oktober 1908.

Ins Innere von Ostpreußen gelangt die Alpenlerche nur in geringer Anzahl, aber wohl doch häufiger, als es nach den bisherigen Literaturangaben den Anschein hat. Thienemann (546) beobachtete einige am 11. Oktober 1906 bei der Oberförsterei Schnecken (Kreis Niederung). Goldbeck erhielt ein Stück lebend, das in den 90 er Jahren am Bahnhof Liebstadt (Kreis Mohrungen) im Winter gefangen war. Bei Bartenstein habe ich Alpenlerchen mehrfach auf dem Herbstzuge bemerkt; in der Regel allerdings nur einzeln oder in kleinen Flügen bis zu 5 Stück. Ohne sich niederzulassen, zogen sie eilig durch; nur einmal, am 24. Oktober 1907, bemerkte ich 3 Stück auf einem gepflügten Acker. Als Beobachtungsdaten nenne ich für Losgehnen den 19. Oktober 1905; 14., 15., 20. und 24. Oktober, 19. November 1907; 25. Oktober 1908; 8. November 1909; 7. Oktober 1912.

## 11. Familie: **Certhiidae** — Baumläufer.

**257. Certhia familiaris familiaris L.** — Gelbrückiger Baumläufer, Waldbaumläufer.

*Certhia scandulaca* Pall., *familiaris candida* Hart.

In Wäldern aller Art, mögen sie aus Laub- oder Nadelholz bestehen, in Parkanlagen und größeren Gärten, an Landstraßen, die mit Kopfweiden bestanden sind, ist der Baumläufer überall ein recht verbreiteter Jahresvogel. Während der kalten Jahreszeit streicht er mit Meisen und Goldhähnchen etwas weiter umher, so daß er dann häufiger zu sein scheint als im Sommer. In der Tat findet vielleicht auch ein Zuzug von Norden oder Osten her statt. Thienemann (576, 588) wenigstens berichtet, daß Baumläufer Ende Oktober und Anfang November auf der Kurischen Nehrung jeden Tag durchziehend beobachtet würden; sie seien in dieser späten Jahreszeit dort eine ganz charakteristische Erscheinung. 1910 bemerkte er schon in den Tagen um den 20. September Baumläufer oft auf dem Zuge.

Alle von mir bei Bartenstein beobachteten Baumläufer gehörten dieser Art an. 6 Stücke meiner Sammlung aus Losgehnen besitzen eine Schnabellänge von 14—15 mm und zeigen typische *familiaris*-Färbung. Auch Thienemann konnte bisher nur *C. familiaris* für die Kurische Nehrung nachweisen. Im Braunschweiger Museum befinden sich nach R. Blasius (386) 10 von Hartert gesammelte ostpreußische Exemplare dieser Art.

**258. Certhia brachydactyla brachydactyla** Brehm — Graurückiger oder kurzkralliger Baumläufer, Gartenbaumläufer.

Nur sehr vereinzelt scheint der graurückige Baumläufer in Ostpreußen vorzukommen. Es ist bisher nur ein sicheres Belegexemplar für unsere Provinz bekannt. Im Museum zu Braunschweig befindet sich ein von Hartert am 5. Mai 1884 in der Nähe des Muckersees (Kreis Sensburg) gesammeltes Stück. Der Vogel lag nach Mitteilung des Herrn Geheimrat W. Blasius noch neuerdings Hartert vor und wurde von ihm eigenhändig mit der Etikette „*Certhia brachydactyla brachydactyla*" versehen. Da die Erlegung in die Brutzeit fällt, trage ich kein Bedenken, die Art als spärlichen Brutvogel für Ostpreußen aufzuführen, wie dies übrigens auch Hartert (211) selbst tut. In Westpreußen ist der Gartenbaumläufer westlich der Weichsel nach Dobbrick (4. Jahrb. Westpr. Lehrerver. für Naturk. 1913) verbreitet, wenn auch viel seltener als *C. familiaris*. Östlich der Weichsel beobachtete er ersteren noch auf der Frischen Nehrung bei Steegen und bei Dt. Eylau.

**Tichodroma muraria (L.)** — Alpenmauerläufer.

Nach einem Briefe von Friedrich v. Droste-Hülshoff vom 6. Oktober 1872 (121) befand sich „auf einem Gute im Kreise Labiau ein Alpenmauerläufer ausgestopft, der dort vor 2 Jahren erlegt wurde". Daß dieser ausgesprochene Hochgebirgsvogel sich so weit nördlich ins Flachland verflogen haben sollte, erscheint mir so unwahrscheinlich, daß ich in Ermangelung genauer Daten und Angaben einen Irrtum bezüglich der Herkunft des Stückes nicht für ausgeschlossen halte.

## 12. Familie: **Sittidae** — Kleiber.

**259. Sitta europaea homeyeri Hart.** — Östlicher Kleiber, Spechtmeise, Blauspecht.

Auf ostpreußische Exemplare hat Hartert (205) die Form *S. homeyeri* begründet, deren Verbreitungsgebiet sich über die russischen Ostseeprovinzen, Ostpreußen und Polen erstreckt. Sie bildet in der Färbung einen Übergang von der skandinavischen *S. europaea europaea* L. mit reinweißer zu der mitteleuropäischen *S. europaea caesia* Wolf mit ockergelber Unterseite. Schon Bock (42) weist 1784 auf diese Besonderheit hin, indem er dem preußischen Kleiber eine „fast weiße, etwas ins Rötliche sich neigende" Unterseite zuschreibt.

Mir lagen von ostpreußischen Kleibern zur Untersuchung vor: 14 Exemplare aus Losgehnen bei Bartenstein, nämlich a) ♂: 20. November 1904, b) ♂: 26. November 1904, c, d) ♂ ♀: 6. Dezember 1906, e) ♂: 31. Januar 1907 in der Sammlung der Vogelwarte Rossitten, f) ♂: 16. März 1900, g) ♀: 20. November 1904, h, i) ♂ ♀: 26. März 1910, k—o) 2 ♂♂, 3 ♀♀: 6. November 1910 in meiner Sammlung, ferner aus Neuhäuser (Kreis Fischhausen) ein ♀ vom 6. November 1902 in der Sammlung der Vogelwarte. Aus der Sammlung Wendlandt besitze ich 2 ♂♂ vom 25. April 1896 aus Schreitlaugken (Kreis Tilsit), ♂ ♀ vom 25. April und 24. März 1896 aus Schlobitten (Kreis Pr. Holland) sowie ein ♀ iuv. vom 15. Juni 1896 aus Juditten (Kreis Königsberg). Weiterhin konnte ich noch 6 Kleiber aus Quanditten (Kreis Fischhausen) in den Sammlungen von Ulmer und Zimmermann, einen aus Königsberg im Königsberger Museum, einen aus Ragnit in der Sammlung von Gude und einen aus Goldap im Besitze Büchlers untersuchen. Schließlich war Herr Geheimrat W. Blasius so liebenswürdig, mir über die von Hartert in Ostpreußen gesammelten Kleiber des Braunschweiger Museums, die von R. Blasius im neuen Naumann (386) erwähnt sind, genaue Auskunft zu geben. Es sind dies folgende Stücke:

1. Geschlecht unbestimmt. Januar 1883. Caporner Heide.
2. ♀. 4. Mai 1882. Rothebude.
3. ♂. 7. Juni 1882. Insel im Niedersee.
4. ♂. 12. April 1884. Gauleden.
5. ♂. 18. April 1884. Gauleden.
6. Geschlecht unbestimmt. Januar 1883. Caporner Heide.
7. ♂. 20. April 1882. Rominter Heide.
8. ♂. 29. April 1882. Rothebude.

Im ganzen stehen mir also 37 ostpreußische Kleiber zur Verfügung. Die von mir selbst untersuchten 29 Kleiber stimmen in der Färbung im allgemeinen überein. Die Unterseite ist bei Herbstvögeln schmutzig-ockergelblich, bei Frühjahrsvögeln in mehr abgetragenem Gefieder weiß, ockergelblich verwaschen. Doch gibt es mancherlei Verschiedenheiten. Bei den ♀♀ ist das Ockergelb, was auch Hartert (211) hervorhebt, bisweilen so stark entwickelt, daß sie sich — namentlich im Herbst — von echten *S. caesia* nicht unterscheiden lassen. Andererseits ist bei dem ♀ von Neuhäuser, gleichfalls einem Herbstvogel, der Bauch weiß mit schwachem gelblichem Anfluge, so daß es ♀♀ von *S. europaea europaea* L. sehr nahesteht. Auch das junge ♀ vom 15. Juni aus Juditten ist unterseits weißlich. Manche alte ♂♂ zeigen im Frühjahr fast reinweiße Unterseite, so die unter No. 7 und 8 aufgeführten, von Hartert gesammelten Vögel. Sie stehen nach W. Blasius der schwedischen S. *europaea europaea* sehr nahe, haben aber doch wohl einen etwas stärkeren rahmfarbenen Anflug auf der Unterseite als die meisten schwedischen Exemplare, von denen aber eins aus Stockholm (♂: 30. November 1851) sehr nahekommt. Derartige Stücke als *S. europaea europaea* aufzuführen, halte ich nicht für angängig; ich glaube nicht, daß schwedische Kleiber nach Ostpreußen gelangen. Wie Szielasko mir schrieb, beobachtete er im Februar 1911 in seinem Garten in Nordenburg dreimal einen Kleiber mit weißer Unterseite, wohl auch nur ein besonders altes ♂ von *S. eur. homeyeri*. Sehr weiß unterseits ist auch ein ♂ vom 25. April 1896 aus Schreitlaugken; es besitzt nur einen leichten gelblichen Anflug. Häufiger noch wie zu *S. eur. europaea* scheinen die ostpreußischen Kleiber zu *S. eur. caesia* zu neigen; ja es wird vielfach, so auch von Hartert (208) und Reichenow (421) angenommen, daß *S. eur. caesia* in Ostpreußen vorkomme. Hartert (l. c.) nennt *S. eur. homeyeri* eine „im östlichen Ostpreußen einheimische Form", und in der Tat scheinen im westlichen Ostpreußen Kleiber mit gelblicher Unterseite häufiger zu sein als im Osten; wenigstens schrieb mir E. Christoleit, daß er südlich der Rotbuchengrenze nur *S. eur. caesia* in Ostpreußen bemerkt habe. Dabei ist aber zu beachten, daß jüngere ♀♀ im Herbst verhältnismäßig viel Ockergelb zeigen, und daß überhaupt Herbstvögel auf der Unterseite in der Regel wenig Weiß aufweisen. Von den 14 Exemplaren aus Losgehnen würde man nur das ♀ zu gg ohne Kenntnis der Herkunft vielleicht als *caesia* ansprechen. Am meisten Weiß zeigen die Stücke zu e, f, h und i, also alles Vögel in mehr abgetragenem Gefieder. Von den Hartertschen Kleibern faßt W. Blasius die zu 1—3 aufgeführten als *S. caesia*, das ♂ zu 4 als Übergang zu *S. homeyeri* auf; das letztgenannte Stück besitzt weiße Kehle, aber intensiv ockergelbe Brust- und Leibfärbung. No. 5 und 6 sind echte *S. homeyeri*, No. 7 und 8 stehen, wie erwähnt, *S. europaea europaea* nahe. Von den Wendlandtschen Stücken besitzt nur das ♀ vom 24. März 1896 aus Schlobitten recht gelbe Unterseite. Nach meinen Untersuchungen läßt sich jedenfalls der ostpreußische Kleiber als gut charakterisierte Subspezies — entgegen der Ansicht Parrots (O. J. 1905, p. 114) — aufrechterhalten. Die Abbildung eines alten ♂ befindet sich im neuen Naumann Bd. II, Taf. 23, 3.

Inwieweit die Grenze gegen *caesia* durch Ostpreußen verläuft, und ob diese Form stellenweise ausschließlich in der Provinz vorkommt, bleibt noch festzustellen. Im nördlichen Ostpreußen scheinen hellbäuchige Kleiber zu überwiegen. Im Königsberger Museum steht eine *S. eur. homeyeri* aus der Gegend von Königsberg; le Roi (430) erhielt sie von Grenz, Thienemann von Neuhäuser. Fr. Lindner (316) erwähnt für Grenz gleichfalls die hellbäuchige Form. Auch die Quanditter Exemplare gehören zu *S. eur. homeyeri*. Dasselbe gilt, wie erwähnt, für die Bartensteiner Gegend, und auch die Kleiber, die ich bei Heilsberg beobachtete, hatten sehr helle Unterseite. Im Forstrevier Dingken (Kreis Tilsit) sah ich am 5. April 1908 einen Kleiber aus nächster Nähe, der sicher zu *S. eur. homeyeri* gehörte, und mehrere, die ich in Steinort (Kreis Angerburg) auf nahe Entfernung beobachtete, zeigten gleichfalls sehr helle, weißliche Unterseite. Gude besitzt *S. eur. homeyeri* von Ragnit und Büchler aus Goldap. Wendlandt erhielt 4 Stücke dieser Form aus Schlobitten (Kreis Pr. Holland), Juditten (Kreis Königsberg) und Schreitlaugken (Kreis Tilsit). Auch die nach Geyr v. Schweppenburg (189) im Forstrevier Schorellen (Kreis Pillkallen) sehr häufigen Kleiber gehören hierher. In der Sammlung von Erlangers befinden sich ferner nach Hilgert (225) ein ♀ und 2 ♂♂ von *homeyeri* aus Steinfließ bei Döhlau (Kreis Osterode) aus der Zeit vom 19. bis 26. April 1903, die also bereits südlich der Rotbuchengrenze gesammelt sind. Ob die von W. Blasius zu *S. eur. caesia* gezogenen Vögel, deren Vorkommen mitten in das Verbreitungsgebiet von *S. eur. homeyeri* fällt (Caporner Heide, Rothebude, Insel im Niedersee), tatsächlich zu *S. eur. caesia* gehören oder nicht, vielmehr besonders gelb gefärbte Stücke von *S. eur. homeyeri* sind, muß unentschieden bleiben. Das Exemplar von Rothebude ist in der Tat denn auch ein ♀, und sowohl in Rothebude wie in der Caporner Heide hat Hartert echte *S. eur. homeyeri* gesammelt (No. 6 und 8). Dasselbe gilt für das *caesia* sehr nahestehende ♀ vom 24. März 1896 aus Schlobitten (Kreis Pr. Holland).

Der Kleiber ist wohl über ganz Ostpreußen verbreitet; doch scheint er in den meisten Gegenden nicht gerade besonders häufig vorzukommen. Ich bin ihm bisher noch überall begegnet, bei Heilsberg (Schloßanlagen, Eichendamerau, Forstrevier Wichertshof, Großendorfer Wald) in gleicher Weise wie bei Tilsit (Jacobsruhe, Forstrevier Dingken). Bei Bartenstein ist er nicht gerade häufig, aber wohl nur deshalb, weil Nadelwaldungen überwiegen. In Laubwäldern fehlt er auch dort nirgends, und so brüten denn z. B. im „Schierlingswalde“ von Losgehnen, einem Mischwalde mit vielen Weißbuchen, Rüstern, Linden und Eichen, sowie in Gallingen alljährlich mehrere Paare. In ganz auffallender Häufigkeit zeigten sich Kleiber im Mai 1908 in den großen, mit Weißbuchen gemischten Waldungen von uralten Eichen, die zum Majorat Steinort (Kreis Angerburg) gehören. Diese gewähren allerdings auch Höhlenbrütern aller Art — ich nenne außer Kleibern nur gewaltige Mengen von Staren, ferner Hohltauben, Dohlen, Schellenten, Gänsesäger, Trauerfliegenfänger, Buntspechte, Kleinspechte usw. — die denkbar beste Brutgelegenheit. Nach Ulmer ist der Kleiber auch bei Quanditten häufig, nach Gude im Kreise Ragnit recht verbreitet. Der Kurischen Nehrung fehlt er als Brutvogel, und auch für Heydekrug nennt ihn Hildebrandt „selten". W. Christoleit teilte mir mit, daß er ihn bisher „außer in dem Kiefernwalde von Fischhausen noch überall gefunden habe, auch mit kleinen Gehölzen und Gärten vorlieb nehmend; regelmäßiger Brutvogel sei er z. B. auf dem Wehlauer Kirchhof". Goldbeck bezeichnet ihn für Weinsdorf (Kreis Mohrungen) als häufigen Brutvogel.

Daß die Zahl der Kleiber im Winter eine größere ist als im Sommer, habe ich bisher nicht feststellen können. Nach beendeter Brutzeit streichen sie wohl etwas umher und kommen dann auch an Örtlichkeiten, wo sie nicht brüten; doch findet dieses Streichen nur in räumlich beschränktem Maße statt. Ein eigentliches Wandern, wie bei einigen Meisenarten, Goldhähnchen und Baumläufern, habe ich nie beobachtet. Gegen eine Zuwanderung von Kleibern im Winter spricht auch der Umstand, daß für die Kurische Nehrung ein Zug von Kleibern von Thienemann nie festgestellt werden konnte, während Kohl-, Blau- und Tannenmeisen, Goldhähnchen und Baumläufer regelmäßig die Nehrung entlang ziehen. Nur Anfang September 1910 sollen nach einer Mitteilung, die Thienemann (588) erhielt, Kleiber bei Pillkoppen beobachtet worden sein; das können ja aber vom Festlande herübergestrichene Stücke gewesen sein.

Den Paarungsruf hörte ich in Heilsberg, wo die Art nach meinen Beobachtungen entschieden Standvogel ist, 1908 zuerst am 3. Februar, 1909 am 7., 1910 am 17., 1912 am 30., 1913 am 8. und 1914 am 6. Januar, in dem milden Winter 1910/11 sogar am 23. Dezember.

In der Sammlung Zimmermanns befindet sich ein echter Albino aus Quanditten.

### 260. Sitta europaea caesia Wolf — Mitteleuropäischer Kleiber.

*Sitta caesia* Wolf; *Sitta caesia sordida* Rchw.

Das Vorkommen dieser Form in Ostpreußen ist schon bei *S. europaea homeyeri* besprochen worden. Auf Grund der Angaben von W. Blasius und E. Christoleit möchte ich S. *eur. caesia* einstweilen noch als ostpreußischen Brutvogel aufführen, der im Südwesten der Provinz vielleicht häufiger ist und sich in einzelnen Paaren in das Verbreitungsgebiet von *S. eur. homeyeri* einschiebt. In der Tuchler Heide in Westpreußen kommt nach Dobbrick (34. Ber. Westpr. Botan. Zool. Ver. 1912 p. 109) ausschließlich *S. eur. caesia* als nicht seltener Brutvogel vor; nur einmal beobachtete er dort im November 2 durchstreichende hellbäuchige Kleiber. Auffallenderweise geben Hammling und Schulz (J. f. O. 1911 p. 553) an, daß bei Posen beide Formen brüteten.

## 13. Familie: Paridae — Meisen.

### 261. Parus maior maior L. — Kohlmeise, Finkmeise.

Wohl überall ist die Kohlmeise die häufigste Meisenart; nur die Sumpfmeise kommt ihr stellenweise, z. B. bei Bartenstein, an Zahl gleich. In Wäldern aller Art, in Gärten und Parks ist sie im Sommer und Winter gleich zahlreich, da sie bei uns, wie auch die Beobachtungen Thienemanns (536, 546) an beringten Exemplaren ergeben, wohl meist Standvogel ist. Möglich ist es allerdings, daß ein Teil uns während der kalten Jahreszeit verläßt und durch Zuzug von Norden her ersetzt wird. Vielleicht wandern aber auch nur nördlicher wohnende Stücke durch unsere Provinz in südlicher gelegene Winterquartiere. Die Kurische Nehrung wenigstens ziehen Kohlmeisen ziemlich zahlreich entlang. Am 2. Oktober 1911 beobachtete ich auch in Losgehnen einen Flug von 25—30 Stück, der hoch durch die Luft nach Südwesten zog, und am 26. Oktober 1913 sah ich eine Schar von über 50 Kohlmeisen, untermischt mit einigen Tannenmeisen, in derselben Weise ziehen.

Den Frühlingsruf vernahm ich 1904 zuerst am 5., 1907 am 9. Februar, 1908 in Heilsberg am 17. Januar. Bisweilen läßt sie ihn auch an schönen Herbsttagen hören, 1907 sogar am 14. Dezember, allerdings einem schönen, milden Tage. Das Brutgeschäft fällt in den Mai und Juni. Bei der am 17. und 18. Juni 1910 ausgeführten Revision der in der Oberförsterei Rossitten aufgehängten künstlichen Nisthöhlen fand Thienemann (588) von 54 besetzten Höhlen 37, die von der Kohlmeise bezogen waren. Sie enthielten 1 mal 13, 1 mal 12, 2 mal 11, 4 mal 10, 3 mal 9, 1 mal 8, 1 mal 7, 1 mal 6, 2 mal 5, 3 mal 4, 3 mal 3, und 1 mal 2 Eier, ferner 2 mal 10 und 3 mal 8 Junge.

Ostpreußische Kohlmeisen sind nach Hilgert (225) unterseits etwas lebhafter gelb gefärbt wie rheinische. Ob dies richtig ist, bleibt weiterer Untersuchung vorbehalten.

## 262. Parus coeruleus coeruleus L. — Blaumeise.

*Cyanistes coeruleus* (L.).

Die Blaumeise ist in der ganzen Provinz ein recht verbreiteter Jahresvogel und nächst Kohl- und Sumpfmeise weitaus die häufigste Art. In Laubwäldern und großen Baumgärten, die ihnen passende Nisthöhlen bieten, wird man sie nirgends vergeblich suchen. Besonders zahlreich begegnete ich ihr im Mai 1908 in den großen uralten Eichenwaldungen von Steinort (Kreis Angerburg); sie war dort nächst dem Star unter den Höhlenbrütern der verbreitetste, unter allen Meisen die häufigste. Im Spätherbst und Winter halten sich diese Meisen auffallend gern im Weidengebüsch und in den Rohr- und Schilfbeständen an Flüssen, Seen und Teichen auf; sie sind an solchen Örtlichkeiten, namentlich im Winter, eine ganz charakteristische Erscheinung.

Auch von dieser Meisenart verläßt uns ein Teil im September und Oktober und kehrt erst im Februar und März wieder zu uns zurück. Einen eigenartigen Neststand erwähnt Hildebrandt. Dieser fand bei Heydekrug in einem Tannendickicht etwa $1^1/_2$ m hoch ein vom Regen völlig aufgeweichtes Nest, anscheinend vom Hänfling, darin 3 Eier der Blaumeise. Die Bestimmung der Eier ist von Georg Krause nachgeprüft. Bei der Revision der in der Oberförsterei Rossitten aufgehängten künstlichen Nisthöhlen fand Thienemann (588) am 17. und 18. Juni 1910 8 von der Blaumeise bezogene; sie enthielten 8, 8, 7, 6, 5 und 1 Ei, ferner einmal 9 Junge.

Hilgert (225) meint nach Exemplaren aus Erlangers Sammlung, daß ebenso wie die ostpreußischen Kohlmeisen auch die Blaumeisen unserer Provinz lebhafter gelb seien wie rheinische Exemplare.

## 263. Parus cyanus cyanus Pall. — Lasurmeise.

*Parus saebyensis* Sparrm.; *Cyanistes cyanus* Pall.

Bujack (68) schon berichtet, daß die schöne Lasurmeise sich bisweilen nach Ostpreußen verfliege; doch macht er leider keine genaueren Angaben. Nur **ein** Belegexemplar ist aus unserer Provinz bekannt. Anfang der 80 er Jahre, wahrscheinlich 1882, erhielt Szielasko ein Stück im Fleisch, das in Leegen bei Lyck erlegt war. Leider ist der Balg später verloren gegangen. Hartert (200, 205) beobachtete die Lasurmeise einmal, am 1. Januar 1880, mit Sicherheit bei Pillau, konnte das Stück aber nicht erlegen.

Eine aus der Zeit vor der Gründung der Vogelwarte herrührende Angabe (159), wonach ein Exemplar einmal bei Sarkau auf der Kurischen Nehrung beobachtet sein soll, kann als sehr unsicher keine Berücksichtigung finden. Noch viel unglaubwürdiger ist eine „Beobachtung“ aus neuester Zeit, die sich auf die Umgebung von Rossitten bezieht (178).

### 264. **Parus ater ater** L. — Tannenmeise.

*Periparus ater* (L.).

In Nadelwäldern kommt die Tannenmeise anscheinend überall vor, vielfach allerdings nicht gerade in sehr großer Anzahl. Hartert (200, 205) sagt sogar, sie sei in Nadelwäldern, aber nicht häufig zu finden. Andererseits betonen Szielasko (471) und Zigann (658), letzterer für Wehlau, ihr „häufiges“, Geyr v. Schweppenburg (189) ganz allgemein ihr „nicht seltenes“ Vorkommen. Bei Heydekrug ist die Art nach Hildebrandt selten, und auch W. Christoleit gibt an, er habe sie als Brutvogel wie auf dem Zuge verhältnismäßig selten, aber bisher doch überall beobachtet. Techler nennt sie für Gumbinnen „nicht immer gleich zahlreich“. Bei Bartenstein und Heilsberg ist sie im allgemeinen nicht gerade selten, wechselt allerdings in ihrem Bestande sehr. Im Forstrevier Dingken (Kreis Tilsit) trat sie im April und Anfang Juli 1908 gegen die Haubenmeise an Zahl bei weitem zurück; ich habe sie dort nur sehr spärlich beobachtet. Das würde ja mit den Beobachtungen von W. Christoleit und Hildebrandt gut übereinstimmen. Auf der Kurischen Nehrung brütet sie vereinzelt überall von Cranz bis Schwarzort.

Mehr noch als *P. maior* und *P. coeruleus* ist die Tannenmeise Strich- oder wohl sogar Zugvogel. Im Winter verlassen uns ziemlich viele, um erst im März zurückzukehren. Die Hauptzugzeit ist im Herbst der September und Oktober. Dann begegnet man ihr auch nicht selten in Laubholzbeständen, ja sogar in Gärten ganz in der Nähe menschlicher Wohnungen. Thienemann (546, 576, 588, 593) konnte auf der Kurischen Nehrung im September und April vielfach ziemlich lebhaften Meisenzug, in der Hauptsache von dieser Art, beobachten. In Flügen bis zu 50 Stück zogen die Vögel in etwa 10 m Höhe frei über die Pallwe nach Süden bzw. Norden. Am 13. und 14. April 1910 traf er einen Flug Tannenmeisen von etwa 60 Stück am Waldrande bei Rossitten an. 1911 beobachtete er bei Ulmenhorst einen großen Flug am 19. April nach Norden ziehend und Anfang Oktober auffallend viele bei Rossitten. In Losgehnen stellte ich auffallend starken, regelrechten Zug von Tannenmeisen z. B. am 28. September 1913 fest.

Ende April 1900 fand ich in Losgehnen ein Nest mit unbebrüteten Eiern an der Erde in einem ausgefaulten Baumstumpf. Bei der Revision der in der Oberförsterei Rossitten aufgehängten künstlichen Nisthöhlen konnte Thienemann (588) am 17. und 18. Juni 1910 2 von der Tannenmeise besetzte feststellen; die Anzahl der Eier betrug 7 und 8.

### 265. **Parus palustris palustris** L. — Sumpfmeise, Nonnenmeise.

*Parus meridionalis* Liljeb., *fruticeti* Wallengr.; *Poecile palustris* (L.).

Die glanzköpfige Sumpf- oder Nonnenmeise steht in vielen Gegenden der Kohlmeise an Zahl nicht nach, ja bei Bartenstein ist sie fast die häufigste Meisenart. Gärten, gemischte und Laubwälder bewohnt sie gleich zahlreich. Auch Hartert (200, 205) bezeichnet sie als „im ganzen Jahre häufig“, also doch wohl als überall vorkommend. Nach Szielasko (471) ist sie jedoch in Masuren und der oberen litauischen Ebene seltener, in der unteren und der Niederung vereinzelter Brutvogel. Zigann (658) erwähnt sie für Wehlau sogar überhaupt nicht, hat sie aber wohl nur übersehen oder mit der Tannenmeise verwechselt, die er als häufig bezeichnet. Auch Szielaskos Angabe halte ich nicht für richtig. In allen Teilen der Provinz, die ich bisher besuchte — lediglich mit Ausnahme der Kurischen Nehrung —, habe ich die Sumpfmeise noch sehr häufig beobachtet. Bei Tilsit fand ich sie — entgegen der Angabe Szielaskos — im März-April und Anfang Juli 1908 zahlreich, sowohl in unmittelbarer Nähe der Stadt wie im Forstrevier Dingken. Das gleiche war im Mai 1908 bei Angerburg der Fall, und bei Heilsberg ist die Art ebenso wie bei Bartenstein recht häufig. Auch W. Christoleit schrieb mir, daß er sie als Brutvogel bisher noch überall gefunden habe, und Geyr v. Schweppenburg (189) nennt sie für den Osten der Provinz ganz allgemein „nicht selten". Hildebrandt bezeichnet sie für Heydekrug, Ulmer für Quanditten als häufig. Goldbeck nennt sie für den Kreis Mohrungen sogar einen „gemeinen Brutvogel in allen Ortschaften". In der Sammlung v. Erlangers befinden sich nach Hilgert (225) 3 Exemplare aus Döhlau (Kreis Osterode) vom 26. April 1903.

Nur auf der Kurischen Nehrung fehlt die Sumpfmeise gänzlich als Brutvogel. Selbst im Süden der Nehrung bei Cranz ist sie nach le Roi (430) ziemlich selten. Bei Rossitten hat sie Thienemann (588) bisher nur sehr spärlich und unregelmäßig auf dem Herbststrich beobachtet. Am 9. Sepzember 1910 bemerkte er eine einzelne Sumpfmeise bei Ulmenhorst, die erste seit 10 Jahren. Am 13. September sah er dann wieder ein Stück in Rossitten, und am 21. September erlegte Möschler daselbst ein ♀, das sich jetzt in der Sammlung der Vogelwarte befindet. Im August 1913 sah Thienemann bei Ulmenhorst öfters Sumpfmeisen, die im Spätsommer also vielleicht doch etwas weiter umherstreichen. Thienemanns Beobachtungen auf der Kurischen Nehrung bestätigen auch, was ich für Bartenstein schon früher annahm, daß die Sumpfmeise im allgemeinen mehr als andere Arten — die Haubenmeise vielleicht ausgenommen — Standvogel ist. Die Rossitter Exemplare sind vielleicht sogar nur vom Festlande herübergestrichen.

Im Winter nährt sich die Sumpfmeise gern von Sämereien aller Art; mit Vorliebe genießt sie z. B. Ahorn- und Hopfensamen sowie die Flügelfrüchte von *Ptelea trifoliata*. Auch die Fasanenfutterplätze besucht sie zahlreich, weit häufiger als andere Meisen. Im Winter 1907/08 traf ich in Losgehnen auf einer in einem kleinen Nadelwalde gelegenen Futterstelle stets 10—12 Sumpfmeisen, wenige Kohlmeisen, sehr selten eine Weidenmeise, andere Arten aber überhaupt nicht an.

Den klappernden Frühlingsruf, der wie „zjĕ zjĕ zjĕ" oder „djüb djüb djüb" klingt, vernahm ich in Heilsberg 1908 zuerst am 19. Januar. In Losgehnen hörte ich ihn 1909 sogar am 24., 1911 am 29. Oktober und 11. Dezember. Die ersten ausgeflogenen Jungen beobachtete ich 1908 in Losgehnen am 10. Juni.

Ostpreußische Sumpfmeisen stimmen in Größe und Färbung im allgemeinen mit skandinavischen und baltischen Exemplaren überein, während mitteldeutsche Stücke durch bräunlichere Oberseite abweichen und als *Parus palustris communis* Bald. unterschieden werden.

### 266. **Parus atricapillus borealis** Selys — Nordische Weidenmeise, Erlkönigsmeise.

*Parus borealis* Selys; *Parus, Poecile salicarius borealis* (Selys).

Erst seit Harterts (211) und Kleinschmidts (261, 264, 275) grundlegenden Arbeiten ist es allgemein anerkannt, daß wir 2 Arten von Sumpfmeisen unterscheiden müssen, die glanzköpfigen Nonnenmeisen (*P. palustris* L.) und die mattköpfigen Weidenmeisen (*P. atricapillus* L.), die sich nicht näher stehen wie etwa Teich- und Sumpfrohrsänger oder wie Fitis- und Weidenlaubsänger. Außer in der Färbung zeigen sie auch im Betragen, in Stimme und Aufenthalt sehr charakteristische Unterschiede. Die Weidenmeisen sind vorwiegend Nadelwaldbewohner und halten sich nur zur Brutzeit auch in sumpfigen Erlenbrüchen oder Kopfweidenpflanzungen auf. Die Nähe menschlicher Wohnungen meiden sie im allgemeinen. Der zeternde, gedehnte Lock- und Warnungsruf, ein breites „däh däh däh däh", der helle Frühlingspfiff, der wie „tjü tjü tjü tjü" oder „tji tji tji tji" klingt, verraten sie auch dem Unkundigen sofort.

Die ostpreußischen Weidenmeisen wurden bisher immer als *P. atr. borealis* Selys bezeichnet, weil sie im allgemeinen mit skandinavischen und nordrussischen Stücken übereinstimmen, während mitteldeutsche Stücke zu der etwas kleineren und bräunlicheren Form *P. atr. salicarius* Brehm gehören. Neuerdings meint Kleinschmidt (273) aber, daß die Ostpreußen doch etwas kleiner zu sein schienen wie Livländer und vielleicht zwischen schlesischen und livländischen Stücken eine Mittelstellung einnähmen; möglicherweise gehörten sie zu der von Sarudny und Härms aus Westrußland beschriebenen Form *P. bianchii*, deren Brutgebiet noch unbekannt ist. 8 ostpreußische Exemplare in Kleinschmidts Sammlung besitzen eine Flügellänge von: ♂♂ 6,5—6,55, 6,5, 6,5, 6,4; Geschlecht unbestimmt 6,3; ♀♀ 6,2, 6,1; pull. 6,05 cm; dagegen messen Livländer 6,3—6,8, oft 6,7 cm. 7 Stücke meiner Sammlung aus Losgehnen weisen folgende Maße auf: ♂ ad. (13. August 1907): 6,3; ♂ (1. Januar 1908): 6,3; ♂ (17. März 1900): 6,3; ♀ (7. November 1910): 6,1; 2 iuv. (30. August 1908): 6,2 und 6,15; iuv. (11. Juli 1907): 6,0. Einstweilen ist diese Frage jedenfalls noch nicht spruchreif, zumal unter den bisher untersuchten Ostpreußen sich kaum sehr alte ♂♂ befinden. Ich führe daher einstweilen die ostpreußischen Weidenmeisen noch als *P. atr. borealis* Selys auf. Abbildungen finden sich im neuen Naumann (386) Bd. II, Taf. 21, 3 und im J. f. O. 1897 Taf. IV.

Wenn Hartert (211) meint, daß die nordische Weidenmeise in Ostpreußen „mindestens bisweilen an den Ufern masurischer Seen" noch brüte, so stelle ich dem die Behauptung entgegen, daß es — mit Ausnahme der Kurischen Nehrung — wohl kaum einen Nadelwald in der Provinz gibt, der diese Art nicht in einzelnen Paaren ständig beherbergte. Wohin ich bisher auch immer gekommen bin, überall fand ich Weidenmeisen, zum Teil sogar ziemlich häufig; meist stehen sie allerdings an Individuenzahl den anderen Arten nach.

Aus dem Osten der Provinz erhielt Kleinschmidt (260, 265) die ersten Belegexemplare für Ostpreußen durch Wohlfromm, zum Teil auch während des Sommers, nämlich aus Brödlauken, Kreis Insterburg (♂ am 28. Oktober 1896) sowie aus Rogowszisna und Duttken, Kreis Oletzko. Im Forstrevier Rothebude (Kreis Goldap—Oletzko) beobachtete ich die Art am 1. und 2. Juli 1911 recht zahlreich; ich traf Familien mit kürzlich ausgeflogenen Jungen in den Schutzbezirken Rogonnen, Wiersbianken und Schwalg an. Geyr v. Schweppenburg (189) stellte 1911 die Weidenmeise als Brutvogel im Forstrevier Schorellen (Kreis Pillkallen) und in der Rominter Heide fest. Die Bruthöhle, die er in Schorellen in einer morschen Erle fand, enthielt am 5. Juni 9 nahezu flügge Junge; in der Rominter Heide entdeckte er eine schöne unbenutzte Höhle in einer Aspe. In der Sammlung v. Erlangers befinden sich nach Hilgert (225) 2 Exemplare aus Oszywilken vom 26. November und 2. Dezember 1898 sowie ein Exemplar aus Grondowken vom 16. Dezember 1898, sämtlich also aus dem Kreise Johannisburg.

Hartert sammelte nach Kleinschmidt (265) ein Exemplar in der Oberförsterei Ramuck (Kreis Allenstein), und ich selbst beobachtete am 21. Juni 1908 eine Familie mit Jungen im Allensteiner Stadtwalde nahe bei Jacobsberg. E. Christoleit bemerkte die Art Anfang Juli bei Passenheim (Kreis Ortelsburg); Ende August fand er sie ferner bei Heinrichswalde (Kreis Niederung) sowie als mutmaßlichen Brutvogel in der Oberförsterei Drusken (Kreis Wehlau) und bei Wehlau. Er meint, daß sie wahrscheinlich in jedem feuchten, dichten Nadel- oder gemischten Walde des nördlichen Ostpreußen zu finden sei. Zur Zugzeit sah er sie regelmäßig und nicht selten bei Heinrichswalde und Frauenburg; ja bei Ragnit hatte er sie sogar im Winter am Futterplatz (94). W. Christoleit konnte sie 1909 zur Brutzeit bei Laukischken (Kreis Labiau) feststellen. Am 5. April 1908 beobachtete ich ferner ein Paar im Forstrevier Dingken (Kreis Tilsit) zwischen Pogegen und Jecksterken im Kiefernwalde und begegnete in demselben Revier zwischen Powilken und Dingken am 5. Juli 1908 einigen — anscheinend jungen — Exemplaren.

Bei Bartenstein ist die Weidenmeise recht verbreitet. Vereinzelt kommt sie als Brutvogel in jedem Nadelwalde vor; in Losgehnen z. B. brüten alljährlich mehrere Paare. Am 7. Juni 1906 fand ich in einer sumpfigen Kopfweidenpflanzung eine Nisthöhle mit fast flüggen Jungen, die ich an anderer Stelle (601, 610) unter Beifügung einer Photographie eingehend beschrieben habe; ich habe dort zugleich alle Beobachtungen über die Art zusammengefaßt. Eine Abbildung des Brutreviers findet sich bei Kleinschmidt (275). Selbst im „Schierlingswalde", der neben Fichten sehr viel Laubholz enthält, bemerkte ich ein pfeifendes ♂ am 1. Mai 1910; dagegen konnte ich im Gutsgarten bisher — mit einer Ausnahme — nur wenige Male flüchtig durchstreichende Exemplare beobachten. Ende September 1913 stellte sich zum ersten Male ein Paar für längere Zeit im Gutsgarten ein; es hielt sich etwa 2 Monate ständig dort auf. Außer in Losgehnen habe ich Weidenmeisen auch in den Waldungen von Gallingen öfters gehört, so je ein ♂ am 26. April und 26. Juli 1909 sowie am 1. April 1912, ein anderes am 11. April 1910 bei Tingen. Im Kreise Heilsberg ist sie gleichfalls verbreitet. Folgende Daten und Fundorte mögen dies beweisen: 29. Juli 1908 (mehrere im Kiefernwalde bei Markeim); 19. April 1909 (ein ♂ pfeift im Kiwitter Walde bei Mengen); 6. September 1909 (mehrere bei Mengen); 14. Oktober 1911 (mehrere bei Springborn); 14. Mai 1909 (ein ♂ pfeift und warnt in der Damerau bei Heilsberg, anscheinend am Nest); 27. September 1910 (mehrere in der Damerau); 23. Mai 1909 (ein Stück im Forstrevier Wichertshof); 14. Juni 1910 (ein Stück im Makohler Walde am Maukelsee); 11. November 1911, 28. Dezember 1912 und 20. Dezember 1913 (mehrere im Walde von Konnegen unter *P. ater* und *P. cristatus)*; 11. Dezember 1913 (mehrere im Walde von Lauterhagen). Auch den Kreisen Rössel und Braunsberg fehlt die Art nicht. Schütze beobachtete sie im April 1907 in Ramten (Kreis Rössel), ich selbst am 27. Mai 1906 in der Stadtheide bei Mehlsack (Kreis Braunsberg) sowie am 18. Juni 1913 im Forstrevier Sadlowo, Schutzbezirk Kekitten (Kreis Rössel). Aus allen Teilen der Provinz liegen also Beobachtungen vor und zwar großenteils auch aus den Sommermonaten.

Wenn die Weidenmeise auch außerhalb der Brutzeit mit anderen Meisenarten etwas weiter umherstreicht, so glaube ich doch nicht, daß wir im Winter von Norden oder Osten her nennenswerten Zuzug erhalten. Bei uns scheinen die Alten mehr oder weniger Standvögel zu sein; ja Thienemann konnte die Art für die Kurische Nehrung überhaupt noch nie nachweisen. Nur die Jungen streichen nach beendeter Brutzeit in etwas weiterem Umkreise umher, so daß man sie am zahlreichsten in den Monaten August-September sowie im März, wenn sie sich auf die Brutplätze verteilen, sieht. Ich habe bisher aber noch nie gefunden, daß die Zahl im Winter größer ist als im Sommer. Am Nest sind sie allerdings sehr heimlich und verraten ihren Aufenthalt dann auch dem Kundigen nicht so leicht.

### 267. **Parus cristatus cristatus L.** — Haubenmeise.

*Lophophanes cristatus* (L.).

Weit mehr als die Tannenmeise ist die Haubenmeise an die Nadelwälder gebunden; sie verläßt das Nadelholz selbst auf dem Striche kaum und ist meist wohl überhaupt ein regelrechter Standvogel.

In der Provinz ist sie in Nadelwaldungen überall zu finden, stellenweise sogar etwas häufiger wie *P. ater*. Auffallend zahlreich traf ich sie im April und Anfang Juli 1908 im Forstrevier Dingken (Kreis Tilsit) an; sie war dort in den Kiefern- und Fichtenbeständen die häufigste Meise. Bei Bartenstein und Heilsberg ist sie gleichfalls ziemlich häufig, und auch W. Christoleit berichtet, daß er sie, allerdings in wechselndem Bestande, bisher noch überall, auch als Brutvogel, gefunden habe. Nur aus Mangel an Nistgelegenheit ist sie stellenweise etwas seltener, so nach Thienemann (504) bei Rossitten. Bei Cranz ist sie jedoch nach le Roi (430) ziemlich häufig, und auch bei Schwarzort traf ich sie nicht selten an.

Auch bei dieser Meisenart stimmen wieder ostpreußische Exemplare am meisten mit skandinavischen und nordrussischen überein. Der graubraune Rücken unterscheidet sie von der bräunlicheren mitteldeutschen Form *P. c. mitratus* Brehm. Ein ostpreußisches Exemplar ist im neuen Naumann (386) Bd. II, Taf. 19, 1 abgebildet.

## 268. **Aegithalos caudatus caudatus** (L.) — Weißköpfige Schwanzmeise.

*Parus caudatus* L.; *Acredula, Orites, Mecistura caudata* (L.).

Als Brutvogel kommt die weißköpfige Schwanzmeise vereinzelt wohl überall vor; sie ist im allgemeinen aber entschieden seltener als die anderen Meisenarten. Laub- und Mischwälder wählt sie als Sommeraufenthalt; jedoch scheint die Zahl der Brutpaare in den einzelnen Jahren nicht immer gleich zu sein. In Losgehnen bei Bartenstein z. B. brüten Schwanzmeisen öfters, aber durchaus nicht alljährlich; verhältnismäßig viele sah ich im Sommer 1910 und erlegte am 19. Juni auch 2 junge Stücke. Auch Hartert (200, 205) bezeichnet die Schwanzmeise als sparsamen Brutvogel, während Bujack (68) von ihr 1837 sagt, sie sei in Laubwäldern ziemlich häufig. Ob letztere Angabe auch nur für die damalige Zeit zutraf, ist fraglich. Heutzutage scheint die Schwanzmeise jedenfalls nirgends besonders häufig zu sein.

E. Christoleit fand sie spärlich brütend bei Wehlau, Tharau, in der Oberförsterei Drusken und in einem Falle bei Königsberg, und W. Christoleit bezeichnet sie als seltenen Jahresvogel für Laukischken (Kreis Labiau). Techler erwähnt ihr Nisten für den Kreis Gumbinnen z. B. den Plicker Wald und den Gumbinner Kirchhof. Im Forstrevier Rothebude (Kreis Goldap-Oletzko) beobachtete ich am 1. und 2. Juli 1911 sowie am 31. Mai 1913 Familien mit Jungen in den Schutzbezirken Rogonnen und Schwalg, und auch in den Eichenwäldern von Steinort (Kreis Angerburg) begegnete ich diesen Meisen mehrfach im Mai 1908. Geyr v. Schweppenburg (189) beobachtete sie im Juni und Juli 1911 bei Schorellen, Rominten und Rudczanny, aber überall relativ selten.

Bei Bartenstein ist die Schwanzmeise, wie bereits erwähnt, spärlicher und anscheinend auch nicht ganz regelmäßiger Brutvogel. Im Forstrevier Wichertshof (Kreis Heilsberg) bemerkte ich ferner ein Paar am 23. Mai 1909, und auch der Oberförsterei Schwalgendorf (Kreis Mohrungen) fehlt sie nach Picht zur Brutzeit nicht. Für Wehlau erwähnt sie Zigann (658) nur als Wintergast; doch hat er sie zur Brutzeit offenbar nur übersehen, zumal E. Christoleit sie gerade für die dortige Gegend anführt. Auf dem südlichen Teile der Kurischen Nehrung brütet sie nach le Roi (430) in geringer Anzahl. Lindner (316) bezeichnet sie auch für Rossitten als Brutvogel; doch ist sie von Thienemann (588) dort neuerdings brütend nicht mehr aufgefunden worden; 4—5 Stücke, die er am 3. Juli 1910 bei Kunzen bemerkte, waren alte Vögel, die wohl nicht gebrütet hatten.

Als Wintergast fehlt die Schwanzmeise nirgends ganz. Sie ist in manchen Jahren auffallend häufig; in anderen sieht man wieder nur äußerst selten einmal einen Flug. Bei Bartenstein war sie z. B. in den Wintern 1907/08 und 1908/09 nur sehr spärlich vorhanden, desto häufiger im Herbst und Winter 1910/11 und 1913/14. Auch bei Heilsberg und Königsberg trat sie in dem erstgenannten Winter auffallend häufig auf. Offenbar erfolgt also in manchen

Jahren ein bedeutender Zuzug von Norden oder Osten her. Dafür spricht auch der Umstand, daß Thienemann (550, 564, 588) auf der Kurischen Nehrung, wo sie im allgemeinen auch im Winter ziemlich selten ist, bisweilen einen recht lebhaften Durchzug beobachtet hat, so im Oktober 1908 und ganz besonders im Oktober und Anfang November 1910.

**Panurus biarmicus biarmicus (L.) — Bartmeise.**

*Parus biarmicus* L., *barbatus* Pall.

v. Hippel (227) berichtet, daß die Bartmeise einmal in der Brödlaukener Forst (Kreis Insterburg) beobachtet sei; ich halte jedoch eine Verwechslung mit der Schwanzmeise — vielleicht mit Jungen im Nestkleide — nicht für ausgeschlossen. Im Leipziger Museum befindet sich ein Stück aus der Talkeschen Sammlung mit der Bezeichnung „Ostpreußen". Nach Künow und Zimmermann stammt es jedoch sicher nicht aus der Provinz, sondern ist entweder aus einem gekauften Balge gefertigt oder rührt von einem Käfigvogel her.

Neuerdings berichtete mir recht ausführlich Höpfner über eine Familie Bartmeisen, die er am 14. Juni 1910 an der Passarge bei Böhmenhöfen (Kreis Braunsberg) beobachtet habe. Wenn auch nach der eingehenden Beschreibung die beobachteten Vögel sehr wohl dieser Art angehört haben können, so kann ich andererseits doch auch wiederum die Möglichkeit nicht völlig von der Hand weisen, daß nicht auch hier eine Verwechslung mit Jungen der Schwanzmeise, die ja durch die Kopfstreifen und die dunklere Färbung sehr von den Alten abweichen, vorgekommen ist. In Ermangelung eines Belegexemplares halte ich den Nachweis des Vorkommens der Bartmeise für Ostpreußen jedenfalls noch nicht für erbracht.

**Anthoscopus pendulinus pendulinus (L.) — Beutelmeise.**

*Aegithalus, Remizus pendulinus* (L.)

An der Weichsel ist die Beutelmeise in Westpreußen schon wiederholt brütend aufgefunden worden; für Ostpreußen ist sie jedoch noch nie mit Sicherheit festgestellt. v. Hippel (227) berichtet zwar über eine Beobachtung in Parnehnen (Kreis Wehlau); doch ist, da ein Belegexemplar nicht vorliegt, ein Irrtum keineswegs ausgeschlossen.

## 269. Regulus regulus regulus (L.) — Gelbköpfiges oder Wintergoldhähnchen.

*Motacilla regulus* L.; *Regulus cristatus* Koch, *crococephalus* Brehm, *flavicapillus* Naum.

In allen Nadelwaldungen ist das Wintergoldhähnchen ein häufiger Jahresvogel, und nur, wo Nadelholz fehlt, wie stellenweise in der Memelniederung, wird man es zur Brutzeit vergeblich suchen.

In gleicher Weise wie so manche Meisenarten unternimmt auch dieses Goldhähnchen regelmäßige Wanderungen in den Monaten September-Oktober und März-April. Wie Gaetke und Weigold für Helgoland und Leege für Juist konnte auch Thienemann für die Kurische Nehrung während jeder Zugperiode lebhaften Goldhähnchenzug feststellen. An manchen Tagen wimmelt es in den Büschen geradezu von diesen kleinen Vögeln. Auch bei Bartenstein habe ich zur Zugzeit alljährlich Goldhähnchen zahlreich fern von den Brutplätzen, selbst in reinem Laubholz und in Gärten beobachtet. Wahrscheinlich sind die bei uns durchwandernden nördlicher wohnende Vögel. Daß die Zahl der Goldhähnchen an den Brutplätzen im Winter größer ist als zur Brutzeit, habe ich bisher nicht feststellen können, ebensowenig aber auch eine Abnahme während der kalten Jahreszeit. Im Sommer fallen sie im allgemeinen weniger auf, da sie sich dann mehr in den Wipfeln der Nadelbäume aufhalten. Außerhalb der Brutzeit trifft man fast stets in ihrer Gesellschaft Tannen- und Haubenmeisen, auch nordische Weidenmeisen und Baumläufer an, nicht selten auch Kohl-, Blau- und Sumpfmeisen.

**Regulus ignicapillus ignicapillus (Temm.) — Feuerköpfiges oder Sommergoldhähnchen.**

*Regulus pyrocephalus* Brehm.

Böck (48) erhielt diese Art von Danzig, wo auch Dobbrick (4. Jahrb. Westpr. Lehrerver. für Naturk. 1913) sie noch neuerdings bei Oliva feststellte; doch ist sie für Ostpreußen bisher nicht mit Sicherheit nachgewiesen. Hartert (18, 200, 205) konnte das Sommergoldhähnchen trotz aller Bemühungen in der Provinz nicht feststellen. Szielasko (471) gibt es zwar für die litauische Ebene als seltenen Durchzügler an; diese Angabe beruht aber nicht auf eigener Beobachtung und ist, wie er mir mitteilte, sehr unsicher. Zigann (658) erwähnt es für Wehlau, verwechselt es aber offenbar mit dem ♂ von *R. regulus*, da er als Unterscheidungsmerkmal für *R. regulus* einen gelben, für *R. ignicapillus* einen roten Kopfstreifen anführt. Die Angaben von Robitzsch (18) über sein Brüten bei Norkitten (Kreis Insterburg) und Meier (369) über sein Vorkommen in Louisenberg (Kreis Friedland) bedürfen gleichfalls der Bestätigung, da Verwechslungen mit der vorigen Art, wie erwähnt, leicht vorkommen. Sicher unrichtig ist die Bemerkung Rathkes (406), daß *R. ignicapillus* in Preußen häufig sei.

## 14. Familie: **Troglodytidae** — Zaunkönige.

### 270. **Troglodytes troglodytes troglodytes** (L.) — Zaunkönig.

*Motacilla troglodytes* L.; *Troglodytes parvulus* Koch; *Anorthura troglodytes* (L.).

So klein der Zaunkönig auch ist und so gut er es auch versteht, sich zu verbergen, so ist er doch ein ganz bekannter Vogel. Er kommt zwar kaum irgendwo in besonders großer Zahl vor; doch fehlt er andererseits auch nirgends ganz. Schattige Schluchten, Erlenbrücher, Wälder mit dichtem Unterholz und ähnliche Orte wählt er mit Vorliebe als Brutplätze. Einzeln kommt er aber als Brutvogel auch sonst vielfach vor, nicht selten selbst in Gärten ganz in der Nähe menschlicher Wohnungen. Verhältnismäßig zahlreich nistet er nach meinen Beobachtungen in den Waldungen von Steinort (Kreis Angerburg) und im Forstrevier Wichertshof (Kreis Heilsberg).

Außerhalb der Brutzeit begegnet man ihm überall an buschreichen Orten, besonders auf dem Herbst- und Frühjahrszuge. Wenn die Alten vielleicht auch bei uns meist Standvögel sind, so kann man doch auch bei dieser Art, wie bei Meisen und Goldhähnchen, einen regelrechten Zug beobachten, der hauptsächlich in die Zeit von Ende September bis Ende Oktober und von Ende März bis Mitte April fällt. Einzeln oder in kleinen Gesellschaften trifft man sie dann überall in Gebüschen, im Rohr, auch in Gärten an; in letzteren besuchen sie namentlich gern die Gemüsebeete. Dieser Zug, den ich bei Bartenstein alljährlich beobachten kann, ist auch auf der Kurischen Nehrung nach Thienemann gewöhnlich recht lebhaft. Im Winter sieht man den Zaunkönig ebenso wie im Sommer immer nur einzeln oder paarweise. Wie auf dem Zuge sucht er auch im Winter gern die dürren Rohr- und Schilfbestände auf. Auch in die Nähe von Gebäuden kommt er dann nicht selten.

Von der Stimme der Jungen sagt Naumann (385), sie weiche von der der Alten wenig ab. Nach meinen Erfahrungen trifft das nicht ganz zu; unmittelbar nach dem Ausfliegen lassen die Jungen gewöhnlich einen piependen, meisenartigen Ton hören, der dem „zerr“ der Alten ganz unähnlich ist. Übrigens schreibt auch schon v. Schilling (O. C. 1878 p. 177), daß die Stimme der Nestjungen wie „zii“ laute.

### 271. **Cinclus cinclus cinclus** (L.) — Nordischer Wasserschmätzer, Wasserschwätzer, Wasserstar, Wasseramsel.

*Sturnus cinclus* L.; *Cinclus septentrionalis* Brehm, *melanogaster* Brehm.

An manchen der schnellfließenden Flüsse im Osten der Provinz war der Wasserstar früher regelmäßiger Brutvogel, und vielleicht ist dieses auch heutzutage noch der Fall. Talke erwähnt nach Hartert (205) sein Brüten für den Goldapfluß, eine Angabe, die Zimmermann bestätigt. Bei der Mühle Bodschwingken hat der Wasserstar nämlich noch in den 90 er Jahren regelmäßig genistet; ein von dort herstammendes Brutexemplar, das der schwarzbäuchigen nordischen Form angehört, befindet sich in Ulmers Sammlung. Auch ein im Frühjahr an der Rominte erlegtes Stück, das

Hartert (211) sah, gehörte zu dieser Form. Löffler (322) beobachtete ein Brutpaar an einer Mühle bei Gerdauen. Auf Grund dieser Angabe bezeichnete ihn Rathke (406) schon 1846 für die Provinz als Brutvogel. Weitere sichere Nachrichten über das Brüten des Wasserstars in Ostpreußen konnte ich nicht ermitteln. Nach Ulmer kommt *Cinclus* an der Alle bei Lengen und Oberhausen, oberhalb von Bartenstein, öfters vor; er beobachtete dort im Winter ständig 2—3 Exemplare und sah einmal ein Stück auch im Sommer. Wie er mir ferner mitteilte, nistet der Vogel höchstwahrscheinlich auch am Frischingfluß bei Bajohren (Kreis Pr. Eylau). An der Rominte konnte ihn Geyr v. Schweppenburg (189) im Juli 1911 trotz eifrigen Suchens nicht auffinden; er brütet dort jetzt anscheinend nicht mehr; vielleicht war dies aber früher der Fall.

Während der kalten Jahreszeit werden Wasserschmätzer nicht allzu selten an den verschiedensten Stellen der Provinz, besonders im Norden und Osten, bemerkt; es sind das offenbar vielfach Wintergäste von Norden her, zum Teil aber wohl auch unsere Brutvögel, die dann etwas weiter umherstreichen.

Auf der Kurischen Nehrung wurde nach Möschler ein Stück am 26. April 1900 an den Bruchbergen bei Rossitten tot aufgefunden und von Sondermann präpariert, wie auch dessen Eingangsbuch ergibt. Thienemann (504) sah einen Wasserstar gleichfalls bei Rossitten am 26. Oktober 1899. Aus Lablacken vom Südufer des Kurischen Haffs erhielt er am 8. Dezember 1905 ein Exemplar, das sich jetzt in der Sammlung der Vogelwarte befindet. Hartert (200) beobachtete die Art im Spätherbst und bis in den Winter hinein bei Warnicken an der Nordküste des Samlandes. Das Königsberger Museum erhielt nach dem Akzessionskatalog ein noch jetzt vorhandenes Exemplar im Januar 1835 *) von Heilsberg durch Mühlenbesitzer Bornkamm. Weitere Stücke, die aber später wohl weggegeben wurden, erhielt das Museum im November 1829 von Ibenhorst durch Oberförster Krüger (Begleitbrief vom 4. November 1829; vergl. auch Bujack (68)), im November 1833 von Fischhausen durch Lietzau und 1842 von Angerburg durch Specovius (Akzessionskatalog). Sondermann ging je ein Stück am 27. Oktober 1894 von Ibenhorst, am 4. November 1901 von Kindschen (Kreis Ragnit) und am 1. Februar 1909 von Wischwill (Kreis Ragnit) zu. Nach Gude wurde ein Wasserstar bei Pogegen (Kreis Tilsit) geschossen. Techler (487) erwähnt ein ♀, das am 17. Februar 1896 in Antmeschken bei Szabienen (Kreis Darkehmen) an der Angerapp erlegt wurde, und Otto beobachtete vor Jahren ein Stück im Winter an einem Wehr bei Rothebude (Kreis Goldap), wo auch noch im Winter 1912/13 mehrfach ein Wasserstar gesehen wurde. Zimmermann besitzt ein Exemplar vom 4. Februar 1895 aus Bodschwingken und Büchler ein solches vom 25. Februar 1896 von der Rominte. v. Hippel (234) berichtet über die Erlegung eines „*C. melanogaster*" bei Lyck im Dezember 1895, und Sondermann erhielt von dort ein Stück am 10. März 1900. Schlonski besitzt einen Vogel, der im Januar bei Grünheide (Kreis Sensburg) erlegt wurde.

Zigann (658) konnte den Wasserstar für Wehlau zweimal feststellen; am 6. Januar 1894 sah er ein Exemplar bei Pinnau; ein anderes wurde bei Colm erlegt. Hartert (200) erwähnt das Vorkommen für den Pregel oberhalb von Königsberg, und Ulmer besitzt ein Stück, das im Jahre 1906 bei Königsberg auf einem Holzhaufen gefangen wurde. Bei Bartenstein wurde nach Mitteilung des Herrn Gymnasialdirektor Dr. Roese ein Stück am 18. Januar 1914 an der Alle bei Wehrwilten geschossen. Aus dem Westen der Provinz haben wir nur **eine** sichere Nachricht. Goldbeck beobachtete einmal ein Stück im Winter bei Liebstadt (Kreis Mohrungen).

Sämtliche von mir untersuchten ostpreußischen Wasserschmätzer gehörten der nordischen Form an, deren Brutgebiet sich von Ostpreußen über die russischen Ostseeprovinzen, Skandinavien und Nordrußland

*) Unrichtig ist die Angabe von Dach (108), daß das Stück erst 1895 erlegt sei.

erstreckt. Für die Tuchler Heide in Westpreußen nennt Dobbrick (34. Ber. Westpr. Botan. Zool. Ver. 1912 p. 101) als Winter- und Brutvogel bereits den mitteldeutschen *Cinclus merula* = *Cinclus cinclus aquaticus* Bechst.

## 15. Familie: **Prunellidae** — Flüevögel.

### 272. **Prunella modularis modularis (L.)** — Heckenbraunelle.

*Motacilla modularis* L.; *Sylvia, Accentor modularis* (L.).

Wohl nur ihrer versteckten Lebensweise hat es die Heckenbraunelle zu verdanken, daß man früher vielfach annahm, sie fehle in Ostpreußen fast ganz. Und doch ist sie auf dem Durchzuge durchaus keine Seltenheit, während allerdings über ihr Brüten in unserer Provinz auch heute noch sehr wenig bekannt ist.

Löffler (328) sah und hörte ein eifrig singendes ♂ Ende Mai bei Kirschnehnen (Kreis Fischhausen) aus nächster Nähe. W. Christoleit fand im Jahre 1903 ein Nest im Stadtwalde von Fischhausen, und Geyr v. Schweppenburg (189) beobachtete ein singendes ♂ mutmaßlich am Brutplatz Mitte Juni 1911 im Forstrevier Schorellen (Kreis Pillkallen) nahe dem Forsthaus Schilleningken. Goldbeck bezeichnet sie als wahrscheinlichen Brutvogel für Schwalgendorf (Kreis Mohrungen). Damit ist aber auch schon die Zahl der Brutangaben erschöpft. Es unterliegt jedoch keinem Zweifel, daß die Braunelle durchaus nicht so selten in Ostpreußen brütet, wie es hiernach den Anschein hat; allerdings scheint sie immer nur sehr zerstreut und spärlich aufzutreten. Bei Bartenstein habe ich sie jedenfalls nie zur Brutzeit bemerkt, und auch andere Beobachter, wie Hartert und Voigt, haben sie nicht aufzufinden vermocht. Wenn Szielasko (471) sie als „überall häufigen Brutvogel" bezeichnet, so beruht diese Angabe nicht auf eigener Erfahrung und ist, wie er mir mitteilte, jedenfalls unrichtig; eine sichere Nachricht über ihr Vorkommen zur Brutzeit besitzt er nicht.

Als Durchzügler ist die Braunelle kaum irgendwo eine ungewöhnliche Erscheinung; auf der Kurischen Nehrung und bei Bartenstein kommt sie sogar im Herbst und Frühjahr durchaus nicht selten vor. v. Ehrenstein (52) zweifelte noch überhaupt an ihrem Vorkommen in Ostpreußen, und auch Hartert (200, 205) erwähnt nur ein im Frühjahr bei Goldap erlegtes Exemplar. Löffler (l. c.) jedoch schon stellte sie mehrfach im Herbst und Frühjahr bei Gerdauen fest und erhielt auch wiederholt von dort Exemplare. Robitzsch (16) bemerkte bei Norkitten (Kreis Insterburg) 1882 ein Stück am 1. April, und E. Christoleit beobachtete sie am 22. April 1899 bei Jesau (Kreis Pr. Eylau), im Oktober 1907 bei Niederwald (Kreis Braunsberg) und wahrscheinlich am 2. Mai 1900 auf dem Kirchhofe zu Memel. Nach Goldbeck zeigte sich im November 1908 ein vom Vorwinter überraschtes Exemplar im Pfarrgarten von Weinsdorf (Kreis Mohrungen).

Eine nicht seltene Erscheinung ist sie nach Thienemann (510, 546, 550, 588) während des Zuges auf der Kurischen Nehrung. Der Zug fällt dort in die Monate März-April und September-Oktober. Als erste Beobachtungsdaten im Frühjahr seien der 23. März 1902, 18. April 1904, 20. April 1905, 19. März 1906, 21. April 1907, 5. April 1910 genannt. Einzelne überwintern sogar gelegentlich bei Rossitten. Thienemann beobachtete dort je ein Stück am 6. November und 29. Dezember 1906, 26. und 27. Februar 1908, 8. November 1908 und vom 22. Januar bis 25. Februar 1910. Bei Cranz stellte sie le Roi (430) in einem Exemplar am 9. Mai 1902 fest, und Ulmer erhielt 2 Stücke von Quanditten im April 1905.

Auch bei Bartenstein gehört die Braunelle, namentlich im Herbst, wie erwähnt, zu den ganz regelmäßigen Durchzüglern. Der Frühjahrszug fällt in den April. 1901 schoß ich ein Stück am 10. und 1913 am 6. April; 1904 bemerkte ich die erste am 24., 1905 am 23. und 1909 am 18. April. Nicht allzu selten lassen die ♂♂ in dieser Zeit ihren Gesang hören. Der Herbstzug erstreckt sich von Mitte September bis Ende Oktober, ausnahmsweise sogar noch bis Anfang November. Die ersten bemerkte ich 1902 am 28., 1907 am 26., 1908 am 20., 1909 am 26., 1910 am 18., 1911 am 17., 1912 am 29. und 1913 am 13. September, die letzte 1909 am 8. November und 1911 am 30. Oktober. Der trillernde Wanderruf, den man im Frühjahr seltener hört, verrät sie im Herbst leicht. In der Zeit um den 1. Oktober herum vermißt man sie an guten Zugtagen in den frühen Morgenstunden kaum jemals unter den wandernden Kleinvögeln; allerdings scheint sie immer nur einzeln oder in ganz kleinen Gesellschaften zu ziehen. Am Tage läßt sie sich in Buschwerk aller Art, mit Vorliebe aber im Weidengebüsch, nieder, wo ich auch am 1. Oktober 1911 und 29. September 1912 je ein Stück als Belegexemplar schoß.

## 16. Familie: **Sylviidae** — Sänger.

### 273. **Sylvia nisoria nisoria** (Bechst.) — Sperbergrasmücke.

*Motacilla nisoria* Bechst.; *Curruca nisoria* (Bechst.), *undata* Brehm.

Von Memel bis Johannisburg kommt die Sperbergrasmücke nach Hartert (18) in Ostpreußen überall vor; an geeigneten Stellen tritt sie sogar meist ziemlich häufig auf. Weiden- und Erlengebüsche wählt sie mit Vorliebe als Sommeraufenthalt; aber auch in buschreichen Gärten ist sie eine ganz gewöhnliche Erscheinung, während sie den eigentlichen Wald meidet. Sie fehlt daher auch in den großen Kiefernforsten und Fichtenwaldungen im Süden und Osten der Provinz, wie sie ja überhaupt im Innern der Wälder nicht vorkommt; Geyr v. Schweppenburg (189) konnte sie daher weder für Schorellen noch für Rominten nachweisen. Sonst ist eigentlich kaum eine Gegend bekannt, wo sie seltener wäre.

Ganz besonders zahlreich bewohnt sie den Norden und Nordosten der Provinz. Nach Baer (31) brütet sie als Bewohnerin der Niederungsmoore recht häufig bei Memel und Minge, nach Hildebrandt und Voigt (651) bei Heydekrug, nach Gude bei Ragnit und nach meinen Beobachtungen bei Tilsit und Ruß. Auf der Kurischen Nehrung gehört sie nach Thienemann (510) in der Umgebung von Rossitten zu den häufigsten Kleinvögeln, und auch Voigt (650, 651) sagt, daß er sie dort und in anderen Teilen der Provinz ebenso häufig gefunden habe, wie in Sachsen die Dorngrasmücke. le Roi (430) erwähnt sie für den südlichen Teil der Nehrung nicht, doch hat er sie vielleicht nur übersehen. Im Samlande ist sie jedenfalls nach Löffler (329) und Hartert (200) durchaus nicht selten; bei Neukuhren traf ich sie am 24. Juli 1913 vielfach an. Bei Wehlau kommt sie nach W. Christoleit und Zigann (658) in den Weidengebüschen an Alle und Pregel häufig vor, und auch für Norkitten und Insterburg wird sie von Robitzsch (18) und Voigt (651) als zahlreicher Brutvogel bezeichnet. Bei Szameitschen (Kreis Gumbinnen) ist sie nach Techler gleichfalls keine Seltenheit.

Auch in Masuren fehlt die Sperbergrasmücke an passenden Stellen nirgends. Hartert (200, 205) fand sie zahlreich bei Lötzen sowie auf den Inseln der masurischen Seen, und im Kreise Angerburg bin ich ihr ebenfalls überall begegnet, z. B. in der Nähe der Stadt Angerburg, an den Ufern des Mauersees, im Stadtwalde, bei Steinort, Kruglanken, am Widminner See und an anderen Orten. Auch bei Allenstein bemerkte ich sie am 21. Juni 1908.

In der Nähe von Bartenstein ist *S. nisoria* nächst Dorn- und Mönchsgrasmücke die häufigste Art; sie ist dort als Brutvogel recht verbreitet. Auch bei Heilsberg ist sie in den Gärten der Stadt, an der Alle und im Simsertal ziemlich häufig. Für Weinsdorf (Kreis Mohrungen) bezeichnet sie Goldbeck als häufigen Brutvogel in den nahe am Wasser gelegenen Feldhölzern und Gärten.

Erst spät im Jahre trifft sie bei uns ein. Bei Bartenstein beobachtete ich die ersten zwischen dem 11. und 21. Mai, im Mittel von 9 Jahren am 16. dieses Monats. Der Abzug erfolgt wohl spätestens im Laufe des August. Ein Gelege mit kastanienbraun gefleckten Eiern fand Hartert (200) am 15. Juni 1880 bei Pillau. Thienemann (510) gibt für Rossitten aus dem Jahre 1902 folgende Brutdaten an: 9. Juni: Nest mit 2 Eiern; 11. Juni: Nest mit 5 Eiern; 15. Juni: 4 Nester, nämlich 2 unbelegte, eins mit 2 und eins mit 5 Eiern; 17. Juni: 4 Eier; 27. Juni: mehrere Nester mit Eiern und Jungen, Zahl der Gelege 3—6; 3. Juli: Nest mit 3 Eiern und eins mit 2 flüggen Jungen nebst 3 faulen Eiern. Nach dem Ausfliegen besuchen die Jungen mit den Alten sehr gern die Kirschenbäume, von denen sie nur schwer zu vertreiben sind. Sie sehen bekanntlich den Alten sehr unähnlich; mehrere von mir im Juli 1907 in Losgehnen auf Kirschbäumen erlegte zeigten keine Spur von Wellenlinien, auch nicht, wie Naumann (385) angibt, an den Weichen. Auch Hartert (211) erwähnt eine solche Fleckung nicht. Nach M. Heinroth (Verh. V. Inter. Ornith. Kongr. p. 735—736) ist dies das erste Jugendkleid, das die Vögel nur ganz kurze Zeit tragen. Bereits im Alter von 6 Wochen hat sich das zweite Jugendkleid entwickelt, bei dem eine Fleckung schon stellenweise angedeutet ist.

In seltenen Fällen scheint die Sperbergrasmücke fremde Vogelstimmen nachzuahmen, was bisher noch wenig bekannt ist. Am 1. Juni 1903 hörte ich in Losgehnen von einem ♂ täuschend den Gesang des Drosselrohrsängers wiedergeben.

### 274. **Sylvia borin** (Bodd.) — Gartengrasmücke.

*Motacilla borin* Bodd.; *Sylvia hortensis, hippolais* auct., *simplex* Lath; *Curruca hortensis, hippolais* auct., *simplex* (Lath.)

Unter den Grasmückenarten scheint die Gartengrasmücke überall am seltensten aufzutreten. Das gibt Hartert (200) ganz allgemein für Ostpreußen an, und auch meine Erfahrungen stimmen damit überein. In Laubwäldern oder mit Laubholz gemischten jüngeren Nadelholzbeständen fehlt sie allerdings wohl nirgends ganz; doch zeigt sie sich in der Regel nur ziemlich vereinzelt. In Gärten, wo man sie nach ihrem Namen eigentlich suchen sollte, kommt sie in Ostpreußen kaum vor.

Für die Kurische Nehrung bezeichnet sie Fr. Lindner (316) als nicht häufigen Brutvogel, und auch le Roi (430) sagt, daß sie auf dem südlichen Teile nur vereinzelt brüte. Verhältnismäßig zahlreich hörte ich sie am 19. Juni 1909 auf den Anlandungen des Königsberger Seekanals im Frischen Haff, und auch bei Heydekrug ist sie nach Hildebrandt ziemlich häufig. Für Laukischken (Kreis Labiau) führt sie W. Christoleit jedoch nur als seltenen Brutvogel auf. Nach Robitzsch (18) ist sie bei Norkitten (Kreis Insterburg) seltener als *S. nisoria.* Geyr v. Schweppenburg (189) fand sie im Osten der Provinz im allgemeinen nicht selten, aber z. B. bei Schorellen nicht annähernd so häufig wie *S. atricapilla.* Bei Allenstein hörte ich sie am 21. Juni 1908 nicht gerade selten, und auch bei Bartenstein kommt sie in geringer Anzahl an geeigneten Stellen überall vor.

Etwa gleichzeitig mit der Sperbergrasmücke, also ungefähr Mitte Mai, stellt sie sich bei uns ein. Die ersten bemerkte ich in Losgehnen 1909 am 16., 1910 am 13., 1911 am 14., 1912 am 19., 1913 am 11., 1914 am 10. Mai, im Mittel von 6 Jahren also am 13. Mai. Robitzsch (18) notierte für Norkitten 1884 die Ankunft am 9. Mai. Der Abzug erfolgt gewöhnlich im Laufe des August, spätestens Anfang September. Am Leuchtturm zu Pillau flog ein Stück nach Thienemann (504) 1901 aber noch am 9. Oktober an.

2 ♂♂ meiner Sammlung aus Losgehnen vom 25. Mai 1902 und 11. Juli 1907 besitzen eine Flügellänge von 79 mm, sind also nur mittelgroß. Ein ♂ vom 8. September 1913 aus Rossitten, das ich besitze, mißt sogar nur 77 mm.

### 275. Sylvia communis communis Lath. — Dorngrasmücke.

*Sylvia cinera* Bechst., *rufa* auct., *sylvia* auct.

Den tiefen Wald und sumpfige Erlenbrüche ausgenommen, trifft man die Dorngrasmücke an buschreichen Orten eigentlich überall an. Mit Vorliebe bewohnt sie die kleinen zwischen Feldern liegenden Gebüsche, namentlich wenn sie Dornbüsche enthalten; aber auch in Weidendickichten an Flüssen und Seen, selbst in Rübsen- oder Bohnenfeldern wird man sie kaum jemals vergeblich suchen. Baer (31) lernte sie im Hochmoor von Augstumal (Kreis Heydekrug) auch als zahlreiche Bewohnerin des Betuleto-Pinetums kennen. Sie ist nach Harterts (200) und meinen Beobachtungen in den meisten Gegenden die häufigste Grasmückenart.

Anfang Mai trifft sie bei uns ein, bei Bartenstein nach meinen Notizen zwischen dem 1. und 12. dieses Monats, wobei sich als Mittel von 14 Jahren der 7. Mai ergibt. Ein Nest mit 6 unbebrüteten Eiern fand ich in Losgehnen am 29. Mai 1903. Im Laufe des August, spätestens Anfang September verläßt sie uns bereits wieder. In der zweiten Hälfte dieses Monats sieht man nur ausnahmsweise noch ganz vereinzelte Stücke.

### 276. Sylvia curruca curruca (L.) — Zaun- oder Klappergrasmücke.

*Motacilla curruca* L.; *Sylvia garrula* Bechst.; *Curruca garrula* (Bechst.).

Gärten, jüngere lichte Nadelwälder, kleine Feldgehölze bewohnt die Zaungrasmücke mit Vorliebe. Sie ist als Brutvogel zwar überall verbreitet; doch tritt sie meist nicht gerade in sehr großer Anzahl auf. Voigt (651) traf sie in den jungen Kiefern der Nehrungsdünen jedoch verhältnismäßig häufig an.

Unter ihren Gattungsgenossen trifft sie meist als erste bei uns ein, bei Bartenstein nach meinen Beobachtungen zwischen dem 27. April und 5. Mai, im Mittel von 15 Jahren am 30. April. Ein Nest mit 7 Eiern, die sämtlich ausgebrütet wurden, fand Hildebrandt bei Heydekrug, wo die Art häufig ist, im Jahre 1908. Der Fortzug erfolgt in der Regel wohl spätestens im Laufe des September; nur ausnahmsweise zeigen sich einzelne noch Anfang Oktober. In Rossitten beobachtete Thienemann (525) ein einzelnes verspätetes Exemplar 1904 sogar noch am 29. November.

### 277. Sylvia atricapilla atricapilla (L.) — Mönchsgrasmücke, Schwarzblättchen.

*Motacilla atricapilla* L.; *Curruca atricapilla* (L.).

Weit mehr als die anderen Grasmückenarten, mit Ausnahme der Gartengrasmücke, ist die Mönchsgrasmücke Waldvogel, der selbst dem Innern ausgedehnter Waldungen nicht fehlt. Laub- und Nadelwälder bewohnt sie gleich zahlreich und auch in größeren Gärten und Parkanlagen kommt sie überall vor. Sie steht in der Regel nur der Dorngrasmücke an Zahl nach. Nach le Roi (430) ist sie jedoch auf dem südlichen Teile der Kurischen Nehrung die häufigste Art. Auffallend zahlreich beobachtete ich sie am 21. Juni 1908 im Allensteiner Stadtwalde; sie war dort neben dem Buchfink der häufigste Kleinvogel. Auch im Forstrevier Wichertshof (Kreis Heilsberg) ist sie ungemein häufig.

In der zweiten Hälfte des April, oft auch erst Anfang Mai, stellt sie sich bei uns ein. Bei Bartenstein und Heilsberg beobachtete ich die ersten zwischen dem 19. April und 10. Mai, wobei sich als Mittel von 13 Jahren der 2. Mai ergibt. Bei Angerburg bemerkte ich 1908 die erste am 3. Mai. Im Laufe des September verläßt sie uns wieder; einzelne sieht man aber öfters noch gegen Ende dieses Monats. Auf der Kurischen Nehrung konnte

Thienemann (504) 1899 selbst noch in den ersten Tagen des Oktober lebhaften Zug von Mönchsgrasmücken beobachten. Je ein verspätetes Exemplar sah er in Rossitten sogar noch am 29. Oktober 1905 und Anfang November 1908, bei Ulmenhorst vom 21.—25. Oktober 1912 (536, 564, 594 c).

### 278. Acrocephalus arundinaceus arundinaceus (L.) — Drosselrohrsänger, Rohrdrossel.

*Turdus arundinaceus* L.; *Sylvia turdoides* Meyer; *Calamoherpe arundinacea* (L.), *turdoides* (Meyer).

Wo sich an den Ufern der Landseen, an Flüssen und größeren Teichen dichte Rohrbestände finden, da tritt auch der Drosselrohrsänger mehr oder weniger häufig auf. An manchen Gewässern ist seine Zahl überraschend groß, so an beiden Haffen, an vielen der masurischen Seen und auch an so manchem anderen Landsee, z. B. dem Simsersee (Kreis Heilsberg). Am Kinkeimer See bei Bartenstein brütet er verhältnismäßig sparsam und auch nicht jedes Jahr in annähernd gleicher Anzahl; 1911 fehlte er auffallenderweise fast ganz.

In der ersten Hälfte des Mai trifft er gewöhnlich bei uns ein, bei Bartenstein nach meinen Beobachtungen zwischen dem 1. und 18. dieses Monats, im Mittel von 11 Jahren am 10. Mai. Bei Angerburg hörte ich 1908 die ersten am 7. Mai. In Rossitten, wo er außer am Haff auch auf dem Möwenbruch zahlreich nistet, fand Thienemann (510, 550) am 21. Juni 1902 in den Nestern durchweg Junge, höchstens 6, bisweilen aber auch nur 3. Am 30. Mai 1907 untersuchte er dort mehrere Nester, die teils halbfertig waren, teils 2 Eier enthielten. Der Fortzug erfolgt meist wohl schon im Laufe des August. Am 22. August 1907 waren auf dem Bruch bei Rossitten nach Thienemann (550) Rohrdrosseln aber noch zu sehen.

### 279. Acrocephalus streperus streperus (Vieill.) — Teichrohrsänger.

*Sylvia strepera* Vieill.; *Calamoherpe arundinacea* auct., *horticola* Naum.

Der Teichrohrsänger ist nicht in so hohem Maße wie der Drosselrohrsänger an Rohrbestände gebunden; doch sucht er sie, wenn er es irgend haben kann, mit Vorliebe auf. Recht häufig bewohnt er aber auch Weidengebüsche, oft als unmittelbarer Nachbar von *Acroc. palustris*. Gärten scheint er in Ostpreußen nur äußerst selten als Brutplatz zu wählen. Im Jahre 1909 siedelte sich in Losgehnen bei Bartenstein ein Paar im Gutsgarten an, verschwand aber nach einiger Zeit wieder, ohne gebrütet zu haben.

An geeigneten Stellen kommt dieser Rohrsänger in Ostpreußen überall vor, meist wohl auch in ganz erheblicher Anzahl. In manchen Gegenden scheint er jedoch etwas seltener zu sein. Baer (31) suchte ihn bei Minge (Kreis Heydekrug) vergeblich; doch beruht dies wohl nur auf einem Zufalle, da ich ihn am 12. Juli 1908 bei Ruß vielfach hörte. Auch der Kurischen Nehrung fehlt er nicht; bei Rossitten brütet er in mäßiger Anzahl und auf dem südlichen Teile ist er nach le Roi (430) sogar ziemlich häufig. Recht zahlreich fand ich ihn am 19. Juni 1909 am Nordufer des Frischen Haffs. Bei Bartenstein nistet er am Kinkeimer See häufig, steht aber im allgemeinen *Acroc. palustris* und *schoenobaenus* an Zahl nach; er bewohnt dort das dichte Weidengebüsch kaum weniger zahlreich wie reines Rohr. In recht erheblicher Anzahl hörte ich ihn ferner am Mühlenteich bei Gerdauen und am Simsersee (Kreis Heilsberg), nur spärlich an der Alle zwischen Guttstadt und Heilsberg.

Seine Ankunft erfolgt erst spät im Mai. Bei Bartenstein beobachtete ich die ersten zwischen dem 5. und 21. dieses Monats, im Mittel von 11 Jahren am 14. Mai. Seinen Gesang läßt er länger als die meisten anderen Singvögel hören. Ende Juli, wenn die anderen Arten, unter ihnen auch der nahe verwandte Sumpfrohrsänger, bereits fast alle verstummt sind, vernimmt man, namentlich abends, noch häufig die charakteristische Strophe von *A. streperus*. Wenn dieser auch lange nicht so sehr Spötter ist wie *A. palustris*, so ist doch andererseits sein Gesang auch keineswegs so stereotyp, wie oft gesagt wird. Wiederholt hörte ich z. B. am Kinkeimer See Teichrohrsänger, die im übrigen durchaus typisch sangen, andere Vögel, z. B. *Fulica atra*, Fischreiher oder junge Stockenten, täuschend nachahmen. Im Laufe des August, spätestens Anfang September, verläßt er uns wieder. 1908 erlegte ich in Losgehnen ein Exemplar noch am 13., 1913 2 Stücke am 12. September.

### 280. **Acrocephalus palustris** (Bechst.) — Sumpfrohrsänger.

*Sylvia palustris* Bechst., *Calamoherpe, Calamodyta palustris* (Bechst.).

In vielen Gegenden ist der Sumpfrohrsänger die häufigste Art und nur stellenweise scheint er etwas seltener zu sein. Er ist Charaktervogel der dichten Weidengebüsche, wie sie sich vielfach an den Ufern der Seen und Flüsse finden, sowie der brennesselreichen jüngeren Erlenbestände. Auch in etwas feuchten Gärten, die dichtes Buschwerk enthalten, überhaupt an allen buschreichen feuchten Stellen, selbst in tief gelegenen Rübsen-, Roggen- oder Bohnenfeldern wird man ihn kaum irgendwo vergeblich suchen. Die Gartenvögel unterscheiden sich keineswegs durch den Gesang, höchstens etwas durch ihr Betragen von der gewöhnlichen Form; sie singen nämlich gern nach Art von *Hypolais* hoch oben in den Baumkronen.

Die Flußtäler bewohnt der Sumpfrohrsänger überall außerordentlich häufig. Bei Tilsit ist er nach meinen Beobachtungen in den Weidengebüschen an der Memel weitaus der häufigste Kleinvogel. Robitzsch (19) bezeichnet ihn für Norkitten (Kreis Insterburg) als den zahlreichsten Rohrsänger, und Zigann (658) sagt, daß er am Pregel bei Wehlau recht verbreitet sei. Bei Bartenstein ist er sehr häufig; er übertrifft dort an Zahl wohl noch den Schilfrohrsänger, da dieser doch weit mehr an die Nähe des Wassers gebunden ist; selbst im Gutsgarten von Losgehnen brüten alljährlich mehrere Paare. Bei Heilsberg kommt er gleichfalls recht zahlreich vor; er nistet dort sowohl an der Alle wie in den Gärten der Stadt und im Simsertal. An der Alle zwischen Guttstadt und Heilsberg ist er geradezu gemein; am 1. Juni 1910 bemerkte ich bei einer Bootfahrt auf der ganzen 47 km langen Strecke wohl in jedem zweiten Weidenbusch mindestens ein Brutpaar. Auch bei Gerdauen hörte ich ihn am 25. Mai 1911 ziemlich häufig.

Etwas weniger zahlreich scheint er stellenweise in Masuren vorzukommen. Im Kreise Angerburg fand ich ihn zwar an allen geeigneten Stellen, aber bei weitem nicht so häufig, wie bei Tilsit, Bartenstein und Heilsberg. Auch bei Rothebude (Kreis Goldap-Oletzko) hörte ich ihn am 1. und 2. Juli 1911 sowie Ende Mai 1913 nur recht sparsam. Dies gilt vielleicht überhaupt für die großen Waldgebiete des Ostens und Südens, auf die sich wohl auch hauptsächlich Harterts Angabe (205) bezieht, daß er an geeigneten Stellen nicht selten, aber nicht sehr zahlreich sei. Geyr v. Schweppenburg (189) hörte ihn sogar während seines sechswöchigen Aufenthalts im Juni und Juli 1911 bei Schorellen, Rominten und Rudczanny überhaupt nicht. Auch die Kurische Nehrung bewohnt er nur in geringer Anzahl. Er brütet vereinzelt nach Thienemann (564, 588) bei Rossitten, nach Lindner (316) auch auf dem südlichen Teile der Nehrung bei Grenz.

Spät im Mai kommt er bei uns an, bei Bartenstein nach meinen Notizen zwischen dem 8. und 17. dieses Monats, im Mittel von 8 Jahren am 14. Mai. Das Brutgeschäft fällt hauptsächlich in den Juni. Hildebrandt besitzt von Heydekrug Gelege zu je 5 Eiern vom 10. Juni 1907, 13. und 14. Juni 1908; die Bestimmung ist von Georg Krause nachgeprüft. In Losgehnen fand ich ein Nest mit 4 mäßig bebrüteten Eiern am 16. Juni 1904. Der Abzug erfolgt im Laufe des August, spätestens Anfang September.

Ein von Hartert (200) am 25. Juli 1882 bei Königsberg erlegtes Stück zeichnete sich durch etwas dunklere Färbung aus. E. v. Homeyer (244) gibt eine eingehende Beschreibung dieses wohl doch nur individuell abweichenden Vogels.

### 281. **Acrocephalus schoenobaenus** (L.) — Schilfrohrsänger, Uferschilfsänger.

*Motacilla schoenobaenus* L.; *Sylvia phragmitis* Bechst.; *Calamodus schoenobaenus* (L.), *phragmitis* (Bechst.).

Seen und Teiche mit sumpfigen, schilfreichen Ufern, denen auch einzelne Weidenbüsche nicht fehlen, beherbergen überall den Schilfrohrsänger in recht großer Anzahl. Vielfach ist er die häufigste Rohrsängerart, und auch bei Bartenstein steht er höchstens *A. palustris* an Zahl etwas nach. Ganz besonders zahlreich scheint er im Memeldelta vorzukommen. Nach Baer (31) übertrifft er bei Minge an Zahl jede andere Vogelart, und auch Voigt (651) hörte ihn in der Nähe des Augstumalmoors außerordentlich häufig. Selbst am Oberteich bei Königsberg nistete er noch 1907 ziemlich zahlreich.

Unter seinen Gattungsgenossen trifft er stets als erster bei uns ein, nämlich bei Bartenstein nach meinen Beobachtungen zwischen dem 18. April und 7. Mai, im Mittel von 16 Jahren am 29. April. Das Brutgeschäft fällt in den Juni. Hildebrandt fand bei Heydekrug ein Gelege von 6 Eiern am 2. Juni 1908; die Bestimmung ist von Georg Krause nachgeprüft. In der zweiten Hälfte des September verläßt er uns wieder. 1904 sah ich in Losgehnen einen einzelnen sogar noch am 11. Oktober; 1909 bemerkte ich die letzten am 27. September, 1910 am 2. Oktober, 1912 und 1913 am 28. September.

### 282. **Acrocephalus aquaticus** (Gm.) — Binsenrohrsänger, Seggenrohrsänger.

*Motacilla aquatica* Gm.; *Sylvia cariceti* Naum.; *Calamodus aquaticus* (Gm.), *cariceti* (Naum.).

Über das Vorkommen des Binsenrohrsängers in Ostpreußen sind wir nur höchst ungenau unterrichtet. R. Blasius (386) und Rey (425) bezeichnen ihn zwar für Ostpreußen als Brutvogel, leider aber ohne Quellenangabe, und in der Literatur wird sein Brüten für unsere Provinz sonst nirgends erwähnt. Hartert (200, 205) konnte ihn zur Brutzeit nicht auffinden; er erlegte einmal im August ein Stück bei Camstigall unweit Pillau und beobachtete ihn noch zweimal mit großer Wahrscheinlichkeit. Vermutlich wird er aber häufig übersehen oder mit dem Schilfrohrsänger verwechselt. Nach E. Christoleit ist er im Rußdelta und südlich am Juwendt (Kreis Labiau), also wohl überhaupt am Ostufer des Kurischen Haffs, nicht seltener Brutvogel. Hildebrandt fand bei Minge 2 Gelege dieser Art zu je 4 Eiern auf sumpfiger Wiese; er besitzt davon noch ein bzw. 2 Eier; deren Bestimmung Georg Krause nachgeprüft hat. Bisher ist *A. aquaticus* als Brutvogel also lediglich vom Ostufer des Kurischen Haffs bekannt.

Bei Bartenstein konnte ich ihn erst einmal nachweisen; am 4. Mai 1907 schoß ich am Kinkeimer See ein ♀, das seiner Färbung nach der Frühlingsform *cariceti* (Naum.) entsprach.

### 283. **Locustella naevia naevia** (Bodd.) — Feldschwirl, Heuschreckensänger, Buschrohrsänger.

*Motacilla naevia* Bodd.; *Sylvia locustella* Lath.; *Locustella rayi* Bonap.; *Acrocephalus, Threnetria locustella* (Lath.).

Hartert (200, 205) sagt vom Feldschwirl, er sei im Norden und Osten der Provinz keine Seltenheit, im Südosten habe er ihn nicht bemerkt, und

Szielasko (471) gibt an, er komme in Masuren und der oberen litauischen Ebene vereinzelt, in der unteren und der Niederung häufig vor. In der Tat ist dieser Schwirl in Ostpreußen recht weit verbreitet, doch ist er nur stellenweise geradezu als häufig zu bezeichnen; meist tritt er nur ziemlich spärlich auf. Als Sommeraufenthalt wählt er mit Vorliebe offenes Terrain, hochgrasige nicht zu trockene Wiesen, öfters auch nur Roggen- oder Rotkleefelder. Der Name „Feldschwirl" ist also für ihn sehr bezeichnend. Im dichten Buschwerk habe ich ihn zur Brutzeit seltener angetroffen; einzelne Büsche an seinen Brutplätzen hat er jedoch sehr gern. Nicht selten trifft man ihn auch auf Waldblößen an, sofern sie mit üppigen Stauden, hohem Grase und einzelnen Büschen bewachsen sind.

Im Norden der Provinz kommt er ganz besonders zahlreich vor. Am 23. und 24. Juni 1906 hörte ich ihn auf den großen Wiesenflächen im Memeldelta bei Nemonien und Gilge vielfach und am 12. Juli 1908 bemerkte ich ihn auch bei Ruß. Bei Heydekrug fand Hildebrandt ein Gelege von 4 Eiern, die Georg Krause vorlagen, im Mai 1906. Charakteristisch ist er für die mit einzelnen Weidenbüschen bestandenen großen Memelwiesen bei Tilsit. Auch auf den Pregelwiesen bei Königsberg hörte ich ihn öfters zur Brutzeit, und am 19. Juni 1909 schwirrte ein ♂ am Frischen Haff bei Neplecken. Vielfach beobachtete ich ihn ferner im Mai 1908 auf den mit einzelnen Büschen besetzten Wiesen am Nordenburger See. Hartert (18) sagt ebenfalls, daß er bei Königsberg an einzelnen Lokalitäten nicht seltener Brutvogel sei und auch in Litauen ziemlich häufig brüte. Robitzsch (18, 21) bezeichnet ihn als Brutvogel für Norkitten (Kreis Insterburg); er fand ihn ferner bei Waldhausen im Roggen nistend. Thienemann (525) erhielt von Pleinlauken (Kreis Ragnit) im August 1904 ein frisches Ei dieser Art, das mit 2 anderen in dichtem Roggen gefunden war. Nach Voigt (650) kann man im Weidengebüsch an der Angerapp bei Insterburg schwirrende ♂♂ verhältnismäßig zahlreich hören. Techler sagt, daß *L. naevia* bei Szameitschen (Kreis Gumbinnen) im Getreide und Klee nicht selten sei. Geyr v. Schweppenburg (189) bemerkte im Juni ein schwirrendes ♂ im Forstrevier Schorellen (Kreis Pillkallen), und E. Christoleit (455) schließlich berichtet, er habe 1896 bei Wehlau und 1901 bei Braunsberg gebrütet.

Bei Bartenstein ist dieser Schwirl regelmäßiger, aber nicht besonders zahlreicher Brutvogel. In Losgehnen nisten alljährlich nur etwa 1—4 Paare. Am 8. August 1909 traf ich dort in einem Roggenfelde ein Paar an, das sehr aufgeregt war und häufig ein lautes „tick tick" hören ließ; das ♂ schwirrte auch noch öfters. Am 9. August *) schwirrten 2 ♂♂ sogar noch recht anhaltend; das eine saß dabei häufig auf Roggengarben. Im inzwischen abgemähten Roggen fand ich mehrere soeben ausgeflogene Junge mit noch ganz kurzen Schwänzen, sie riefen laut „zii zii" und leise „tick tick"; eins schoß ich als Belegexemplar. Bei Gallingen hört ich ein ♂ am 26. Juni 1909 auf einer Waldblöße. Auch bei Heilsberg ist *L. naevia* verbreitet; ich vernahm dort vielfach das Schwirren auf Allewiesen und Roggenfeldern bei Neuhof; am 13. Juni 1909 hörte ich z. B. allein in einem Roggenstück 3 ♂♂. Gar nicht selten nistet er ferner nach Dobbrick im Kreise Pr. Holland am Drausensee, wo ich am 20. Juli 1913 in den Kämpen vielfach schwirrende ♂♂ bemerkte.

Ob der Feldschwirl in Masuren tatsächlich seltener ist, wie man nach den Angaben von Hartert und Szielasko doch annehmen muß, bedarf noch weiterer Bestätigung. Im Kreise Angerburg bemerkte ich ihn im Frühjahr 1908 nur recht spärlich; ich hörte lediglich ein ♂ am 4. Juni in der Nähe des Stadtwaldes. Auch bei Rothebude beobachtete ich am 1. Juli 1911 nur ein einziges ♂ im Schutzbezirk Rogonnen (Kreis Oletzko).

Mitte Mai trifft der Feldschwirl bei uns ein. Bei Bartenstein bemerkte ich die ersten zwischen dem 10. und 21. dieses Monats, im Mittel von 7 Jahren am 15. Mai. Auf der Kurischen Nehrung, wo er nach Thienemann (519,

*) Im IX. Jahresbericht der Vogelwarte Rossitten steht infolge eines Druckfehlers „9. September".

546) nicht Brutvogel ist, zieht er im Mai, bisweilen sogar noch Anfang Juni, regelmäßig durch. Als Beobachtungsdaten seien der 29. Mai 1903, 23. Mai 1904, 1. Juni 1905, 16. und 17. Mai 1906, 15. Mai und 7. Juni 1907, 1. Juni 1908 genannt. Auf dem Herbstzuge erlegte Thienemann (504) bei Rossitten ein Stück am 11. September 1899. Die meisten verlassen uns aber wohl schon im Laufe des August.

### 284. Locustella fluviatilis (Wolf) — Schlagschwirl, Flußrohrsänger.

*Sylvia fluviatilis* Wolf; *Acrocephalus, Potamodus, Threnetria fluviatilis* (Wolf).

Sehr viel häufiger wie der Feldschwirl ist der Schlagschwirl in Ostpreußen; ja er ist für große Teile der Provinz geradezu ein ganz gewöhnlicher Charaktervogel der Erlengebüsche, die mit Brennesseln und anderen hohen Stauden, Hopfen, Weiden- oder Holunderbüschen durchsetzt sind. Tief im Walde kommt er seltener vor, in Feldhölzern oder am Rande größerer Wälder dagegen sehr gern, sofern nur feuchte Erlengebüsche vorhanden sind. Auch in Weidengebüschen, die mit Hopfen und hohen Stauden durchwachsen sind, kann man ihn zur Brutzeit oft antreffen, im freien Felde dagegen meist nur auf dem Zuge und auch dann nur gelegentlich und selten in Rübsenfeldern. 1912 schwirrte aber ein ♂ in Losgehnen während der ganzen Brutzeit in einem dichten Roggenfelde ganz in der Nähe des Gutshofes.

Erst verhältnismäßig spät ist *L. fluviatilis* für Ostpreußen bekannt geworden; wahrscheinlich wurde er früher meist mit *L. naevia* verwechselt. Im Jahre 1863 beobachtete ihn Oberförster Ulrich nach Zaddach (657) bei Ibenhorst (Kreis Heydekrug) und sandte im Juli 1864 mehrere Stücke von dort ein, von denen sich 2 noch im Königsberger Museum befinden. Seit dieser Zeit ist der Vogel an den verschiedensten Stellen in Ostpreußen als regelmäßiger und meist auch ziemlich häufiger Brutvogel aufgefunden worden. Auffallenderweise ist Hartert (205) ihm nie begegnet; doch hat er ihn offenbar nur übersehen. Die Angabe von R. Blasius (386), daß Hartert das Vorkommen dieses Schwirls bei Pillau bestätigt habe, ist irrtümlich. Wenn Rey (425) noch neuerdings unter den Brutplätzen Ostpreußen nicht erwähnt, so kann das nur versehentlich geschehen sein; denn nirgends in Deutschland kommt der Vogel auch nur entfernt so zahlreich vor wie in unserer Provinz.

Im Norden und Nordosten von Ostpreußen ist er überall recht häufig; er kommt dort, wie E. Christoleit (83) sagt, „in jedem geeigneten Walde" vor. Dieser Gewährsmann ist der Ansicht (455), daß er im nördlichen Ostpreußen eher zu- als abnehme. Ganz besonders zahlreich brütet *L. fluviatilis* am Ostufer des Kurischen Haffs, z. B. nach Baer (31) und E. v. Homeyer (242) bei Ibenhorst, Ruß und Minge, nach E. Christoleit bei Memel, im Rußdelta und in den großen Waldungen des Kreises Labiau. Bei Nemonien und Gilge hörte ich ihn am 23. und 24. Juni 1906 außerordentlich häufig und im Ibenhorster Revier vernahm ich sein Schwirren am 12. Juli 1908 trotz der vorgerückten Jahreszeit vielfach. W. Christoleit fand ihn bei Laukischken (Kreis Labiau) in Erlen- und Eschenbrüchen überall. Bei Tilsit beobachtete ich ihn im Juni 1908 an allen für ihn geeigneten Stellen, und Gude besitzt auch 2 Exemplare von Ragnit. Nach Voigt (650, 651) ist er an der Angerapp bei Insterburg häufig. E. Christoleit nennt ihn für Wehlau als Brutvogel, und Geyr v. Schweppenburg (189) bemerkte ihn im Juni 1911 sehr zahlreich im Forstrevier Schorellen (Kreis Pillkallen); er hörte dort mindestens 20 ♂♂. Außer in Erlenbrüchen traf er *L. fluviatilis* in Schorellen auch am Rande junger, mit Gras durchwachsener Fichtenschonungen an und besonders gern in jungen, meist in ältere Bestände eingesprengten kleineren Eichenpflanzungen.

Auf der Kurischen Nehrung nistet er nach Thienemann (519, 525, 546, 588) einzeln bei Rossitten. Auf dem südlichen Teile der Nehrung konnten E. Christoleit, le Roi (430) und ich ihn bei Cranz, Grenz und sogar noch nördlich von Sarkau vielfach feststellen. Auch im Samlande ist er recht verbreitet. Fr. Lindner (315) beobachtete ihn zur Brutzeit bei Pillau und am Landgraben unweit von Königsberg, E. Christoleit gleichfalls bei Königsberg, Ulmer in Quanditten und ich selbst am 1. Juni 1902 in der Nähe des Galtgarben sowie am 19. Juni 1909 bei Wischrodt. Im Kreise Pr. Eylau bemerkte ihn E. Christoleit in der Nähe von Tharau, im Kreise Rastenburg v. Boxberger Anfang Juli 1911 bei Barten.

Bei Bartenstein ist der Schlagschwirl häufiger Brutvogel. Er nistet dort an allen passenden Stellen, außer in Losgehnen auch an der Alle, in den Waldungen von Dietrichswalde, Gallingen, Tingen und an anderen Orten. Als Beweis, wie zahlreich er vielfach vorkommt, führe ich an, daß ich in Losgehnen am 24. Mai 1908 innerhalb einer Stunde 14 schwirrende ♂♂ hörte, ohne etwa danach zu suchen, und daß ich in den Tagen vom 7.—14. Juni sowie am 28. Juni an denselben Stellen noch ungefähr die gleiche Anzahl feststellte. 1909 waren während der Brutzeit mindestens 20 ♂♂ ständig zu hören; eins hatte sich sogar im Gutsgarten in einer Weißbuchenhecke unweit von Gebäuden angesiedelt. Natürlich ist, wie bei allen Kleinvögeln, in manchen Jahren die Zahl der Brutpaare auch etwas geringer; doch scheint er im allgemeinen bei Bartenstein eher zuzunehmen, als daß eine Abnahme festzustellen wäre. Auch bei Heilsberg ist er recht verbreitet. Er brütet dort im Simsertal, sogar in unmittelbarer Nähe der Stadt, ferner an der Alle bei Langwiese und Neuhof sowie im Forstrevier Wichertshof; am 23. Mai 1909 hörte ich im Belauf „Hundegeheck" 3 ♂♂ und am 1. Juni 1910 bemerkte ich ein ♂ auch bei der Försterei Waldhaus, etwa 10 km nördlich von Guttstadt. Weiter hörte ich am 27. Mai 1906 mehrere ♂♂ im Walschtale bei Mehlsack (Kreis Braunsberg), also im Flußgebiet der Passarge. Daß er sowohl in diesem wie im Flußgebiet der Alle von Mehlsack und Guttstadt nördlich bis zum Frischen Haff und zum Pregel vorkommt, ist mit Sicherheit anzunehmen. Dagegen wird die Südgrenze seiner Verbreitung in der Provinz noch festzustellen sein. Nach Westen zu überschreitet er als ständiger Brutvogel die ostpreußische Grenze erheblich. Voigt bemerkte ihn vielfach bei Elbing und am Drausensee, an dem er nach Dobbrick auch im Kreise Pr. Holland häufig nistet; letzterer (Jahrb. Westpr. Lehrerver. für Naturkunde Jahrg. IV/V) bezeichnet ihn ferner als ziemlich häufigen Brutvogel in den Weidenkämpen der Weichselniederung zwischen Thorn und Dirschau.

Was das Vorkommen des Schlagschwirls im Südosten anbetrifft, so fehlen aus dem südlichen Masuren Nachrichten bisher noch völlig. Im Kreise Angerburg bin ich ihm jedoch 1908 vielfach begegnet. Im Mai und Anfang Juni beobachtete ich im Angerburger Stadtwalde regelmäßig 4—5 schwirrende ♂♂. Am 28. Mai hörte ich ferner in Steinort etwa 15 ♂♂; die Vögel kamen dort überall im sumpfigen Erlengebüsch am Mauersee vor, besonders zahlreich auf dem Landstreifen zwischen dem Kl. Steinorter See und dem Dobensee. Schließlich vernahm ich am 31. Mai auch im Südosten des Kreises in der Nähe des Kruglinner Sees, hart an der Lötzener Kreisgrenze, das Schwirren von 5—6 ♂♂. Im Forstrevier Rothebude (Kreis Goldap-Oletzko) bemerkte ich ferner am 1. und 2. Juli 1911 sowie am 30. und 31. Mai 1913 mehrere ♂♂ in der Nähe des Pillwung- und Gr. Schwalgsees.

Die Ankunft des Schlagschwirls erfolgt bei uns Mitte Mai, bei Bartenstein nach meinen Notizen zwischen dem 11. und 16. dieses Monats, im Mittel von 11 Jahren am 14. Mai. Bei Angerburg hörte ich 1908 den ersten am 16. Mai. Der Abzug findet wohl schon wieder im August statt. Am 26. Juli 1908 schwirrten in Losgehnen mehrere ♂♂ noch recht anhaltend, und 1909 hörte ich ein ♂ noch am 1. August. le Roi (430) vernahm das Schwirren bei Cranz 1902 sogar noch am 10. August. Junge, die ich am 31. Juli 1912 in Losgehnen beobachtete, riefen laut „zii", ähnlich den Jungen von *L. naevia*.

**Locustella luscinioides luscinioides** (Savi) — **Rohrschwirl, Nachtigallrohrsänger.**

*Sylvia luscinioides* Savi.

Techler wollte diese Art nach Ehmcke (139) in einem Kleefeld bei Rominten beobachtet haben. Diese Angabe beruht offenbar auf einer Verwechslung mit *L. naevia*, der gern Kleefelder bewohnt. Schon Hartert (205, 139) hat die Techlersche Beobachtung richtiggestellt.

## 285. **Hypolais icterina** (Vieill.) — Gartenlaubsänger, gelbe Grasmücke, Bastardnachtigall.

*Sylvia icterina* Vieill.; *Hypolais, Hippolais hypolais, hippolais, philomela* auct.

Gärten und Parkanlagen, Laub- und Mischwälder beherbergen den Gartenlaubsänger überall recht zahlreich. Selbst inmitten der Städte ist er oft einer der gewöhnlichsten Singvögel. Für den südlichen Teil der Kurischen Nehrung von Cranz bis Sarkau bezeichnet ihn sogar le Roi (430) ohne jede Einschränkung als häufigsten Kleinvogel.

In der ersten Hälfte des Mai stellt er sich bei uns ein, bei Bartenstein nach meinen Beobachtungen zwischen dem 3. und 16. dieses Monats, wobei sich als Mittel von 12 Jahren der 10. Mai ergibt. Der Fortzug erfolgt meist wohl schon wieder im Laufe des August. Bei Cranz beobachtete le Roi (430) ein Stück in einem Meisenschwarm jedoch noch am 18. September 1902.

## 286. **Phylloscopus sibilator sibilator** (Bechst.) — **Waldlaubsänger,** schwirrender Laubsänger.

*Motacilla sibilatrix* Bechst.; *Sylvia, Ficedula, Phyllopneuste sililatrix* (Bechst.).

Der Waldlaubsänger gilt als Charaktervogel der Rotbuchenwälder. In Ostpreußen, das ja großenteils nördlich der Buchengrenze liegt, nimmt er auch mit anderen Waldungen vorlieb; er bewohnt hier Fichtenwälder nicht minder zahlreich wie Laubwaldungen, namentlich solche, die viele Weißbuchen enthalten. Hartert (200, 205) nennt ihn auch als Bewohner der großen Kiefernreviere. Im Gebiet ist er kaum weniger häufig wie *Ph. trochilus*. Außerordentlich zahlreich traf ich ihn im Mai 1908 in den großen Eichenwäldern von Steinort (Kreis Angerburg) an; sehr häufig zeigte er sich in demselben Kreise auch in den trockenen Fichtenwäldern von Siewken. Im Forstrevier Wichertshof bei Heilsberg, einem Mischwalde aus Eichen und Fichten, ist er gleichfalls äußerst verbreitet. Geyr v. Schweppenburg (189) fand ihn im Forstrevier Schorellen (Kreis Pillkallen) sowohl im Laub- wie im Nadelholz sehr häufig und viel zahlreicher als *Ph. trochilus*. Von letzterem hörte er im Juni 1911 nur etwa 4—5 ♂♂, dagegen mindestens 40—50 schwirrende *Ph. sibilator*.

Unter seinen Gattungsgenossen kommt er in der Regel zuletzt, jedoch nur wenig später wie *Ph. trochilus*, oft auch mit ihm gleichzeitig, bei uns an. Bei Bartenstein trifft er nach meinen Beobachtungen zwischen dem 23. April und 4. Mai ein, wobei sich als Mittel von 15 Jahren der 28. April ergibt. Der Herbstzug ist schon im Laufe des August gewöhnlich beendet; die letzten sah ich 1903 am 29. August.

Nach dem Ausfliegen lassen die Jungen eine von der der Alten völlig verschiedene, meisenartige Stimme, ein scharfes „sitt sitt" hören.

## 287. **Phylloscopus trochilus trochilus** (L.) — Fitislaubsänger.

*Motacilla trochilus* L.; *Motacilla acredula* L., *fitis* Bechst.; *Sylvia, Ficedula, Phyllopneuste trochilus* (L.).

In Wäldern aller Art, mögen sie feucht oder trocken sein, brütet der Fitislaubsänger gleich zahlreich; er ist ebenso ein Bewohner trockener

Fichten- und Kiefernschonungen, namentlich wenn sie einzelne eingesprengte Birken enthalten, wie der sumpfigen Erlen- und Weidenbestände. Auffällig spärlich beobachtete ihn nur Geyr v. Schweppenburg (189) im Forstrevier Schorellen und in der Rominter Heide.

Etwas später wie der Weidenlaubsänger trifft er im Frühjahr bei uns ein. Bei Bartenstein erfolgte die Ankunft im Mittel von 17 Jahren am 25. April, nämlich zwischen dem 10. April und 4. Mai. Der Rückzug beginnt bereits wieder Anfang August; er ist meist etwa Mitte September beendet. Im Oktober habe ich nie mehr einen Fitis beobachtet. Fast alle Laubsänger, die man noch Ende September und Anfang Oktober sieht, gehören der folgenden Art an; doch sang ein Fitis in Losgehnen 1913 noch am 28. September. Junge ♂♂ lassen überhaupt im August und September ziemlich häufig ihren Gesang hören.

Ostpreußische Exemplare zeichnen sich durch blasse, weniger grünliche Färbung und bedeutendere Flügellänge vor west- und mitteldeutschen Stücken aus. Sie stehen dadurch der im östlichen Rußland und Nordasien heimischen Form *Ph. tr. eversmanni* (Bp.) nahe. Hartert (211) gibt für *Ph. tr. eversmanni* die Flügellänge bei ♂♂ auf 68—72,1, bei ♀♀ auf 64—66 mm an, während *Ph. tr. trochilus* eine Flügellänge von 66—70, nur ausnahmsweise bis 72 mm besitzt. Nach Hilgert (Falco 1909, p. 47) messen Brutvögel aus Hessen 67—69, solche aus Schweden 68,5—71,5 mm. 7 ♂♂ meiner Sammlung, die zur Brutzeit in Losgehnen erlegt sind, messen 71, 70, 70, 70, 70, 69, 67 mm, 4 Herbstvögel 70 (♂), 68, 67 und 67 mm. 2 junge Herbstvögel in der Sammlung der Vogelwarte Rossitten messen 68 und 64 mm. In der Färbung unterscheiden sich die Losgehner Frühlingsvögel von *Ph. trochilus* kaum von den in derselben Jahreszeit dort gesammelten Weidenlaubsängern. Die Oberseite ist blaß olivengräulich, die Unterseite grauweißlich mit schwachem gelblichem Anfluge. Bei den Herbstvögeln ist die Unterseite licht schwefelgelb, die Oberseite olivengrünlich. Wir haben es in Ostpreußen anscheinend mit einer Form zu tun, die dem schwedischen und nordrussischen *Ph. trochilus* nahesteht; ihre Abgrenzung gegen *Ph. troch. eversmanni* dürfte sehr schwierig sein (vgl. auch Hartert (211), Kleinschmidt (Falco 1909, p. 44—47)).

### 288. **Phylloscopus collybita abietinus** (Nilss.) — Östlicher Weidenlaubsänger, Zilpzalp.

*Sylvia abietina* Nilss.; *Phylloscopus rufus pleskei* Floericke; *Ficedula, Phyllopneuste rufa abietina* (Nilss.).

Wenn es sich auch nicht leicht entscheiden läßt, welches im allgemeinen die häufigste Laubsängerart ist, so möchte ich doch annehmen, daß in vielen Gegenden der Weidenlaubsänger die größte Verbreitung besitzt. Allerdings kommt ihm vielfach der Fitis an Zahl nahe oder übertrifft ihn stellenweise wohl sogar. Für Norkitten (Kreis Insterburg) bezeichnet Robitzsch (18) den Weidenlaubsänger als die gemeinste Art, und dasselbe gilt für die Bartensteiner Gegend. Auch in den Forstrevieren Ibenhorst und Dingken sowie im Allensteiner Stadtwalde hörte ich ihn recht zahlreich, während er bei Angerburg und Rothebude hinter *Ph. sibilator* und *Ph. trochilus* an Zahl bedeutend zurücktrat. Geyr v. Schweppenburg (189) bezeichnet für den Osten der Provinz den Weidenlaubsänger als „überall gemein", während er *Ph. trochilus* dort nur spärlich antraf.

Auf dem Zuge kommt er überall außerordentlich häufig vor. Er ist als Durchzügler sehr viel zahlreicher als die beiden anderen Arten; auch dehnt der Zug sich wesentlich länger aus. In der ersten Hälfte des April, bisweilen sogar schon Ende März, trifft er im Frühjahr bei uns ein, bei Bartenstein nach meinen Notizen zwischen dem 28. März und 17. April, im Mittel von 17 Jahren am 6. April. Das Brutgeschäft fällt in den Mai und Juni. le Roi

(430) fand bei Cranz ein Nest mit 3 frischen Eiern am 26. Mai 1902, Thienemann (588) bei Rossitten ein solches mit 6 Eiern am 18. Juni 1910.

Anfang August beginnt schon wieder der Rückzug, der aber sehr langsam von statten geht und oft bis Mitte Oktober dauert. Als späteste Beobachtungsdaten erwähne ich für Bartenstein 1902 den 19., 1905 den 14., 1907 den 20., 1909 den 18., 1910 den 16., 1911 den 8. und 1912 den 13. Oktober. An schönen Herbsttagen hört man auffallend oft ihren Gesang. Sehr gern suchen sie in dieser Zeit die Rohr- und Schilfbestände an Seen und Teichen auf; überhaupt findet man sie dann, besonders im September, außer im freien Felde eigentlich überall. An manchen Tagen wimmeln die Gebüsche geradezu von diesen kleinen Vögeln. Auf der Kurischen Nehrung ist der Durchzug, namentlich im Herbst, gleichfalls äußerst lebhaft.

Die ostpreußischen Weidenlaubsänger gehören zu der in Skandinavien und Osteuropa heimischen Form *Ph. collybita abietinus* (Nilss.), die westlich noch bis Pommern und Schlesien vorkommt. Sie zeichnet sich durch lichte Oberseite und größere Flügellänge vor der westdeutschen Form *Ph. collybita collybita* (Vieill.) aus. Nach Kleinschmidt (269) besitzen 2 ♂♂ vom 4. Mai aus Brödlauken (Kreis Insterburg) eine Flügellänge von 65 und 63 mm; ihre Färbung ist sehr licht, fast wie bei *Ph. collybita tristis.* 13 zur Brutzeit in Losgehnen geschossene ♂♂ meiner Sammlung messen 65, 65, 65, 65, 64, 64, 63, 63, 63, 63, 62, 61, 60, ein ♀ 62 mm. 5 Herbstvögel messen: 2 ♂♂ 65, 64, Geschlecht unbestimmt 61, 60, ein ♀ 57 mm. Ein Herbstvogel von Ulmenhorst in der Sammlung der Vogelwarte mißt 62 mm. Hartert (211) gibt die Flügellänge für *Ph. collybita collybita* auf 55—60, für *Ph. collybita abietinus* auf 56—67,3 mm an.

Weigold (J. f. O. 1911 Sonderh. p. 164—165) beobachtete auf Helgoland mehrfach im Herbst Weidenlaubsänger, die als Lockton einen wie „djiĕ" klingenden Ruf hören ließen. Das ist die Stimme, die man im Herbst von den ostpreußischen Weidenlaubsängern weitaus am häufigsten vernimmt; nur selten einmal ruft ein Vogel das gewöhnliche „hüid". Auch im Frühjahr hört man das „djiĕ" nicht selten, am wenigsten in der Brutzeit. Sollte es vielleicht eine Besonderheit von *Ph. collybita abietinus* sein, während mitteldeutsche Weidenlaubsänger dieses „djiĕ" nur ausnahmsweise hören lassen? Daß die sibirische Form *Ph. collybita tristis* Blyth eine sehr abweichende Stimme besitzt, ist ja bekannt.

**Phylloscopus collybita tristis** Blyth — Sibirischer Weidenlaubsänger.

*Phylloscopus tristis* Blyth.

Diesen bisher in Deutschland erst wenige Male auf Helgoland von Gaetke festgestellten Laubsänger habe ich mit voller Bestimmtheit Ende August 1901 in Losgehnen beobachtet. Ich hörte nämlich eines Tages aus einem Fichtengebüsch im Gutsgarten eine Vogelstimme, die mich so auffallend an ein entlaufenes Küchlein erinnerte, daß ich mich ganz verwundert umsah, da ich so spät im Jahre nicht mehr kleine Küchlein vermutete. Zu meinem größten Erstaunen bemerkte ich, daß die Stimme aus der Höhe von einer Fichte kam, und sah dann auch bald einen kleinen laubsängerartigen Vogel in den Fichtenästen, der die erwähnten Töne ausstieß. Als ich mit einer Schußwaffe aus dem Hause zurückkehrte, war der Vogel verschwunden und trotz allen Suchens nicht mehr aufzufinden.

Nachträglich ersah ich dann aus dem neuen Naumann (386), daß die von mir gehörte küchleinartige Stimme nach Gaetke für *Ph. collybita tristis* charakteristisch ist. Er gibt sie sehr kenntlich mit „pi-ak pi-ak" wieder; sie unterscheidet sich sehr auffallend von der Stimme aller deutschen Laubsängerarten. Hiernach glaube ich mit Bestimmtheit, daß der von mir beobachtete Vogel tatsächlich *tristis* gewesen ist. Da aber leider ein Belegexemplar nicht vorliegt, ist der Nachweis des Vorkommens noch nicht erbracht.

## 289. **Phylloscopus nitidus viridanus** Blyth — Grüner Laubsänger, Bindenlaubsänger.

*Phylloscopus viridanus* Blyth; *Acanthopneuste viridana* (Blyth).

Der in Nordrußland und Westsibirien heimische grüne Laubsänger nistet schon in Estland, Livland und Nordkurland. In Ostpreußen erlegte Thienemann (536, 540) ein ♂ am 15. Juni 1905 auf der Kurischen Nehrung bei Rossitten. Das Stück befindet sich jetzt in der Sammlung der Vogelwarte.

### 290. **Phylloscopus superciliosus superciliosus** (Gm.) — Gelbbrauiger Laubsänger, Goldhähnchenlaubsänger.

*Motacilla superciliosa* Gm.; *Sylvia bifasciata* Gaetke; *Reguloides superciliosus* (Gm.).

Am 7. November 1913 erhielt Thienemann (594 f) im Fleisch ein von W. Christoleit erlegtes Exemplar dieses sibirischen Laubsängers aus Kl. Ottenhagen bei Gr. Lindenau (Kreis Königsberg). Der Balg befindet sich jetzt in der Sammlung der Vogelwarte. Wie W. Christoleit mir mitteilte, hatte der Vogel sich in seinem Garten schon etwa 3 Tage aufgehalten; er bevorzugte besonders die hohen Birnbäume und in diesen wiederum die obere Hälfte. Dabei ließ er dauernd seinen sehr angenehmen, melodischen Lockruf hören. Das ist der erste sichere Nachweis für Ostpreußen.

Zwar sollte schon vor Gründung der Vogelwarte, im September 1892, ein Stück bei Rossitten erlegt worden sein (320); doch war diese leider auch von Reichenow (420) und in den neuen Naumann (386) aufgenommene Angabe sehr unsicher, da eine Nachprüfung nicht möglich war.

### 291. **Turdus philomelus philomelus** Brehm — Singdrossel, Zippe.

*Turdus musicus* auct.

In Wäldern, die vorwiegend oder wenigstens teilweise aus Nadelholz bestehen, ist die Singdrossel überall recht häufiger Brutvogel. Auch kleinen Feldhölzern und größeren Gutsgärten fehlt sie nicht; sie nistet z. B. alljährlich in einem Paare im Gutsgarten von Losgehnen. Zur Bewohnerin der städtischen Gärten und Parks ist sie bei uns im allgemeinen noch nicht geworden; auf den Königsberger Kirchhöfen habe ich sie jedoch mehrfach als Brutvogel gefunden.

Im letzten Drittel des März oder in den ersten Tagen des April trifft sie gewöhnlich bei uns ein. Bei Bartenstein erfolgte die Ankunft im Mittel von 20 Jahren am 25. März, nämlich zwischen dem 10. März und 6. April. Bei Tilsit beobachtete ich 1908 die erste am 31. März. Der Durchzug der nördlicher wohnenden Stücke dauert noch den April über an, gelegentlich sogar noch bis in den Mai hinein.

Das Brutgeschäft fällt in den Mai und Juni. le Roi (430) fand am 26. Mai 1902 im Cranzer Walde 3 Nester, die 5, 1 und 4 Eier enthielten; in einem vierten lagen neben einem Ei bereits 3 Junge. Im Forstrevier Wichertshof bei Heilsberg entdeckte ich ein Nest mit 5 Eiern am 23. Mai 1909. Ein am 9. Juni 1908 in Losgehnen gefundenes Nest mit 5 Eiern stand in einer kleinen Fichte nur etwa $\frac{3}{4}$ m vom Erdboden entfernt. Die ersten ausgeflogenen Jungen sah ich in Losgehnen 1911 am 28. Mai.

Der Herbstzug erstreckt sich von Mitte September bis in die zweite Hälfte des Oktober. Die letzten beobachtete ich bei Bartenstein 1905 am 27., 1907 am 20., 1908 am 25., 1909 am 24. Oktober, 1911 am 5. November. Sie wandern in der Regel nachts und lassen dabei ihr „zipp" häufig hören. Besonders lebhaft ist der Zug sowohl im Herbst wie im Frühjahr auf der Kurischen Nehrung. An manchen Tagen wimmeln die Büsche nach Thienemann (510, 525, 536, 546) geradezu von Singdrosseln und Rotkehlchen, welche beiden Arten fast stets gemeinschaftlich ziehen. 1908 wurden die Nachzügler nach Thienemann (564) bei Rossitten von dem plötzlich eintretenden Schnee und Frost überrascht und hielten sich infolgedessen noch bis Mitte November dort auf. Fälle von Überwinterung sind aber für Ostpreußen nicht bekannt. Die im Dohnenstieg gefangenen „Krammetsvögel" gehörten bei Bartenstein zum weitaus größten Teil dieser Art an. Dasselbe war wohl auch sonst durchweg der Fall. Nach Thienemann (510, 519) waren z. B. unter 763 im Jahre 1902 bei Rossitten gefangenen Drosseln 667 und unter 2350 im Jahre 1903 gefangenen 1880 Singdrosseln.

Wiederholt hörte ich in Losgehnen Singdrosseln den Paarungsruf von *Totanus ocrophus* und den Triller von *Milvus korschun* sowie das „krück krück“ von *Anas crecca* nachahmen. Am 2. Oktober 1911 sang ein einzelnes Stück ziemlich laut im Gutsgarten von Losgehnen, anscheinend ein seltener Fall, da Berichte über einen Herbstgesang der Singdrossel kaum vorliegen.

Farbenvarietäten scheinen nicht allzu selten vorzukommen. Bujack (68) erwähnt ein schneeweißes Stück, das 1664 bei Sudau erbeutet wurde, und ein gelbes, das Petersen aus Pillau einlieferte. In der Sammlung der Forstakademie Eberswalde steht nach Altum (4) ein weißliches Stück von Metgethen aus dem Jahre 1882, und im Königsberger Museum befindet sich nach Lühe (351) ein partieller Albino, bei dem der Rücken noch hellbraun ist. Ein abnorm kleines Exemplar erhielt Thienemann (510, 511) von Rossitten am 21. Oktober 1902 (Totallänge 17,9; Flügellänge 10,6 cm).

### 292. **Turdus iliacus** L. — Rot- oder Weindrossel.

*Turdus musicus* L.

In den 70 er Jahren des vorigen Jahrhunderts entdeckte Woebcken nach Hartert (200, 205) die Rotdrossel bei Memel als regelmäßigen Brutvogel; er fand mehrere Paare nahe beieinander brütend, und zwar standen die Nester niedrig im Busch, eins auch auf einem ausgefaulten Pfahl. Eier aus dieser Ansiedlung gelangten u. a. in die Sammlung von E. v. Homeyer. Aus neuerer Zeit liegen sichere Brutbeobachtungen nicht mehr vor. E. Christoleit beobachtete ein singendes ♂ bei Ruß noch am 19. Mai 1903; er meint, daß die Art dort vielleicht brüte. Auffallenderweise bezeichnet Löffler (329) die Rotdrossel als gewöhnlichen Brutvogel bei Gerdauen; die Richtigkeit dieser Angabe ist mir aber sehr zweifelhaft.

Als Durchzügler ist die Rotdrossel überall recht häufig; nur in den Kiefernrevieren zeigt sie sich auf dem Zuge etwas spärlicher. Der Frühjahrszug beginnt in der zweiten, bisweilen auch schon in der ersten Hälfte des März oder Anfang April, nach meinen Beobachtungen bei Bartenstein zwischen dem 4. März und 4. April, wobei sich für den Beginn als Mittel von 13 Jahren der 24. März ergibt. Bei Tilsit sah ich 1908 die ersten am 1. April. Der Zug dehnt sich ziemlich lange aus, in der Regel bis Anfang Mai. Die letzten beobachtete ich bei Bartenstein 1903 am 3., 1907 am 2., 1909 am 9., 1912 am 5. Mai. Hartert (200) bemerkte 1884 sogar noch am 15. Mai Rotdrosseln in der Nähe des Zehlaubruchs. Fast stets ziehen sie im Frühjahr mit Wachholderdrosseln zusammen; sie bilden in den gemischten Drosselscharen aber stets die Hauptmasse. Die Wachholderdrosseln kommen erst an zweiter Stelle; alle anderen Arten, wie Mistel-, Sing- und Schwarzdrosseln, gesellen sich nur in geringerer Zahl zu ihnen. Wenn ein solcher Drosselschwarm in ein Erlenbruch oder einen Laubwald eingefallen ist — Nadelholz lieben sie weit weniger —, dann hört man schon von weitem von allen Bäumen den zwitschernden Gesang der Rotdrosseln und dazwischen ihre immer wiederkehrende charakteristische helle Strophe.

Der Herbstzug dauert von Ende September oder Anfang Oktober bis Anfang November. Bei Cranz wurde nach le Roi (430) die erste 1902 schon am 22., bei Nidden nach Thienemann (519) 1903 am 21. September gefangen. Bei Rossitten beobachtete letzterer (510, 519, 546, 588) die ersten 1902 am 24., 1903 am 23., 1906 am 29. September, 1910 am 7. Oktober, ich selbst bei Bartenstein und Heilsberg 1910 am 17., 1911 am 2. und 1913 am 7. Oktober. Größere Scharen sieht man im Herbst gar nicht. Ohne langen Aufenthalt ziehen sie vielmehr in kleinen losen Flügen durch, und zwar wandern sie größtenteils nachts, so daß man in klaren Oktobernächten fortgesetzt ihr scharfes „zieh“ in den Lüften hört. Am Tage ruhen sie meist in Laubwäldern. Vereinzelte beobachtete ich 1908 in Losgehnen bei Frost und Schnee noch am 8. und 9. November, Thienemann (564) bei Rossitten sogar noch um die Mitte dieses Monats. Fälle von Überwinterung sind jedoch für Ostpreußen nicht bekannt.

Nächst der Singdrossel fing sich die Rotdrossel in den Dohnen am häufigsten. Dies geht auch aus den von Thienemann (510, 519) für die Kurische Nehrung mitgeteilten Fangergebnissen hervor.

### 293. Turdus viscivorus viscivorus L. — Misteldrossel.

*Turdus arboreus* Brehm.

Als ausschließliche Bewohnerin des Nadelwaldes, namentlich der Kiefernreviere, ist die Misteldrossel in vielen Gegenden keine häufige Erscheinung. Sie nistet nur in ausgedehnten Waldungen — in diesen einzeln allerdings wohl überall —, während sie kleinere Nadelgehölze zur Brutzeit ganz meidet. Am häufigsten kommt sie hiernach jedenfalls in den großen Waldgebieten des Südens und Ostens vor; dagegen fehlt sie den Erlenbeständen der Memelniederung. Nach Ansicht von E. Christoleit (455) geht ihr Bestand bei uns neuerdings im allgemeinen zurück.

Hartert (200, 205) gibt an, sie sei nicht selten, wenn auch nicht überall und nirgends zahlreich. Szielasko (471) bezeichnet sie für den früheren Regierungsbezirk Gumbinnen als regelmäßigen, stellenweise häufigen Brutvogel; Gelege hat er z. B. aus der Gegend von Lyck und vom Galtgarben erhalten. Im nördlichen Ostpreußen ist sie nach Kuwert (289) im allgemeinen selten. le Roi (430) vermutet sie als Brutvogel im Cranzer Walde, wo auch ich ihren Gesang, anscheinend am Brutplatz, am 14. April 1907 hörte. Lindner (316) gibt sie für die Kurische Nehrung, wohl für deren südlichen Teil, gleichfalls als Brutvogel an. Bei Quanditten zeigt sie sich nach Ulmer nur sehr spärlich; doch konnte E. Christoleit sie in der Nähe von Memel als regelmäßigen, nicht seltenen Brutvogel feststellen. In den litauischen Wäldern fand W. Christoleit sie nur vereinzelt an Wiesenrändern nistend. Zigann (658) sagt, daß bei Wehlau im Sommer nur hier und da ein einzelnes Pärchen anzutreffen sei. Robitzsch (16) erwähnt ihr Brüten für Norkitten (Kreis Insterburg), Techler und Geyr v. Schweppenburg (189) für die Rominter Heide, letzterer auch für Schorellen und Rudczanny, Volkmann (17) für Lanskerofen (Kreis Allenstein) und E. Christoleit für Passenheim (Kreis Ortelsburg) und Frauenburg. Im Forstrevier Rothebude, Schutzbezirk Rogonnen (Kreis Goldap) beobachtete ich flügge Junge am 1. Juli 1911.

In der Bartensteiner Gegend ist die Misteldrossel selten. In Losgehnen nistet sie nicht; wohl aber bemerkte ich ein Paar mit Jungen am 28. Mai 1905 im Walde von Dietrichswalde. Auch auf dem Zuge zeigt sie sich bei Bartenstein niemals in größerer Anzahl, meist nur einzeln oder in kleinen Flügen. Einzelne schließen sich auch bisweilen den großen Scharen von Rot- und Wachholderdrosseln an. Im Frühjahr dauert der Zug von Ende März — 1897, 1904, 1909 und 1910 beobachtete ich die ersten am 28., 1912 am 24., 1913 am 23. März — bis Mitte April, im Herbst von Mitte Oktober bis Anfang November. Im Spätherbst und Winter sieht man auf Ebereschen oder Misteln nicht allzu selten einzelne Exemplare. Ich erlegte z. B. eine Misteldrossel am 16. November 1902 im Gutsgarten von Glittehnen und sah in Losgehnen ein Stück am 13. November 1911. Auf Misteln bei Dietrichswalde, Gallingen und Tingen und auf Ebereschen an der Chaussee bei Gallingen und Zanderborken sind einzelne Misteldrosseln sogar im Spätherbst eine ziemlich regelmäßige Erscheinung. Am 16. November 1908 beobachtete ich ein Stück bei Gallingen, am 21. November 1910 eins bei Dietrichswalde; ferner traf ich während des ganzen November und Dezember 1911 sowie im Januar 1912 ständig 1—3 Stück bei Gallingen, Tingen und Zanderborken an, und bei Dietrichswalde beobachtete ich ein Stück am 16. Dezember 1912 und 3. Februar 1913. Am 2. November 1911 bemerkte ich auch einen kleinen Flug im bischöflichen Garten in Heilsberg. Im November und Dezember 1913 sowie im Januar und Februar 1914 waren einzelne Stücke bei Dietrichswalde, Gallingen und Heilsberg fast stets zu sehen. In der Nähe von Heilsberg schoß ich je ein Exemplar am 27. November und 18. Dezember 1913. Einzelne Misteldrosseln überwintern wohl alljährlich in unserer Provinz; vielleicht sind es Wintergäste von Norden her. Ein gelegentliches Überwintern erwähnen auch Löffler (329) für Gerdauen und Robitzsch (426) für Waldhausen (Kreis Insterburg). Größere Flüge beobachtete ich im Januar 1902 auf den mistelreichen kanadischen Pappeln des Neuroßgärter Kirchhofs in Königsberg. Techler erhielt von Plicken (Kreis Gumbinnen) 2 sehr abgemagerte Stücke im Januar 1912. Unsere Brutvögel kehren erst im März zu uns zurück. Als Zeitpunkt des ersten Gesanges im Frühjahr nennt Volkmann (17) bei Lanskerofen den 5. März 1878, 4. März 1880, 24. März 1881, 9. März 1882. Die ersten ausgeflogenen Jungen beobachtete Robitzsch (16) bei Norkitten 1882 am 22. Mai.

Über den Zug der Misteldrossel durch unsere Provinz wissen wir im allgemeinen wenig. E. Christoleit meint, daß sie als Zug- und Wintervogel wohl nirgends ganz fehle, aber meist nur spärlich sich zeige. Das trifft für Bartenstein, wie bereits erwähnt, zu. In den Dohnen fing sie sich früher nur in geringer Anzahl. Auch auf der Kurischen Nehrung war dies nach Thienemann (510, 519) der Fall, wo sie auf dem Zuge noch verhältnismäßig zahlreich vorkommt. Der Herbstzug beginnt dort Ende September oder Anfang Oktober — 1902 am 28., 1903 am 22. September, 1906 am 4., 1910 am 12. Oktober — und dauert bis weit in den November hinein; der Frühjahrszug erstreckt sich von Mitte oder Ende März bis Ende April oder wohl gar noch bis Anfang Mai, z. B. im Jahre 1908. Die Misteldrosseln werden auf der Nehrung meist in Gesellschaft von *T. pilaris*, im Frühjahr auch von *T. iliacus* oder *T. philomelus* beobachtet. Meist handelt es sich um kleinere Flüge von *T. viscivorus*; bisweilen zeigen sich aber auch recht große Schwärme, z. B. am 13. April 1906.

Hartert (211) meint, daß wir bei Vorliegen genügenden Materials in Europa später 2 Formen der Misteldrossel werden unterscheiden müssen: eine dunklere, westliche, der der Name *T. viscivorus viscivorus* L. zukommt, und eine hellere, östlich-nördliche, die noch zu benennen ist; letztere kommt in Schweden, Rußland und Ostpreußen vor. In der Tat sind die Misteldrosseln, die ich aus Ostpreußen bisher sah, oberwärts recht hell, graulicholiven ohne rostbräunliche Beimischung. 4 Stücke meiner Sammlung besitzen folgende Flügellänge: ♂ (16. November 1902, Glittehnen): 15,2; ♂ (30. Oktober 1909, Rossitten): 15,4; ♂ (27. November 1913, Heilsberg): 15,3; ♀ (18. April 1904, Losgehnen): 15,0 cm. Ein recht graues ♂ in der Sammlung der Vogelwarte Rossitten aus Ulmenhorst vom 16. April 1910 mißt 15,8, ein ostpreußisches ♀ in Kleinschmidts Sammlung (269) 14,7 cm.

### 294. **Turdus pilaris** L. — Wachholderdrossel.

Wenn die Wachholderdrossel in manchen Teilen Deutschlands auch erst neuerdings heimisch geworden ist, so ist sie in Ostpreußen doch schon seit sehr langer Zeit als Brutvogel recht verbreitet. Schon J. Th. Klein (255) sagt von ihr 1750: „*Plurimae advenae sunt. Permultae permanent et nidulantur in Prussia*“, und Bock (41, 42) bestätigt 1782 und 1784, daß viele das ganze Jahr über bei uns blieben. Klein kannte die Art genau; nach M. Braun (58) und Gengler (186) sind im Aviarium Prussicum ♂ und ♀ von *T. pilaris* kenntlich abgebildet.

Ganz gleichmäßig scheint die Verbreitung der Art in unserer Provinz nicht zu sein; sie fehlt jedoch kaum irgendwo ganz. Nach E. Christoleit (455) nimmt sie im allgemeinen bei uns an Zahl zu. Hartert (200) sagt von ihr, es brüteten in Preußen sehr viele, und Szielasko (471) bezeichnet sie als „stellenweise, namentlich in der unteren litauischen Ebene, häufigen

Brutvogel". Ganz besonders zahlreich kommt sie im Norden von Ostpreußen vor. Nach E. Christoleit (l. c.) brütet sie zahreich auf dem Kirchhofe in Memel, wo auch Thienemann (510) am 14. Juli 1902 soeben flügge gewordene Junge der zweiten Brut beobachtete. Bei Heydekrug ist sie nach Hildebrandt recht häufig; in manchen Gärten nisten bis 20 Paare, und zwar auf Obstbäumen, Linden, Fichten und Weidenköpfen. W. Christoleit bemerkte sie als vereinzelten Brutvogel überall, doch gelegentlich in Erlengehölzen in großer Anzahl; 1909 fand er im Memeldelta ein Paar auf einer Pappel sogar in einem alten Krähenhorste brütend. Baer (31) beobachtete sie als einzige Drosselart bei Minge, und Reinberger bezeichnet sie für den Kreis Niederung als häufigen Brutvogel. Thienemann (546) fand in der Oberförsterei Schnecken ein Nest auf einer Erle etwa 15 m hoch. Bei Ruß stellte ich sie Anfang Juli 1908 in größerer Anzahl fest, desgleichen zahlreich und an den verschiedensten Stellen bei Tilsit (Jacobsruhe, Brückenkopf, Forstrevier Dingken). Der Kurischen Nehrung scheint sie als Brutvogel zu fehlen; im Samlande ist sie aber nach Kuwert (289) sehr gewöhnlich. Nach Ulmer nistet sie nicht selten bei Quanditten, nach Kuwert (l. c.) auch bei Wernsdorf, südlich von Königsberg. Ein Nest entdeckte der Letztgenannte auf einem Pflaumenbaum. Einzelne Paare brüten nach meinen Beobachtungen auch im Park von Luisenwahl bei Königsberg.

Eine eingehende Schilderung des Vorkommens der Wachholderdrossel im nördlichen Ostpreußen gibt Robitzsch (428). Er sagt, sie brüte in den Kreisen Insterburg, Tilsit, Ragnit und Pillkallen überall, aber an sehr verschiedenen Örtlichkeiten. Meistens fand er sie kolonienweise nistend, jedoch bisweilen auch ganz einzelne Pärchen, besonders in Obstgärten und Parkanlagen. Kolonien bemerkte er in kleineren Wäldern, die aus Fichten, Kiefern und Erlen bestanden, und zwar nie weit vom Waldrande, ebenso aber auch in Pappelalleen, die durch Flußauen und Weidenländereien führten, sofern die Pappeln starke und hohe alte Bäume waren. Der Neststand war sehr verschieden: auf Obstbäumen nur 5 m hoch, auf Pappeln, Eichen und Erlen bis 15 m und noch höher. Bisweilen standen bis 4 Nester auf einem Baum, besonders auf Pappeln in Flußauen. Am 22. Mai 1883 untersuchte er ein Nest, das dicht an einem Stall auf Astzwieseln eines Apfelbaumes ca. 6 m hoch stand; es enthielt 6 Eier. Als besonders häufig führt Robitzsch (17, 18) die Art für Norkitten (Kreis Insterburg) an. Nach Techler nistet sie im Kreise Gumbinnen auf Erlen bei Szameitschen und im Plicker Walde, nach le Roi bei Stannaitschen. Geyr v. Schweppenburg (189) beobachtete sie zur Brutzeit bei Schorellen, Stallupönen und in der Rominter Heide. Im Kreise Angerburg fand ich sie ziemlich häufig u. a. bei Steinort auf alten Eichen, ferner auf Kiefern des Kanopkeberges und bei Kruglanken. Hartert (200, 386) erlegte sie am Brutplatz in der Johannisburger Heide; als Brutbäume nennt er Kiefern, Erlen und vermutlich auch Birken. Nach Spalding (13) brütet sie bei Zymna (Kreis Johannisburg).

Im mittleren Ostpreußen ist *T. pilaris* gleichfalls meist nicht selten. Zigann (658) erwähnt eine Ansiedlung, die vor einiger Zeit im Parke der Irrenanstalt Allenberg (Kreis Wehlau) bestand. Gar nicht selten traf ich die Art am 20. Juli 1913 im Kreise Pr. Holland am Drausensee an; sie nistet dort überall in den Kämpen. Verhältnismäßig sparsam kommt sie im Kreise Heilsberg vor. Einzelne Brutpaare beobachtete ich bei Trautenau, ferner mehrfach in der Nähe der Stadt Heilsberg, z. B. im bischöflichen Garten, im Simsertal, in der Eichendamerau, im Hundegehege und im Großendorfer Walde, sowie verschiedentlich an der Alle zwischen Guttstadt und Heilsberg. Zahlreicher nistet sie im Kreise Friedland. Meier (369) nennt sie als Brutvogel für Louisenberg, und bei Bartenstein befinden sich Ansiedlungen an den verschiedensten Stellen. Im allgemeinen sind die Kolonien allerdings nicht sehr groß, und die Nester stehen meist auch nicht allzu nahe beieinander. Als Brutbäume werden bei Bartenstein ziemlich hohe Kiefern bevorzugt. Gar nicht selten habe ich in Losgehnen Nester aber auch auf

Fichten, oft nur 2 m hoch, bisweilen auch auf Erlen oder Rüstern gefunden. Einmal nistete ein Paar im Gutsgarten auf einem Apfelbaum, und 1892 befand sich eine ziemlich große Kolonie in einer sumpfigen Kopfweidenpflanzung — derselben, in der ich im Jahre 1906 das Nest von *Parus atricapillus borealis* fand; die Nester, die ich am 19. Juni 1892 untersuchte, enthielten durchweg noch Eier, wohl von der zweiten Brut; auch jetzt nisten dort einzelne Paare noch fast jedes Jahr. Auffallend ist es, daß die Wachholderdrosseln ohne ersichtlichen Grund häufig von Jahr zu Jahr mit ihren Brutplätzen wechseln; ich habe dieses in Losgehnen, wo die Art häufig ist, vielfach beobachtet.

Ende März, bisweilen auch schon früher, treffen die Wachholderdrosseln auf ihren Brutplätzen ein. Ein Gelege von 5 frischen Eiern erhielt ich in Losgehnen am 29. April 1906, ein solches von 6 stark bebrüteten Eiern am 10. Mai 1908. 4 am 25. Mai 1905 gefundene Nester enthielten kleine Junge. Die ersten ausgeflogenen Jungen beobachtete ich 1906 am 7., 1910 am 5. Juni. Ende August und Anfang September sammeln sich unsere Brutvögel auf Ebereschen in ganzen Flügen; doch verlasssen sie uns wahrscheinlich später, um in den Wintermonaten den Gästen von Norden her Platz zu machen. Am 26. September 1907 beobachtete ich, wie einige nach Art von Staren am Kinkeimer See über dem Wasser im Weidengebüsch übernachteten.

Der Durchzug der nördlicher wohnenden Stücke beginnt gewöhnlich erst im Oktober und erreicht im November seinen Höhepunkt. Die Scharen, die man in dieser Zeit bei Bartenstein sieht, sind weit kleiner als die im Frühjahr durchziehenden. Auch halten sie sich meist nicht sehr lange in derselben Gegend auf; der Durchzug geht vielmehr erheblich schneller als im Frühjahr vonstatten, eine Beobachtung, die auch Naumann (385) in Anhalt gemacht hat. In beerenreichen Jahren sammeln sich allerdings an Plätzen, wo sich viele Ebereschen finden, namentlich an Chausseen, oft recht große Scharen an, die dort so lange verweilen, als noch Beeren auf den Bäumen sind. Bei Heilsberg beobachtete ich solche Flüge namentlich im November 1908 und im November und Dezember 1911. Winterüber halten alljährlich einzelne oder kleinere Trupps bei uns aus. Bei hohem Schnee kommen sie in die Gärten und nahe an die Häuser. Bisweilen gelangen aber auch im Winter größere Scharen zur Beobachtung, so bei Bartenstein im Winter 1902/03 und Ende Dezember 1904.

Auf der Kurischen Nehrung, wo diese Art recht zahlreich durchzieht, beginnt der Herbstzug Anfang, meist aber erst Ende September oder Anfang Oktober. Thienemann nennt in den Jahresberichten als früheste Beobachtungsdaten 1902 den 2., 1903 den 21., 1904 den 2., 1905 den 27., 1906 den 29., 1907 den 9. September, 1910 den 11. Oktober. Am lebhaftesten ist der Zug Ende Oktober und im November; aber auch im Dezember und sogar noch im Januar findet oft ein regelrechter Durchzug nach Süden zu statt (550, 576). Um die Jahreswende sind Wachholderdrosselflüge auf den Triften bei Rossitten eine ganz gewöhnliche Erscheinung.

Der Frühjahrszug erstreckt sich sowohl auf der Kurischen Nehrung wie bei Bartenstein von der zweiten Hälfte des März bis Anfang Mai; am lebhaftesten ist er meist um die Mitte des April. Fast stets in Gesellschaft von Rotdrosseln trifft man in dieser Zeit regelmäßig überall auf den Feldern und in den Waldungen große Scharen an, die bei ungünstiger Witterung oft lange in derselben Gegend verweilen. Bei Rossitten bemerkte Thienemann (510) ganze Flüge 1902 sogar noch am 19. Mai. In der Bartensteiner Gegend sah ich einen Flug von 12—15 Stück bei Dietrichswalde noch am 11. Mai 1912.

In den Dohnen fingen sich Wachholderdrosseln früher nur in geringer Anzahl. Unter 763 im Jahre 1902 bei Rossitten gefangenen Drosseln befanden sich nur 3 und unter 2350 im Jahre 1903 gefangenen nur 105 *T. pilaris* (510, 519). Wenn ältere Schriftsteller, wie Naumann (385) und Friderich (181) berichten, daß in Ostpreußen alljährlich 600 000 Paare Wachholderdrosseln gefangen wurden, so geht diese Angabe auf J. Th. Klein

(l. c.) zurück, der aber ausdrücklich von **sämtlichen** Drosselarten spricht indem er sagt, daß in Preußen „*iliacorum et musicorum myriades suffocantur*", während „*pilares in areis aucupariis trucidantur*". In Wahrheit werden also wohl auch früher die Wachholderdrosseln den kleinsten Teil der gefangenen „Krammetsvögel" ausgemacht haben, während die weitaus meisten Sing- und Rotdrosseln waren.

Mit Ausnahme der neuerdings von Loudon (O. M. B. 1912 p. 5) beschriebenen westsibirischen Form *T. p. sarudnyi*, die Hartert (212) aber nicht anerkennt, ist die Unterscheidung geographischer Formen bei der Wachholderdrossel bisher nicht möglich gewesen. Thienemann (550) erwähnt, daß manche bei Rossitten durchziehende Stücke ganz auffallend braun gefärbt seien; besonders der Rücken zeige ein intensives Braun, die Brust ein lebhaftes Gelbbraun. Ein derartiges Stück schoß er z. B. am 4. November 1907.

**Turdus naumanni** Temm. — Naumanns Drossel.

Angeblich soll ein ♂ dieser in Sibirien heimischen Drosselart vor Gründung der Vogelwarte am 1. Februar 1896 bei Rossitten gefangen sein (166, 169). Die Richtigkeit dieser unkontrollierbaren Angabe ist sehr zweifelhaft; sie verdient keine Berücksichtigung.

### 295. **Turdus ruficollis atrogularis** Temm. — Schwarzkehlige Drossel.

*Turdus atrogularis* Temm., *bechsteinii* Naum.

Am 7. November 1904 wurde nach Thienemann (525, 527) ein ♂ der westsibirischen schwarzkehligen Drossel bei Rossitten im Dohnenstieg gefangen. Das Stück, das jetzt in der Sammlung der Vogelwarte steht, ist die einzige für Ostpreußen bisher nachgewiesene asiatische Drosselart. Für Westpreußen sind dagegen 3 weitere aus Asien stammende Drosseln bereits festgestellt, nämlich die bunte Drossel (*Turdus dauma aureus* Hol. = *T. varius* Pall.) (1842 bei Elbing erlegt; im Königsberger Museum), die sibirische Drossel (*Turdus sibiricus* Pall.) (♀ vom 25. September 1851 aus der Nähe von Elbing in der Sammlung E. v. Homeyers) und die blasse Drossel (*Turdus obscurus* Gm.) (♂ ad. vom 9. Oktober 1850 aus der Gegend von Danzig in der Sammlung E. v. Homeyers).

### 296. **Turdus merula merula** L. — Amsel, Schwarzdrossel.

*Merula vulgaris* Selby, *merula* (L.).

In Süd- und Mitteldeutschland ist die Amsel allgemein zum Stadtvogel geworden, der in Gärten und Parks kaum seltener ist wie der Haussperling. In Ostpreußen hat sie ihre ursprüngliche Lebensweise noch beibehalten; die letzten Stadtamseln in den östlichen Provinzen beobachtete Voigt (650) im Parke von Oliva und in Zoppot. Bei uns ist die Amsel Bewohnerin dichter, etwas feuchter Fichtenwaldungen; in Mischwäldern hält sie sich möglichst in jüngeren Fichtenbeständen auf, die an Erlenbrüche anstoßen. Sie ist zwar sehr weit in der Provinz verbreitet, kommt aber in vielen Gegenden nur sehr spärlich vor; stellenweise fehlt sie wohl auch ganz.

Die Literaturangaben über ihr Vorkommen weichen ziemlich voneinander ab, was wohl mit ihrer ungleichmäßigen Verbreitung zusammenhängt. Ebel (129) sagt von ihr 1823, sie sei „ein gemeiner Standvogel in Laub- und Schwarzwäldern". Hartert (200, 205) bezeichnet sie im Gegensatze hierzu im ganzen als sehr spärlichen Brutvogel, während Szielasko (471) meint, sie brüte überall regelmäßig und häufig. Wels fand sie zwar in allen von ihm besuchten Forsten, ist aber der Ansicht, daß sie in den letzten Jahren sehr selten geworden sei. Andererseits gibt Sondermann an, sie werde in der Memelniederung seit Verbot des Dohnenstieges entschieden häufiger. Dies kann ich für die Bartensteiner Gegend nur durchaus bestätigen.

Durch die von der Physikalisch-Ökonomischen Gesellschaft im Jahre 1908 veranstaltete Rundfrage in Verbindung mit einer Reihe von fremden und eigenen Einzelbeobachtungen bin ich in die Lage versetzt, ein einigermaßen klares Bild von der Verbreitung der Amsel in Ostpreußen zu geben.

Im Norden der Provinz ist sie im allgemeinen recht spärlich vertreten, namentlich in der Umgebung des Kurischen Haffs; die reinen Erlenbestände der Memelniederung sagen ihr wohl nicht zu. Nach der Rundfrage fehlt sie als Brutvogel in Norkaiten, Wilhelmsbruch, Tawellningken, Nemonien und Greiben, während ihr Brüten für Ibenhorst und Dingken fraglich ist. In Klooschen, Schnecken, Alt-Sternberg, Neu-Sternberg, Mehlauken, Pfeil und Kl. Naujock kommt sie nur sehr sparsam vor; für Pfeil wird dies von W. Christoleit, für die Umgebung von Heinrichswalde von E. Christoleit bestätigt. Bei Heydekrug hat sie Hildebrandt überhaupt nicht beobachtet. Im Forstrevier Greiben, das jetzt Fehlanzeige erstattet hat, brütete die Amsel nach Goldbeck in den Jahren 1891/92 im Schutzbezirk Brandt unweit des Kurischen Haffs. Bei Tilsit habe ich *T. merula* im April und Juni 1908 vergeblich gesucht; nach Szielasko kam sie früher sowohl in Jacobsruhe wie am Brückenkopf als Brutvogel vor. Der Kurischen Nehrung, für die sie schon Lindner (316) als selten bezeichnet, fehlt sie nach Thienemann zur Brutzeit fast ganz; unbegreiflich ist es, wie behauptet werden konnte (170), sie sei dort als Brutvogel „gemein". le Roi (430) vermutet ihr Brüten zwar für Cranz; doch konnte er den Nachweis nicht erbringen. Nach Möschler (594 c) ist sie sehr vereinzelt auch bei Rossitten Brutvogel; er beobachtete dort öfters Amseln im Sommer 1912 in der Nähe der Lunk, und 1913 nistete ein Paar auch tatsächlich in seinem Garten auf einem Holzstoß. Im Samlande ist sie überhaupt selten. Ulmer hat sie bei Quanditten im Sommer nicht gefunden; sie fehlt auch in Kobbelbude, Fritzen und Friedrichstein, während ihr Brüten für Warnicken fraglich ist. Lindner (306) bezeichnet sie für die Umgebung von Königsberg als selten.

In verhältnismäßig bedeutender Anzahl bewohnt die Amsel die großen Waldgebiete in den Kreisen Ragnit und Pillkallen, namentlich die Reviere Trappönen, Wischwill, Jura und Uszballen. Auch Szielasko gibt an, daß sie in Jura häufig brüte, und Gude bezeichnet sie für Ragnit als nicht selten. Geyr v. Schweppenburg (189) fand sie bei Schorellen, in der Rominter Heide und bei Rudczanny. Bei Gumbinnen kommt sie nur spärlich vor; nach Techler ist sie wahrscheinlich im Plicker Walde Brutvogel. In der Rominter und Borker Heide ist sie ziemlich verbreitet, aber nur stellenweise häufig, z. B. in den Revieren Rominten und Borken. In Rothebude, das Fehlanzeige erstattet hat, sangen am 1. Juli 1911 abends mehrere ♂♂ in der Nähe des Pillwungsees, anscheinend am Brutplatz, und auch Ende Mai 1913 hörte ich im Revier Amselgesang an den verschiedensten Stellen. Im Kreise Angerburg sind Amseln gleichfalls nicht selten; ich hörte im Mai 1908 vielfach den Gesang im Angerburger Stadtwalde, bei Steinort und in der Nähe des Kruglinner Sees.

In der Johannisburger Heide kommt die Art überall, aber im allgemeinen nicht sehr zahlreich vor. Häufig ist sie nur in den Revieren Lyck, Pfeilswalde, Rudczanny und Commusin, während sie in Guszianka, Crutinnen, Nikolaiken, Drygallen, Kullick, Turoscheln, Breitenheide, Johannisburg, Puppen und Hartigswalde selten ist oder stellenweise auch ganz fehlt. Das häufige Vorkommen bei Lyck wird von Szielasko bestätigt. Spalding (13) nennt sie als Sommervogel für Zymna (Kreis Johannisburg). Auch im Südwesten und Westen der Provinz ist die Amsel meist nicht sonderlich häufig; sie fehlt angeblich in Liebemühl und Taberbrück, während sie nur in Ramten, Döhlau und Purden zahlreich nistet. Ähnlich liegen die Verhältnisse in den Kreisen Braunsberg, Pr. Holland und Mohrungen. Als häufig wird sie für Quittainen und Schlodien, als fehlend oder fraglich für Alt-Christburg und Schwalgendorf genannt. Nach Goldbeck ist sie regelmäßige, wenn auch nicht häufige Bewohnerin des Oberlandes, besonders in der Umgebung von Weinsdorf; im Jahre 1909 begegnete er ihr mehrfach an waldigen Stellen in der Nähe des Wassers und traf dort auch ein soeben ausgeflogenes Junges an. W. Christoleit bezeichnet sie für Braunsberg als vereinzelten Brutvogel.

Zahlreicher zeigt sich die Amsel wieder in den waldreichen Kreisen Insterburg und Wehlau, namentlich in Brödlauken, Papuschienen, Gauleden und Gertlauken. E. Christoleit nennt sie für die Umgegend von Wehlau als spärlichen Brutvogel; doch berichtet Zigann (658), daß sie dort in jungen Fichten- und Kiefernschonungen nicht selten brüte; er habe dort häufig ihren Gesang gehört. Für Elchwalde (Forstrevier Gauleden) erwähnt auch Baecker (19) ihr Vorkommen. In den Waldungen von Schloß Gerdauen soll sie nach der Rundfrage zur Brutzeit fehlen; doch hörte ich dort in der Damerau ein ♂ am 25. Mai 1911.

Nur äußerst spärlich bewohnt *T. merula* die Kreise Rastenburg, Heilsberg, Pr. Eylau und Friedland. In Dönhofstädt kommt z. B. nach der Rundfrage ein Paar auf etwa 100 ha, und im Rastenburger Stadtwalde, der „Görlitz“, nistet sie sehr vereinzelt. Das Forstrevier Wichertshof (Kreis Heilsberg) nennt sie nur als „vermutlich“ einzelnen Brutvogel. Auch ich habe in der Nähe von Heilsberg *T. merula* weder im „Hundegehege“ noch im Großendorfer Walde zur Brutzeit gehört, wohl aber ein ♂ am 14. Juni 1910 im Walde von Makohlen unweit des Maukelsees. Bei Bartenstein ist die Amsel nicht häufig; ich habe ihr Brüten dort erst neuerdings nachweisen können. Am 11. April 1905 hörte ich zum ersten Male Amselgesang in der Bartensteiner Gegend, nämlich im Stadtwalde bei Kl. Wolla (Kreis Pr. Eylau). In Losgehnen, wo ich früher Amseln nie zur Brutzeit angetroffen hatte, bemerkte ich ein eifrig singendes ♂ zuerst im Jahre 1909 vom 12. bis 18. April; doch fand es wohl kein ♀ und verschwand daher wieder. 1910 hörte ich Amselgesang mehrfach im April, und ein Paar muß wohl auch in der Nähe gebrütet haben, denn am 17. Juli wurde in Losgehnen ein junger Vogel erlegt, am 23. Juli ein anderes Stück beobachtet. Im Jahre 1911 stellte sich am 27. März im Walde ein ♂, am 1. April ein zweites ♂ ein, die beide anhaltend bis zum 10. Juli sangen; da auch die zugehörigen ♀♀ gelegentlich zu sehen waren, so ist für 1911 das Brüten von 2 Paaren in Losgehnen mit Sicherheit anzunehmen. Auch 1912 und 1913 sangen 2 ♂♂ vom 3. bzw. 23. März ab die ganze Brutzeit hindurch im Walde; es haben also auch in diesen Jahren offenbar wieder 2 Paare dort gebrütet. Am 6. Juni 1912 wurde auch eine junge Amsel beobachtet*). Es wird von Interesse sein festzustellen, ob eine weitere Vermehrung der Art in der Bartensteiner Gegend eintreten wird.

Als Durchzügler ist die Amsel für die meisten Gegenden eine zwar regelmäßige, aber nicht sehr häufige Erscheinung, was E. Christoleit z. B. für die Umgegend von Königsberg, für Heiligenbeil und die Oberförsterei Drusken besonders hervorhebt. Der Zug fällt in die Monate März—April und September—Oktober. Während dieser Zeit sieht man wohl überall einmal einzelne Amseln, auch in Gegenden, wo sie nicht brüten. Bei Bartenstein zeigen sie sich während jeder Zugperiode, doch stets in sehr geringer Anzahl, und auch auf der Kurischen Nehrung ist der Durchzug verhältnismäßig unbedeutend. Unter 763 im Herbst 1902 bei Rossitten gefangenen Drosseln befanden sich nach Thienemann (510, 519) nur 2 und unter 2350 im Jahre 1903 gefangenen nur 22 Amseln.

Während der Wintermonate verweilen einzelne Exemplare alljährlich bei uns; ob dies aber unsere Brutvögel sind, ist sehr fraglich. Es geht entschieden nicht an, wie Ebel (129) und Zigann (658) dies tun, die Amsel ohne Einschränkung für Ostpreußen als Standvogel zu bezeichnen. Andererseits ist auch Löffler (329) im Unrecht, wenn er sagt, daß sie sich bei uns nie im Winter aufhalte. In Rossitten beobachtete Thienemann (550, 576, 588, 594 c) allwinterlich einzelne Amseln in den Gärten, die bei hohem Schnee die Futterplätze aufsuchten, z. B. ein junges ♂ Ende Dezember 1907,

*) Am 16. Mai 1914 wurden in Losgehnen 5 soeben dem Nest entflogene junge Amseln gesehen.

mehrere, darunter auch ein altes ♂, im Februar 1909, ein altes ♂ Ende Dezember 1909, ein Stück Ende Januar 1910 sowie auffallend viele im November 1912. Nach Jussat (251) zeigten sich einzelne Stücke im Winter bei Memel und in der Tilsiter Niederung, und auch in Losgehnen habe ich wiederholt schon während der kalten Jahreszeit im Gutsgarten einzelne angetroffen, z. B. je ein altes ♂ am 17. Februar 1895, 5. Februar 1910, 13. November und 31. Dezember 1911, 7. Januar 1912, 18. Januar 1914, ein junges ♂ am 29. Oktober 1911 und je ein ♀ am 2. Januar 1905, 6. und 7. Dezember 1906, 15. Dezember 1907, 1. Januar 1908, 20. Februar und 1. März 1909. Auch Hartert (200) gibt an, daß sie im Winter in die Gärten komme, und Techler bemerkte in Szameitschen (Kreis Gumbinnen) während dieser Jahreszeit gleichfalls ein Stück im Dorfe.

Wo die Amsel so zahlreich geworden ist, wie vielfach in Süd- und Mitteldeutschland, sind auch Farbenvarietäten öfters zu beobachten. Aus Ostpreußen ist nach Lühe (351) nur ein partieller Albino, ein Stück mit weißem Kopf, im Königsberger Museum bekannt, das bereits 1837 von Bujack (68) erwähnt wird.

### 297. **Turdus torquatus torquatus** L. — Ringdrossel, Ringamsel.

*Merula torquata* (L.), *collaris* Brehm.

Von ihrer nordischen Brutheimat aus durchzieht die Ringdrossel wohl in jedem Jahre unsere Provinz, doch im Vergleich zu Westdeutschland nur in äußerst geringer Anzahl. Wir besitzen verhältnismäßig sehr wenige Nachrichten über sie. Löffler (329) bezeichnet sie als selten im Herbst, bisweilen auch im Frühjahr durchziehend, Hartert (205) als seltenen Durchzügler im Oktober. Thienemann (536, 546) konnte auf der Kurischen Nehrung mehrfach im Herbst Ringdrosseln nachweisen, aber nur ausnahmsweise in etwas größerer Anzahl, z. B. Ende Oktober 1905. 1906 beobachtete er die erste am 29. September. Bei Bartenstein bin ich mit ihr noch nie zusammengetroffen; ich besitze aber ein sicher aus Ostpreußen stammendes Stück, dessen Erlegungsort leider nicht zu ermitteln war.

### 298. **Oenanthe oenanthe oenanthe** (L.) — Grauer Steinschmätzer.

*Motacilla oenanthe* L., *vitiflora* Pall.; *Saxicola*, *Vitiflora oenanthe* (L.).

Während Bujack (68) 1837 vom Steinschmätzer sagt, er komme „überall im freien Felde“ vor, und obwohl auch Hartert (200, 205) und Szielasko (471) ihn ohne Einschränkung als „häufigen Brutvogel“ bezeichnen, trifft dies heutzutage für sehr viele Gegenden Ostpreußens durchaus nicht mehr zu. Anscheinend nimmt er vielfach ganz auffällig an Zahl ab, so daß er stellenweise fast völlig verschwunden ist. E. Christoleit sagt von ihm mit Bezug auf das nördliche Ostpreußen: „Vor 20—25 Jahren kam er überall an den Steinen auf den Feldrainen vor; jetzt ist er nahezu selten. Einzeln brütet er bei Wehlau, Drusken, Jesau (Kreis Pr. Eylau), Ramutten (Kreis Heydekrug) und auf dem Moor von Yorksdorf (Kreis Labiau), auf diesem wahrscheinlich in den Torfhaufen. Durch die schon von Liebe vorgeschlagenen gemauerten Brutsäulen wäre er sicher überall wieder einzubürgern“. Bei Heydekrug ist er nach Hildebrandt auch jetzt noch häufig. Wie dieser Gewährsmann berichtet, sieht man dort Junge und Alte überall in Chausseesteinhaufen verschwinden; ein Gelege fand er am Rande eines alten Steinbruchs in einer etwa $1/2$ m tiefen Sandhöhlung, Nester mit Jungen auch in alten Weidenbäumen; Häufungen von altem Eisenbahnmaterial bilden gleichfalls sehr oft eine geschätzte Brutstätte. W. Christoleit führt ihn als vereinzelten Brutvogel für Wehlau, Braunsberg, Fischhausen und Laukischken (Kreis Labiau) auf. Zigann (658) nannte ihn noch 1895 für Wehlau „nicht selten“. Sehr spärlich nistet er auch nach Lindner

(316) auf der Kurischen Nehrung; erst neuerdings hat er sich dort nach Thienemann (546) in mehreren Paaren bei Perwelk angesiedelt, während er bei Rossitten ganz fehlt. Unerklärlich ist es, wie behauptet werden konnte (170), er sei auf der Nehrung als Brutvogel „gemein". Bei Cranz gelang es le Roi (430) nicht, das Brüten nachzuweisen, und auch bei Quanditten kommt er nach Ulmer nur sehr vereinzelt vor. Bei Tilsit bin ich ihm im Juni und Juli 1908 überhaupt nicht begegnet; bei Ragnit ist er jedoch nach Gude nicht selten.

Etwas häufiger scheint der Steinschmätzer außer bei Heydekrug nur noch stellenweise im Osten der Provinz und in Masuren zu sein. Nach Szielasko nistet er zahlreich bei Stallupönen, und auch für Gumbinnen nennt ihn Techler als Brutvogel. Geyr v. Schweppenburg (189) sah ihn verschiedentlich im Juni 1911 an der Bahnstrecke Stallupönen—Goldap sowie bei Nassawen. In Masuren bewohnt er wohl hauptsächlich die sandigen, steinigen Gegenden im Süden und Südosten. 3 von Hartert im südlichen Masuren gesammelte Stücke, 2 ♂♂ ad. vom 12. und 22. Juni 1882 und ein ♀ vom 25. April 1882, befinden sich nach R. Blasius (386) in der Sammlung E. v. Homeyers. W. Christoleit erwähnt das Brüten von *oenanthe* für Ortelsburg; doch scheint er im Kreise Angerburg nur äußerst sparsam aufzutreten. Auf meinen zahlreichen Ausflügen in diesem Kreise sah ich im Mai 1908 nur ein einziges Mal einen Steinschmätzer, und zwar ein ♂ am 14. Mai bei Kehlen; nicht einmal im sandigen Südosten des Kreises, bei Kruglanken, traf ich ihn am 31. Mai an.

Im Oberlande ist der Steinschmätzer nach Goldbeck im allgemeinen selten, z. B. bei Weinsdorf; in Schwalgendorf ist er jedoch Brutvogel. Bei Heilsberg fehlt er nach meinen jahrelangen Beobachtungen zur Brutzeit fast ganz, und dasselbe gilt auch für die Bartensteiner Gegend. Mit Sicherheit konnte ich ihn dort noch nicht als Brutvogel nachweisen. Am 22. Juni 1904, 7. Juni 1905, 18. Mai 1906 und 22. Juni 1913 bemerkte ich zwar unweit von Bartenstein je ein ♀; doch handelte es sich anscheinend nur um ungepaarte Stücke, da sie später sich an denselben Stellen nicht mehr zeigten und auch von etwa zugehörigen ♂♂ nichts zu sehen war. In Losgehnen habe ich zur Brutzeit Steinschmätzer noch nie bemerkt.

Als Durchzügler scheint der Steinschmätzer nur auf der Kurischen Nehrung und wohl überhaupt an der Küste häufig zu sein. Bei Rossitten ist er von Mitte April bis Mitte Mai und von Anfang oder Mitte August bis Ende September eine ganz gewöhnliche Erscheinung. An manchen Tagen sind die Pallwen von diesen Vögeln geradezu übersät, besonders in der zweiten Hälfte des April und in der zweiten August- und ersten Septemberhälfte. Ausnahmsweise beobachtete Thienemann (519, 525) im Frühjahr die ersten schon Ende März, z. B. ein altes ♂ am 31. März 1904, und der Herbstzug setzt sich bisweilen noch bis Anfang Oktober fort. Auffallend ist es, daß im Herbst fast nur braune Exemplare beobachtet werden; nur äußerst selten, z. B. am 26. September 1899, waren auch einige wenige graue ♂♂ beigemischt. In etwas größerer Zahl zeigen sich alte ♂♂ im Frühjahr; doch sind die braunen Exemplare auch in dieser Zeit fast stets in der Überzahl. Besonders viele graue ♂♂ wurden im April 1905 und Anfang Mai 1907 sowie am 16. Mai 1911 beobachtet. Die letzten Frühjahrsdurchzügler notierte Thienemann (550) 1907 am 31. Mai.

Bei Bartenstein ist der Durchzug sehr gering; es zeigen sich immer nur unregelmäßig ganz vereinzelte Stücke, im Frühjahr bisweilen auch kleine Gesellschaften. Im Mittel von 9 Jahren begann der Frühjahrszug am 23. April; als frühestes Ankunftsdatum notierte ich den 17. April, als spätestes den 1. Mai. Der gleichfalls sehr unbedeutende Herbstzug beginnt Mitte August — 1905 am 26., 1907 am 13., 1909 am 18., 1911 am 20. August — und dauert bis Ende September. Auch bei Bartenstein überwiegen auf dem Zuge die braunen Exemplare bedeutend. Im Frühjahr wurden nur am 18. und 22. April 1905 und am 26. April 1909 kleine Flüge, die aus ♂♂ und ♀♀ bestanden, beobachtet; im Herbst habe ich alte ♂♂ überhaupt noch nicht gesehen. Mit Vorliebe besuchen die Steinschmätzer auf dem Zuge die gepflügten Äcker.

Nach Kleinschmidt (270) unterscheiden sich die deutschen Brutvögel (*grisea* Brehm) von der schwedischen Form (*oenanthe* L.) durch im allgemeinen längere Schnäbel und kürzere Flügel. Letztere Form mit einer Flügellänge bis 10,1 cm hat er aus Ostpreußen auf dem Zuge erhalten. Ob unsere Brutvögel der mitteldeutschen oder der schwedischen Form näher stehen, bleibt noch zu untersuchen; Kleinschmidt (275 a) nimmt jedoch das letztere an.

**Oenanthe hispanica xanthomelaena** Hempr. & Ehrbg. — Östlicher Mittelmeersteinschmätzer.

*Saxicola xanthomelaena* Hempr. & Ehrbg.; *Saxicola stapazina, aurita* auct.

Angeblich ist ein Exemplar der östlichen Form von „*Saxicola stapazina*", ein altes ♂, vor Gründung der Vogelwarte am 26. April 1895 bei Rossitten erlegt worden (164, 169, 170). Reichenow (420) und Schäff (442 a) haben diese Angabe zwar aufgenommen; doch verdient sie in Ermangelung eines sicheren Belegexemplars keine Berücksichtigung.

## 299. Pratincola rubetra rubetra (L.) — Braunkehlchen, braunkehliger Wiesenschmätzer.

*Motacilla rubetra* L.; *Saxicola rubetra* (L.).

Das Braunkehlchen ist wohl in der ganzen Provinz recht häufiger Brutvogel, vielleicht nur mit Ausnahme der großen Waldgebiete und der sandigen Teile Masurens. Besonders häufig ist es natürlich auf den großen Wiesenflächen der Memelniederung, z. B. nach Hildebrandt bei Heydekrug; aber auch bei Bartenstein kommt es zahlreich vor und bei Heilsberg ist es sogar an allen Chausseen recht häufig.

Im letzten Drittel des April oder in den ersten Tagen des Mai trifft es im Frühjahr bei uns ein. Bei Bartenstein erfolgte die Ankunft nach meinen Notizen im Mittel von 15 Jahren am 29. April, nämlich zwischen dem 23. April und 7. Mai. Der Fortzug geht im August und in der ersten Hälfte des September vor sich. Auf der Kurischen Nehrung ist der Durchzug sowohl im Frühjahr wie im Herbst recht bedeutend, am lebhaftesten in der ersten Mai- und ersten Septemberhälfte.

Nicht selten ahmen Braunkehlchen andere Vogelstimmen in ihrem Gesange nach. So hörte ich bei Angerburg am 20. Mai 1908 ein ♂ so vollendet den Lockruf des Rebhuhns wiedergeben, daß ich zuerst dadurch getäuscht wurde. Ebenso erging es mir am 22. Mai mit einem anderen ♂ in der Nähe der Stadt, das den Gesang der Haubenlerche hören ließ. Am 15. Mai 1914 ahmte ein ♂ bei Heilsberg geradezu täuschend den Gesang und Lockruf der Sumpfmeise nach.

**Pratincola torquata rubicola** (L.) — Schwarzkehlchen.

*Motacilla rubicola* L.; *Saxicola rubicola* (L.)

Verschiedene Angaben liegen vor, wonach das Schwarzkehlchen in Ostpreußen vorgekommen sein soll. Zigann (658) z. B. berichtet, es zeige sich bisweilen an den bergigen Alleufern bei Wehlau, und Meier (369) bezeichnet es für Louisenberg (Kreis Friedland) als „seltenen Gast". Belegexemplare sind nicht vorhanden; beide Angaben dürften vielmehr irrtümlich sein, wie dies auch Hartert (200) bezüglich der Notiz Meiers annimmt. Reichenow (420) ist gleichfalls der Ansicht, daß das Schwarzkehlchen noch nie für Ostpreußen nachgewiesen sei.

## 300. Phoenicurus ochrurus gibraltariensis (Gm.) — Hausrotschwanz.

*Motacilla gibraltariensis* Gm.; *Ruticilla, Erithacus titys, tithys* auct.

Erst in verhältnismäßig neuerer Zeit ist der Hausrotschwanz für Ostpreußen bekannt geworden. Bujack (68), Löffler (327, 329) und Rathke

(406) kannten ihn in den 30 er und 40 er Jahren des vorigen Jahrhunderts überhaupt noch nicht aus der Provinz, und auch Hartert (200) ist ihm selbst nirgends in Ostpreußen begegnet. Zwar betont v. Ehrenstein (52) schon 1871, daß er recht verbreitet sei; das war aber sicherlich ein Irrtum. Dasselbe gilt von der Angabe Szielaskos (471), der ihn für den früheren Regierungsbezirk Gumbinnen als unregelmäßigen Brutvogel aufführt; aus eigener Erfahrung ist ihm, wie er mir mitteilte, darüber nichts bekannt. Auch die Richtigkeit der Mitteilung Meiers (19) über die Ankunft in Louisenberg (Kreis Friedland) erscheint zweifelhaft; vielleicht liegt eine Verwechselung mit dem Gartenrotschwanz vor, der überhaupt nicht erwähnt wird.

Heutzutage ist der Hausrotschwanz bisher anscheinend nur im Südwesten regelmäßiger, wenn auch sehr spärlicher Brutvogel, während er im größten Teile der Provinz sich nur bisweilen als gelegentlicher, seltener Gast zeigt. Ausnahmsweise schreitet ein Pärchen wohl auch sonst einmal zur Brut, ohne daß es aber zu einer dauernden Ansiedlung kommt. Volkmann (17) berichtet über die Ankunft des Hausrotschwanzes in Lanskerofen (Kreis Allenstein) und Euen (19) in Ratzeburg (Kreis Ortelsburg). In der Stadt Allenstein hörte ich am 21. Juni 1908 mehrere ♂♂ singen, besonders in der Nähe des Schlosses; vermutlich ist die Art dort Brutvogel.

Hartert (205) erwähnt 1892 — aber nicht aus eigener Erfahrung —, daß der Hausrotschwanz in sehr kleiner Anzahl nahe bei Königsberg brüte; in letzter Zeit sei er mitten in der Stadt beobachtet. Hierbei stützt er sich wohl auf eine Angabe von Lindner (314), der ihn einmal in Königsberg bemerkte. Auch E. Christoleit beobachtete daselbst am 24. April 1901 ein singendes Exemplar auf dem Walle in der Nähe des Wrangelturms. In Wehlau sah ihn Zigann (658) in 17 Jahren nur ein einziges Mal; doch hat er in Bartenstein in den Jahren 1904 und 1905 vielleicht gebrütet. Während beider Jahre hörte ich nämlich im Juni frühmorgens ständig ein ♂ auf der Stadtkirche und den Häusern am Markt singen. Ein zugehöriges ♀ bemerkte ich zwar nicht; doch habe ich es vielleicht nur übersehen. Ob sich die Art auch in den folgenden Jahren in Bartenstein gezeigt hat, vermag ich nicht zu sagen, da ich seit 1905 zur Brutzeit nicht mehr dort war. In Heilsberg fehlt dieser Rotschwanz jedenfalls bestimmt, und auch im Kreise Mohrungen hat ihn Goldbeck nie beobachtet.

Auf der Kurischen Nehrung zeigt sich der Hausrotschwanz als sehr spärlicher, unregelmäßiger Durchzügler. Lindner (l. c.) bemerkte am 6. April 1888 ein Stück bei Grenz und le Roi (430) am 25. und 26. Mai 1902 ein graues ♂ in Cranz. Bei Rossitten konnte Thienemann (504, 546, 588) ihn erst dreimal, und zwar nur in grauen Exemplaren, nachweisen, nämlich am 19. Juli 1899, 16. März 1906 (ein ♀ am Haffstrande erlegt) und 26. Oktober 1910 (2 graue Stücke bei Kunzen, von denen eins geschossen wurde).

## 301. **Phoenicurus phoenicurus phoenicurus** (L.) — Gartenrotschwanz, Baumrotschwanz.

*Motacilla phoenicurus* L.; *Motacilla erithacus* L., *tityis* L.; *Ruticilla, Erithacus phoenicurus* (L.); *Ruticilla arborea* Brehm.

Besonders häufig scheint der Gartenrotschwanz nirgends in Ostpreußen als Brutvogel aufzutreten; doch fehlt er auch wohl kaum irgendwo ganz. In älteren höhlenreichen Laub- und Mischwäldern sowie in größeren Baumgärten kommt er überall einzeln vor. Ausnahmsweise brütet er sogar gelegentlich an Gebäuden; so berichtet Spalding (468), im Jahre 1879 habe ein Paar in Zymna (Kreis Johannisburg) unter dem verschalten und mit Dachpfannen gedeckten Dache des Wohnhauses genistet.

Hartert (200) bezeichnet ihn ganz allgemein als „nicht selten", Szielasko (471) für Masuren und die obere litauische Ebene als vereinzelt, für die untere als selten, für die Niederung aber als häufig. W. Christoleit sagt, er habe ihn bisher noch überall vereinzelt als Brutvogel gefunden. Auf der Kurischen Nehrung ist er nach Thienemann sehr spärlicher Brutvogel, keineswegs aber „gemein", wie von einer Seite behauptet worden ist (170). Bei Heydekrug kommt er nach Hildebrandt nicht allzu selten vor und auch bei Königsberg ist er nach meinen Erfahrungen keine Seltenheit. Dasselbe gilt nach Zigann (658) für Wehlau. Bei Heilsberg und Bartenstein nistet er nur sehr vereinzelt — in Losgehnen z. B. durchaus nicht alljährlich — und auch im Oberlande ist er nach Goldbeck regelmäßiger, aber nicht häufiger Brutvogel, z. B. bei Weinsdorf. Im Kreise Angerburg traf ich ihn Ende Mai 1908 vielfach an, namentlich bei Steinort im Südwesten und bei Siewken im Südosten des Kreises. Geyr v. Schweppenburg (189) beobachtete ihn als Brutvogel bei Schorellen, Rominten und Rudczanny.

Auf dem Zuge ist der Gartenrotschwanz überall eine recht häufige Erscheinung. Dies gilt besonders für die Kurische Nehrung, wo er nach Thienemann von Ende April bis Ende Mai und von der Mitte des August bis Ende September oder Anfang Oktober ganz gewöhnlich ist, ja zeitweise sehr zahlreich auftritt. Auch bei Bartenstein ist er häufiger Durchzügler. An manchen Tagen trifft man ihn zur Zugzeit fast in jedem Gebüsche an; namentlich an den Waldrändern oder auf den Kopfweiden der Landstraßen hält er sich dann sehr gerne auf. In der zweiten Hälfte des April oder Anfang Mai stellt er sich bei uns ein. Die Ankunft erfolgte bei Bartenstein nach meinen Beobachtungen im Mittel von 16 Jahren am 28. April, nämlich zwischen dem 18. April und 5. Mai. Bei Angerburg beobachtete ich 1908 den ersten am 1. Mai (vgl. 604). Der Herbstzug beginnt Mitte August, erreicht Anfang September seinen Höhepunkt und ist Ende dieses Monats, spätestens Anfang Oktober, beendet. Die letzten beobachtete ich bei Bartenstein 1902 am 28., 1903 am 20., 1907 am 26., 1908 am 27., 1910 am 25. September, 1911 am 1. Oktober.

Ein hahnenfedriges ♀, die bei dieser Art besonders oft vorzukommen scheinen, erlegte le Roi (430) am 4. Mai 1902 im Cranzer Walde.

### 302. **Dandalus rubecula rubecula** (L.) — Rotkehlchen.

*Motacilla rubecula* L.; *Sylvia, Erithacus, Lusciola rubecula* (L.).

In der ganzen Provinz ist das Rotkehlchen in Laub- und Mischwäldern mit dichtem Unterholz, seltener auch in reinen Nadelwäldern oder größeren Gärten als Brutvogel recht verbreitet. Noch sehr viel zahlreicher zeigt es sich auf dem Zuge. Bei Bartenstein stellen sich im Frühjahr die ersten Ende März oder Anfang April ein; als frühestes Ankunftsdatum notierte ich den 22. März, als spätestes den 8. April; das Mittel von 17 Jahren fällt auf den 30. März. Bei Tilsit beobachtete ich 1908 die ersten am 2. April. Der Durchzug ist meist erst Ende April beendigt. Der Herbstzug dauert von der zweiten Hälfte des September bis Ende Oktober. Nachzügler sieht man bisweilen noch Anfang oder Mitte November. Die letzten beobachtete ich bei Bartenstein 1903 am 24. Oktober, 1905 am 1. November, 1907 am 27., 1908 am 26. Oktober, 1909 am 14. November, 1911 am 29. Oktober, 1912 am 8. November. Bei Heilsberg bemerkte ich im Forstrevier Wichertshof mehrere noch am 12. November 1908 bei Frost und hohem Schnee. An schönen Herbsttagen hört man gelegentlich auch einmal ein Rotkehlchen singen, doch lange nicht so häufig wie etwa den Weiden- oder Fitislaubsänger.

Auf der Kurischen Nehrung ist der Durchzug nach Thienemann (510, 525, 536, 546) ganz besonders lebhaft. An manchen Tagen im April oder Anfang Mai sowie in der Zeit um den 1. Oktober herum wimmeln die Büsche geradezu von Rotkehlchen und Singdrosseln, deren Zug fast stets örtlich und zeitlich zusammenfällt.

Überwinternde Rotkehlchen beobachtete Thienemann (546, 576, 588) bei Rossitten im Januar 1906, am 11. Dezember 1909 und während des ganzen Winters 1910/11. Robitzsch (18) erwähnt ein Exemplar, das sich von

Dezember bis Ende Januar bei Norkitten (Kreis Insterburg) im Hausgarten aufhielt, und in Losgehnen bemerkte ich ein Stück am 16. und 31. Januar 1910.

### 303. **Luscinia svecica cyanecula** (Wolf) — Weißsterniges Blaukehlchen.

*Sylvia cyanecula* Wolf, *wolfii* Brehm; *Cyanecula leucocyana* Brehm; *Erithacus, Lusciola cyanecula* (Wolf).

So häufig, wie sonst vielfach im östlichen Deutschland, z. B. nach Kollibay (Vögel der Provinz Schlesien) in Schlesien und nach Dobbrick (Jahrb. Westpr. Lehrerver. für Naturk. Jahrg. IV/V) an der Weichsel zwischen Thorn und Dirschau, ist das weißsternige Blaukehlchen in Ostpreußen im allgemeinen nicht. Es kommt jedoch an der Memel und wohl auch am Pregel als Brutvogel keineswegs selten vor und nistet auch sonst vielfach, wenngleich nur vereinzelt und vielleicht auch nicht immer regelmäßig, im dichten Weidengebüsch mancher Landseen und kleinerer Flüsse.

Hartert (200, 205) und Szielasko (471) bezeichnen es als „seltenen Brutvogel"; das trifft jedoch für das Memelgebiet durchaus nicht zu. Schon Friderich (181) nennt die dichten Weidengebüsche des Überschwemmungsgebiets der Memel als Brutgebiet der Art, und v. Keudell spricht in Briefen an das Museum aus den 20 er Jahren des vorigen Jahrhunderts öfters von einem „Spottvogel", den er auf Inseln im Njemen bei Gilgudiszky in Rußland, nahe der preußischen Grenze, beobachtet und der sich später als Blaukehlchen herausgestellt habe. Nach E. Christoleit nistet es bei Ruß und Ibenhorst durchaus nicht selten, aber „nur an landschaftlich und der Vegetation nach ganz bestimmten Stellen, an diesen selbst ganz nahe bei menschlichen Wohnungen". Im südlichen Teile des Memeldeltas bei Nemonien hörte ich seinen Gesang mehrfach am 23. und 24. Juni 1906, und die dortigen Forstbeamten versicherten mir auch, daß es in der Gegend gar nicht selten brüte. Baer (31) bemerkte es zur Brutzeit bei Minge und Reinberger bei Kaukehmen. Nach Hildebrandt nistete bei Heydekrug ein Paar in der Nähe der Moorvogtei auf dem Augstumalmoor. Gude besitzt ein schönes ♂ aus der Gegend von Tilsit, wo auch Szielasko und ich es zur Brutzeit mehrfach beobachteten.

Im Gebiet des Pregels ist das Blaukehlchen nach Robitzsch (18) bei Norkitten nicht selten. Für Wehlau erwähnt es Zigann (658) allerdings nur als regelmäßigen Durchzügler; zur Brutzeit hat er es dort nie beobachtet. Löffler spricht in einem Briefe vom Dezember 1826 an das Königsberger Museum die Vermutung aus, daß es einzeln bei Gerdauen niste, und in der Tat beobachtete ich bei Nordenburg (Kreis Gerdauen) am 17. Mai 1908 ein eifrig singendes und balzendes ♂ in den umfangreichen Erlen- und Weidengebüschen, die den dortigen See umgeben; es befand sich wohl sicher am Brutplatz. In Masuren fand Szielasko (l. c.) ein Nest mit 4 Eiern bei Lyck am 4. Mai 1880, und auch bei Bartenstein hat es einmal wenigstens mit ziemlicher Bestimmtheit genistet. Am 16. Juli 1907 schoß ich am Kinkeimer See ein vielleicht ungepaartes ♀ oder einjähriges ♂, das ich bereits seit dem 11. Juli — zur Brutzeit war ich nicht dort — stets an derselben Stelle im Weidengebüsch beobachtet hatte. Es stand dicht vor der Mauser; das Gefieder war sehr abgetragen; die mittelsten Schwanzfedern fehlten; die Kehle war nur teilweise blau. Leider verdarb es beim Präparator, so daß eine Untersuchung der Geschlechtsteile nicht möglich war. Am 24. April 1910 stellte sich sodann am Dostflusse ein ♂ ein, das eifrig sang und auch häufig den Balzflug sehen ließ. Es hielt sich in der Folgezeit bald im Weidengebüsch am Kinkeimer See, bald in einem Erlenbruch in dessen Nähe, meist aber an einer bestimmten Stelle am Dostflusse auf, wo ich den Gesang während des ganzen Monats Mai noch bis zum 5. Juni regelmäßig hörte. Vermutlich ist es hier auch zur Brut geschritten, wenn auch das ♀ in dem dichten Gebüsch nicht bemerkt werden konnte. Gar nicht selten nisten Blaukehlchen nach Voigt (651) und Dobbrick in den Kämpen am Drausensee, und zwar auch im Kreise Pr. Holland.

Auf dem Zuge zeigen sich Blaukehlchen an geeigneten Stellen wohl überall einmal; doch werden sie bei ihrer versteckten Lebensweise leicht übersehen. Im Frühjahr singen allerdings die ♂♂ oft recht eifrig und verraten sich dadurch leicht. Im Herbst sind sie recht still und zeigen sich auch fast gar nicht im Freien; sie treiben vielmehr im Schutze der dichtesten Weidengebüsche und Sumpfpflanzen ihr Wesen und entziehen sich dadurch der Beobachtung noch leichter als im Frühjahr. Gewöhnlich lassen sie nur gelegentlich ein ziemlich tiefes „tack tack" hören, dem nur selten ein pfeifendes „fied fied" vorgesetzt wird. Am 13. September 1908 hörte ich ausnahmsweise am Kinkeimer See ein ♂ leise, aber charakteristisch und anhaltend singen, und auch am 10. und 24. August 1913 hörte ich leise singende, wohl dichtende ♂♂.

Im ganzen wissen wir über den Zug von *L. sv. cyanecula* durch Ostpreußen noch wenig. Im Königsberger Museum stehen 3 Exemplare von Gerdauen; sie sind von Löffler gesammelt, der nach einem Briefe vom 28. April 1829 1 ♂ im Frühjahr 1827, 3 weitere Exemplare im April 1829 bei Gerdauen im Netz fing und dem Museum übersandte. Bei Wehlau ist das Blaukehlchen nach Zigann (658) regelmäßiger Durchzugsvogel. Aus der Sammlung Wendtlandt besitze ich ein ♂ vom 8. September 1897 aus Tapiau. Bei Königsberg bemerkte Lindner (306) es mehrfach auf dem Frühjahrszuge. E. Christoleit sah es dort wiederholt im April am Oberteich, wo auch ich ein Exemplar am 24. April 1906 beobachtete. Am 22. April 1906 hörte ich ein Stück am Frischen Haff bei Camstigall unweit Pillau. Auf der Kurischen Nehrung werden Blaukehlchen nicht allzu selten beobachtet. Lindner (321) sah sie dort mehrfach, und auch Thienemann (510, 519, 546, 550, 594 c) erwähnt eine Anzahl von Beobachtungsdaten. Aus den Jahresberichten der Vogelwarte seien die folgenden Angaben erwähnt: 14. August 1902 (♂ iuv. geschossen); 5. September 1903 (mehrere beobachtet); 24. August 1906 (1 Stück beobachtet); 18. April 1907 (♂ der var. *wolfii* erlegt); 7. September 1907 (ein Stück in einem Kartoffelfelde); 19. April 1912 (ein Stück am Haffstrande).

Im Kreise Mohrungen bemerkte Goldbeck mehrfach im September Blaukehlchen bei Weinsdorf und fing am Mildensee bei Liebstadt einmal auch ein jüngeres Exemplar in den 90 er Jahren. Nagel sah Ende April 1909 ein Stück bei Pfeilings (Kreis Mohrungen). Regelmäßiger Durchzügler ist es bei Bartenstein; jedoch zeigt es sich immer nur einzeln oder paarweise, lediglich im Herbst bisweilen auch in etwas größerer Anzahl. Gewöhnlich sieht man die Vögel an den mit dichtem Weidengebüsch und üppigen Sumpfpflanzen bewachsenen Ufern des Kinkeimer Sees, bisweilen auch im Weidengebüsch am Dostflusse. Der Frühjahrszug fällt in die zweite Hälfte des April. Aus den letzten Jahren seien folgende Beobachtungsdaten erwähnt: 19. und 20. April 1902 (♂ beobachtet; ♀ am 20. geschossen); 14. und 30. April 1906 (je ein Stück gehört); 21. April 1907 (♂ der var. *wolfii* am See beobachtet); 19. und 21. April 1908 (je ein ♂ mit weißem Stern erlegt); 18. April 1909 (♂ mit weißem Stern und ♀ erlegt); 24. April 1910 (♂ am Dostfluß beobachtet, das dort wohl später genistet hat). Auf dem Herbstzuge gelangen Blaukehlchen meist in der zweiten Hälfte des August und in der ersten des September zur Beobachtung, ausnahmsweise auch noch später. Von Beobachtungsdaten seien folgende angeführt: 30. August 1904 (ein Stück beobachtet); 17. August 1906 (mehrere beobachtet; ♀ iuv. erlegt); 13. September 1908 (ziemlich viele gesehen; ♀ geschossen); 24. und 29. August 1909 (am 29. ♂ iuv. mit weißem, gelblich angeflogenem Stern und teilweise blauer Kehle geschossen); 12. September 1909 (♀ iuv. geschossen); 28. August 1910 (♀ geschossen); 3. und 9. September 1911 (je ein Stück beobachtet); 1. Oktober 1911 (♀ beobachtet); 23.—26. August und 1—2. September 1912 (mehrere beobachtet; am 24. August ♀ geschossen); 10. und 24. August sowie 12. und 13. September 1913 (am 24. August ♂ iuv. mit weißem, teilweise rostgelblichem Stern geschossen). Ob es sich in allen Fällen um *Luscinia svecica cyanecula* gehandelt hat, vermag ich natürlich nicht zu sagen; einstweilen führe ich alle Beobachtungen bei dieser Form auf, da die rotsternige Form nur sehr spärlich durch Ostpreußen zu wandern scheint und bisher auch nur von der Küste bekannt ist.

### 304. Luscinia svecica svecica (L.) — Rotsterniges Blaukehlchen.

*Motacilla svecica* L., *coerulecula* Pall.; *Sylvia, Cyanecula, Lusciola, Erithacus suecica* (L.).

Mit Sicherheit ist das rotsternige Blaukehlchen bisher nur von Hartert (205) für Ostpreußen nachgewiesen. Dieser sah es, wie er mir mitteilte, mehrfach im Herbst bei Königsberg und Pillau und schoß bei Camstigall auch ein Belegexemplar.

Alle anderen Angaben beziehen sich anscheinend auf die weißsternige Form. So berichtet Robitzsch (18), daß „*Cyanecula suecica*" bei Norkitten an geeigneten Stellen überall vorkomme, und Helm (215) erwähnt ein von Lindner (306) als „*Erithacus suecicus*" aufgeführtes ♂ als zur rotsternigen Form gehörig. In beiden Fällen handelt es sich jedoch sicherlich um *Lusc. svecica cyanecula*, Lindner speziell teilte mir mit, daß er damals beide Formen noch nicht unterschieden, die rotsternige aber mit Sicherheit nie in Ostpreußen beobachtet habe. Ein bei Rossitten am 14. August 1902 erlegtes, von Thienemann (510) als „*Erithacus suecicus*" bezeichnetes junges ♂, das sich in der Sammlung der Vogelwarte befindet, hat zwar einen gelblich angeflogenen Stern, doch ist der Grund der Federn weiß. Es gleicht sehr 2 ♂♂ meiner Sammlung aus Losgehnen vom 29. August 1909 und 24. August 1913 und gehört wohl auch zu *Lusc. svecica cyanecula*.

#### Luscinia megarhyncha megarhyncha Brehm — Nachtigall.

*Luscinia vera* Brehm, *minor* Brehm; *Daulias, Philomela, Lusciola, Aëdon luscinia* auct.

Die Weichsel scheint die Nachtigall in Deutschland nicht zu überschreiten. Bei Thorn kommen nach Dobbrik (O. M. B. 1910, p. 185ff.) beide Arten vor, der Sprosser jedoch in der Überzahl. Ostpreußen gehört ganz zum Sprossergebiet. Bisher ist die Nachtigall für unsere Provinz noch nicht mit Sicherheit nachgewiesen. Daß Zigann (658) sie für Wehlau anführt, beruht sicher auf einer Verwechslung mit dem Sprosser, den er für die dortige Gegend nicht erwähnt. Auch die Angabe v. Ehrensteins (52), daß die Nachtigall in Masuren vereinzelt brüte, ist offenbar unzutreffend. Wenn Rey (425) schließlich sagt, daß die Grenze des Verbreitungsgebiets der Nachtigall im östlichen Ostpreußen liege, so ist das ein Versehen, das wohl nur auf einen Druck- oder Schreibfehler zurückzuführen ist.

### 305. Luscinia philomela (Bechst.) — Sprosser.

*Motacilla luscinia* L.; *Motacilla luscinia* b. *maior* Gm., *philomela* Bechst., *aëdon* Pall.; *Daulias, Lusciola, Erithacus, Aëdon philomela* (Bechst.), *maior* (Brehm).

Dichte Weidengebüsche an Flüssen und Seen, junge Erlenbestände mit vielem Unterholz, überhaupt alles Buschwerk in der Nähe des Wassers sind der Lieblingsaufenthalt des Sprossers. An derartigen Stellen kommt er fast überall in der Provinz recht zahlreich vor; aber auch in buschreichen, etwas feuchten Gärten wird man ihn kaum irgendwo vergeblich suchen.

Nach Hartert (200, 205) fehlt der Sprosser nur „in den großen Waldgebieten vielfach und kommt auch in hochgelegenen Strichen trotz günstiger Brutgelegenheit nur sehr vereinzelt vor, so z. B. in Lanskerofen (Kreis Allenstein)". Übereinstimmend hiermit sagt Euen (18), daß er in Ratzeburg (Kreis Ortelsburg) nur einmal ein Paar brütend beobachtet, sonst aber Sprosser nie gesehen habe. Auch nach Szielasko (471) ist er in Masuren anscheinend weniger verbreitet; er bezeichnet ihn für dieses Gebiet geradezu als selten. Bei Lyck z. B. hat er ihn, wie er mir mitteilte, nur sehr vereinzelt gehört. Bei Sensburg ist er nach einer Mitteilung von Frau Erika v. Saucken gleichfalls nicht sonderlich häufig. Im Kreise Angerburg, im Norden von Masuren, hörte ich jedoch im Mai 1908 Sprosser recht zahlreich, namentlich in den umfangreichen Erlengebüschen am Ausfluß der Angerapp aus dem Mauersee und in Steinort, aber auch im Stadtwalde und im Südosten des Kreises, bei Kruglanken. Schütze hörte ferner Sprosser vielfach im Mai 1908 am Aryssee (Kreis Johannisburg), und Kampmann (18) nennt ihn als Brutvogel für Hartigswalde (Kreis Neidenburg). An geeigneten Stellen scheint er also auch in Masuren keineswegs selten zu sein. Dagegen fehlt er anscheinend in den großen Waldgebieten im Osten der Provinz; wenigstens konnte Geyr v. Schweppenburg (189) ihn weder bei Schorellen noch bei Rominten im Juni und Juli 1911 nachweisen. Bei Rothebude (Kreis Goldap-Oletzko) hörte ich Ende Mai 1913 nur einen einzigen Sprosser am Gr. Schwalgsee; früher war er dort nach Brettmann häufiger.

In sehr großer Anzahl bewohnt er den Norden der Provinz. Szielasko (471) bezeichnet ihn für die untere litauische Ebene und die Niederung als häufig, Wiese (654) als recht zahlreich in den Weidengehegen der Memel und der Niederung, namentlich im Forstrevier Schnecken. Besonders häufig ist er nach Gude und Reinberger bei Ragnit und Tilsit. Auch ich hörte ihn im Juni 1908 bei Tilsit zahlreich an allen geeigneten Plätzen, namentlich in den Gebüschen nahe der Memel. Hildebrandt nennt ihn als häufigen Brutvogel für Heydekrug und W. Christoleit für das Rußdelta. Auf der Kurischen Nehrung brütet er in mäßiger Anzahl nach le Roi (430) bei Cranz, einzeln auch noch nördlich von Sarkau. Bei Rossitten kommt er nach Thienemann (546, 550) gleichfalls vereinzelt als Brutvogel vor. Recht häufig ist er im Samlande z. B. nach Ulmer bei Quanditten, nach einer Mitteilung von Leutnant Puttlich in der Pillauer Plantage und nach W. Christoleit bei Fischhausen. Bei Königsberg brütet er selbst in nächster Nähe der Stadt durchaus nicht selten, namentlich auf den Kirchhöfen.

Wie im Memeltal ist der Sprosser auch im Gebiet von Alle und Pregel sehr verbreitet, z. B. nach W. Christoleit bei Tapiau und Wehlau, nach meinen Beobachtungen und anderweiten Mitteilungen an der Alle von Heilsberg bis Wehlau, namentlich bei Bartenstein, Leissienen und auch sonst vielfach. Bei Heilsberg nistet er nicht selten im Simsertal und an der Alle, nach Guttstadt zu anscheinend aber in geringerer Anzahl. Bei Bartenstein ist er sehr häufig. Außer an der Alle kommt er dort besonders auch an den Ufern des Kinkeimer Sees und des Dostflusses, die mit dichtem Weidengebüsch bewachsen sind, sehr zahlreich vor, fehlt aber auch sonst an passenden Stellen nirgends. Abends höre ich in Losgehnen oft 12—15 ♂♂ zu gleicher Zeit schlagen. Bei Gerdauen scheint er gleichfalls häufig zu sein; ich hörte dort vielfach den Gesang am 25. Mai 1911. Auch in den großen Erlen- und Weidendickichten an den Ufern des Nordenburger Sees sangen im Mai 1908 Sprosser in beträchtlicher Anzahl. Im Westen der Provinz fehlt er ebenfalls nicht. W. Christoleit nennt ihn als Brutvogel für Braunsberg, und bei Weinsdorf (Kreis Mohrungen) nistet er nach Goldbeck nicht selten in Gärten und Feldgehölzen am Wasser. Recht häufig ist er nach Voigt (651) und Dobbrick in den Kämpen am Drausensee (Kreis Pr. Holland).

Im letzten Drittel des April oder Anfang Mai trifft der Sprosser bei uns ein. Als frühesten Beobachtungstermin notierte ich für Bartenstein den 25. April, als spätesten den 6. Mai; als Mittel von 16 Jahren ergibt sich der 2. Mai. Lühe (337) teilt allerdings für 1906 Beobachtungen schon vom 13. April aus Patilszen (Kreis Stallupönen) und vom 19. April aus Loszainen (Kreis Rössel) mit; offenbar handelt es sich hierbei aber nur um ganz vereinzelte Vorläufer. Eine zusammenhängende Reihe von Beobachtungen beginnt jedenfalls auch für 1906 erst am 27. April, während 1905 der erste am 26. April gemeldet wurde.

Das Nest steht wohl meist auf oder nahe an der Erde; doch fand ich einmal im Gutsgarten von Losgehnen ein Nest mit Eiern etwa $1^1/_2$ m über der Erde, dicht am Stamme einer Pyramidenpappel. Noch bis Anfang Juli lassen die ♂♂ ihren von dem der Nachtigall so auffallend verschiedenen, singdrosselähnlichen Gesang, der allmählich immer kürzer und schwächer wird, schließlich nur noch bruchstückweise hören; dann verstummen sie ganz, und man vernimmt an ihren Brutplätzen nur das scharfe, nachtigallähnliche „with“ und das tiefe, knarrende „arr“ sowie seltener ein tiefes „tack“. Ausnahmsweise hörte ich Bruchstücke des Gesanges 1912 noch am 14. August. Einen Ruf, der wie „glock-arr“ klingt, habe ich noch nie gehört. Das „with“ ist übrigens dem Pfeifen des Fischotters, wie ich an einem zahmen beobachten konnte, täuschend ähnlich. Im Laufe des August, meist wohl schon in der ersten Hälfte, verlassen sie ihre Brutplätze und begeben sich in ihre Winterquartiere. Die Jungen fliegen in der Regel Ende Juni oder Anfang Juli aus. Ein Exemplar, das ich am 12. Juli 1907 schoß, trug das gefleckte Nestkleid, zeigte aber doch schon an der Brust helle Mauserfedern.

---

# Anhang.

Farbenvarietäten (Albinismen, Melanismen und ähnliche Aberrationen) sind bei folgenden Arten erwähnt:

1. *Colymbus cristatus cristatus* L.
2. *Larus glaucus* Brünn.
3. *Anas platyrhyncha platyrhyncha* L.
4. *Anas crecca crecca* L.
5. *Scolopax rusticola* L.
6. *Phasianus colchicus colchicus* L.
7. *Perdix perdix perdix* (L.).
8. *Buteo buteo buteo* (L.).
9. *Aquila pomarina* Brehm.
10. *Falco peregrinus peregrinus* Tunst.
11. *Cuculus canorus canorus* L.
12. *Jynx torquilla torquilla* L.
13. *Caprimulgus europaeus europaeus* L.
14. *Chelidon rustica rustica* (L.).
15. *Riparia riparia riparia* (L.).
16. *Hirundo urbica urbica* L.
17. *Ampelis garrulus garrulus* (L.).
18. *Lanius minor* Gm.
19. *Lanius collurio collurio* L.
20. *Corvus corax corax* L.
21. *Corvus cornix cornix* L.
22. *Corvus frugilegus frugilegus* L.
23. *Coloeus monedula spermologus* (Vieill.).
24. *Sturnus vulgaris vulgaris* L.
25. *Passer domesticus domesticus* (L.).
26. *Passer montanus montanus* (L.).
27. *Fringilla coelebs coelebs* L.
28. *Fringilla montifringilla* L.
29. *Pyrrhula pyrrhula pyrrhula* (L.).
30. *Emberiza citrinella sylvestris* Brehm.
31. *Motacilla alba alba* L.
32. *Alauda arvensis arvensis* L.
33. *Sitta europaea homeyeri* Hart.
34. *Turdus philomelus philomelus* Brehm.
35. *Turdus merula merula* L.

---

# Nachtrag.

### **Anthus cervinus** (Pall.) — **Rotkehlpieper.**

Am 17. Mai 1914 schoß ich ein schönes altes ♂ dieser bisher erst einmal sicher für Ostpreußen nachgewiesenen Art am Kinkeimer See bei Bartenstein. Damit ist die Zahl der im Kreise Friedland beobachteten Vogelarten auf 217 gestiegen. Näheres über den von *A. pratensis* sehr abweichenden Gesang und Lockruf werde ich in den Ornith. Monatsberichten veröffentlichen.

# Namenverzeichnis.